# VERSTEHEN –
# BESTEHEN

## Prüfungswissen Industriekaufleute

AO
2002

Autoren:
Hans-Peter von den Bergen
Hans-Peter Klein
Gisbert Weleda

Cornelsen

Dieses Werk wurde erstellt unter Verwendung von Materialien aus dem Lehrwerk „Industriekaufleute – Neubearbeitung" (Fachkunden 1. Ausbildungsjahr, 2. Ausbildungsjahr, 3. Ausbildungsjahr)
Der Inhalt des Werkes berücksichtigt die Gliederung und die Anforderungen der Abschlussprüfung entsprechend dem sog. AkA-Katalog („Industriekaufmann/-frau – Prüfungskatalog für die IHK-Abschlussprüfung", herausgegeben von den Prüfungsstellen der IHK/der AkA).

Verlagsredaktion: Erich Schmidt-Dransfeld
Technische Umsetzung: Type Art, Grevenbroich
Sachillustrationen: Holger Stoldt, Düsseldorf
Layout: vitaledesign, Berlin / Type Art, Grevenbroich
Umschlaggestaltung: Anja Rosendahl, Berlin
Titelfoto: Fotolia Close-up of hand

**www.cornelsen.de/cbb**

Sämtliche Personenbezeichnungen in diesem Band (z. B. „Schüler", „Lehrer", „Prüfer") gelten selbstverständlich für beide Geschlechter.

Die Webseiten Dritter, deren Internetadressen in diesem Lehrwerk angegeben sind, wurden vor Drucklegung sorgfältig geprüft. Der Verlag übernimmt keine Gewähr für die Aktualität und den Inhalt dieser Seiten oder solcher, die mit ihnen verlinkt sind.

Dieses Werk berücksichtigt die Regeln der reformierten Rechtschreibung und Zeichensetzung. Ausnahmen bilden Originaltexte, bei denen lizenzrechtliche Gründe einer Änderung entgegenstehen.

1. Auflage, 5. Druck 2025
© 2014 Cornelsen Schulverlage GmbH, Berlin
© 2018 Cornelsen Verlag GmbH, Mecklenburgische Str. 53, 14197 Berlin,
E-Mail: service@cornelsen.de

Druck: H. Heenemann, Berlin
ISBN 978-3-06-151020-6

PEFC-zertifiziert
Dieses Produkt stammt aus nachhaltig bewirtschafteten Wäldern
PEFC/04-31-1156    www.pefc.de

# So arbeiten Sie erfolgreich mit diesem Buch

Bei der Abschlussprüfung zum Industriekaufmann/zur Industriekauffrau sind Sie gefordert, Ihre im Laufe der Ausbildung erworbenen Kompetenzen gebündelt unter Beweis zu stellen. Um sich darauf vorzubereiten, können Sie natürlich nicht die gesamte Ausbildung nochmals komplett nachvollziehen. Vielmehr werden Sie das Wesentliche wiederholen und den Stoff üben wollen. Dabei hilft Ihnen das vorliegende „Prüfungswissen". Es behandelt alle wichtigen Themen noch einmal in Kurzform, bietet Übersichten und enthält passende Aufgaben. Dadurch ist der Band ein echtes „Lernerbuch" für Ihre optimale Vorbereitung – um den Stoff zu verstehen und zu behalten und die Prüfung erfolgreich zu meistern!

Beginnen Sie rechtzeitig mit Ihrer Prüfungsvorbereitung. Teilen Sie sich den Stoff passend ein, machen Sie sich einen Arbeitsplan und arbeiten Sie regelmäßig das jeweils geplante Lernpensum durch. Zu den Aufgaben finden Sie im Anhang Lösungsvorschläge, sodass Sie kontrollieren können, ob Sie den Stoff verstanden haben und anwenden können. Das Buch lässt sich alleine durcharbeiten oder es kann als Begleitmaterial in Prüfungsvorbereitungskursen eingesetzt werden.

Zugleich ist der Stoff nicht nach den (berufs-)schulischen Lernfeldern, sondern nach dem Prüfungskatalog der AkA geordnet, der für die Zusammenstellung der Prüfungen und der Aufgaben maßgeblich ist. Dieser Katalog gliedert sich nach folgendem Raster:

- Geschäftsprozesse (Prüfungsgebiete Marketing und Absatz, Beschaffung und Bevorratung, Personal, Leistungserstellung und weitere zugeordnete Inhalte)
- Leistungsabrechnung unter Berücksichtigung des Controllings und
- Wirtschafts- und Sozialkunde.

Noch ein Hinweis um mögliche Irritationen zu vermeiden. Das Buch orientiert sich an diesem AkA-Raster und hat deshalb keine (eigenen) Kapitelnummern. Die Zuordnung der Prüfungsgebiete zu den Prüfungsbereichen ist im AkA-Katalog nicht vollständig chronologisch und das ist deshalb auch im Buch nicht der Fall. Für das wiederholende Lernen sollten Sie auch gar nicht in Nummern denken, sondern sich die Prüfungsbereiche und -gebiete klar machen. Sie müssen das Buch auch nicht von vorne nach hinten durcharbeiten, sondern Sie können eine eigene Lernreihenfolge wählen, bei der Sie beispielsweise mit den Prüfungsgebieten beginnen, die für Sie persönlich die besonders schwierigen sind.

Autoren und Verlag wünschen Ihnen viel Erfolg und einen gelungenen Berufsabschluss! Für Verbesserungsvorschläge zu diesem Buch sind wir dankbar.

# Inhalt

# Block II nach Prüfungskatalog:
# Kaufmännische Steuerung und Kontrolle

# Block I nach Prüfungskatalog: Geschäftsprozesse

**Kernprüfungsgebiete:**

01  Marketing und Absatz

02  Beschaffung und Bevorratung

03  Personal

04  Leistungserstellung
    (mit Gebiet/Funktionen 902 Qualität und Innovation)

(Inhalte aus Lernfeld 5 „Leistungserstellungsprozesse", Lernfeld 6 „Beschaffungsprozesse", Lernfeld 7 „Personalwirtschaftliche Aufgaben" und Lernfeld 10 „Absatzprozesse")

**Weiteres Prüfungsgebiet:**

06  Ausbildungsbetrieb
(Inhalte aus Lernfeld 1 „In Ausbildung und Betrieb orientieren"/ Sicherheit, Gesundheitsschutz, Umweltschutz)

# Prüfungsgebiet 01: Marketing und Absatz

## Funktion 0101:  Auftragsanbahnung und -vorbereitung

### Fragenkomplex 01: Marktforschung: Markt- und Kundendaten erheben und auswerten

**(!)** **Marktforschung** ist die **planvolle** und **systematische Informationsbeschaffung** über die Märkte der Unternehmung. Dabei bedient man sich **wissenschaftlich gesicherter Methoden**, z.B. mathematisch-statistischer Verfahren und empirischer Verteilungsfunktionen.

#### Arten der Marktforschung

Die verschiedenen Arten der Marktforschung lassen sich unterscheiden
* nach der **Zeit** in:
  - **Marktanalyse** = einmalige Beschreibung des aktuellen Zustandes eines Marktes, z.B. derzeit am Markt agierende Anbieter und deren jeweilige Marktanteile,
  - **Marktbeobachtung** = fortdauernde Beschreibung der Entwicklung eines Marktes, z.B. Verringerung der Anzahl der am Markt agierenden Anbieter und Erhöhung der Marktanteile dieser (= zunehmende Marktkonzentration),
  - **Marktprognose** = Vorhersage zukünftiger Marktentwicklungen, z.B. Vorhersage der Anzahl der in fünf Jahren am Markt agierenden Anbieter und deren Marktanteile.
* nach der **Herkunft der Daten** in:
  - **Primär**forschung = erstmalige Ermittlung von Marktdaten, die bislang nicht zum Zwecke der Marktforschung eingesetzt wurden (engl.: field-research), z.B. Befragung von Konsumenten per Telefoninterview,
  - **Sekundär**forschung = Nutzung von bereits zuvor ermittelten und verwendeten Marktdaten (engl.: desk-research), z.B. Rückgriff auf in Fachmagazinen veröffentlichte Statistiken.

#### Methoden der Marktforschung

Für die **Primärforschung** stehen zahlreiche Methoden zur Verfügung. Bedeutsam sind v. a.:
* **Befragungen (Interviews)** verschiedenster Personengruppen (Konsumenten, Wiederverkäufer, gewerbliche Anwender usw.) als freie Interviews oder anhand von vorformulierten Fragebögen, per Telefon, schriftlich via Mailings

oder persönlich am Verkaufsort (im Einzelhandelsgeschäft, in der Fußgänger-zone etc.). Wegen ihrer geringen Kosten bei gleichzeitig praktisch unbegrenz-ter Verbreitung haben Online-Befragungen im Internet sehr große Bedeutung gewonnen.

- **Panelerhebungen** (Haushalts- und Händlerpanels): Hierbei werden Umsatz- und Absatzdaten statistisch repräsentativ ausgewählter Haushalte (Haus-haltspanels) oder Einzelhändler (Händlerpanels) fortlaufend erfasst und aus-gewertet. Sie erlauben sehr präzise Rückschlüsse auf die Kaufgewohnheiten der Kunden, verursachen allerdings auch relativ hohe Kosten.
- **Beobachtungen am Verkaufsort** (POS: point of sale): Speziell geschulte Mit-arbeiter beobachten unauffällig das Verhalten von Konsumenten, z.b. deren Wege durch das Einzelhandelsgeschäft, die Verweildauer bei besonderen Angebotsständen etc.
- **Produkttests**: In speziell eingerichteten Testlaboren werden Produktideen, Prototypen und bereits ausgereifte Produkte oder Kommunikationsmittel (Werbespots, Plakate, Annoncen etc.) durch Experten oder durch Verwender/ Konsumenten auf ihre Tauglichkeit getestet und bewertet.
- **versuchsweise Markteinführungen auf Testmärkten**: Um die Wahrschein-lichkeit des Scheiterns von Produkten oder Kommunikationsmitteln („Flop") zu senken, wird die Markteinführung zunächst auf einem für den Gesamt-markt repräsentativen Teilmarkt vorgenommen. Die Schwierigkeit besteht dabei darin, dass der Testmarkt in seiner Struktur möglichst exakt der Struk-tur des Gesamtmarktes entsprechen und frei von externen, die Testergebnisse verfälschenden Einflüssen sein muss. Als Testmarkt für Konsumprodukte des täglichen Bedarfs erfreut sich die pfälzische Gemeinde Hassloch großer Beliebtheit.

Zu den Methoden der **Sekundärforschung** gehören die Aufbereitung von eige-nen Umsatzstatistiken oder die Auswertung von Fachzeitschriften und anderen statistischen Veröffentlichungen, die Recherche von bereits erhobenen und ver-öffentlichten Daten im Internet oder die Nutzung der von Marktforschungsins-tituten erhobenen Marktdaten gegen Entgelt.

Während die Methoden der Primärforschung geeignet sind, sehr aktuelle und genau auf die Bedürfnisse des forschenden Unternehmens zugeschnittene Daten zu liefern, erfordert die Sekundärforschung einen wesentlich geringeren zeitli-chen und finanziellen Aufwand.

Daher wird die Sekundärforschung häufig für eine erste, relativ grobe Markter-kundung genutzt, die dann durch eine aufwendigere Primärforschung spezifi-ziert wird.

### Die Wettbewerbsposition der Unternehmung bestimmen

Eine Aufgabe der Marktforschung ist es, die Stellung des Unternehmens im Vergleich zu den am Markt befindlichen Wettbewerbern zu bestimmen. Dabei werden sowohl Methoden der primären wie der sekundären Marktforschung genutzt. Übliche Schlüsselgrößen zur Bewertung der Wettbewerbsposition sind:

| Schlüsselgröße | Definition |
|---|---|
| Marktpotenzial | die maximale Aufnahmefähigkeit eines Marktes für ein Produkt, also die Gesamtzahl aller möglichen Käufe der Personen, die als Abnehmer infrage kommen, in Geld- oder Mengeneinheiten |
| Marktvolumen | der tatsächliche Absatz bzw. Umsatz auf einem Markt (alle Verkäufe des eigenen Unternehmens und der Konkurrenz) |
| Absatzpotenzial | der Anteil am Marktpotenzial, den ein Unternehmen erreichen zu können glaubt |
| Absatzvolumen | der tatsächliche Absatz bzw. Umsatz des Unternehmens, in Geld- oder Mengeneinheiten |
| Marktanteil | der prozentuale Anteil des Absatzes bzw. Umsatzes eines Unternehmens am Marktvolumen |
| relativer Marktanteil | der eigene Marktanteil im Vergleich zum Marktanteil des größten Mitbewerbers |

### Trendforschung

Auf Märkten mit hohem Wettbewerbsdruck aufgrund zahlreicher (internationaler) Anbieter, schnellen technologischen Wandels und schnell veränderlichen Kundenwünschen (z.B. Automobile, Bekleidung oder Unterhaltungselektronik) kommt der Erforschung zukünftiger Kundenwünsche, also der **Trendforschung** große Bedeutung zu.

Vor allem mittels Methoden primärer Marktforschung (z.B. Besuch von Messen und Ausstellungen oder Beobachtungen an internationalen „Hotspots" wie Bars und Clubs oder durch „Store-checks" in den Metropolen der Welt) sammeln die Marktforscher kleinste Informationen über die **Tendenzen im Verhalten der Kunden** und liefern so wichtige Grundlagen einer erfolgreichen Produktentwicklung.

Sehr wichtig ist außerdem das frühzeitige Erkennen und Berücksichtigen von **Megatrends**, also generellen Veränderungen der Konsummuster ganzer Gesellschaften wie z.B.:
- der **Convenience-Trend** (convenience, engl. = Bequemlichkeit): Bevorzugung von industriell vorgefertigten konsumfertigen Produkten (z.B. Fertiggerichte)
- der **Bio-Trend** (= Bevorzugung von biologisch einwandfreien und nachhaltig produzierten Gütern) oder

- der **demografische Wandel** der Gesellschaften, der mit dem „Golden Ager" (= konsumfreudige und einkommensstarke Senioren) einen neuen Konsumentyp hervorgebracht hat.

### Produktlebenszyklus-Analyse

Die Mehrzahl aller Produkte durchläuft während ihres „Lebens" am Markt typischerweise die nachstehend abgebildeten fünf Phasen, die als **Produktlebenszyklus** bezeichnet werden: Einführung, Wachstum, Reife, Sättigung, Verfall (Degeneration).

**Phasen des Produktlebenszyklus**

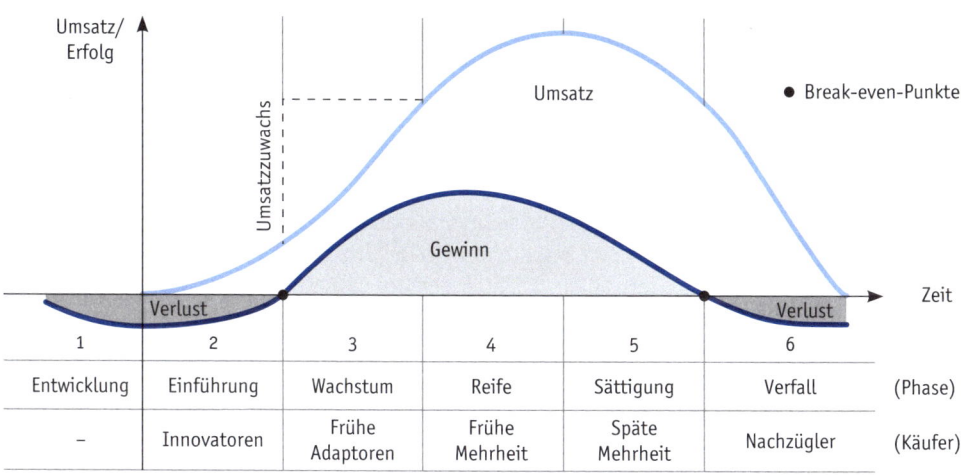

Nicht jedes Produkt unterliegt diesem typischen Ablauf, am häufigsten sind folgende Ausnahmen:

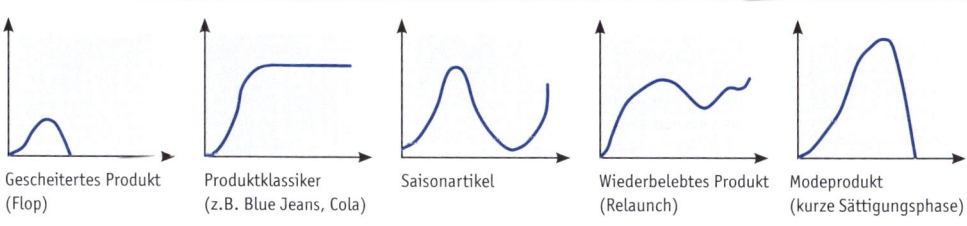

Da es nur in wenigen Fällen gelingen wird, die Sättigungsphase unbegrenzt zu verlängern, muss die Position der eigenen Produkte innerhalb ihres Produktlebenszyklus fortlaufend bestimmt werden. Für in der Degeneration befindliche

15

Produkte müssen zudem hinreichend früh neue Produkte als Ersatz am Markt eingeführt werden. Dabei hilft die Portfolioplanung.

## Portfolioplanung

Ursprünglich aus der Finanzplanung stammend („Portfolio" ist die Bezeichnung für den Bestand an Wertpapieren eines Anlegers), hat sich die Portfolio-Analyse in den 70er Jahren zu einer umfassenden Planungsmethode entwickelt. Sie baut auf dem Modell des Produktlebenszyklus auf. Zusätzlich werden die Produkte der Unternehmung nach den Kriterien

- **relativer Marktanteil** (z.B. Anteil am Gesamtumsatz des Marktes im Vergleich zum stärksten Mitbewerber) und
- voraussichtliches **Wachstum dieses Marktes** beurteilt.

$$\text{Marktwachstum (in\%)} \ = \ \frac{\text{zusätzliches Marktvolumen im Planungszeitraum}}{\text{Marktvolumen des Vorjahres}} \cdot 100\,\%$$

$$\text{relativer Marktanteil} \ = \ \frac{\text{eigener Marktanteil}}{\text{Marktanteil des größten Konkurrenten}}$$

Aus der Kombination dieser beiden Merkmale ergeben sich vier Arten von Produkten. Die jeweiligen Marktanteile oder Umsätze der Produkte werden in der Matrix durch Kreisradien maßstabsgerecht dargestellt:

## Portfoliomatrix

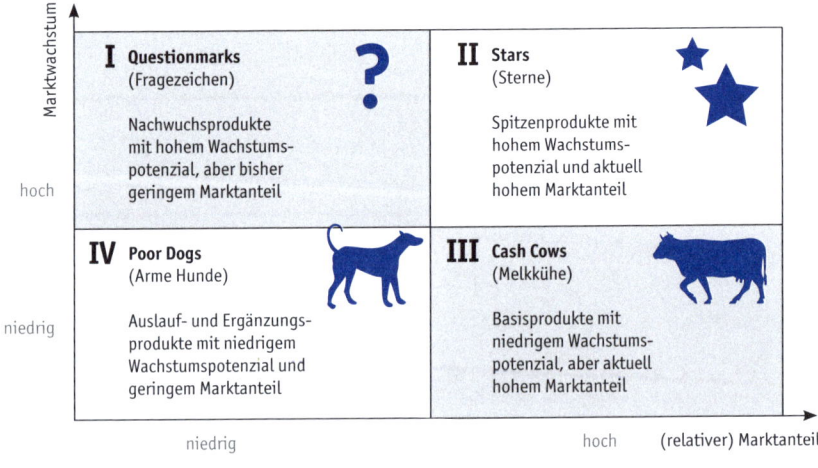

Für jede Produktgruppe sind fortlaufend gezielte Strategien festzulegen:

- **Fragezeichen („Questionsmarks")** sind neu am Markt und die Hoffnungsträger der Zukunft. Sie sind selektiv zu fördern, aber auch ggf. zu eliminieren, wenn sie keinen Erfolg mehr versprechen.
- **Sterne („Stars")** haben sich bereits am Markt durchgesetzt und wachsen schnell. Sie sind massiv durch Expansionswerbung, Produktpolitik und ggf. durch preispolitische Maßnahmen in Abhängigkeit von der verfolgten Preisstrategie zu unterstützen.
- **Milchkühe („Cash Cows")** befinden sich in der Sättigungsphase ihres Lebenszyklus und liefern aufgrund ihrer hohen Absatzzahlen bei geringen Stückkosten die größten Gewinnanteile. Sie sind durch Erhaltungswerbung oder andere moderate Maßnahmen der Leistungspolitik möglichst lange am Markt zu halten.
- **Arme Hunde („Poor dogs")** haben das Ende ihres Lebenszyklus erreicht und sind letztlich und dann auch konsequent zu eliminieren. Bereits vor diesem Schritt muss an die Markteinführung eines Nachfolgeproduktes angeknüpft werden, um das finanzielle Gleichgewicht der Unternehmung nicht zu gefährden.

## Potenzial-Analyse (SWOT-Performance)

Eine Potenzial-Analyse verfolgt das Ziel, den Erfolg der Unternehmung auszubauen und dauerhaft zu sichern. Nach den Anfangsbuchstaben ihrer **vier Untersuchungsgegenstände** wird sie auch SWOT-Analyse genannt:

| **Strengths** (Stärken), z.B.: | **Weaknesses** (Schwächen), z.B.: |
|---|---|
| • Wie groß ist der eigene Marktanteil? <br> • Welches durch Schutzrechte gesicherte Know-how ist vorhanden? <br> • Wie stark ist das eigene Markenimage? <br> • Wie gut sind die vorhandenen Vertriebswege? | • Sind die eigenen Kosten zu hoch? <br> • Dauert die Produktentwicklung zu lange? <br> • Sind die eigenen Produktionstechnologien veraltet? |
| **Opportunities** (Chancen): | **Threats** (Risiken), z.B.: |
| • Welche vielversprechenden Neuentwicklungen stehen kurz vor der Markteinführung? <br> • Welche Stars wurden erfolgreich eingeführt? <br> • Welche Märkte weisen hohe Wachstumschancen auf? | • Auf welchen Märkten nimmt der Wettbewerbsdruck spürbar zu? <br> • Besteht die Gefahr langwieriger und kostspieliger Gerichtsverfahren, z.B. wegen Wettbewerbsverstößen oder aus Sachmängelhaftung? |

# Fragenkomplex 02: Marketinginstrumente anwenden

## Marketingziele

Erfolgreiches Marketing beginnt immer mit der Formulierung von Zielen. Nur wenn die Ziele klar gesetzt sind, kann ein Weg festgelegt werden, wie diese Ziele zu erreichen sind (Marketingstrategie). Steht der Weg fest, müssen die Instrumente ausgewählt werden, die eingesetzt werden sollen, um das Ziel zu erreichen (Marketing-Mix).

| Bestandteile einer Marketingkonzeption | | |
|---|---|---|
| Marketingziele | Wo möchten wir hin? | Ziele festlegen |
| Marketingstrategie | Wie gelangen wir ans Ziel? | Weg festlegen |
| Marketing-Mix | Was müssen wir dafür einsetzen? | Werkzeuge/Instrumente auswählen |

Das oberste Ziel des Marketings leitet sich aus den übergreifenden Unternehmenszielen ab. Ausgehend von der vorhandenen Situation des Unternehmens (z.B. über eine Stärken- und Schwächenanalyse) und den unternehmerischen Zielen können quantitative und qualitative Marketingziele festgelegt werden. **Quantitative Ziele** sind vor allem marktökonomische Ziele wie Absatz, Umsatz, Preis(-Niveau) und Marktanteil (vgl. Kapitel 01).

Neben den quantitativen, marktökonomischen Zielen sind für das Marketing auch **qualitative Marketingziele** bei Entscheidungen bedeutsam. Doch auch die qualitativen Ziele dienen letztendlich der Umsatzsteigerung und der Erhöhung des Marktanteils.

Es gibt eine Vielzahl an möglichen qualitativen Zielen, z.B.:
• Bekanntheit erhöhen,
• Kundenzufriedenheit erhöhen,
• das Unternehmens- oder Markenimage verbessern,
• die Kundenbindung erhöhen.

## Marktsegmentierung

Kein Anbieter kann jedem Kunden alles verkaufen. Umso wichtiger ist es daher, den Gesamtmarkt nach bestimmten Käufergruppen in Teilmärkte, sogenannte **Marktsegmente**, aufzuteilen, die möglichst strukturgleich, ansonsten aber möglichst verschieden sein sollten. Auf diese Weise kann der Anbieter für jeden Teilmarkt und damit für jede Käufergruppe eine individuelle Absatzstrategie entwickeln, die die Bedürfnisse der jeweiligen Käufergruppe optimal ansprechen kann.

Unter **Marktsegmentierung** versteht man die Einteilung eines Gesamtmarktes in strukturgleiche, ansonsten aber möglichst verschiedenartige Teilmärkte.

Für die Bildung der Marktsegmente werden typische, das Käuferverhalten bestimmende Merkmale herangezogen, z.B.:
• das Alter, Geschlecht oder die Haushaltsgröße (demografische Merkmale),

- das Einkommen, das Bildungsniveau oder der Beruf (sozioökonomische Merkmale),
- Lebensstile und Wertorientierungen (psychografische Kriterien).

## Produktpolitische Maßnahmen

Entsprechend der typischen Phasen des Lebenszyklus eines Produktes muss die Unternehmung begleitende **produktpolitische Maßnahmen** durchführen:
- **Produktinnovation:** Ein neues Produkt wird am Markt eingeführt. Dabei kann es sich um ein für den Gesamtmarkt völlig neuartiges Produkt (Marktneuheit) oder für das Sortiment des betrachteten Anbieters neues Produkt handeln (Unternehmensneuheit), z.B. die neue Modellreihe eines Pkw-Herstellers. Die Neuartigkeit des Produktes erschwert zwar zunächst dessen Markteinführung, da Marktwiderstände in Form von Konsumgewohnheiten der Nachfrager überwunden werden müssen. Andererseits erlaubt ein neuartiges und dem bisherigen Angebot überlegenes Produkt aber auch überdurchschnittliche Gewinnmargen, insbesondere im Kontext einer Premium- oder Marktabschöpfungsstrategie (vgl. Preis- und Konditionenpolitik).
- **Produktvariation:** Ein bereits am Markt befindliches Produkt wird verändert. Dies kann in einer Verbesserung der bestehenden Produkteigenschaften (z.B. Veränderung der grafischen Gestaltung einer Verkaufsverpackung bei grundsätzlich gleichem Inhalt) oder auch in einer umfassenden Veränderung der Produkteigenschaften („**Produktmodifikation**") bestehen.
- **Produktdifferenzierung:** Um zusätzliche Kundengruppen anzusprechen oder den bestehenden Kunden mehr Auswahl zu bieten, werden nach und nach weitere Varianten der bestehenden Produkte angeboten, z.B. in Form von Geschmacksvarianten („nicht so süß", alkohol- und zuckerfrei o. ä.) oder „Sondereditionen". Diese produktpolitische Maßnahme entspricht der Strategie des **Mass Customization**, also der Anpassung industriell und in großer Stückzahl gefertigter Produkte für zunehmend ausdifferenzierte Kundengruppen und -wünsche.
- **Produktelimination:** Ein unrentabel gewordenes Produkt ist aufzugeben. Als Messgröße dient häufig der Deckungsbeitrag. Solange dieser noch positiv ist, kann es sinnvoll sein, das Produkt weiter anzubieten, um bestehende Kapazitäten auszulasten.
- Die Strategie der **Produktdiversifikation** zielt auf die Erschließung gänzlich neuer Märkte ab. (Insofern ist die Produktdiversifikation nicht allein eine produkt-, sondern auch eine sortimentspolitische Entscheidung.) Die Produktdiversifikation zielt auf ein überdurchschnittliches Unternehmenswachstum und eine breitere Streuung der Marktrisiken ab. Hierbei sollen häufig Synergieeffekte mit den bestehenden Märkten (z.B. gemeinsame Vertriebsstrukturen oder F&E-Kapazitäten) genutzt werden. Man unterscheidet:

   – **horizontale** Diversifikation: Erschließung neuer Märkte gleicher Wertschöpfungsstufe. Bsp.: Ein Bierbrauer bietet auch alkoholfreie Erfrischungsgetränke an.

   – **vertikale** Diversifikation: Märkte vor- oder nachgelagerter Wertschöpfungsstufen werden erschlossen. Bsp.: Ein Schokoladenhersteller erwirbt Kakaoplantagen.

   – **laterale** Diversifikation: Märkte völlig unabhängiger Wertschöpfungsstufen werden erschlossen. Bsp.: Ein Textilversandhändler betätigt sich auch als Reiseveranstalter. (Gemeinsamkeit: beide Geschäftsmodelle beruhen auf einem Katalog- bzw. Onlinegeschäft.)

Die produktpolitischen Maßnahmen in Bezug auf ein Produkt müssen immer im Kontext aller Produkte im Sortiment abgestimmt sein, um das finanzielle Gleichgewicht und die Zahlungsfähigkeit des Unternehmens nicht zu gefährden.

**Produktlebenszyklen in Mehrproduktunternehmen**

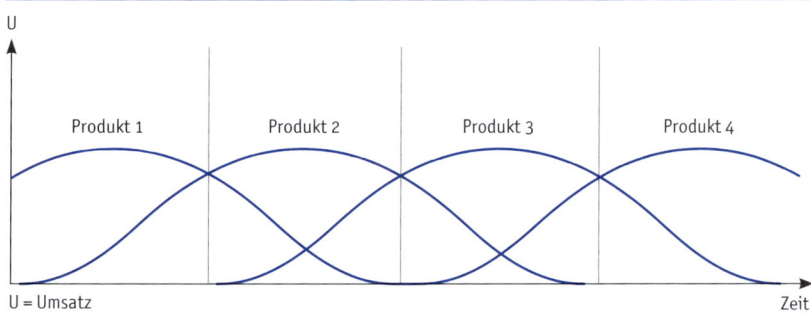

Markenpolitik

Markierungen („**branding**"), also spezielle Namen, Farbgestaltungen, Symbole oder Tonfolgen, spielen für die erfolgreiche Vermarktung eines Produktes eine immer größere Rolle. Sie sollen v. a. bewirken
- dass sich der Name des Produktes beim Kunden einprägt und zum Qualitätsbegriff wird („Made by …")
- dass die Einführung neuer Produkte am Markt unter einem gemeinsamen Markenschirm/-dach erleichtert wird („umbrella"-Strategie) und
- dass sich die Produkte von den Konkurrenzprodukten leichter abgrenzen lassen.

Konsumenten können durch Markenprodukte ihre Zugehörigkeit zu bestimmten sozialen Gruppen zeigen und ihren „Lifestyle" zum Ausdruck bringen. Dieser **Zusatznutzen** ist so stark, dass er zum Teil den **Grundnutzen** überlagert, in jedem Fall aber ein entscheidendes Alleinstellungsmerkmal (**USP** = **unique selling proposition**) darstellt.

## Schutzrechte

Die für die Entwicklung eines Produktes getätigten Investitionen können nur dann amortisiert werden, wenn das Produkt zumindest für einen gewissen Zeitraum vor unerlaubter Nachahmung geschützt ist. Dazu bieten sich im Einzelnen an:

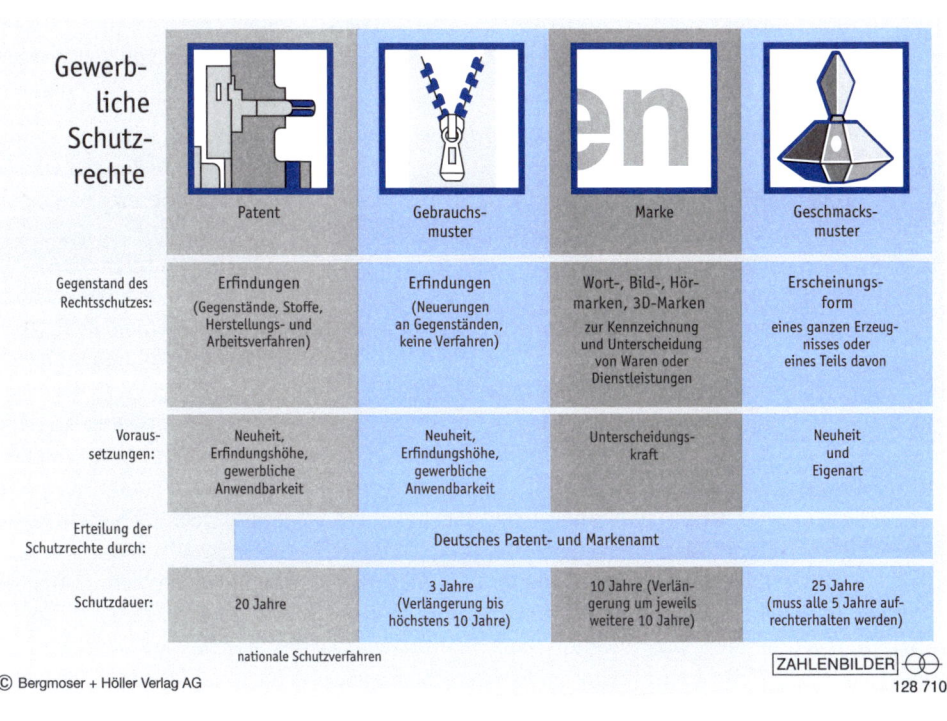

| Gewerb-liche Schutz-rechte | Patent | Gebrauchs-muster | Marke | Geschmacks-muster |
|---|---|---|---|---|
| Gegenstand des Rechtsschutzes: | Erfindungen (Gegenstände, Stoffe, Herstellungs- und Arbeitsverfahren) | Erfindungen (Neuerungen an Gegenständen, keine Verfahren) | Wort-, Bild-, Hör-marken, 3D-Marken zur Kennzeichnung und Unterscheidung von Waren oder Dienstleistungen | Erscheinungs-form eines ganzen Erzeug-nisses oder eines Teils davon |
| Voraus-setzungen: | Neuheit, Erfindungshöhe, gewerbliche Anwendbarkeit | Neuheit, Erfindungshöhe, gewerbliche Anwendbarkeit | Unterscheidungs-kraft | Neuheit und Eigenart |
| Erteilung der Schutzrechte durch: | Deutsches Patent- und Markenamt | | | |
| Schutzdauer: | 20 Jahre | 3 Jahre (Verlängerung bis höchstens 10 Jahre) | 10 Jahre (Verlän-gerung um jeweils weitere 10 Jahre) | 25 Jahre (muss alle 5 Jahre auf-rechterhalten werden) |

nationale Schutzverfahren

ZAHLENBILDER

© Bergmoser + Höller Verlag AG

128 710

Zu den genannten Schutzrechten treten noch **Gütezeichen** hinzu.

**Gütezeichen** werden von den Herstellern gleichartiger Waren (i. d. R. Branchenver-bände) geschaffen und sichern den Käufern eine bestimmte **Mindestqualität** der gekenn-zeichneten Waren zu. Sie beruhen auf freiwilligen Vereinbarungen der Anbieter.

Sämtliche Schutzrechte sind jedoch immer nur so gut wie die Möglichkeit, diese auch durchzusetzen. Gegen das illegale „in den Verkehr bringen" von „Raubko-pien" vorzugehen, ist für die betroffenen Inhaber der Schutzrechte ein sehr teures und zeitaufwendiges Unterfangen und wird durch die wachsende Bedeutung des grenzüberschreitenden Internethandels immer schwieriger.

## Sortiments- (oder Produktprogramm-) politische Maßnahmen

**(!)** Die Gesamtheit aller von einem Unternehmen auf einem Markt angebotenen Leistungen ist das **Produktprogramm** oder **Sortiment**. Unter **Sortimentspolitik** versteht man die Gesamtheit aller das Sortiment optimierenden Maßnahmen.

Die **Struktur des Sortimentes** eines Anbieters lässt sich beschreiben durch:
- die **Sortimentsbreite**, also die Menge der verschiedenen Produktarten (-gruppen) sowie
- die **Sortimentstiefe**, also die unterschiedlichen Varianten (Abwandlungen) innerhalb der Produktgruppen.

Welche sortimentspolitischen Entscheidungen ein Anbieter trifft, ob er also mehr oder minder viele Produktarten und diese wiederum in mehr oder minder vielen Varianten anbietet, hängt maßgeblich von der verfolgten sortimentspolitischen Strategie ab. Wichtige Strategien sind:
- **Universalstrategie**: Mit einem breiten und tiefen Sortiment sollen möglichst viele Kundenwünsche erfüllt und dementsprechend viele mögliche Käufer angesprochen werden. Hohe Produktionszahlen ermöglichen die Realisation geringer Stückkosten und eine starke Marktstellung. Bsp.: „Volumenanbieter" wie die Volkswagen AG oder Nestlé.
- **Spezialisierungsstrategie**: Im genauen Gegensatz zur Universalstrategie konzentriert sich der Anbieter auf einen relativ engen und klar abgegrenzten (Teil-)Markt, den er vollständig durchdringt. Hier wird meist eine Technologieführerschaft angestrebt, die hohe Produktpreise rechtfertigt. Bsp.: der Sportwagenhersteller Ferrari oder der Hi-Fi-Anbieter Bose.
- **Diversifikationsstrategie**: Die bisherigen Sortimente werden durch die Erschließung immer neuer Märkte ergänzt. Den Möglichkeiten überproportionalen Umsatz- und Unternehmenswachstums stehen hier stets auch die Risiken eines nicht mehr überschaubaren und zu stark zersplitterten „Sammelsuriums" unterschiedlicher Geschäftsfelder gegenüber. Bsp. für stark diversifizierte Unternehmen sind die globalen Elektronikkonzerne Siemens, 3M und General Electric.

### Preispolitische Maßnahmen

Aufgabe der betrieblichen Preispolitik ist es, den optimalen Preis für die angebotenen Produkte bzw. die optimale Preisstrategie zu bestimmen und am Markt durchzusetzen.

Der Preis entscheidet dabei zum einen, ob ein Kunde ein Produkt überhaupt kauft. Zum anderen bestimmt der Preis mit, welches unter konkurrierenden Angeboten der Kunde wählt. Der Preis ist somit neben dem Produkt selbst ein sehr wichtiges Marketinginstrument und eine Wettbewerbswaffe von herausragender Bedeutung.

Die Bedeutung des Preises als Marketinginstrument hat aufgrund zunehmender Marktsättigung, einer Angleichung der Qualitäten und besserer Marktkenntnisse der Konsumenten in den letzten Jahren stark an Bedeutung zugenommen. Preiswirkungen setzen sehr schnell ein und Preisaktionen sind ohne langwierige Vorbereitungen durchführbar. Die Möglichkeiten eines Anbieters, eine aktive Preispolitik zu betreiben, sind tendenziell umso größer, je verschiedenartiger seine Produkte und je größer der Nutzen des Produktes für den Kunden im Vergleich zu Konkurrenzprodukten ist.

### Bestimmungsgrößen der Preispolitik

Für die Bestimmung eines geeigneten Angebotspreises sind die **Selbstkosten** und die **preispolitische Zielsetzung** (Preisstrategie) des Anbieters, das **Konkurrenzverhalten** (in Abhängigkeit von der Marktform) sowie das **Verhalten der Nachfrager**, dargestellt in Form der Preiselastizität der Nachfrage, von zentraler Bedeutung.

### Preiskalkulation

Grundlage jeder Preiskalkulation sind die Selbstkosten des Herstellers (kostenorientierte Preissetzung). Diese werden mithilfe der Vollkostenrechnung (Betriebsabrechnungsbogen) ermittelt. Die Selbstkosten bilden die **langfristige** Preisuntergrenze.

| Kalkulationsschema | Beträge (€) | Zuschlagssatz | Erläuterungen |
|---|---|---|---|
| Materialeinzelkosten (MEK) | 116,00 | ◄┐ | Einzelkosten gemäß Stückliste |
| + Materialgemeinkosten (MGK) | 8,57 | 7,39% | Zuschlagssatz auf die MEK anwenden |
| + Fertigungseinzelkosten (FEK I) | 1,50 | ◄┐ | Einzelkosten gemäß Lohnscheinen |
| + Fertigungsgemeinkosten (FGK I) | 12,81 | 853,80% | Zuschlagssatz auf die FEK I anwenden |
| + Fertigungseinzelkosten (FEK II) | 12,60 | ◄┐ | Einzelkosten gemäß Lohnscheinen |
| + Fertigungsgemeinkosten (FGK II) | 38,47 | 305,31% | Zuschlagssatz auf die FEK II anwenden |
| = Herstellkosten (HK) | 189,95 | ◄ | Material- und Fertigungskosten |
| + Verwaltungsgemeinkosten (VwGk) | 9,40 | 4,95% | Zuschlagssatz auf die HK anwenden |
| + Vertriebsgemeinkosten (VtGk) | 16,64 | 8,76% | Zuschlagssatz auf die HK anwenden |
| = Selbstkosten (SK) | 215,99 | ◄┐ | |
| + Gewinnzuschlag (G) | 32,40 | 15,00% | Zuschlagssatz auf die SK anwenden |
| = Barverkaufspreis (Barvkp) | 248,39 | ◄┐ | Barvkp entsprechen 97% (100%–3%) |
| + Kundenskonto | 7,68 | 3,00% | Skonto 3%, Barvkp 97% (also i.H.) |
| + Vertriebsprovision je Stück | 1,25 | | Provision addieren |
| = Zielverkaufspreis (Zielvkp) | 257,32 | ◄┐ | Zielvkp entsprechen 67% (100%–33%) |
| + Kundenrabatt | 126,74 | 33,00% | Rabatt 33%, Zielvkp 33% (also i.H.) |
| = Listenverkaufspreis | 384,06 | | |

**Kurzfristig** können die Selbstkosten als Preisuntergrenze auch unterschritten werden, z.B. bei der Markteinführung des Produktes im Rahmen einer Penetrationspreispolitik oder um einen Konkurrenten aus dem Markt zu drängen. Hier gelten die **variablen Stückkosten als Preisuntergrenze**.

> ❗ Die gesamten Selbstkosten bilden die **langfristige Preisuntergrenze** eines Produktes. Die **kurzfristige Preisuntergrenze** liegt in Höhe der variablen Stückkosten.

### Kurzfristig orientierte Preisoptimierung

Bei der kurzfristigen Preisoptimierung wird nur eine Periode, also z.B. ein Jahr oder ein Monat, betrachtet. Kurzfristig optimale Preisentscheidungen sind nur in Kenntnis der Preisabsatzfunktionen, also der unmittelbaren Reaktionen der Nachfrager auf unterschiedliche Preise, möglich. Die relative Änderung der nachgefragten Menge (Nachfrageänderung in %) im Verhältnis zu einer relativen Änderung des Angebotspreises (Preisänderung in %) wird dabei als Preiselastizität der Nachfrage bezeichnet.

Die Preiselastizität der Nachfrage lässt sich wie folgt berechnen:

$$\text{Elastizität} \;=\; \frac{\text{relative Mengenänderung in \%}}{\text{relative Preisänderung in \%}} \;=\; \frac{\dfrac{\text{neue Menge} - \text{alte Menge}}{\text{alte Menge}} \cdot 100\,\%}{\dfrac{\text{neuer Preis} - \text{alter Preis}}{\text{alter Preis}} \cdot 100\,\%}$$

Das Ergebnis der Division wird stets mit –1 multipliziert, damit man als Ergebnis eine positive Kennzahl erhält.

Eine steil verlaufende Preis-Absatz-Funktion stellt eine geringe Preiselastizität (= weitgehend starre Nachfrage) dar. Hier haben selbst relativ starke Preisänderungen nur geringe Änderungen der nachgefragten Menge zur Folge:

## Preisabsatzfunktionen

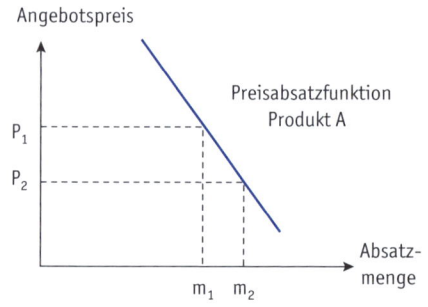

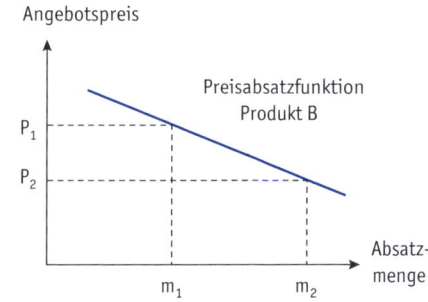

Eine flach verlaufende Preis-Absatz-Funktion zeigt dagegen eine hohe Preiselastizität (= sehr elastische Nachfrage). Schon geringe Änderungen des Angebotspreises bewirken eine starke Reaktion der Nachfrage.

Häufig ist festzustellen, dass es für das gleiche Produkt unterschiedliche Preiselastizitäten geben kann. Diese Situation wird durch eine geknickte Nachfragefunktion dargestellt, die unterschiedliche Elastizitätsbereiche aufweist.

Bis zu einer „psychologischen Preisschwelle" reagieren die Nachfrager relativ unelastisch. Überschreitet der Anbieter diese Preisschwelle jedoch, bricht die Nachfrage stark ein.

**Preisschwelle**

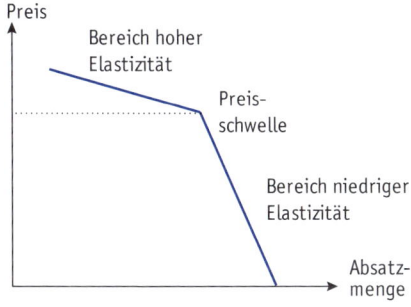

Ziel des Anbieters wird es meist sein, den „monopolistischen Bereich" geringer Preiselastizität auszuweiten und einen Preis möglichst knapp unterhalb der „psychologischen" Preisschwelle durchzusetzen. Dabei spielen die Markenpolitik und die Unterstützung durch kommunikationspolitische Instrumente eine große Rolle.

### Strategisches (langfristiges) Preismanagement
Eine „Preisstrategie" legt Preisentscheidungen für mehrere Perioden, also für einen längeren Zeitraum fest. Besonderes Gewicht gewinnt eine langfristige strategische Preispolitik bei der Preisbildung für neue Produkte:
- Bei der **Marktabschöpfungsstrategie** („Skimming") werden neue Produkte zu relativ hohen Preisen eingeführt. Im weiteren Verlauf des Produktlebenszyklus wird der Preis dann schrittweise gesenkt. Ziel ist es, die hohe Kaufbereitschaft der innovationsfreudigen Kunden abzuschöpfen, um bei niedrigem Absatz hohe Stückgewinne zu realisieren.
- Im Rahmen einer **Premiumstrategie** (Hochpreisstrategie) legt der Anbieter auf Dauer einen relativ hohen Preis fest. Dieser hohe Preis muss allerdings durch eine geeignete Marketingstrategie gestützt werden, d. h. eine gleichblei-

bend hohe Qualität, einen exklusiven Vertriebsweg und eine darauf abgestimmte Kommunikationspolitik.

- Niedrige Einführungspreise im Rahmen einer **Marktdurchdringungsstrategie** („Penetration") sollen das Produkt schnell einer großen Käuferschicht bekannt machen und Stammkunden gewinnen. Man begnügt sich mit niedrigen Stückgewinnen bei relativ hohen Absatzzahlen. Ist das Produkt am Markt etabliert, wird häufig eine schrittweise Preisanhebung („up-trading") versucht.

- Gelingt es einem Anbieter, durch ein besonders erfolgreiches Marketing (z.B. Bekanntheitsgrad der Marke, Qualitätsniveau der Produkte o. a.) zum marktbeherrschenden Anbieter zu werden, nimmt er häufig die Rolle der **Preisführerschaft** ein. Die übrigen Mitbewerber werden dann gezwungen, ihr preispolitisches Verhalten an den Entscheidungen des Preisführers auszurichten.

- Gelingt es einem Anbieter, einen Gesamtmarkt erfolgreich in Teilmärkte aufzuspalten und diese zu isolieren (Marktsegmentierung), kann eine **Preisdifferenzierung** praktiziert werden. Hier werden grundsätzlich gleiche Produkte auf verschiedenen Teilmärkten zu unterschiedlichen Preisen angeboten, um die jeweiligen Marktbedingungen und die mangelnde Markttransparenz der Nachfrager auszunutzen. Man unterscheidet u. a.:
  - **räumliche** Preisdifferenzierung (Bsp.: Großstadt, Landgemeinde)
  - **zeitliche** Preisdifferenzierung (Bsp.: wochentags, Wochenende)
  - **sachliche** Preisdifferenzierung (Bsp.: Markenprodukt, No-Name-Produkt)
  - **persönliche** Preisdifferenzierung (Bsp.: Großabnehmer, Kleinkunden)

### Konditionenpolitik und Preisstellungssysteme

**Konditionen** sind sämtliche Liefer- und Zahlungsbedingungen, zu denen ein Anbieter seine Produkte an den Kunden abzugeben bereit ist.

Zu den Konditionen zählen:

| Rabatte | • sofortiger Preisnachlass auf den Listenverkaufspreis bei Rechnungsstellung<br>• Treue-, Mengen- oder Wiederverkäuferrabatte |
|---|---|
| Zuschläge | • auf den Angebotspreis können weitere Zuschläge, wie z.B. Mindermengenzuschläge, anfallen<br>• die Preiszuschläge sollen meist die Vertragsbedingungen im Sinne des Anbieters beeinflussen, z.B. Lieferung rentabler Mindestmengen |
| Skonto und Zahlungsbedingungen | • nachträglicher Preisnachlass bezogen auf den Zielverkaufspreis<br>• Voraussetzung: Zahlung innerhalb der Skontofrist<br>• Zahlungsbedingungen legen das Zahlungsziel sowie die Art der Zahlung fest (z.B. 2 % Skonto innerhalb 10 Tagen, sonst 30 Tage ohne Abzug) |

| Bonus | • nachträglicher Preisnachlass auf den vom Kunden innerhalb einer Periode realisierten Umsatz<br>• dient der Kundenbindung und Umsatzsteigerung |
|---|---|
| Lieferbedingungen | • von den gesetzlichen Vorgaben zum Platz- oder Versendungskauf abweichende vertragliche Vereinbarungen bezüglich der Übernahme von Verpackungs-, Verlade- und Transportkosten<br>• üblich ist die Verwendung nationaler Frachtklauseln (z.b. ab Werk, unfrei, frei, frei Haus) oder international gültiger Lieferklauseln (Incoterms® 2010) |

Insbesondere zum Zwecke der Preisdifferenzierung wenden Anbieter häufig **Bruttosysteme** für ihre Preisstellung an. Hierbei gewähren sie unterschiedliche Preisnachlässe wie z.b. Mengen-, Treue- oder Wiederverkäuferrabatte. Auch sind Preiszuschläge, z.b. für kleinere Abnahmemengen, denkbar. Aus Abnehmersicht ist daher stets eine exakte Kalkulation des tatsächlichen Einstandspreises notwendig (vgl. Funktion 02 Beschaffung und Bevorratung).

Zum Schutz des (privaten) Verbrauchers vor einer Täuschung über den tatsächlichen Preis haben Gesetzgeber und Rechtsprechung die Möglichkeiten einer Bruttopreisstellung gegenüber Endverbrauchern allerdings stark eingeschränkt. Bei Geschäften des täglichen Bedarfs mit Endverbrauchern werden die Waren daher meist nach dem **Nettosystem**, bei dem der tatsächlich zu entrichtende Preis direkt ausgewiesen wird, ausgezeichnet.

## Kommunikationspolitische Maßnahmen

### Absatzwerbung

Die (Absatz-)Werbung zielt darauf ab, den Kunden mittelbar durch den Einsatz von **Werbeträgern** (Werbemedien) an das Produkt heranzuführen und so das beworbene Produkt zu verkaufen.

**!** Die **(Absatz-)Werbung** umfasst alle Werbemaßnahmen, die sich mit dem Absatz bzw. der Positionierung des Warenangebotes am Markt beschäftigen.

### Werbearten

Nach den beteiligten werbetreibenden Unternehmen lassen sich unterscheiden:

| Einzelwerbung | Kollektivwerbung |
|---|---|
| Ein einzelnes Unternehmen wirbt allein. | Mehrere Unternehmen werben gemeinsam:<br>**Gemeinschaftswerbung:** Eine ganz.Branche wirbt gemeinsam, ohne dass die einzelnen beteiligten Unternehmen erkennbar sind.<br>**Sammelwerbung:** Mehrere Unternehmen z.B. einer Branche oder Region werben gemeinsam unter Namensnennung der Beteiligten.<br>**Verbundwerbung:** Wenige (meist zwei) Unternehmen mit einem komplementären Angebot werben gemeinsam unter Nennung ihrer Namen. |

| Vorteil: Das werbende Unternehmen kann seine individuellen Werbeziele autonom verfolgen. | Vorteil: Die Kosten der Werbung können gemeinschaftlich getragen werden. So kann eine insgesamt höhere Verbreitung erzielt werden. |
|---|---|
| Nachteil: Die Kosten der Werbung müssen allein getragen werden. | Nachteil: Die individuellen Ziele eines einzelnen Unternehmens können nicht verfolgt werden. Außerdem besteht insbesondere bei der Gemeinschaftswerbung ein „Trittbrettfahrer"-Effekt. |

### Wirkungsweise der Absatzwerbung

Der Wirkungszusammenhang der Werbung verläuft nach der **AIDA-Formel** in vier Stufen:

1. Aufmerksamkeit (**Attention**) erregen
2. Interesse (**Interest**) wecken
3. Besitzwunsch (**Desire**) erzeugen
4. Kaufhandlung (**Action**) auslösen

Um Aufmerksamkeit zu erregen und das Interesse des umworbenen Nachfragers zu wecken, kommen unterschiedlichste **Stilmittel** zum Einsatz, z.B.: **Neuheit** (Neues weckt grundsätzlich immer Neugierde), **Humor** (Lachen aktiviert und erregt den Menschen), **Einfachheit** (je einfacher die Aussage der Werbung ist, desto effektiver kann sie sein), **Ehrlichkeit** (eine offenkundig unwahre Werbeaussage wird schnell abgelehnt werden), **Erotik** („Sex sells" gilt als alte Weisheit der Werbeplaner, denn der Sexualtrieb ist eines der stärksten Grundbedürfnisse des Menschen), **Provokation** (durch Abweichung von der Norm wird Aufmerksamkeit geschaffen) oder **Schönheit** (auch das Bedürfnis nach Ästhetik und Ordnung gehört zu den menschlichen Grundbedürfnissen).

### Werbeziele

Je nachdem, wie stark eine Absatzwerbung auf die unmittelbare oder eher mittelbare Förderung des Absatzes an Produkten abzielt, lassen sich folgende Werbeziele unterscheiden:

- **Bekanntmachung** des Produktes und seines Anbieters: Sie stellt die Grundlage für die Erreichung aller weiteren Ziele dar, denn nur wenn der Abnehmer von der Existenz des Produktes weiß, kann er auch zu dessen Kauf bereit sein.
- **Vermittlung von Informationen** über das Produkt und seinen Anbieter: Hierbei steht die Vermittlung des Nutzens („consumer benefit"), den das Produkt verspricht, im Mittelpunkt der Werbung.
- **Förderung eines positiven Images**: Das Produkt einschließlich seiner Marke und dessen Anbieter müssen dem Nachfrager grundsätzlich sympathisch und glaubwürdig erscheinen. Besteht dagegen eine negative emotionale Grundhaltung, wird der Nachfrager das Produkt schon „aus Prinzip" nicht kaufen.
- **Schaffung einer Kaufdisposition** bzw. **Auslösung der Kaufhandlung**: Empfindet der Nachfrager einen Bedarf nach einem Produkt der beworbenen Art (z.B. Appetit auf ein koffeinhaltiges Erfrischungsgetränk), soll er grund-

sätzlich zum Kauf des beworbenen Produktes bereit sein (= Produkt verspricht den gewünschten Nutzen und ist sympathisch) und dieses dann auch tatsächlich nachfragen (= gezielte Auswahl unter konkurrierenden Produkten).

Die jeweils mit einer Werbekampagne verfolgten Ziele richten sich auch nach der Position des beworbenen Produktes in dessen Lebenszyklus:

**Arten der Absatzwerbung im Laufe des Produktlebens**

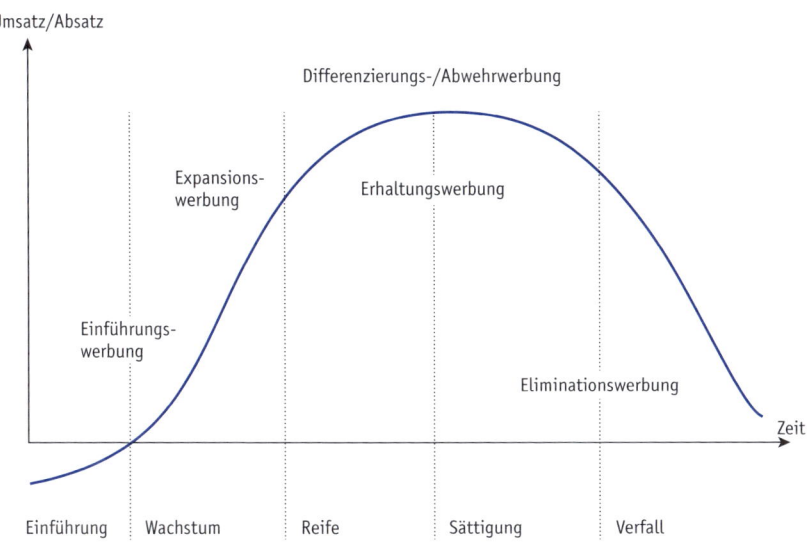

### Werbeplanung (Media Selektion)

Für eine erfolgreiche Werbung sind im Einzelnen die Werbe**ziele**, die **Zielgruppen** (Streukreis), die Werbe**zeit**, der Werbe**etat**, die Werbe**botschaft**, das Werbe**gebiet** (Streugebiet), die Werbe**träger** (Medium, das die Werbung transportiert, z.B. Fernsehen, Radio, Zeitschriften) und die Werbe**mittel** (Ausdrucksform der Werbung, z.B. Fernsehspot, Zeitschriftenanzeige, Product-Placement, Teleshopping) zu planen.

Die Kunst erfolgreicher Werbeplanung besteht darin, ihre unterschiedlichen Elemente in ihrer gegenseitigen Wechselwirkung optimal aufeinander abzustimmen.

### Werbegrundsätze

Die Grundsätze einer erfolgreichen Werbung lassen sich in vier Schlagworten vereinen:

| Werbegrundsätze | |
|---|---|
| Wirksamkeit | Werbung muss zielgruppengerecht entwickelt werden, um einen möglichst großen Erfolg zu erzielen. Streuverluste sind zu vermeiden. |
| Wahrheit und Klarheit | Werbung darf keine falschen oder irreführenden Angaben zu den angepriesenen Leistungen machen. Zwar sollen die Waren im positiven Licht erscheinen, dies darf aber nur in sachlich einwandfreiem Rahmen geschehen. |
| Wirtschaftlichkeit | Werbung muss immer in einem wirtschaftlichen Verhältnis zu dem erzielten Erfolg stehen. Das heißt, der zusätzliche Erfolg (z.B. Umsatzwachstum) muss deutlich höher sein als die Werbekosten. |
| gesellschaftliche Akzeptanz | Werbung sollte gesellschaftliche Wertvorstellungen nicht missachten oder Minderheiten zwecks Effekthascherei missbrauchen (Moral). Auch das Beachten von Gesetzen (Gesetz gegen den unlauteren Wettbewerb) gehört natürlich dazu. |

**Verstöße gegen die Grundsätze** von Wahrheit und Klarheit sowie mangelnde gesellschaftliche Akzeptanz gefährden in jedem Falle die Wirksamkeit der Werbung und können sogar schwere **Imageschäden** des werbenden Unternehmens zur Folge haben.

Zudem haben durch wettbewerbswidrige Werbung benachteiligte Konkurrenten nach dem **Gesetz gegen den unlauteren Wettbewerb (UWG)** Ansprüche auf Unterlassung der Werbung und ggf. auch auf Schadenersatz.

### Werbeerfolgskontrolle

Die ökonomische Werbeerfolgskontrolle überprüft den Werbeerfolg in Bezug auf quantifizierbare (zählbare) Messgrößen, die den Unternehmenserfolg unmittelbar beeinflussen:

| Ökonomische Werbeerfolgskontrolle | |
|---|---|
| Werbeerfolg: | Umsatz (nach der Werbemaßnahme) $-$ Umsatz (vor der Werbemaßnahme) |
| Werberendite: | $\dfrac{\text{Werbeerfolg (Umsatzzuwachs)}}{\text{Werbekosten}}$ <br> Ist die Werberendite >100 %, ist der Umsatzzuwachs also größer als die durch die Werbung entstandenen Kosten, kann die Werbung als erfolgreich bewertet werden. |
| Marktanteil: | $\dfrac{\text{Umsatz des Unternehmens}}{\text{Gesamtumsatz des Marktes}}$ |

Die **außerökonomische Werbeerfolgskontrolle** misst dagegen das Erreichen von psychologischen, den Unternehmenserfolg nur mittelbar beeinflussenden Werbezielen:

| Aufmerksamkeitsgrad: | Zahl der von der Werbung Angesprochenen |
| | Zahl der Umworbenen (Zielgruppe) |
| Erinnerungserfolg: | Zahl der sich an die Werbung Erinnernden |
| | Zahl der Umworbenen (Zielgruppe) |
| Auftragseingangsquote: | Zahl der tatsächlichen Käufer |
| | Zahl der Umworbenen (Zielgruppe) |

## Sales Promotion (Verkaufsförderung)

Die Verkaufsförderung versucht, unmittelbar am Ort des Verkaufs („point of Sale") den Verkauf des Produktes zu fördern. Zu unterscheiden sind:

| Arten der Verkaufsförderung | | |
|---|---|---|
| Kundenpromotion | Händlerpromotion | Mitarbeiterpromotion |
| Angesprochen werden Kunden bzw. Endverbraucher, um den Absatz kurzfristig zu steigern. | Am Verkauf beteiligte Personen (Einzelhändler, Verkäufer) erhalten Unterstützungsmaßnahmen, damit sie die Waren bevorzugt empfehlen und verkaufen. | Zielgruppe ist der eigene Vertrieb, z.B. Außendienstmitarbeiter bzw. Reisende. |
| • Produktvorführungen, Verkostungen<br>• Aktionen mit Prominenten<br>• Gewinnspiele, Gutscheine, Preisausschreiben<br>• Tag der offenen Tür, Jubiläumsveranstaltungen | • Schulungen<br>• Prämiensysteme<br>• Informations- und Werbematerial<br>• Verkaufsdisplays | • Schulungen<br>• Prämien<br>• Prospekte |

Sales Promotion-Aktivitäten sind gut geeignet, den Absatz der Produkte unmittelbar zu fördern, da sie eine direkte und gezielte Kundenansprache ermöglichen. Wegen ihrer geringeren Streubreite (Verbreitung) sind sie aber weniger gut geeignet, das Produkt insgesamt bekannt zu machen und Informationen über das Produkt zu vermitteln.

## Public Relations (Öffentlichkeitsarbeit)

Die Öffentlichkeitsarbeit (kurz: PR) zielt darauf ab, das Erscheinungsbild der Unternehmung in der Öffentlichkeit (Corporate Identity) positiv zu beeinflussen. Sie stellt somit Werbung für die Unternehmung als Ganzes dar.

Beispiele sind: **Sponsoring** von Kultur- oder Sportveranstaltungen, Betriebsbesichtigungen und Veranstaltungen, Berichte und Reportagen in der Presse (Pressearbeit), Kundenzeitschriften und Kundenclubs u. ä.

## Sonderformen der Kommunikationspolitik

- Werden Produkte und ihre Marken gezielt in die Spielhandlungen von Filmen oder TV-Unterhaltungsshows eingebaut, spricht man von **Produkt Placement**. Die Vermittlung der Werbebotschaften erfolgt hier subtil (nicht direkt erkennbar), der Zuschauer kann sich der Werbung praktisch nicht entziehen. Zudem profitiert das werbende Unternehmen vom Image der Darsteller. Mit jeder erneuten Ausstrahlung des Filmes, auch in der Zweit- und Drittverwertung per DVD/Blue Ray/Internet/TV erfolgt eine erneute Verbreitung der Werbung.

- Im Gegensatz zur **Breiten-/Massenwerbung** durch TV, Radio, Plakatwand etc., die sich an eine mehr oder minder große und vor allem anonyme Zielgruppe richtet, spricht das **Direktmarketing** bzw. die **Direktwerbung** einen dem Unternehmen – zumindest namentlich – bekannten Kunden unmittelbar an. Hierzu geeignete Werbeträger sind: Internet (E-Mails), Telefonanrufe (Telefonmarketing), Anschreiben per Brief oder Fax, Besuche beim Kunden, Einladungen zum Besuch auf Messen u. ä.

Sie gestatten, auf die Wünsche des Kunden unmittelbar eingehen zu können, drücken gegenüber dem Kunden eine besondere Wertschätzung aus, erlauben eine direkte Erfolgskontrolle der Werbemaßnahme und haben einen deutlich geringeren Streuverlust.

### Distributionspolitische Maßnahmen

Die Distributionspolitik legt fest, auf welche Weise, auf welchem Wege und durch Einsatz welcher logistischen Mittel das Produkt vom Hersteller zu seinem endgültigen Verwender (private und öffentliche Haushalte, Unternehmungen) gelangt.

### Distributionspolitik

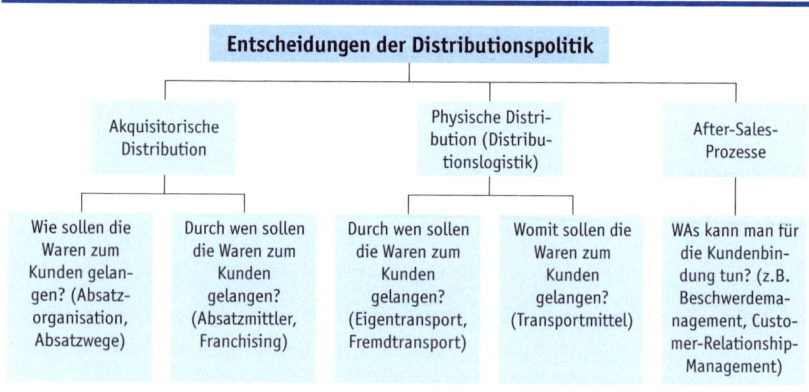

## Absatzorganisation

Die Aufbauorganisation des Absatzbereiches einer Industrieunternehmung kann wie folgt gegliedert sein:

| Innere Absatzorganisation: die Art und Weise der unternehmensinternen Organisation | | Äußere Absatzorganisation: Organisation des Absatzes der Produkte zwischen dem Unternehmen und seinen Kunden | |
|---|---|---|---|
| **funktionsorientiert** | **objektorientiert** | **zentral** | **dezentral** |
| Die Stelleninhaber übernehmen jeweils bestimmte Tätigkeiten (Auftragsannahme, Auftragsbearbeitung, Versand etc.) | Gliederung des Absatzes nach Kunden, Produkten oder Absatzgebieten/ Regionen | Die Verteilung der Produkte erfolgt von einer zentralen Stelle aus (zentrale Versandabteilung und Zentrallager). | Mithilfe eines Niederlassungsnetzes und verschiedenen Auslieferungslägern werden die Kunden von verschiedenen Stellen aus beliefert. |

## Absatzwege

Absatzwege, auch als Vertriebssystem oder Absatzkette bezeichnet, lassen sich wie folgt unterscheiden:

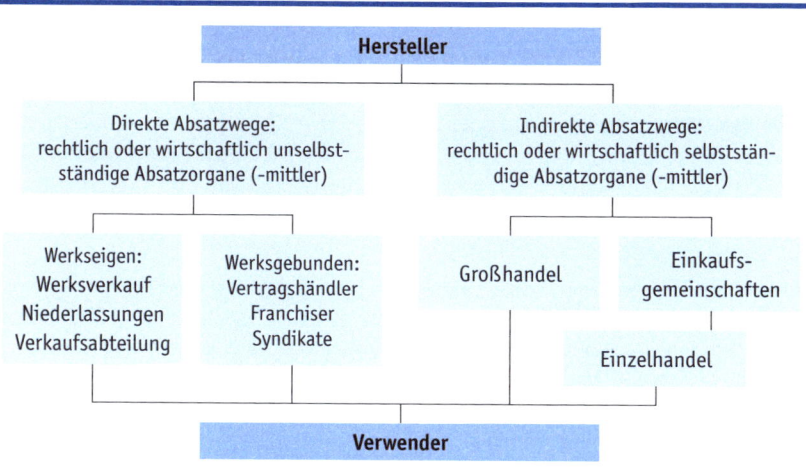

## Absatzmittler

**Absatzmittler** unterstützen Hersteller und Handel über die Glieder der Absatzkette hinweg bei der Distribution, ohne selbst Hersteller oder Händler zu sein, z.B. Handlungsreisende, Handelsvertreter, Kommissionäre oder Handelsmakler.

| Absatzmittler | | | | |
|---|---|---|---|---|
| | Reisender | Handelsvertreter | Kommissionär | Handelsmakler |
| Stellung zum Arbeitgeber | • unselbstständig<br>• Angestellter im Rahmen eines Arbeits- oder Dienstvertrages | • selbstständiger Kaufmann<br>• Vertreter mit einem Agenturvertrag über einen längeren Zeitraum | • selbstständiger Kaufmann<br>• wird fallweise oder dauerhaft für seinen Auftraggeber tätig | • selbstständiger Kaufmann<br>• wird fallweise oder dauerhaft für seinen Auftraggeber tätig |
| mögliche Vollmachten | • Vertretungsvollmacht<br>• Abschlussvollmacht<br>• Vollmacht zur Zahlungsannahme | • Vermittlungsvollmacht<br>• Abschlussvollmacht | • Abschlussvollmacht | • Vermittlungsvollmacht |
| Bedeutung | • flexibler Einsatz vor Ort<br>• direkte Nähe zum Kunden | • Einsatz vor allem für kleinere Firmen, die keinen eigenen Außendienst haben | • gute Marktkenntnisse<br>• für den Kommissionär kein Warenrisiko, da Warenrückgabe möglich | • wichtige Rolle als Waren-, Schiffs-, Versicherungs-, Wertpapier- oder Grundstücksmakler |

**Handelsvertreter** sind im Gegensatz zum (**Handlungs-)Reisenden**, der Arbeitnehmerstatus besitzt, selbstständige Kaufleute gem. §§ 84 ff. HGB. Demzufolge haben sie lediglich einen Anspruch auf eine Umsatz- sowie ggf. Inkasso- und Delkredereprovision, nicht jedoch auf ein Festgehalt („Fixum"), Spesen oder Sozialleistungen. Andererseits sind sie freier in der Gestaltung ihrer Vertriebstätigkeit (z.B. durch Vertrieb von Komplementärartikeln anderer Hersteller) und entsprechend engagierter.

| | Kosten | Erläuterung |
|---|---|---|
| Reisender (R) | monatliches Grundgehalt (Fixum) + umsatzabhängige Provision $K_R = K_{fix} + K_{var}$ | Zwar bedeuten die fixen Kosten eine dauernde Belastung für das Unternehmen, dafür ist der Reisende fest angestellt und weisungsgebunden. Der Reisende verkauft ausschließlich die Waren des Unternehmens. |
| Handelsvertreter (Hv) | umsatzabhängige Provision $K_{Hv} = K_{var}$ | Der Handelsvertreter verursacht nur variable Kosten. Dies bedeutet für das Unternehmen mehr Kostenflexibilität. Die Provision ist in der Regel höher als beim Reisenden, da der Handelsvertreter kein Grundgehalt erhält. Als selbstständiger Kaufmann kann der Handelsvertreter auch andere Unternehmen vertreten. Er ist nicht weisungsgebunden. |

Entsprechend lässt sich ein „kritischer Umsatz" berechnen, bei dem die Kosten eines Handelsvertreters und eines Handlungsreisenden gleich hoch sind:

## Kritischer Umsatz Handelsvertreter/Handlungsreisender

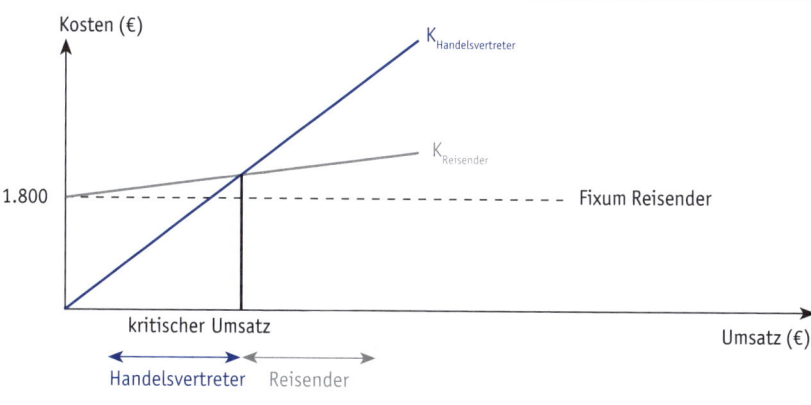

## Distributionslogistik

Neben einem geeigneten **Lagersystem** (zentrale oder dezentrale Lagerung, Eigen- oder Fremdlagerung) steht hier die Wahl des richtigen **Transportsystems** im Mittelpunkt.

Der Transport mit eigenen Transportmitteln (Werksverkehr) wird wegen seiner hohen Fixkosten immer mehr durch den Einsatz von Spediteuren (Logistikern) abgelöst.

§ 453 HGB: Durch den Speditionsvertrag wird der **Spediteur** verpflichtet, die Versendung des Gutes zu besorgen. Der **Frachtführer** ist dagegen derjenige Kaufmann, der tatsächlich das Gut zum Bestimmungsort zu befördern und dort an den Empfänger abzuliefern hat. (vgl. § 407 HGB)

### Spediteur und Frachtführer

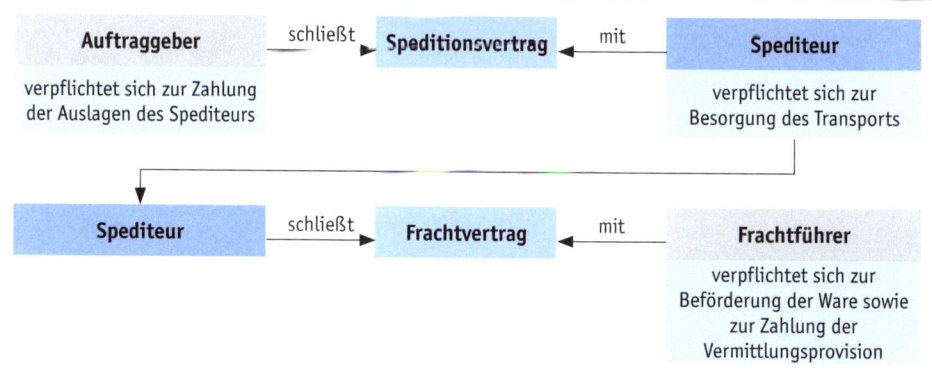

**Spediteur im Selbsteintritt**

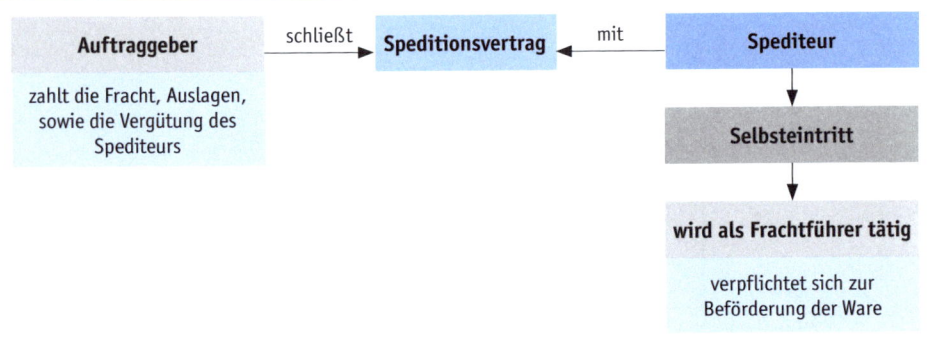

Dem Spediteur steht gem. § 458 HGB stets das Recht zu, den tatsächlichen Transport der Güter auch selbst durchzuführen. Man spricht dann vom **Selbsteintritt** des Spediteurs.

Wer es gewerbsmäßig übernimmt, die Einlagerung und Aufbewahrung von Waren für Dritte zu übernehmen, ist ein **Lagerhalter**. Er stellt für die in Empfang genommenen Waren einen **Lagerschein** aus, der als selbstständiges Warenwertpapier gilt. Für die Eigentumsübertragung der eingelagerten Waren genügt somit die Übergabe des Lagerscheins, was den Absatz der gehandelten Waren enorm beschleunigen kann.

Die Nutzung der Dienste eines Lagerhalters im Sinne einer **Fremdlagerung** hat neben dem Wegfall fixer Lagerkosten zudem den Vorteil, dass die speziellen Kenntnisse des Lagerhalters im Umgang mit den jeweiligen Waren genutzt und dem Lagerhalter zusätzliche Distributionsaufgaben (Kommissionierung, Verpackung, Kennzeichnung etc. der Waren) übertragen werden können.

Moderne global agierende **Logistikdienstleister** stellen in aller Regel Spediteur, Frachtführer und Lagerhalter in einer Person dar.

### Marketing-Mix

Entscheidend für die erfolgreiche Vermarktung eines Produktes ist, dass alle absatzpolitischen Instrumente aufeinander abgestimmt und zielgerichtet geplant werden. Die folgende Abbildung zeigt eine Übersicht dieser Instrumente:

## Instrumente des Marketing-Mix

## Franchising

Eine in nahezu allen Branchen Verbreitung findende Form der Distribution ist das Franchising (z.B. im Einzelhandel, in der Gastronomie oder in der Fitness-branche). Dabei entwickelt ein **Franchisegeber** ein voll umfassendes Vermark-tungskonzept mit sämtlichen Elementen des Marketing-Mix und überlässt die Nutzung dieses Konzeptes gegen Zahlung von **Lizenzgebühren** selbstständigen **Franchisenehmern**. Häufig behält sich der Franchisegeber auch das Recht zur exklusiven Lieferung der angebotenen Waren vor.

### Franchising

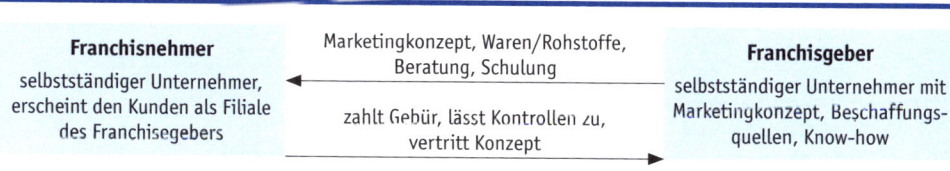

Der Franchisegeber kann so einen erheblichen Teil des unternehmerischen Risi-kos auf die Franchisenehmer abwälzen (z.B. Fixkosten für Ladenpachten, Perso-nal etc.) und gleichzeitig eine schnelle Marktdurchdringung erreichen. Die lau-fenden Lizenzzahlungen stellen eine relativ gesicherte Einnahmenquelle dar.

Der Franchisenehmer profitiert wiederum von der Nutzung eines fertig entwickelten und erprobten, mithin nachweislich erfolgreichen Geschäftskonzeptes. Es ist jedoch in vielerlei Hinsicht von den Vorgaben des Franchisegebers abhängig.

## Aufgaben zu Funktion 0101: Auftragsanbahnung und -vorbereitung

**1:**

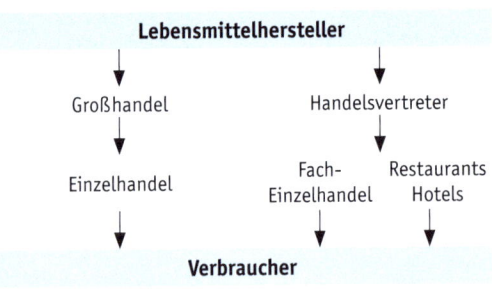

Ein Hersteller von Ketchups, Mayonnaisen und Salatsoßen setzt die nebenstehend dargestellten indirekten Absatzwege ein (sog. „Mehrwegdistribution").

Erläutern Sie

a) zwei Gründe sowie

b) zwei Risiken der Mehrwegdistribution.

**2:** Eine Industrieunternehmung ermittelte vor und nach der Durchführung einer Werbemaßnahme die folgenden Zahlen:

|  | vor der Werbung (TEUR) | nach der Werbung (TEUR) |
|---|---|---|
| Werbekosten | – | 2.540 |
| Produktionskosten | 80.000 | 106.000 |
| Vertriebskosten | 20.000 | 24.000 |
| Umsatz | 127.000 | 170.000 |
| Umsatz der Branche | 1.905.000 | 2.438.000 |

a) Ermitteln Sie (Ergebnisse ggf. auf eine Stelle nach dem Komma runden)

aa) den Anstieg des Umsatzes der Industrieunternehmung in Prozent,

ab) die Veränderung des Marktanteiles der Unternehmung,

ac) die Rendite der durchgeführten Kampagne (Werberendite)

ad) sowie die Veränderung der Gewinnsituation der Unternehmung.

b) Erläutern Sie zwei außerbetriebliche Faktoren, die die oben ermittelte Entwicklung der Kennzahlen beeinflusst haben könnten.

**?** **3:** Die Stiftung Warentest hat Schlagbohrmaschinen für Heimwerker (Preissegment unter 250,00 Euro) verschiedener Hersteller getestet und ist zu nachstehendem Ergebnis gelangt. Erläutern Sie für drei absatzpolitische Instrumente jeweils eine konkrete Maßnahme, mit der die Unternehmung "Mutembo" auf das Testergebnis reagieren sollte!

| Schlagbohrmaschinen | Preis in € ca. | Technische Prüfung | Sicherheitsprüfung | Bohreigenschaften | Handhabung | test-Qualitätsurteil |
|---|---|---|---|---|---|---|
| Anbieter/Bewertung | | 25 % | 15 % | 35 % | 25 % | |
| KRASS 850 SSB | 215,00 | ++ | + | ++ | ++ | Testsieger |
| Busch PSP5000 | 140,00 | ○ | + | ○ | ○ | befriedigend |
| Mutembo SB200Plus | 230,00 | ○ | ++ | + | ○ | gut |
| Horohito MP2000 | 100,00 | – | ○ | – | ○ | mangelhaft |
| Mannesmann M1234 | 190,00 | + | ++ | + | + | gut |
| Zweihall HD300S | 220,00 | ++ | + | ++ | + | sehr gut |

**?** **4:** Um die Marketinginstrumente optimal einsetzen zu können, muss ein Unternehmen seine Märkte kennen.

a) Nennen Sie drei mögliche Fragestellungen, denen die Marktforschung nachgehen könnte!

b) Grenzen Sie Marktanalyse und Marktbeobachtung gegeneinander ab!

c) Nennen Sie vier konkrete Methoden der Primärforschung!

**?** **5:** Eine Unternehmung beabsichtigt, ein System zeitlicher Preisdifferenzierung einzuführen. Erläutern Sie

a) diese Maßnahme anhand eines Beispiels sowie

b) drei Ziele einer zeitlichen Preisdifferenzierung.

**?** **6:**

| Fragezeichen | Sterne |
|---|---|
| • Produkt A | • Produkt C |
| • Produkt B | |
| Arme Hunde | Milchkühe |
| • Produkt D | • Produkt E |
| | • Produkt F |

Zum Zwecke der Produktprogrammplanung setzt ein Industrieunternehmen die von der Boston-Consulting-Group entwickelte Methode der Portfolioplanung ein.

a) Benennen Sie die Achsen der nebenstehenden Grafik!

b) Geben Sie für jedes der sechs abgebildeten Produkte A bis F eine kurze Empfehlung zur zukünftigen Vermarktung ab!

c) Erläutern Sie die Bedeutung eines ausgewogenen Produktportfolios!

**? 7:** Mithilfe welcher Marktforschungsinstrumente lässt sich die Reaktion der Nachfrager auf Preisänderungen ermitteln, also die Preisabsatzfunktion eines Anbieters auf einem Markt bestimmen?

**? 8:** Auf einem Testmarkt für Staubsauger-Papierfilter soll die Abhängigkeit des Absatzes vom Preis festgestellt werden. Dazu wurde der Preis um 20 % gesenkt. Daraufhin ermittelte das beauftragte Marktforschungsinstitut aufgrund der Reaktion der Verbraucher eine Preiselastizität von 0,05.

a) Erläutern Sie, was man unter der Preiselastizität der Nachfrage versteht.

b) Berechnen Sie, um wie viel Prozent die Nachfrage auf dem Testmarkt gestiegen ist.

c) Sollte die Unternehmung die Preissenkung auf dem Gesamtmarkt durchführen? Begründen Sie Ihre Entscheidung!

d) Nennen Sie drei Voraussetzungen, die ein Testmarkt aufweisen muss.

**? 9:** Beschreiben Sie zwei preispolitische Strategien und bilden Sie jeweils konkrete Beispiele (Produkte, Anbieter) für diese!

**? 10:** Ein Automobilhersteller wirbt für ein neues Fahrzeug in einem Kinofilm in der Weise, dass der Hauptdarsteller in den Filmszenen stets dieses Modell benutzt („product placement"). Erläutern Sie drei Vorteile dieser besonderen Art der Werbung.

**? 11:** Als Mitarbeiter/in einer Vertriebsabteilung erhalten Sie die Aufgabe, für eine Gruppe möglicher Neukunden eine Produktpräsentation durchzuführen.
Erläutern Sie vier wesentliche Aspekte, die bei der Vorbereitung der Präsentation berücksichtigt werden sollten.

**? 12:** Als Mitarbeiter/in in der Marketingabteilung einer Industrieunternehmung der DV-Branche, die ihre Produkte ausschließlich über den Fachhandel vertreibt, erhalten Sie die Aufgabe, durch eine Befragung die Zufriedenheit der Kunden (Endabnehmer) im Produktsegment „Multimedia-PC" festzustellen.

a) Nennen Sie fünf Inhalte einer derartigen Befragung.

b) Die Unternehmung will die Befragung selbst durchführen. Nennen Sie vier Überlegungen, die Sie hinsichtlich der Vorgehensweise anstellen müssen.

c) Erläutern Sie je zwei Vor- und Nachteile einer Vergabe der Befragung an ein Marktforschungsinstitut.

**? 13:** Eine marktorientierte Produktpolitik muss die stetige Überwachung des Produktionsprogramms beinhalten.

a) Erläutern Sie

aa) zwei Ziele, die mit einer Produktelimination angestrebt werden sowie

ab) drei Kriterien zur Bestimmung aufzugebender Produkte.

b) Nennen Sie

ba) drei interne Adressaten, die über eine Produktelimination zu informieren sind,

bb) zwei externe Adressaten, die zu informieren sind,

bc) zwei Gründe, die trotz der wirtschaftlichen Daten gegen eine Produktelimination sprechen könnten.

 **14:** Hersteller versuchen häufig, die Endverkaufspreise ihrer Produkte über sog. „unverbindliche Preisempfehlungen" (UVP) zu steuern. Warum folgen die Händler in der Regel den „unverbindlichen" Preissetzungen der Hersteller?

**15:**

a) Bilden Sie drei Beispiele für Produkte mit einer „psychologischen Preisschwelle"! Wie hoch ist diese jeweils?

b) Ziel eines Unternehmens muss es sein, die Preiselastizität der Nachfrage bei seinen Produkten zu verringern, um so den preispolitischen Spielraum auszuweiten. Schlagen Sie hierzu geeignete Marketingmaßnahmen vor!

**16:** Die Absatzstrategie einer Industrieunternehmung lautet: „Horizontale Diversifikation durch Lizenznahme und Zukauf von Produkten".

a) Erläutern Sie den Begriff „Horizontale Diversifikation" und geben Sie ein Beispiel an.

b) Erläutern Sie drei mögliche Gründe für diese Strategie.

**17:** Eine Industrieunternehmung hat einem Kunden ein verbindliches Angebot zum Festpreis von 200.000 EUR unterbreitet. Dabei wurde mit einem Gewinn von 7.500 EUR kalkuliert. Die Zahlungsbedingung lautet: Zahlung bei Lieferung netto Kasse. Der Kunde besteht auf einem Zahlungsziel von sechs Monaten.

a) Ermitteln Sie den Zinsverlust bei Akzeptierung der Bedingung des Kunden (Zinssatz 10 % p. a.).

b) Erläutern Sie drei Gründe, die die Unternehmung veranlassen könnten, die Bedingung des Kunden selbst bei einem Verlust zu akzeptieren.

**18:** Erläutern Sie vier Kriterien zur Festlegung der Höhe des Werbeetats einer Unternehmung!

**19:** Zahlreiche Industrieunternehmen betreiben eine Strategie der Marktsegmentierung.

a) Erläutern Sie, was man unter einer Marktsegmentierungsstrategie versteht!

b) Beschreiben Sie zwei Ziele, die Betriebe mit einer Marktsegmentierung verfolgen können!

**20:** Die nachstehende Grafik kennzeichnet den Lebenszyklus eines bestimmten Produktes.

a) Benennen Sie die Phasen I bis V!

b) Nennen Sie zu jeder der fünf Phasen ein Marketingziel!

c) Nennen Sie drei unternehmensexterne Faktoren, die den geplanten Verlauf des Lebenszyklus eines Produktes beeinflussen können!

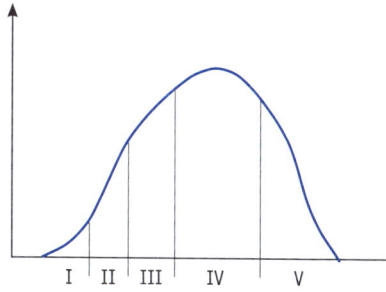

## Fallaufgaben zu Funktion 0101: Auftragsanbahnung und -vorbereitung

### Fallaufgabe 1

**Situation**: Die Haas GmbH stellt Kettensägen, Rasenmäher, Heckenscheren und andere Geräte für den Hobbygärtner und gewerblichen Gartenbau her und vertreibt sie im gesamten Bundesgebiet.

a) Nennen Sie je zwei Möglichkeiten, wie die Haas GmbH ihre Erzeugnisse auf direktem oder indirektem Weg absetzen kann!

b) Begründen Sie, welche der von Ihnen genannten Vertriebswege sich für die beiden Zielgruppen eignen!

Bisher wurden die Erzeugnisse der Haas GmbH mithilfe von Handelsvertretern verkauft. Es wird überlegt, ob künftig Reisende eingesetzt werden sollen. Ein Vertreter erhielt eine Provision in Höhe von 15 % aus den getätigten Umsätzen. Ein Reisender soll künftig 2 500 € Gehalt bei einem Umsatz bis zu 10 000 € pro Monat erhalten. Bei Umsätzen von über 10 000 € sollen ihm zusätzlich 5 % Provision aus dem Zusatzumsatz vergütet werden.

c) Ermitteln Sie, ab welchem Umsatz pro Monat eine Umstellung auf Reisende aus Kostengründen sinnvoll wäre!

d) Stellen Sie den Sachverhalt grafisch dar!

e) Stellen Sie drei weitere Kriterien einander gegenüber, durch die sich Vertreter und Reisende unterscheiden!

Um auf dem Markt für Gartengeräte konkurrenzfähig zu bleiben, muss die Haas GmbH produktpolitische Entscheidungen treffen.

f) Erläutern Sie zwei Risiken, denen die Haas GmbH auf dem Absatzmarkt ausgesetzt sein könnte!

Als Grundlage für produktpolitische Entscheidungen soll Marktforschung betrieben werden.

g) Erläutern Sie zwei für die Haas GmbH geeignete Arten der Marktforschung!

h) Begründen Sie, warum man die Marktforschung von einer externen Marktforschungsagentur durchführen lassen sollte!

i) Beschreiben Sie zwei Möglichkeiten der Produktprogrammgestaltung!

Um den Umsatz zu steigern, sollen Hobbygärtner gezielt angesprochen werden. Von der Werbeabteilung werden folgende Werbeträger vorgeschlagen:

- überregionale Zeitschriften
- Fernsehwerbung
- Fachzeitschriften für den Facheinzelhandel

j) Nehmen Sie kurz dazu Stellung, inwieweit diese geeignet sind!

k) Machen Sie zwei weitere begründete Vorschläge für geeignete Werbemittel!

Der Großhändler Gutmann bestellte bei der Haas GmbH Rasenmäher im Wert von 24 000 €. Die Lieferung erfolgte ordnungsgemäß zum vereinbarten Termin. Gutmann verweigert jedoch die Abnahme.

l) Erläutern Sie, welche Pflichten und Rechte sich für die Haas GmbH ergeben!

m) Begründen Sie, wie Sie das Problem wirtschaftlich sinnvoll lösen würden!

## Fallaufgabe 2

**Situation**: Die Feinkost GmbH, ein traditionsreiches Unternehmen der Feinkost-industrie, steht im Jahr 20xx vor dem Problem, den Marketing-Mix für ihren milden Delikatesssenf Delikato neu zu bestimmen. Bisher stellt sie neben Senf noch diverse Mayonnaisesorten her. Alle ihre Produkte wurden bislang in Gläsern verschiedener Größe und seit zwei Jahren auch in größeren Plastikeimern angeboten.

Die Feinkost GmbH befindet sich in hartem Wettbewerb mit den Senfproduzenten Lomy und Hengstmann. Die zwei Wettbewerber füllen ihren Delikatesssenf gegenwärtig in Tuben und zu einem geringen Teil in Gläser ab. Lomy vertreibt seinen Delikatesssenf unter dem Markennamen Würzi, Hengstmann sein Produkt unter Pikant. Beide Erzeugnisse sind mittelscharf. Im Übrigen können diese aufgrund der jeweiligen Kostenlage vergleichsweise billiger als Delikato auf den Markt gebracht werden.

a) Erläutern Sie in diesem Zusammenhang kurz drei Vorteile, die ein Anbieter aus einem am Markt bekannten Markennamen ziehen kann!

## Die Marktlage

Der Markt für Delikatesssenf spaltet sich in zwei große Abnehmergruppen auf: Einerseits handelt es sich um **Endabnehmer**, andererseits um sog. **Großabnehmer** (z.B. Kantinen).

Die **Marktanteile** der Anbieter am Markt für Delikatesssenf haben sich in den letzten Jahren wie folgt entwickelt:

| Marktanteile Unternehmen | Vorjahr | | 20xx | | Folgejahr (geschätzt) | |
|---|---|---|---|---|---|---|
| | in Mio. € | in % | in Mio. € | in % | in Mio. € | in % |
| Feinkost GmbH | 50,5 | | 48,4 | | 47,0 | |
| Lomy | 37,4 | | 42,8 | | 45,0 | |
| Hengstmann | 24,3 | | 27,9 | | 30,0 | |
| Sonstige Anbieter | 74,8 | | 66,9 | | 65,0 | |
| **Summe** | **187** | | **186** | | **187,0** | |

b) Berechnen Sie die Marktanteile der vier Anbieter!

c) Analysieren Sie die dargestellte Marktentwicklung und leiten Sie drei Aussagen über diese ab!

Im Feinkostmarkt dürfte das Konsumentenverhalten in Zukunft maßgeblich von folgenden Faktoren beeinflusst werden:
- steigendes Umweltbewusstsein gegenüber Aluminium- und Plastikverpackungen (problematisch bei Tubenverpackungen) sowie
- eine wachsende Vorliebe für neuartige, verfeinerte Genüsse („Edel-Esswelle"), damit zusammenhängend ein sich bislang erst schwach abzeichnender Trend zu mildem Delikatesssenf.

d) Leiten Sie drei Empfehlungen für die zukünftige Produktgestaltung der Feinkost GmbH ab! Begründen Sie Ihre Empfehlungen!

**Die Struktur der Endabnehmer**
Im Hinblick auf Delikatesssenf unterteilt sich der Markt bei Endverbrauchern in drei Segmente, die sich in ihren Vorlieben für Qualität und Preis unterscheiden:

| Verbrauchersegmente für Delikatesssenf (Anteile in %) | | | |
|---|---|---|---|
| Marktsegment | akzeptiert einen höheren Preis bei qualitativ hochstehender Ware | bevorzugt primär niedrige Preise | kauft impulsiv im Verkaufsraum, unscharfe Preis- bzw. Qualitätsvorstellungen |
| I | 85 | 3 | 12 |
| II | 10 | 82 | 8 |
| II | 5 | 15 | 80 |

Im Rahmen einer Analyse des Kaufentscheidungsprozesses von Mehrpersonenhaushalten wurde festgestellt, dass Delikatesssenf im Wesentlichen von der Hausfrau und nur in geringem Maße vom Ehemann gekauft wird. Sofern es im Haushalt Kinder gibt, bevorzugen diese milden Senf. Eine Untersuchung der Einkaufsstättenwahl ergab, dass Segment I am liebsten in Feinkostgeschäften, Supermärkten und Warenhäusern einkauft, während das Segment II primär Discounter und Supermärkte aufsucht. In Segment III konnte keine eindeutige Tendenz bei der Einkaufsstättenwahl festgestellt werden.

e) Welche Zielgruppe(n) sollte die Feinkost GmbH anvisieren? Beschreiben Sie diese anhand von drei Merkmalen und begründen Sie Ihre Einschätzung kurz!

**Die Produktqualität im Urteil von Verbrauchern**
Eine im Jahr 20xx durchgeführte Marktstudie zu den drei wichtigsten am Markt befindlichen Wettbewerbern lieferte folgendes Bild (befragt wurden 1 000 repräsentative Verbraucher):

| Kriterium | trifft zu | trifft nicht zu |
|---|---|---|
| Hohe Würze/Schärfe | | |
| Guter Geschmack | | |
| Gute Entnahme aus Behältnis | | |
| Gute Mischbarkeit mit Speisen | | |
| Angemessenes Preis-/Qualitätsverhältnis | | |
| Gutes Aussehen des Produktes | | |
| Hohe Produktqualität | | |

Legende: ——— Delikato  – – – – Würzi  ·············· Pikant

f) Leiten Sie je zwei Wettbewerbsvor- und zwei Wettbewerbsnachteile von Delikato ab!
g) Das Management der Feinkost GmbH möchte neuere Marktdaten erheben, um Informationen über das Urteil von Verbrauchern zu gewinnen. Schlagen Sie vier geeignete Marktforschungsmethoden vor!

**Die Distributionswege**

Die Feinkost GmbH vertreibt ihren Delikatesssenf über Großhändler, und zwar hauptsächlich an Feinkostgeschäfte, Supermärkte und Warenhäuser. In Supermärkten und Discountern wird das Unternehmen von den Konkurrenten Hengstmann und Lomy in zunehmendem Maße verdrängt.

In jüngerer Zeit konnte das Segment der Großabnehmer erstmals erschlossen werden. Diese werden direkt beliefert, wofür die Feinkost GmbH einen eigenen Fuhrpark unterhält, der allerdings nur zu 60 Prozent ausgelastet ist. Das Management führt seinen Erfolg auf das qualitativ hochwertige Produkt und die zuverlässige Distribution zurück. Die Akquisition von Kunden ist Sache von Außendienstmitarbeitern, die dabei jedoch ziemlich planlos vorgehen.

Die Konkurrenten Lomy und Hengstmann hingegen liefern ihre Erzeugnisse an ihre Kunden fast ausschließlich über Zentrallager. Die Auslieferung obliegt Spediteuren.

h) Nennen Sie drei Stärken und drei Schwächen der Feinkost GmbH im Rahmen ihrer Distributionspolitik!
i) Machen Sie drei Vorschläge, wie die Feinkost GmbH ihre Distributionspolitik effizienter und effektiver gestalten könnte!

**Die Kommunikationspolitik**

Im Rahmen der Kommunikationspolitik schaltet die Feinkost GmbH unter anderem in mehreren, nur gering verbreiteten Zeitschriften Werbeanzeigen. Fernsehwerbung wurde bislang aufgrund der hohen Kosten nicht eingesetzt. An andere Werbeträger hat das Management der Feinkost GmbH bislang noch nicht gedacht. Bei Großabnehmern übernehmen Außendienstmitarbeiter die Werbung für Delikato. Dabei steht jeweils die Geschäftsleitung im Mittelpunkt der Akquisitionsbemühungen.

Im Hinblick auf den Kaufprozess für Delikatesssenf weiß man aus Studien, dass die Kaufentscheidung privater Abnehmer für eine bestimmte Senfmarke zum großen Teil spontan am Ort des Einkaufes („point of sale") ausgelöst wird.

Großabnehmer zeigen dagegen eine eher rationale Kaufentscheidung. Neben dem Preis sind die Qualität und die Zuverlässigkeit der Lieferung die ausschlaggebenden Kauffaktoren.

j) Unterbreiten Sie drei begründete Vorschläge zur Verbesserung der Kommunikationspolitik der Feinkost GmbH!

## Fallaufgabe 3

**Situation**: So wie auch alle anderen Brauereien in Deutschland sieht sich die oberbayerische Privatbrauerei Hopfen & Malz mit dem Problem konfrontiert, dass der Pro-Kopf-Verbrauch von Bier seit Jahren rückläufig ist. Insbesondere kleinere, nicht in das Ausland exportierende Brauereien sind hierdurch stark in ihrer Existenz gefährdet. Daher hat sich das Management von Hopfen & Malz entschlossen, über die Herstellung alternativer Produkte nachzudenken.

Eine so grundlegende Entscheidung wie die komplette Umgestaltung des Produktionsprogramms soll aber nicht ohne eine hinreichende Marktforschung gefällt werden. Die Marketingleitung von Hopfen & Malz möchte daher eine Konsumentenbefragung mittels Telefoninterviews durchführen lassen, um die Ursachen für das geänderte Konsumverhalten der Deutschen zu ermitteln.

a) Formulieren Sie vier geeignete Fragen!

b) Nennen Sie zwei grundsätzliche Voraussetzungen, die eine derartige Befragung erfüllen muss, um verlässliche Ergebnisse zu liefern!

Weiterhin wird darüber nachgedacht, ob nicht auch andere Methoden der Marktforschung infrage kämen.

c) Nennen Sie vier weitere Möglichkeiten, Informationen über die Gründe für den beobachteten Umsatzrückgang zu gewinnen!

d) Marktforschung ist kein einmaliger Vorgang, sondern muss immer wieder durchgeführt werden. Begründen Sie die Richtigkeit dieser Aussage!

Der Brauerei Hopfen & Malz ist es nach langer Forschung gelungen, den Prozess des Bierbrauens (Fermentation von Wasser, Malz und Hopfen) so zu verändern, dass dabei ein **natürlich-biologisches, alkoholfreies Erfrischungsgetränk** entsteht.

Gestützt auf die Ergebnisse der zuvor durchgeführten Marktforschung soll nun ein Vermarktungskonzept für ein solches Erfrischungsgetränk erstellt werden. Die Marktforschung lieferte u. a. die folgenden qualitativen Ergebnisse:
- Konsumenten zwischen 15 und 45 Jahren legen zunehmend Wert auf gesunde Lebensmittel.
- Die am Markt erhältlichen Erfrischungsgetränke werden häufig als zu süß eingeschätzt. Die Konsumenten wünschen sich stattdessen überraschende Geschmackserlebnisse.
- Getränke kaufen die Konsumenten überwiegend in Getränkemärkten oder den Getränkeabteilungen der großen Supermärkte mit Parkmöglichkeiten.
- Der Konsum von Lebensmitteln muss sich mit einem „mobilen Lebensstil" (hohe Mobilität in Beruf und Freizeit) vereinbaren lassen.

e) Leiten Sie für das geplante Erfrischungsgetränk je zwei Empfehlungen für die Produktpolitik, die Kommunikationspolitik sowie die Distributionspolitik ab! Begründen Sie Ihre Empfehlungen dabei anhand der Marktforschungsergebnisse!

f) Der Erfolg von neuen Produkten hängt nicht zuletzt von einem einprägsamen Markennamen ab. Wie könnte ein Markenname für das geplante Erfrischungsgetränk lauten? Erläutern Sie, was dieser Markenname ausdrücken soll!

g) Kreieren Sie einen Slogan, mit dem für das neue Erfrischungsgetränk geworben werden soll! Was soll Ihr Slogan ausdrücken (= Werbebotschaft)?

h) Schlagen Sie für das neuartige Erfrischungsgetränk zwei geeignete Werbeträger vor! Begründen Sie Ihre Vorschläge!

## Funktion 0102:  Auftragsbearbeitung

Die Abbildung auf der folgenden Seite gibt einen Überblick über die standardmäßige Abwicklung eines Kundenauftrages in einem Industriebetrieb.

Im Folgenden werden die Schritte beschrieben; zur **Produktionsplanung und -steuerung** vgl. Prüfungsgebiet 04 Leistungserstellung - Teil1, ab Seite XX.

## 1. Angebotserstellung

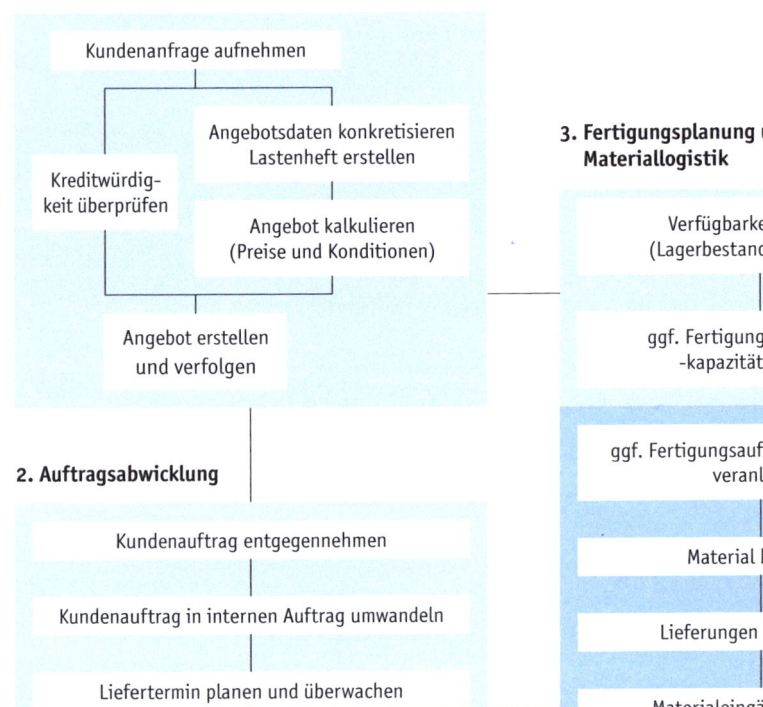

Kundenanfrage aufnehmen

Angebotsdaten konkretisieren
Lastenheft erstellen

Kreditwürdig-
keit überprüfen

Angebot kalkulieren
(Preise und Konditionen)

Angebot erstellen
und verfolgen

## 3. Fertigungsplanung und -steuerung / Materiallogistik

Verfügbarkeitsprüfung
(Lagerbestand überprüfen)

ggf. Fertigungstermine und
-kapazitäten prüfen

ggf. Fertigungsauftrag erstellen und
veranlassen

Material bestellen

Lieferungen überwachen

Materialeingänge erfassen

Eingangsrechnung bearbeiten

Arbeitszeiten zur Lohnermittlung erfassen

## 2. Auftragsabwicklung

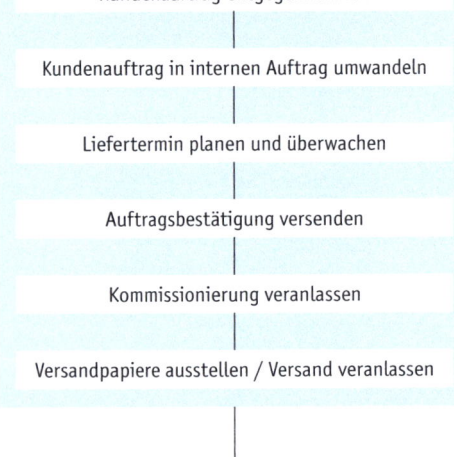

Kundenauftrag entgegennehmen

Kundenauftrag in internen Auftrag umwandeln

Liefertermin planen und überwachen

Auftragsbestätigung versenden

Kommissionierung veranlassen

Versandpapiere ausstellen / Versand veranlassen

## 4. Fakturierung

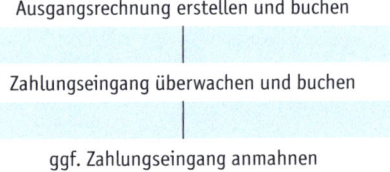

Ausgangsrechnung erstellen und buchen

Zahlungseingang überwachen und buchen

ggf. Zahlungseingang anmahnen

## 5. Controlling

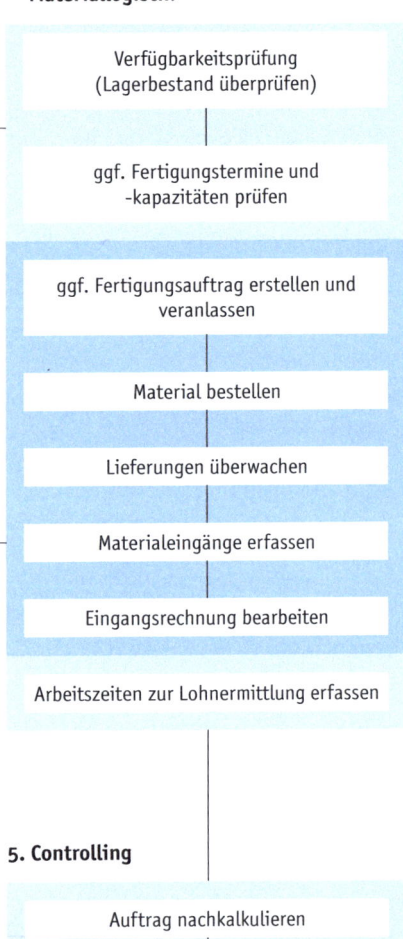

Auftrag nachkalkulieren

Monats-/Jahresabschluss vorbereiten

**Achtung**: Im Einzelfall können dabei **unternehmensspezifische Besonderheiten** erhebliche Abweichungen von dem hier dargestellten Prozess der Auftragsbearbeitung notwendig machen. In jedem Fall erfordern folgende Punkte besondere Beachtung:

## Auftragsprüfung

Neben einer Überprüfung der **Lieferfähigkeit** (verfügbare Lagerbestände bzw. vorhandene Produktionsmöglichkeiten der bestellten Waren) ist eine Prüfung der **Lieferwilligkeit** vor der Abgabe eines Angebotes notwendig. Verschiedene unternehmerische Motive (z.b. die Wahrung bestimmter Exklusivitätsvereinbarungen mit ausgewählten Kunden oder bestehende Konkurrenzbeziehungen) können dazu führen, dass man eine anfragende Unternehmung nicht beliefern möchte.

Zur Überprüfung der **Bonität** (= Zahlungsfähigkeit) des Kunden können **Selbstauskünfte** der Geschäftsbanken des Kunden oder die Dienste von gewerblichen **Auskunfteien** (z.B. Creditreform oder Schufa) genutzt werden.

Weiterhin kann das Zahlungsrisiko durch die Leistung einer **Vorauszahlung** (= Vorauskasse) oder durch Abgabe einer **Bürgschaft**, z.B. durch eine Geschäftsbank, gemindert werden.

## Angebotserstellung

Erst wenn sowohl die **Lieferfähigkeit** als auch die **Lieferwilligkeit** positiv geprüft wurden, ist eine Angebotserstellung und -abgabe sinnvoll. Denn während die Anfrage des Kunden stets nur eine rechtlich unverbindliche Aufforderung zur Abgabe eines Angebotes ist, stellt ein (mündlich, schriftlich oder elektronisch) abgegebenes Angebot stets eine rechtsverbindliche Willenserklärung dar. Die Rechtsbindung eines Angebotes kann aber durch eine sog. „**Freizeichnungsklausel**", z.B. „freibleibend", „ohne Obligo" o. ä. aufgehoben werden.

( ! ) Angebote sind **grundsätzlich verbindlich**, es sei denn, die Rechtsbindung wurde ausdrücklich ausgeschlossen!

Hinweis: zum Inhalt einer Anfrage vgl. Prüfungsgebiet 02: Beschaffung und Bevorratung, Kap. 02 Angebote einholen, prüfen und vergleichen

Die **Kalkulation des Angebotspreises** erfolgt in der Regel von den Selbstkosten aus, wobei die Berechnung der Zuschläge für Rabatte (Skonto, Kundenrabatt u. ä.) aus Sicht des Kunden, also vom verminderten Grundwert vorzunehmen ist!

Hinweis: zur Kalkulation des Angebotspreises vgl. im Kapitel über preispolitische Maßnahmen, Seite XX

Des Weiteren sind die **Zahlungsbedingungen** (Zahlungsziel; Skonto) sowie die **Lieferbedingungen** (Fracht- und Verpackungskosten) festzulegen. Unter Kaufleuten finden meist die nachstehenden **Frachtklauseln** Anwendung, um die jeweils vom Verkäufer und vom Käufer zu tragenden **Frachtkosten** festzulegen:

| Frachtklauseln: Wer trägt die Beförderungskosten? | | | | | |
|---|---|---|---|---|---|
| Kosten<br><br>Frachtklausel | Anfuhrkosten (bis Verladestation) | Verladekosten | Frachtkosten | Entladekosten | Zufuhrkosten (ab Entladestation) |
| „frei Haus", „frei Lager", „frei Werk" | Verkäufer | | | | |
| „frei", „frachtfrei", „frei Bahnhof dort" | Verkäufer | | | Käufer | |
| „frei Waggon", „frei Schiff" | Verkäufer | | Käufer | | |
| „unfrei", „ab hier", „frei Bahnhof hier" (gesetzliche Regelung beim Versendungskauf) | Verkäufer | Käufer | | | |
| „ab Werk", „ab Lager" (Platzkauf) | Käufer | | | | |

### Rechnungserstellung

#### Unterlagen für die Rechnungserstellung

Erfolgte die Erfassung des Kundenauftrages und dessen Abwicklung (Angebotserstellung, Auftragsumwandlung, ggf. Produktion, Kommissionierung und Versand), wie heute allgemein üblich, mithilfe einer ERP-Software/eines Warenwirtschaftssystems, liefert dieses Datenbanksystem alle für die Rechnungserstellung notwendigen Informationen. Entsprechend kann mit dem Versand der Waren automatisiert die Erstellung der Rechnung erfolgen, ohne dass die Verarbeitung weiterer Belege notwendig ist.

Sofern dies nicht möglich ist, werden für die Rechnungserstellung die Kundenbestellung, ggf. die Kalkulationsunterlagen und das Angebot, der Lieferschein sowie weitere Versandpapiere (Packzettel, Frachtbriefdoppel etc.) benötigt. Ob die Rechnung die Warensendung als Versandpapier begleitet oder separat übersandt wird, ist vom Einzelfall abhängig.

#### Bestandteile der Rechnung

Nach § 14 UStG **muss** eine durch einen umsatzsteuerpflichtigen Unternehmer ausgestellte Rechnung folgende Angaben enthalten:

1. den vollständigen **Namen und die vollständige Anschrift** des **Verkäufers** und des **Käufers** der Leistung (Waren),
2. die dem Verkäufer vom Finanzamt erteilte **Steuernummer** oder die ihm vom Bundeszentralamt für Steuern erteilte **Umsatzsteuer-Identifikationsnummer**,
3. das **Ausstellungsdatum**,
4. eine **fortlaufende Rechnungsnummer**, die zur Identifizierung der Rechnung vom Rechnungsaussteller einmalig vergeben wird,
5. die **Menge** und die **Art** (handelsübliche Bezeichnung) der gelieferten Gegenstände oder den Umfang und die Art der sonstigen Leistung,
6. den **Zeitpunkt der Lieferung** oder sonstigen Leistung,
7. das nach **Steuersätzen** und einzelnen Steuerbefreiungen aufgeschlüsselte **Entgelt für die Lieferung** oder sonstige Leistung (§ 10 UStG) sowie jede im Voraus vereinbarte Minderung des Entgelts (= **Sofortrabatte**), sofern sie nicht bereits im Entgelt berücksichtigt ist,
8. den anzuwendenden **Steuersatz** sowie den auf das Entgelt entfallenden **Steuerbetrag** oder im Fall einer Steuerbefreiung einen Hinweis darauf, dass für die Lieferung oder sonstige Leistung eine Steuerbefreiung gilt,
9. ein Hinweis auf die **Aufbewahrungspflicht** gem. §14b UStG (i. d. R. 10 Jahre für Unternehmer, 2 Jahre für Nichtunternehmer) und
10. in den Fällen der Ausstellung der Rechnung durch den Leistungsempfänger (= Käufer) oder durch einen von ihm beauftragten Dritten gemäß Absatz 2 Satz 2 die Angabe „**Gutschrift**".

Bei Rechnungen über **Kleinbeträge** bis zu 250,00 EUR einschließlich Umsatzsteuer genügt die Angabe des Umsatzsteuersatzes (§ 33 UStDV).

Neben den genannten gesetzlich vorgeschriebenen Bestandteilen führt der Rechnungssteller meist **weitere kaufmännische Angaben** auf, die ihm selbst und seinem Kunden die Bearbeitung der Rechnung und damit schließlich deren Begleichung erleichtern. Dies können z.B. sein:

1. die **Kundennummer** des Bestellers und ggf. die **Lieferantennummer** des Rechnungsstellers,
2. das **Bestelldatum** und die **Bestellnummer**,
3. ein **Ansprechpartner** im Vertrieb oder der Debitorenbuchhaltung des Lieferanten,
4. die **Lieferscheinnummer** der berechneten Lieferung,
5. die **Zahlungsbedingungen** und das **Zahlungsdatum**,
6. die **Bankverbindung**(en), auf die die Zahlung zu leisten ist.

### Störungen bei der Vertragserfüllung

Typischerweise können aus Sicht des Lieferanten ein **Annahmeverzug** oder ein **Zahlungsverzug** des Käufers zu einer Störung des Absatzprozesses führen.

Hinweis: zur Vertragserfüllung, insbesondere zum Begriff der Bring-, Schick- und Holschuld vgl. Prüfungsgebiet 02: Beschaffung und Bevorratung, Kap. 04 Vertragserfüllung überwachen und Maßnahmen zur Vertragserfüllung einleiten

### Annahmeverzug

Für den Verkäufer besteht stets das Risiko, dass sein Kunde die ordnungsgemäß gelieferte Leistung nicht abnimmt. Man spricht von einem Annahmeverzug. Dieser ist aber stets an folgende **Voraussetzungen** gebunden:

- Die Lieferung muss **fällig**, der vereinbarte Liefertermin also erreicht sein.
- Dem Kunden muss die geschuldete Leistung auch **tatsächlich angeboten** werden.
- Der Kunde hat die ihm angebotene Leistung – bei einer Bring- oder Schickschuld – **nicht angenommen** bzw. – bei einer Holschuld – **nicht abgeholt**. Ob der Käufer die Nichtannahme der Leistung selbst verschuldet hat, ist juristisch unerheblich.

Sind diese Voraussetzungen erfüllt, stehen dem Verkäufer folgende **Rechte** zu:

- Er kann in jedem Fall **auf Abnahme der Ware bestehen**, die nicht abgenommenen Waren **auf Kosten des Käufers** selbst oder bei einem Lagerhalter **einlagern** und den **Ersatz aller** ihm durch den Annahmeverzug **entstehenden Mehraufwendungen** – z.B. für eine erneute Anlieferung – **verlangen**.
- Nach **Ablauf einer angemessenen Nachfrist** kann er zudem **vom Kaufvertrag zurücktreten** oder die Ware auf Kosten des Käufers an einen Dritten verkaufen (= **Selbsthilfeverkauf**). Im letzteren Falle muss der Verkäufer den Käufer über den Ort und die Zeit des Selbsthilfeverkaufes informieren. Für den (unwahrscheinlichen) Fall, dass der Selbsthilfeverkauf einen Mehrerlös ergibt, muss dieser an den Käufer abgetreten werden. Andernfalls muss der Käufer einen Mindererlös tragen.
- Handelt es sich bei der nicht abgenommenen Lieferung um **leicht verderbliche Waren**, können diese auch ohne Nachfrist im Rahmen eines **Notverkaufes** sofort öffentlich versteigert werden.

Hinzu kommt, dass der Verkäufer nach Eintritt des Annahmeverzuges nur noch für grob fahrlässiges oder vorsätzliches Handeln haftet.

**Rechte des Verkäufers bei Annahmeverzug**

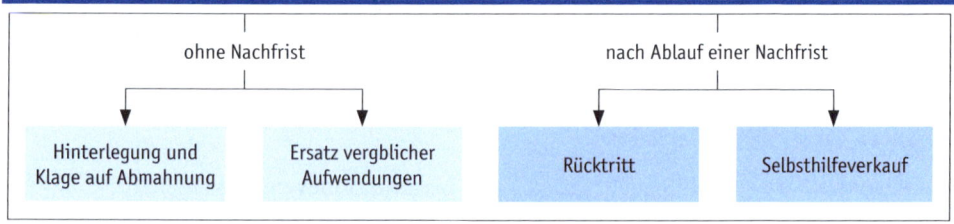

## Nicht-Rechtzeitig-Zahlung (Zahlungsverzug)

Die Hauptleistungspflicht des Käufers aus einem von ihm abgeschlossenen Kaufvertrag ist die ordnungsgemäße Zahlung des vereinbarten Kaufpreises. Der Käufer kommt in **Zahlungsverzug**, wenn

- der Zahlungsanspruch **fällig** und durchsetzbar ist und
- er **nicht rechtzeitig**, **nicht vollständig** oder **gar nicht zahlt** und der Gläubiger den Schuldner gemahnt hat und
- wenn der Schuldner die Nichtzahlung **zu vertreten**, also durch Fahrlässigkeit oder Vorsatz **verschuldet** hat. (Wegen mangelhafter Finanzplanung nicht liquide zu sein, gilt somit als Verschulden.)

Außerdem gilt:

- Eine Mahnung kann entfallen, wenn auf der Rechnung des Lieferanten ein **kalendermäßig bestimmbarer Zahlungstermin** (z.B. Rechnungsbetrag zahlbar bis 30.04.20xx) genannt wurde, der verstrichen ist.
- Wurde kein kalendermäßig bestimmbarer Zahlungstermin genannt, tritt die Fälligkeit entweder durch **Mahnung** oder automatisch **30 Tage nach Zugang der Rechnung** ein. (Bei Verbrauchsgüterkäufen ist diese Bestimmung auf der Rechnung zu vermerken.)

Befindet sich der Käufer im Zahlungsverzug, stehen dem Verkäufer folgende **Rechte** zu:

- Er kann weiterhin **auf Zahlung bestehen** – und ggf. klagen – sowie **Schadenersatz für die verzögerte Zahlung verlangen. Der Zinssatz für die Berechnung dieser Verzugszinsen** (= Verzögerungsschaden) errechnet sich bei Handelskäufen durch Aufschlag von 9 Prozentpunken (+ 40,00 € Verzugspauschale), bei Verbrauchsgüterkäufen von 5 Prozentpunkten auf den gültigen **Basiszinssatz**. Kann der Verkäufer einen höheren Schadenersatzanspruch, z.B. für entstandene Mahn- und Gerichtskosten, nachweisen, steht ihm auch dieser zu.
- Nach Ablauf einer angemessenen **Nachfrist** kann der Verkäufer zudem vom Kaufvertrag **zurücktreten** und **Schadenersatz statt der Leistung** verlangen. Alternativ besteht auch ein **Anspruch auf Ersatz vergeblicher Aufwendungen**.

## Mahnverfahren

Für das **kaufmännische (außergerichtliche) Mahnverfahren** bestehen keine festen Regeln. Vorrangiges Ziel des kaufmännischen Mahnverfahrens ist es zunächst, den Käufer zu einer freiwilligen Bezahlung seiner Schuld zu bewegen, möglichst ohne diesen als Kunden zu verlieren.

Daher sollte eine **erste** – z.B. telefonische oder schriftliche – **Zahlungserinnerung** noch freundlich und sachlich formuliert sein.

Erst wenn diese keinen Erfolg zeigt, wird man eine **zweite oder dritte Mahnung** in zunehmend bestimmtem Ton und unter Androhung von Rechtsmitteln zusenden.

Haben die dem Kunden übersandten Mahnungen keinen Erfolg, bleiben dem Verkäufer nur das **gerichtliche Mahnverfahren** und ggf. die Erhebung einer Zivilklage. Diese Schritte sind besonders wichtig, um den Eintritt der **Verjährung** zu verhindern.

## Das gerichtliche Mahnverfahren

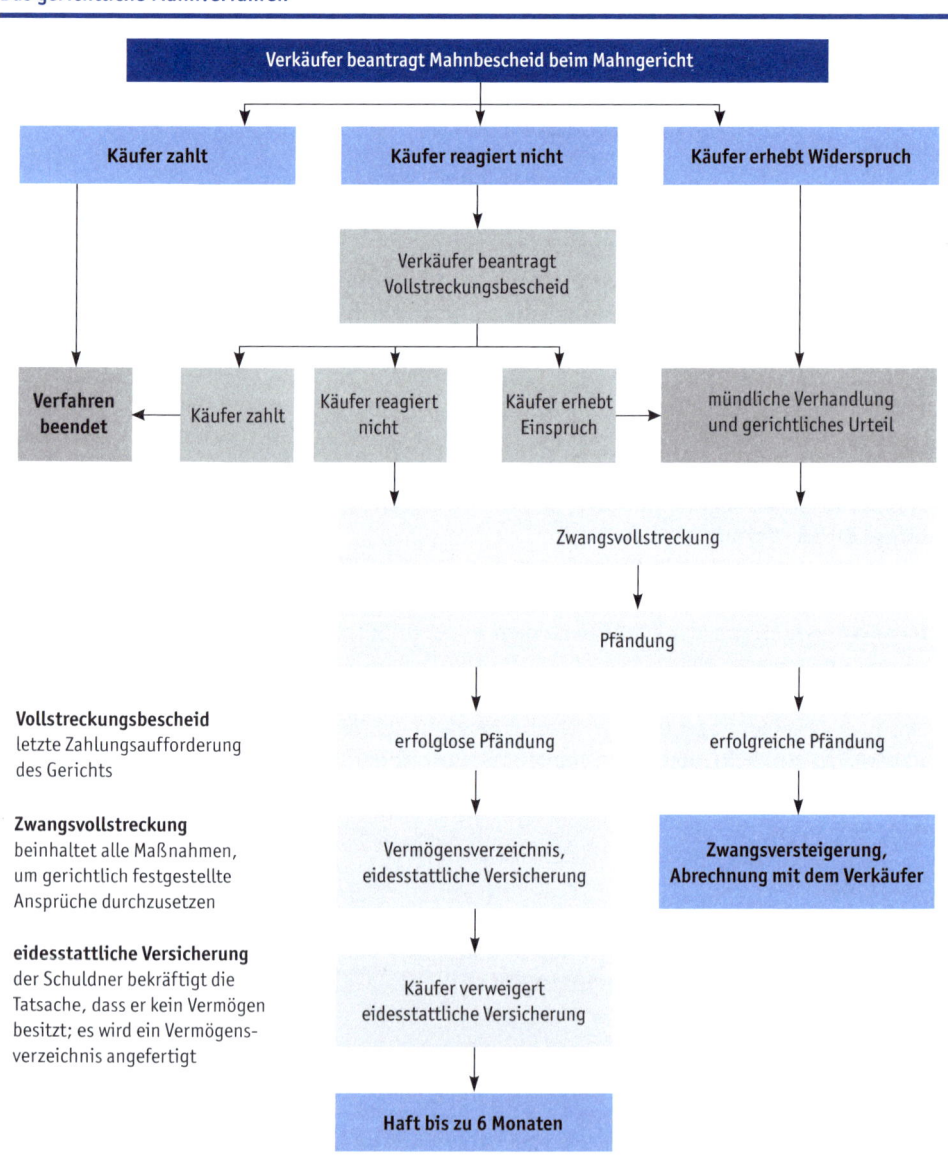

**Vollstreckungsbescheid**
letzte Zahlungsaufforderung des Gerichts

**Zwangsvollstreckung**
beinhaltet alle Maßnahmen, um gerichtlich festgestellte Ansprüche durchzusetzen

**eidesstattliche Versicherung**
der Schuldner bekräftigt die Tatsache, dass er kein Vermögen besitzt; es wird ein Vermögensverzeichnis angefertigt

## Verjährung

Verjährung bezeichnet das **Recht eines Schuldners, nach Ablauf einer bestimmten Zeitspanne die von ihm geschuldete Leistung auf Dauer zu verweigern**. (Der Schuldner macht dann die „Einrede der Verjährung" geltend.) Nach Eintritt der Verjährung kann der Gläubiger seine Forderung (z.B. Lieferung der Ware, Kaufpreiszahlung oder Gewährleistung) nicht mehr mithilfe der Gerichte (Klage, Zwangsvollstreckung) durchsetzen. Die Forderung an sich besteht aber weiterhin. Folgende regelmäßige Fristen werden unterschieden:

- **2 Jahre** bei Gewährleistungsansprüchen aus Kaufverträgen (beginnt i. d. R. mit dem Gefahrenübergang).
- **3 Jahre** bei allen üblichen Verträgen (beginnt am Ende des Jahres, in dem der Anspruch entstand), also zum Beispiel der Anspruch auf Zahlung des vereinbarten Kaufpreises.
- **10 Jahre** bei Rechten auf/aus Grundstücken (beginnt sofort mit Entstehung des Anspruches).
- **30 Jahre** bei Herausgabeansprüchen aus Eigentum, Erbansprüchen, vollstreckbaren Titeln u. a. (unterschiedlicher Beginn je nach Art des Anspruchs).

### Neubeginn der Verjährung

Die Unterbrechung der Verjährung ist ein Tatbestand, der dazu führt, dass eine **schon begonnene Verjährungsfrist neu zu laufen beginnt, ohne dass die bisherige Zeit berücksichtigt wird**. Eine Unterbrechung der Verjährung geschieht durch:

- Anerkennung der geschuldeten Leistung (durch den Schuldner)
- Abschlags- oder Zinszahlungen
- Bitten um Stundung (Zahlungsaufschub)
- Erbringung einer Sicherheitsleistung
- Antrag auf oder Durchführung der Zwangsvollstreckung

### Hemmung der Verjährung

Bei einer Hemmung der Verjährung wird **der Ablauf der Verjährungsfrist um eine bestimmte Zeitspanne aufgeschoben**. Nach dem Ende der Hemmung läuft die Verjährungsfrist weiter. Eine Hemmung kann entstehen durch:

- Verhandlungen zwischen Gläubiger und Schuldner über die Forderung,
- Zustellung eines amtlichen Mahnbescheides,
- Erhebung der Klage bei dem zuständigen Gericht,
- Anmeldung eines Anspruches im Zuge eines Insolvenzverfahrens,
- berechtigte Verweigerung der Leistung durch den Schuldner,
- Unmöglichkeit der Rechtsverfolgung durch höhere Gewalt.

## Außenhandelsgeschäfte

Beschränkungen der freien Warenausfuhr in andere EU-Mitgliedsländer wurden nahezu komplett aufgehoben, sodass sich diese praktisch kaum noch von Inlandsgeschäften unterscheiden. Exportgeschäfte mit Nicht-EU-Mitgliedsländern können dagegen zahlreichen Vorschriften und Beschränkungen unterworfen sein. Daher wird begrifflich getrennt in:

| Art der Warenausfuhr | Begriff gem. Umsatzsteuergesetz | Begriff gem. Außenhandelsstatistik |
|---|---|---|
| Warenausfuhr in ein anderes EU-Land | innergemeinschaftliche Lieferung | Intrahandel (Versendung) |
| Warenausfuhr in ein Nicht-EU-Land | Ausfuhr in ein Drittland | Extrahandel |

Durch die Liberalisierung des Außenhandels und die Einführung einer gemeinsamen Währung innerhalb der Europäischen Wirtschafts- und Währungsunion (EWWU) sind die für Außenhandelsgeschäfte typischen Risiken nahezu vollständig entfallen. Insbesondere im Überseehandel mit Kunden in Amerika, Afrika und Asien bestehen diese aber weiterhin:

### Besondere Risiken von Außenhandelsgeschäften

| Art des Risikos | Beschreibung | Maßnahmen zur Risikoabsicherung |
|---|---|---|
| **Abnahme-** und **Zahlungsrisiko** | Wegen der im Außenhandel größeren Entfernungen, unterschiedlicher Rechtssysteme und politischer Unsicherheiten ist die grundsätzliche Gefahr, dass der Kunde die gelieferte Ware nicht abnimmt oder nicht bezahlt, erheblich erhöht. | Leistung einer teilweisen oder vollständigen **Vorauskasse** (Vorauszahlung) **Dokumenteninkasso** **Dokumentenakkreditiv** |
| **Transportrisiken** | Auch hier bergen die u. U. erheblichen Distanzen erhöhte Risiken, dass die Waren auf dem Transport beschädigt werden oder gänzlich verloren gehen. | Auswahl **geeigneter Spediteure** Abschluss einer **Warentransportversicherung** mit voller Deckung geeignete **Versandverpackung** und **Markierung** der Ware |
| **Währungsrisiken** | Nicht in jedem Falle wird es möglich sein, die Rechnung in Euro zu stellen. Währungsschwankungen können dann die kalkulierte Gewinnmarge gefährden. | **Devisentermingeschäfte** |
| **Qualitätsrisiken** | Unterschiedliche Qualitätsstandards können schnell zu Streit über die Erfüllung der vereinbarten Qualitätsansprüche führen. | Kauf laut **Muster** amtliche **Qualitätszertifikate** **Ursprungszeugnisse** |

| | | |
|---|---|---|
| **Juristische Risiken** | Nahezu jedes Land der Welt hat ein eigenes Rechtssystem entwickelt. Außerdem mangelt es in vielen Ländern an Rechtssicherheit. | **Schiedsvereinbarungen** über die Zuständigkeit internationaler **Schiedsgerichte** (z.B. in New York oder Paris) Vereinbarung von **Incoterms** |
| **Politische Risiken** | Instabile politische Verhältnisse in den Abnehmerländern oder internationale Konflikte können die Erfüllung von Außenhandelsgeschäften schnell gefährden und bergen u. U. erhebliche Risiken. | sorgfältige Beachtung der **Rechtsvorschriften**, insbesondere: Außenwirtschaftsgesetz (AWG), Außenwirtschaftsverordnung (AWV) Ausfuhrliste (AL) EU-Antiterrorismusverordnung Lektüre von **Länderanalysen** **Dokumentenakkreditiv** **Exportkreditversicherung** der Euler Hermes KreditversicherungsAG |

## Incoterms 2020

Von der Internationalen Handelskammer (ICC) in Paris wurden spezielle für den Außenhandel geeignete Standardklauseln entwickelt, die die Übernahme der Transportkosten und den **Gefahrenübergang** definieren.

Vereinbaren Käufer und Verkäufer diese Incoterms (= International Commercial Terms), sind ihre jeweiligen Rechte und Pflichten – unabhängig von gesetzlichen Normen – genau definiert. Die E-, F- und D-Klauseln bezeichnet man als Einpunktklauseln, da die Kosten und die Gefahr an demselben Punkt (Ort) vom Verkäufer auf den Käufer übergehen. C-Klauseln sind dagegen Zweipunktklauseln, da hier die Punkte (Orte) des Transportkostenübergangs und des Risikoübergangs auseinanderfallen.

Die Klauseln FAS, FOB, CFR und CIF sind speziell für den Schiffstransport konzipierte Incoterms®. Diese wurden in der aktuellen Fassung den Realitäten in modernen Containerhäfen angepasst: So geht bei den Klauseln FOB, CFR und CIF nunmehr die Gefahr auf den Käufer über, wenn die Ware (im Regelfall der Container) physisch auf dem Schiff abgesetzt wurde. (Der Moment des Überquerens der Seereling spielt demnach keine Rolle mehr.)

Die übrigen sieben Klauseln sind für alle Arten von **multimodalen Transporten**, bei denen mehrere verschiedene Transportmittel innerhalb einer logistischen Kette zum Einsatz kommen, vorgesehen.

## Incoterms

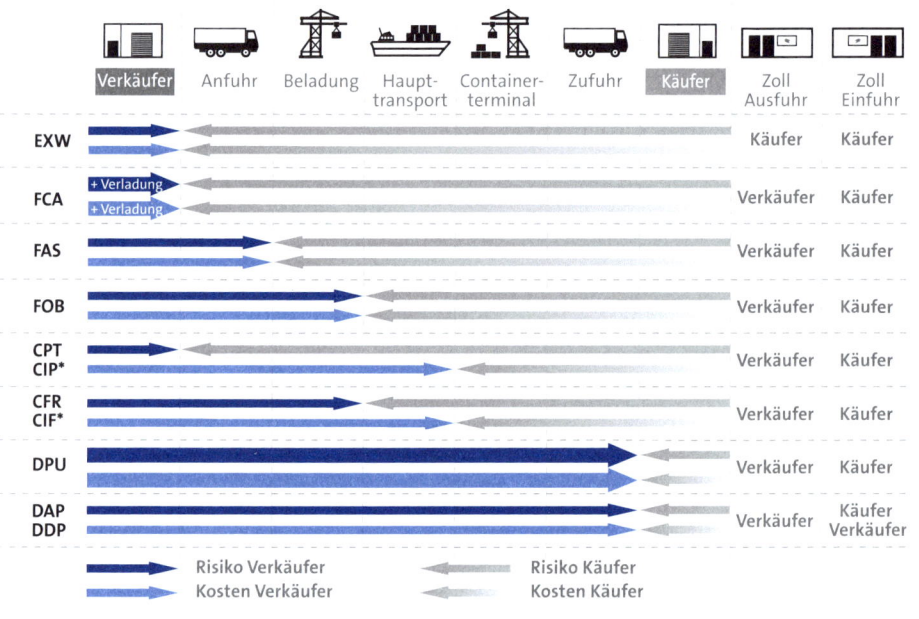

| | Verkäufer | Anfuhr | Beladung | Haupt-transport | Container-terminal | Zufuhr | Käufer | Zoll Ausfuhr | Zoll Einfuhr |
|---|---|---|---|---|---|---|---|---|---|
| EXW | | | | | | | | Käufer | Käufer |
| FCA | + Verladung / + Verladung | | | | | | | Verkäufer | Käufer |
| FAS | | | | | | | | Verkäufer | Käufer |
| FOB | | | | | | | | Verkäufer | Käufer |
| CPT CIP* | | | | | | | | Verkäufer | Käufer |
| CFR CIF* | | | | | | | | Verkäufer | Käufer |
| DPU | | | | | | | | Verkäufer | Käufer |
| DAP DDP | | | | | | | | Verkäufer | Käufer / Verkäufer |

→ Risiko Verkäufer → Risiko Käufer
→ Kosten Verkäufer → Kosten Käufer

### Dokumente im Außenhandel

Für die Warenausfuhr in ein Dritt-Land (= Nicht-EU-Land) sind durch den Exporteur in aller Regel besondere **Dokumente** (Versandpapiere) bereitzustellen:

| Art der Dokumente | Beschreibung der Dokumente |
|---|---|
| Transportdokumente | Das (See-)**Konnossement** (engl. Bill of Lading, B/L) ist ein **Seefrachtbrief**, der zudem die Funktion eines **Warenwertpapiers** erfüllt. In der Binnenschifffahrt entspricht der **Ladeschein** (engl.: Inland Waterway B/L), im Luftfrachtverkehr der **Luftfrachtbrief** (engl.: Air Waybill, AWB) dem Konnossement. Die **Packliste** (engl.: Packing List) gibt exakt an, in welchem Packstück („Colli") mit welcher Markierung sich welche Ware befindet. Der europaweit standardisierte **CMR-Frachtbrief** wird üblicherweise beim Lkw-Transport eingesetzt. |

| Versicherungsdokumente | Die **Einzelpolice** belegt den Abschluss einer Transportversicherung für eine bestimmte Sendung, die **Generalpolice** für ein Bündel von Einzeltransporten. |
|---|---|
| Zolldokumente | Bei Ausfuhren in ein anderes EU-Land (Intrahandel) genügt eine **Meldung** an das Statistische Amt der EU (INTRASTAT) unter Angabe der USt-Identifikationsnummern von Versender und Empfänger. |
| | Im Extrahandel ist ab einem Warenwert von 1.000 Euro jedoch immer ein **Ausfuhrbegleitdokument (ABD)** zu erstellen, das die Zollbehörden prüfen und mit einem Ausfuhrvermerk versehen müssen. |
| | Eine **Handelsfaktura** (engl.: Commercial Invoice) ist stets ohne Umsatzsteuer, dafür aber in mehrfacher Ausfertigung und jeweils gestempelt und unterschrieben auszustellen. |
| | Amtliche **Ursprungszeugnisse** und **Präferenznachweise** ermöglichen dem Kunden die Nutzung von **Handelspräferenzen** (z.B. niedrigere Zollsätze bei der Wareneinfuhr). |

## Besondere Zahlungsmodalitäten bei Außenhandelsgeschäften

Beim **Dokumenteninkasso** wird eine Geschäftsbank treuhänderisch mit dem Einzug der Zahlung betraut.

**Dokumenteninkasso**

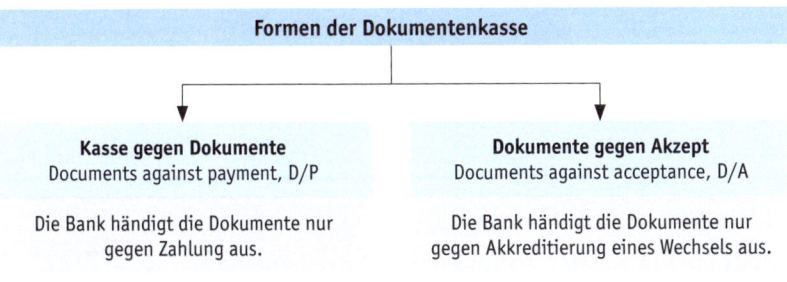

Das Dokumenteninkasso bietet dem Exporteur jedoch keinen Schutz gegen eine mögliche Zahlungsunfähigkeit seines Kunden.

Sehr viel mehr Schutz vor einem Zahlungsausfall bietet dagegen ein **Dokumentenakkreditiv**. Dabei gibt die Bank des Importeurs („akkreditierende Bank") ein abstraktes Versprechen ab, bei ordnungsgemäßer Vorlage bestimmter Dokumente (siehe: Dokumente im Außenhandel) den vereinbarten Kaufpreis zu zahlen. So hat der Exporteur die Garantie, dass er seinen Kaufpreis erhält, wenn er vereinbarungsgemäß geliefert hat. Für den Importeur ist damit gleichfalls das Lieferrisiko (= Risiko, dass der Exporteur – ggf. trotz Zahlung – nicht liefert) ausgeschlossen.

## Die Abwicklung eines Dokumentenakkreditivs

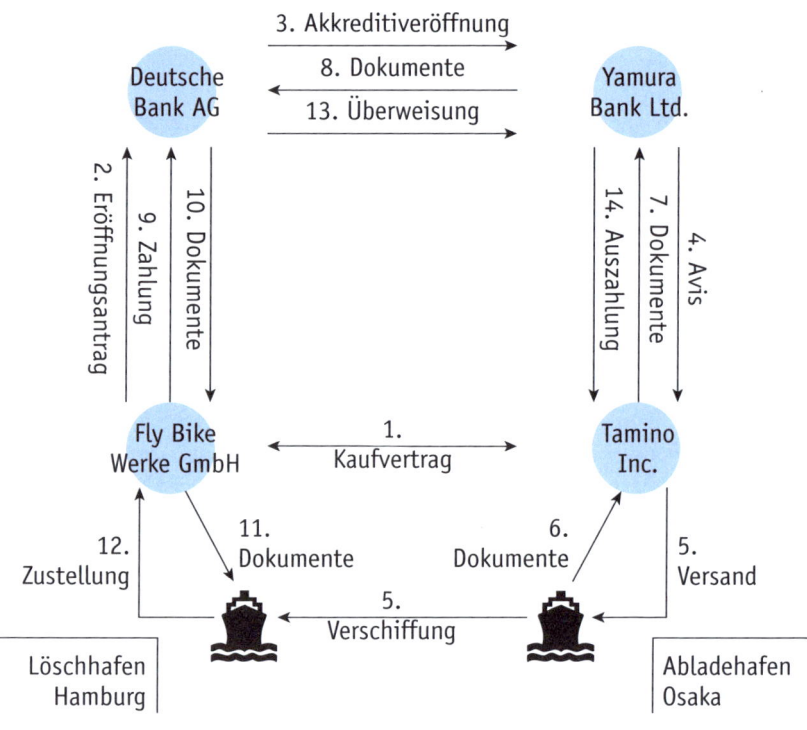

## Aufgaben zu Funktion 0102: Auftragsbearbeitung

**(?) 21:** Sie erhalten die Anfrage eines Ihnen bislang noch nicht als Kunden bekannten Unternehmens für die Lieferung eines Standardartikels in einer speziellen Kundenverpackung.

Nennen Sie fünf Schritte in der richtigen Reihenfolge, die bis zur Abgabe eines Angebotes durchzuführen sind!

**(?) 22:** Der deutsche Maschinenhersteller Kergmann GmbH möchte einen NC-gesteuerten Drehautomaten (Kaufpreis: 125.000 Euro) an einen Kunden in São Paulo (Brasilien) liefern. Der Geschäftskontakt war auf der letzten Hannover Messe zustande gekommen. Bisher liegen noch keine weiteren Erfahrungen mit diesem Neukunden vor.

a) Erläutern Sie anhand von drei Argumenten, warum Brasilien als eines der vier sog. **BRIC**-Länder (**B**rasilien, **R**ussland, **I**ndien, **C**hina) für die Kergmann GmbH als Markt von großem Interesse ist!

b) Beschreiben Sie drei besondere Risiken dieses Exportgeschäftes!

c) Nennen Sie vier externe Informationsquellen, um hinreichende Informationen über den brasilianischen Kunden zu erhalten!

d) Schlagen Sie zwei aus Sicht des Lieferanten geeignete Incoterms vor und erläutern Sie kurz deren jeweilige Bedeutung!

e) Die Kergmann GmbH besteht auf Zahlung mittels eines Dokumentenakkreditivs. Welche Vorteile hat dies für den Lieferanten, aber auch für den Kunden?

**23:** Beim erstmaligen Auftrag eines Kunden wird häufig eine Auskunft von einer Auskunftei angefordert.

a) Nennen Sie fünf Bestandteile, die eine solche Auskunft beinhalten sollte.

b) Erläutern Sie im Zusammenhang mit dem Abschluss eines Kaufvertrages zwei Möglichkeiten, die Forderungen an den Kunden abzusichern.

**24:** Der Vertriebsleiter der Friedrichshafener Farbenfabriken AG (FFAG) verhandelt mit dem Einkäufer einer Baumarktkette über die Listenpreise für das kommende Jahr.

Der Artikel Nr. 1.223.40 Klarlack, 0,25 Liter war bislang zu einem Preis von 3,75 Euro gelistet. Darin enthalten waren 10 % Kundenrabatt, 2 % Skonto und ein Gewinnzuschlag von 15 %.

Der Vertriebsleiter der FFAG möchte wegen gestiegener Rohstoffpreise und einer deutlichen Lohnerhöhung in der Chemieindustrie den Listenpreis um 5 % erhöhen. Der Einkäufer der Baumarktkette lehnt dies kategorisch ab. Mehr als 2,5 % Preiserhöhung könne man bei sonst unveränderten Konditionen keinesfalls akzeptieren.

a) Berechnen Sie die neue Gewinnmarge der FFAG in € und %, die sich ergäbe, wenn man den Kompromissvorschlag der Baumarktkette akzeptieren würde!

b) Schlagen Sie zwei geeignete Argumente vor, um den Einkäufer der Baumarktkette doch noch zum Akzeptieren der Preiserhöhung von 5 % zu bewegen!

**25:** Als der Unternehmer Heinz Schumacher am Morgen des 15. September 20xx seine Post durchsieht, findet er darin eine Mahnung der EUROSTUHL GmbH, von der er vor ein paar Tagen einen Bürostuhl hatte schicken lassen.

Der Händler weist Schumacher in seiner Mahnung darauf hin, dass die zugehörige Rechnung Nr. 9100201 (siehe unten) noch nicht bezahlt sei und er neben dem fälligen Rechnungsbetrag nunmehr auch noch 10,00 EUR Mahngebühr verlange. Außerdem droht man ihm an, ihn mit 10 % Verzugszinsen zu belasten.

Nach einigem Suchen in seiner Ablage findet Schumacher tatsächlich die noch nicht gebuchte und dementsprechend auch noch nicht bezahlte Rechnung. Ihm ist auch klar, dass er die Rechnung selbstverständlich zahlen muss. Die Mahngebühr von 10,00 EUR hält er jedoch für unzulässig.

a) Prüfen Sie, ob die Rechnung der Eurostuhl GmbH alle gesetzlich vorgeschriebenen Bestandteile enthält!

b) Schlagen Sie zwei weitere (freiwillige) Informationen vor, die die Rechnung aus kaufmännischer Sicht aufweisen sollte!

c) Bestimmen Sie, wann die Forderung der EUROSTUHL GmbH fällig war und begründen Sie, ob die EUROSTUHL GmbH zu Recht die 10,00 EUR Mahngebühr verlangen kann!

d) Auf wie viel Euro Verzugszinsen hätte die EUROSTUHL GmbH ein Anrecht, wenn Schumacher die Rechnung tatsächlich erst am 15.10.20xx bezahlen würde? (Derzeitiger Basiszinssatz: 1,5 %)

e) Wann wäre die Forderung der Eurostuhl GmbH gegen Schumacher verjährt?

f) Wie könnte die Eurostuhl GmbH den Eintritt der Verjährung verhindern, wenn Schumacher die Rechnung tatsächlich nicht zahlen würde?

## EUROSTUHL GmbH

EUROSTUHL GmbH Postfach 17 33 30089 Hannover

Heinz Schumacher e. K.

Godesberger Str. 15

53119 Bonn

## Rechnung

| Rechnungsnummer | Kundennummer | Datum |
|---|---|---|
| 9100201 | 001 882 | 20xx-08-02 |

Wir lieferten Ihnen frei Haus

| Artikelbezeichnung | Art.-Nr. | Menge | Einzelpreis | Gesamtpreis |
|---|---|---|---|---|
| Drehstuhl mit Armlehne | 5211-2 | 1 | 350,00 EUR | 350,00 EUR |
| zzgl. 19 % MWSt. | | | 66,50 EUR | 66,50 EUR |
| **Rechnungsbetrag** | | | | **416,50 EUR** |

| Bankkonto | Geschäftsräume | Geschäftsführer |
|---|---|---|
| Volksbank Hannover | Im Dören 15 – 18 | Friedrich Kulm |
| IBAN: DE 25 1234 3456 | 30080 Hannover | Hannover HRB 200 500367 |
| 5698 5891 25 | | |
| BIC: ABCDDEFG123 | | |

# Funktion 0103: Auftragsnachbereitung und Service

## After-Sales-Prozesse

Um einen Kunden langfristig an das Unternehmen zu binden und somit zu einem „Stammkunden" zu machen, ist die After-Sales-Kommunikation heute zu einer Selbstverständlichkeit jedes erfolgreichen Marketings geworden.
Richtig eingesetzt, trägt sie entscheidend zur Kundenzufriedenheit, Kundenbindung und Kundenakquisition bei. Sie hat vor allem in den letzten Jahren bei vielen Unternehmen erheblich an Bedeutung gewonnen.

**!** **After-Sales-Prozesse** bezeichnen sämtliche Marketingmaßnahmen, die nach einem erfolgreichen Verkaufsabschluss ergriffen werden, um den Kunden an das Unternehmen zu binden.

## After-Sales-Kommunikation

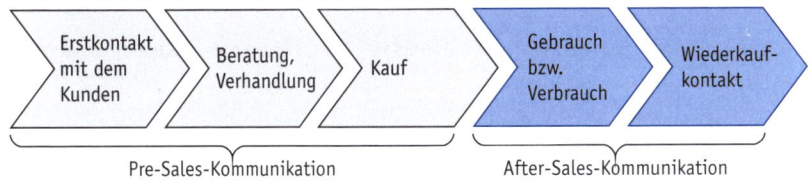

| Erstkontakt mit dem Kunden | Beratung, Verhandlung | Kauf | Gebrauch bzw. Verbrauch | Wiederkauf-kontakt |

Pre-Sales-Kommunikation · · · · · After-Sales-Kommunikation

Da die Kundenbindung auf Käufermärkten meistens nicht besonders hoch ist, müssen die Unternehmen über die „Kundenpflege" nach dem Kauf dafür sorgen, dass der Kundenkontakt erhalten bleibt und es zu einem Wiederkaufkontakt kommt. Zudem gelten im Verkauf zwei Regeln:
- Es kostet fünfmal mehr, einen neuen Kunden zu gewinnen, als eine bestehende Kundenbeziehung zu halten.
- Nach dem Verkauf ist vor dem Verkauf.

After-Sales-Kommunikation kann auf verschiedenen Ebenen realisiert werden. Möglich sind z.B. folgende Komponenten:
- Erhöhung der **Wiederverkaufsrate** durch zufriedene Kunden,
- **Bindung von Kunden** durch eine aufmerksame Kommunikation gerade auch nach dem Kauf von Produkten,
- aktives **Beschwerdemanagement**, das dem Kunden das Gefühl gibt, mit seiner Beschwerde verstanden zu werden,
- Gewinnung zusätzlicher **Informationen** über Kunden im Rahmen der After-Sales-Kommunikation (Verbindung zur Marktforschung),
- **Integration des Kunden** in den Prozess der Leistungserstellung, sodass der Kunde das Gefühl hat, „sein" Produkt zu kaufen,
- leicht verständliche und übersichtliche **Anleitungen** und Dokumentationen bei technischen Geräten.

### Instrumente der After-Sales-Kommunikation

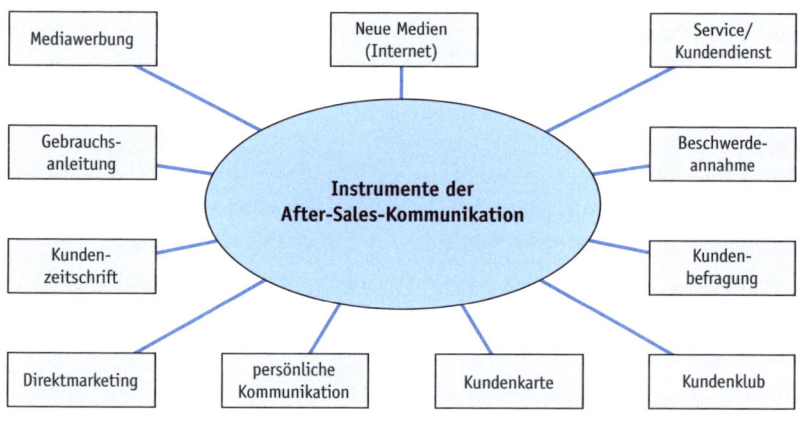

Erfolgreiche After-Sales-Kommunikation setzt eine **lückenlose Kundeninformation** voraus. Hierfür wird sogenannte Customer-Relationship-Management-Software genutzt (CRM-Software). Wichtige Kundendaten und Informationen zu Verkaufschancen und Kundeninteressen werden mithilfe dieser Software verwaltet.

### Servicepolitik

Das Leistungsangebot erfolgreicher Industriebetriebe umfasst neben den Sachgütern auch stets ein vielfältiges Angebot von Dienstleistungen.

Die **Servicepolitik** beinhaltet das mit den Sachgütern des Industriebetriebs unmittelbar verbundene oder selbstständige Angebot von Dienstleistungen verschiedenster Art.

Im Einzelnen kann die Servicepolitik folgende Leistungen beinhalten:

| | | |
|---|---|---|
| **Kundendienst** | Installation, Wartung, Reparatur | |
| **Kundenberatung** | Telefon-Hotlines, Internetportale (Help-Desks) | |
| **Unterstützung von Groß- und Einzelhändlern** | Unterstützung bei der Raumgestaltung Unterstützung bei der Warenpräsentation | Ziele: <br> • Kundengewinnung und -bindung <br> • Unique Selling Propositions <br> • Absatzförderung und -sicherung |
| **Zusatzleistungen** | Reklamationsbearbeitung, Warenrücknahme, Garantieleistungen, Inzahlungnahme und Weiterveräußerung, umweltgerechte Entsorgung | |
| **Ständige Lieferbereitschaft** | termingenaue Lieferung | |
| **Selbstständige Dienstleistungen** | z.B. Bankhäuser von Automobilherstellern | |

## Beschwerdemanagement

Trotz sorgfältiger Auftragsbearbeitung kann eine mögliche Unzufriedenheit des Kunden, z.B. wegen eines Mangels der gelieferten Waren, nicht ausgeschlossen werden. Umso wichtiger ist ein systematisches Beschwerdemanagement.

**!** Das **Beschwerdemanagement** umfasst alle systematischen Maßnahmen, die ein Unternehmen bei einer durch einen Kunden geäußerten Unzufriedenheit ergreift.

**Ziel** des Beschwerdemanagements ist es, die **Zufriedenheit** des Kunden wiederherzustellen und die gefährdete **Kundenbeziehung** wieder zu stabilisieren. Das Beschwerdemanagement ist damit Teil des **Customer-Relationship-Managements (CMR)**.

Zudem liefert das Beschwerdemanagement wichtige Informationen für die betriebliche **Qualitätssicherung** im Sinne eines Total-Quality-Managements (TQM), um die Folgekosten mangelhafter Qualität (Kosten der Nachbesserung, für Ersatzlieferung oder Schadenersatzansprüche) zu senken.

Es zeigt sich, dass ein erfolgreiches Beschwerdemanagement (= schnelle und erfolgreiche Lösung des Kundenproblems) die **Loyalität** des Kunden gegenüber dem Unternehmen sogar überdurchschnittlich stärken und somit zu einem wichtigen **Alleinstellungsmerkmal** (USP) gegenüber Mitbewerbern werden kann.

## Aufgaben zu Funktion 0103: Auftragsnachbereitung und Service

**(?) 26:** Als Mitarbeiter/-in der Vertriebsabteilung eines Industrieunternehmens sind Sie auch mit der Annahme von telefonischen Kundenbeschwerden betraut. Erläutern Sie drei Aspekte, die Sie bei Ihrer Arbeit besonders zu beachten haben!

**(?) 27:** Die Kaufhof Warenhaus AG hat einen Auftrag zur Neugestaltung der Beleuchtung in fünf ihrer Warenhäuser ausgeschrieben. Bei voller Zufriedenheit ist ein Folgeauftrag für fünf weitere Warenhäuser in Aussicht gestellt.
Der Leuchtenhersteller Lumix GmbH möchte sich an der Ausschreibung beteiligen und überlegt, wie er seine Chancen, den attraktiven Auftrag zu erhalten, erhöhen kann.
a) Unterbreiten Sie je drei hierzu geeignete Vorschläge aus den Bereichen Preis-/Konditionenpolitik sowie Servicepolitik!
Der Vertriebsleiter der Lumix GmbH schlägt vor, für den Erstauftrag der Kaufhof AG zu den eigenen Selbstkosten als unterer Preisgrenze anzubieten.
b) Formulieren Sie zwei Argumente, die **gegen** diesen Vorschlag sprechen!

**(?) 28:** Begründen Sie anhand von drei Argumenten, warum ein schlechtes Beschwerdemanagement die Wettbewerbsposition eines Anbieters nachhaltig schädigen kann!

# *Prüfungsgebiet 02: Beschaffung und Bevorratung*

## Funktion 0201: Bedarfsermittlung und Disposition

Das **Oberziel** der industriellen Beschaffungsplanung ist die **Bereitstellung der benötigten Materialien**
- in der richtigen **Art** und **Menge**
- am rechten **Ort**
- zur rechten **Zeit**
- und zu minimalen **Kosten**. (= „**materialwirtschaftliches Optimum**")

Im Einzelnen lassen sich folgende(Teil-)Ziele unterscheiden:

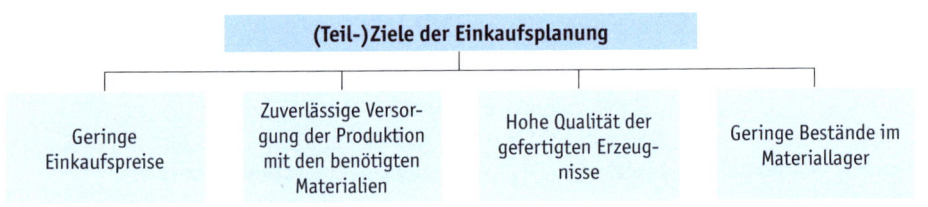

Neben diesen **betriebswirtschaftlichen** Zielen sind allerdings auch **ökologische** und **soziale** Ziele zu beachten, z.B.
- Einsatz nachwachsender Rohstoffe oder erneuerbarer Energien
- Wiederverwendung oder Weiterverwertung von Abfällen (Recycling, „cradle to cradle")
- Beachtung von Sozialstandards bei der Lieferantenauswahl (z.B. Waren mit „fair trade"-Zertifizierung)

## Fragenkomplex 01: Bedarf an Produkten und Dienstleistungen ermitteln

Der **Bedarfsplan** enthält Art, Güte und Mengen der in einem bestimmten Zeitraum benötigten Materialien. Diese lassen sich in Roh-, Hilfs- und Betriebsstoffe, Fremdbauteile und Handelswaren unterscheiden.
Damit der mit der Beschaffungsplanung verbundene Arbeitsaufwand und die durch genaue Planung tatsächlich erreichten Einsparungen in einem vernünftigen Verhältnis zueinander stehen, sollte stets eine **ABC-Analyse** der zu beschaffenden Materialien vorgenommen werden. Sie teilt die Materialien/Material-

gruppen nach ihrem relativen Anteil am gesamten Verbrauchswert der Unternehmung in drei Gruppen

- A-Güter: großer Wertanteil (ca. 75 %), dabei eher kleiner Mengenanteil
- B-Güter: mittlerer Wertanteil (ca. 20 %), dabei meist mittlerer Mengenanteil
- C-Güter: geringer Wertanteil (ca. 5 %), dabei häufig großer Mengenanteil

**ABC-Analyse bei der Beschaffung**

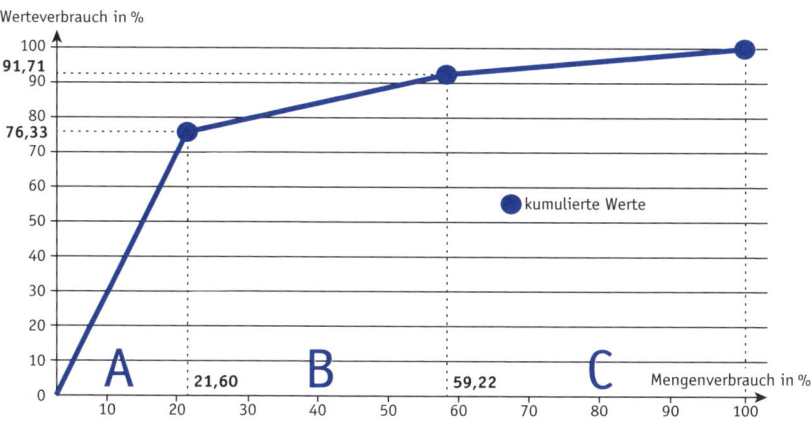

Bei der **XYZ-Analyse** werden weitere Beurteilungskriterien hinzugezogen, z.B. das Versorgungsrisiko oder die Vorhersagegenauigkeit des zukünftigen Bedarfs.

Mit der Materialbeschaffung können entweder eine **zentrale** Beschaffungsstelle (= Einkaufsabteilung) oder mehrere **dezentral** organisierte Beschaffungsstellen betraut sein:

| Organisation der Materialbeschaffung | |
|---|---|
| **zentral** | **dezentral** |
| = Eine Einkaufsabteilung beschafft den Materialbedarf für die gesamte Unternehmung. | = Mehrere örtlich oder sachlich unterschiedene Einkaufsabteilungen beschaffen jeweils nur den Materialbedarf für einzelne Bedarfsstellen. |
| **Vorteile:** Mengenrabatte durch große Beschaffungsmengen, Spezialisierung der Mitarbeiter auf bestimmte Aufgaben oder Materialgruppen möglich, leichtere Standardisierung der Beschaffungsprozesse, bessere Kenntnisse des Gesamtmarktes | **Vorteile:** kürzere Informationswege, größere Nähe zum Bedarfsort, höhere Flexibilität; Spezialisierung auf bestimmte Teilmärkte ist möglich |
| **Nachteile:** längere Informationswege, geringere Nähe zum Bedarfsort, weniger Flexibilität | **Nachteile:** Mengenrabatte gehen durch kleinere Beschaffungsmengen verloren, ggf. Verlust an Marktmacht gegenüber Lieferanten, schlechtere Übersicht über den Gesamtmarkt |

## Fragenkomplex 02: Dispositionsverfahren anwenden

Die konkrete **Bedarfsermittlung** der Materialien kann
- entweder durch (einmalige oder regelmäßige) **Bedarfsanforderungen**,
- anhand bisheriger **Verbrauchswerte** (= **verbrauchsorientierte** Bedarfsermittlung) oder
- mithilfe des **Programmverfahrens** (= **auftragsorientierte** Bedarfsermittlung bzw. **plangesteuertes Verfahren**), bei dem der Materialbedarf aus den geplanten Absatz- und Fertigungsprogrammen abgeleitet wird,

erfolgen.

### Verbrauchsgesteuerte Disposition

Sind die Materialverbräuche der Vergangenheit relativ konstant oder unterliegen sie nur gleichmäßigen, sehr gut vorhersagbaren (saisonalen) Schwankungen, eignen sie sich gut als Grundlage der Materialbedarfsermittlung.

ⓘ Die verbrauchsorientierte Disposition basiert auf den Verbrauchswerten der Vergangenheit!

Der Dispositionsaufwand ist hier minimal. Andererseits unterliegt die verbrauchsgesteuerte Disposition stets einer mehr oder minder großen Unsicherheit, die ggf. durch Sicherheitsbestände kompensiert werden muss, und führt somit tendenziell zu erhöhten Lagerkosten. Die verbrauchsorientierte Disposition kommt daher vor allem bei C-Materialien zur Anwendung.

**Verbrauchsgesteuerte Disposition**

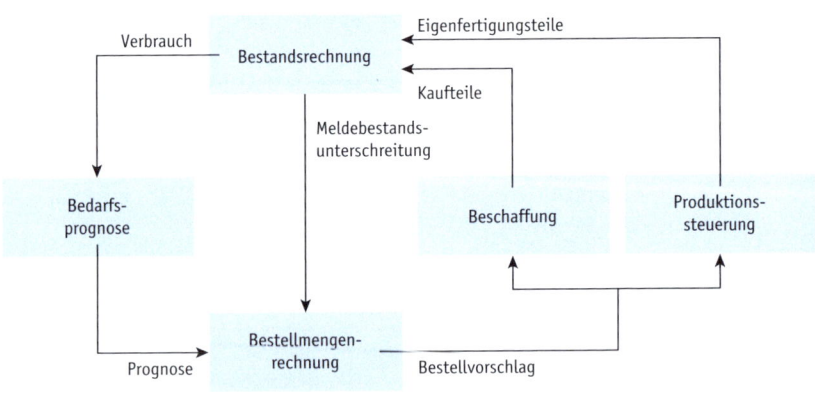

### Auftragsorientierte Disposition

Ist wegen des hohen Wertes der Beschaffungsmaterialien oder der geringen Vorhersagbarkeit der Bedarfe über einen längeren Zeitraum eine exakte, an der tatsächlichen Marktnachfrage orientierte Planung gewünscht, kommt auftragsorientierte Disposition zur Anwendung.

 Die auftragsorientierte Disposition basiert auf den Absatzplanungen der Zukunft!

Die **Berechnung** des tatsächlichen Beschaffungsbedarfs (Nettosekundärbedarfs) geschieht in diesem Falle nach dem Programmverfahren mithilfe folgender Formeln:

> **Bruttoprimärbedarf** an Erzeugnissen (gem. Absatzplan = vorliegende oder voraussichtliche Kundenaufträge)
> – verfügbare Bestände an Erzeugnissen
>
> = **Nettoprimärbedarf** an Fertigerzeugnissen (= geplante Fertigungsmenge gem. Produktionsplan)
> **Materialbedarf für eine Mengeneinheit** (z.B. 1 Stück oder 1 Verkaufseinheit) gem. Stückliste/Rezeptur x **Nettoprimärbedarf** an Erzeugnissen (vgl. oben)
> + Zusatzbedarf (Zuschlag für Ausschuss, geplante Ersatzteile etc.)
> + Tertiärbedarf (Bedarf an Betriebsstoffen oder Verschleißwerkzeugen)
>
> = **Bruttosekundärbedarf** an Materialien
> – **disponierbare Lagerbestände** an Materialien (Berechnung s. u.)
>
> = **Nettosekundärbedarf** an Materialien (= Beschaffungsbedarf)
> **Effektiver** (tatsächlicher) **Lagerbestand**
> + **Bestellbestand** (= offene, aber noch nicht eingetroffene Bestellungen)
> – **Reservierungen**/Vormerkbestand (z.B. für andere Fertigungsaufträge)
> – **Sicherheitsbestand** (= „eiserne Reserve")
>
> = **disponierbarer** (verplanbarer) **Lagerbestand** (kurz: „Dispobestand")

 **Ziel der auftrags-/programmorientierten Disposition** ist die exakte Bestimmung des Materialbedarfs nach Menge und Termin, d. h. die Ermittlung des Netto-Sekundärbedarfs bei bekanntem Primärbedarf.

Dieses Dispositionsverfahren ist mit mehr Planungsaufwand verbunden, führt allerdings auch zu wesentlich genaueren Ergebnissen und vermeidet hohe Lagerbestände und -kosten.

## Fertigungssynchrone Beschaffung

Die fertigungssynchrone oder „Just-in-time"-Beschaffung meint die Bereitstellung der Materialien nach Art und Menge gerade zum Zeitpunkt des Bedarfs. Auf diese Weise soll sowohl die Kapitalbindung im Umlaufvermögen gesenkt als auch eine Verbesserung der Kundenorientierung erreicht werden.

Anspruchsvolle **Voraussetzungen** (rückwärtsterminierte Steuerung des Produktionsprozesses, Installation eines hochflexiblen Logistiksystems, weitgehende Standardisierung des Produktionsprogramms, enge Lieferanten-Kunden-Beziehung u. a.) sowie erhebliche **Risiken** (hohe Störanfälligkeit der Prozesse, Zunahme des Transportaufwandes und der Umweltbelastung etc.) sind dabei allerdings zu berücksichtigen.

### Eigenfertigung und Fremdbezug („make or buy?")

Für den Industriebetrieb stellt sich in Bezug auf die verwendeten Materialien (Einzelteile, Baugruppen) oder eingesetzten Dienstleistungen (Instandhaltung, Reparatur, Produktdesign, Mitarbeiterschulung etc.) stets die Frage, ob diese Materialien bzw. Dienstleistungen selbst – im Zuge eines Leistungserstellungsprozesses – (eigen-)gefertigt oder von einem Lieferanten – im Zuge eines Beschaffungsprozesses – (fremd-)bezogen werden sollen. Man spricht hier auch von einer „make-or-buy"-Entscheidung.

Aus kostenrechnerischer Sicht lässt sich sagen, dass die Eigenfertigung umso günstiger ist, je größer die benötigte Menge des Materials (bzw. der Dienstleistung) ist, da die fertigungsbezogenen Fixkosten ihre Bedeutung mit wachsender Menge verlieren. Entsprechend ist es wichtig, die **„kritische Menge"** zu bestimmen, bei der Eigenfertigung und Fremdbezug die gleichen Kosten verursachen.

#### Kritische Menge

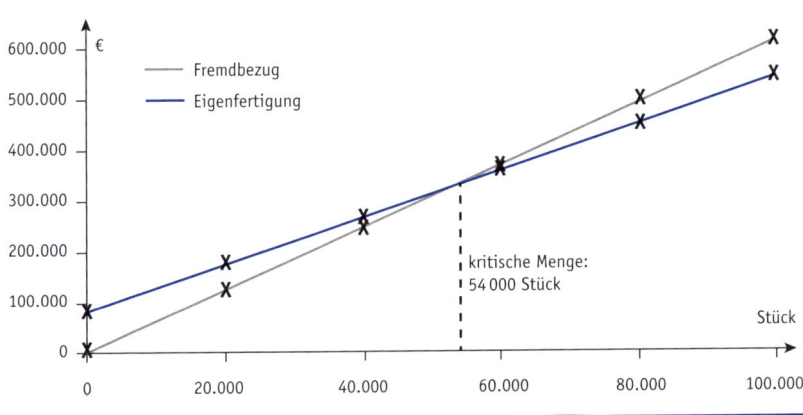

Rechnerisch ermittelt sich die kritische Menge aus:

$$X = \frac{K_{f\,(EF)} - K_{f\,(FB)}}{k_{v\,(FB)} - k_{v\,(EF)}}$$

Legende: Kf (EF) = Fixkosten Eigenfertigung; Kf (FB) = Fixkosten Fremdbezug; kv (FB) = Bezugspreis je Stück; kv (EF) = variable Stückkosten der Eigenfertigung

**Beispiel:**
Ein Stahlwerk benötigt Vakuumröhren, die es selbst herstellen oder von einem Zulieferer beziehen kann. Beim Aufbau einer Eigenfertigung entstehen zusätzliche Fixkosten von 300.000,– €, die Produktion wird mit 2.000,– € je Röhre veranschlagt. Beim Zukauf ist mit einem Bezugspreis von 3.500,– € je Röhre zu rechnen, für den notwendigen Ausbau der Beschaffungsorganisation sind weitere Fixkosten in Höhe von 20.000,– € zu veranschlagen.

Für den Kostenvergleich dient zunächst eine Tabelle:

| Menge | Kosten Eigenfertigung | Kosten Fremdbezug |
|-------|----------------------|-------------------|
| 50 | 300.000 + (50 · 2.000) = 400.000 | 20.000 + (50 · 3.500) = 195.000 |
| 100 | 500.000 | 370.000 |
| 150 | 600.000 | 545.000 |
| 200 | 700.000 | 720.000 |
| 250 | 800.000 | 895.000 |

Über die Formel errechnet sich als kritische Menge:

$$X = \frac{300.000 - 20.000}{3.500 - 2000} = 186,67 = 187 \text{ Stück}$$

Neben kostenrechnerischen sind allerdings auch weitere wichtige Überlegungen zu berücksichtigen:

| Eigenfertigung (make) | | Fremdbezug (buy) | |
|----------------------|---|------------------|---|
| **Vorteile:** | **Nachteile:** | **Vorteile:** | **Nachteile:** |
| • kostengünstiger bei großen Bedarfsmengen<br>• alleinige Qualitätsverantwortung<br>• Wahrung von Betriebsgeheimnissen<br>• insgesamt mehr Unabhängigkeit<br>• werbewirksames Alleinstellungsmerkmal | • wegen hoher Fixkostenanteile teurer bei kleinen Bedarfsmengen<br>• Verzicht auf Know-how spezialisierter Zulieferer<br>• längere „time-to-market" (= Zeit bis zur Markteinführung eines neuen Produktes), wenn alle/viele Teile selbst entwickelt werden müssen<br>• höheres Lagerrisiko | • kostengünstiger insbesondere bei kleinen Bedarfsmengen<br>• Know-how spezialisierter Zulieferer kann genutzt werden<br>• Zeitgewinn, wenn Produktentwicklung arbeitsteilig erfolgen kann<br>• geringeres Lagerrisiko | • tendenziell teurer bei großen Bedarfsmengen<br>• Verzicht auf Autonomic/Zunahme der Abhängigkeit von Lieferanten<br>• ggf. Qualitätsprobleme (z.B. vermehrte Rückrufaktionen)<br>• dadurch Verlust des guten Qualitätsimages<br>• Verlust an Individualität/ Schädigung des Markenkerns |

War in der Industrie über viele Jahre eine stetige **Abnahme der Fertigungstiefe** durch zunehmenden Fremdbezug zu beobachten, scheint dieser Prozess in jüngster Zeit zumindest stark verlangsamt, z.T. sogar bereits wieder umgekehrt zu sein.

## Fragenkomplex 03: Bestellmengen und Bestelltermine ermitteln

Der ermittelte Sekundärbedarf stellt häufig noch nicht die wirtschaftlich beste Bestellmenge dar. Die **optimale Bestellmenge** ist vielmehr jene Beschaffungsmenge, bei der die Summe der bestellmengenabhängigen und bestellmengenunabhängigen, also der **gesamten Beschaffungskosten minimal** ist:

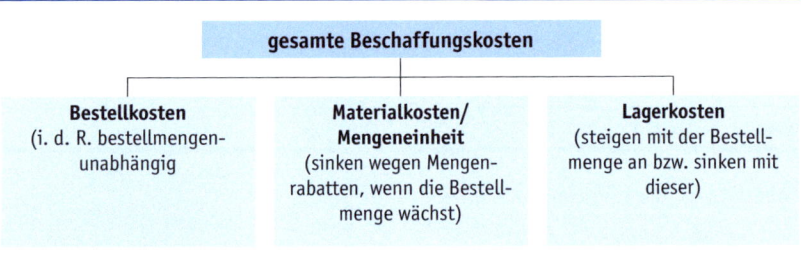

| gesamte Beschaffungskosten | | |
|---|---|---|
| **Bestellkosten** (i. d. R. bestellmengenunabhängig | **Materialkosten/ Mengeneinheit** (sinken wegen Mengenrabatten, wenn die Bestellmenge wächst) | **Lagerkosten** (steigen mit der Bestellmenge an bzw. sinken mit dieser) |

**Optimale Bestellmenge**

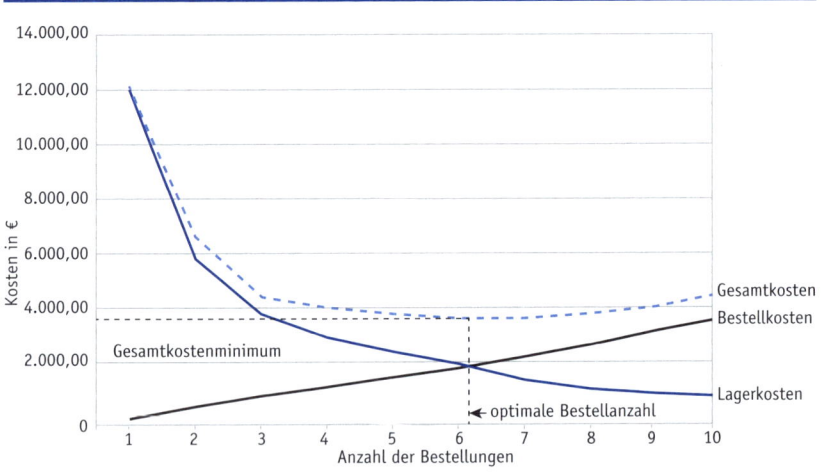

Im Hinblick auf die **Planung der Beschaffungszeitpunkte** sind zu unterscheiden:

**Fallweise Beschaffung**: Situative Beschaffung der benötigten Materialien im Moment des Bedarfs; wird von Betrieben mit Einzel- und Kleinserienfertigung, die besondere Kundenwünsche erfüllen, angewandt.

**Vorratsbeschaffung**: Steuerung der Lagerhaltung an Beschaffungsmaterialien nach dem

**Bestellpunktverfahren**: Nach jeder Lagerentnahme wird der aktuelle Lagerbestand mit dem Meldebestand verglichen (= fortlaufende Bestandsführung). Wird der Meldebestand erreicht oder unterschritten, ist eine Beschaffung vorzunehmen. (Gängiges Verfahren bei der Bevorratung von A- und B-Gütern, z.B. Rohstoffen)

 Meldebestand = Tagesverbrauch x Wiederbeschaffungszeit + Sicherheitsbestand

## Bestellpunktverfahren

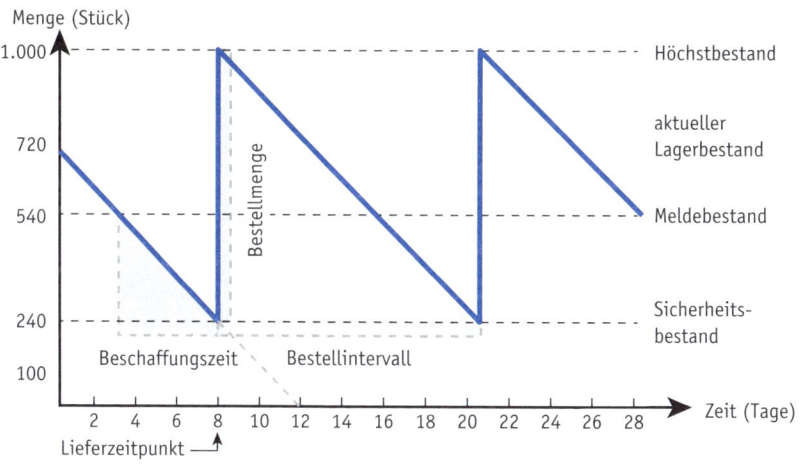

**Bestellrhythmusverfahren**: Es erfolgt eine Beschaffung der jeweils benötigten Mengen in konstanten Beschaffungsintervallen (zu vorher festgesetzten Zeitpunkten), ohne dass jede Lagerentnahme sofort in der Lagerbuchführung erfasst wird. Daher besteht die Gefahr, dass ein Material nicht rechtzeitig beschafft wird. (Gängiges Verfahren bei C-Gütern, z.B. Betriebsstoffen oder Büromaterial)

## Aufgaben zur Funktion 0201: Bedarfsermittlung und Disposition

**1:** Die Teilaufgaben der Beschaffungsplanung lassen sich in
a) Planungsaufgaben,
b) Durchführungsaufgaben,
c) Kontrollaufgaben unterteilen. Nennen Sie je drei konkrete Aufgabenbeispiele.

**2:** Weil die Kosten für Kunststoffgranulat, einem der am häufigsten verbrauchten Materialien eines Haushaltwarenherstellers, im letzten Jahr merklich gestiegen sind, beauftragt Sie der Abteilungsleiter Einkauf, für die verschiedenen Granulatarten eine ABC-Analyse durchzuführen. Die benötigten Daten sehen Sie in der nachfolgenden Tabelle:

| Granulat | Einkaufsmenge | | Einkaufswert | | Zuordnung (bitte ankreuzen) | | |
| --- | --- | --- | --- | --- | --- | --- | --- |
| | insgesamt in to | Anteil in % an der Gesamtmenge | insgesamt in € | Anteil in % am Gesamtwert | A-Gut | B-Gut | C-Gut |
| HX300 | 3,5 | | 1.750,00 | | | | |
| TX240 | 12,6 | | 9.828,00 | | | | |
| TX440 | 4,8 | | 2.970,00 | | | | |
| ADD90 | 1,2 | | 1.200,00 | | | | |
| ADP50 | 24,9 | | 16.200,00 | | | | |
| ADP66 | 53,1 | | 33.000,00 | | | | |
| PP330 | 28,8 | | 25.200,00 | | | | |
| PP2000 | 6,7 | | 2.200,00 | | | | |
| PS930 | 39,6 | | 34.800,00 | | | | |
| PS1000 | 2,1 | | 1.400,00 | | | | |
| Summe | | | | | | | |

a) Berechnen Sie zunächst für alle zehn Granulatarten deren jeweiligen Anteil an der gesamten Einkaufsmenge und am gesamten Einkaufswert.
b) Ordnen Sie dann jede der zehn Granulatarten einer der drei Kategorien A, B oder C zu! Legen Sie dazu selbst eine geeignete Abgrenzung fest!
c) Formulieren Sie drei konkrete Vorschläge, wie man die Beschaffung der Granulatarten der A-Kategorie durchführen sollte!
d) Warum macht es Sinn, sich bei der Verfolgung der Ziele der Einkaufsplanung besonders auf die A-Güter zu konzentrieren?

**3:** Zum Vertrieb eines Produktes ist eine Spezialverpackung notwendig. Der Bedarf orientiert sich an der Produktionsmenge und wird verbrauchsorientiert disponiert. Dazu liegen folgende Informationen vor:

Tagesproduktion:        15 Stück
Arbeitstage pro Monat:  20 Tage
Sicherheitsbestand:      4 Tagesproduktionen
Beschaffungszeit:       14 Arbeitstage

a) Ermitteln Sie den Sicherheitsbestand und den Meldebestand der Verpackungen (in Stück).

b) Erläutern Sie zwei Gründe, warum ein Sicherheitsbestand an Verpackungen benötigt wird.

c) Erläutern Sie, welche Auswirkungen eine Verringerung der täglichen Verbrauchsmenge auf den Meldebestand hat.

**4:** Für eine Materialposition liegen einer Industrieunternehmung folgende Angaben vor:

Jahresbedarf:   4032 Stück          Bestellkosten: 100,00 EUR je Bestellung
Bezugspreis:   10,00 EUR je Stück   Lagerhaltungskostensatz: 20 %

a) Ermitteln Sie die optimale Bestellmenge (verwenden Sie die nachstehende Tabelle).

b) Berechnen Sie, nach wie viel Tagen bei konstantem Lagerabgang für die Lösung zu a) jeweils zu bestellen ist.

c) Bestimmen Sie den Meldebestand, wenn ein konstanter Verbrauch von durchschnittlich 12,5 Stück je Werktag vorliegt, ein Sicherheitsbestand für drei Werktage einzuplanen ist und die Wiederbeschaffungszeit fünf Werktage beträgt.

d) Nennen Sie drei Gründe, die Sie veranlassen könnten, bei einer Bestellung bewusst von der optimalen Bestellmenge abzuweichen.

| Bestell-anzahl | Bestellmenge (Stück) | Durchschn. Lagerbestand (Stück) | Lagerhaltungs-kosten (EUR) | Bestellkosten (EUR) | Gesamtkosten (EUR) |
|---|---|---|---|---|---|
| 1 | | | | | |
| 2 | | | | | |
| 3 | | | | | |
| 4 | | | | | |
| 5 | | | | | |
| 6 | | | | | |
| 7 | | | | | |

**5:** Eine Industrieunternehmung möchte die in ihrem Unternehmensleitbild verankerten ökologischen Ziele auch im Rahmen ihrer Beschaffungsplanung umsetzen.

Beschreiben Sie zwei konkrete Maßnahmen, mittels derer ökologische Ziele bei der Beschaffungsplanung realisiert werden können.

**? 6:** Ein Einkäufer erhält die folgenden Erzeugnisstrukturdaten, um einen Bestellvorgang einzuleiten:

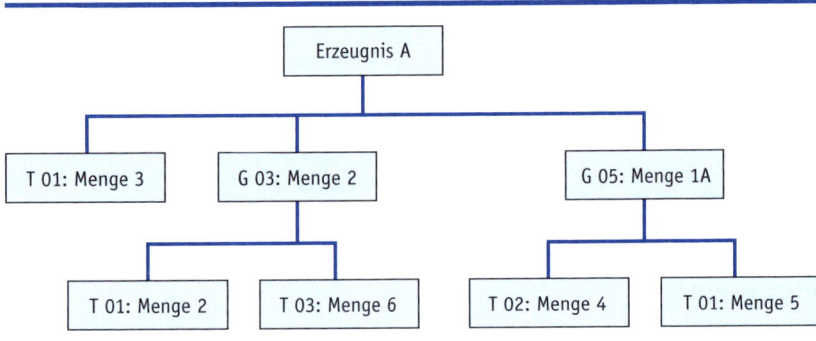

Legende:   T = Teil   G = Gruppe

Für Erzeugnis A liegt ein Kundenauftrag über 230 Stück vor.

Das Lager meldet die folgenden verfügbaren Bestände:

| | | | |
|---|---|---|---|
| Erzeugnis A | 30 Stück | T 01 | 220 Stück |
| T 02 | 60 Stück | T 03 | 120 Stück |

a) Erstellen Sie eine Mengenübersichtsstückliste für das Erzeugnis A. Nutzen Sie den nachstehenden Vordruck!

| Mengenübersichtsstückliste Erzeugnis A | |
|---|---|
| Teile-Bezeichnung | Menge |
| | |
| | |
| | |
| | |

b) Ermitteln Sie den Brutto- und den Nettosekundärbedarf (Einkaufsmenge) der benötigten Teile T01, T02 und T03.

c) Erläutern Sie drei Gründe, warum ein Einkäufer bei der Bestellung von den ermittelten Nettobedarfen abweichen könnte.

# Funktion 0202:  Bestelldurchführung

## Fragenkomplex 01: Bezugsquellen ermitteln, vergleichen und auswerten

### Beschaffungsmarktforschung

Zumindest für A-Güter ist eine systematische **Beschaffungsmarktforschung** im Hinblick auf Lieferanten und ihre Lieferkonditionen, technische Innovationen bei Materialien und Fertigungsverfahren sowie allgemeine Trends der Beschaffungsmärkte unbedingt notwendig. Dazu steht eine Reihe von internen und externen **Informationsquellen** zur Verfügung:

| interne Informationsquellen | externe Informationsquellen |
|---|---|
| • Lieferantendatei<br>• Teile-/Materialdatei<br>• Kundendatei<br>• Besuchsberichte des Außendienstes<br>• Intranet | • Lieferantenverzeichnisse (z.B. „Wer liefert was?")<br>• Internet (geeignete Suchmaschinen anwenden!)<br>• Messen und andere Fachveranstaltungen<br>• Geschäftskontakte und Empfehlungen |

### Lieferantenmanagement

Um die Versorgung des Betriebes mit den benötigten Ressourcen langfristig sicherzustellen, ist ein strategisches Lieferantenmanagement notwendig.

**(!)** **Lieferantenmanagement** ist die **Gesamtheit aller langfristig ausgerichteten Maßnahmen** zur Planung und Steuerung der **Lieferantenbeziehungen** im Sinne der Unternehmensziele.

Voraussetzung eines erfolgreichen Lieferantenmanagements ist die Festlegung von **Sourcing-Konzepten** nach der **Anzahl**, der **regionalen Herkunft** und dem **Aufgabenumfang** der Lieferanten.

In Bezug auf die **Anzahl der Lieferanten** sind zu unterscheiden:
- **Single-Sourcing**: nur jeweils ein Lieferant für eine bestimmte Materialart,
- **Dual-Sourcing**: für jede Materialart stehen jeweils zwei alternative Lieferanten zur Verfügung,
- **Multiple-Sourcing**: zahlreiche Lieferanten für jede Materialart.

Je stärker sich der Betrieb auf einen Lieferanten **spezialisiert**, desto intensiver kann er die Kooperation mit diesem, z.B. im Hinblick auf die Forschung und Produktentwicklung, gestalten. Außerdem ermöglicht die Konzentration der Beschaffungsmengen auf einen oder wenige Lieferanten die Ausnutzung von Mengen- und

Treuerabatten. Gleichzeitig wächst hierdurch jedoch auch die Abhängigkeit von diesen wenigen Lieferanten. Multiple-Sourcing sichert demnach die Flexibilität der Bezugswege und stärkt den Wettbewerb auf den Beschaffungsmärkten.

Der Bezug der Materialien kann in **regionaler Hinsicht** lokal (**Lokal-Sourcing**), innerhalb der Eurozone (**Euro-Sourcing**) oder weltweit (**Global-Sourcing**) erfolgen. Lokale Anbieter erlauben eine enge – auch persönliche – Kooperation und verursachen nur geringe Transportkosten. Ein Bezug der Materialien von europäischen Lieferanten oder dem Weltmarkt bietet dagegen die Möglichkeit, internationale Kostenvorteile zu nutzen. Schließlich ist zu entscheiden, ob tendenziell eher einfache und standardisierte Komponenten wie z.B. Schrauben, Bleche, Formteile usw. bezogen werden sollen (**Component-Sourcing**), oder ob der Betrieb lieber komplexe Produktsysteme bzw. Module, z.B. komplette Antriebsstränge oder vormontierte Cockpits in der KFZ-Industrie, beziehen möchte (**System-Sourcing**).

Zur Abwägung der Eigenfertigung gegenüber dem Fremdbezug („make or buy") vgl. das vorangehende Kapitel 01 Bedarf an Produkten und Dienstleistungen ermitteln.

## E-Procurement

**Funktionsweise einer Internet-Einkaufsplattform**

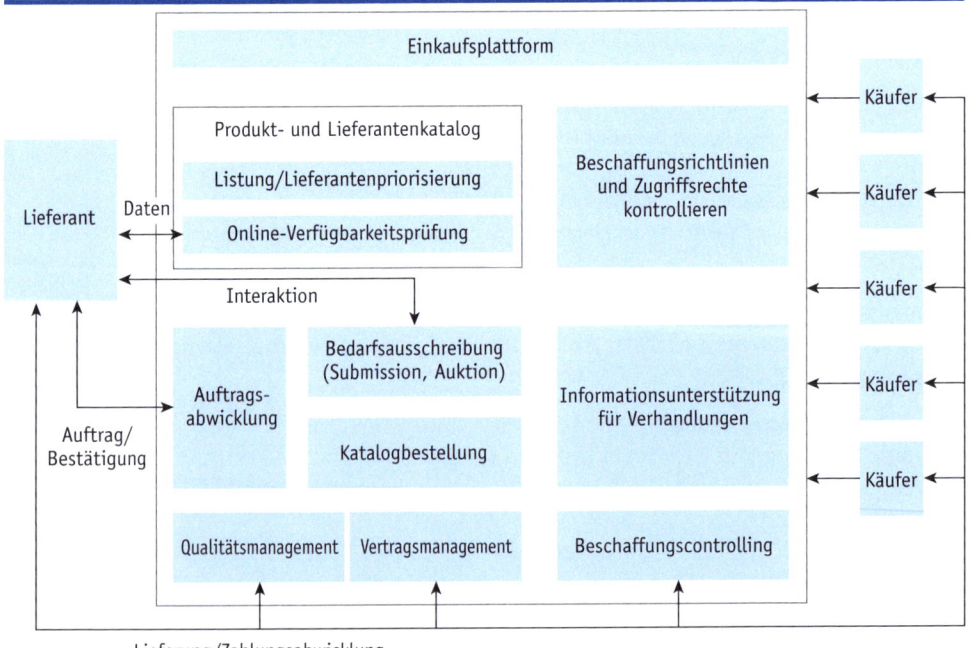

Wie bei allen Geschäftsprozessen hat das Internet als Kommunikationsmedium auch bei der betrieblichen Materialbeschaffung große Bedeutung gewonnen. Internetbasierte Informationstechnologien erlauben den Austausch von Bedarfs- und Bestandsinformationen (z.B. Bedarfsmengen und -zeitpunkte der Kunden, Bestände und geplante Produktionsmengen und -termine der Lieferanten) in kürzester Zeit und mit geringstem Bearbeitungsaufwand.

## Fragenkomplex 02: Angebote einholen, prüfen und vergleichen

Durch eine schriftliche, (fern-)mündliche oder elektronische **Anfrage** wird ein möglicher Lieferant aufgefordert, ein Angebot abzugeben. Mögliche **Anlässe** von Anfragen können z.B. Ermittlung günstiger Bezugsquellen für einen konkreten Bedarf oder allgemeine Informationsbeschaffung im Rahmen der Beschaffungs- marktforschung sein.

**Bestandteile von Anfragen** sind – neben den Daten zum suchenden Unterneh- men – zumeist:

- eine genaue Material-/Warenbezeichnung und ggf. -beschreibung (einschl. zu erfüllender Normen und anderer technischer Spezifikationen)
- (ungefähre)geplante Bezugsmengen
- gewünschter Liefertermin und Lieferort
- gewünschte Lieferungs- und Zahlungsbedingungen
- allgemeine Geschäftsbedingungen

Konkrete Preisvorgaben werden in einer Anfrage aus verhandlungstaktischen Gründen meist nicht gemacht. Jedoch sind hier auch Ausnahmen denkbar: z.B. kann im Rahmen einer **Internetauktion** ein Startpreis vorgegeben werden, den interessierte Lieferanten unterbieten müssen.

**!** Anfragen sind **immer unverbindlich**, eine Rechtsbindung besteht nicht! Anfragen sind also **keine Anträge** im juristischen Sinne.

Anders sieht dies bei einem Angebot aus. Sofern der Anbietende die Bindung an sein Angebot nicht ausdrücklich durch eine sog. Freizeichnungsklausel – z.B. „freibleibend" oder „ohne Obligo" – ausgeschlossen hat, ist er im Rahmen der gesetzlichen oder von ihm selbst gesetzten Fristen an sein Angebot gebunden.

Gesetzliche Bindungsfristen gem. § 147 BGB:

| | |
|---|---|
| • bei einem (fern-)mündlichen Angebot: | Angebot muss sofort angenommen werden |
| • bei einem schriftlichen Angebot mittels Brief, Fax oder E-Mail: | Angebot muss innerhalb der regelmäßig zu erwartenden Annahmefrist, also i. d. R. innerhalb von 1 bis 3 Tagen, angenommen werden. |

(!) Angebote sind **grundsätzlich verbindlich**, es sei denn, die Rechtsbindung wurde ausdrücklich ausgeschlossen! Verbindliche Angebote sind also **Anträge** im juristischen Sinne.

## Quantitativer Angebotsvergleich

Sind die Angebote möglicher Lieferanten eingegangen, müssen diese miteinander verglichen werden. Kaufleute bedienen sich üblicherweise des folgenden **Kalkulationsschemas** zum **quantitativen** Angebotsvergleich:

|   | Listeneinkaufspreis |
|---|---|
| – | vom Lieferanten angebotene **Sofortrabatte** (z.B. Mengenrabatte) |
| + | vom Lieferanten berechnete **Zuschläge** (z.B. Mindermengenzuschläge) |
| = | **Zieleinkaufspreis** |
| – | **Skonto** (Rabatt für vorzeitige Zahlung) |
| = | **Bareinkaufspreis** |
| + | noch anfallende **Fracht- und Verpackungskosten** (Achtung: werden i. d. R. nicht skontiert!) |
| = | **Einstandspreis/Bezugspreis** |

## Liefer- und Zahlungsbedingungen inländischer Lieferanten

Unter Kaufleuten finden meist Frachtklauseln Anwendung, um die jeweils vom Verkäufer und vom Käufer zu tragenden **Frachtkosten** festzulegen (vgl. den Abdruck der Frachtklauseln unter 0102 Auftragsbearbeitung/Angebotserstellung auf S. 50).

Hat der anbietende Lieferant keine Lieferbedingung gesetzt, greift die gesetzliche Regelung: Der Verkäufer trägt die Versandkosten bis zum Versandbahnhof, die weiteren Transportkosten muss der Käufer tragen.

Des Weiteren gewährt der Lieferant in seinem Angebot üblicherweise verschiedene Preisnachlässe (Rabatte) bzw. Zuschläge:

- **Mengenrabatte** und **Mindermengenzuschläge** sollen den Absatz fördern und unrentable Aufträge verhindern.
- **Treueboni** sollen die Kundenbindung unterstützen.
- **Skonti** sollen einen schnellen Zahlungseingang sicherstellen und den Kapitalbedarf des Lieferanten senken.

Der gewährte Skontosatz ist meist so hoch, dass sich sogar die Inanspruchnahme eines Kontokorrentkredites lohnt, um Skonto ausnutzen zu können.

> **Beispiel:** Der Lieferant bietet zu folgender Zahlungsbedingung an:
>
> 10 Tage −3 % Skonto, 30 Tage − netto Kasse
>
> Der Kunde erhält also einen Rabatt von 3 %, wenn er 20 Tage früher als zum spätesten Zahlungstermin zahlt. Die auf ein Jahr bezogene Ersparnis lässt sich mit folgendem Dreisatz berechnen:
>
> 20 Tage = 3 %
>
> 360 Tage = x $\quad$ x = 360 · 3 / 20 = 54 %
>
> Solange der Zinssatz für den Kontokorrentkredit nicht höher als 54 % pro Jahr ist, lohnt sich also dessen Inanspruchnahme, um Skonto „ziehen" zu können.

### Liefer- und Zahlungsbedingungen ausländischer Lieferanten

Beim Bezug von Materialien aus Ländern außerhalb der Europäischen Wirtschafts- und Währungsunion (sog. „Einfuhr aus einem Drittland") sind die Angebotspreise in aller Regel in einer ausländischen Währung notiert und müssen in Euro umgerechnet werden.

| Kursnotierungen ausländischer Währungen | |
|---|---|
| **Briefkurs** (Ankaufskurs): Kurs, zu dem die Bank eine fremde Währung ankauft (und mit € bezahlt). | **Geldkurs** (Verkaufskurs): Kurs, zu dem die Bank eine fremde Währung verkauft (und sich mit € bezahlen lässt). |

Es empfiehlt sich beim Angebotsvergleich, **zunächst** den **Bezugs- bzw. Einstandspreis für die Gesamtmenge in der Auslandswährung** zu kalkulieren! Dieser wird dann mithilfe des Geldkurses in Euro umgerechnet und ggf. auf eine Mengeneinheit bezogen. (So werden Rundungsabweichungen vermieden.)

Anstelle der inländischen Frachtklauseln kommen im internationalen Warenhandel die von der Internationalen Handelskammer (ICC) in Paris herausgegebenen INCOTERMS zur Anwendung, vgl. das Schaubild auf S. 58.

🛈 Die INCOTERMS regeln sowohl die **Übernahme der Frachtkosten** als auch den **Übergang des Transportrisikos** (= Risiko des zufälligen Untergangs)!

Zur Absicherung des Zahlungsrisikos schreiben ausländische Lieferanten außerdem häufig besondere Zahlungsbedingungen vor:

| Dokumenteninkasso (D/P = documents against payment) | Bei einem Dokumenteninkasso wird eine Bank – i. d. R. die des Importeurs – treuhänderisch eingebunden. Diese händigt die Transport- und Zolldokumente der Warenlieferung nur gegen Zahlung aus. |
| --- | --- |
| Dokumentenakkreditiv (L/C = letter of credit) | Die Bank des Importeurs (bei einem unbestätigten Akkreditiv) oder sowohl die Bank des Importeurs als auch die des Exporteurs verpflichten sich gegen Vorlage der Transport- und Zolldokumente zur Zahlung der Warenlieferung. |

### Qualitativer Angebotsvergleich

Das preislich günstigste Angebot muss jedoch nicht das beste Angebot sein. Weitere Kriterien wie z.B. die Lieferzeiten, die Zuverlässigkeit oder die Servicequalität des Lieferanten, die Qualität der angebotenen Materialien (ggf. dokumentiert durch eine Zertifizierung) oder die Länge des angebotenen Zahlungszieles können ebenfalls eine bedeutsame Rolle spielen.

Der rein quantitative (preisliche) Angebotsvergleich ist also zumindest bei A- und B-Gütern durch einen **qualitativen Angebotsvergleich** mittels **(Nutz-)Wertanalyse** zu ergänzen. Die verläuft in folgenden Teilschritten:
- für das zu beschaffende Material bedeutsame qualitative **Kriterien** werden ausgewählt;
- die Kriterien werden je nach ihrer Bedeutung **gewichtet**;
- jeder infrage kommende Lieferant wird beurteilt und mit **Bewertungspunkten** versehen;
- die Bewertungspunkte werden gewichtet;
- der Lieferant mit den meisten gewichteten Bewertungspunkten stiftet den **höchsten Nutzwert** und erhält i. d. R. den Zuschlag.

 **Beispiel einer Nutzwertanalyse für drei Lieferanten und vier Kriterien:**

| Kriterien | Gewichtungsfaktor | Lieferant 1 | | Lieferant 2 | | Lieferant 3 | |
| --- | --- | --- | --- | --- | --- | --- | --- |
| | | Punkte | Punkte x Faktor | Punkte | Punkte x Faktor | Punkte | Punkte x Faktor |
| Bezugspreis | 5 | 7 | 35 | 5 | 25 | 3 | 15 |
| Qualität der Ware | 5 | 5 | 25 | 7 | 35 | 6 | 30 |
| Lieferfrist | 3 | 7 | 21 | 8 | 24 | 5 | 15 |
| Umweltverträglichkeit | 2 | 4 | 8 | 4 | 8 | 2 | 4 |
| **Gesamtwert** | **15** | | **89** | | **92** | | **64** |

In diesem Falle stiftet Lieferant 2 mit 92 Punkten den höchsten Nutzen. Ihm folgt Lieferant 1 mit 89 Punkten relativ dichtauf.

Im Rahmen einer **Multi-Sourcing-Strategie** wären die Beschaffungsaufträge gleichmäßig auf die Lieferanten 1 und 2 zu verteilen.

Bei einer **Single-Sourcing-Strategie** sollte nur Lieferant 2 die zu planenden Beschaffungsaufträge erhalten. Lieferant 1 würde lediglich als Ersatzlieferant dienen.

## Fragenkomplex 03: Bestellungen bei Lieferanten vorbereiten, durchführen und nachbereiten

### Zustandekommen von Verträgen

Wie jeder Vertrag kommt auch ein Kaufvertrag durch zwei übereinstimmende und in Bezug aufeinander abgegebene Willenserklärungen zustande. Juristen sprechen von dem „**Antrag**" und der „**Annahme**", die das sog. „**Verpflichtungsgeschäft**" begründen.

Da es sich bei Materialien um bewegliche Güter – also keine Immobilien – handelt, muss beim Abschluss eines Kaufvertrages für Material **keine besondere Formvorschrift** beachtet werden. Antrag und Annahme können mündlich, schriftlich (per Brief, Fax oder E-Mail) oder auch durch schlüssiges Handeln erfolgen. Ob eine bestimmte Handlung (z.B. ein Handzeichen), ggf. sogar Schweigen, als Willenserklärung gilt, hängt entscheidend von den konkreten Umständen und unter Kaufleuten von den sog. Handelsbräuchen ab.

In der kaufmännischen Praxis sind viele Kombinationen denkbar:

| Antrag (= 1. Willenserklärung) durch | Annahme (2. Willenserklärung) durch |
|---|---|
| • (verbindliches) Angebot des Lieferanten | • Bestellung (schriftlich/mündlich) des Kunden |
| • Bestellung des Kunden | • Auftragsbestätigung des Lieferanten |
| • Bestellung des Kunden | • Unverzügliche Auslieferung durch den Lieferanten |
| • Bestellung des Kunden (über ein übliches Material, in üblichen Mengen und zu üblichen Preisen) | • Schweigen des Lieferanten (sofern zum Kunden dauerhafte Geschäftsbeziehungen bestehen) |
| • Unverlangte Lieferung (über ein übliches Material) durch den Lieferanten | • Schweigen des Kunden (sofern zum Lieferanten dauerhafte Geschäftsbeziehungen bestehen) oder Verbrauch des gelieferten Materials |

| Kaufvertragsarten | |
|---|---|
| Unterscheidungs- merkmal | Kaufvertragsarten |
| beteiligte Vertragsparteien | **Bürgerlicher Kauf:** Zwei Privatpersonen oder Gewerbetreibende, die nicht Kaufmann i. S. des HGB sind (Handwerker, freie Berufe, Kleingewerbetreibende u. a.), schließen miteinander einen Kaufvertrag. Für diesen Kaufvertrag gelten grundsätzlich (nur) die Regeln des Bürgerlichen Gesetzbuches (BGB). Ist der Verkäufer zudem Gewerbetreibender, der Käufer aber Privatperson, handelt es sich bei diesem Kaufvertrag um einen sog. **Verbrauchsgüterkauf.** In diesem Falle greifen besondere Regeln des BGB zum Schutz des Verbrauchers (vgl. Kap. Kaufvertragsstörungen). Bei einer (größeren) Materialbestellung durch einen Industriebetrieb werden beide Vertragspartner aber üblicherweise Kaufleute sein. Einen solchen Kaufvertrag bezeichnet man als einen **zweiseitigen Handelskauf.** Für diesen gelten neben den Vorschriften des Bürgerlichen Gesetzbuches (BGB) zusätzlich die strengeren Regeln des Handelsgesetzbuches (HGB). Ist nur der Besteller, nicht aber der Lieferant ein Kaufmann i. S. des HGB (oder umgekehrt), spricht man von einem **einseitigen Handelskauf**, für den die Vorschriften des HGB nur in begrenztem Umfang gelten. |
| Art und Beschaffenheit der gehandelten Ware | **Stückkauf:** Der Käufer erwirbt eine eindeutig identifizierbare und einmalig existierende Sache. **Gattungskauf:** Die Ware ist nur nach Gattungsmerkmalen wie Größe, Gewicht, Farbe oder Aussehen bestimmt, sodass mehrere völlig gleichartige Exemplare existieren oder sich zumindest beschaffen ließen. Die Sache ist „vertretbar". |
| Verbindlichkeit des Kaufvertrages | **Kauf auf Probe:** Der Käufer hat das Recht, die gekaufte Sache bei Nichtgefallen zurückzugeben. **Kauf zur Probe:** Zunächst wird nur eine kleinere Menge der Ware gekauft mit der Vereinbarung, dass bei Gefallen eine größere Menge der Ware erworben wird. **Kauf nach Probe:** Die gekaufte Sache soll genau mit einer zuvor vorgelegten Probe (Warenmuster) übereinstimmen. Diese Übereinstimmung gilt als wesentlicher Vertragsbestandteil. |
| Lieferzeit | **Tageskauf** (Sofortkauf)**:** Die Lieferung der Ware erfolgt unmittelbar nach dem Kaufvertragsschluss. **Terminkauf** (Zeitkauf): Für die Lieferung wird ein späterer Termin innerhalb einer bestimmten Frist vereinbart. **Fixkauf:** Der Lieferzeitpunkt ist kalendermäßig genau (fix) bestimmt. Die Einhaltung des Termins ist für den Käufer von besonderer Bedeutung. |

## Vertragsschluss bei Verwendung Allgemeiner Geschäftsbedingungen (AGB)

Um nicht alle gewünschten Vertragsbestandteile in jedem Einzelfall erneut zu vereinbaren, verwenden Gewerbetreibende häufig vorformulierte Klauseln:

**!** Allgemeine Geschäftsbedingungen sind **alle für eine Vielzahl von Verträgen vorformulierten Vertragsbedingungen**, die Bestandteil eines Vertrages werden sollen.

Man findet die AGB häufig als „Kleingedrucktes" auf der Rückseite von Angeboten, Bestellungen oder Kaufvertragsformularen.

AGB werden jedoch nicht automatisch Bestandteil des Vertrages. Sie müssen beim Vertragsschluss in den Vertrag einbezogen werden, z.B.: „Wir bestellen auf Grundlage unserer Allgemeinen Geschäftsbedingungen ...". Im Geschäftsverkehr mit **Verbrauchern** gilt außerdem:

Der Verbraucher muss beim Vertragsschluss **ausdrücklich** auf die AGB hingewiesen werden und in zumutbarer Weise die Möglichkeit der **Kenntnisnahme** haben.

Außerdem dürfen die AGB **keine ungewöhnlichen** oder **überraschenden Klauseln** enthalten und dürfen den anderen **Vertragspartner nicht unangemessen benachteiligen**. Diese generelle Beschränkung der Wirksamkeit von AGB wird bei Verbrauchern strenger ausgelegt als bei Gewerbetreibenden. Zum Schutz von Verbrauchern sind z.B. verboten:

- eine Verkürzung der gesetzlichen Gewährleistungsfristen oder
- eine Beschränkung der Rechte des Kunden bei mangelhafter Lieferung.

Die Unwirksamkeit einer AGB-Klausel oder der AGB als Ganzes führt allerdings nicht zu einer Unwirksamkeit des gesamten Vertrages. Vielmehr gelten dann die gesetzlichen Regelungen statt der AGB.

## Fragenkomplex 04: Vertragserfüllung überwachen und Maßnahmen zur Vertragserfüllung einleiten

### Die Vertragserfüllung

Mit dem Abschluss eines Kaufvertrages verpflichten sich Verkäufer und Käufer, eine bestimmte Ware (jur.: Sache) zu liefern bzw. zu bezahlen. Man spricht von dem sog. **Verpflichtungsgeschäft**. Durch die Lieferung bzw. Bezahlung der Ware erfüllen Verkäufer und Käufer diese vertragliche Verpflichtung. Juristen nennen dies daher das **Erfüllungsgeschäft**.

**!** Das aus einem (Kauf-)Vertrag entstandene Schuldverhältnis erlischt, wenn die geschuldeten Leistungen in der richtigen Art und Weise, am richtigen Ort und in der richtigen Zeit erbracht wurden. Dies nennt man die **Vertragserfüllung.**

Für den Verkäufer (Lieferanten) bedeutet dies, dass er seinem Kunden die geschuldete Ware in der vereinbarten Weise, zur vereinbarten Zeit und frei von Mängeln übergeben (**Besitzverschaffung**) und dem Käufer übereignen (**Eigentumsübertragung**) muss. Gleiches gilt für den Kunden in Bezug auf den vereinbarten Kaufpreis.

> **(!)** **Besitz** an einer Sache bedeutet die willentliche und **tatsächliche Herrschaft** über diese. **Eigentum** an einer Sache ist dagegen die willentliche **rechtliche Herrschaft**, also das Recht, die Sache grundsätzlich nach Belieben zu benutzen, zu verbrauchen oder zu übereignen.

### Leistungszeit und Leistungsort

Selbstverständlich kann sich der Schuldner nicht frei aussuchen, wann er seine Leistung erbringen will:

> **(!)** Haben die Vertragsparteien keine **Leistungszeit** ausdrücklich vereinbart, kann der Gläubiger die Leistung sofort verlangen, der Schuldner muss sie sofort erbringen. (sog. Tages- oder Sofortkauf)

- Häufig wird der Käufer jedoch eine bestimmte Lieferfrist, z.B. „Lieferung innerhalb von drei Wochen", „Lieferung in der 34. Kalenderwoche" o. ä. vorgeben (sog. **Termin**- oder **Zeitkauf**).
- Hat die zeitgenaue Lieferung für den Kunden eine besondere Bedeutung, wird er einen ganz bestimmten Liefertermin exakt festsetzen, z.B. „Lieferung am 21.03.20xx fix" (sog. **Fixkauf**).
- Industriebetriebe bestellen ihre Materialien häufig auch „auf Abruf". In diesem Fall behält sich der Käufer das Recht vor, den genauen Termin für die gesamte Lieferung oder für Teilmengen zu einem späteren Zeitpunkt zu bestimmen (**Kauf auf Abruf**).

Auch der **Ort**, an dem die Erfüllung der vertraglichen Verpflichtung erfolgen soll, ist von besonderer Wichtigkeit, denn durch die ordnungsgemäße Leistung wird der Schuldner von seinen Vertragspflichten frei. Die Gefahr, dass die Ware bei einem anschließenden Transport beschädigt oder zerstört wird, geht also an dem Ort auf den Käufer über, an dem der Verkäufer seine Verpflichtung erfüllt hat.

Das Bürgerliche Gesetzbuch sagt zur Frage des **Leistungsortes** (auch **Erfüllungsort** genannt), an dem die **Gefahr des zufälligen Unterganges** vom Verkäufer auf den Käufer übergeht, das Folgende:

> **(!)** **Leistungsort.** (1) Ist ein Ort für die Leistung weder bestimmt noch den [**besonderen**] Umständen [...] zu entnehmen, so hat die Leistung an dem Orte zu erfolgen, an welchem der Schuldner zur Zeit der Entstehung des Schuldverhältnisses [**also bei Vertragsschluss**] seinen Wohnsitz [**bzw. Geschäftssitz**] hatte. (§ 269 BGB)

Das Gesetz nimmt für den Leistungsort als Normalfall an, dass der Käufer die Ware beim Verkäufer, der diese ordnungsgemäß bereitstellen und ihm übergeben muss, abholt oder abholen lässt. Warenschulden gelten also normalerweise als **Holschulden**. Dies gilt auch, wenn der Käufer einen Spediteur damit beauftragt, die Ware beim Verkäufer abzuholen (vgl. § 269, 3 BGB). Mit der Abholung beim Verkäufer geht die Gefahr der zufälligen Beschädigung oder des Verlustes auf den Käufer über.

Häufig wird aber vereinbart, dass der Verkäufer die Ware an den Käufer verschicken soll. Bei einem solchen **Versendungskauf** handelt es sich juristisch um eine „**Schickschuld**". Zum Gefahrenübergang beim Versendungskauf definiert das BGB in § 447, dass die Gefahr auf den Käufer übergeht, sobald der Verkäufer die Ware ordnungsgemäß an den beauftragten Spediteur (bzw. dessen Frachtführer) übergeben hat.

Schließlich ist aber auch denkbar, dass der Verkäufer die Ware auf eigene Gefahr zum Käufer bringen muss, der Leistungsort also am Wohn- oder Geschäftssitz des Gläubigers ist. Eine solche **Bringschuld** kann entweder ausdrücklich vereinbart sein oder sie kann sich aus den Umständen des Schuldverhältnisses ergeben.

Für die Bezahlung des Kaufpreises, also die **Geldschuld** gilt dagegen: Der **Zahlungsort** (= Erfüllungsort von Geldschulden) ist nach § 270 BGB stets der Wohnsitz des Käufers (Schuldners). Hier muss er das Geld zum vereinbarten Zeitpunkt abschicken (z.B. überweisen). Vom Prinzip her sind Geldschulden somit **Schickschulden**, für die Einhaltung einer Zahlungsfrist genügt also grundsätzlich das rechtzeitige Abschicken des Geldes.

Der Europäische Gerichtshof (EuGH) hat jedoch in einem Grundsatzurteil festgelegt, dass die Geldzahlung zu dem vereinbarten Termin **beim Gläubiger eintreffen** muss.

Der Käufer trägt zudem die Kosten der Übermittlung (z.B. Bankgebühren) und die Gefahr des Verlustes.

> (!) Geldschulden sind Schickschulden, die wie Bringschulden behandelt werden!
> (sog. modifizierte oder qualifizierte Schickschuld)

Der Leistungsort (Erfüllungsort) legt auch den sog. **Gerichtsstand** fest. Dies ist der Ort, an dem ein Vertragspartner einen anderen Vertragspartner wegen Schlecht- oder Nichterfüllung seiner vertraglichen Pflichten verklagen muss.

Gerichtsstand ist bei zivilrechtlichen Streitigkeiten grundsätzlich der Wohn- oder Geschäftssitz des Schuldners. Nur Kaufleute untereinander können abweichende Regelungen vereinbaren. Eine Klausel in den AGB wie z.B.: „Gerichtsstand für beide Seiten ist Berlin." wäre im Umgang mit Privatleuten unwirksam.

### Störungen bei der Vertragserfüllung

Aus Sicht des Material beschaffenden Betriebes sind die **Nicht-Rechtzeitig-Lieferung** (= Lieferverzug) und **die mangelhafte Lieferung** (= Schlechtleistung) die häufigsten Störungen bei der Vertragserfüllung.

### Die Nicht-Rechtzeitig-Lieferung (früher: Lieferungsverzug)

* Voraussetzungen
    - **Fälligkeit:** Die Lieferung der Ware war fällig, ist aber nicht erfolgt.
    - **Verschulden**: Der Lieferant hat die Nicht-Rechtzeitig-Lieferung zumindest fahrlässig verschuldet.
    - **Mahnung**: Der Kunde weist seinen Lieferanten durch eine Mahnung auf seine Lieferpflicht hin („setzt ihn in Verzug").
    Eine **Mahnung ist nicht notwendig**, wenn:
    - der Lieferant seine Nicht-Rechtzeitig-Lieferung selbst ankündigt oder die Lieferung ganz verweigert,
    - der Liefertermin im Kaufvertrag kalendermäßig bestimmt ist (Fixgeschäft) oder
    - der Kaufvertrag zu einem bestimmten an die rechtzeitige Lieferung gebundenen Zweck abgeschlossen wurde (Zweckkauf).
* Rechtsfolgen
    - Der Käufer kann Lieferung der bestellten Ware
      und
    - Ersatz eines durch die Nicht-Rechtzeitig-Lieferung verursachten Schadens (Verzögerungsschadens) verlangen
      oder
    - seinen Rücktritt vom Vertrag erklären
      und ggf.
    - Schadenersatz statt der Leistung verlangen.

**Achtung**: Schadenersatz statt der Leistung und/oder Rücktritt vom Vertrag ist grundsätzlich nur nach Ablauf einer angemessenen **Nachfrist** möglich.

**Aber**: Eine Nachfrist ist jedoch nicht notwendig, wenn der Lieferant von sich aus die Lieferung verweigert, der Liefertermin fix vereinbart war (Fixgeschäft) oder es sich um einen Zweckkauf handelte.

### Die mangelhafte Lieferung (Schlechtleistung)

* Mängelarten
    In § 434 unterscheidet das BGB folgende Arten von **Sachmängeln**:
    - Falschlieferung: Die gelieferte entspricht nicht der bestellten Ware.
    - Zu-wenig-Lieferung
    - fehlerhafte Ware (Qualitätsmangel)

- Ware ungleich Werbung: Der Ware fehlt eine in der Werbung angepriesene und für den Käufer bedeutsame Eigenschaft.
- Montagemangel: Die Montage durch den Verkäufer oder seinen Beauftragten wurde mangelhaft ausgeführt.
- mangelhafte Montageanleitung (sog. „Ikea-Klausel").

Außerdem kann die veräußerte Sache auch **Rechtsmängel** gem. § 435 BGB haben, z.B.:
- Ein veräußerter Gegenstand ist mit einem Pfandrecht belastet (sog. Faustpfand).
- Der Verkäufer einer Sache ist gar nicht ihr Eigentümer und handelt auch nicht mit Vollmacht des tatsächlichen Eigentümers (z.B. ein Hehler, der mit gestohlenen Sachen handelt).
- Der Verkäufer eines Grundstückes verschweigt ein im Grundbuch nicht eigetragenes Recht, z.B. das Gewohnheitsrecht eines Nachbarn.

• Rechtsfolgen
Zunächst hat der Käufer der mangelhaften Sache (nur) ein **Recht auf Nacherfüllung** (= vorrangiges Recht). Er kann nach seiner Wahl:
- **Nachbesseru**ng (z.B. Reparatur/Beseitigung des Mangels, Nachlieferung der fehlenden Menge etc.) oder
- **Neulieferung** (Ersatzlieferung einer mangelfreien Sache) verlangen.

**Zusätzlich** kann er, sofern der Verkäufer den Mangel verschuldet hat, **Schadenersatz** (neben der Leistung) für alle durch den Mangel entstandenen Schäden verlangen (z.B. Schmerzensgeld, wenn er sich in einem Restaurant durch eine verdorbene Speise den Magen verdorben hat).
Beachte:
- Der Anspruch auf Nacherfüllung besteht auch bei geringfügigen Mängeln und ist verschuldensunabhängig, es kommt also nicht darauf an, ob der Verkäufer den Mangel kannte und/oder verschuldet hat.
- Das Wahlrecht des Käufers (Nachbesserung oder Neulieferung) besteht aber nicht, wenn es für den Verkäufer zu unverhältnismäßig hohen Kosten führen würde (z.B. keine Neulieferung bei geringfügigen Mängeln, die auch nachgebessert werden können).

Gelingt dem Verkäufer die Nacherfullung innerhalb einer angemessenen Frist – er hat zwei Versuche – nicht oder verweigert er die Nacherfüllung, stehen dem Käufer folgende **nachrangigen Rechte** zu:
- **Rücktritt vom Vertrag** (Rückgabe der Kaufsache und ggf. des Kaufpreises; nicht bei geringfügigen Mängeln), oder
- angemessene Minderung des Kaufpreises (Preisnachlass), und
- **Schadenersatz statt der Leistung** (auch neben dem Rücktritt möglich), oder
- **Ersatz vergeblicher Aufwendungen** (auch nicht bei geringfügigen Mängeln).

### Besonderheiten des Verbrauchsgüterkaufs

Kauft ein Verbraucher (= Privathaushalt) von einem Unternehmer (= Gewerbe-treibender, nicht notwendigerweise Kaufmann) eine bewegliche Sache, gelten für diesen sog. Verbrauchsgüterkauf besondere Vorschriften:

- **Beweislastumkehr:** Rügt der Käufer innerhalb von sechs Monaten nach dem Erhalt der Ware einen Mangel, wird unterstellt, dass der Mangel bereits bei der Übergabe bestand. Das Gegenteil muss der Verkäufer beweisen. Nach Ablauf der sechs Monate liegt die Beweislast beim Käufer.
- **Eingeschränkte Vertragsfreiheit:** Alle individuellen Vereinbarungen sowie die Allgemeinen Geschäftsbedingungen (AGB) des Verkäufers dürfen von den gesetzlichen Bestimmungen, z.B. dem zweijährigen Gewährleistungsan-spruch, nicht zum Nachteil des Käufers abweichen. (Ausnahme: Bei gebrauch-ten Sachen darf die Gewährleistungsfrist auf ein Jahr verkürzt werden.)
- **Sonderbestimmungen für Garantieerklärungen:** Diese müssen einfach und verständlich formuliert sein und müssen alle für die Geltendmachung des Garantieanspruchs wesentlichen Informationen enthalten.

### Vertragsüberwachung

Da immer mit Störungen der Vertragserfüllung zu rechnen ist, kommt der Über-wachung der Vertragserfüllung mithilfe von **Terminbüchern**, **Wiedervorlage-mappen** und **Offene-Posten-Listen** eine große Bedeutung zu. Nur so kann die zielgerechte Materialversorgung und die Zahlungsfähigkeit des Betriebes sicher-gestellt werden. Außerdem droht durch Versäumen von gesetzlichen oder ver-traglich vereinbarten Fristen ein Verlust von Rechten (vgl. Kapitel Kaufvertrags-störungen).

Früher manuell geführt, erfolgt die Vertragsüberwachung heute meist **mittels EDV**. Hat bis zu dem im ERP-System hinterlegten Termin kein Waren- oder Geld-eingang stattgefunden oder weichen die gelieferten Materialien von den bestell-ten ab, erfolgt automatisch eine Rückmeldung durch das System und eine Mah-nung wird generiert. Auch die Einhaltung der vereinbarten Skontofristen und -sätze kann automatisiert per EDV überwacht werden.

## Aufgaben zur Funktion 0202: Bestelldurchführung

**? 7:** Die Ergebnisse der Beschaffungsmarktforschung stellen eine Entschei-dungsgrundlage für die Auswahl der Lieferer dar.

a) Erläutern Sie, was unter Beschaffungsmarktforschung zu verstehen ist.

b) Nennen Sie drei Untersuchungsgegenstände der Beschaffungsmarktforschung.

c) Nennen Sie zwei Verfahren zur Gewinnung von Informationen im Rahmen der Beschaffungsmarktforschung.

**8:** Sie sollen ein bislang noch nicht benötigtes Material erstmalig beschaffen. Bringen Sie dazu die folgenden Tätigkeiten in die richtige Reihenfolge, indem Sie die Ziffern 1 bis 8 in die Kästchen neben den Tätigkeiten eintragen!

Ausstellen der Materialeingangsmeldung ☐

Überwachung des Liefertermins ☐

Schreiben der Bestellung ☐

Eintreffen der Bedarfsmeldung im Einkauf ☐

Anfragen an mehrere Lieferer versenden ☐

Durchführen der Wareneingangskontrolle ☐

Ermittlung möglicher Lieferer ☐

Durchführen des Angebotsvergleichs ☐

**9:** Der Einkäufer eines Industriebetriebes soll einen Bedarf von 7.500 Vierkantschrauben eines bislang noch nicht bezogenen Typs decken.

a) Nennen Sie **je** drei interne und drei externe Informationsquellen, die bei der Suche nach einem geeigneten Lieferanten zu nutzen wären!

Der Einkäufer hat von möglichen Lieferanten drei Angebote eingeholt:

**Angebot A:** Bei 5 000 Stück beträgt der Preis je 100 Stück 44,55 €, bei Abnahme der doppelten Menge 38,75 € je 100 Stück; Lieferung frei Haus; Lieferzeit 14 Tage; Zahlungsbedingungen: innerhalb von 14 Tagen 3 % Skonto, 30 Tage netto; sonstige Informationen: bekannter Lieferant; im Durchschnitt 3 % Ausschuss, der kostenlos ersetzt wird.

**Angebot B:** Preis 45,00 € je 100 Stück; Lieferung frei Haus; Lieferzeit 4 Wochen; Einführungsrabatt 10 %; 3 % Skonto bei Zahlung innerhalb von 10 Tagen, 3 Wochen netto Kasse; sonstige Informationen: neuer Lieferant.

**Angebot C:** Preis 36,00 € je 100 Stück; Lieferung ab Werk; Versandkosten 52,00 € je 1 000 Stück; 2 % Skonto innerhalb von 10 Tagen, 60 Tage Ziel; Lieferung in 2 Wochen ab Bestelleingang; sonstige Informationen: bekannter Lieferant mit guter Qualität.

b) Erstellen Sie ein Schema zum preislichen Vergleich der drei Angebote! Kalkulieren Sie dann die eingegangenen Angebote und bestimmen Sie die Einstandspreise für die benötigte Menge!

c) Wählen Sie den am besten geeigneten Lieferanten aus! Begründen Sie Ihre Entscheidung!

**10:** Ihr bisheriger Lieferer teilt Ihnen mit, dass er wegen der um 5 % gestiegenen Preise für Einsatzstoffe und wegen einer Lohntariferhöhung von 2 % seine Preise um 7 % anheben muss.

a) Ermitteln Sie unter Verwendung des nachstehenden Auszugs aus der Gewinn- und-Verlust-Rechnung dieses Lieferers den prozentualen Anteil der

aa) Roh-, Hilfs- und Betriebsstoffkosten

ab) sowie der Personalkosten am Gesamtaufwand.

Auszug aus der GuV des Lieferers (in TEUR)

| | | | | |
|---|---|---|---|---|
| Umsatzerlöse | 74.160 | Personalaufwand | | 18.000 |
| Materialaufwand | 39.600 | Sonstiger betrieblicher Aufwand | | 14.400 |

b) Ermitteln Sie die rechnerisch begründbare Preiserhöhung des Lieferers.

c) Erläutern Sie ein Argument, mit dem Sie versuchen können, in der Preisverhandlung mit dem Lieferer noch unter der von Ihnen ermittelten Preiserhöhung (siehe b) zu bleiben.

d) Nennen Sie – neben einer Neuausschreibung – zwei weitere Maßnahmen, mit denen Sie der angekündigten Preiserhöhung entgegenwirken können.

e) Sie entscheiden sich für eine Neuausschreibung des Bedarfs. Nennen Sie vier Quellen, mit deren Hilfe Sie zusätzliche Lieferer ermitteln können.

f) Auf Ihre Neuausschreibung erhalten Sie nachfolgende Angebote:

|  | **Bisheriger Lieferer** | **Neuer Lieferer A** | **Neuer Lieferer B** |
|---|---|---|---|
| **EUR-Preis/Stück** | 28,00 | 25,90 | 29,90 |
| **Rabatt** | 10 % | – | 15 % |
| **Skonto** | 2 % / 14 Tage | 3 % / 30 Tage | 3 % / 7 Tage |
| **Lieferzeit** | 14 Tage | sofort | 4 Wochen |

fa) Ermitteln Sie die Einstandspreise.

fb) Erläutern Sie zwei Gründe, die Sie veranlassen könnten, nicht bei dem preiswertesten Lieferer zu bestellen.

**⟨?⟩ 11:** Der Rohrbau AG in Dortmund liegen für den laufenden Bedarf von 12.000 Rohrschellen folgende Angebote vor:

Lieferer 1: Künzli, Bern (CH)

Preis: 5,30 SFR/Stück zzgl. 0,30 SFR/Stück für Fracht und Verpackung; Zahlung: 30 Tage netto Kasse; Lieferzeit: 3 Wochen

Lieferer 2: Goodman, Liverpool (GB)

Preis: 2,91 GBP/Stück abzgl. 5 % Sonderrabatt, einschl. Fracht und Verpackung; Zahlung: 30 Tage netto Kasse; Lieferzeit: 14 Tage

Lieferer 3: Wissmann GmbH, Gelsenkirchen

Preis: 4,15 EUR/Stück einschl. Verpackung; bei Abnahme von mind. 10 000 Stück 12 % Rabatt; Zahlung: 10 Tage 2 % Skonto, 30 Tage netto Kasse; Lieferung frei Dortmund; Lieferzeit: sofort

a) Ermitteln Sie mithilfe der nebenstehenden Kurstabelle das günstigste Angebot!

b) Erläutern Sie – unabhängig von den Ergebnissen in a) – drei Gründe, nicht auf das preisgünstigste Angebot zurückzugreifen!

| **Geld für Reisende (1 € =)** | **Ankauf** | **Verkauf** |
|---|---|---|
| Australien (A$) | 1,5486 | 1,7468 |
| England (GBP) | 0,6288 | 0,6813 |
| Kanada (C$) | 1,4513 | 1,6063 |
| Schweiz (SFR) | 1,5859 | 1,6584 |
| USA (US$) | 1,2514 | 1,3414 |

| **Devisen (1 € =)** | Geld | Brief |
|---|---|---|
| Australien (A$) | 1,6300 | 1,6500 |
| England (GBP) | 0,6536 | 0,6575 |
| Kanada (C$) | 1,5147 | 1,5267 |
| Schweiz (SFR) | 1,6173 | 1,6213 |
| Japan (YEN) | 157,30 | 157,780 |
| USA (US$) | 1,2918 | 1,2978 |

**(?) 12:** Ein Hersteller von Elektrohaushaltsgeräten erhält von dem japanischen Anbieter Matsurama ein Angebot: Der Haartrockner Modell „Buhei" zum Stückpreis von 1.998 YEN. Bei Abnahme von mindestens 500 Stück werden 8 % Rabatt gewährt. Der Transport cif Hamburg soll 8.300 YEN je 100 Stück kosten. Für die Zustellung ab Hamburg sind 270,00 Euro Frachtkosten sowie Versicherungskosten von 0,15 Euro je 1.000 Euro Warenwert frei deutscher Grenze zu veranschlagen.

a) Bestimmen Sie mithilfe der nachstehenden Kurse den Einstandspreis insgesamt und je Stück in EUR! Geplant ist eine Abnahmemenge von 1 000 Stück.

Devisenkurse Japan (YEN): Geldkurs: 118,4400 Briefkurs: 118,9200

b) Erläutern Sie eine Möglichkeit, wie der deutsche Importeur sein Währungsrisiko absichern könnte!

**(?) 13:** Die Einkaufspolitik regelt u. a. die Frage nach der Streuung von Aufträgen. Nennen Sie jeweils drei Argumente, die für die Deckung eines Jahresbedarfs durch

a) einen oder wenige Lieferer (Single-/Dual-Sourcing) oder

b) eine Vielzahl von Lieferern (Multiple-Sourcing) sprechen.

**(?) 14:** Die Einkaufsabteilung einer Industrieunternehmung benutzt zur Lieferantenauswahl die folgende Entscheidungsbewertungstabelle:

| Entscheidungskriterien | Gewichtung | Mögliche Lieferanten | | | |
|---|---|---|---|---|---|
| | | A | B | C | D |
| Preis des Materials | | | | | |
| Erfüllung fertigungstechnischer Anforderungen | | | | | |
| usw. | | | | | |

a) Nennen Sie sechs weitere Entscheidungskriterien für die Auswahl von Lieferern.

b) Beschreiben Sie Ihr weiteres Vorgehen bei der Lieferantenauswahl mittels einer Entscheidungswerttabelle!

c) Erläutern Sie an einem Beispiel Ihrer Wahl, warum ein bestimmtes Entscheidungskriterium bei zwei verschiedenen Materialien eine unterschiedliche Gewichtung erfahren kann.

d) Nennen Sie zwei Gründe, warum der Einkauf trotz hoher Bewertung eines ausländischen Lieferers im Einzelfall seinen Bedarf bei einem inländischen Lieferer deckt.

**(?) 15:** Erläutern Sie die folgenden Lieferungsbedingungen:

a) unfrei Frankfurt/M.

b) frachtfrei Berlin

c) frei Haus Hamburg

**(?) 16:** Prüfen Sie, um welche konkrete Art des Sachmangels es sich bei den nachfolgend beschriebenen Fällen handelt! Beschreiben Sie außerdem, welche Rechte dem Käufer jeweils zustehen!

a) An einem vor 3 Wochen gekauften Fahrrad reißt während der Fahrt die Kette. Der Fahrer stürzt und verletzt sich.

b) Paul kauft in einem Fotogeschäft einen Bilderrahmen, um in seiner Wohnung ein Foto seiner Freundin schön dekorieren zu können. Zu Hause angekommen stellt er fest, dass der Bilderrahmen zu klein für das Foto ist.

c) Ein als maschinenwaschbar gekennzeichnetes T-Shirt läuft bei der ersten Wäsche in der Waschmaschine so stark ein, dass es nur noch als Puppenkleid dienen kann.

d) Die Gebrauchsanleitung einer bei einem deutschen Elektrohändler gekauften Computertastatur ist nur in Chinesisch und Englisch geschrieben.

e) Auf dem Oktoberfest stellt ein Besucher fest, dass seine „Moass" (= Einliterkrug Bier) nur halb gefüllt ist.

f) In der Hoffnung, das Herz seiner Angebeteten Sigrid zu erobern, kauft Heinrich einen Diamantring für 1 000,00 EUR. Dennoch lehnt Sigrid den Heiratsantrag ab.

g) Erwin lässt sich von einem Möbelhaus eine Einbauküche liefern und aufbauen. Wenige Tage nach dem Aufbau fällt ein Hängeschrank samt Geschirr von der Wand. Der herabstürzende Schrank schlägt eine tiefe Kerbe in die Arbeitsplatte, das Geschirr wird bis auf einen Eierbecher zerstört.

h) Die als „aus deutschen Landen" beworbenen Erdbeeren eines Gemüsehändlers stellen sich bei einer genaueren Prüfung der Verpackung als spanische Früchte heraus.

**17:** Ordnen Sie die folgenden Fälle den Begriffen Holschuld, Schickschuld oder Bringschuld zu und bestimmen Sie jeweils den Leistungsort als Ort des Gefahrenübergangs! Wer muss einen ggf. während des Transportes entstandenen Schaden tragen?

a) Sie bestellen online bei einem Versandhändler eine schicke neue Jeanshose.

b) Ihr Nachbar beauftragt ein Gartenbauunternehmen, 150 m² Rollrasen für seinen Garten zu liefern und zu verlegen.

c) Sie bestellen in einem Geschäft für Smartphones das neueste Gerät eines bestimmten Herstellers, das in wenigen Tagen neu auf den Markt kommen soll, vor. In der Nacht vor dem Verkaufsstart wird in das Geschäft eingebrochen und alle Smartphones werden gestohlen.

d) Sie zahlen per Online-Überweisung die Jeanshose aus Beispiel 1. Leider sind Sie aber einem Trojaner aufgesessen, sodass das Geld auf dem Konto eines Betrügers landet.

e) Ihr Ausbildungsunternehmen bestellt bei einem Heizölgroßhändler 20 000 Liter Heizöl. Die Lieferung erfolgt durch einen Tanklastzug des Händlers.

Ein Eigenheimbesitzer beauftragt Klempnermeister Röhrig, ein altes WC auszutauschen. Der ungeschickte Lehrling W. lässt das WC im Treppenhaus fallen, sodass es zerbricht.

g) Eine Supermarktkette lässt sich von einem Hühnerhof 5 000 frische Eier liefern. Der LKW des Spediteurs gerät auf der Autobahn in einen Auffahrunfall, alle Eier sind zerbrochen.

h) Eine Immobiliengesellschaft beauftragt einen Betrieb für Bodenbeläge, in einer zum Verkauf stehenden Eigentumswohnung Parkettböden und in einer Mietwohnung Laminat (= Holzimitat) zu verlegen. Der schusselige Parkettleger verwechselt jedoch die Lieferadressen.

**?** **18:** Sie sind Mitarbeiter/-in der Einkaufabteilung der Maschinenbau GmbH, Darmstadt. Für die Fertigung eines Kundenauftrages hat die Maschinenbau GmbH bei ihrem langjährigen Lieferanten, der Gusseisen AG, Mülheim, 1 000 Gussteile 554-87 nach vorgegebener Zeichnung zum Preis von 18,00 EURO je Stück bestellt. Die Lieferung ist für Mitte April vereinbart, um einen Kundenauftrag termingerecht Mitte Mai ausführen zu können. Dieser Tatbestand ist der Gusseisen AG bekannt.

Am 18. April ruft der Verkaufsleiter der Gusseisen AG, Herr Klein, Sie an und teilt mit, die Gussteile könnten wegen eines Defektes an der Gießmaschine in absehbarer Zeit nicht geliefert werden.

Die Maschinenbau GmbH möchte den Kundenauftrag dennoch fristgerecht ausführen. Sie kann auf ein Angebot der Kerpener Gießwerke GmbH über die Lieferung der Gussteile zurückgreifen: Preis 21,00 EURO je Stück. Lieferung 8 Tage nach Eingang des Auftrages und der Konstruktionszeichnungen.

a) Zeigen Sie stichwortartig die notwendigen Maßnahmen auf, die im Einkauf der Maschinenbau GmbH ergriffen werden müssen.

b) Unterbreiten Sie je einen Vorschlag, wie in der Produktion und im Vertrieb auf die veränderte Situation reagiert werden sollte!

c) Verfassen Sie ein Anschreiben an die Gusseisen AG, in dem Sie den Sachverhalt kurz darstellen, Ihre Entscheidung mitteilen und Rechtsansprüche geltend machen.

**?** **19:** Die Industrieunternehmung Brauer GmbH, In der Heide 17 – 19, 20334 Buchholz, will ihr Angebotsprogramm erweitern. Hinsichtlich der dazu erforderlichen Handelswaren wendet sie sich daher mit entsprechenden Anfragen und der Bitte um Angebote an mögliche Lieferer, u. a. an die Schneider Import KG, Kaigasse 50 – 54, 20040 Hamburg, zu der bislang noch keine Geschäftsbeziehung besteht.

a) Verfassen Sie eine Anfrage der Brauer GmbH an die Schneider KG.

Informieren Sie detailliert über Ihre Erwartungen im Hinblick auf die Beschaffenheit der Handelswaren, etwaige Bestellmengen usw. (Art der Handelswaren nach eigener Wahl).

Teilen Sie der Schneider KG auch zwei konkrete Bezugs- und Leistungsbedingungen mit, bei denen Sie als Kunde ein deutliches Entgegenkommen über die gesetzliche Regelung (siehe untenstehende Auszüge) hinaus erwarten.

---

**Auszug aus dem BGB**

**§ 269 Leistungsort**. (1) Ist der Ort für die Leistung weder bestimmt noch aus den Umständen, insbesondere aus der Natur des Schuldverhältnisses, zu entnehmen, so hat die Leistung an dem Orte zu erfolgen, an welchem der Schuldner zur Zeit der Entstehung des Schuldverhältnisses seinen Wohnsitz hatte.

**§ 271 Leistungszeit**. (1) Ist eine Zeit für die Leistung weder bestimmt noch aus den Umständen zu entnehmen, so kann der Gläubiger die Leistung sofort verlangen, der Schuldner sie sofort bewirken.

**§ 446 Gefahr- und Lastenübergang**. Mit der Übergabe der verkauften Sache geht die Gefahr des zufälligen Untergangs und der zufälligen Verschlechterung auf den Käufer über.

**§ 447 Gefahrübergang beim Versendungskauf**. (1) Versendet der Verkäufer auf Verlangen des Käufers die verkaufte Sache nach einem anderen als dem Erfüllungsort, so geht die Gefahr auf den Käufer über, sobald der Verkäufer die Sache

---

dem Spediteur, dem Frachtführer oder der sonst zur Ausführung der Versendung bestimmten Person oder Anstalt ausgeliefert hat.

**§ 448 Kosten der Übergabe und vergleichbare Kosten.** (1) Der Verkäufer trägt die Kosten der Übergabe der Sache, der Käufer die Kosten der Abnahme und der Versendung der Sache nach einem anderen Ort als dem Erfüllungsort.

**Auszug aus dem HGB**

**§ 377 Untersuchungs- und Rügepflicht.**

(1) Ist der Kauf für beide Teile ein Handelsgeschäft, so hat der Käufer die Ware unverzüglich nach der Ablieferung durch den Verkäufer, soweit dies nach ordnungsmäßigem Geschäftsgang tunlich ist, zu untersuchen und, wenn sich ein Mangel zeigt, dem Verkäufer unverzüglich Anzeige zu machen.

(2) Unterlässt der Käufer die Anzeige, so gilt die Ware als genehmigt, es sei denn, dass es sich um einen Mangel handelt, der bei der Untersuchung nicht erkennbar war.

**§ 378 Untersuchungs- und Rügepflicht bei Falschlieferung oder Mengenfehlern.** Die Vorschriften des § 377 finden auch dann Anwendung, wenn eine andere [...] Ware oder eine andere [...] Menge von Waren geliefert ist.

**§ 379 Einstweilige Aufbewahrung.** Ist der Kauf für beide Teile ein Handelsgeschäft, so ist der Käufer, wenn er die ihm von einem anderen Orte übersendete Ware beanstandet, verpflichtet, für ihre einstweilige Aufbewahrung zu sorgen.

**20:** Ein deutsches Unternehmen hat in der Schweiz für 250.000,00 CHF Waren gekauft. Es kann die Zahlung entweder durch seine Bank in Köln oder in Zürich leisten (Kurse in Deutschland siehe Kurstabelle; Kurs in Zürich: 0,8001 € für 1CHF).

Wie viel € spart das Unternehmen gegenüber dem ungünstigeren Kurs, wenn es den günstigeren Kurs in Anspruch nimmt?

| Mengennotierung: Devisenkurse für 1 € | | Land | Währung | WKZ | Mengennotierung: Sortenkurse für 1 € | |
|---|---|---|---|---|---|---|
| Geld (Ankauf) | Brief (Verkauf) | | | | Geld (Ankauf) | Brief (Verkauf) |
| 7,4354 | 7,4754 | Dänemark | Krone | DKK | 7,0303 | 7,8814 |
| 0,8704 | 0,8744 | Großbritannien | Pfund | GBP | 0,8397 | 0,9254 |
| 113,7400 | 114,2200 | Japan | Yen | JPY | 109,6925 | 121,8119 |
| 1,3720 | 1,3840 | Kanada | Dollar | CAD | 1,3094 | 1,4534 |
| 7,8432 | 7,8912 | Norwegen | Krone | NOK | 7,4431 | 8,2585 |
| 8,9888 | 9,0368 | Schweden | Krone | SEK | 8,5039 | 9,4960 |
| 1,2511 | 1,2551 | Schweiz | Franken | CHF | 1,2117 | 1,3333 |
| 1,4079 | 1,4139 | USA | Dollar ($) | USD | 1,3664 | 1,5074 |
| 3,8826 | 3,9826 | Polen | Zloty | PLN | 3,6477 | 4,2679 |

# Funktion 0203: Vorratshaltung und Beständeverwaltung

## Fragenkomplex 01: Systeme der Vorratshaltung

### Lagerfunktionen

Lager erfüllen folgende **Aufgaben**:

- **Sicherung** des Produktionsprozesses und der Lieferbereitschaft
- **Ausgleich** von zeitlichen (z.B. bei Saisonwaren) oder mengenmäßigen (Erreichen der optimalen Bestellmenge) Schwankungen
- **Umformung**, z.B. produktbezogen (Produktionslager, z.B. Wein, Käse, Holz) oder sortimentsbezogen (Zusammenstellung von Versandaufträgen)
- **Spekulation** durch Überbrücken/Ausnutzen von Preisschwankungen

**Unfreiwillige Lager** können entstehen durch:

- verspäteten Produktionsbeginn
- ungenaue Abstimmung im Produktionsprozess (Pufferlager)
- oder unplanmäßige Absatzstockungen

### Lagerarten

Arten der Lagerhaltung lassen sich unterscheiden nach:

- den **Lagergütern**, z.B. Rohstofflager, Betriebsstofflager, Warenlager, Werkzeuglager etc.,
- der **Stellung im Betriebsprozess**, z.B. Eingangslager, Bereitstellungslager, Zwischenlager, Handlager, Versandlager etc.,
- der **Lagerbauweise**, z.B. offene, halb offene und geschlossene Lager.

### Räumliche Organisation der Lagerhaltung

- **Zentrale** Lagerung aller Lagergüter an einem Ort; Voraussetzung ist die planvolle Einlagerung und klare Zuordnung der Lagergüter.
- **Dezentrale** Lagerung der Lagergüter an verschiedenen Lagerorten, entweder **stofforientiert**, um den unterschiedlichen Ansprüchen der Lagergüter zu entsprechen, oder **verbrauchsorientiert**, um einen schnellen Zugriff zu gewährleisten.

### Eigen-/Fremdlager

§ 416 HGB: „Lagerhalter ist, wer gewerbsmäßig die Lagerung und Aufbewahrung von Gütern übernimmt." Der Lagerhalter gibt

- einen Lagerempfangsschein (bloße Quittung) oder
- einen Lagerschein aus. Dieses Warenwertpapier verbrieft das Eigentum an den eingelagerten Gütern.

**Vorteile der Fremdlagerung** durch einen Logistikdienstleister gegenüber der Eigenlagerung sind v. a.:
- Kapitalersparnis (keine Investitionen in das Anlagevermögen),
- Ersparnis sonstiger fixer Lagerkosten, z.B. Personalkosten,
- bequeme Verfügung über die eingelagerten Güter durch Übergabe des Lagerscheins,
- Kreditbeschaffung durch Verpfändung (Lombardierung) des Lagerscheins möglich,
- geringeres **Lagerrisiko.**

### Lagereinrichtung

Die Einrichtung des Lagers hängt ab:
- von der **Art der Lagergüter** (physikalischer Zustand, äußere Form, sonstige Eigenschaften, Menge der Güter, Sicherheitsanforderungen etc.),
- von der Gestaltung des **Materialflusses** (z.B. der Durchlaufzeit der Güter) und der Abstimmung mit den innerbetrieblichen Transportsystemen.

Für die **Ausstattung** stehen zur Verfügung:
- Lagerein-/-vorrichtungen: Schränke, Regale, Schubladen, Tanks, Silos usw.
- Transportmittel: Kräne, Flurfördermittel, Aufzüge, Stetigförderer, Steigsysteme usw.
- Sondervorrichtungen: z.B. Mess-, Zähl-, Wiege- und Steuerungsvorrichtungen

**Anforderungen** an die Lagerausstattung sind:
- auf Verpackungseinheiten abgestimmt, somit minimaler Raumbedarf
- schneller manueller/automatischer Zugriff
- Sicherheit
- ausreichende Verkehrswege zwischen den Lagervorrichtungen
- minimale Gesamttransportwege

### Arbeitsablauf und Belegwesen im Lager

Arbeitsablauf der Warenannahme bei einer **konventionellen Lagerverwaltung**:
- Waren-/Materialannahme
- äußere („sofortige") Prüfung (Empfänger, Verpackung, Bestelldaten)
- Bestätigung der Annahme
- innere („unverzügliche") Prüfung anhand von Packzettel und Bestellkopie (Menge, Qualität, sonstige Eigenschaften)
- Waren-/Materialeingangsmeldung, ggf. Mängelrüge an Lieferanten
- Einlagerung oder Bereitstellung am Bedarfsort
- Buchung des Waren-/Materialeingangs in Journal und Nebenbüchern

Typische **Belege** hierbei sind: Lagerkarteikarte, Lagerfachkarte, Materialentnahmeschein, Wareneingangsmeldung oder Materialbegleitschein.

Kommen **EDV-gesteuerte Lagermanagementsysteme** zum Einsatz, wird in der Regel auf eine eingehende Eingangsprüfung der gelieferten Materialien verzichtet. Der Materialeingang wird mittels Barcode-Scannern oder RFID-Transpondern erfasst und unmittelbar durch das EDV-System einem Lager- oder Verbrauchsort zugewiesen (vgl. „Chaotische Lagerhaltung") sowie gebucht.

Neben einer entsprechenden Hard- und Softwareausstattung setzt dies zuverlässige und leistungsstarke Lieferanten voraus.

### Räumliche Anordnung der Lagergüter

Hierbei stehen sich zwei Systeme gegenüber:
* **Festplatzsystem**: Jeder Güterart wird ein fester Lagerort zugewiesen. Solche Lager sind auch ohne EDV-System zu bewirtschaften und ersparen somit entsprechende Investitionsausgaben.
* **Freiplatzsystem** (sog. „Chaotische Lagerhaltung"): Ein DV-gestütztes Lagermanagementsystem weist dem einzulagernden Gut den in diesem Moment optimalen Lagerort zu. Dementsprechend haben die Lagergüter keine festen Lagerplätze.
  Das Freiplatzsystem erlaubt eine optimale Ausnutzung der vorhandenen Lagerkapazitäten sowie einen beschleunigten Materialzugriff und damit eine Senkung der Lagerbestände, ist aber hochempfindlich gegenüber Störungen des EDV-Systems. Die notwendigen Investitionen in die Lagerausstattung amortisieren sich erst ab einer gewissen Lagergröße, können dann aber die Logistikkosten erheblich senken.

## Fragenkomplex 02: Bestände erfassen, kontrollieren und bewerten

Ansatzpunkt für die Minimierung der Lagerkosten ist die Berechnung der **Lagerkennziffern**:

| | | |
|---|---|---|
| Durchschnittlicher Lagerbestand (bei ungleichmäßigem Lagerabgang) | = | $\dfrac{\text{Anfangsbestand} + n \text{ Endbestände}}{n + 1}$ |
| oder (bei gleichmäßigem Lagerabgang) | = | $\dfrac{\text{Bestellmenge}}{2} + \text{Sicherheitsbestand}$ |
| Durchschnittliche Kapitalbindung (in Euro) | = | durchschnittlicher Lagerbestand · Einstandspreis |
| Umschlagshäufigkeit (ohne Einheiten) | = | $\dfrac{\text{Verbrauch in der Periode}}{\text{Durchschn. Lagerbestand}}$ |
| Durchschnittliche Lagerdauer (in Tagen) | = | $\dfrac{\text{Betrachteter Zeitraum (in Tagen)}}{\text{Umschlagshäufigkeit}}$ |

Lagerzinssatz
(in %) $= \dfrac{\text{Durchschn. Lagerdauer} \cdot \text{Marktzinssatz}}{360 \text{ Tage}}$

Lagerzinsen
während der durchschn. Lagerdauer $=$ durchschn. Kapitalbindung x Lagerzinssatz (in Euro)

Je geringer die durchschnittlichen Lagerbestände und je höher die Umschlagshäufigkeiten sind, desto geringer ist die Kapitalbindung im Umlaufvermögen (und umgekehrt, sog. „totes Kapital").

Die Lagerzinsen stellen dabei **kalkulatorische Kosten** dar, da sie zwar einen betrieblichen Werteverzehr bedeuten, aber zu keinem Geldmittelabfluss führen.

Geringere Lagerbestände erlauben zudem einen Abbau von Lagerkapazitäten und damit eine Senkung der (fixen) Lagerkosten, z.B. der Abschreibungen auf das Anlagevermögen.

### Fragenkomplex 03: Waren- und Materiallogistik

Die Waren- und Materiallogistik umfasst alle Vorgänge des Transports, der Lagerung und des Handlings von Waren und Materialien in allen Stufen der **Wertschöpfungskette** vom Lieferanten bis zum Kunden.

**Waren- und Materiallogistik**

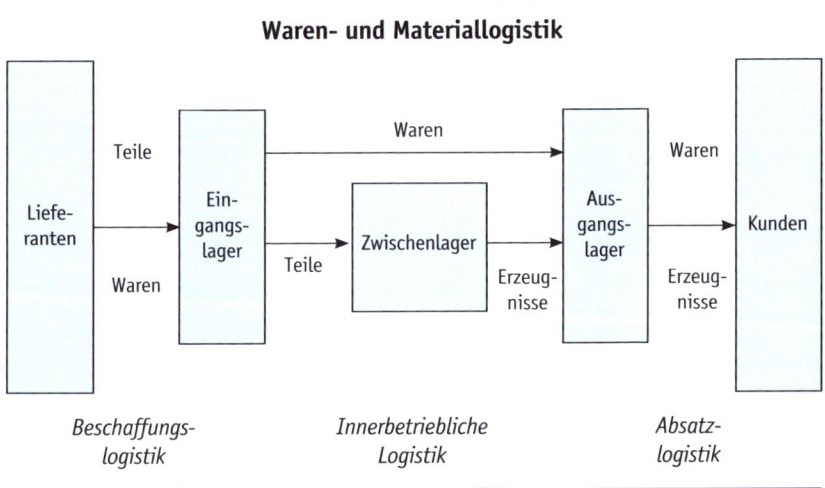

Die Steuerung des Waren- und Materialflusses kann entweder von seinem Anfang her (**progessiver** oder vorwärtsgerichteter Güterfluss) oder von seinem Ende, also vom Kunden her (**retrograder** oder rückwärtsgerichteter Güterfluss) erfolgen.

Mit dem Ziel der Senkung der Kapitalbindung im Umlaufvermögen und einer Verbesserung der Kundenorientierung wird heute meist der retrograden Steuerung der Vorzug gegeben. (vgl. „Just-in-Time-Beschaffung")

Diese erfolgt z.B. durch den Einsatz des **KANBAN**-Prinzips. Mittels einer KANBAN (jap. für Karte) löst eine anfordernde Bedarfsstelle einen Materialtransport entlang der ihr vorgelagerten Wertschöpfungskette aus.

## Supply-Chain-Management

Zwecks Optimierung ihrer Waren- und Materiallogistik suchen immer mehr Industriebetriebe die Einbindung in umfängliche internetbasierte Versorgungsketten.

Unter **Supply-Chain-Management** versteht man die integrierte und simultane **Planung, Steuerung und Kontrolle des gesamten Material- und Dienstleistungsflusses** einschließlich der damit verbundenen Informations- und Geldflüsse **innerhalb eines Netzwerkes von Unternehmungen.**

Die beteiligten Unternehmen **arbeiten** dabei im Rahmen von **aufeinanderfolgenden Stufen der Wertschöpfungskette** an der Entwicklung, Erstellung und Verwertung von Sachgütern und/oder Dienstleistungen **partnerschaftlich zusammen**, mit dem Ziel der Ergebnis- und Liquiditätsoptimierung.

## Supply-Chain-Management

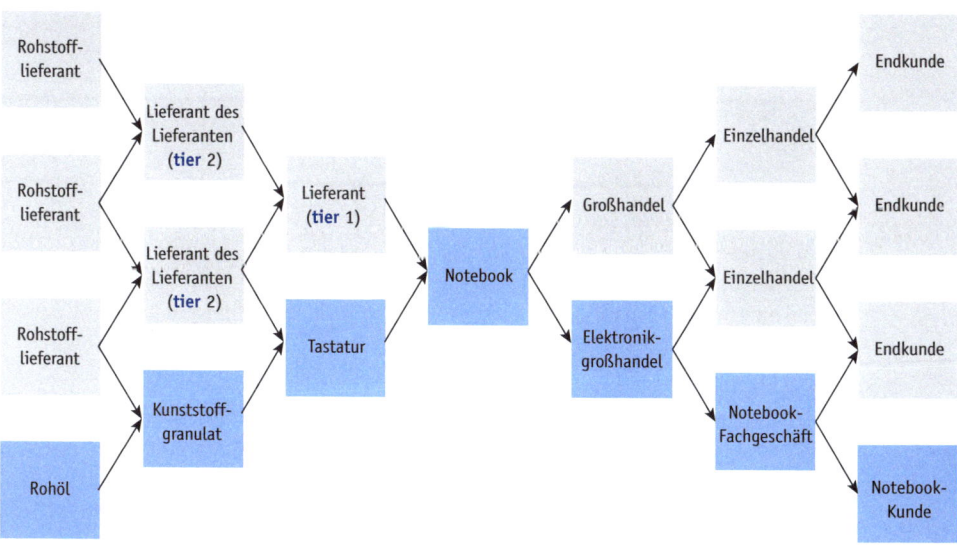

## Aufgaben zu Funktion 0203: Vorratshaltung und Beständeverwaltung

**21:** In Industrieunternehmen wird bei den Beschaffungsstrategien zwischen Vorratsbeschaffung und fertigungssynchroner Beschaffung unterschieden.

a) Erläutern Sie diese beiden Strategien.

b) Nennen Sie je zwei Vorteile dieser Strategien.

**22:** Ein Gartengerätehersteller unterhält ein Lager für fremdbezogene Rasenmähermotoren mit einem Sicherheitsbestand für zwei Tagesbedarfe.

a) Ermitteln Sie den Mindestlagerbestand an Motoren, wenn an durchschnittlich 265 Arbeitstagen im Jahr insgesamt 127.200 Rasenmäher produziert werden.

b) Berechnen Sie die für diesen Sicherheitsbestand benötigte Lagerfläche, wenn je sechs Motoren 0,96 m² Fläche beansprucht werden.

c) Kalkulieren Sie die jährlichen Kosten für diesen Lagerraum, wenn für die Lagerung Fixkosten von 500,00 EUR pro Monat sowie monatliche variable Kosten von 7,50 EUR/m² entstehen.

d) Bestimmen Sie die jährlichen Kapitalbindungskosten für den Mindestlagerbestand, wenn der Einstandspreis je Motor 80,00 EUR und der Zinssatz 7 % p. a. betragen.

e) Ein Lagerhalter bietet an, die Motoren zu einem monatlichen Mietpreis von 12,50 EUR/m² einzulagern. Lohnt sich die Umstellung auf Fremdlagerung aus kostenrechnerischer Sicht?

f) Das Controlling schlägt vor, den Sicherheitsbestand zu halbieren. Erläutern Sie zwei Risiken, die durch die Verringerung des Sicherheitsbestands entstehen können.

**23:** Die Position „Rohstoffe" weist in den Schlussbilanzen einer Industrieunternehmung zweier aufeinanderfolgender Jahre folgende Werte in EUR auf:

|  | Vorjahr | Berichtsjahr | Veränderung |
|---|---|---|---|
| **Rohstoffe** | 52.480 | 69.223 | ? |

Die Rohstoffaufwendungen des Berichtsjahres betrugen 4.512.000 EUR.

a) Ermitteln Sie

aa) den durchschnittlichen Lagerbestand in € (Lagerwert),

ab) die Umschlagshäufigkeit (auf eine Stelle nach dem Komma runden),

ac) die durchschnittliche Lagerdauer (auf eine Stelle nach dem Komma runden),

ad) die Kapitalbindungskosten bei einem Jahreszinssatz von 6 %.

b) Erläutern Sie den Einfluss der Umschlagshäufigkeit auf die Kapitalbindungskosten.

c) Erläutern Sie eine Maßnahme zur Erhöhung der Umschlagshäufigkeit.

d) Erläutern Sie den Zielkonflikt zwischen der Minimierung der Kapitalbindungskosten und der Minimierung der Beschaffungskosten.

**24:** Das Bestände-Controlling ermittelt bei vier verschiedenen Materialien eine Lagerumschlagshäufigkeit, die gegen Null tendiert.

a) Nennen Sie drei Ursachen für das Zustandekommen dieser Umschlagshäufigkeiten.

Unterbreiten Sie drei Vorschläge zur Verwertung der Lagerbestände dieser Materialien.

Bei der Inventur in einem Rohstofflager wird beim Material-Nr. 64 387 (Dieselkraftstoff) eine Differenz zwischen Soll- und Istbestand festgestellt.

c) Erklären Sie die Begriffe Sollbestand und Istbestand.

d) Nennen Sie vier mögliche Gründe für die genannte Differenz.

**25:** Eine Industrieunternehmung plant die Anschaffung eines bisher nicht vorhandenen EDV-gesteuerten Lagerwirtschaftsystems. Erläutern Sie vier Vorteile, die sich aus der Einführung ergeben.

**26:** Die Zuordnung eines Materials zu einem Lagerplatz kann nach dem Festplatz- oder dem Freiplatzsystem erfolgen. Erläutern Sie für jedes dieser Systeme zwei Merkmale!

**27:** Im Wareneingang eines Industriebetriebes ist eine Lieferung Handelswaren (40 Kartons, verpackt auf 2 Euro-Paletten) eingetroffen.

Nennen Sie die nun notwendigen Arbeitsschritte bis zur Einlagerung der Ware in der richtigen Reihenfolge.

**28:** Die Materialausgabe des Hauptlagers kann als Hol- oder als Bringsystem organisiert werden. Erläutern Sie diese Begriffe und nennen Sie je einen Vorteil des jeweiligen Systems!

**29:** a) Erläutern Sie drei Gründe, auf eine eigene Lagerhaltung zugunsten einer Fremdlagerung zu verzichten.

b) Nennen Sie drei verschiedene Kostenarten der Lagerhaltung.

# Prüfungsgebiet: 03 Personal

## Funktion 0301: Rahmenbedingungen der Personalwirtschaft

### 1 Ziele der Personalwirtschaft und Grundsätze der Personalplanung, der Personalbeschaffung und des Personaleinsatzes

Die **Oberziele der Personalwirtschaft** sind die

- **Personalbedarfsdeckung**, also die Bereitstellung der Mitarbeiter in der richtigen Art und Anzahl, am richtigen Ort und zur richtigen Zeit zu den geringstmöglichen Kosten (vgl. „materialwirtschaftliches Optimum") sowie die
- **Optimierung der Arbeitsleistung** der Mitarbeiter.

Dabei ist besonders zu beachten, dass die Arbeitsleistung der Mitarbeiter von drei verschiedenen Faktoren abhängig ist:

- der **Leistungsfähigkeit** (Eignung/Qualifikation): Sie wird im Wesentlichen durch die **arbeitsrelevanten Fertigkeiten des Arbeitnehmers**, die dieser durch seine Ausbildung und Berufserfahrung erworben hat, bestimmt. Die ständige Weiterentwicklung der Leistungsfähigkeit der Arbeitnehmer ist Aufgabe der betrieblichen **Personalentwicklung**.
- der **Leistungsdisposition** (körperliche Leistungsbereitschaft): Diese hängt sowohl von genetisch bedingten als auch von durch Training erworbenen Eigenschaften des Arbeitnehmers ab. Aber auch Krankheiten, der bei jedem Menschen individuelle Biorhythmus sowie Umwelteinflüsse spielen eine große Rolle. Programme zur **Gesundheitsschulung**, Modelle zur **Flexibilisierung der Arbeitszeit** (z.B. Gleitzeitmodelle, Telearbeit, Altersteilzeit, Job-Sharing-Modelle u. a.) und eine ergonomische Arbeitsplatzgestaltung können die Leistungsdisposition der Mitarbeiter positiv beeinflussen.
- der **Leistungsmotivation** (seelische Leistungsbereitschaft): Zu unterscheiden sind **extrinsische** (= von außen wirkende) sowie **intrinsische** (= in dem einzelnen Menschen wirkende) **Faktoren**, die die Motivation des Arbeitnehmers beeinflussen:

| extrinsische Faktoren, z.B.: | intrinsische Faktoren |
|---|---|
| • Lob/Tadel | • Möglichkeit, eigene Interessen und Talente zu verwirklichen |
| • Entgelthöhe/Prämien | |
| • Incentives (Betriebsausflüge/-feiern; gruppendynamische Seminare u. ä.) | • soziale Kontakte |
| | • Gestaltungsmöglichkeiten/Partizipation |
| • Arbeitsumgebung/Umwelteinflüsse | |

## Funktionen der Personalabteilung für Mitarbeiter und Vorgesetzte

Die betriebliche Personalwirtschaft übernimmt eine Reihe von Aufgaben für die anderen Funktionsbereiche der Industrieunternehmung. Insofern erfüllt sie eine Vielzahl wichtiger **Supportprozesse**. Dies sind u. a.:

- Personalbedarfsplanung, -beschaffung, -entwicklung und -freisetzung
- Personaleinsatzplanung, -verwaltung und -statistik
- Arbeitsbewertung und Entlohnung
- Personalführung

## Beurteilung von aufbereiteten Informationen über das Personal

Die Personalstatistik beschreibt die Beziehungen zwischen dem Unternehmen und seinen Mitarbeitern mithilfe von statistischen Methoden und Verfahren. Zu unterscheiden sind:

- Personal**strukturstatistik** (Zusammensetzung der Belegschaft);
  Beispiele: Alters-, Geschlechter-, Arbeiter-, Angestelltenquote
- Personal**bewegungsstatistik** (Erfassung der Zu- und Abgänge);
  Beispiele: Fluktuations-, Pensionierungsquote

**Beispiel:**

$$\text{Fluktuationsquote} = \frac{\text{Anzahl der Personalabgänge in einem Zeitraum} \cdot 100}{\text{durchschnittlicher Personalbestand}}$$

Eine überdurchschnittlich hohe Fluktuationsquote **kann** ein Anzeichen für schlechte Arbeitsbedingungen sein – die Mitarbeiter „flüchten" durch Kündigung. Sie kann aber genauso gut andere Gründe haben, wie z.B. umfangreiche betriebliche Umstrukturierungen oder eine ausgeprägt saisonale Beschäftigung.

- **Arbeitszeitstatistik** (Zahl der geleisteten und ausgefallenen Arbeitsstunden);
  Beispiele: Fehlzeiten-, Urlaubs-, Krankheits-, Überstundenquote
- **Sozialstatistik** (soziale Leistungen);
  Beispiele: Urlaubs-, Weihnachtsgeldquote

## 2 Der Arbeitsvertrag

### Wesen und Inhalte des Arbeitsvertrages

Der Arbeitsvertrag ist ein spezieller **Dienstvertrag**, für den eine Vielzahl arbeitsrechtlicher Sonderregeln gilt. Das besondere an einem Arbeitsvertrag ist, dass sich der Arbeitnehmer, der sich zur Erbringung bestimmter Dienste für seinen Arbeitgeber verpflichtet hat, in einem **persönlichen Abhängigkeitsverhältnis** befindet. (So kann sich z.B. der Arbeitnehmer – anders als ein „normaler" Dienstleistender – nicht durch einen Dritten vertreten lassen.) Dementsprechend zielen auch die meisten arbeitsrechtlichen Vorschriften auf einen Schutz des Arbeitnehmers ab (z.B. Kündigungsschutz, Diskriminierungsverbot, Urlaubsanspruch etc.).

Aus dem wirksamen Abschluss eines Arbeitsvertrages ergeben sich für den Arbeitnehmer und den Arbeitgeber folgende **Rechte** und **Pflichten**:

| Arbeitgeber | | Arbeitnehmer | |
|---|---|---|---|
| **Pflichten** | **Rechte** | **Pflichten** | **Rechte** |
| • Entgeltzahlung<br>• Fürsorgepflicht<br>• Urlaubsgewährung<br>• Beschäftigungspflicht<br>• Arbeitsschutz<br>• Lohnsteuer- und sozialversicherungsrechtliche Pflichten<br>• Stellung von Arbeitsgeräten<br>• Zeugniserstellung | • Direktions-/<br>  Weisungsrecht<br>• Kontrollrecht<br>• Kündigungsrecht<br>• Wahrung von<br>  Betriebsgeheimnissen | • persönliche<br>  Arbeitsleistung<br>• Folgeleistungs-/<br>  Gehorsamspflicht<br>• Treuepflicht<br>• Verschwiegenheit | • Entgeltanspruch<br>• Fürsorgeanspruch<br>• Urlaubsanspruch<br>• Beschäftigungsanspruch<br>• Arbeitsschutzanspruch<br>• Stellung von<br>  Arbeitsgeräten<br>• Gleichbehandlung<br>• Kündigungsrecht |

Hinweis: zum **Tarifvertrags-** und **betrieblichen Mitbestimmungsrecht** (Betriebsvereinbarungen) vgl. Prüfungsgebiet 11 Rechtliche Rahmenbedingungen des Wirtschaftens, Funktion 1103 Arbeits- und sozialrechtliche Grundlagen

### Zustandekommen des Arbeitsvertrages und Nachweispflicht

Grundsätzlich kommt der Arbeitsvertrag wie jeder andere Vertrag auch durch die Einigung der Vertragsparteien (= Angebot und Annahme) zustande. Dieses Rechtsgeschäft unterliegt keinem Formzwang, sodass ein Arbeitsvertrag auch mündlich oder per Handschlag wirksam geschlossen werden kann.

 Ein Arbeitsvertrag kann **in jeder Form**, also auch mündlich, geschlossen werden!

Gem. § 2 des **Nachweisgesetzes** (NachweisG) hat der Arbeitgeber allerdings **spätestens einen Monat** nach dem vereinbarten Beginn des Arbeitsverhältnisses die **wesentlichen Vertragsinhalte** schriftlich niederzulegen und dem Arbeitnehmer auszuhändigen. Diese Mindestinhalte sind:

1. der **Name** und die **Anschrift** der Vertragsparteien,
2. der **Zeitpunkt des Beginns** des Arbeitsverhältnisses,
3. bei befristeten Arbeitsverhältnissen: die vorhersehbare **Dauer**,
4. der **Arbeitsort** oder ein Hinweis auf die verschiedenen Orte der Tätigkeit,
5. eine kurze **Beschreibung** der zu leistenden Tätigkeit,
6. die Zusammensetzung und die Höhe des **Arbeitsentgeltes** einschließlich etwaiger Zuschläge (z.B. Ansprüche auf Weihnachts- und Urlaubsgeld),
7. die vereinbarte **Arbeitszeit**,

8. die Dauer des jährlichen **Erholungsurlaubes,**
9. die **Kündigungsfristen,**
10. ein in allgemeiner Form gehaltener Hinweis auf die **Tarifverträge, Betriebs**- oder **Dienstvereinbarungen**, die auf das Arbeitsverhältnis anzuwenden sind.

Neben diesen gesetzlich vorgeschriebenen Inhalten kann der Arbeitsvertrag eine Reihe weiterer Vereinbarungen enthalten, z.B.: eine Erlaubnis oder ein Verbot von Nebentätigkeiten, besondere Hinweise auf die Verschwiegenheitspflicht, Vereinbarungen über Fahrtkostenerstattungen oder eine betriebliche Altersvorsorge, Erlaubnis oder Verbot der privaten Nutzung von Betriebseigentum (z.B. Dienstwagen) oder Vertragsstrafen bei Pflichtverletzungen.

Von besonderer Bedeutung ist ein mögliches **Wettbewerbsverbot** nach Beendigung des Vertragsverhältnisses.

> **!** Durch ein **vertragliches Wettbewerbsverbot** verpflichtet sich der Arbeitnehmer dazu, für eine bestimmte Zeit nach seinem Ausscheiden kein Gewerbe oder keine Anstellung auszuüben, die in Konkurrenz zum ehemaligen Arbeitgeber steht.

Die Dauer des Wettbewerbsverbotes darf nach § 74a HGB **maximal 2 Jahre** betragen. Außerdem ist der Arbeitnehmer für den Wettbewerbsverzicht angemessen zu **entschädigen**.

Obschon für den Abschluss eines Arbeitsvertrages grundsätzlich Vertragsfreiheit gilt, darf der Arbeitgeber bei seiner Personalauswahl und -einstellung nicht willkürlich diskriminieren.

Das **Allgemeine Gleichbehandlungsgesetz (AGG)** hat zum **Ziel**, Benachteiligungen von Arbeitnehmern aus Gründen der **Rasse** oder wegen ihrer **ethnischen Herkunft**, des **Geschlechts**, der **Religion** oder **Weltanschauung**, einer **Behinderung**, des **Alters** oder der **sexuellen Identität** zu verhindern oder zu beseitigen.

Dies gilt nicht nur für bereits **Beschäftigte** (Arbeitnehmer und Auszubildende), sondern auch für **Bewerber**. Insofern spielt das AGG bereits bei der Personalbeschaffung und dem Abschluss eines Arbeitsvertrages eine große Rolle. (Allerdings sind durch das AGG nur Diskriminierungen aus den oben genannten Gründen abgedeckt.)

> **!** **Verstöße** gegen das Allgemeine Gleichbehandlungsgesetz begründen einen Anspruch auf **Unterlassung** oder ggf. sogar **Schadenersatz**.

### Rechtsgrundlagen des Arbeitsverhältnisses

Ähnlich wie beim Ausbildungsverhältnis gelten auch beim Arbeitsverhältnis eine Reihe gesetzlicher, tarif- und einzelvertraglicher Bestimmungen:

| Rechtsgrundlagen des Arbeitsverhältnisses | | |
|---|---|---|
| **Rechtsgrundlage** | **Gültigkeit** | **Inhalte** |
| Arbeitsvertrag | für Arbeitgeber und Arbeitnehmer verbindlich | Tätigkeitsbezeichnung, Beginn der Tätigkeit, Probezeit, Befristung, Einsatzort, besondere Pflichten, Urlaubsanspruch, Tarifstufe/Vergütung ... |
| Tarifvertrag | nur für tarifgebundene Betriebe verbindlich | tarifliche Arbeitszeit, tariflicher Urlaubsanspruch, tarifliche Entlohnung, besondere Kündigungsfristen ... |
| Betriebsvereinbarungen und Betriebsordnung | für alle Arbeitnehmer des Betriebs verbindlich | Lage der Arbeitszeit, Pausenregelung, Kleidungsvorschriften, Sicherheitsregelungen, Rauchverbote, Verfahren bei Krankmeldung ... |
| allgemeine gesetzliche Grundlagen wie Arbeitszeitgesetz, Mutterschutzgesetz, Gewerbeordnung, Bundesurlaubsgesetz ... | für alle Beschäftigten (des jeweiligen Bundeslandes) verbindlich anzuwenden | Arbeits-, Pausen- und Urlaubszeiten, spez. Beschäftigungsverbote ... |

Grundsätzlich gehen spezielle vor allgemeinen Rechtsgrundlagen, d.h., der Arbeitsvertrag ist direkter anwendbar als der Tarifvertrag, dieser wiederum direkter anwendbar als die gesetzliche Norm. Allerdings gilt auch das **Günstigkeitsprinzip**, d. h., im Zweifelsfalle ist immer die Bestimmung gültig, die die besten Bedingungen für den Arbeitnehmer formuliert.

### Datenschutz in der Personalwirtschaft

Der betriebliche Umgang mit Daten, die sich auf die Person oder sachliche Verhältnisse der Mitarbeiter beziehen (Name, Geburtsdatum, Geschlecht, Personalnummer, Wohnanschrift, Telefonnummern und E-Mail-Adressen, Familienstand und -angehörige, weitere Steuermerkmale, Unterhaltsansprüche Dritter oder Lohnpfändungsbeschlüsse etc.), unterliegt gem. **Bundesdatenschutzgesetz** (BDSG) besonderen Vorschriften.

Der wichtigste Grundsatz des BDSG, das sog. **Verbotsprinzip mit Erlaubnisvorbehalt**, macht die Erhebung, Verarbeitung und Nutzung von personenbezogenen Daten von einer ausdrücklichen (meist schriftlichen) Zustimmung der betroffenen Person zu der Erhebung abhängig.

Nach den Grundsätzen der **Datenvermeidung** und **Datensparsamkeit** sollen Arbeitgeber zudem so wenig mitarbeiterbezogene Daten wie möglich erheben und diese möglichst **anonymisiert** speichern.

## Aufgaben zu Funktion 0301: Rahmenbedingungen der Personalwirtschaft

**?** **1:** Im Personalcontrolling werden zur Steuerung personalpolitischer Entscheidungen betriebliche Kennziffern ermittelt.

a) Nennen Sie vier Sachverhalte im Personalbereich, die sich durch Kennziffern darstellen lassen.

b) Stellen Sie einen der in a) genannten Sachverhalte als Kennziffer dar.

c) Erläutern Sie zwei Maßnahmen zur Verbesserung der von Ihnen in b) genannten Kennziffer.

**?** **2:** Kennzeichnen Sie die nachstehenden Aussagen mit einer

1 wenn diese zutreffend sind

9 wenn diese nicht zutreffend sind.

☐ Arbeitgeber und Betriebsrat können für alle Arbeitnehmer verbindliche Betriebsvereinbarungen abschließen.

☐ Hauptleistungspflicht des Arbeitnehmers ist die Erbringung der vereinbarten Arbeitsleistung.

☐ Tarifverträge zählen ebenfalls zum Individualarbeitsrecht.

☐ Neu abgeschlossene Arbeitsverträge dürfen niemals schlechtere Arbeitsbedingungen enthalten als ältere Arbeitsverträge (sog. „Besserstellungsgebot").

☐ Arbeitet ein Auszubildender nach dem erfolgreichen Abschluss seiner Berufsausbildung an seinem bisherigen Arbeitsplatz weiter, ist automatisch ein unbefristeter Arbeitsvertrag zustande gekommen.

☐ In Bezug auf das Arbeitsentgelt und den Urlaubsanspruch genügt in Arbeitsverträgen ein Hinweis auf den gültigen Tarifvertrag.

☐ Ein Arbeitnehmer kann durch den Arbeitsvertrag verpflichtet werden, berufstypisches Werkzeug auf eigene Kosten und ohne einen Anspruch auf Entschädigung zu beschaffen.

☐ Arbeitsverträge dürfen Arbeitnehmer stets nur besser stellen als Arbeitsgesetze.

☐ Das Arbeitsrecht regelt die Beziehungen zwischen Arbeitgebern und Arbeitsgerichten.

**?** **3:** Das Allgemeine Gleichbehandlungsgesetz (AGG) hat das Ziel, Benachteiligungen einzelner Arbeitnehmer am Arbeitsplatz zu verhindern.

a) Nennen Sie drei im AGG konkret genannte Benachteiligungsgründe, gegen die das AGG schützen soll! Nennen Sie ebenso drei mögliche Benachteiligungsgründe, gegen die das AGG **nicht** schützen kann!

b) Erläutern Sie kurz zwei konkrete Konsequenzen, die sich für Arbeitgeber aus dem AGG ergeben!

**?** **4:**

a) Erläutern Sie drei Ziele des betrieblichen Personalmanagements!

b) Zeigen Sie an einem konkreten Beispiel eine mögliche Zielkonkurrenz auf!

c) Nennen Sie drei wichtige Datenschutzmaßnahmen im Bereich des Personalmanagements!

**5:** Das Personalcontrolling einer Unternehmung stellt fest, dass die Fluktuationsrate in der eigenen Belegschaft seit 3 Jahren beständig ansteigt.

a) Nennen Sie drei mögliche Gründe für diesen Anstieg!

b) Beschreiben Sie drei Nachteile, die der Unternehmung aus dem Anstieg der Fluktuationsquote erwachsen können!

**6:** Eine Unternehmung hat die Altersstruktur ihrer Mitarbeiter analysiert und ist zu folgendem Ergebnis gekommen:

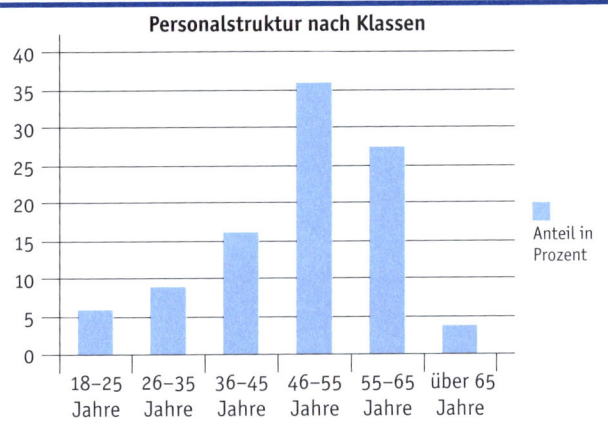

a) Beschreiben Sie zwei positive und zwei negative Aspekte dieser Altersstruktur!

b) Formulieren Sie drei langfristige Ziele des Personalmanagements dieser Unternehmung!

**7:** Der Arbeitnehmer Kai Kolbe stellt fest, dass in seinem Arbeitsvertrag eine wöchentliche Arbeitszeit von 45 Stunden festgeschrieben ist, obwohl sein Betrieb tarifgebunden ist und laut Tarifvertrag eine wöchentliche Arbeitszeit von 38 Stunden gilt. Welche Aussage ist zutreffend:

1. Die Regelungen des Arbeitsvertrages stehen über denjenigen des Tarifvertrages, deshalb ist die 45-Stunden-Festschreibung rechtlich einwandfrei.

2. Kai Kolbe hat Anspruch auf Einhaltung einer regelmäßigen wöchentlichen Arbeitszeit von 38 Stunden.

3. Widersprechen sich die Regelungen von Arbeits- und Tarifvertrag, gelten die gesetzlichen Bestimmungen.

4. Die Anordnung und Ableistung von Überstunden über die Wochenarbeitszeit von 38 Stunden hinaus verstößt gegen das Arbeitsrecht.

5. Der Arbeitgeber kann Kai Kolbe wahlweise zwischen 38 und 45 Stunden die Woche beschäftigen und bezahlen.

# Funktion 0302: **Personaldienstleistungen**

## 1 Instrumente der Personalbeschaffung und Personalauswahl anwenden

### Anlässe der Personalbeschaffung

Folgende **Anlässe** können eine betriebliche Personalbeschaffung notwendig machen:

- **Neubedarf** = Personal ist erstmalig zu beschaffen, z.B. bei Neu-/Erweiterungsinvestitionen.
- **Ersatzbedarf** = ausscheidende Mitarbeiter, z.B. wegen Kündigung oder Verrentung, sind zu ersetzen.
- **Zusatzbedarf** = zusätzliches Personal ist zu beschaffen, z.B. bei vorübergehenden Auftragsspitzen.

### Standardmäßiger Ablauf einer Personalbeschaffung

Der Prozess der Personalbeschaffung lässt sich standardmäßig in folgende **Teilschritte** aufgliedern:

1. Feststellung des **Personalbedarfs** (quantitativ und qualitativ)
2. Auswahl von **Beschaffungsquellen** (intern/extern), z.B. Stellenausschreibung
3. Personalauswahl
   - Analyse der Bewerbungsunterlagen
   - Tests/Assessment-Center
   - Vorstellungsgespräch/Interviews
   - ggf. ärztliche Untersuchung (z.B. bei jugendlichen Arbeitnehmern)
4. Abschluss des Arbeitsvertrages
   - vorläufige Einstellung
   - endgültige Einstellung nach Probezeit
5. Personaleinweisung

### Personalbedarfsplanung

#### Quantitative Bedarfsplanung

Die **quantitative** Bedarfsplanung zur Feststellung des mengenmäßigen Personalbedarfs bedient sich vor allem der folgenden zwei Methoden:

1. Die **Kennzahlenmethode** zur Ermittlung des Personalbedarfs für eine Abteilung oder Kostenstelle:

$$\text{Personalbedarf} = \frac{\text{Arbeitsmenge} \cdot \text{Bearbeitungszeit je Stück}}{\text{durchschnittliche Arbeitszeit je Monat}} + \text{Verteilzeitzuschlag}$$

2. Die Ermittlung des **Nettopersonalbedarfs** für einen Zeitraum mithilfe der **Planstellenmethode** kann nach folgendem **Schema** erfolgen:

> **Bruttopersonalbedarf (z.B. zum 01.01. des Folgejahres)**
> – Personal-Istbestand (zum 01.01. des aktuellen Jahres)
> + voraussichtliche Personalabgänge (im aktuellen Jahr)
> – voraussichtliche Personalzugänge (im aktuellen Jahr)
> = **Nettopersonalbedarf**

## Qualitative Bedarfsplanung

Bei der **qualitativen Bedarfsplanung** zur Ermittlung der benötigten Eignungs-merkmale (Qualifikationen) der Mitarbeiter werden meist **Stellenbeschreibungen** eingesetzt. Diese weisen für eine bestimmte Stelle (i. d. R. für einen Arbeits-platz) aus:

- die Stellenbezeichnung,
- den Rang (Über-/Unterstellung),
- die Stellvertretung (vertritt/wird vertreten durch),
- die Ziele und Aufgaben der Stelle,
- die Entgeltgruppe gem. ERA sowie
- die mit der Stelle verbundenen Vollmachten/speziellen Befugnisse.

Die Stellenbeschreibung ist zunächst ein **Mittel der betrieblichen Aufbauorga-nisation**, da sie Aufgaben und Entscheidungsbefugnisse definiert. Sie dient zudem aber **der qualitativen Personalbedarfsplanung**, indem sie die mit einer Stelle verbundenen **Anforderungen** festlegt und somit Grundlage einer **Stellen-ausschreibung** ist. Schließlich dient sie außerdem als Grundlage für die **Entgelt-findung**, z.B. durch Zuweisung einer Entgeltgruppe gem. Entgeltrahmenabkom-men (ERA).

## Quellen der Personalbeschaffung

Für die Beschaffung von Personal stehen sowohl zahlreiche **interne** (= unterneh-menseigene) wie **externe** (= unternehmensfremde) Quellen zur Verfügung:

**Interne** Quellen:
- Beförderung/Versetzung von Mitarbeitern nach interner Stellenausschrei-bung
- Mehrarbeit (Überstunden, Sonderschichten)
- Arbeitsintensitätserhöhung
- Personalentwicklung (Aus-, Fort- und Weiterbildung von Mitarbeitern)

**Externe** Quellen:
- unmittelbar durch Zeitungsinserate, Online-Stellenangebote auf der eigenen Homepage oder auf Stellenbörsen, Arbeitsagenturen, gewerbliche Arbeitsver-mittler (sog. „Headhunter"), Personalleasing (Zeitarbeit) u. a.

- mittelbar durch unverlangt eingesandte Initiativbewerbungen, gefördert durch Maßnahmen der Öffentlichkeitsarbeit

Ein **Betriebsrat** kann verlangen, dass eine zu besetzende Stelle zunächst **unternehmensintern** ausgeschrieben wird, bevor man externe Quellen nutzt. So sollen den eigenen Mitarbeitern Entwicklungsperspektiven geboten und der Betriebsfrieden gewahrt werden.

Nicht verlangen kann der Betriebsrat jedoch, dass die Stelle auch tatsächlich mit einem bereits bestehenden Mitarbeiter im Zuge einer Versetzung oder Beförderung besetzt wird. Der Arbeitgeber muss auf Verlangen des Betriebsrates aber sachlich begründen können, warum ein externer Bewerber einem potenziellen internen Bewerber vorgezogen wurde, z.B. aufgrund einer besseren Qualifikation des Externen.

## Personalauswahl

Am Anfang der Personalauswahl steht üblicherweise eine **Analyse der Bewerbungsunterlagen** (Anschreiben, Lebenslauf, Zeugnisse und sonstige Zertifikate/ Arbeitsproben). Diese erfolgt im Hinblick auf **inhaltliche Merkmale** (Passgenauigkeit des Bewerbers im Hinblick auf die Anforderungen der zu besetzenden Stelle) wie auch **formale Merkmale** (Rechtschreibung/Grammatik/Zeichensetzung, v. a. aber Gestaltung und Vollständigkeit aller Unterlagen). Wegen des Allgemeinen Gleichbehandlungsgesetzes darf ein Lichtbild heute nicht mehr eingefordert werden.

Infrage kommende Bewerber können nun entweder zu einem Vorstellungsgespräch oder sogar zu einem Assessment-Center eingeladen werden.

Ein **strukturiertes Vorstellungsgespräch** kann in folgenden Teilschritten ablaufen:
1. Begrüßung und Warm-up
2. Selbstdarstellung des Bewerbers und seines beruflichen Werdeganges
3. gezielte Fragen zur Person des Bewerbers, seiner beruflichen und persönlichen Situation sowie seiner Motivation für die Bewerbung
4. gezielte Fragen und Aufgaben, um die fachlichen und sozialen Kompetenzen des Bewerbers zu testen
5. Informationen über die zu besetzende Stelle und ihre Anforderungen sowie das Unternehmen und seine Leistungen
6. noch offene Fragen über das weitere Vorgehen klären
7. Abschluss des Gespräches und Verabschiedung

Um bei der Durchführung der Vorstellungsgespräche ein Mindestmaß an **Objektivität** zu gewährleisten und auf subjektiven Eindrücken und Einstellungen beruhende **Beurteilungsfehler** zu vermeiden, sollte unbedingt ein **Interviewleitfaden** erstellt und möglichst strikt befolgt werden.

Je anspruchsvoller die Anforderungen der zu besetzenden Stelle sind, desto eher wird man sich für ein Assessment-Center (AC) als Auswahlinstrument entscheiden.

> Ein **Assessment-Center** (AC) ist ein Auswahlinstrument, bei dem eine Gruppe von Bewerbern über einen oder mehrere Tage in verschiedenen Situationen getestet wird.

Die **verschiedenen Testsituationen**, z.B. Rollenspiele, Gruppendiskussionen, Einzelinterviews usw., sollen stellentypische Situationen simulieren und dabei sowohl die **fachlichen** wie die **sozialen Kompetenzen** der Bewerber testen. Die Durchführung des Assessment-Centers wird häufig von einer externen Personalberatungsunternehmung durchgeführt. So kann das suchende Unternehmen zum einen die besondere Erfahrung des Dienstleisters bei der Durchführung des AC nutzen, zum anderen ein Höchstmaß an Objektivität gewährleisten.

Den **hohen Kosten** des AC steht eine **hohe Prognosequalität** (= Wahrscheinlichkeit, die am besten geeignete Person auszuwählen) gegenüber, sodass ACs insbesondere bei der Besetzung von Führungsstellen zum Einsatz kommen.

**Beispiel für Anforderungsprofil**

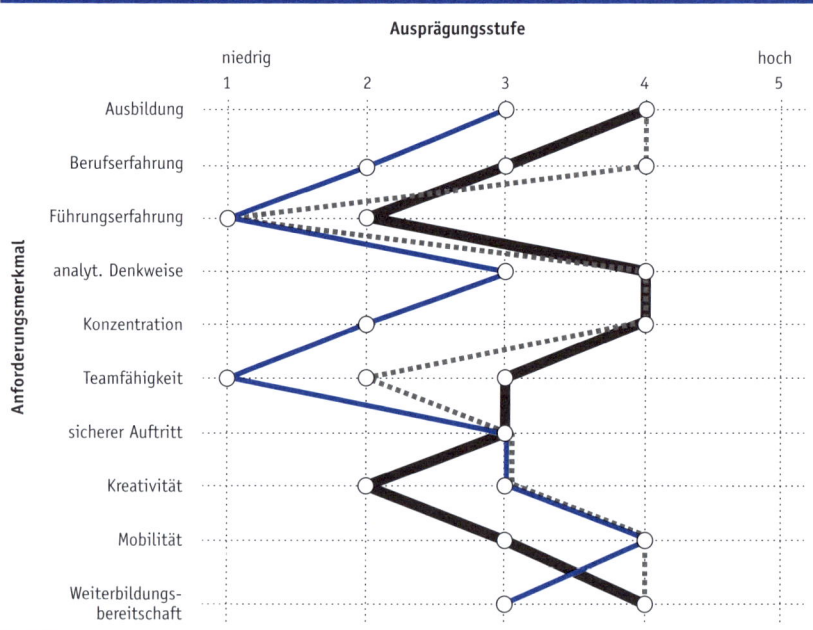

Um die unterschiedlichen Eindrücke und Testergebnisse der verschiedenen Bewerber miteinander vergleichen und am Ende zu einer Gesamtentscheidung gelangen zu können, ist die **Nutzwertanalyse** ein geeignetes Auswahlinstrument. Ganz ähnlich wie bei der Lieferantenauswahl werden auch hier zunächst Beurteilungskriterien definiert und gewichtet. Anschließend werden die Bewerber im Hinblick auf die Kriterien beurteilt. Die Summe der mit den Gewichtungsfaktoren multiplizierten Bewertungspunkte ergibt den höchsten Gesamtnutzenwert und zeigt den am besten geeigneten Bewerber.

Ein anderes ebenfalls geeignetes Instrument ist die Erstellung eines **Anforderungsprofils**, das die Übereinstimmung der Kompetenzen der Bewerber mit den Anforderungen der Stelle zeigt (vgl. vorstehende Abb.).

## Personalleasing

Als Alternative zur Festanstellung eigener Mitarbeiter hat das Personalleasing (auch: Leih- oder Zeitarbeit genannt) eine immer größere Bedeutung gewonnen. Hierbei schließt die Industrieunternehmung mit einem Personalleasing-Unternehmen einen Überlassungsvertrag, für den nur die Regeln des BGB, nicht aber das Arbeitsrecht Gültigkeit haben. Der Arbeitnehmer erbringt seine Arbeitsleistung in der Industrieunternehmung, ist aber bei einem Personalleasing-Unternehmen angestellt, von dem er sein Entgelt bezieht und das die Arbeitgeberbeiträge zur Sozialversicherung zu entrichten hat. Das Personalleasing-Unternehmen stellt dem Industriebetrieb seine eigenen Personal- und Verwaltungskosten sowie einen Gewinnaufschlag in Rechnung.

Beim **Personalleasing kommt** zwischen dem Industriebetrieb und dem Arbeitnehmer kein Arbeitsverhältnis zustande.

Der zentrale **Vorteil** des Personalleasings gegenüber der Festanstellung von eigenem Personal liegt in der hohen Flexibilität. Der Industriebetrieb kann ausschließlich die tatsächlich benötigte Arbeitsleistung abrufen und das Vertragsverhältnis mit dem Personalleasing-Unternehmen kurzfristig und ohne Beachtung eines etwaigen Kündigungsschutzes beenden. So entstehen praktisch keinerlei fixe Personalkosten. Diesem und anderen möglichen Vorteilen stehen jedoch verschiedene, z. T. gewichtige **Nachteile** gegenüber:

| Vorteile des Personalleasings | Nachteile des Personalleasings |
|---|---|
| • maximale Flexibilität, da Überlassungsvertrag kurzfristig kündbar<br>• keine Such- und Auswahlkosten<br>• Personalkosten sind genau im Vorhinein kalkulierbar<br>• Möglichkeit, teure Branchen- oder Haustarife zu umgehen<br>• Zeitarbeiter sind durch häufigen Arbeitsplatzwechsel sehr flexibel einsetzbar | • gut qualifiziertes Personal (Facharbeiter, Techniker u. ä.) ist durch Zeitarbeit kaum zu beschaffen<br>• Zeitarbeiter sind ggf. weniger motiviert als Festangestellte, da keine Identifikation mit dem Unternehmen vorhanden<br>• Störung des Betriebsfriedens/Angst der Stammbelegschaft vor Arbeitsplatzverlust<br>• negative Imagewirkung |

Ob Personalleasing also insgesamt preisgünstiger als die Festanstellung von Mitarbeitern ist, hängt sehr vom Einzelfall (Beschäftigungsdauer, Branchentarife, Arbeitskräfteangebot u. a.) ab.

## 2 Personalentgelte

### Zeitlohn

Das Entgelt bemisst sich allein nach der eingesetzten **Arbeitszeit**, differenziert nach den **Anforderungen** der jeweiligen Stelle. Der Zeitlohn kommt zur Anwendung, wenn die Qualität bzw. Gewissenhaftigkeit der Arbeit wichtiger als das Arbeitstempo oder das Tempo nicht durch den Mitarbeiter zu beeinflussen ist.

Die Höhe des Lohns orientiert sich i.d.R. an den **Entgeltgruppen** gem. **ERA (**Entgeltrahmenabkommen, früher: Lohn- und Gehaltstarifvertrag).

Hinweis: zur Erstellung einer Entgeltabrechnung vgl. Prüfungsgebiet 05 Leistungsabrechnung, Funktion 0501 Buchhaltungsvorgänge im Personalbereich

### Leistungslohn

Hier steht die individuelle Leistung des Mitarbeiters im Mittelpunkt der Entgeltfindung. Diese ist zunächst zu messen:

### Messung der Leistung als Leistungsgrad

Als Maßstab für die Messung der Leistung eines Mitarbeiters dient die **Normalleistung**, also diejenige Leistung, die ein ausgebildeter und geeigneter Mitarbeiter auf Dauer erreichen und überschreiten kann.

$$\text{Leistungsgrad als Mengengrad} = \frac{\text{Ist-Leistung in Stück}}{\text{Normalleistung in Stück}} \cdot 100$$

$$\text{Leistungsgrad als Zeitgrad} = \frac{\text{Normalleistung in Zeiteinheiten}}{\text{Ist-Leistung in Zeiteinheiten}} \cdot 100$$

### Akkordlohn als Leistungslohn

Die „klassische" Form des Leistungslohnes in der Industrie ist der **Akkordlohn**. Dabei erhält der Arbeitnehmer auf einen an den Anforderungen seiner Stelle orientierten Grund-(Zeit-)lohn einen von seiner tatsächlichen individuellen Leistung abhängigen Zuschlag.

**Voraussetzung** für die Anwendung des Akkordlohnes ist, dass der Arbeitnehmer seine tatsächliche Leistung auch individuell steuern kann – von daher scheiden Fließbandarbeitsplätze mit einer vorgegebenen Taktzeit aus. Außerdem muss der Arbeitnehmer über eine persönliche Akkordreife verfügen, den erhöhten Belastungen eines Akkordarbeitsplatzes also gewachsen sein. Beispielsweise dürfen Jugendliche (gem. JArbSchG) und Schwangere (gem. MutterschutzG) nicht im Akkord beschäftigt werden.

Ausgangspunkt für die Berechnung des Akkordlohnes ist stets der Akkordrichtsatz:

**Akkordrichtsatz = tariflich garantierter Mindestlohn + Akkordzuschlag**

Üblicherweise stehen **zwei Methoden** der Lohnberechnung zur Verfügung:

---

**Geldakkord:**

$$\text{Stückakkordsatz (Geldsatz/Lohnsatz)} = \frac{\text{Akkordrichtsatz [EUR/h]}}{\text{Normalleistung/Stunde [Stück/h]}}$$

Akkordlohn [EUR] = Stückakkordsatz [EUR/Stück] · Ist-Leistung [Stück]

**Zeitakkord:**

$$\text{Minutenfaktor [EUR/Minute]} = \frac{\text{Akkordrichtsatz [EUR/h]}}{60 \text{ [Minuten/h]}}$$

Akkordlohn [EUR] = Minutenfaktor [EUR/Min.] · Vorgabezeit [Min./Stück] · Ist-Leistung [Stück]

---

Der Akkordlohn hat für den **Arbeitgeber** den großen **Vorteil**, dass die **Lohnstückkosten** ab Erreichen der Normalleistung **konstant** sind und bei steigender Leistung des Arbeitnehmers die Betriebsmittel immer besser ausgelastet sind, sodass die **Stückkosten insgesamt** sogar **sinken**. Allerdings kann die reine Orientierung des Akkordlohnes an einer quantitativen Leistung schnell zu **Qualitätsproblemen** und damit verbundenen Folgekosten führen.

Der **Arbeitnehmer** wiederum erhält eine **unmittelbare Rückmeldung** über seine tatsächliche Leistung, wird zu einer überdurchschnittlichen Leistung **motiviert** und kann durch einen hohen Leistungsgrad ein weit überdurchschnittliches Einkommen erzielen. Allerdings ist er auch einer besonders **hohen Belastung** ausgesetzt, die auf Dauer zu erheblichen körperlichen und seelischen **Erkrankungen** führen kann.

Aufgrund der eingeschränkten Einsatzmöglichkeiten bei fortschreitender Automation der Fertigungsprozesse und der sozialen Problematik des Akkordlohnes sowie der wachsenden Bedeutung qualitativ hochwertiger Arbeitsausführung wird der Akkordlohn immer mehr durch Formen des **Prämienlohns** als Mischformen von Zeit- und reinem Leistungslohn verdrängt. Anlässe für die Gewährung von Prämien können sein:

- **Mengenleistungsprämien** (bei nicht für die Akkordarbeit geeigneten Arbeitsverrichtungen)
- **Qualitätsprämien** (zur Steigerung der qualitativen Produktionsergebnisse)
- **Ersparnisprämien** (zwecks Einsparung des Ressourcenverbrauches)

- **Nutzungsgradprämien** (zur Verbesserung der Auslastung und Senkung an anteiligen Fixkosten je Stück)
- **kombinierte** Prämien (bei mehreren Bezugsgrößen, z.B. Mengen- und Qualitätsprämie)

## 3 Arbeitsstudien

### Arbeitsablaufstudien

Die Arbeitsablaufstudien beschreiben die Arbeitsaufgabe (vgl. Stellenbeschreibung), die notwendigen Betriebsmittel und Werkstoffe sowie die einzelnen Arbeitsgänge bis hin zu den einzelnen Handgriffen (Ermittlung des Istzustandes) und erarbeiten Verbesserungsvorschläge (Sollzustand).

### Arbeitszeitstudien

Zeitstudien dienen der Ermittlung der **Vorgabezeiten** (Sollzeiten) der einzelnen Arbeitsgänge. Zu unterscheiden sind die **Grundzeiten** (Sollzeiten für die eigentliche Arbeitsaufgabe), die **Verteilzeiten** (Zeitpuffer für unregelmäßig auftretende Verzögerungen des Arbeitsfortschrittes, z.B. Werkzeugbruch) und die **Erholzeiten** (Zeiten, damit sich der Mitarbeiter erholen kann). ((Abb im Satz mitmachen))

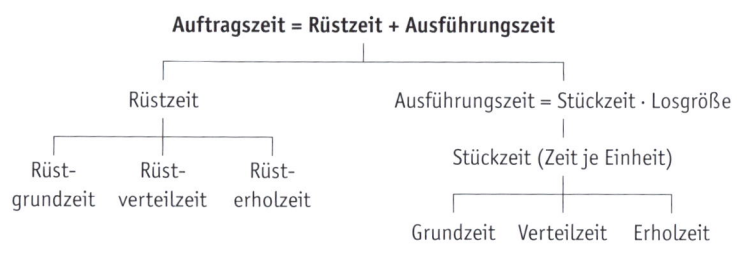

Die Berechnung der Rüst- bzw. Stückzeiten geschieht in der Regel so, dass auf die jeweiligen Grundzeiten prozentuale Zuschläge für die Verteil- und Erholzeiten addiert werden.

### Arbeitswertstudien

Ziel der Arbeitsbewertung ist eine möglichst objektive Beurteilung der **Anforderungen eines Arbeitsplatzes** als Grundlage einer gerechten Entgeltfindung.

**Summarische** Verfahren beurteilen die mit den Anforderungen einer Stelle verbundene Schwierigkeit als Ganzes. In der betrieblichen Praxis kommt vor allem das **Lohngruppenverfahren** (Entgeltgruppenverfahren) zur Anwendung, das die Anforderungen einer Stelle insgesamt (summarisch) bewertet und einer Entgeltgruppe des jeweiligen **Entgeltrahmenabkommens** (früher: Lohntarifverträge) zuordnet.

**Analytische** Verfahren untersuchen die Schwierigkeiten einzelner Anforderungsarten, z.B. nach dem Genfer Schema:

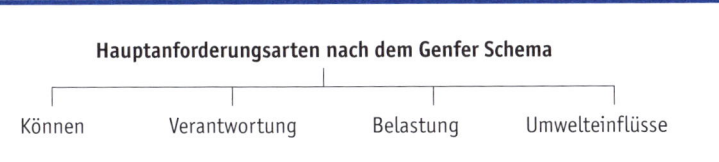

**Hauptanforderungsarten nach dem Genfer Schema**

| Können | Verantwortung | Belastung | Umwelteinflüsse |

Die Hauptanforderungsarten werden wiederum in unterschiedliche Unterarten gegliedert (vgl. nachstehende Abb.) und je nach dem Ausprägungsgrad mit Punktwerten versehen. Die Summe aller Punktwerte über alle Anforderungsarten ergibt dann den Gesamtarbeitswert einer Arbeitsaufgabe bzw. Stelle.

**Anforderungsarten der Genfer Schemata**

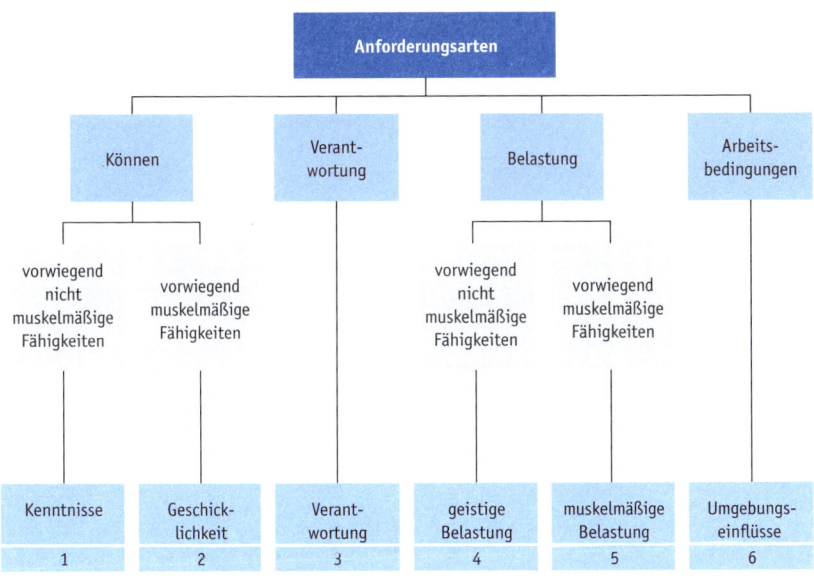

Quelle: Becker, Fred G.: Lexikon des Personalmanagements, 2. Aufl. DTV-Beck 2002.

Arbeitsstudien beurteilen stets die **Anforderungen** eines Arbeitsplatzes/einer Arbeitsaufgabe, niemals einen Arbeitnehmer! (In diesem Fall würde man immer von einer Personalbeurteilung sprechen.)

## 4 Personalverwaltung

Zentrales Mittel der Personalverwaltung ist die **Personalakte**. Die in der Personalakte verwahrten Dokumente lassen sich einteilen in:

- **Personalbelege** (Personalien des Arbeitnehmers; Ergebnisse ärztlicher Untersuchungen etc.)

- **Vertragsbelege** (Arbeitsvertrag, Verwarnungen, Abmahnungen etc.)

- **Tätigkeitsbelege** (Stellenbeschreibung; Beurteilungen/Zeugnisse; Versetzungsmeldungen etc.)

Beim Umgang mit Personalakten sind die Bestimmungen des **Datenschutzes** (s. o.) unbedingt zu beachten. Zudem stehen dem Arbeitnehmer das **Recht auf Einsicht** in die Akte (auf Wunsch auch gemeinsam mit einem Mitglied des Betriebsrates), auf **Entfernung** bzw. **Korrektur** fehlerhafter Belege sowie **Abgabe eigener Erklärungen** zu.

Anstelle von Belegen in Personalakten werden Informationen über die Mitarbeiter einer Unternehmung heute bereits häufig in elektronischer Form als **Personaldatenbank** (= Personalinformationssystem) gespeichert und verarbeitet:

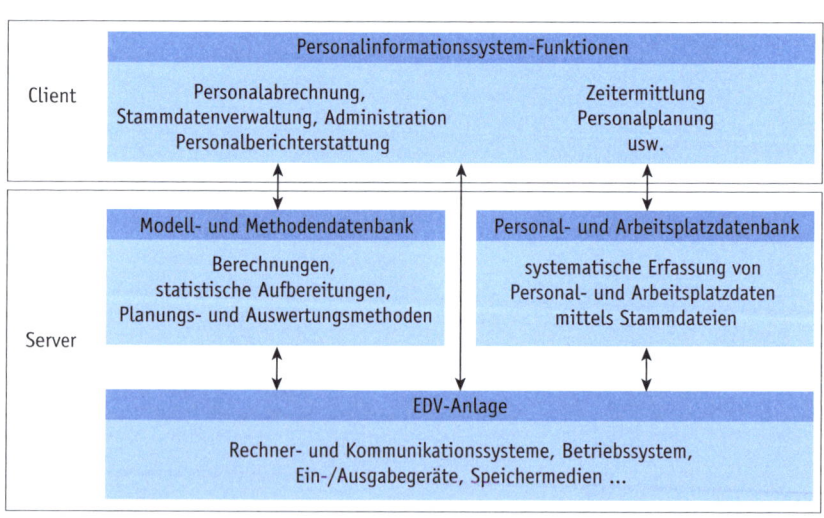

Quelle: Oechsler, W. A. (1997): Personal und Arbeit: Einführung in die Personalwirtschaft unter Einbeziehung des Arbeitsrechts, 6. Auflage, München, Wien 1997

# 5 Personalfreisetzung

Verschiedenste **Anlässe** können zur **Beendigung eines Arbeitsverhältnisses** führen, sodass der betreffende Mitarbeiter freizusetzen ist:

- **Zeitablauf** eines befristeten Arbeitsverhältnisses
- Erreichen des **Rentenalters**
- Tod des **Arbeitnehmers** (nicht des Arbeitgebers)
- **Aufhebungsvertrag** (zweiseitiges Rechtsgeschäft zur einvernehmlichen Beendigung des Vertrages)
- **Anfechtung** des Arbeitsvertrages, z.B. weil eine Vertragspartei beim Vertragsabschluss arglistig getäuscht hat (durch Vorlage eines gefälschten Zeugnisses o. ä.)
- **Kündigung** (durch den Arbeitgeber oder den Arbeitnehmer)

Arbeitsrechtlich problematisch und damit immer wieder Gegenstand von Arbeitsgerichtsverfahren ist die Kündigung eines Arbeitsvertrages durch den Arbeitnehmer oder Arbeitgeber. Hierzu haben der Gesetzgeber und die Arbeitsgerichte eine Vielzahl zum Teil sehr komplizierter Regelungen entwickelt.

### Wirksamkeit der Kündigung

Für die Kündigung eines Arbeitsvertrages besteht **Formzwang:** Ohne Ausnahme ist die Kündigung eines Arbeitsvertrages nur in **schriftlicher** Form möglich!

Da die Kündigung des Arbeitsvertrages eine **empfangsbedürftige** Willenserklärung ist, muss sie der anderen Vertragspartei auch tatsächlich zugehen, um wirksam zu sein.

Will der **Arbeitgeber** den Arbeitsvertrag kündigen, muss er zudem **vor** der Kündigung den **Betriebsrat** unter Mitteilung der Kündigungsgründe **anhören**. (§ 102 (1) BetrVG: „Eine ohne Anhörung des Betriebsrates ausgesprochene Kündigung ist unwirksam.")

Schweigt der Betriebsrat auf die Mitteilung der Kündigung hin, gilt seine Zustimmung als erteilt. Andernfalls muss er seine Bedenken schriftlich mitteilen. Hat der Betriebsrat der Kündigung widersprochen und der Arbeitnehmer gegen seine Kündigung Klage vor dem Arbeitsgericht erhoben, muss ihn der Arbeitgeber bei unveränderten Arbeitsbedingungen bis zum Entscheid durch das Arbeitsgericht weiterbeschäftigen.

### Kündigungsfristen

Eine **ordentliche Kündigung** beendet das Arbeitsverhältnis nach Ablauf der – gesetzlich vorgeschriebenen oder einzelvertraglich vereinbarten – **Kündigungsfrist**. Die gesetzlichen Kündigungsfristen regelt § 622 BGB:

**(!)** Die **Mindestkündigungsfrist** eines Arbeitsverhältnisses beträgt **4 Wochen** (= 28 Tage) zum **Fünfzehnten** oder **zum Ende des nächsten Kalendermonats**.

Soll also das Arbeitsverhältnis zum 31.01. gekündigt werden (= letzter Arbeitstag), muss die Kündigung spätestens am 03.01. zugehen. (03.01. + 28 Tage = 31.01.). Eine zum 28.02. wirksame Kündigung muss dagegen bereits am 31.01. ausgesprochen werden. (31.01. + 28 Tage = 28.02.)

Ist der Arbeitnehmer bereits länger als 2 Jahre in dem Unternehmen beschäftigt, verlängert sich die Frist für eine **Kündigung durch den Arbeitgeber** entsprechend der Beschäftigungsdauer, z.B.: länger als 2 Jahre: ein Monat zum Ende des Kalendermonats; länger als 5 Jahre: zwei Monate usw. Die Frist für eine Kündigung durch den Arbeitnehmer beträgt aber in jedem Fall 4 Wochen zum 15. oder Letzten des Monats.

**(!)** Während einer vereinbarten **Probezeit**, die maximal sechs Monate lang sein darf, kann das Arbeitsverhältnis mit einer Frist von **zwei Wochen** gekündigt werden.

Die **außerordentliche Kündigung** beendet ein Arbeitsverhältnis dagegen **sofort**, also ohne jede Frist. Eine solche fristlose Kündigung ist jedoch nur aus **wichtigem** Grund möglich.

**(!)** Ein **wichtiger Grund** für eine **fristlose Kündigung** liegt vor, wenn eine Vertragspartei ihre **arbeitsvertraglichen Pflichten derart grob verletzt** hat, dass der anderen Vertragspartei eine Fortsetzung des Arbeitsverhältnisses **nicht zugemutet** werden kann.

**Beispiele** für solche **groben Pflichtverletzungen** können sein:

| durch den Arbeitgeber | durch den Arbeitnehmer |
|---|---|
| • strafbare Handlungen, insbesondere Körperverletzung, Erpressung, Nötigung o.ä.<br>• strafbare Beleidigungen oder üble Nachrede gegen den Arbeitnehmer<br>• beharrliche und vorsätzliche Verweigerung der Entgeltzahlung oder Betrug bei der Entgeltabrechnung (Sozialversicherungsbetrug)<br>• grobe Verstöße gegen die Fürsorge- und Arbeitsschutzpflichten<br>u.a. | • beharrliche und vorsätzliche Arbeitsverweigerung<br>• eigenmächtiger Urlaubsantritt oder -überschreitung<br>• Vortäuschen einer Krankheit<br>• Teilnahme an einem rechtswidrigen Streik<br>• strafbare Handlungen, z.B. Betrug, Diebstahl, Unterschlagung oder Bestechlichkeit<br>• strafbare Beleidigungen oder üble Nachrede gegen den Arbeitgeber oder Kollegen (= erhebliche Störung des Betriebsfriedens)<br>• Geheimnisverrat<br>u.a. |

Allerdings ist **in jedem einzelnen Fall** abzuwägen, ob eine fristlose (außerordentliche) Kündigung wirklich **verhältnismäßig** ist. Ist dem Kündigenden nämlich zuzumuten, die Kündigungsfrist abzuwarten, ist die fristlose Kündigung unverhältnismäßig.

Bei einem Fehlverhalten des Arbeitnehmers ist zudem zu prüfen, ob nicht auch eine **Abmahnung**, also die schriftliche Rüge der Vertragsverletzung mit Kündigungsandrohung, als arbeitsrechtliches Mittel ausgereicht hätte, eine Wiederholung des Fehlverhaltens zu verhindern. Unterlässt der Arbeitnehmer das abgemahnte Fehlverhalten – z.B. häufiges Zuspätkommen – jedoch nicht, sodass es innerhalb einer begrenzten Zeit – z.B. innerhalb eines Quartals – erneut zu einer Abmahnung kommt, gilt eine fristlose Kündigung meist als verhältnismäßig. Es sind jedoch stets die besonderen Umstände des Falles – z.B. die Unreife eines Auszubildenden oder eine langjährige Betriebszugehörigkeit – zu berücksichtigen.

**❗** Eine außerordentliche Kündigung muss stets **innerhalb von zwei Wochen** ab Kenntnis des Kündigungsgrundes **erklärt** werden. (Wartet der Kündigende länger als zwei Wochen ab, gilt eine Kündigungsfrist als zumutbar.)

## Kündigungsschutz

Da der Arbeitnehmer im Vergleich zum Arbeitgeber als der wirtschaftlich Schwächere gilt, gibt es eine Reihe von Bestimmungen zum Schutz von Arbeitnehmern vor einer Kündigung durch den Arbeitgeber.

**Bestimmte Personengruppen** sind **generell** vor einer Kündigung ihres Arbeitsverhältnisses durch den Arbeitgeber **geschützt**. Dies sind:

- Frauen während ihrer Schwangerschaft und bis zum Ablauf von vier Monaten nach der Entbindung,
- schwerbehinderte Menschen (es sein denn, das Integrationsamt hat der Kündigung vorher zugestimmt),
- Mitglieder eines Betriebsrates oder einer Jugend- und Auszubildendenvertretung (es sei denn, der Arbeitgeber kündigt außerordentlich aus wichtigem Grund).
- Auszubildende können nach Ablauf der Probezeit nur noch außerordentlich – also aus wichtigem Grund - gekündigt werden.

## Sozial ungerechtfertigte Kündigungen

Darüber hinaus gewährt das **Kündigungsschutzgesetz** (KSchG) jedem Arbeitnehmer einen gewissen Schutz gegen eine Kündigung, sofern das KSchG zur Anwendung kommt.

• **Persönlicher Geltungsbereich**: In personeller Hinsicht gilt das KSchG, wenn der betreffende Arbeitnehmer mindestens sechs Monate ununterbrochen in dem Betrieb beschäftigt ist.

- **Betrieblicher Geltungsbereich**: In betrieblicher Hinsicht gilt das KSchG nur dann, wenn der Betrieb eine bestimmte Größe hat. Es gilt folgende Faustregel:
  - Für Arbeitsverhältnisse, die vor dem 31.12.2003 bestanden haben, gilt das KSchG, wenn mehr als fünf Arbeitnehmer ständig beschäftigt werden.
  - Für Arbeitsverhältnisse, die nach dem 31.12.2003 geschlossen wurden, gilt das KSchG nur dann, wenn mehr als zehn Arbeitnehmer ständig beschäftigt werden.

Auszubildende zählen bei der Berechnung gar nicht mit, Teilzeitbeschäftigte je nach dem Umfang ihrer Beschäftigung anteilig.

**(!)** Sofern das KSchG zur Anwendung kommt, ist eine Kündigung durch den Arbeitgeber **rechtsunwirksam**, wenn sie **sozial ungerechtfertigt** ist.

Sozial ungerechtfertigt ist eine Kündigung immer dann, wenn

- sie nicht durch Gründe, die in der **Person** oder in dem **Verhalten des Arbeitnehmers** liegen, oder durch **dringende betriebliche Erfordernisse** bedingt ist

und

- dem Arbeitgeber **keine andere personelle Maßnahme** als die Kündigung – z.B. eine Abmahnung oder eine Versetzung an einen anderen Arbeitsplatz – zur Verfügung steht.

| Mögliche Gründe für eine | | |
|---|---|---|
| **verhaltensbedingte** Kündigung | **personenbedingte** Kündigung | **betriebsbedingte** Kündigung |
| • wiederholte Arbeitsverweigerung<br>• dauernde Unpünktlichkeit<br>• unbefugtes Verlassen des Arbeitsplatzes<br>• unzureichende Arbeitsleistung<br>• Störung des Betriebsfriedens<br>• Nichtbefolgung eines allgemeinen Rauchverbotes<br>• Nebentätigkeiten, die die Arbeitsleistung im Betrieb beeinträchtigen | • fehlende körperliche oder intellektuelle Eignung für die geschuldete Leistung<br>• Nichtbestehen einer für die Stelle notwendigen Prüfung<br>• Trink- oder Drogensucht<br>• lang andauernde Krankheit oder häufige Kurzerkrankungen<br>• fehlende Arbeitserlaubnis bei Ausländern<br>• Arbeitsverhinderung durch Haftstrafe | • Reduzierung der Arbeitsmenge durch Auftragsrückgang, langandauernde Schlechtwetterperioden oder andere externe Einflüsse<br>• Wegfall des Arbeitsplatzes, z.B. wegen Standortverlagerungen, Aufgabe von Geschäftszweigen oder innerbetrieblichen Rationalisierungen |

- Die **verhaltensbedingte** Kündigung gilt jedoch immer nur dann als sozial gerechtfertigt, wenn dem Arbeitgeber **kein milderes Mittel** als die Kündigung bleibt, um eine Verhaltensänderung des Arbeitnehmers zu erreichen.
- Auch bei der **personenbedingten** Kündigung darf die Kündigung **nur letztes Mittel** sein. So darf der Arbeitgeber aus gesundheitlichen Gründen nur kündigen, wenn für den Arbeitnehmer eine **negative ärztliche Gesundheitspro-**

gnose besteht und die **betrieblichen Interessen** durch die Krankheit des Arbeitnehmers **erheblich beeinträchtigt** werden.

- Kündigt der Arbeitgeber aus **betrieblichem Grund**, muss er im Rahmen einer **Sozialauswahl** denjenigen Arbeitnehmer für die Kündigung auswählen, den diese am wenigsten hart trifft. Dabei sind die Dauer der Betriebszugehörigkeit, das Lebensalter, die Unterhaltspflichten oder eine mögliche Schwerbehinderung zu berücksichtigen.

- Im Falle der betriebsbedingten Kündigung kann der Arbeitgeber dem gekündigten Arbeitnehmer eine **Abfindung** anbieten, damit dieser auf eine Kündigungsschutzklage verzichtet. Als Faustregel gelten 0,5 Monatsverdienste pro Jahr der Betriebszugehörigkeit.

## Auszuhändigende Arbeitspapiere

Dem freigesetzten Mitarbeiter sind eine Reihe von Arbeitspapieren bzw. Dokumenten auszuhändigen. Die wichtigsten sind:

- eine abschließende **Entgeltabrechnung,** ggf. ergänzt um eine
- **Ausgleichsquittung** (= Bestätigung, dass alle offenen Forderungen beglichen sind),
- der **Sozialversicherungsausweis** (sofern nicht bereits im Besitz des Arbeitnehmers),
- eine **Urlaubsbescheinigung**, die den im laufenden Jahr bereits in Anspruch genommenen Urlaub ausweist (dient der Berechnung des Urlaubsanspruches beim neuen Arbeitgeber),
- eine **Arbeitsbescheinigung** auf amtlichem Vordruck – mit Nennung des Grundes der Beendigung des Arbeitsverhältnisses – zur Vorlage bei der Arbeitsagentur
- sowie ein **Arbeitszeugnis.**

| Arten des Arbeitszeugnisse | |
|---|---|
| **einfaches Zeugnis** | **qualifiziertes Zeugnis** |
| = dieses enthält neben den **Personalien** des Arbeitnehmers lediglich Angaben zur **Art** und **Dauer** der Beschäftigung | = dieses enthält zudem eine umfängliche Beschreibung der Arbeitsaufgaben sowie Aussagen zum Leistungs- und Führungsverhalten des Arbeitnehmers |

Bei der Formulierung des Arbeitszeugnisses steht der Arbeitgeber vor dem Dilemma, dass das Arbeitszeugnis gleichermaßen **wohlwollend** als auch **wahrheitsgemäß** formuliert sein muss.

Entsprechend haben sich in der Praxis Standardformulierungen eingebürgert, die auf den ersten Blick wohlwollend erscheinen, tatsächlich aber Negatives beinhalten (sog. „Geheimsprache"). Beispiele hierfür sind:

| Typische Formulierungen im Arbeitszeugnis, die Negatives ausdrücken | |
|---|---|
| in Bezug auf das **Führungsverhalten** | in Bezug auf das **Leistungsverhalten** |
| ... sein persönliches Verhalten war insgesamt einwandfrei<br>... sein Verhalten gegenüber Mitarbeitern war einwandfrei ( => es fehlt die Erwähnung der Vorgesetzten)<br>... er hat sich um das Betriebsklima verdient gemacht (= er trank im Dienst) | ... er hat sich bemüht, die ihm übertragenen Aufgaben zu erfüllen<br>... er hat unsere Erwartungen größtenteils erfüllt<br>... er hatte Gelegenheit, die ihm übertragenen Aufgaben zu erledigen |

## Aufgaben zu Funktion 0302: Personaldienstleistungen

**(?) 8:** Eine Industrieunternehmung will ihre Kapazität erweitern, sodass künftig von dem Produkt XY55 1200 statt wie bisher 1000 Stück pro Monat hergestellt werden können. Der Zeitbedarf für die Fertigung beträgt 55 Minuten pro Stück XY55. Die monatliche Arbeitszeit eines Arbeiters beträgt 160 Stunden. Aus der Personalstatistik ist bekannt, dass – bezogen auf den Personalbestand – mit einem Personalausfall von 5 % durch Krankheit, 12 % durch Urlaub und 3 % durch sonstige betrieblich begründete Abwesenheit gerechnet werden muss.

a) Bestimmen Sie unter Berücksichtigung dieser Personalausfälle den für die Kapazitätserweiterung erforderlichen Personalneubedarf in der Fertigung der Industrieunternehmung.

b) Nennen Sie zwei Möglichkeiten, um den Personalneubedarf zu decken und erläutern Sie jeweils einen Vorteil und einen Nachteil dieser Möglichkeit.

**(?) 9:** In einem Industrieunternehmen, das sich auf ein erwartetes Marktwachstum vorbereiten möchte, hat ein Mitarbeiter eine Personalbedarfsrechnung nach der Planstellenmethode vorbereitet:

| | Aktuelles Jahr | 1. Planjahr | 2. Planjahr |
|---|---|---|---|
| Planstellenbestand | 255 | 255 | ... |
| + neue Planstellen | – | + 12 | + 8 |
| – abzubauende Planstellen | – | – | – |
| Bruttopersonalbedarf | 255 | ... | ... |
| – aktueller Personalbestand | 255 | 255 | ... |
| Personalüberdeckung (–)/ Personalunterdeckung (+) | – | ... | ... |
| Zu ersetzende Abgänge | – | 11 | 9 |
| Feststehende Zugänge | – | 7 | 1 |
| Nettopersonalbedarf | – | ... | ... |

a) Ergänzen Sie die fehlenden Angaben für das 1. und 2. Planjahr!

b) Führen Sie vier Ursachen auf, die zu den genannten Personalabgängen geführt haben können!

c) Nennen Sie je zwei Quellen der internen und externen Personalbeschaffung!

d) Unterbreiten Sie ebenso zwei Vorschläge für den Abbau einer möglichen Personalüberdeckung, ohne die betreffenden Mitarbeiter betriebsbedingt zu kündigen!

Die o. g. Personalbedarfsplanungen sind noch durch Stellenbeschreibungen zu ergänzen.

e) Nennen Sie fünf Angaben, die eine Stellenbeschreibung enthalten sollte!

f) Erläutern Sie zwei Verwendungsmöglichkeiten einer Stellenbeschreibung!

**(?) 10:** Für die innerbetriebliche Besetzung einer Stelle als Reisender im Außendienst der Weinheim GmbH & Co. KG zum 01.06.20xx hat ein Kollege den nachfolgend abgebildeten Entwurf einer Stellenausschreibung erstellt. Sie sind der Meinung, dass die im Entwurf angeführten Anforderungen noch ergänzungsbedürftig sind.

a) Nennen Sie vier weitere Anforderungen für diese Stelle!

b) Darüber hinaus enthält der Entwurf noch sachliche/rechtliche Fehler. Korrigieren Sie diese!

---

### Stellenbeschreibung

Für den Außendienst suchen wir zum 01. Juni 20xx einen

#### Außendienstmitarbeiter

**Aufgabenbereich:**

Kundenbesuche zur Vertragsanbahnung und zum Vertragsabschluss für Rechnung der Weinheim GmbH & Co.

**Anforderungen:**

- höchstens 45 Jahre alt
- selbstständige Arbeitsweise
- Organisationstalent

Wir bitten Sie, Ihre Bewerbung bis spätestens 01.06.20xx in der Personalabteilung einzureichen.

Die Personalabteilung

---

**(?) 11:** Die interne Suche nach einem geeigneten Bewerber für die Stelle eines Reisenden hat nicht zum gewünschten Erfolg geführt. Daher entschließen Sie sich zu einer externen Personalbeschaffung. Dabei erhalten Sie innerhalb von zwei Wochen 116 Bewerbungen.

a) Führen Sie in einer schlüssigen Reihenfolge 5 Arbeitsschritte an, die Sie nach dem Eingang der Bewerbungen planen, um eine/n geeignete/n Bewerber/in auszuwählen!

b) Welche Bestandteile sollten die eingegangenen Bewerbungen enthalten?

c) Erläutern Sie drei Aspekte, auf die Sie bei der Analyse der eingegangenen Bewerbungen besonders achten würden! Begründen Sie jeweils, warum Ihnen diese besonders wichtig erscheinen!

Im Rahmen Ihrer Personalauswahl sollen auch Personalauswahlgespräche durchgeführt werden.

d) Geben Sie fünf Phasen in einer schlüssigen Reihenfolge an, nach denen sich ein Personalauswahlgespräch strukturieren lässt!

e) Erläutern Sie zwei mögliche Beurteilungsfehler, die Ihnen im Rahmen eines Personalauswahlgespräches unterlaufen können.

f) Formulieren Sie zwei Fragen an den Bewerber, die Sie aus arbeitsrechtlichen Gründen nicht stellen dürfen!

Sie konnten die Stelle des Außendienstlers erfolgreich besetzen.

g) Nennen Sie vier Angaben/Belege, die Sie zur Einstellung des neuen Mitarbeiters benötigen.

Sie möchten in dem Arbeitsvertrag mit dem neuen Außendienstler ein Wettbewerbsverbot vereinbaren.

h) Beschreiben Sie zwei Aspekte, die Sie dabei aus rechtlicher Sicht beachten müssen!

i) Nennen Sie fünf weitere Angaben, die der schriftliche Arbeitsvertrag aus arbeitsrechtlichen Gründen enthalten muss!

**?** **12:** Im Rahmen Ihrer Personalauswahl soll auch ein Assessment-Center (AC) eingesetzt werden.

a) Erläutern Sie, was man unter einem Assessment-Center versteht!

b) Nennen Sie drei in einem AC übliche Übungen/Auswahlmethoden!

c) Beschreiben Sie zwei Vorteile des AC gegenüber anderen Instrumenten der Personalauswahl!

**?** **13:** Sie möchten für eine neue Mitarbeiterin einen Einarbeitungsplan erstellen.

a) Nennen Sie vier Bestandteile eines solchen Einarbeitungsplanes!

b) Begründen Sie anhand von zwei Überlegungen, warum die Erstellung und Durchführung eines Einarbeitungsplanes zwar zeitaufwändig, aber dennoch sehr sinnvoll ist!

**?** **14:** Für Industrieunternehmungen gilt es als Selbstverständlichkeit, offene Stellen für qualifizierte Mitarbeiter im Internet anzubieten.

a) Erläutern Sie zwei Gründe für die Wahl dieses Mediums.

b) Nennen Sie zwei Aspekte, die den Erfolg eines derartigen Online-Angebotes beeinflussen.

Auch Bewerbungen auf ausgeschriebene Stellen werden von größeren Unternehmungen häufig nur noch digital via Internet angenommen.

c) Erläutern Sie zwei Vorteile digitaler Bewerbungen gegenüber solchen in gedruckter Form!

**?** **15:** Eine Industrieunternehmung plant, ihr Entgeltsystem grundlegend umzustellen. Die folgende Darstellung gibt das alte und das neue Entgeltsystem wieder:

| | | Persönliche Leistungszulage | |
| Bruttogehalt im Zeitlohn gem. Arbeitsvertrag | altes Entgeltsystem | Tarifliche Leistungszulage | Neues Entgeltsystem |
| | | Tarifliches Grundgehalt | |

Erläutern Sie

a) zwei Auswirkungen des geplanten Entgeltsystems für die Mitarbeiter,

b) zwei Motive für die Einführung des geplanten Entgeltsystems sowie

c) zwei mögliche Bemessungsgrundlagen für die Gewährung der persönlichen Leistungszulage!

**16:** Die Arbeiter in der Schleiferei eines Messerherstellers sollen im Akkord entlohnt werden. Dazu wird mithilfe von Zeitaufnahmen eine durchschnittliche Bearbeitungszeit von 2,5 Minuten pro Klinge gemessen. Man schätzt, dass dies einem Leistungsgrad von 150 % entspricht.

a) Bestimmen Sie die Vorgabezeit in Minuten sowie die Soll-Leistung in Stück/Stunde bei Normalleistung!

b) Der tarifliche Mindestlohn eines Schleifers in diesem Betrieb beträgt 14,50 EUR pro Stunde. Dazu erhält jeder Akkordarbeiter 20 % Akkordzuschlag. Berechnen Sie das Stückgeld (Geldakkordsatz)!

Der Arbeiter Jupp Fleißig hat in der vergangenen Woche bei einer Wochenarbeitszeit von 38 Stunden 1050 Klingen geschliffen.

c) Berechnen Sie den Wochenverdienst des Schleifers als Geldakkord!

d) Wie hoch war der tatsächliche Leistungsgrad dieses Arbeitnehmers?

**17:** Der tariflich garantierte Mindestlohn für einen Tarifbereich beträgt 13,00 EUR/Arbeitsstunde, der Akkordzuschlag 20 %. Bei einer Zeitaufnahme ergeben sich für die Bearbeitung eines Stücks folgende Messwerte:

| | Minuten | | Minuten |
|---|---|---|---|
| 1. Messung | 0,67 | 4. Messung | 0,61 |
| 2. Messung | 0,63 | 5. Messung | 0,59 |
| 3. Messung | 0,62 | 6. Messung | 0,62 |

Bei der Festlegung der Vorgabezeit je Stück entscheidet man sich für den Mittelwert aus allen sechs Messungen. Dieser entspricht einem geschätzten Leistungsgrad von 110 %.

Berechnen Sie (Ergebnisse ggf. auf zwei Stellen nach dem Komma runden)

a) den Akkordrichtsatz,

b) den Minutenfaktor,

c) die Vorgabezeit je Stück,

d) den Bruttolohn eines Mitarbeiters pro Tag, der an einem Arbeitstag in 8 Arbeitsstunden 1225 Stück bearbeitet,

e) den Leistungsgrad dieses Mitarbeiters.

f) Was fällt Ihnen bei einer Betrachtung der Messwerte auf und wie ist diese Beobachtung zu erklären?

**18:** Scheidet ein Mitarbeiter aus einer Unternehmung aus, hat er Anspruch auf ein Arbeitszeugnis. Nennen Sie

a) drei Angaben, die ein einfaches Arbeitszeugnis

b) und zwei weitere Angaben, die ein qualifiziertes Arbeitszeugnis enthalten muss.

c) Welche Grundsätze sind bei der Erstellung eines Arbeitszeugnisses durch den Arbeitgeber zu beachten? Erläutern Sie den Zielkonflikt innerhalb dieser!

**19:** Der neu eingestellte Außendienstler der Weinheim GmbH & Co. KG (vgl. Aufgaben 3 und 4) erfüllt leider doch nicht die in ihn gesetzten Erwartungen (zu wenige Neukunden, zu geringer Umsatz), sodass ihm wieder gekündigt werden soll.

a) Prüfen Sie zunächst die Möglichkeiten einer Kündigung des Beschäftigungsverhältnisses unter arbeitsrechtlichen Aspekten. (Die Weinheim GmbH & Co. beschäftigt im Durchschnitt 175 Mitarbeiter.)

Mit der Freisetzung ist dem ausscheidenden Mitarbeiter ein Arbeitszeugnis auszustellen.

b) Wie lässt sich arbeitsrechtlich einwandfrei ausdrücken, dass Sie mit der Arbeitsleistung des ausscheidenden Mitarbeiters nicht zufrieden waren und dass es Unstimmigkeiten bei der Spesenabrechnung gegeben hat?

**20:** Sie sind in der Personalabteilung der Lauterbach GmbH beschäftigt. Am Morgen des 12.06.20xx finden Sie folgenden Beleg in Ihrem Posteingang:

---

An die Personalabteilung der Lauterbach GmbH                    Köln, 11. Juni 20xx

Heinrich-Hertz-Str. 54

50765 Köln

> Lauterbach GmbH
> Eingegangen:
> 12.06.20xx

Sehr geehrte Damen und Herren,

hiermit kündige ich meine Anstellung bei Ihnen zum nächstmöglichen Termin, da ich nach München zu meiner Freundin ziehen möchte. Bitte teilen Sie mir mit, bis wann ich noch arbeiten muss.

Mit freundlichen Grüßen

Hajo Schneider

---

Herr Schneider ist seit knapp 7 Jahren bei der Lauterbach GmbH als Maschinenführer beschäftigt.

a) Bestimmen Sie den letzten Arbeitstag von Herrn Schneider! Ziehen Sie dabei den nachstehenden Auszug aus dem BGB zurate!

b) Nehmen Sie begründet zu der Frage Stellung, ob die von Herrn Schneider vorgebrachte Begründung für seine Kündigung hinreichend ist!

c) Welche Papiere/Dokumente sind Herrn Schneider bei seinem Ausscheiden aus dem Unternehmen auszuhändigen?

---

**Auszug aus dem BGB: § 622 Kündigungsfristen bei Arbeitsverhältnissen**

(1) Das Arbeitsverhältnis eines Arbeiters oder eines Angestellten (Arbeitnehmers) kann mit einer Frist von vier Wochen zum Fünfzehnten oder zum Ende eines Kalendermonats gekündigt werden.

(2) Für eine Kündigung durch den Arbeitgeber beträgt die Kündigungsfrist, wenn das Arbeitsverhältnis in dem Betrieb oder Unternehmen
zwei Jahre bestanden hat, einen Monat zum Ende des Kalendermonats
fünf Jahre bestanden hat, zwei Monate zum Ende des Kalendermonats
acht Jahre bestanden hat, drei Monate zum Ende des Kalendermonats
zehn Jahre bestanden hat, vier Monate zum Ende des Kalendermonats
zwölf Jahre bestanden hat, fünf Monate zum Ende des Kalendermonats
fünfzehn Jahre bestanden hat, sechs Monate zum Ende des Kalendermonats
zwanzig Jahre bestanden hat, sieben Monate zum Ende des Kalendermonats.

---

**? 21:** Nehmen Sie begründet zur Rechtmäßigkeit der nachfolgend beschriebenen außerordentlichen Kündigungen Stellung!

a) In einer Fleischwarenfabrik kommt es zwischen dem Betriebsleiter und einem angestellten Schlachter zu einem Streit. Der Angestellte reagiert boshaft und wirft ein Messer in Richtung des Vorgesetzten, das diesen jedoch verfehlt. Daraufhin kündigt der Geschäftsführer dem Mitarbeiter fristlos.

b) Eine Telefonistin ist bereits seit mehreren Jahren alkoholsüchtig. Trotzdem erledigt sie ihre Arbeit fehlerfrei. Eines Tages mehren sich die Beschwerden der Mitarbeiter, dass die Telefonistin einen starken Alkoholgeruch absondere. Wegen dieser Belästigung erhält sie die fristlose Kündigung.

c) Eine Abteilungsleiterin redete immer wieder schlecht über abwesende Kollegen und Kolleginnen ihrer Abteilung. Ihre ablehnende Haltung ging sogar soweit, dass sie einige Mitarbeiter/ innen nicht grüßte und ihnen den Händedruck verweigerte. Nach mehreren Beschwerden der betroffenen Arbeitskollegen wurde der Abteilungsleiterin die außerordentliche Kündigung ausgesprochen.

**? 22:** Als Sie am Morgen des 15. Juni d. J. an Ihren Arbeitsplatz bei dem rheinischen Industriebetrieb Kunststoffwerke Siegburg AG kommen, finden Sie Ihre Kollegin Laura völlig verstört vor. Laura Juncker, die seit etwa acht Jahren als Sachbearbeiterin bei den Kunststoffwerken beschäftigt ist, zeigt Ihnen mit Tränen in den Augen folgendes Schreiben:

---

## Kunststoffwerke Siegburg AG

Frau
Laura Juncker
im Hause

Siegburg, 14.06.20xx

**Kündigung**

Sehr geehrte Frau Juncker,
leider sehen wir uns gezwungen, Ihr Arbeitsverhältnis in unserem Hause zum 30. Juni d. J. zu kündigen.
Wir bedauern diesen Schritt und wünschen Ihnen für Ihre weitere berufliche Zukunft alles Gute.

Mit freundlichen Grüßen
Kunststoffwerke Siegburg AG
ppa.

*Schlämmer*

---

Wie beurteilen Sie die Rechtmäßigkeit dieser Kündigung?

**23:** Kennzeichnen Sie nachstehende Tätigkeiten mit einer
1 wenn es sich um eine Arbeitsablaufstudie
2 wenn es sich um eine Arbeitszeitstudie
3 wenn es sich um eine Arbeitswertstudie handelt.
☐ Optimierung eines Prozessablaufes bei der Auftragsbearbeitung
☐ Zeitmessung einzelner Arbeitsschritte mittels Stoppuhr
☐ Feststellung der einzelnen Anforderungen einer Stelle (geistige, körperliche, Verantwortung, Umwelteinflüsse)
☐ Untersuchung des Ist-Zustandes einer Arbeitsaufgabe
☐ Bestimmung der Vorgabezeit (Stückzeit) für eine Teilemontage
☐ Einordnung einer neu geschaffenen Stelle in die Entgeltgruppen

**24:** Die Erfassung der Grundzeit für eine Arbeitsverrichtung ergab einen Wert von 0,45 Minuten. Es soll mit einem Zuschlag für die Erhol- und Verteilzeit von jeweils 15 % kalkuliert werden.
Ermitteln Sie
a) die Zeit je Einheit (Stückzeit)
sowie für einen Auftrag von 1500 Stück
b) die Ausführungszeit und
c) die Auftragszeit bei einer Gesamtrüstzeit von 120 Minuten.

**25:** In einem Betrieb der bergischen Klingenindustrie fallen beim Schleifen von Küchenmessern nachstehende Tätigkeiten an. Ordnen Sie diesen die folgenden Zeitarten zu:
1 für eine Rüstzeit
2 für eine Ausführungsgrundzeit
3 für eine Ausführungsverteilzeit

☐ Schleifen der fertig geschmiedeten Klingen
☐ Auswechseln der verbrauchten Schleifbänder
☐ Prüfen der Qualität des Messerschliffs („Nagelprobe")
☐ Produktionsunterbrechung durch kurzfristigen Stromausfall
☐ Säubern und Aufräumen des Arbeitsplatzes
☐ Reinigung der geschliffenen Klingen

# Funktion 0303: Personalentwicklung und -führung

## 1 Methoden und Ziele der Personalentwicklung

(!) Unter **Personalentwicklung (PE)** sind alle betrieblichen Maßnahmen zur Aus-, Fort- und Weiterbildung von Mitarbeitern zu verstehen.

Während unter **Ausbildung** der Erwerb einer erstmaligen Berufsqualifizierung verstanden wird, zielt die **Fortbildung** auf den Erwerb von weiterführenden Kenntnissen in einem bereits erlernten Beruf (z.B. der geprüfte Industriefachwirt als Aufstiegsfortbildung für gelernte Industriekaufleute). Bei einer Weiterbildung i. e. S. wird eine Qualifizierung über das ursprüngliche Berufsfeld hinaus angestrebt (z.B. ein berufsbegleitendes Studium).

Zu unterscheiden sind Methoden der Bildung am Arbeitsplatz („training **on** the job") und außerhalb des Arbeitsplatzes („training **off** the job"):

| Methoden der PE „on the job" | Methoden der PE „off the job" |
|---|---|
| • Arbeitsunterweisung nach 3-Stufen-Methode | • Programmierte Unterweisung |
| • Jobrotation | • Vortrag |
| • Übertragung begrenzter Verantwortung | • Fallmethode |
| • Coaching | • Rollenspiel |
| • Learning by doing | • Planspiel |
| • Teilnahme an Projektgruppen | • Gruppendynamische Trainings |

Die Personalentwicklung bietet gegenüber einer externen Beschaffung von qualifiziertem Personal zahlreiche **Vorteile** sowohl für das Unternehmen (z.B. Ersparnis von Such- und Einarbeitungskosten, passgenaue Qualifizierung im Hinblick auf die besonderen Erfordernisse des Unternehmens, Motivation der Mitarbeiter durch Entwicklungsperspektiven u.a.) wie für den Mitarbeiter (z.B. Sicherung des eigenen Arbeitsplatzes, Erfahren von Anerkennung durch den Betrieb, Karriereentwicklung u. a.).

Angesichts des sich immer weiter verschärfenden **Fachkräftemangels** kommt der Personalentwicklung eine stetig wachsende Bedeutung bei der langfristigen Deckung des Personalbedarfes der Industrieunternehmung zu.

Um den Prozess der Personalentwicklung langfristig erfolgreich zu **steuern**, bieten sich v. a. folgende Maßnahmen an:
- **Potenzialanalysen**, die den derzeitigen sowie den zu erreichenden Stand der fachlichen und sozialen Kompetenzen eines Mitarbeiters aufzeigen.
- **Zielvereinbarungsgespräche** zwischen Führungskräften und ihren Mitarbeitern, die die Grundlage für Personalbeurteilungsgespräche liefern
- **Entwicklungspläne**, die die betrieblichen und persönlichen Ziele der Personalentwicklung aufzeigen und den Weg zur Zielerreichung skizzieren.

**Zyklus der individuellen Personalentwicklung**

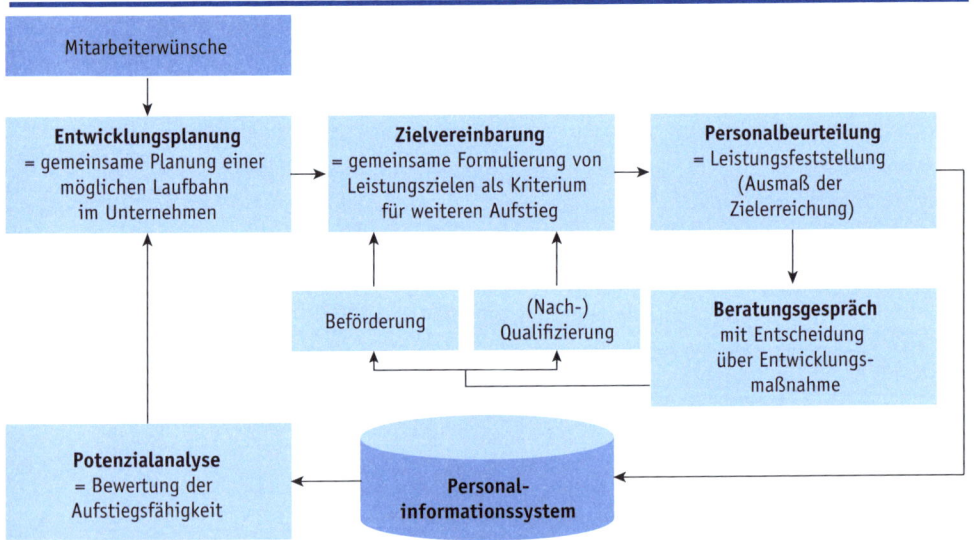

## 2 Personalführung

(!) Die **Führung** von Personal ist jede absichtsvolle und zielgerichtete Einflussnahme auf das Verhalten von Mitarbeitern im Betrieb.

**Führungsinstrumente** (= Mittel zur Ausübung von Führung) können sein: Delegation von Aufgaben, Mitarbeitergespräche, Zielvereinbarungen, Lob, Tadel/ Abmahnung, Mitarbeiterbeurteilungen, differenzierte Entgeltsysteme/Prämien, Beförderungen, Privilegien, u. a.

Charakteristische Muster des Führungsverhaltens von Vorgesetzten werden als **Führungsstile** bezeichnet. Typische Stile sind z.B.:

- **autoritäre** Führung: Der Vorgesetzte trifft Entscheidungen allein und gibt sie zur Realisierung an Mitarbeiter weiter.
- **kooperativ-demokratische** Führung: Der Vorgesetzte fordert Vorschläge ein und entscheidet unter Beteiligung der Mitarbeiter.
- **Laissez-faire**-Führung: Der Vorgesetzte lässt den Mitarbeitern völlige Verhaltens- und Entscheidungsfreiheit.

Als **Führungsprinzipien/-grundsätze** sind zu unterscheiden:
- Führung nach dem **Ausnahmeprinzip** (management by **exception**)
- Führung durch **Entscheidungsregeln** (... **decision rules**)
- Führung durch **Aufgabenübertragung** (... **delegation**)
- Führung durch **Zielvereinbarungen** (... **objectives**)

Über die reine Personalführung hinausreichend, für eine langfristig erfolgreiche Ausrichtung der Mitarbeiter auf das Erreichen der Unternehmensziele jedoch zwingend notwendig ist ein „**Corporate Identity**"-Konzept:

| Corporate Identity | | |
|---|---|---|
| **Corporate Behaviour** | **Corporate Design** | **Corporate Communications** |
| beschreibt das tatsächliche Handeln des Unternehmens und seiner Beschäftigten, z.B. bei internen Konflikten oder im Haftungsfall. | beschreibt das einheitliche optische Erscheinungsbild des Unternehmens, z.B. Architektur der Gebäude, verwendete Zeichen und Farben sowie Firmenkleidung. | beschreibt die Botschaften, die das Unternehmen aussendet, und Wege, mit Außenstehenden in Kontakt zu treten, z.B. Absatzwerbung, Public Relations, Sponsoring. |

## Aufgaben zu Funktion 0303: Personalentwicklung und -führung

**(?) 26:** Das untenstehend abgebildete „HumanRessources-Portfolio" dient der Analyse der Personalstruktur einer Unternehmung.

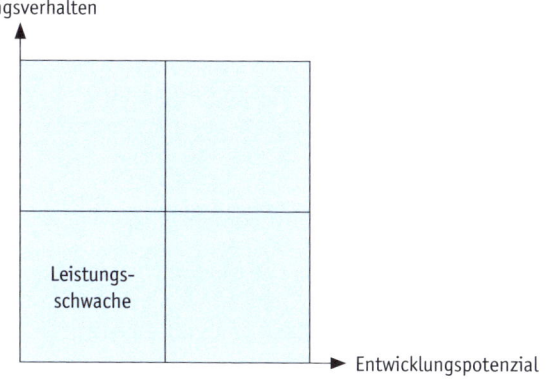

a) Ordnen Sie den freien Feldern der Grafik die Gruppen der
– „Stars",
– „Arbeitstiere" und
– „Schwierige Mitarbeiter" zu.

b) Erläutern Sie je zwei konkrete Maßnahmen der Personalentwicklung, die in Bezug auf
„Schwierige Mitarbeiter" und
„Leistungsschwache"
angewandt werden sollten.

**27:** Bei der Personalauswahl wird der Bewerber nicht nur nach seiner Fachkompetenz, sondern auch nach seiner Sozialkompetenz beurteilt.

a) Erläutern Sie, was man unter Fachkompetenz sowie unter Sozialkompetenz versteht.

b) Nennen Sie zwei Gründe, warum gerade in heutiger Zeit die Sozialkompetenz an Bedeutung gewinnt.

**28:** In Industrieunternehmungen hat die Personalentwicklung einen hohen Stellenwert.

a) Erläutern Sie den Begriff der Personalentwicklung.

b) Erläutern Sie je einen Grund für die Notwendigkeit der Personalentwicklung aus der Sicht

ba) der Unternehmung

bb) eines Mitarbeiters.

c) Nennen Sie vier Beispiele für Personalentwicklungsmaßnahmen.

**29:** Herr Schmalenbach, seit fast 20 Jahren Prokurist und Leiter der Verkaufsabteilung der Colorit Farben GmbH versteht die Welt nicht mehr. Bei einer von dem neuen Geschäftsführer angeordneten und kürzlich durchgeführten Mitarbeiterbefragung haben sich fünf seiner insgesamt sieben Mitarbeiter über seinen „autoritären" Führungsstil beklagt. „Natürlich", rechtfertigt er sich gegenüber dem Geschäftsführer, „stelle er hohe Anforderungen an seine Mitarbeiter. Aber schließlich müsse der Laden laufen. Das Leben sei eben kein Ponyhof!"

a) Beschreiben Sie anhand von drei konkreten Verhaltensweisen, wie sich der autoritäre Führungsstil von Herrn Schmalenbach in der Realität darstellen könnte!

b) Erläutern Sie drei Nachteile, die ein solcher Führungsstil mit sich bringen kann!

c) Unterbreiten Sie drei konkrete Vorschläge, um Herrn Schmalenbach zukünftig zu einem kooperativeren Führungsstil zu bewegen!

**30:** Ein wichtiges Instrument kooperativ-demokratischer Führung sind Mitarbeitergespräche.

a) Nennen Sie fünf Schritte zur Vorbereitung eines Mitarbeitergespräches in einer sinnvollen Reihenfolge!

b) Beschreiben Sie drei Themen, die Gegenstand eines Mitarbeitergespräches sein können!

**31:** Nicht immer sind Mitarbeiter gern bereit, an betrieblichen Fortbildungen teilzunehmen und versuchen, die Teilnahme an diesen zu umgehen.

a) Nennen Sie drei mögliche Gründe für dieses Verhalten!

b) Schlagen Sie drei mögliche betriebliche Maßnahmen vor, die Fortbildungsbereitschaft der Mitarbeiter zu erhöhen!

**32:** Der Industriebetrieb, in dessen Personalabteilung Sie beschäftigt sind, möchte seine kaufmännische Verwaltung auf ein neues ERP-System umstellen. Die insgesamt 76 Verwaltungsmitarbeiter sollen durch externe Trainer im Umgang mit dem neuen System geschult werden.

Formulieren Sie sechs Arbeitsschritte bei der Planung dieser Personalentwicklungsmaßnahme in einer schlüssigen Reihenfolge!

**33:** Bringen Sie die folgenden Schritte eines Personalentwicklungskonzeptes in die richtige Reihenfolge, indem Sie die Ziffern 1 bis 6 in die Kästchen eintragen!

☐ PE-Maßnahme gestalten

☐ Erfolg der PE-Maßnahme kontrollieren

☐ Transfer der Ergebnisse sichern

☐ PE-Bedarf feststellen

☐ PE-Maßnahme durchführen

☐ Ziele der PE-Maßnahme festsetzen

# Prüfungsgebiet 04: Leistungserstellung – Teil 1

## Funktion 0401: Produkte und Dienstleistungen

### 1 Produktionsprogramm

Das Produktionsprogramm beschreibt die Art und Menge der vom Unternehmen selbst hergestellten Güter.

Dieses leitet sich aus dem Absatzprogramm ab, wobei jedoch Korrekturgrößen eingearbeitet werden müssen:

| Absatzprogramm<br>= zum Verkauf bestimmte Güter | Eigenbedarf<br>= zur Eigennutzung hergestellt |
|---|---|
| Handelswaren<br>= zugekaufte Güter | Produktionsprogramm<br>= selbst hergestellte Güter |

Neben der quantitativen Ableitung besteht auch ein zeitlicher Zusammenhang. Hierbei ist zu entscheiden, inwieweit die aktuellen Produktions- und Absatzzahlen einander angepasst sind:

| **Emanzipation von Absatz und Produktion**<br>(Lagerfertigung) | **Synchronisation von Absatz und Produktion**<br>(Auftragsfertigung) |
|---|---|
| 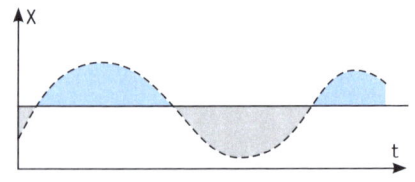 | 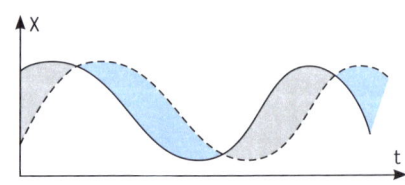 |

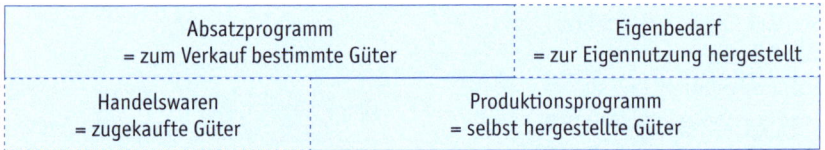

Legende: ------- = Absatzzahlen und ——— = Produktionszahlen

| Hier wird die Produktion unabhängig von schwankenden Absatzzahlen gleichmäßig über das Jahr verteilt. Bei schwachem Absatz wird auf Lager produziert, bei starkem Absatz wird das Lager wieder abgebaut. Vorteile: Gleichmäßige Kapazitätsauslastung, wenig Leerkosten, einmaliger Planungsaufwand | Hier wird entsprechend der aktuellen Auftragslage produziert, die Produktionszahlen schwanken stark im Zeitablauf.<br><br>Vorteile: Kein Absatzrisiko von Lagerware, geringe Lagerkosten |
|---|---|

Die fertigungstechnischen Ansprüche an die Leistungserstellung werden durch die Programmbreite, Programmtiefe und die Fertigungstiefe bestimmt:

- Die **Programmbreite** sagt aus, wie viele unterschiedliche Produktgruppen/-arten gefertigt werden.
- Die **Programmtiefe** sagt aus, wie viele unterschiedliche Varianten oder Typen innerhalb einer Produktgruppe/-art gefertigt werden.
  **Beispiel:** Das Produktionsprogramm der Fly-Bike-Werke umfasst die Produktgruppen City-Räder, Trekking-Räder, Mountainbikes, Rennräder und Kinderräder, dies beschreibt die Programmbreite. Das City-Rad ist in der Ausführung „Glide" mit hohem Rahmen oder als „Surf" mit tiefgezogenem Rahmen erhältlich, jedes für sich auch als Herren- oder Damenmodell. Dies beschreibt die Programmtiefe.
- Die **Fertigungstiefe** sagt aus, wie viele Bearbeitungsstufen ein Produkt bis zur Fertigstellung durchläuft.
  **Beispiel:** Bei den Fly-Bike-Werken werden auch alle Fahrrad-Einzelteile selbst hergestellt und so das Endprodukt nach und nach zusammengesetzt. Dies entspricht einer großen Fertigungstiefe. Ein Konkurrenzunternehmen montiert hingegen nur zugelieferte Baugruppen in wenigen Minuten zu einem Fahrrad zusammen und hat dementsprechend eine geringe Fertigungstiefe.

| Vorteile eines breiten Produktionsprogramms: | Nachteile eines breiten Produktionsprogramms: |
|---|---|
| • Risikostreuung | • erhöhte Kosten (Umrüstung) |
| • bessere Absatzchancen (Einkaufsbequemlichkeit für den Kunden) | • schwerer überschaubare Betriebsstruktur |
| • Möglichkeiten der Mischkalkulation (unterschiedliche Verkaufszuschläge) | • schwierigere Werbung und Forschung |
| • Möglichkeiten der Verwertung von Abfällen (Kuppelproduktion) | • Zersplitterung der Kräfte im Einkaufs- und Absatzbereich (Multimarktkonzept) |
| | • verhindert Spezialisierungsmöglichkeiten |
| **Vorteile einer großen Fertigungstiefe:** | **Nachteile einer großen Fertigungstiefe:** |
| • stärkere Unabhängigkeit von Zulieferern | • sehr komplexe/aufwendige Produktionsplanung und -steuerung |
| • Aufbau umfangreichen Know-hows | • hohe Investitionskosten für Anlagen |
| • gleichmäßige Qualitätsstandards in allen Komponenten | • das Qualitätsimage bekannter Lieferanten kann nicht als Werbeargument genutzt werden |
| • bei schwächerem Absatz können Mitarbeiter und Anlagen leichter weiterbeschäftigt werden | • Produktions- und Absatzrisiko erhöht sich |
| • bei hohen Stückzahlen meist kostengünstiger | • Gefahr der Verzettelung bei F&E-Aktivitäten |

## Aufgaben:

**? 1:** Der Produktionsleiter eines Haushaltsgerätewerkes präsentiert dem eigenen Verkaufspersonal die neue Waschmaschine mit der Anmerkung, dass es gegenüber dem Vorgängermodell gelungen sei, die Fertigungstiefe von 40 % auf 30 % der Wertschöpfung zu reduzieren. Geben Sie zwei Vor- und zwei Nachteile dieser Entwicklung an.

**2:** Die Geschäftsleitung des Haushaltsgerätewerkes verfolgt die Geschäftsidee, neben Haushaltsgeräten auch allgemeine Küchenausstattung wie Schränke, Spülen oder Leuchten ins eigene Absatz- und Produktionsprogramm aufzunehmen. Dies führt jedoch bei den Verantwortlichen aus Absatz, Produktion, Lagerhaltung und Finanzwirtschaft zu erheblichen Widerständen. Formulieren Sie aus jedem Bereich ein Gegenargument.

 **3:** Erläutern Sie zwei Vor- und zwei Nachteile folgender Produktionsstrategie:

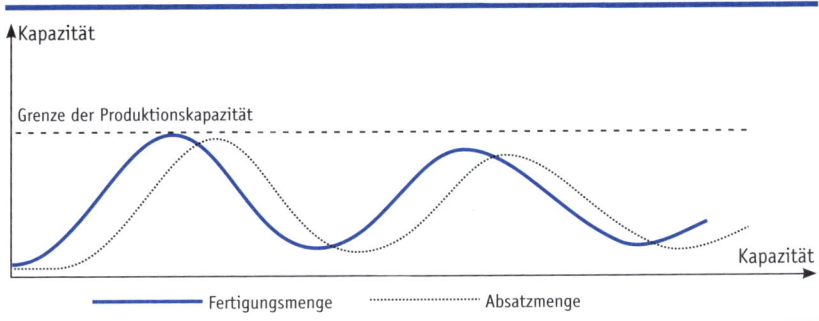

## 2 Forschung und Produktentwicklung

Im Zusammenhang mit der Findung und Gestaltung von Produktinnovationen lassen sich folgende Aufgabenbereiche unterscheiden:

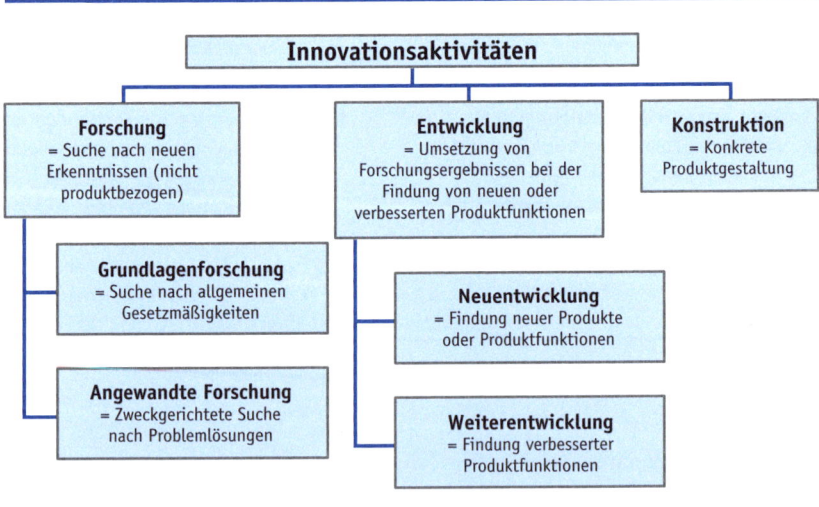

Der Entwicklungsprozess vollzieht sich typischerweise in folgenden Schritten:

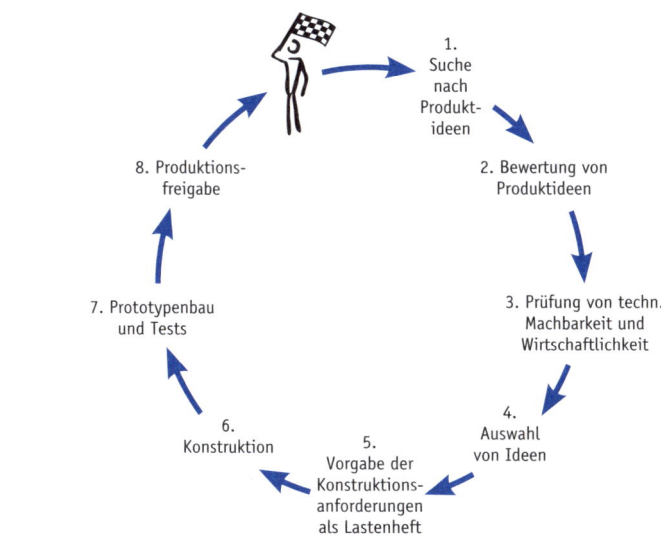

Als Ergebnisse des Konstruktionsprozesses stehen der Produktion Konstruktionszeichnungen, Stücklisten oder (bei chem.-biologischen Entwicklungen) Rezepturen, und Arbeitspläne zur Verfügung.

Stücklisten geben Auskunft über die Zusammensetzung eines Produktes (siehe folgender Abschnitt). Arbeitspläne (siehe das Beispiel auf der folgenden Seite) beschreiben die zur Herstellung des Produktes notwendigen Arbeitsgänge, die vorgesehene Reihenfolge der Arbeitsgänge, den voraussichtlichen Zeitbedarf und die benötigten Werkzeuge und Betriebseinrichtungen (Anlagen).

Weitere Anwendungsinformationen dazu finden sich im Abschnitt „11. Auftrags- und Durchlaufzeiten".

## Aufgaben:

**4:** Aufgrund von Kundenbefragungen hat ein Automobilausrüster festgestellt, dass viele Autofahrer mit dem Scheibenwischsystem unzufrieden sind („friert im Winter fest", „bildet Schlieren", „quietscht nervtötend"). Es soll eine Alternative zu den gängigen Systemen entwickelt werden. Führen Sie fünf Teilprozesse bei der Produktentwicklung von der Produktfindung bis zum Produktionsstart in der richtigen Reihenfolge auf.

**5:** Eine Haushaltsgerätefabrik möchte aufgrund des demografischen Wandels zukünftig spezielle Modelle für Senioren anbieten. Erstellen Sie ein Lastenheft für eine solche Waschmaschine. Achten Sie dabei auf möglichst konkrete Vorgaben für die Konstruktion.

**Arbeitsplan**

**Fitnessbike (Fertigungslos: 100 Stück/1 Arbeitstag = 8 Stunden)**

| Arbeitsgänge | Maschinen/ Werkstatt | Lohn-satz/ Std. in € | Rüstzeit + Transport-zeit in Min. | Ausfüh-rungszeit in Min. pro Stück | Gesamtauf-tragszeit | |
|---|---|---|---|---|---|---|
| | | | | | Min. | Std. |
| 1. Gabeln richten und reinigen | Rohbau | 10,13 | 8 | 4,72 | 480 | 8 |
| 2. Rahmen richten und reinigen | Rohbau | 10,13 | 8 | 9,52 | 960 | 16 |
| 3. Gabeln grundieren und nass lackieren | Lackiererei | 10,13 | 150 | 8,10 | 960 | 16 |
| 4. Rahmen grundieren und nass lackieren | Lackiererei | 10,13 | 150 | 8,10 | 960 | 16 |
| 5. Vormontage der Rahmen-Gabel-Baugruppe | Vormontage | 10,13 | 13 | 14,27 | 1.440 | 24 |
| 6. Vormontage Lenker | Lenkervormontage | 10,13 | 4 | 4,76 | 480 | 8 |
| 7. ... | | | | | | |
| 10. Kontrolle der Fahrräder | Qualitätskontrolle | 10,69 | 8 | 4,72 | 480 | 8 |
| Summe | | | | | 11.040 | 184 |

## 3 Stücklisten und Stücklistenauflösung

Stücklisten sind das Ergebnis des Konstruktionsprozesses und zeigen je nach Variante

- die Gesamtheit der in ein Endprodukt eingehenden Baugruppen und Einzelteile,
- die Fertigungsstufen bei Zusammenbau der Einzelteile und Baugruppen.

Damit sind Stücklisten ein wichtiges Instrument der Materialbedarfsermittlung und der zeitlichen Disposition des Materialbezugs.

| Stücklistenarten | | |
|---|---|---|
| **Mengenübersichtsstückliste** | **Strukturstückliste** | **Baukastenstückliste** |
| • ist meist nach Teilenummer oder Teilebezeichnung sortiert<br>• weist alle für ein Endprodukt benötigten Teile oder Baugruppen mit der jeweils benötigten Menge aus<br>• Teil wird nur einmal gelistet | • ist nach Fertigungsstufen (Reihenfolge des Zusammenbaus) sortiert<br>• weist die für die jeweilige Stufe benötigten Teile und Baugruppen mit der benötigten Menge aus<br>• Teile, die an verschiedenen Stellen des Fertigungsprozesses verwendet werden, werden auch mehrmals gelistet | • ist ein Teilausschnitt der Strukturstückliste<br>• zeigt jeweils die Bestandteile einer einzelnen Produktkomponente<br>• der Zusammenhang der Komponenten ist nicht dargestellt |

## Erzeugnisstruktur eines Fahrrads

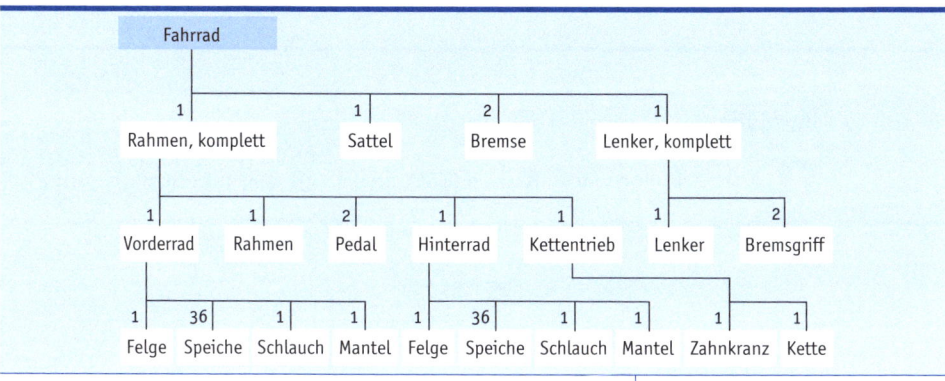

Aus Platzgründen sind die Baukastenstücklisten des Endproduktes, des Rahmens (komplett) und des Lenkers (komplett) nicht ausgewiesen

143

Um den gesamten Materialbedarf durch die Auflösung von Stücklisten zu ermitteln, muss die benötigte Menge aller Fertigungsstufen miteinander und mit der gewünschten Menge am Endprodukt multipliziert werden.

Beispiel – gegeben sei folgender Strukturbaum:

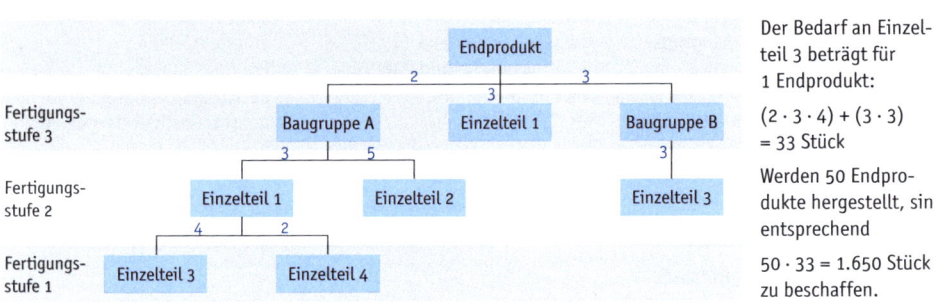

Der Bedarf an Einzelteil 3 beträgt für 1 Endprodukt:

$(2 \cdot 3 \cdot 4) + (3 \cdot 3)$
= 33 Stück

Werden 50 Endprodukte hergestellt, sind entsprechend

$50 \cdot 33 = 1.650$ Stück zu beschaffen.

## Aufgaben:

 **6:** Für einen Fußballkicker (Tischmodell) gilt folgender Strukturbaum:

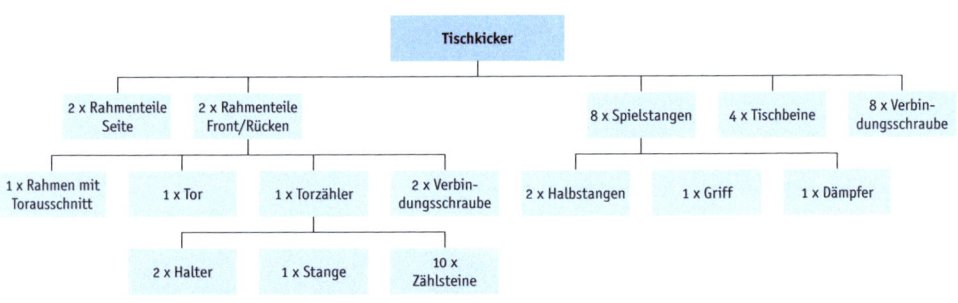

a) Erstellen Sie eine Strukturstückliste.

b) Erstellen Sie eine Mengenübersichtsstückliste.

c) Ermitteln Sie den Materialbedarf an Verbindungsschrauben, wenn 50 Fußballkicker produziert werden sollen.

d) Erstellen Sie eine Baukastenstückliste für die Torzähler.

 **7:** Für ein Blutdruckmessgerät existieren folgende Baukastenstücklisten:

| Endprodukt | Baugruppe 1 (BG 1) | Baugruppe 2 (BG 2) |
|---|---|---|
| 1 Stück BG 1 | | |
| 2 Stück BG 2 | 2 Stück T1 | 4 Stück T1 |
| 4 Stück T3 | 6 Stück T4 | 1 Stück T2 |
| 1 Stück T5 | | 3 Stück T5 |

a) Zeichnen Sie aus den vorliegenden Daten einen Strukturbaum.

b) Wie viele Teile T5 werden in das Blutdruckmessgerät eingebaut?

**(?) 8:** Nennen Sie zwei Stücklistenarten und unterscheiden Sie deren Informationsgehalt.

**(?) 9:** Für ein Brillengestell existiert folgende Erzeugnisstruktur, dazu wurden zwei Stücklisten erstellt:.

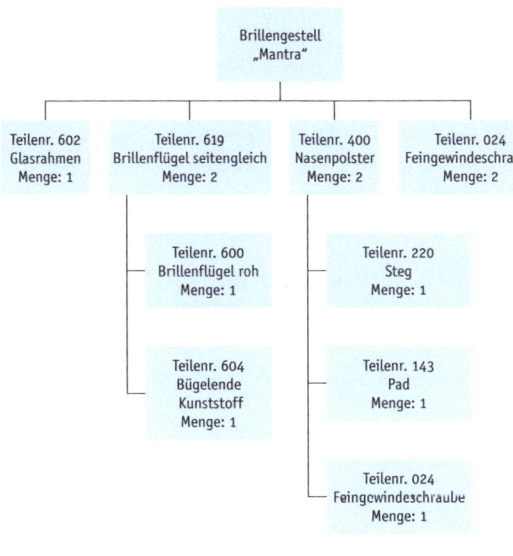

| Strukturstückliste Brillengestell Mantra | | |
|---|---|---|
| Fertigungsstufe | Teilenr. | Menge |
| 1 | 602 | 1 |
| 1 | 619 | 2 |
| 2 | 600 | 1 |
| 2 | 604 | 1 |
| 1 | 400 | 2 |
| 1 | 220 | 1 |
| 2 | 143 | 1 |
| 2 | 024 | 2 |
| 1 | 024 | 2 |

| Mengenübersichtsstückliste Brillengestell Mantra | |
|---|---|
| Teilenr. | Menge |
| 024 | 3 |
| 143 | 2 |
| 220 | 2 |
| 400 | 2 |
| 600 | 1 |
| 602 | 1 |
| 604 | 2 |
| 619 | 2 |

Finden Sie in beiden Stücklisten jeweils zwei Fehler.

# 4 Rechtsschutz der Erzeugnisse

Eine technische Entwicklung ist sehr kostenintensiv und so liegt es nahe, dass das entwickelnde Unternehmen sich die alleinige kommerzielle Verwertung durch Beantragung eines Schutzrechtes sichert. Hierzu bestehen folgende Möglichkeiten:

| Schutzrecht | Schutzgegenstand | Voraussetzungen | Erteilung des Schutzrechtes | Schutzdauer |
|---|---|---|---|---|
| Patent | Schutz vor Nachahmung von Produkten und Verfahrungen | Neuheit (muss sich vom Stand der Technik deutlich abheben) und gewerbliche Nutzbarkeit | Deutsches Patent- und Markenamt, Europäisches Patentamt | Maximal 20 Jahre |
| Gebrauchs-muster | Schutz vor Nachahmung von Produkten | Neuheit (auch kleinere Verbesserungen) und gewerbliche Nutzbarkeit[1] | Deutsches Patent- und Markenamt | Maximal 10 Jahre |
| Design | Schutz von Form- und Farbgestaltung | Deutliche Eigenart der Gestaltung | Deutsches Patent- und Markenamt, Eintrag beim Harmonisierungsamt für den EU-Binnenmarkt, internationale Registrierung möglich | Maximal 20 Jahre |
| Marke | Schutz vor Nachahmung der äußeren Kennzeichen eines Produktes (Name, Schriftart, Farbkombination, Erkennungsmelodie etc.) | Klar beschriebene, unterscheidbare Kennzeichen | Deutsches Patent- und Markenamt, internationale Registrierung möglich | Beliebig verlängerbar |

[1] Sowohl beim Gebrauchsmusterschutz wie auch beim Designschutz wird von Amts wegen keine Sachprüfung auf Neuheit, Eigenart und gewerbliche Verwendbarkeit durchgeführt. Ein in seinen Schutzrechten verletzter Dritter muss deshalb ggf. einen Antrag auf Löschung des Schutzrechtes stellen bzw. im strittigen Fall einen Verletzungsprozess anstrengen.

| Vorteile eines Schutzrechts sind: | Nachteile eines Schutzrechts sind: |
|---|---|
| • exklusive Verwertung einer technischen Erfindung (Monopolanbieter);<br>• Möglichkeit zur Lizenzvergabe;<br>• das Schutzrecht steigert den Unternehmenswert. | • hohe Schutzgebühren;<br>• Offenlegung des technischen Know-hows;<br>• Nachahmung außerhalb des Schutzgebietes bleibt möglich. |

Eine Lizenzvergabe ist sinnvoll, wenn

- durch Erhöhung der Anbieterzahl eine schnelle Produktverbreitung angestrebt wird (z.B., um so einen technischen Standard zu etablieren),
- die Investitionskosten für eine eigene Fertigung des Produktes zu hoch sind,
- die Erfindung nicht in das Produktionsprogramm passt,
- mit der Lizenz an ausländische Unternehmen Importbeschränkungen umgangen werden können.

## Aufgaben:

**(?) 10:** Der Verpackungsfabrik „Bielefelder Kartuschen KG" ist es nach langer Entwicklungszeit gelungen, ein völlig neuartiges Verschlusssystem für Getränkeflaschen zur Marktreife zu bringen. Dieses verhindert durch einen neuen membranartigen Kunststoff, dass kohlensäurehaltige Erfrischungsgetränke beim Öffnen der Flasche „spritzen". Die Bielefelder Verpackungsfabrik überlegt, sich das System patentieren zu lassen.

a) Geben Sie zwei Voraussetzungen an, um diesen Rechtsschutz zu erhalten.

b) Wo muss ein nationaler Rechtsschutz beantragt werden?

c) Geben Sie an, welche maximale Dauer dieser Rechtsschutz hat.

**(?) 11:** Die Siegener „Messgerätetechnik Cornelius Meyer AG" hat einen Sensor entwickelt, welcher durch keramische Doppelbeschichtung höchsten Temperaturen standhält. Die gängigen Sensoren sind nur mit einer Keramikschicht ausgestattet. Nach langer Überlegung hat sich die Messgerätefabrik dazu entschieden, für den Sensor einen Gebrauchsmusterschutz zu beantragen.

a) Welche Vorteile hat das Werk durch die Eintragung des Rechtsschutzes?

b) Welche Gründe waren dafür ausschlaggebend, hier kein Patent zu beantragen?

c) Wieso hat die Messgerätefabrik gezögert, ein Schutzrecht zu beantragen? Nennen Sie zwei mögliche Nachteile.

**(?) 12:** Die „Calypso Brillenmode GmbH" hat ein neues Brillengestell mit einzigartig geformten Bügeln auf den Markt gebracht. An jedem Bügel ist auf der Außenseite ein stilisiertes „C" angebracht, das auf den Hersteller hinweist.

Welche Schutzrechte könnte die Calypso Brillenmode GmbH möglicherweise beantragen? Begründen Sie Ihre Meinung.

## 5   Kapazität und Beschäftigung

Als Kapazität wird das **betriebliche Leistungsvermögen** bezeichnet, d. h. die Möglichkeit, innerhalb einer bestimmten Frist eine bestimmte Menge an betrieblichen Produkten oder Dienstleistungen zu erbringen. Dabei kann die Kapazität sowohl für den Gesamtbetrieb als auch für Betriebsteile oder einzelne Maschinen oder Mitarbeiter angegeben sein.

Hinsichtlich der maschinellen Kapazität lassen sich in Abhängigkeit von der Stückzahl x und den Stückkosten k folgende Kapazitätsbegriffe unterscheiden:

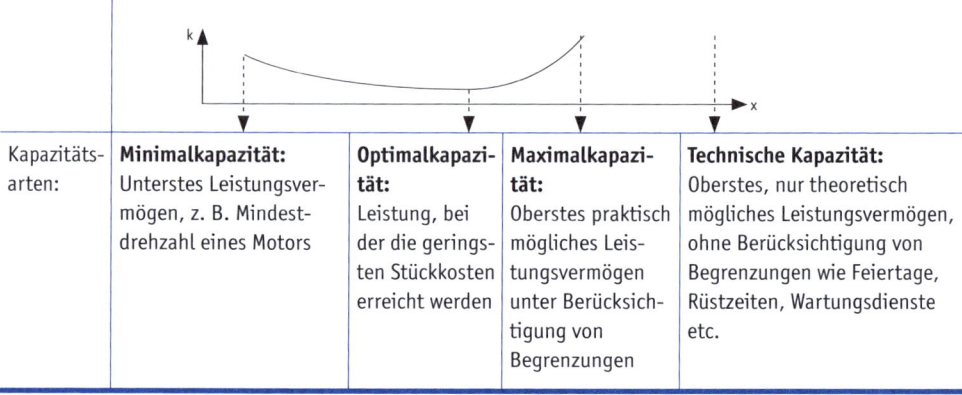

| Kapazitäts-arten: | **Minimalkapazität:** Unterstes Leistungsvermögen, z. B. Mindestdrehzahl eines Motors | **Optimalkapazität:** Leistung, bei der die geringsten Stückkosten erreicht werden | **Maximalkapazität:** Oberstes praktisch mögliches Leistungsvermögen unter Berücksichtigung von Begrenzungen | **Technische Kapazität:** Oberstes, nur theoretisch mögliches Leistungsvermögen, ohne Berücksichtigung von Begrenzungen wie Feiertage, Rüstzeiten, Wartungsdienste etc. |
| --- | --- | --- | --- | --- |

Der Beschäftigungsgrad wird als Prozentwert ausgedrückt und gibt an, in welchem Ausmaß die maximale Kapazität auch tatsächlich ausgenutzt wird:

$$\text{Beschäftigungsgrad (Kapazitätsauslastung in \%)} = \frac{\text{Ausbringungsmenge}}{\text{Maximalkapazität}} \cdot 100$$

| **Vorteile einer hohen Kapazitätsauslastung** | **Nachteile einer hohen Kapazitätsauslastung** |
| --- | --- |
| • Niedrige Stückkosten durch Fixkostendegression <br> • Alle Anlagen bleiben in Betriebsbereitschaft | • Zusatzaufträge müssen abgelehnt werden <br> • Schon kleine Störungen führen zu Lieferverzögerungen <br> • Evtl. hoher Verschleiß von Betriebseinrichtungen |

Mit steigendem Beschäftigungsgrad werden die Fixkosten der Betriebseinrichtungen zunehmend nutzbringend (produktiv) verwendet, dementsprechend steigt der Nutzkostenanteil der fixen Kosten, während der Leerkostenanteil permanent abnimmt.

Es gilt:

$$\text{Nutzkosten} = \frac{\text{Fixkosten} \cdot \text{Ausbringungsmenge}}{\text{Maximalkapazität}}$$

$$\text{Leerkosten} = \frac{\text{Fixkosten} \cdot \text{ungenutzte Kapazität}}{\text{Maximalkapazität}}$$

## Aufgaben:

**13:** Eine Werkzeugfabrik hat sich eine neue Produktionsanlage für Haus-
haltssägen mit folgenden Kenndaten angeschafft:

* Anschaffungspreis: 50.000,00 €
* Nutzungsdauer: 10 Jahre
* Kalk. Zinssatz: 8 %
* Sonst. Fixkosten: 4.000,00 €
* Maximale Kapazität in Stück: 75.000

Für die Maschine ist folgende Belegung geplant

| Modell | Säge Modell „BMB 05" | Säge Modell „BFG 09" | Säge Modell „BHJ 01" |
|---|---|---|---|
| Geplante Produktionsmenge | 24.000 Stück | 24.000 Stück | 24.000 Stück |

a) Berechnen Sie die voraussichtliche Kapazitätsauslastung der Maschine.

b) Geben Sie je einen Vorteil und einen Nachteil einer hohen Kapazitätsauslastung
an.

c) Errechnen Sie die voraussichtlichen Nutz- und Leerkosten der Maschine (vgl. S. 185).

**14:** Im nachstehenden Schaubild wird die Kapazität einer Fabrikation von
Leuchtstoffröhren dargestellt. Die maximale Kapazität der Fertigungsanlage beträgt
4.000 Arbeitstakte.

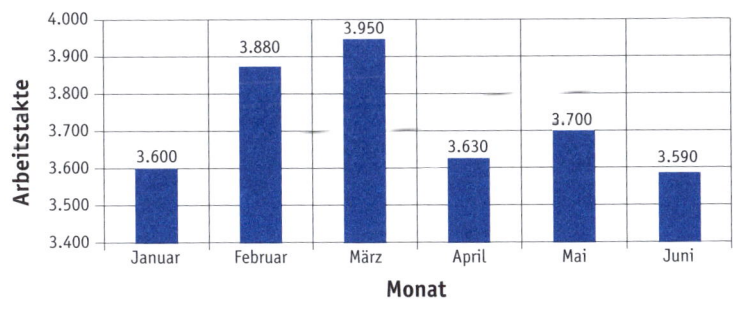

a) Berechnen Sie die durchschnittliche Kapazitätsauslastung während des ersten
Halbjahres.

b) Im Juni wurde ursprünglich mit einem Beschäftigungsgrad von 95 % gerechnet.
Welche Produktionsmenge fiel aus?

c) In den letzten Monaten wurden die Kapazitäten nur schwach genutzt. Dafür muss nicht immer ein Auftragsmangel verantwortlich sein. Welche internen Ursachen könnte es geben?

**(?) 15:** In einer Taschenrechnerfabrikation wurde in der vergangenen Periode ein Auslastungsgrad von 78 % erreicht. Dies entsprach 62.400 produzierten Geräten und Nutzkosten in Höhe von 257.400,00 €.

a) Berechnen Sie die Maximalkapazität der Taschenrechnerproduktion.

b) Berechnen Sie die Höhe der gesamten Fixkosten und der Leerkosten.

## 6 Fertigungsverfahren

Die vorhandenen Fertigungsverfahren lassen sich nach Produktionstypen und Organisationstypen einteilen. Bei den Produktionstypen stehen Ort, Menge und Variantenzahl der Produktion im Mittelpunkt des Interesses, während sich die Organisationstypen vor allem durch die Anordnung der Betriebsmittel im Fertigungsablauf unterscheiden.

| **Produktionstypen der Fertigung sind:** | | | |
|---|---|---|---|
| **Massenfertigung** | **Einzelfertigung** | **Partiefertigung** | **Baustellenfertigung** |
| Eine unbestimmte Stückzahl wird hergestellt, z.B. Butter, Benzin. | Nur ein einziges Produkt wird hergestellt, meist auf Kundenwunsch, z.B. Maßanzug, Einbauschrank. | Produkte aus Grundstoffen eines An- oder Abbaugebietes, z.B. Kaffee, Erdöl | Das Produkt wird am Verwendungsort hergestellt, z.B. Haus, Förderanlage. |
| **Chargenfertigung** | **Sortenfertigung** | | **Serienfertigung** |
| Produkte aus gemeinsamem Produktionsprozess z. B. Bier, Naturarznei | Verschiedene Varianten eines Grundproduktes werden hergestellt, z.B. Schuhe in verschiedenen Größen, Hefte in unterschiedlichen Lineaturen. | | Eine vorab bestimmte Stückzahl wird hergestellt, z. B. Vereinstrikot, Auto-Sondermodell. |

| **Organisationstypen der Fertigung sind:** | | |
|---|---|---|
| **Werkstättenfertigung** | **Fließfertigung** | **Reihenfertigung** |
| • gleichartige Betriebsmittel und Arbeitskräfte mit gleichen Qualifikationen werden räumlich zusammengefasst (Verrichtungsprinzip) <br> • der Fertigungsfluss ist ungebunden (frei wählbar) | • Betriebsmittel und Arbeitskräfte sind nach der Reihenfolge der Produktionsschritte angeordnet (Objektprinzip) <br> • feste Fördereinrichtungen zwischen den Arbeitsplätzen <br> • der Fertigungsfluss ist gebunden (starr) | • wie Fließfertigung angeordnet (Objektprinzip) <br> • ohne feste Fördereinrichtungen zwischen den Arbeitsplätzen, deshalb zeitlich entkoppelte Produktionsschritte <br> • oft Zwischenläger <br> • gebundener Fertigungsfluss |

| Fließbandfertigung | Gruppenfertigung |
|---|---|
| • wie Fließfertigung angeordnet (Objektprinzip)<br>• mit zeitlich fest getakteten Fördereinrichtungen zwischen den Arbeitsplätzen, Zwang zu einheitlichem Arbeitstempo<br>• gebundener Fertigungsfluss | • Kombination aus Werkstätten- und Reihenfertigung<br>• Bildung von Arbeitsgruppen, der alle Betriebsmittel für die Produktionsstufe beigestellt werden<br>• Anordnung der Gruppen nach der Reihenfolge des Produktionsablaufs (Objektprinzip)<br>• gebundener Fertigungsfluss zwischen den Gruppen |

Beispiel: Für die Herstellung einer Holzbank sind folgende Arbeitsgänge nötig:

1. Zuschnitt der Holzteile → 2. Abschleifen der Flächen und Kanten → 3. Auftragen des Decklackes → 4. Bohren der Schraublöcher → 5. Auftragen des Klarlackes → 6. Abtragen von Farbnasen → 7. Montage der Schraubverbindungen

**Fertigungsablauf in einer Werkstättenfertigung**     **Fertigungsablauf in einer Fließfertigung**

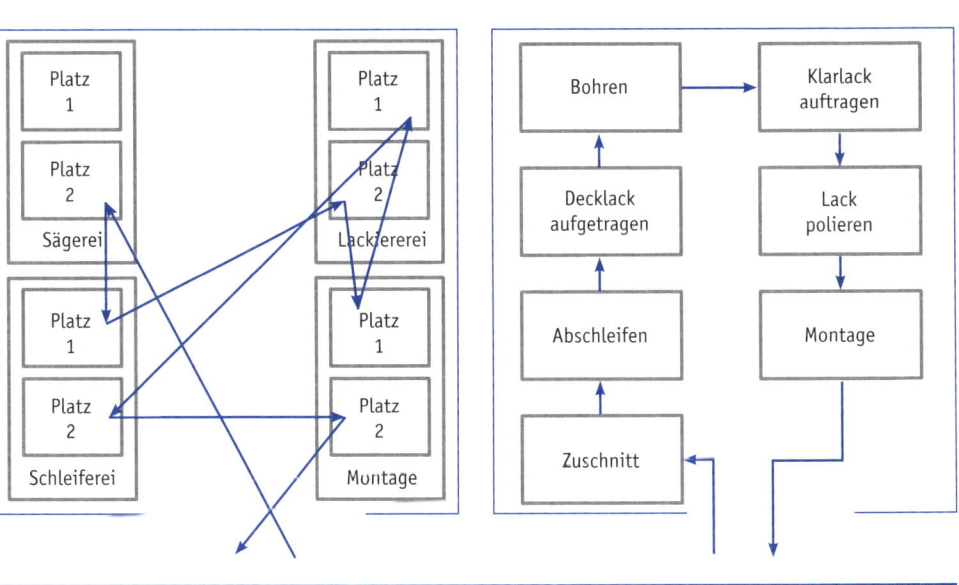

151

**Gegenüberstellung von Werkstätten- und Fließfertigung**

| Merkmal | Werkstättenfertigung | Fließfertigung |
|---|---|---|
| Geeignet für | Einzelfertigung, Kleinserien | Großserien, Massenfertigung |
| Umstellungsfähigkeit auf andere Produkte | hoch | gering |
| Kapitaleinsatz für maschinelle Einrichtungen | gering | hoch |
| Kapitaleinsatz für Vorräte | hoch | gering |
| Durchlaufzeit | lang | kurz |
| Qualifikation des Personals | hoch (Facharbeiter) | gering (angelernte Tätigkeit) |
| Störanfälligkeit des Produktionsablaufs | gering(er) | hoch |
| Prozessübersicht | gering | hoch |
| Stückkosten | geringe Rüstkosten, hohe variable Kosten | hohe Rüstkosten, geringe variable Kosten |

## Einsatz von Fließ-, Reihen-, Gruppen- und Fließbandfertigung

## Aufgaben:

**(?) 16:** Die „Securetyre Deutschland AG" hat einen neuartigen Autoreifen entwickelt, der weltweit abgesetzt werden soll.

a) Schlagen Sie einen Produktionstyp für die Fertigung (nach Wiederholhäufigkeit des Fertigungsvorganges) vor.

b) Schlagen Sie einen Organisationstyp der Fertigung vor.

c) Gelten Ihre Vorschläge auch für eine kleine Testserie des Reifens, die im Rahmen der Entwicklung vorab produziert werden soll? Begründen Sie Ihre Meinung.

**(?) 17:** Sie sind Mitarbeiter in der Fertigungsvorbereitung der „Hoffenstedter Laternenbaugesellschaft mbH", einem überregional en Anbieter von Straßenbeleuchtungen. Für die Straßenlaterne „Mega 25" existieren folgender vereinfachter Arbeitsplan sowie eine Zeichnung zur Anordnung von Arbeitsplätzen:

| Arbeitsplan Mega 25 | | Artikel-Nr.: 340-33 | Losgröße: 400 Stück |
|---|---|---|---|
| Arbeits-gang-Nr. | Beschreibung | Arbeitsplatz | Zeit-vorgabe |
| 1 | Metallteile auf Länge sägen | Metallsäge | |
| 2 | Metallteile entgraten | Schleif-maschine | |
| 3 | Metallteile rundformen | Heißformer | |
| 4 | Metallteile schweißen | Schweiß-anlage | |
| 5 | Schweißnähte anpassen | Schleif-maschine | |
| 6 | Metallteile galvanisieren | Beschichter | |
| 7 | Verkabelung verlegen | Elektro-montage | |
| 8 | Funktionstest | Prüfplatz | |

a) Welcher Organisationstyp der Fertigung liegt hier vor? Begründen Sie kurz Ihre Ansicht.

b) Führen Sie zwei Vorteile dieses Organisationstyps an.

c) Bei der Skizze zur Arbeitsfolge wurde der Arbeitsablauf aus dem Arbeitsplan übertragen. Leider hat sich ein Fehler eingeschlichen. Finden Sie diesen.

**? 18:** Bei einer Großserienfertigung von Tischporzellan ist folgender Fertigungsablauf vorgesehen:

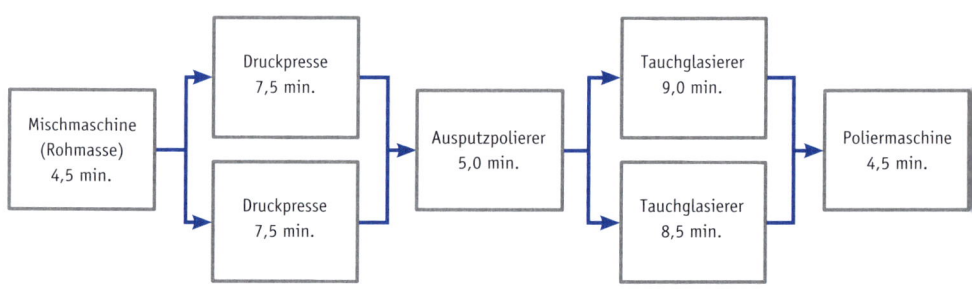

Bislang erfolgte die Fertigung im Organisationstyp der Reihenfertigung, nun soll auf Fließbandfertigung umgestellt werden.

a) Welche Vorzüge bietet die bisherige Reihenfertigung gegenüber einer Werkstättenfertigung? Nennen Sie drei Vorteile.

b) Welche Nachteile könnte die Umstellung von Reihen- auf Fließbandfertigung für die Arbeitnehmer haben? Begründen Sie Ihre Meinung.

c) Bei der Umstellung auf Fließbandfertigung ist besonders auf die zeitliche Abstimmung des Fertigungsablaufes zu achten. Stellen Sie fest, wo im gegebenen Fertigungsablauf ein Arbeitsstau zu erwarten ist.

## 7 Rationalisierung

Als Rationalisierung versteht man alle betrieblichen Anstrengungen, um die betrieblichen Abläufe zweckmäßiger zu gestalten (von ratio = Vernunft).

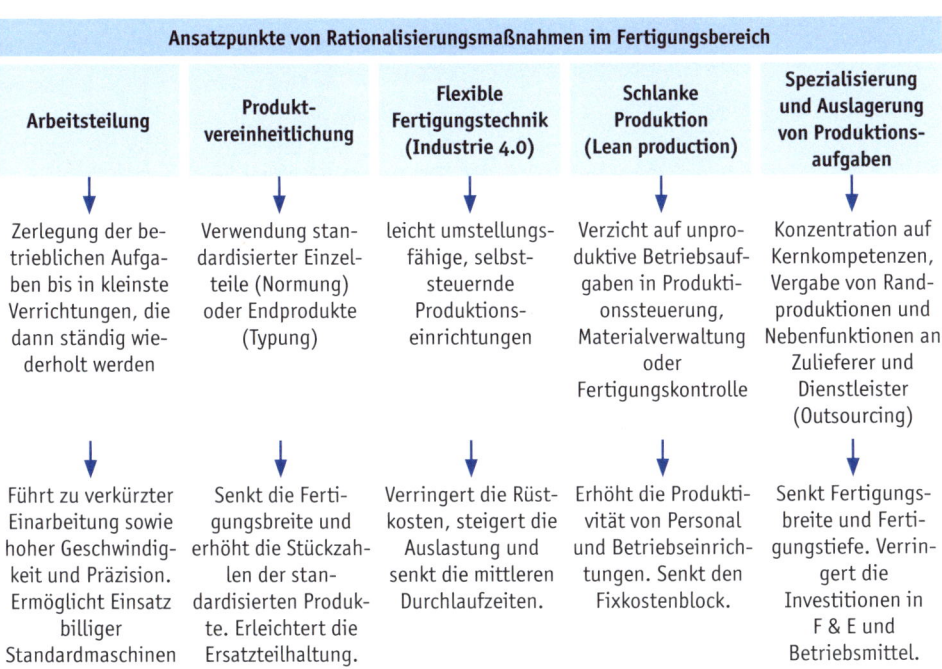

| Ansatzpunkte von Rationalisierungsmaßnahmen im Fertigungsbereich | | | | |
|---|---|---|---|---|
| Arbeitsteilung | Produktvereinheitlichung | Flexible Fertigungstechnik (Industrie 4.0) | Schlanke Produktion (Lean production) | Spezialisierung und Auslagerung von Produktionsaufgaben |
| Zerlegung der betrieblichen Aufgaben bis in kleinste Verrichtungen, die dann ständig wiederholt werden | Verwendung standardisierter Einzelteile (Normung) oder Endprodukte (Typung) | leicht umstellungsfähige, selbststeuernde Produktionseinrichtungen | Verzicht auf unproduktive Betriebsaufgaben in Produktionssteuerung, Materialverwaltung oder Fertigungskontrolle | Konzentration auf Kernkompetenzen, Vergabe von Randproduktionen und Nebenfunktionen an Zulieferer und Dienstleister (Outsourcing) |
| Führt zu verkürzter Einarbeitung sowie hoher Geschwindigkeit und Präzision. Ermöglicht Einsatz billiger Standardmaschinen | Senkt die Fertigungsbreite und erhöht die Stückzahlen der standardisierten Produkte. Erleichtert die Ersatzteilhaltung. | Verringert die Rüstkosten, steigert die Auslastung und senkt die mittleren Durchlaufzeiten. | Erhöht die Produktivität von Personal und Betriebseinrichtungen. Senkt den Fixkostenblock. | Senkt Fertigungsbreite und Fertigungstiefe. Verringert die Investitionen in F & E und Betriebsmittel. |

Alle aufgezeigten Rationalisierungsansätze weisen neben den erwünschten auch weniger positive Merkmale auf. Sie führen oftmals zur Arbeitsverdichtung oder zum Stellenabbau. Ein spezielles Problem ist auch in der durch Arbeitsteilung entstehenden Monotonie und der einseitigen körperlichen Belastung zu finden. Diese sollen durch die Bemühungen zur Humanisierung von Arbeitsbedingungen wieder abgemildert werden. Entsprechende Ansätze finden sich im Aufgabenwechsel (Jobrotation) oder durch die Bildung von Arbeitsteams.

## Aufgaben:

**19:** Durch den intensiven Wettbewerb ist die „Globaltherm AG", ein Hersteller von hochwertigen Temperaturfühlern für automatisierte Produktionsanlagen, gezwungen, ihre Preise nach unten zu korrigieren. Um nicht in eine wirtschaftliche Schieflage zu geraten, wird eine Arbeitsgruppe gebildet, die Rationalisierungsvorschläge ausarbeiten soll. Für die Produktion liegen zwei Vorschläge auf dem Tisch:

(1) Verzicht auf Qualitätskontrollen, da die Kontrollkosten höher sind als die vermutlichen zusätzlichen Nachbesserungskosten.

(2) Weitgehende Verwendung normierter Einzelteile, da diese günstig eingekauft werden können.

a) Beurteilen Sie, ob die gemachten Vorschläge sinnvoll sind, und begründen Sie diese Ansicht.

b) Machen Sie zwei weitere Rationalisierungsvorschläge in der Produktion.

**(?) 20:** Mit Sorge betrachtet der Betriebsratsvorsitzende der „Deutschen Textilfabriken AG" die vollzogene Abwanderung großer und mittelständischer Textilunternehmen nach Fernost. Neben den „Deutschen Textilfabriken", die sich zuletzt ganz auf die Lieferung von Hotelausstattung (Vorhänge, Bademäntel, Bettwäsche etc.) spezialisiert haben, sind kaum noch inländische Hersteller von Textilprodukten vorhanden. Der Betriebsratsvorsitzende fürchtet, dass sein Arbeitgeber ebenfalls an Abwanderungsplänen arbeitet, und bittet den Vorstand um ein Gespräch in dieser Angelegenheit.

a) Führen Sie drei Argumente an, mit denen der Betriebsratsvorsitzende dem Vorstand einen Verbleib am alten Standort schmackhaft machen kann.

b) Inwieweit konnte die Spezialisierung der Angebotspalette schon in der Vergangenheit zur Sicherung des Produktionsstandortes beitragen?

c) Welche zwei Rationalisierungsvorschläge könnte der Betriebsratsvorsitzende machen, die nicht mit einem unmittelbaren Stellenabbau einhergehen?

## 8 Kennzahlen der betrieblichen Leistungserstellung

Der Erfolg von Rationalisierungsbemühungen wird insbesondere an der Veränderung folgender Kennzahlen abgeleitet:

Info-Übersicht

**Betriebliche Leistungs-Kennziffern**

| Arten | Maßstab drückt aus | Formel |
|-------|--------------------|--------|
| Wirtschaftlichkeit | wertmäßige Ergiebigkeit der Leistungserstellung | $W = \dfrac{\text{Leistung}}{\text{Kosten}}$ oder $\dfrac{\text{Ertrag}}{\text{Aufwand}}$ |
| Rentabilität | Verhältnis von Gewinn und Kapitaleinsatz | R des Gesamtkapitals $= \dfrac{(\text{Gewinn} + \text{Zinsaufwand}) \cdot 100}{\text{Gesamtkapital}}$ |
| | | R des Eigenkapitals $= \dfrac{\text{Gewinn} \cdot 100}{\text{Eigenkapital}}$ |
| | | R des Umsatzes $= \dfrac{\text{Gewinn} \cdot 100}{\text{Umsatz}}$ |

| Produk-<br>tivität | → | mengenmäßige Ergiebigkeit der<br>Leistungserstellung | P der Arbeit | $= \dfrac{\text{Produktionsmenge}}{\text{Menge der Beschäftigungs-}\\ \text{stunden bzw. Beschäftigten}}$ |
|---|---|---|---|---|
| | | | P des Kapitals | $= \dfrac{\text{Produktionsmenge}}{\text{Kapitaleinsatz}}$ |
| Leistungs-<br>grad | → | Verhältnis von gezeigter Leistung<br>(Ist-Leistung) zur Normalleistung | LG beim<br>Zeitbedarf | $= \dfrac{\text{vorg./normaler Zeitbedarf} \cdot 100}{\text{tatsächlicher Zeitbedarf}}$ |
| | | | LG beim<br>Output | $= \dfrac{\text{tatsächl. Mengenleistung} \cdot 100}{\text{vorg./normale Mengenleistung}}$ |

## Aufgaben:

**(?) 21:** Durch Neuprogrammierung einer CNC-Produktionsmaschine soll bei der „Schröder Formteile GmbH" die Produktivität erhöht werden. Für einen Auftrag über 300 Formteile liegen für die CNC-Maschine folgende Daten vor:

| Zeitdaten mit bisheriger Programmierung | | Zeitdaten mit Neuprogrammierung | |
|---|---|---|---|
| Rüstgrundzeit | 35 Minuten | Rüstgrundzeit | 1 Minute |
| Rüstverteilzeit | 20 % | Rüstverteilzeit | entfällt |
| Ausführungsgrundzeit/<br>Stück | 2 Minuten | Ausführungsgrundzeit/<br>Stück | 2,5 Minuten |
| Ausführungsverteilzeit | 20 % | Ausführungsverteilzeit | entfällt |

Vergleichen Sie die Arbeitsproduktivität der beiden Programmierungen und geben Sie eine Empfehlung, ob die Neuprogrammierung ausgeführt werden sollte.

**(?) 22:** In der Endmontage eines Motorradwerkes betrug die effektive Montagezeit des Modells LC 750 bislang 75 Minuten. Eine schnellere Bearbeitung scheiterte daran, dass die verschiedensten Modelle nacheinander die Fertigungsstraße durchliefen. Durch Blockfertigung werden nun immer jeweils drei Motorräder des gleichen Typs nacheinander produziert, die effektive Montagezeit für drei Modelle LC 750 beträgt nunmehr 180 Minuten.

a) Ermitteln Sie den Anstieg der Arbeitsproduktivität in Prozent.

b) Ermitteln Sie den aktuellen Leistungsgrad der Mitarbeiter, wenn die Vorgabezeit für drei Motorräder des Typs LC 750 200 Minuten beträgt.

c) Mit welchen Maßnahmen ließe sich auch ohne technisch-organisatorische Umstellung die Arbeitsproduktivität steigern? Machen Sie zwei Vorschläge.

**?** **23:** Zwei konkurrierende Hersteller von Passagierwagen für Nahverkehrszüge wiesen im letzten Geschäftsjahr folgende Wirtschaftsdaten aus:

| Hersteller | „A" | „B" |
|---|---|---|
| Umsatzerlöse | 45,0 Mio. € | 26,5 Mio. € |
| Abgesetzte Waggons | 90 | 53 |
| Gesamterlöse | 46,4 Mio. € | 26,7 Mio. € |
| Mitarbeiter | 120 | 77 |
| Ø Wöchentliche Arbeitszeit | 38,5 Std. | 35,0 Std. |
| Personalaufwand | 13,8 Mio. € | 6,1 Mio. € |
| Gesamtaufwand | 44,4 Mio. € | 24,7 Mio. € |

a) Vergleichen Sie die Wirtschaftlichkeit beider Betriebe. Wieso arbeitet der Betrieb „B" trotz gleichem Gewinn wirtschaftlicher als der Betrieb „A"?

b) Vergleichen Sie die Arbeitsproduktivität beider Betriebe. Gehen Sie dabei von einer jährlichen Arbeitszeit (in beiden Betrieben) von effektiv 44 Wochen aus.

c) Der „Pro-Kopf-Ausstoß" an Waggons war in Betrieb „A" für das abgelaufene Geschäftsjahr mit 0,66 Stück angesetzt. Dies entsprach der Normalleistung. Welchen Leistungsgrad erreichten die Mitarbeiter durchschnittlich?

## 9 Optimale Losgröße

Ein „Los" (eine Auflage) ist diejenige **Menge eines Produktes**, die ohne Umrüsten der Maschine hergestellt wird. Diese Produktionsmenge entspricht meist nicht der Menge eines Kundenauftrages, aus wirtschaftlichen Überlegungen werden hier Kleinbestellungen zusammengefasst oder Großaufträge geteilt.

| Aus wirtschaftlicher Sicht gilt: | |
|---|---|
| → Je kleiner ein Los ist, desto geringer fallen die Lagerkosten und -risiken aus. | Dies erklärt sich dadurch, dass für höhere Auflagen nicht nur größere Materialbestände nötig sind, sondern auch der Abverkauf der fertigen Erzeugnisse länger dauert. |
| → Je größer ein Los ist, desto geringer sind die Beschaffungskosten des Materials und die Rüstkosten. | Dies erklärt sich durch Mengenrabatte im Einkauf und seltenere Rüstvorgänge. |

Selbstverständlich lassen sich diese Vorteile auch umkehren, so hat eine kleine Losgröße z. B. den Nachteil häufigerer Rüstvorgänge und höherer Rüstkosten. Die **optimale** Losgröße muss diese gegensätzlichen Effekte aufwiegen und sucht diejenige Fertigungsmenge, bei der die Summe aus Rüst- und Lagerkosten am geringsten ist. Der Materialbeschaffungspreis gilt dabei aber nicht als direkte produktionstechnische Einflussgröße, er geht nur über die – stabil gehaltenen – Herstellkosten in das Modell ein.

Die optimale Losgröße lässt sich in tabellarischer und grafischer Form sowie als Berechnungsformel darstellen.

Beispiel: Bei einer voraussichtlichen jährlichen Produktionsmenge von 48.000 Produkten, die zu Herstellkosten von 90,00 € je Stück gefertigt werden, entstehen je Los (Auflage) Rüstkosten von 300,00 €. Der Lagerkostensatz (alle Lagerkosten im Verhältnis zum Warenbestandswert) beträgt 20 % des durchschn. Lagerwertes.

| Los-größe | Rüstvorgän-ge | Rüstkosten | Ø Lagerbestand | Ø Lagerwert | Lagerkosten | Gesamt-kosten |
|---|---|---|---|---|---|---|
| | = Jahres-menge / Losgröße | = Rüst-vorgänge * Rüstkosten je Los | = Losgröße/2 | = Ø Lagerbestand * Herstellkosten/ St. | = Ø Lagerwert * Lagerkosten-satz/ 100 | = Rüstkos-ten + Lagerkosten |
| 200 | 240 | 72.000,00 | 100 | 9.000,00 | 1.800,00 | 73.800,00 |
| 400 | 120 | 36.000,00 | 200 | 18.000,00 | 3.600,00 | 39.600,00 |
| 600 | 80 | 24.000,00 | 300 | 27.000,00 | 5.400,00 | 29.200,00 |
| 800 | 60 | 18.000,00 | 400 | 36.000,00 | 7.200,00 | 25.200,00 |
| 1000 | 48 | 14.400,00 | 500 | 45.000,00 | 9.000,00 | 23.400,00 |
| 1200 | 40 | 12.000,00 | 600 | 54.000,00 | 10.800,00 | 22.800,00 |
| 1400 | 35 | 10.500,00 | 700 | 63.000,00 | 12.600,00 | 23.100,00 |
| 1600 | 30 | 9.000,00 | 800 | 72.000,00 | 14.400,00 | 23.400,00 |

Die optimale (kostenminimale) Losgröße beträgt 1.200 Stück.

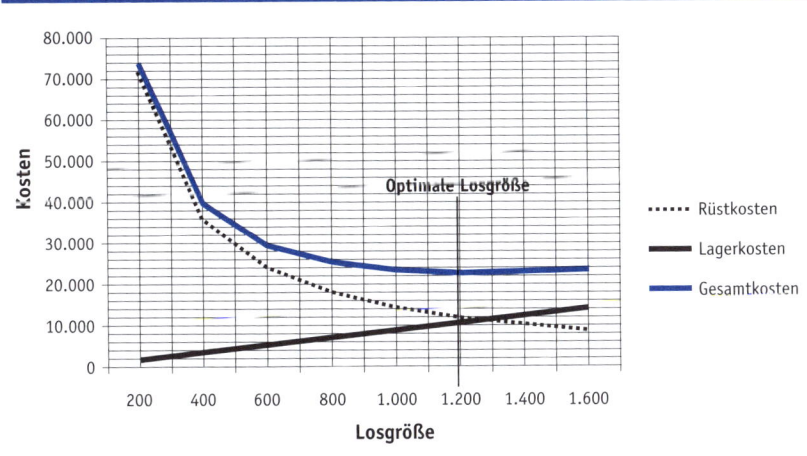

Die optimale Losgröße liegt am niedrigsten Punkt der Gesamtkostenkurve!

Sowohl bei der tabellarischen wie auch bei der grafischen Lösung ist jedoch die optimale Losgröße nicht immer genau zu erkennen, dies liegt u. a. auch daran, dass nur einige ausgewählte aus der Gezamtzahl der möglichen Werte verglichen werden.

Mithilfe der Losgrößenformel

$$x_{opt} = \sqrt{\frac{200 \cdot \text{Rüstkosten je Los} \cdot \text{Jahresproduktionsmenge}}{\text{Herstellkosten/St.} \cdot \text{Lagerkostensatz}}}$$

lässt sich durch Einsetzen die genaue optimale Losgröße ermitteln:

$$x_{opt} = \sqrt{\frac{200 \cdot 300 \cdot 48.000}{90 \cdot 20}} = 1.264{,}91 \text{ Stück}$$

Dieses Ergebnis muss natürlich noch in eine praktikable Menge umgewandelt werden.

Der Anwendbarkeit einer optimalen Losgröße sind zahlreiche Grenzen gesetzt:
• Der Jahresbedarf, die künftigen Herstellkosten, die Rüstkosten und der Lagerkostensatz müssen schon vorab bekannt sein und langfristig stabil bleiben;
• es darf keine Beschränkung der Lagerkapazitäten geben;
• es gibt keine Minimal- oder Maximalkapazitäten in der Produktion oder feste Verpackungseinheiten;
• es muss ein gleichmäßiger Lagerabgang bestehen.

## Aufgaben:

**?  24:** Für die nächste Periode wurde die Produktionsmenge eines Türrahmen-Modells auf 60.000 Stück festgelegt. Ergänzen Sie die folgende Tabelle, um die optimale Losgröße zu ermitteln:

| Losgröße | Ø Lagerbestand | Lagerkosten | Rüstkosten | Gesamtkosten |
|---|---|---|---|---|
| 5.000 | 2.500 | 15.000 | 6.000 | |
| 4.000 | | | | |
| 3.000 | | | | |
| 2.000 | | | | |
| 1.000 | | | | |

**?** **25:** Die Produktionspläne eines Matratzenherstellers sehen vor, dass im nächsten Jahr 30.000 Matratzen des Typs „Traumwind H4" produziert werden sollen. Die Herstellkosten für eine Matratze betragen 280,00 €. Die auflagenfixen Rüstkosten betragen 600,00 €, die Lagerkosten liegen bei 15 % des Lagerbestandswertes. Füllen Sie zur Ermittlung der optimalen Losgröße die nachstehende Tabelle vollständig aus:

| Losgröße/St. | Anzahl der Loswechsel | Rüstkosten | Lagerkosten | Summe der Kosten |
|---|---|---|---|---|
| 500 | | | | |
| 1.000 | | | | |
| 1.500 | | | | |
| 2.000 | | | | |

**?** **26:** In einem tabellarischen Verfahren hat ein Büromaschinenwerk die optimale Losgröße für den Papier-Shredder „Diskretus 555" ermittelt. Dabei wurde die Gesamtkostenentwicklung bei Losgrößen von 200, 400, 600, 800 und 1.000 Stück errechnet.

a) Geben Sie an, wie sich mit steigender Losgröße die Lagerkosten pro Stück und die Rüstkosten pro Stück verhalten.

b) Unter welchen vereinfachenden Annahmen ist die „optimale Losgröße" ermittelt?

c) Der Produktionsleiter möchte von der optimalen Losgröße abweichen und schlägt eine höhere Auflage vor. Geben Sie zwei mögliche Argumente dafür an.

# 10   Produktionsplanung und -steuerung (PPS)

Die heutzutage eingesetzten computergestützten PPS-Systeme integrieren alle Aufgaben, die zur Vorbereitung, Durchführung und Kontrolle des Produktionsprozesses anfallen.

Ziele des PPS-Einsatzes sind

• Minimierung von Durchlaufzeiten,
• Termintreue und Reduzierung von Vertragsstrafen,
• Maximierung der Kapazitätsauslastung,
• niedrige Lagerbestände,
• hohe Umstellungsfähigkeit.

**PPS-System-Ablauf**

| Festlegung des Produktionsprogramms |
|---|

**Primärbedarfsplanung**
Primärbedarf: zu produzierender Bedarf an Endprodukten, verkaufsfähigen Baugruppen und Einzelteilen sowie Handelswaren und Ersatzteilen (Brutto-Primärbedarf, Netto-Primärbedarf)

**Teilebedarfsplanung (Sekundärbedarfsermittlung)**
Sekundärbedarf: Menge an untergeordneten Baugruppen, Einzelteilen, Rohmaterialien sowie Hilfs- und Betriebsstoffen, die zur Herstellung des Primärbedarfs nötig ist

**Terminplanung**
– Vorwärtsterminierung
– Rückwärtsterminierung
– Netzplantechnik

**Kapazitätsplanung**
– Belastungsübersichten
– Kapazitätsabgleich

**Auftragsfreigabe**
Erstellung der Arbeitspapiere: z.B. Fertigungsauftrag, Material- und Arbeitsschein

**Maschinenbelegungsplanung**
Optimierung der Maschinenauslastung

**Arbeitsüberwachung mit Betriebsdatenerfassung (BDE)**
Protokollierung sämtlicher Materialbewegungen sowie der Anfangs- und Endzeiten von Arbeitsgängen

Um diese Aufgaben zu erfüllen, benötigt eine zentrale PPS ein verknüpftes Datenbank-System, welches folgende Informationen zur Verfügung stellt:

| | |
|---|---|
| **Auftragsdaten** | Art und Menge des Fertigungsauftrages, gewünschter Fertigstellungstermin, evtl. Sonderausführungen |
| **Betriebsmitteldaten** | Kapazitäts-, Instandhaltungs- und Leistungsdaten |
| **Teilestammdaten** | Teilenummer, Teilbezeichnung, technische daten, Maße, einzuhaltende Normen, Lagerinformationen |
| **Erzeugnisstrukturdaten** | Informationen zur Zusammensetzung von Produkten (Stücklistenauflösung) |
| **Arbeitsplandaten** | Arbeitsgänge, Rüst- und Bearbeitungszeiten, Lohngruppen |

## Aufgaben:

**? 27:** Eine Schuhfabrik hat sich entschieden, ein computergestütztes PPS-System anzuschaffen.
a) Beschreiben Sie kurz den datentechnischen Aufbau eines solchen Systems.
b) Nennen Sie zwei Gründe für dessen Einsatz.

**? 28:** Bilden Sie die richtige Reihenfolge aus folgenden Schritten der PPS:
Maschinenbelegung – Festlegung des Produktionsprogrammes – Arbeitsüberwachung mit BDE-Auftragsfreigabe – Bedarfsermittlung (Sekundärbedarf) – Termin- und Kapazitätsplanung

## 11 Auftrags- und Durchlaufzeiten

Die **Auftragszeit** ist derjenige Zeitbedarf, der für die Bearbeitung eines Fertigungsauftrages (einer Auflage, eines Loses) vorgesehen ist.

**Zusammensetzung der Auftragszeit (Vorgabezeit)**

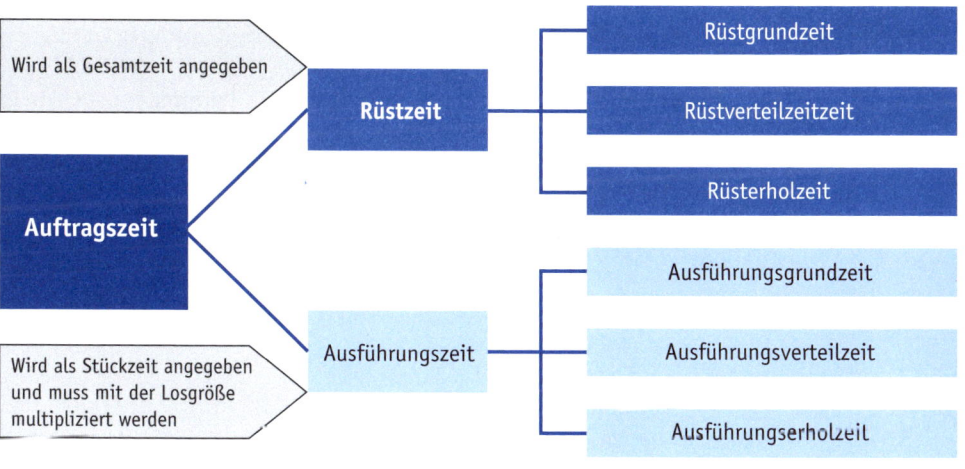

Als **Rüstzeit** werden u. a. folgende Aufgaben erfasst:
- Zuführung von Material und Betriebsstoffen
- Lesen des Arbeitsplans / der Arbeitsanweisungen
- Säubern der Maschine vom vorherigen Arbeitsgang
- Einrichtung der Maschine
- Probelauf

Die **Grundzeit** ist die reine Tätigkeitszeit. Die **Verteilzeit** ist ein Zuschlag für unregelmäßige, aber unvermeidbare Tätigkeitsunterbrechungen (Toilettengang,

Maschinenstörung usw.), während es sich bei der **Erholzeit** um eine lt. Tarifvertrag bezahlte Arbeitspause handelt. Verteil- und Erholzeit werden oft als prozentualer Zuschlag, jeweils auf die Grundzeit, angegeben.

Die Auftragszeit ta errechnet sich durch

$t_a$ = Rüstzeit + (Ausführungszeit je Stück · Losgröße)

Bei einer leistungsorientierten Vergütung der Arbeitnehmer stellt die Auftragszeit gleichzeitig auch die Normalleistung des Arbeitnehmers dar, sie hat für diesen den Charakter einer **Vorgabezeit.**

Die **Durchlaufzeit** hingegen umfasst den gesamten Zeitbedarf für die Auftragsabwicklung vom Materialeingang bis zur Auslieferung an den Kunden. Sie enthält neben Rüst- und Ausführungszeiten auch die Zeiten der Nichtbearbeitung wie Liege- und Transportzeiten:

| Liegezeit | Rüstzeit | Ausführungszeit | Liegezeit | Transportzeit |
|---|---|---|---|---|
| Das Arbeitsmaterial wird am Arbeitsplatz bereitgestellt. | Der Auftrag ist in Arbeit. | | Die gefertigten Zwischenprodukte werden gesammelt. | Die Zwischenprodukte werden an den nächsten Arbeitsplatz gebracht. |

**Achtung**: Gelegentlich werden die Zeitangaben nicht in Zeitminuten, sondern in Dezimalminuten und Dezimalsekunden angegeben. Hier gilt: Eine Zeitstunde entspricht 100 Dezimalminuten, 1 Dezimalminute entspricht 100 Dezimalsekunden!

## Aufgaben:

**?** **29:** Für den Arbeitsgang „Montage eines Gepäckträgers" existieren bei den Fly-Bike-Werken folgende Vorgabezeiten:
- Rüstgrundzeit 8,0 Minuten
- Ausführungsgrundzeit 2,0 Minuten je Gepäckträger

Der Zuschlag für Verteilzeiten beträgt 15 %, der Zuschlag für Erholzeiten 10 %. Berechnen Sie die gesamte Vorgabezeit für die Montage von 50 Gepäckträgern.

**?** **30:** Die „Düsseldorfer Furnier KG" fertigt u. a. Qualitätszimmertüren. Für das Modell „Casa" liegt Ihnen der folgende Arbeitsplan vor:

| Arbeitsplan Nr. 376-967 | Datum: 30.07.2014 | | Blatt 1 |
|---|---|---|---|
| Zimmertür „Casa" 196 X 86 | CAD-Nr. 98-09-11 | | Losgröße: 800 Stück |
| **Kostenstelle** | **Arbeits-gang** | **Beschreibung** | **Betriebsmittel/ Werkzeuge** | $t_r$* | $t_e$** |
| 400 | 1 | Furnierplatten zuschneiden | Sägemaschine | 10 | 4,0 |

| 560 | 2 | Rohrspan einsetzen | Führungsrahmen | 15 | 1,5 |
| 220 | 3 | Furnierplatten heiß verkleben | Heißpresse | 30 | 2,5 |
| 380 | 4 | Aufnahmebohrung für Zapfen und Türschloss | Bohrmaschine | 5 | 1,0 |
| 720 | 5 | Zapfen und Schloss einsetzen | Gewindedreher | – | 2,0 |
| 990 | 6 | Sichtkontrolle | – | – | 0,5 |

\* $t_r$ = Rüstzeit in Dezimalminuten

\*\* $t_e$ = Ausführungszeit je Stück in Dezimalminuten

a) Beschreiben Sie zwei Tätigkeiten, die als Rüstzeit erfasst werden.

b) Berechnen Sie die Auftragszeit für die angegebene Losgröße in Stunden.

**(?) 31:** Die Nürnberger „Vereinigte Spielwarenmanufakturen AG" baut und vertreibt hauptsächlich Modellspielzeug, so auch den im folgenden Arbeitsplan abgebildeten „Porsche 911" im Maßstab 1:12.

| Arbeitsplan-Nr. 4502/09 Zeichnungs-Nr. CF 98-2 | | | Modell: Porsche 911, 1:12 Losgröße: 500 Stück | | | |
|---|---|---|---|---|---|---|
| Kosten-stelle | Arbeits-folge | Beschreibung | Werkzeuge/ Betriebsmittel | Rüst-zeit | Bearbei-tungszeit je Stück | Entgelt-gruppe |
| 344 | 1 | Ober- und Unterteile entgraten | Schleifmaschine | 50′ | 30″ | 4 |
| 298 | 2 | Ober- und Unterteile lackieren | Lackierkabine | 45′ | 45″ | 3 |
| 356 | 3 | Radachse in Unterteil einclipsen | Feinpresse | 20′ | 4,8″ | 3 |
| 344 | 4 | Fenstereinsatz in Oberteil einkleben | Klebepresse | 20′ | 12″ | 3 |
| 167 | 5 | Ober- und Unterteil vernieten | Nietmaschine | 5′ | 21″ | 4 |
| 298 | 6 | Dekoraufkleber anbringen | (per Hand) | – | 43,2″ | 5 |

Legende:

′ = Zeitminuten, ″ = Zeitsekunden

Vergütungstabelle:

Stundenlöhne für gewerbliche Mitarbeiter (Auszug)

Entgeltgruppe 2: 12,20 €

Entgeltgruppe 3: 13,30 €

Entgeltgruppe 4: 14,70 €

Entgeltgruppe 5: 16,00 €

Entgeltgruppe 6: 17,20 €

Entgeltgruppe 7: 18,20 €

a) Berechnen Sie die Auftragszeit für die angegebene Losgröße.

b) Berechnen Sie die voraussichtlichen Lohnkosten für den Arbeitsgang 5.

c) Das Controlling stellte fest, dass für den Arbeitsgang 4 tatsächlich 2,8 Stunden benötigt wurden Wie hoch war die prozentuale Abweichung gegenüber der Arbeitsplanung?

## 12 Terminplanung

Aufgabe der Terminplanung ist es, die Durchlaufzeit eines Auftrages zu ermitteln, um damit wichtige Anfangs- oder Endtermine festlegen zu können. Im Gegensatz zur späteren Maschinenbelegung berücksichtigt die Terminplanung noch keine bereits bestehenden Kapazitätsbelegungen und kommt deshalb nur zu vorläufigen Aussagen.

Hinsichtlich der zeitlichen Vorgehensweise können zwei Verfahren unterschieden werden:

**Progressive Planung**
geht von festgelegtem Anfangstermin aus und plant frühestmöglichen Endtermin

**Retrograde Planung**
geht von festgelegtem Endtermin aus und sucht spätestmöglichen Anfangstermin

Als Planungsmittel stehen Balkendiagramme und Netzpläne zur Verfügung.

Beispiel: Der Arbeitsplan für ein Los von 100 Fahrrädern wurde durch Hinzufügen von Reihungsangaben zu einer sog. „Vorgangsliste" abgewandelt. Die Liste gibt an, welche Arbeitsschritte hintereinander erfolgen müssen und welche parallel erfolgen können:

| Arbeitsplan „Bike 2000" | | | Struktur (Reihung) | |
|---|---|---|---|---|
| **Arbeits-gang** | **Beschreibung** | **Gesamtauftrags-zeit/Tage** | **Vorgänger** | **Nachfol-ger** |
| 1 | Gabeln richten | 1 | – | 2 |
| 2 | Rahmen richten | 2 | 1 | 5 |
| 3 | Gabeln lackieren | 2 | – | 4 |
| 4 | Rahmen lackieren | 2 | 3 | 5 |
| 5 | Vormontage Rahmen und Gabel | 3 | 2, 4 | 9 |
| 6 | Vormontage Lenker | 1 | – | 9 |
| 7 | Vormontage Sattel, Schutzbleche, Gepäckträger | 2 | – | 9 |
| 8 | Einspeichen und Bereifen der Räder | 4 | – | 9 |
| 9 | Endmontage | 5 | 5, 6, 7, 8 | 10 |
| 10 | Qualitätskontrolle | 1 | 9 | – |

| Balkendiagramm mit progressiver Planung | | | | | | | | | | | | | | | Balkendiagramm mit retrograder Planung | | | | | | | | | | | | |
|---|---|---|---|---|---|---|---|---|---|---|---|---|---|---|---|---|---|---|---|---|---|---|---|---|---|---|---|
| 1 | 2 | 3 | 4 | 5 | 6 | 7 | 8 | 9 | 10 | 11 | 12 | 13 | Nr. | Arbeitsgänge | 1 | 2 | 3 | 4 | 5 | 6 | 7 | 8 | 9 | 10 | 11 | 12 | 13 |
| | | | | | | | | | | | | | 1 | Gabeln richten und reinigen | | | | | | | | | | | | | |
| | | | | | | | | | | | | | 2 | Rahmen richten und reinigen | | | | | | | | | | | | | |
| | | | | | | | | | | | | | 3 | Gabeln grundieren und nass lackieren | | | | | | | | | | | | | |
| | | | | | | | | | | | | | 4 | Rahmen grundieren und nass lackieren | | | | | | | | | | | | | |
| | | | | | | | | | | | | | 5 | Vormontage der Rahmen-Gabel-Baugruppe | | | | | | | | | | | | | |
| | | | | | | | | | | | | | 6 | Vormontage Lenker | | | | | | | | | | | | | |
| | | | | | | | | | | | | | 7 | Vormontage Baugruppen (Sattel, Schutzblech, Gepäckträger) | | | | | | | | | | | | | |
| | | | | | | | | | | | | | 8 | Einspeichen, Zentrieren und Bereifen der hinteren und vorderen Laufräder | | | | | | | | | | | | | |
| | | | | | | | | | | | | | 9 | Montage der Baugruppen und Teile zum Endprodukt | | | | | | | | | | | | | |
| | | | | | | | | | | | | | 10 | Kontrolle der Fahrräder | | | | | | | | | | | | | |

Würde man die Diagramme transparent übereinanderlegen, ließe sich erkennen, dass bei den meisten Arbeitsgängen eine zeitliche Variationsbreite, ein sog. Puffer, besteht. So kann der Arbeitsgang 1 frühestens zum Zeitpunkt 1, spätestens jedoch zum Zeitpunkt 3, beginnen und enden.

Leichter lassen sich solche Abhängigkeiten jedoch durch einen Netzplan aufzeigen. Hier wird jede Tätigkeit in Form eines Vorgangsknotens gezeigt:

### Informationen der des Vorgangsknotens

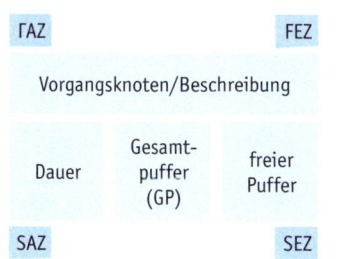

Erläuterung zum Vorgangsknoten:

FAZ: Frühester Anfangstermin, ergibt sich aus der progressiven Planung. In Abweichung zum Balkendiagramm beginnt die Terminierung mit dem Tag „0".

FEZ: Frühester Endtermin, ergibt sich aus FAZ + jeweiliger Vorgangsdauer. Der späteste FEZ der/des Vorgänger(s) ist auch der FAZ der/des Nachfolger(s).

SEZ: Spätester Endtermin, ergibt sich aus der retrograden Planung, d. h. der Zurückrechnung vom letzten Vorgang. Dieser übernimmt hier seinen FEZ.

SAZ: Spätester Anfangstermin, ergibt sich aus SEZ – jeweiliger Vorgangsdauer. Der früheste SAZ der/des Nachfolger(s) ist auch der SEZ der/des Vorgänger(s).

Gesamtpuffer: Mögliche Zeitdifferenz zwischen den frühesten und spätesten (Anfangs- oder End-)Terminen eines Vorganges. Sagt aus, um wie viele Zeiteinheiten ein Vorgang variiert werden kann, ohne die Gesamtdauer des Auftrages zu verlängern.

Freier Puffer: Mögliche Zeitdifferenz zwischen den (frühesten oder spätesten) Endterminen des Vorgängers und den (frühesten oder spätesten) Anfangsterminen des Nachfolgers. Sagt aus, um wie viele Zeiteinheiten ein Vorgang variiert werden kann, ohne dass irgendein anderer Vorgang sich mit verschieben muss.

Für die gegebene Vorgangsliste sieht der Netzplan nun so aus:

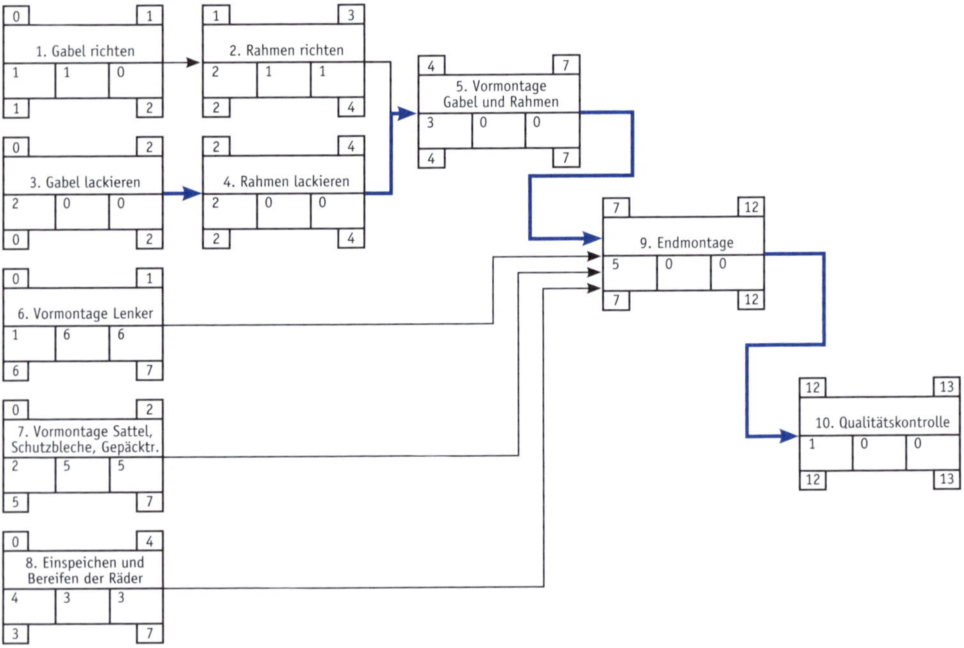

Anmerkung: Viele Vorgänge haben einen Puffer, bei Vorgang 1 ist dieser jedoch nicht frei, weil sich für seine Nutzung auch Vorgang 2 verschieben müsste. Die pufferlosen Vorgänge werden zum sog. „kritischen Weg" verbunden (hier durch blaube Pfeile markiert), auf dem jede Verzögerung den Endtermin gefährdet.

| Vorteile Balkendiagramm | Vorteile Netzplantechnik |
|---|---|
| • verbildlicht den Zeitbedarf<br>• leicht verständlich<br>• getrennte Darstellung von progressiver und retrograder Planung möglich | • geringer, von der Auftragsdauer unabhängiger Platzbedarf<br>• Struktur der Vorgänger und Nachfolger leicht erkennbar<br>• zeigt Pufferzeiten und kritischen Weg |

## Aufgaben:

**(?) 32:** 32. Für die Herstellung eines Fertigungsauftrages über 100 Stück einer Hose liegt Ihnen folgender Ablaufplan vor:

| Nr. | Fertigungsschritt | Rüstzeit in Zeitminuten | Bearbeitungszeit je Stück in Zeitminuten | Vorgänger | Nachfolger |
|---|---|---|---|---|---|
| 1 | Stoffteile auslegen | – | 1,2 | – | 2 |
| 2 | Stoffteile zuschneiden | 30 | 3,9 | 1 | 3,4 |
| 3 | Innentaschen einnähen (Vorderteil) | 10 | 1,7 | 2 | 5 |
| 4 | Aufsetztaschen einnähen (Hinterteil) | 10 | 2,3 | 2 | 5 |
| 5 | Teile zusammennähen | 20 | 4,6 | 3.4 | 6 |
| 6 | Bund annähen | 10 | 1,7 | 5 | 7 |
| 7 | Reisverschluss einnähen | 20 | 2,2 | 6 | 8 |
| 8 | Kontrolle und falten | – | 2,4 | 7 | – |

a) Rechnen Sie den Zeitbedarf der einzelnen Schritte für die angegebene Menge in Stunden um und bilden Sie den Terminplan als progressives Balkendiagramm ab.

| Nr./Std.-bedarf | 1 | 2 | 3 | 4 | 5 | 6 | 7 | 8 | 9 | 10 | 11 | 12 | 13 | 14 | 15 | 16 | 17 | 18 | 19 | 20 | 21 | 22 | 23 | 24 | 25 | 26 | 27 | 28 | 29 | 30 | 31 | 32 | 33 | 34 | 35 | 36 | 37 | 38 | 39 | 40 |
|---|---|---|---|---|---|---|---|---|---|---|---|---|---|---|---|---|---|---|---|---|---|---|---|---|---|---|---|---|---|---|---|---|---|---|---|---|---|---|---|---|
| Teile legen | | | | | | | | | | | | | | | | | | | | | | | | | | | | | | | | | | | | | | | | |
| Teile schneiden | | | | | | | | | | | | | | | | | | | | | | | | | | | | | | | | | | | | | | | | |
| Innentaschen | | | | | | | | | | | | | | | | | | | | | | | | | | | | | | | | | | | | | | | | |
| Außentaschen | | | | | | | | | | | | | | | | | | | | | | | | | | | | | | | | | | | | | | | | |
| Hose nähen | | | | | | | | | | | | | | | | | | | | | | | | | | | | | | | | | | | | | | | | |
| Bund nähen | | | | | | | | | | | | | | | | | | | | | | | | | | | | | | | | | | | | | | | | |
| Reißverschluss | | | | | | | | | | | | | | | | | | | | | | | | | | | | | | | | | | | | | | | | |
| Falten | | | | | | | | | | | | | | | | | | | | | | | | | | | | | | | | | | | | | | | | |

b) Sie können mit der Fertigung am 5. August beginnen. Prüfen Sie, ob der Auftrag noch in der 32. Kalenderwoche fertiggestellt und ausgeliefert werden kann. Dazu liegt Ihnen der folgende Kalenderauszug vor. Jeder Arbeitstag (Mo.–Fr.) ist mit acht Stunden anzusetzen, Feiertage sind nicht gegeben.

| | Woche | 31 | 32 | 33 | 34 | 35 |
|---|---|---|---|---|---|---|
| | Mo | | 4 | 11 | 18 | 25 |
| | Di | | 5 | 12 | 19 | 26 |
| **AUG** | Mi | | 6 | 13 | 20 | 27 |
| **2014** | Do | | 7 | 14 | 21 | 28 |
| | Fr | 1 | 8 | 15 | 22 | 29 |
| | Sa | 2 | 9 | 16 | 23 | 30 |
| | So | 3 | 10 | 17 | 24 | 31 |

c) Stellen Sie fest, ob und welcher/welche Fertigungsschritt/-schritte Pufferzeiten haben.

d) Schlagen Sie drei Maßnahmen vor, um den Ablauf zu beschleunigen.

**(?) 33:** Anlässlich des 100. Firmenjubiläums der „Traktorenfabrik Dellbrück-Lenz AG" erhalten die gewerblichen Auszubildenden den Auftrag, nach alten Bauplänen und Fotos ein funktionsfähiges „Originalmodell" des ersten Traktors der Firma herzustellen. Ein grober Ablaufplan sieht wie folgt aus:

| Nr. | Vorgang | Zeitbedarf in Tagen | Vorgänger | Nachfolger |
|---|---|---|---|---|
| 1 | Analyse der Maße | 5 | – | 3 |
| 2 | Identifikation von Bauteilen | 8 | – | 3 |
| 3 | Anfertigung einer maßstabgerechten Konstruktionszeichnung | 6 | 1,2 | 4,5 |
| 4 | Anfertigen von Werkzeugen | 10 | 3 | 6 |
| 5 | Materialbeschaffung | 14 | 3 | 6 |
| 6 | Erstellung des „Originalmodells" | 20 | 4,5 | 7,8 |
| 7 | Funktionstests | 4 | 6 | – |
| 8 | Bilddokumentation | 1 | 6 | – |

Hierzu wurde folgender Netzplan ausgearbeitet:

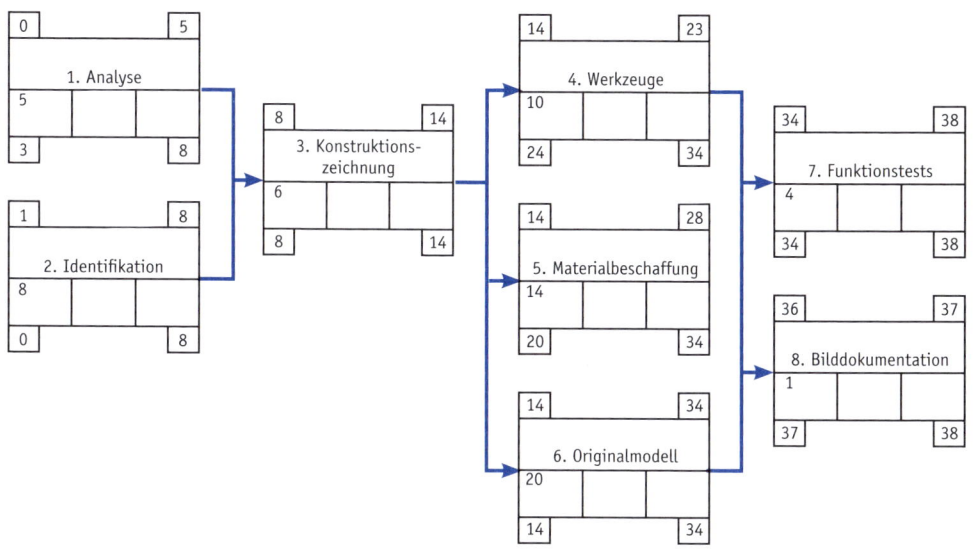

a) Geben Sie den gesamten und den freien Puffer von Vorgang 5 an.

b) Über welche Vorgänge verläuft in vorliegender Darstellung der „kritische Weg" von Vorgang 1 an?

c) Vergleichen Sie den Netzplan mit dem Ablaufplan und finden Sie den Fehler im Diagramm.

d) Unabhängig vom Fehler in der Ablaufdarstellung wurden auch bei der Ermittlung der FAZ und FEZ einige Angaben falsch gemacht. Finden Sie hierzu zwei Fehler.

## 13    Maschinenbelegung und Kapazitätsengpässe

Bei der Maschinenbelegung ist nicht nur ein einzelner Fertigungsauftrag zu beachten, sondern die Gesamtheit der in einer Periode abzuarbeitenden Lose muss sinnvoll eingelastet werden. Dabei kann die Maschinenbelegung folgende Ziele verfolgen:

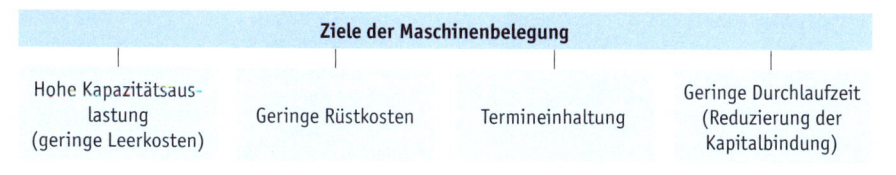

Maschinenbelegungspläne werden ebenfalls in Form von Balkendiagrammen dargestellt.

Beispiel: Fünf Fertigungsaufträge sind jeweils an den Maschinen A, B und C hintereinander abzuarbeiten. Diese Bearbeitungsfolge ist unabänderlich. Dabei werden an den Maschinen folgende Zeiten (Angabe in Stunden) für Rüsten und Bearbeiten benötigt:

| Auftrag \ Maschine | A | B | C |
|---|---|---|---|
| 1 | 8 | 4 | 6 |
| 2 | 3 | 7 | 2 |
| 3 | 5 | 2 | 6 |
| 4 | 1 | 8 | 3 |
| 5 | 6 | 0 | 5 |

Diese Aufträge werden nun wie folgt eingeplant:

**Maschinenbelegungsplan als Balkendiagramm**

| Maschinen | | |
|---|---|---|
| A | 4 | 3 | 1 | 5 | 2 |
| B | 4 | 3 | 1 | 2 |
| C | 4 | 3 | 1 | 5 | 2 |

Std. 1 2 3 4 5 6 7 8 9 10 11 12 13 14 15 16 17 18 19 20 21 22 23 24 25 26 27 28 29 30 31 32 33

Nicht immer ist es möglich, alle Fertigungsaufträge (Lose) in der gewünschten Periode einzulasten, es besteht ein **Kapazitätsengpass.**

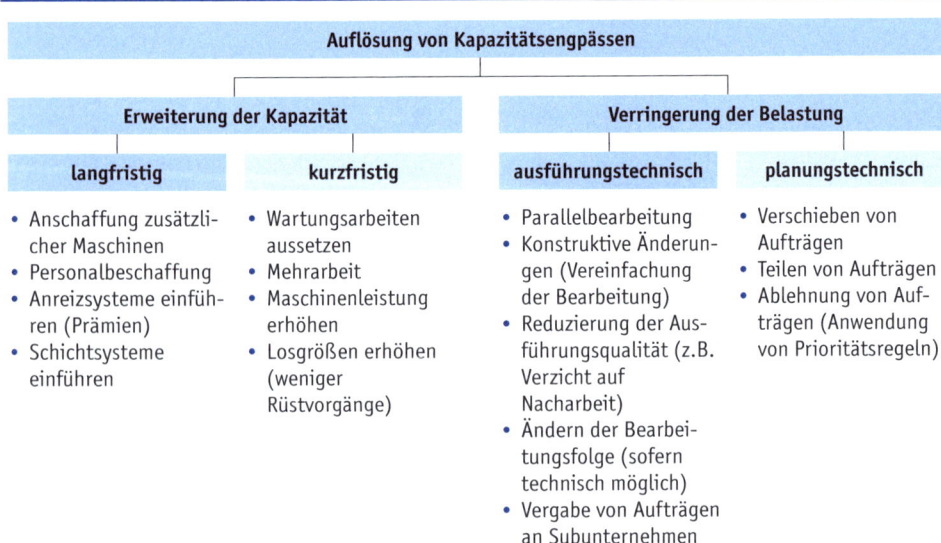

**Auflösung von Kapazitätsengpässen**

| Erweiterung der Kapazität | | Verringerung der Belastung | |
|---|---|---|---|
| **langfristig** | **kurzfristig** | **ausführungstechnisch** | **planungstechnisch** |
| • Anschaffung zusätzlicher Maschinen<br>• Personalbeschaffung<br>• Anreizsysteme einführen (Prämien)<br>• Schichtsysteme einführen | • Wartungsarbeiten aussetzen<br>• Mehrarbeit<br>• Maschinenleistung erhöhen<br>• Losgrößen erhöhen (weniger Rüstvorgänge) | • Parallelbearbeitung<br>• Konstruktive Änderungen (Vereinfachung der Bearbeitung)<br>• Reduzierung der Ausführungsqualität (z.B. Verzicht auf Nacharbeit)<br>• Ändern der Bearbeitungsfolge (sofern technisch möglich)<br>• Vergabe von Aufträgen an Subunternehmen | • Verschieben von Aufträgen<br>• Teilen von Aufträgen<br>• Ablehnung von Aufträgen (Anwendung von Prioritätsregeln) |

Sind keine anderen Möglichkeiten umsetzbar oder wirtschaftlich vertretbar, muss entschieden werden, welcher Auftrag abgelehnt werden soll. Hierfür muss ein System von Prioritätsregeln vereinbart sein, welches in solchen Situationen Anwendung findet. Prioritätsregeln legen fest, welche Aufträge bevorzugt eingelastet werden. Bevorzugt werden können z. B.

- die Aufträge mit den höchsten (relativen) Deckungsbeiträgen,
- die Aufträge mit der kürzesten Durchlaufzeit,
- die Aufträge mit den geringsten Pufferzeiten,
- die Aufträge mit den höchsten Vertragsstrafen bei Lieferungsverzögerungen u.a.

## Aufgaben:

**34:** Ein Kunde hat die „Duisdorfer Metallveredelung KG" damit beauftragt, für eine Bahnbrücke die tragenden Metallteile gegen Korrosion zu schützen. In einem zweistufigen Verfahren werden die Metallteile zunächst grundiert, dann mit einem Schutzlack versehen. Zwischen diesen beiden Arbeitsgängen liegt eine Trockenzeit von etwa acht Stunden, sodass die am Vortag im Tauchbad grundierte Charge bereits am nächsten Tag lackiert werden kann.

Es werden benötigt:

48 Verstrebungen / 16 Bogenteile / 20 Rahmenteile / 4 Verankerungen

Die jeweiligen Bearbeitungszeiten sind wie folgt:

| Zeitbedarf Metallschutz in Zeitminuten je Teil | | | | | |
|---|---|---|---|---|---|
| | Verstrebungen | Bogenteile | Rahmenteile | Verankerung | Nacharbeit in % |
| Grundieren | 15,0 | 30,0 | 60,0 | 30,0 | 0 |
| Lackieren | 25,0 | 50,0 | 160,0 | entfällt | 5 |

Beim Lackieren kommt es gelegentlich zu unsauberen Ergebnissen, sodass im Rahmen der Nacharbeit eine Wiederholung des Vorgangs vonnöten ist, der zusätzliche Zeitaufwand ist dem normalen Zeitaufwand pauschal zuzuschlagen.

a) Errechnen Sie den Zeitaufwand für das Grundieren und das Lackieren.

b) Planen Sie die beiden Arbeitsgänge in den vorliegenden, nachfolgenden Maschinenbelegungsplan ein und geben Sie Auskunft, wann das Grundieren und wann das Lackieren frühestens abgeschlossen werden kann. Jeder Arbeitstag ist mit acht Stunden anzusetzen. Sowohl beim Grundieren wie auch beim Lackieren können beide Tauchanlagen bzw. Kabinen auch parallel betrieben werden.

**Maschinenauslastung Mai 2014**

| Kalenderwoche | 18 | | | | | 19 | | | | | 20 | | | | | 21 | | | | | 22 | | | | |
|---|---|---|---|---|---|---|---|---|---|---|---|---|---|---|---|---|---|---|---|---|---|---|---|---|---|
| Tag | X | X | X | 1 | 2 | 5 | 6 | 7 | 8 | 9 | 12 | 13 | 14 | 15 | 16 | 19 | 20 | 21 | 22 | 23 | 26 | 27 | 28 | 29 | 30 |

**Grundieren**

Tauchanlage 1

Tauchanlage 2

**Lackieren**

Kabine 1

Kabine 2

**Maschinenauslastung Juni 2014**

| Kalenderwoche | 23 | | | | | 24 | | | | | 25 | | | | | 26 | | | | | 27 | | | | |
|---|---|---|---|---|---|---|---|---|---|---|---|---|---|---|---|---|---|---|---|---|---|---|---|---|---|
| Tag | 2 | 2 | 4 | 5 | 6 | 9 | 10 | 11 | 12 | 13 | 16 | 17 | 18 | 19 | 20 | 23 | 24 | 25 | 26 | 27 | 30 | X | X | X | X |

**Grundieren**

Tauchanlage 1

Tauchanlage 2

**Lackieren**

Kabine 1

Kabine 2

☐ = aufgrund von Feiertagen und Betriebsferien nicht belegbar    ☐ = bereits durch andere Aufträge belegt

**? 35:** Infolge eines Defektes der EDV-gestützten PPS muss bei der „Lintex-Brohl Trafo GmbH" die Maschinenbelegung kurzfristig manuell erstellt werden. Für die Produktion von Trafos werden folgende Anlagen betrieben:

- PAS (Pressanlage Spulkörper)
- WA (Wickelanlage)
- TR (Tränkerei Kunstharz)
- LÖT (Lötanlage Anschlüsse)

Zurzeit liegen verschiedene Aufträge vor, die je nach kundenspezifischen Vorgaben einzelgefertigt werden. Je nach Auftrag kann auch die Bearbeitungsreihenfolge an den Maschinen leicht variieren. Es ergibt sich folgende, bereits richtig gereihte Belegung:

| | 1. Schritt | 2. Schritt | 3. Schritt | 4. Schritt |
|---|---|---|---|---|
| Auftrag 1 | PAS: 20 min | WA: 10 min | TR: 30 min | LÖT: 10 min |
| Auftrag 2 | PAS: 20 min | WA: 20 min | LÖT: 20 min | TR: 10 min |
| Auftrag 3 | PAS: 10 min | WA: 10 min | LÖT: 10 min | |
| Auftrag 4 | PAS: 30 min | WA: 20 min | TR: 40 min | LÖT: 20 min |

a) Nehmen Sie die Maschinenbelegung vor, indem Sie die bereits begonnene Grafik vervollständigen, und ermitteln Sie, nach wie vielen Minuten auch der letzte Auftrag abgewickelt ist.

| Anlage/ Minuten | 10 | 20 | 30 | 40 | 50 | 60 | 70 | 80 | 90 | 100 | 110 | 120 | 130 | 140 | 150 | 160 | 170 | 180 | 190 | 200 | 210 | 220 | 230 | 240 | 250 |
|---|---|---|---|---|---|---|---|---|---|---|---|---|---|---|---|---|---|---|---|---|---|---|---|---|---|
| PAS | ●—1—● | | | | | | | | | | | | | | | | | | | | | | | | |
| WA | | | | | | | | | | | | | | | | | | | | | | | | | |
| TR | | | | | | | | | | | | | | | | | | | | | | | | | |
| LÖT | | | | | | | | | | | | | | | | | | | | | | | | | |

b) Aufgrund der Maschinenbelegung wurden den Kunden bereits entsprechende Liefertermine zugesagt, als ein zusätzlicher Auftrag eines Stammkunden eingeht, der laut Geschäftsleitung „unbedingt bevorzugt" eingelastet werden soll. Beschreiben Sie zwei Möglichkeiten, die betriebliche Kapazität kurzfristig zu erhöhen.

**(?) 36:** 36. Die „PIWI Küchenmöbel GmbH & Co. KG" hat in ihren Maschinen-belegungsplan für den lfd. Monat die bereits vorhandenen Fertigungsaufträge schon eingetragen, an den einzelnen Arbeitsstationen (AS 1 – AS 5) ergibt sich folgendes Belegungsbild:

**Maschinenbelegungsplan**

| Tag | Mi | Do | Fr | Sa | So | Mo | Di | Mi | Do | Fr | Sa | So | Mo | Di | Mi | Do | Fr | Sa | So | Mo | Di | Mi | Do | Fr | Sa | So | Mo | Di | Mi | Do | Fr |
|---|---|---|---|---|---|---|---|---|---|---|---|---|---|---|---|---|---|---|---|---|---|---|---|---|---|---|---|---|---|---|---|
| Datum | 1 | 2 | 3 | 4 | 5 | 6 | 7 | 8 | 9 | 10 | 11 | 12 | 13 | 14 | 15 | 16 | 17 | 18 | 19 | 20 | 21 | 22 | 23 | 24 | 25 | 26 | 27 | 28 | 29 | 30 | 31 |
| Std. | 8 | 8 | 8 | | | 8 | 8 | 8 | 8 | 8 | | | 8 | 8 | 8 | 8 | 8 | | | 8 | 8 | 8 | 8 | 8 | | | 8 | 8 | 8 | 8 | 8 |
| AS1 | | | | | | | | | | | | | | | | | | | | | | | | | | | | | | | |
| AS2 | | | | | | | | | | | | | | | | | | | | | | | | | | | | | | | |
| AS3 | | | | | | | | | | | | | | | | | | | | | | | | | | | | | | | |
| AS4 | | | | | | | | | | | | | | | | | | | | | | | | | | | | | | | |
| AS5 | | | | | | | | | | | | | | | | | | | | | | | | | | | | | | | |

☐ = belegt   ☐ = Wochenende (arbeitsfrei)

Nun geht ein zusätzlicher Fertigungsauftrag ein, der an den folgenden Arbeitsstationen mit folgenden Zeitansätzen einzulasten ist:

Belegungsvorschrift Zusatzauftrag:

1. AS → 16 Std.; 2. AS → 24 Std.; 3. AS → 16 Std.; 4. AS → 24 Std.; 5. AS → 32 Std.

a) Ermitteln Sie den Fertigstellungstermin.

b) Leider liegt der ermittelte Fertigstellungstermin einige Tag nach dem vom Kunden gewünschten Liefertermin. Da eine Beschleunigung des Auftrages durch kurzfristige Erhöhung der Produktionsleistung nicht möglich ist, sollen nun andere sinnvolle Vorschläge erwogen werden, um den Kunden zufrieden zu stellen. Machen Sie zwei Vorschläge, um diesen Auftrag früher abzuschließen.

# *Prüfungsgebiet 09: Integrative Unternehmensprozesse*

## Funktion 0902: **Qualität und Innovation**

> **Hinweis: Nach dem Prüfungskatalog der AKA gehört „Integrative Unternehmensprozesse" zu den Inhalten, die im ersten Prüfungsblock (Geschäftsprozesse) mitgeprüft werden können. Dazu gehören Logistik, Qualität und Innovation sowie Controlling. Das vorliegende Buch setzt einen Schwerpunkt auf Qualität und Innovation und ordnet diesen Themenkomplex fachsystematisch in die Leistungserstellung ein.**

Qualität ist das, was dem Kunden einen Nutzen stiftet. Dabei lassen sich z.B. unterscheiden:

| Produktqualität | Servicequalität | Imagequalität |
|---|---|---|
| Funktionalität | Beratung | Prestige Produktbesitz (Exklusivität) |
| Haltbarkeit | Garantie und Kulanz | |
| Sicherheit | Zusatzdienste | Sozialnutzen (Arbeitsplatzerhalt, Umweltschutz) |
| Design | Ersatzteilversorgung | |

Qualität verursacht Kosten und erhöht damit letztlich auch den Produktpreis. Aus Absatzsicht ist es deshalb wenig sinnvoll, den Kunden eine maximale Qualität anzubieten (er hat keinen Nutzen von einem Handy, das eine Haltbarkeit von 25 Jahren aufweist, vom Design aber nach zwei Jahren unmodern wirkt). Aus Produktionssicht ist es auch nicht erstrebenswert, durch rigorose Qualitätskontrollen eine Fehlerfreiheit von 100 % zu garantieren, da die meisten Kunden nicht in der Lage sein dürften, den dadurch verursachten Mehrpreis zu bezahlen.

**Qualitätskosten** lassen sich wie folgt einteilen:

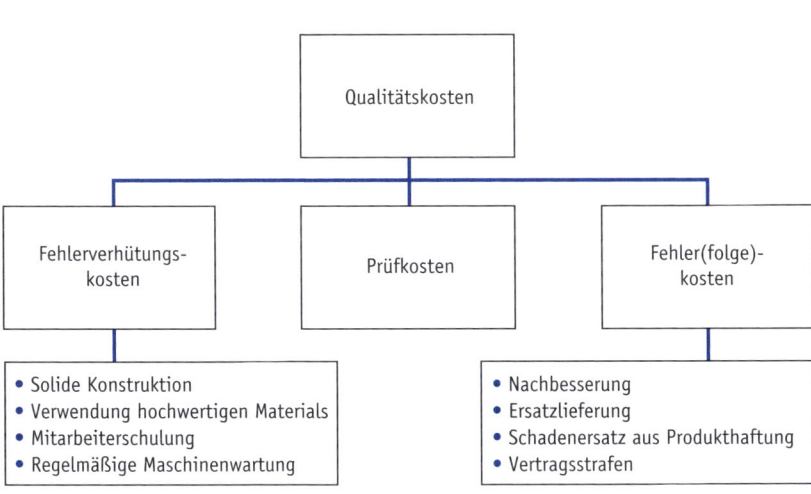

Die **optimale Qualität** beschreibt die Fehlerquote, bei der die Summe aus Fehlerverhütungs- und Fehlerkosten am geringsten ist. Die Prüfkosten werden hier ausgeklammert bzw. den Fehlerverhütungskosten zugeschlagen:

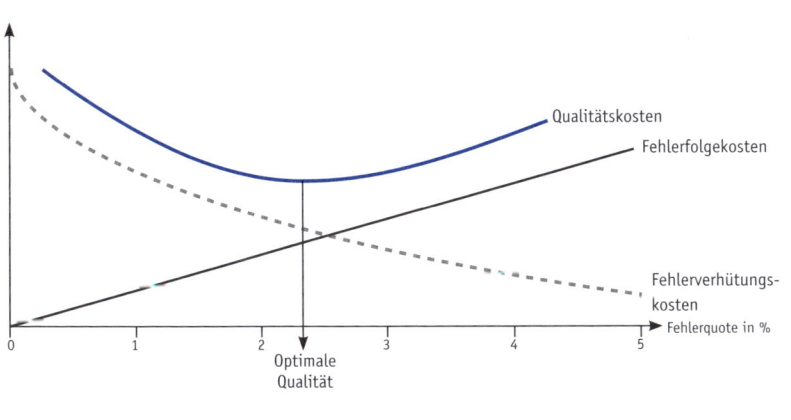

Hinsichtlich der Fertigungskontrolle lassen sich folgende Verfahren unterscheiden:

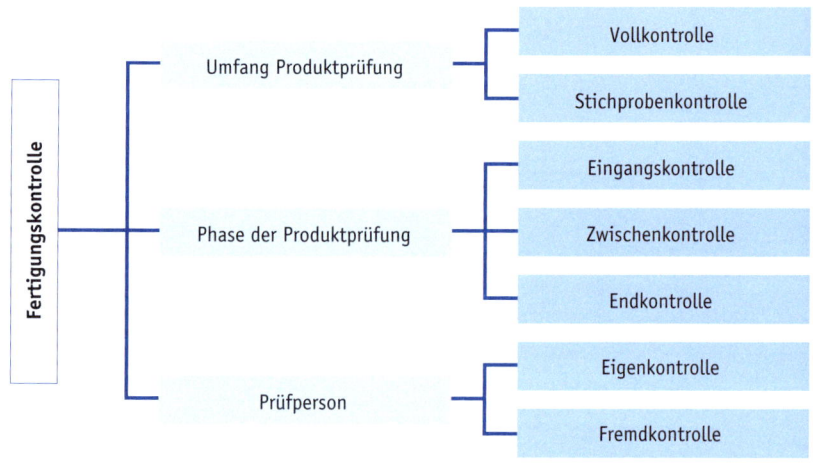

Insbesondere die Abwägung der Vor- und Nachteile von **Voll- und Stichproben-kontrolle** ist im jeweiligen Betriebsablauf oft recht schwierig:

| Vorteile Vollkontrolle | Vorteile Stichprobenkontrolle |
| --- | --- |
| • stärkt das Produkt- und Firmenimage<br>• verringert Fehler(folge)kosten<br>• Qualifikation als Just-in-time-Lieferant, da oftmals keine Eingangskontrollen beim Abnehmer mehr vorgesehen sind | • ist kostengünstiger<br>• verringert die mittlere Durchlaufzeit<br>• kann auch von neutralen, außerbetrieblichen Institutionen durchgeführt werden (Verleihung neutraler Gütesiegel möglich) |

Eine Vollkontrolle wird in der Regel bei sehr teuren oder sicherheitsrelevanten Produkten durchgeführt (z. B. Herzschrittmacher, Flugzeugtriebwerk), während massengefertigte Konsumgüter überwiegend Stichprobenkontrollen unterliegen.

Ein **Qualitätsmanagementsystem** nach DIN ISO EN 9001 beschreibt bestimmte Standards, die bei der organisatorischen Gestaltung von Qualitätsaufgaben im Unternehmen erfüllt sein müssen, um ein entsprechendes Zertifikat zu erhalten. Hiermit ist jedoch keine direkte Qualitätsaussage über die erzeugten Produkte verbunden!

Bei der Dokumentation des Qualitätsmanagementsystems ist insbesondere das QM-Handbuch von Bedeutung, es enthält u. a.:
• verbindliche Zielsetzungen zur Qualitätspolitik

- den organisatorischen Aufbau des Qualitätsmanagementsystems
- die Verantwortlichkeiten
- die bereitstehenden Ressourcen
- Verfahrensanweisungen, Prüfanweisungen, Struktur- und Ablaufregelungen
- Übersicht der Prozesse/Schnittstellen

Obwohl begrifflich ähnlich, stellt das Total Quality Management (TQM) einen ganz anderen Aspekt in den Mittelpunkt. Hier geht es nicht um die Imagewirkung einer Zertifizierung oder gut funktionierende organisatorische Regelungen, sondern um eine grundlegende Einstellung aller Mitarbeiter. Diese sollen alle betrieblichen Entscheidungen und Handlungen darauf ausrichten, dem Kunden eine Maximierung seines Nutzens zu ermöglichen. TQM bedeutet also nicht den Aufbau möglichst lückenloser Kontrollsysteme (diese würden den Kunden mit hohen Kosten belasten), sondern die Verinnerlichung des Qualitätsstrebens bei jedem Mitarbeiter.

| Merkmale des TQM | <ul><li>Führen durch Qualitätsziele</li><li>Verzicht auf Verschwendung</li><li>Null-Fehler-Produktion, Selbstprüfer</li><li>Verantwortung auch für Fehler anderer</li><li>Kontinuierlicher Verbesserungsprozess</li><li>Langfristige Kundenbindung als Erfolgsrkriterium</li></ul> |
|---|---|

## Aufgaben:

**(?) 37:** Die „Speiseeis-Manufaktur Globstiegel OHG" möchte ein Umweltmanagementsystem aufbauen und zertifizieren lassen. In diesem Zusammenhang wurde auch ein QM-Handbuch erstellt, das in einigen Passagen hier abgedruckt ist.

### 3.1 Qualitätskontrolle
Grundsätzlich ist jedes Produkt / jede Charge nach jeder Bearbeitungsstufe daraufhin zu prüfen, ob es/sie den vorgesehenen biologisch-physikalischen Eigenschaften entspricht. Nicht hinreichende Erzeugnisse sind weder anzunehmen noch weiterzugeben. Der Qualitätsbeauftragte ist über das Entstehen und die Einführung mangelhafter Zwischenprodukte in die Produktionskette unverzüglich zu informieren.

### 3.2 Ausschuss
Zwischenprodukte, die nicht den qualitativen und lebensmittelrechtlichen Ansprüchen genügen, sind grundsätzlich auszusondern und zu vernichten. Eine Nachbearbeitung von Chargen ist nur nach Rücksprache mit dem Qualitätsbeauftragten und in Fällen leichter Rezepturabweichungen möglich. Die bakterielle, optische und geschmackliche Güte darf nicht eingeschränkt sein. Im Zweifelsfalle ist von einer Einschränkung auszugehen.

### 3.3 Internes Audit

Vor einem externen Audit wird ein internes Audit nach den gegebenen Zertifizierungsvoraussetzungen durchgeführt. Die Ergebnisse sind der Geschäftsleitung durch den Qualitätsbeauftragten vorzutragen, die Geschäftsleitung entscheidet daraufhin über die Einleitung des Antragsverfahrens.

a) Wieso schreibt die Speiseeis-Manufaktur hier eine Vollkontrolle vor? Erläutern Sie zwei Beweggründe.

b) Laut Handbuch werden die Produkte nicht erst am Ende des Produktionsprozesses, sondern nach jedem Fertigungsschritt geprüft. Wieso ist das bei der Speiseeis-Produktion wichtig?

c) Ein Mitarbeiter an der Rührmaschine stellt nach dem Vermischen der Eisbestandteile einen seltsamen Geruch der Masse fest. Nennen Sie zwei Maßnahmen, die er laut QM-Handbuch nun ergreifen muss.

d) Wieso wird zunächst ein internes Audit durchgeführt?

**38:** Die „Leder Allmau GmbH" ist eine Gerberei von Tierhäuten. Schon seit einiger Zeit diskutieren die beiden Geschäftsführer darüber, ob nicht umfassendere Fertigungskontrollen die Fehlerquoten nachhaltig senken und so das Betriebsergebnis deutlich verbessern könnten. Um dies zu untersuchen, wurde eine Unternehmensberatung engagiert, die folgende Daten vorlegt:

| Fehlerquote | Fehlerfolgekosten | Fehlerverhütungs-kosten | Gesamtkosten |
|---|---|---|---|
| 8 % | 160.000,00 | 2.000,00 | 162.000,00 |
| 7 % | | 6.000,00 | |
| 6 % | | | |
| 5 % | | | |
| 4 % | | | |
| 3 % | | | |
| 2 % | | | |

Nach Angaben der Unternehmensberatung steigen die Fehlerverhütungskosten bei jeder Verminderung der Fehlerquote um 1 % auf das Dreifache an. Eine Fehlerquote unter 2 % ist technisch nicht realisierbar.

a) Erläutern Sie die Begriffe „Fehlerfolgekosten" und „Fehlerverhütungskosten" und nennen Sie je ein Beispiel.

b) Ergänzen Sie die Tabelle und ermitteln Sie die kostenoptimale Fehlerquote.

c) Geben Sie jenseits von Kostengesichtspunkten vier weitere Gründe an, eine geringe Fehlerquote anzustreben.

**39:** Die Traunsteiner „Hedwig Mühle Natursalze OHG" ist ein mittelständischer Anbieter von ökologischer Kosmetik und Wellnessprodukten, die meist über Bioläden vertrieben werden. Die Verbraucherhotline der Natursalze OHG verzeichnet in den letzten beiden Wochen einen dramatischen Anstieg der Kundenbeschwerden, die sich zumeist auf nicht ausreichend befüllte Verkaufsverpackungen (angegebenes Füllgewicht nicht eingehalten) bezogen. Interne Nachforschungen ergaben, dass vor zwei Wochen alle drei Mitarbeiter der Qualitätssicherung aus verschiedenen Gründen (Urlaub, Krankheit, Fortbildung) ihre Aufgaben nicht erfüllen konnten. Die Mitarbeiter der Abfülleinrichtung hätten die Fehlbefüllung zwar bemerkt, sie aber als „nicht schlimm" eingestuft.

a) Beschreiben Sie drei mögliche Folgen aus der Auslieferung fehlerhafter Erzeugnisse.

b) Die Geschäftsleitung überlegt, das QS-Team personell deutlich aufzustocken, um Vorfälle wie diesen in Zukunft zu vermeiden. Beschreiben Sie in diesem Zusammenhang die Auswirkung dieser Maßnahme auf die Qualitätskosten und ihre Zusammensetzung.

c) Zur Sicherung der Qualität könnte auch auf Elemente des TQM-Konzeptes gesetzt werden. Erläutern Sie eine damit einhergehende Veränderung im Unternehmen.

**(?) 40:** Die „Gipswerke Reimann & Tochter GmbH" hat die Zertifizierung eines Umweltmanagementsystems nach DIN 9001 beantragt, die Zertifizierung wurde jedoch abgelehnt.

a) Welche Gründe könnten dafür verantwortlich sein?

b) Nennen Sie zwei negative Folgen einer fehlenden Zertifizierung.

# Prüfungsgebiet 04: Leistungserstellung – Teil 2

## Funktion 0402: Prozessunterstützung

### 1    Instandhaltung

Die Instandhaltung dient dazu, den technischen Betriebsapparat jederzeit funktionsfähig zu halten und damit einen reibungslosen Produktionsablauf zu sichern.

| Arten der Instandhaltung | | |
|---|---|---|
| **Wartung** | **Instandsetzung** | **Inspektion** |
| Störungsvorbeugung durch Erneuerung von Verschleißteilen und Betriebsstoffen | Störungsbeseitigung durch Reparatur defekter Bauteile | Prüfung des Instandhaltungsbedarfs durch Feststellung des Ist-Zustandes |

Die Wartung wird in der Regel nach festen Wartungsplänen vorgenommen, deren Inhalte und Wiederholhäufigkeit sich meist aus den Herstellervorgaben ergeben.

Ein **Wartungsplan** enthält u.a.:
* das zu wartende Betriebsmittel
* die auszuführenden Wartungsarbeiten
* den (spätesten) Termin der jeweiligen Wartungsarbeit
* die mit der Wartung zu beauftragende Betriebseinheit/Unternehmung
* einen Erledigungsvermerk / ein Prüfsiegel (bei amtlichen Prüfungen)

Die Wartung kann betriebsintern oder durch einen externen Dienstleister bzw. durch den Hersteller selbst durchgeführt werden. Hierfür gelten aus Kostensicht die allgemeinen Überlegungen zu Eigenfertigung oder Fremdbezug.

Analog zur kostenoptimalen Fehlerquote lässt sich auch eine kostenoptimale Wartungsintensität ermitteln, indem die möglichen Kosten der Störungsvorbeugung mit den Kosten der Störungsbeseitigung und den Störungsfolgekosten (z.B. Ausschuss) aufgewogen werden.

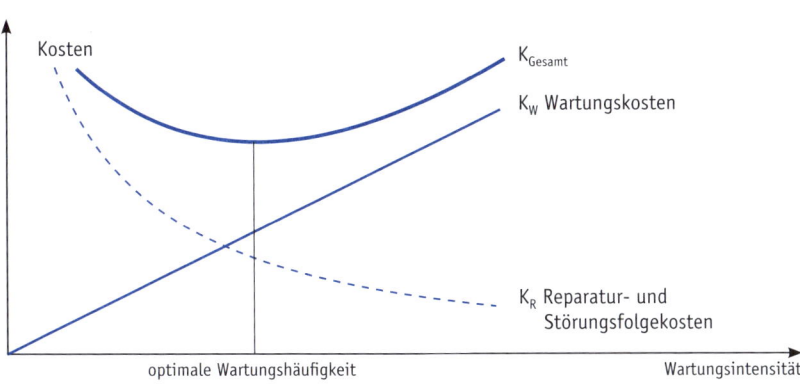

## Aufgaben:

**? 41:** Die Leipziger „CPT Erntemaschinen AG" ist einer der größten europäischen Erzeuger von Erntegeräten aller Art, vom Kartoffelroder (Kartoffelernter) bis hin zur automatischen Lesemaschine im Weinbau. Die Produktion ist in Reihenfertigung organisiert, wobei an vielen Arbeitsstationen Industrieroboter (IRo) eingesetzt werden. Für diese gilt folgende Wartungsübersicht:

| Maschinentyp | | Standort | Wartungsdienste im Kalenderjahr 2014 | | | | | | | | | | | |
| | | | auszuführen bis zum letzten Werktag des Monats | | | | | | | | | | | |
| | | | Jan | Feb | Mär | Apr | Mai | Jun | Jul | Aug | Sep | Okt | Nov | Dez |
| IRo | 1 | Halle A, L2 | | | | | | | | x | | | | x |
| IRo | 2 | Halle A, L5 | x | | | | x | | | | x | | | |
| IRo | 3 | Halle B, F23 | | x | | | | x | | | | x | | |
| IRo | 4 | Halle A, Z | | | x | | | x | | | | | x | |
| IRo | 5 | Halle B, G6 | | | | x | | | | x | | | | x |
| IRo | 6 | Halle B, G6 | x | | | | x | | | | x | | | |
| IRo | 7 | Halle A, M5 | | x | | | | x | | | | x | | |
| IRo | 8 | Labor | | | x | | | x | | | | | x | |
| IRo | 9 | Ausbildung | x | | | x | | | | x | | | | x |
| IRo | 10 | Halle A, K2 | | x | | | x | | | | x | | | |

Bislang wurde die Wartung durch eigenes Personal durchgeführt, doch nun überlegt die CPT, damit ein spezialisiertes Serviceunternehmen zu beauftragen.

a) Laut Herstellervorschrift sind alle Industrieroboter im Turnus von vier Monaten zu warten. Überprüfen Sie die Wartungsübersicht auf Einhaltung der Herstellervorschrift und identifizieren Sie mögliche Fehler.

b) Nennen Sie zwei mögliche Folgen aus der Unterlassung von Wartungsdiensten an den Betriebsmitteln.

c) Für den betriebseigenen Wartungsdienst fallen 5.000,00 € mtl. für die allgemeine Verwaltung sowie 50,00 € je Wartungsstunde an Lohn- und Lohnnebenkosten an Übernimmt ein spezialisiertes Serviceunternehmen diese Aufgabe, ist mit 120,00 € je Wartungsstunde an Servicekosten zu rechnen. Dafür kann der betriebseigene Wartungsdienst sofort aufgelöst werden und die fixen Kosten entfallen ganz. Berechnen Sie, bis zu welchem jährlichen Wartungsaufwand in Std. das Serviceunternehmen günstiger ist.

d) Geben Sie zwei kostenunabhängige Argumente dafür an, ein Serviceunternehmen mit den Wartungsarbeiten zu beauftragen.

 **42:** 42: Die „Radion Electronics GmbH", ein Produzent von Navigationsgeräten, hat einen neuen Automaten für die Verlötung der elektrischen Anschlüsse angeschafft. Die Unternehmung möchte das Gerät selbst instand halten.

a) Welche Überlegungen müssen Sie hinsichtlich der Festlegung der Wartungsintervalle treffen, falls herstellerseits keine festen Vorgaben existieren?

b) Nennen Sie drei weitere Sachverhalte, die Sie bei der Instandhaltung planen müssen.

## 2 Verfahrenswahl und Investitionsrechnungen

Mit steigenden Produktionszahlen erfolgt zumeist in den Betrieben ein Wechsel von einem geringer technisierten Verfahren (z.B. Handarbeit, Arbeit mit einfachen Maschinen) zu einem höher technisierten Verfahren (z.B. vollautomatisierte Produktion). Höher technisierte Verfahren zeichnen sich dadurch aus, dass sie aufgrund des deutlich höheren Anschaffungspreises

• höhere fixe Kosten (Abschreibungen, Finanzierungskosten), dafür aber
• geringere variable Stückkosten (Lohnkosten)

als die geringer technisierte Alternative aufweisen.

Die **kritische Menge** ist die Stückzahl, bei der bei beiden Verfahren die gleichen Gesamtkosten anfallen. Unterhalb der kritischen Menge ist das geringer technisierte Verfahren günstiger, oberhalb das höher technisierte Verfahren.

Beispiel: Ein Betrieb hat die Wahl zwischen zwei Produktionsmaschinen: Die einfachere Maschine A hat fixe Kosten von 20.000,00 € und variable Stückkosten von 20,00 €. Die technisch anspruchsvollere Maschine B hat fixe Kosten von 100.000,00 € und variable Stückkosten von 8,00 €.

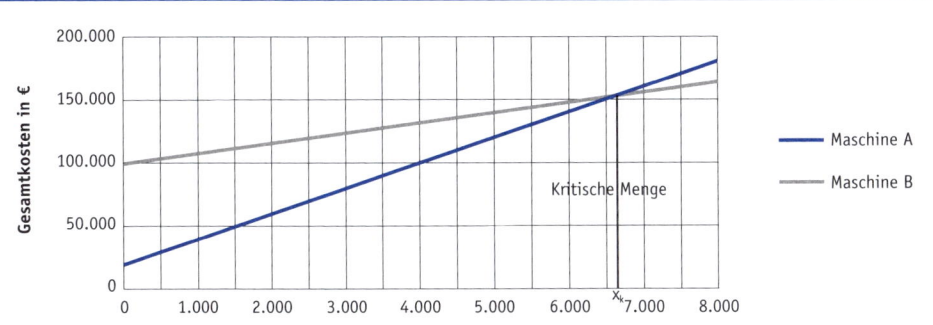

Die kritische Menge $x_k$ lässt sich wie folgt errechnen:

$$x_k = \frac{K_{FT2} - K_{FT1}}{k_{vT1} - k_{vT2}}$$

$K_{FT2}$ = Fixkosten des höher technisierten Verfahrens (Technik 2)
$K_{FT1}$ = Fixkosten des weniger technisierten Verfahrens (Technik 1)
$k_{vT1}$ = variable Stückkosten der Technik 1
$k_{vT2}$ = variable Stückkosten der Technik 2

Im vorliegenden Beispiel ergibt sich:

$$x_k = \frac{100.000 - 20.000}{20 - 8} = 6.666,67 \quad \text{Ab 6.667 Stück ist das höher technisierte Verfahren günstiger.}$$

Um die Wirtschaftlichkeit einer Investition genauer abschätzen zu können, gibt es verschiedene Verfahren.

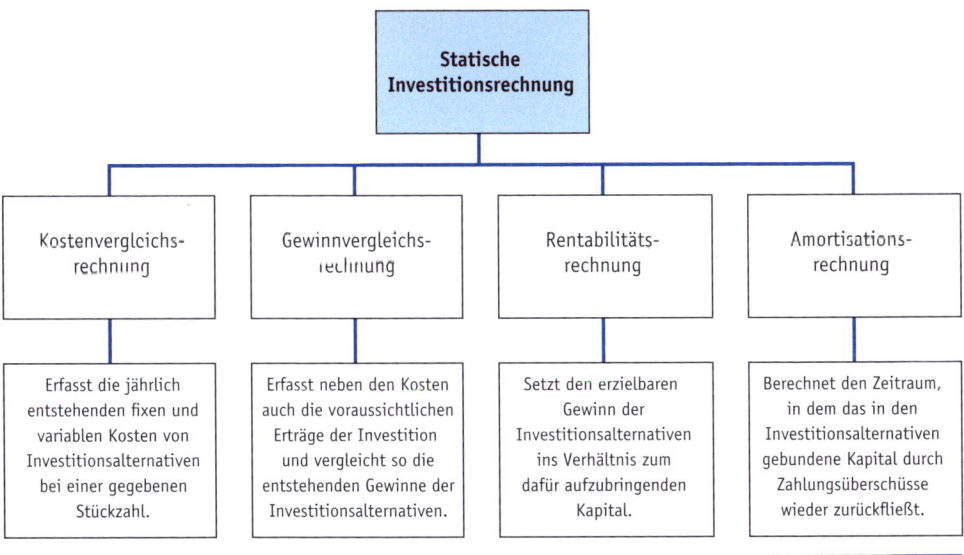

185

Bei der Kostenvergleichsrechnung ist es wichtig, alle für die Investition relevanten Kostenarten zu erfassen:

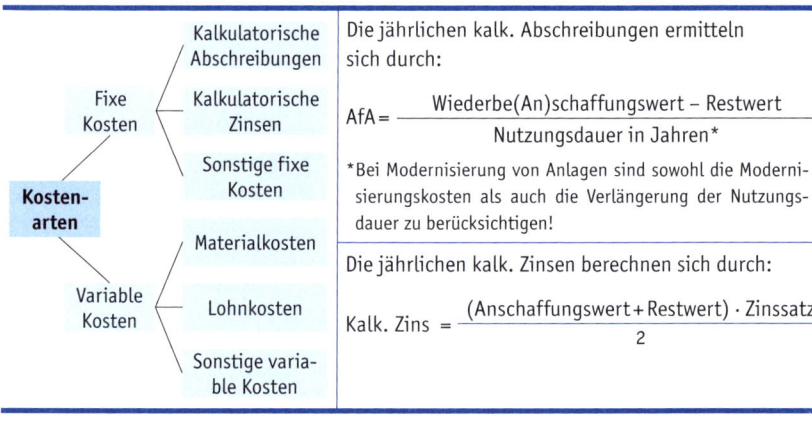

| | | Die jährlichen kalk. Abschreibungen ermitteln sich durch: |
|---|---|---|
| Fixe Kosten | Kalkulatorische Abschreibungen | |
| | Kalkulatorische Zinsen | $$AfA = \frac{\text{Wiederbe(An)schaffungswert} - \text{Restwert}}{\text{Nutzungsdauer in Jahren}^*}$$ |
| **Kosten-arten** | Sonstige fixe Kosten | *Bei Modernisierung von Anlagen sind sowohl die Modernisierungskosten als auch die Verlängerung der Nutzungsdauer zu berücksichtigen! |
| | Materialkosten | Die jährlichen kalk. Zinsen berechnen sich durch: |
| Variable Kosten | Lohnkosten | $$\text{Kalk. Zins} = \frac{(\text{Anschaffungswert} + \text{Restwert}) \cdot \text{Zinssatz}}{2}$$ |
| | Sonstige variable Kosten | |

Durch die Gewinnvergleichsrechnung ist es möglich, das unterschiedliche Leistungsvermögen (die Kapazität) von Investitionsalternativen in die Wirtschaftlichkeitsbetrachtungen einzubeziehen. Dies macht bei einer reinen Kostenvergleichsrechnung keinen Sinn, da sich eine Mehrleistung hier ja nur nachteilig im Sinne der Entstehung zusätzlicher Kosten zeigt.

Die **Rentabilitätsrechnung** trifft eine Aussage über die relative Vorteilhaftigkeit der Investitionsalternativen. Dies erfolgt im Verhältnis zueinander, aber auch zu völlig anderen Kapitalverwendungsmöglichkeiten (z. B. Geldanlage in Form von Wertpapieren). Dabei wird der erzielbare Gewinn ins Verhältnis zum durchschnittlich eingesetzten Kapital gebracht. Die Rendite des eingesetzten Kapitals $R_K$ folgt demnach aus:

$$R_k = \frac{\text{Gewinn} \cdot 100}{\frac{1}{2} \text{Anschaffungswert} + \text{Restwert}}$$

Hinweis: Da die Anlage im Laufe ihrer Nutzungsdauer ihren Wert verliert, ist im Durchschnitt der Jahre der ½ Anschaffungswert gebunden.

Die **Amortisationsrechnung** lässt überblicken, in welchem Zeitraum die investierten Mittel in Form von Gewinnen zurückfließen. Da der Gewinn jedoch bereits von den Investitionskosten (in Form der anfallenden Abschreibungen auf Sachanlagen) belastet ist, muss diese Belastung wieder herausgerechnet werden. Die Amortisationsdauer $t_A$ ergibt sich folglich aus:

$$t_A = \frac{\text{Anschaffungswert} - \text{Restwert}}{\text{Gewinn} + \text{Abschreibung auf Sachanlagen}}$$

Neben den Wirtschaftlichkeitsaspekten unterliegt die Investitionsentscheidung aber auch **allgemeinen Kriterien** wie

- Ausbaufähigkeit von Anlagen,
- Bedienerfreundlichkeit,
- Umweltschutz,
- Zuverlässigkeit,
- Umstellungsfähigkeit,
- Platzbedarf u.a.m.

## Aufgaben:

**(?) 43:** Für eine Investitionsentscheidung soll ein Tabellenkalkulationsprogramm herangezogen werden. Hier wurden die meisten Zellen bereits ausgefüllt:

| | A | B |
|---|---|---|
| 1 | Anlagenbezeichnung | MLB-44 |
| 2 | | |
| 3 | Kapazität/Jahr in Stck. | 44.000 |
| 4 | | |
| 5 | Anschaffungspreis in € | 150.000 |
| 6 | Nutzungsdauer in Jahren | 6 |
| 7 | Kalk. Zinssatz | 5% |
| 8 | | |
| 9 | Produktpreis je Stck. in € | 4,20 |
| 10 | | |
| 11 | Kalk. Abschreibung in € | |
| 12 | Kalk. Zins in € | |
| 13 | Sonstige Fixkosten in € | 12.000,– |
| 14 | Gesamte Fixkosten | |
| 15 | | |
| 16 | variable Kosten jes Stück | 2,80 |
| 17 | Gesamt variable Kosten | |
| 18 | | |
| 19 | Gesamtkosten | |
| 20 | Gesamterlöse | |
| 21 | | |
| 22 | Gewinn | |

a) Welche kopierbare Formel müssen Sie in die Zelle B11 eingeben, um die kalk. Abschreibung zu ermitteln?

b) Welche kopierbare Formel müssen Sie in die Zelle B 12 eingeben, um die kalk. Zinsen zu ermitteln?

c) Ermitteln Sie die Gesamtkosten und die Gesamterlöse unter der Annahme, dass die gesamte Kapazität ausgenutzt werden kann.

d) Welcher Gewinn kann mit dieser Investition erzielt werden?

**(?) 44:** Aufgrund ständig steigender Nachfrage nach den Haushaltsgeräten der Firma „Weyer Electronics GmbH & Co. KG" soll eine zusätzliche Spritzgussanlage angeschafft werden. Die Investition weist folgende Kenndaten auf:

- Anschaffungskosten: 40.000,00 €
- Geplante Nutzungsdauer: 8 Jahre
- Erwarteter Gewinn pro Jahr: 5.000,00 €

a) Berechnen Sie die Amortisationszeit der Spritzgussanlage.

b) Wie verändert sich die Amortisationszeit, wenn nach Ablauf der geplanten Nutzungsdauer noch von einem Restwert der Anlage in Höhe von 8.000,00 € ausgegangen werden kann?

**45:** Bei der Einrichtung eines neuen Zweigwerkes der „Rastum & Cleye Röhrenwerke AG" wird auch eine neue Formwalzanlage benötigt. Hierzu sind zwei Angebote eingegangen:

| Anbieter | Steeltronic GmbH | Unirope Ltd. |
|---|---|---|
| Modell | NBB 8005 | HH-VBE |
| Kapazität in Röhrenmetern | 20.000 | 14.000 |
| Anschaffungskosten | 1.500.000,– € | 960.000,– € |
| Nutzungsdauer | 12 Jahre | 15 Jahre |
| Kalk. Zinssatz | 6 % | 6 % |
| fixe Wartungskosten | 22.000,– | 10.000,- |
| Personalkosten je Röhrenmeter | 100,– € | 160,– € |
| Materialkosten je Röhrenmeter | 300,– € | 300,– € |
| Energiekosten je Röhrenmeter | 285,– € | 265,– € |

Standardröhren sind zur Zeit – unabhängig von der Herstellungstechnik – zum Preis von 880,– € je Röhrenmeter absetzbar. Die Rastum & Cleye Röhrenwerke gehen von einer Absatzmenge zwischen 1400 und 1600 Röhrenmetern aus.

a) Führen Sie eine Kostenvergleichsrechnung auf Basis einer Produktions- und Absatzmenge von 1400 Röhrenmetern aus.

b) Führen Sie eine Gewinnvergleichsrechnung auf Basis der maximalen Absatzmöglichkeit durch.

c) Nennen Sie drei kostenunabhängige Argumente, die für den Einsatz einer der beiden Maschinen sprechen könnten.

# Prüfungsgebiet 06:
# Der Ausbildungsbetrieb

## Funktion 0601: Sicherheit und Gesundheitsschutz bei der Arbeit

## 1 Arbeitssicherheit

Die Anzahl der Arbeitsunfälle ist stark rückläufig. Eine hohe Arbeitssicherheit vermindert natürlich zunächst die Unfallrisiken der Beschäftigten, sie ist darüber hinaus für den Arbeitgeber aber auch von ökonomischem Interesse.

| Wirtschaftliche Folgen geringer Arbeitssicherheit | | | | |
|---|---|---|---|---|
| Hohe Beiträge zur Berufsgenossenschaft | Demotivierung der Belegschaft | Geringe Attraktivität als Arbeitgeber | Privatrechtliche Haftungsansprüche | Straf- und ordnungsrechtliche Folgen (z.B. Betriebsschließung) |

Geschieht ein Arbeitsunfall, tritt üblicherweise folgender Ablauf ein:

| Verfahrensweisen bei Arbeitsunfällen | |
|---|---|
| Medizinische Behandlung des/der Verletzten bei einem Unfallarzt | Erstellung einer Unfallmeldung des Arbeitgebers, sofern der Verletzte für mehr als drei Tage arbeitsunfähig ist. |
| ⬇ | ⬇ |
| Erstellung eines Unfallberichtes durch den Durchgangsarzt, Sendung an die Berufsgenossenschaft | Kenntnisnahme durch den Beauftragten für Arbeitssicherheit sowie den Betriebsrat, Sendung an die Berufsgenossenschaft sowie die staatliche Gewerbeaufsicht. |
| ⬇ | ⬇ |
| bei schweren Arbeitsunfällen Überprüfung des Sicherheitsstandes, ggf. Erteilung von Auflagen und Betriebseinschränkungen, ggf. Neubewertung der Risikoeinstufung bei der gesetzl. Unfallversicherung | |

**Normen zum Arbeitsschutz** und zur Unfallverhütung finden sich u.a. in:

| Gesetz/Vorschrift | Inhalt |
|---|---|
| Arbeitsschutzgesetz | Grundsätze des Arbeitsschutzes, Pflichten des Arbeitgebers, Maßnahmen der „Ersten Hilfe", staatliche und berufsgenossenschaftliche Aufsicht |
| Arbeitsstättenverordnung | Grundsätze beim Einrichten von Arbeitsplätzen, Vorhandensein von Fluchtwegen und Pausenräumen, Pflicht zur Gefährdungsbeurteilung |
| Arbeitssicherheitsgesetz | Bestellung und Aufgaben von Betriebsärzten und Fachkräften für Arbeitssicherheit |
| Bildschirmarbeitsverordnung | Gestaltung von Bildschirmarbeitsplätzen, Pausen bei der Bildschirmarbeit, Augenuntersuchungen |
| Unfallverhütungsvorschriften der Berufsgenossenschaften | Zuständigkeiten für Unfallschutz, arbeitsmedizinische Untersuchungen, Einrichtungen der „Ersten Hilfe", Unfallmeldung, Bestellung von Sicherheitsbeauftragten |

**Betriebliche Verantwortungsträger** für den Arbeitsschutz und die Unfallverhütung sind:

| Verantwortungsträger | Verantwortungsbereich |
|---|---|
| Unternehmer (Inhaber, Geschäftsführer oder Vorstand) sowie Führungskräfte im Rahmen der Aufgabendelegation | allgemeine Zuständigkeit und Verantwortung für die Auswahl und den sicherheitstechnischen Zustand der Betriebsmittel und Werkzeuge, für die sicherheitstechnische Unterweisung, die Einhaltung aller sicherheitstechnischen Vorschriften, Ernennung der Beauftragten und der Fachkraft für Arbeitssicherheit, Einrichtung der „Ersten Hilfe" |
| Fachkraft für Arbeitssicherheit | Prüfung neuer Verfahren unter Sicherheitsaspekten, Beratung der Unternehmensleitung, Sicherheitsschulung, Durchführung sicherheitstechnischer Prüfungen an Anlagen, Untersuchung von Arbeitsunfällen |
| Betriebsarzt | Beratung der Beschäftigten und der Unternehmensleitung zum Gesundheitsschutz, arbeitsmedizinische Untersuchungen, Leistung der „Ersten Hilfe" |
| Sicherheitsbeauftragte | arbeitsbereichsbezogene Überwachung des sicherheitsgerechten Verhaltens der Kollegen und der Funktionsweise techn. Sicherheitsvorrichtungen, Zusammenarbeit mit dem Beauftragten für Arbeitssicherheit bei der Begutachtung neuer Betriebsmittel oder der Analyse von Arbeitsunfällen |
| Ersthelfer | Erstversorgung des Verletzten am Unfallort (sofern Betriebsarzt nicht verfügbar), Einschaltung des allg. Rettungsdienstes |
| Betriebsrat | Mitbestimmung bei der Gestaltung der Arbeitsbedingungen und Sozialeinrichtungen, Abschluss von Betriebsvereinbarungen zum Unfallschutz mit dem Arbeitgeber, Vertretung von Belegschaftsbeschwerden hinsichtlich der Sicherheitsorganisation, Mitbestimmung bei der Bestellung der Fachkraft für Arbeitssicherheit und dem Betriebsarzt |

Um die Mitarbeiter, Besucher und Passanten auf die Gefahren aufmerksam zu machen, die auf dem Unternehmensgelände, aber auch auf den Transportwegen bestehen, existiert eine ganze Reihe von Gefahren- und Rettungszeichen. Diese Zeichen haben im Original folgende typische Farben:

- Rettungszeichen sind grün mit weißem Symbol
- Gebotszeichen sind blau mit weißem Symbol
- Warnzeichen sind gelb mit schwarem Bild
- Verbotszeichen sind rot umrandet mit rotem Querbalken und innen weiß
- Gefahrensymbole sind gelb mit schwarzem Bild

## Aufgaben:

**(?) 1:** Bei der Chipproduktion werden Leiterbahnen durch spezielle Säuren geschaffen. In diesem Arbeitsbereich sind folgende Gefahrenzeichen angebracht:

 (schwarz-gelb)      (blau-weiß)      (blau-weiß)

Führen Sie insgesamt drei Vorsichtmaßnahmen an, die zum Zwecke der Unfallvermeidung von der Geschäftsleitung angeordnet werden sollen.

**(?) 2:** Bei der „Protel D AG", einem Telekommunikationsanbieter, liegen die krankheits- und unfallbedingten Ausfallzeiten deutlich über dem Branchendurchschnitt. Gerade heute noch gab es im Kabellager einen schweren Zwischenfall, als eine Kabeltrommel umfiel und einen Lagerarbeiter erheblich verletzte.

a) Schildern Sie drei mögliche Folgen der Häufung von Arbeitsunfällen für die „Protel D AG".

b) Wie muss der Arbeitgeber auf den Arbeitsunfall reagieren?

c) Stellen Sie drei Maßnahmen vor, die die Fachkraft für Arbeitssicherheit vorschlagen könnte, um die Arbeitssicherheit im Unternehmen zu erhöhen.

d) Nennen Sie zwei weitere Ansprechpersonen für Fragen der Arbeitssicherheit und des Unfallschutzes im Betrieb.

**(?) 3:** Bei der „Randstahl Werkzeuge Deutschland GmbH", einem mittelständischen Hersteller von Industriewerkzeugen, existiert in der Schweißerei folgende Erste-Hilfe-Anweisungen:

---

**Erste-Hilfe-Maßnahmen**

- bei Brandverletzungen: Brandwunden locker und keimfrei bedecken Verbandtuch), Wärmeerhalt beachten (Betroffenen zudecken). Keine Enttfernung von mit der Haut verklebter Kleidung!
- Beim Einatmen von Schweißgas: Für Frischluft sorgen, Verletzten in stabile Seitenlage bringen, nicht über den Munde beatmen!
- Bei Explosivverletzungen: aus der Gefahrenzone entfernen, Blutungen stillen, Verletzten hinlegen und zudecken, bei hohem Blutverlust Beine hochlegen

---

a) In der Schweißerei wird ein neuer Mitarbeiter eingestellt. Nennen Sie beispielhaft zwei Bestandteile der persönlichen Schutzausrüstung.

b) Ein Mitarbeiter hat aus Unachtsamkeit mit dem Schweißstrahl einen Arbeitskollegen verletzt. Schildern Sie zwei Erste-Hilfe-Maßnahmen, die der Ersthelfer ergreifen muss.

c) Ganz in der Nähe des Unfallortes ist an einem Zimmer nebenstehendes Symbol angebracht:
Worauf weist dies hin?

## 2 Arbeitsschutzgesetze

Nicht immer wird eine berufsbedingte Arbeitsunfähigkeit durch betriebliche Unfälle ausgelöst. Weitaus häufiger sind sog. „Berufskrankheiten", die durch einseitige körperliche Belastung oder sonstige – körperliche oder geistige – Überforderung entstehen. Dementsprechend können nicht allein technische Schutzvorrichtungen das Risiko von Arbeitsunfällen und Berufskrankheiten senken, genauso bedeutend ist eine ausreichende Regenerationsmöglichkeit des Arbeitnehmers. Diese wird durch entsprechende Arbeitsschutzgesetze gewährleistet.

### Die wichtigsten Bestimmungen zum Arbeitsschutz

| Arbeitsschutzgesetz | Jugendarbeitsschutzgesetz | Arbeitszeitgesetz | Mutterschutzgesetz |
|---|---|---|---|
| Adressatenkreis | jugendliche Auszubildende und Arbeitnehmer | volljährige Auszubildende und Arbeitnehmer | werdende und niedergekommene Mütter |
| Bestimmungen zur Arbeitszeit | maximal 8 Std. am Tag, 5-Tage-Woche, regelmäßige Arbeitszeit an einzelnen Tagen bis 8,5 Std. möglich, falls Zeitausgleich in der gleichen Woche erfolgt | maximal 8 Std. am Tag, 6 Werktage die Woche ausnahmsweise bis 10 Std. am Tag, falls Zeitausgleich innerhalb von 6 Monaten erfolgt | maximal 8,5 Std. am Tag oder 90 Std. in der Doppelwoche, 6 Werktage die Woche |
| Nachtarbeit | keine Beschäftigung zwischen 20 und 6 Uhr (Ausnahmen gelten in der Landwirtschaft und in Bäckereien) | grundsätzlich erlaubt | keine Beschäftigung zwischen 20 und 6 Uhr (Ausnahmen nur für die ersten 4 Schwangerschaftsmonate in einigen Bereichen) |
| Bestimmungen zur Anrechnung des Berufsschulbesuchs (diese Bestimmungen gelten seit 2020 gemäß Berufsbildungsgesetz (BBiG) auch für volljährige Auszubildende) | • Ein Berufsschultag mit mehr als 5 Unterrichtsstunden wird mit 8 Std. auf die Arbeitszeit angerechnet.<br>• Beginnt der Unterricht vor 9 Uhr, gilt vorheriges Beschäftigungsverbot.<br>• Endet der Unterricht nach mehr als 5 Unterrichtsstunden, gilt anschließendes Beschäftigungsverbot (aber nur einmal in der Woche). | keine Regelung, d.h. der Berufsschulbesuch wird nur mit den tatsächlichen Unterrichts- und ggfs. zusätzlichen Wegezeiten auf die Arbeitszeit angerechnet | keine Regelung |

| Bestimmungen zum Urlaubsanspruch | • unter 16 Jahren: mind. 30 Werktage<br>• unter 17 Jahren: mind. 27 Werktage<br>• unter 18 Jahren: mind. 25 Werktage<br>• ACHTUNG: Es gilt nicht das tatsächliche Alter,sondern das Alter zum Beginn des Jahres! | keine Regelung<br>Hinweis: Lt. Bundesurlaubsgesetz sind mind.24 Werktage oder 20 Arbeitstage (entspricht 4 Wochen) zu gewähren | keine Regelung |
|---|---|---|---|
| Einschränkungen des Tätigkeitsbereichs | • keine Akkordarbeit,<br>• keine sittlich gefährdende Arbeit,<br>• keine gefährliche Arbeit,<br>• keine Arbeit, die das Leistungsvermögen übersteigt | keine Regelung | • keine schweren körperlichen Arbeiten,<br>• keine Akkordarbeit,<br>• keine Beschäftigung in den letzten sechs Wochen vor der Entbindung, es sei denn, dass sie sich zur Arbeitsleistung ausdrücklich bereit erklären,<br>• keine Beschäftigung in den 8 Wochen nach der Entbindung |
| Bestimmungen zu Arbeitspausen | • ab 4,5 Std. tgl. Arbeitszeit mindestens 30 Min. Pause,<br>• ab 6 Std. tgl. Arbeitszeit mind. 60 Min. Pause,<br>• erste Pause muss nach spätestens 4,5 Std. erfolgen und mind. 15 min. betragen | • ab 6 Std. tgl.Arbeitszeit mind. 30 Min. Pause,<br>• ab 9 Std. tgl. Arbeitszeit mind. 45 Min. Pause,<br>• erste Pause muss nach spätestens 6 Std. erfolgen | • grds. lt. Arbeitszeitgesetz<br>• zusätzlich bei ständig sitzender oder ständig stehender Tätigkeit Recht auf kurze, bezahlte Unterbrechungen |
| Ruhezeit zwischen zwei Arbeitstagen | 12 Std. | 11 Std., in bestimmten Wirtschaftszweigen auch 10 Std., wenn dies innerhalb eines Monats durch jeweils 12-stündige Ruhezeit ausgeglichen wird | |
| Bestimmungen zu Kündigungen | keine | keine | vorhanden [1] |

[1] Kündigungsschutz während der gesamten Schwangerschaft und 4 Mon. nach der Entbindung. Eine bereits ausgesprochene Kündigung wird unwirksam, wenn zum Zeitpunkt der Kündigung eine Schwangerschaft bestand und diese binnen 14 Tagen nachgemeldet wird.

## Aufgaben:

**? 4:** Welcher der folgenden Sachverhalte verstößt gegen das Jugendarbeitsschutzgesetz?

(1) Ein Ausbildungsvertrag wird nicht schriftlich abgeschlossen.

(2) Ein Vorstellungsgespräch findet nicht im Beisein der Erziehungsberechtigten statt.

(3) Ein 17-Jähriger muss unbeaufsichtigt gefährliche Arbeiten leisten.

(4) Ein 17-Jähriger erhält nur 26 Werktage Urlaub.

(5) Ein 18-Jähriger muss Akkordarbeit verrichten.

**(?) 5:** Sie werten gerade die Arbeitszeiten aller Mitarbeiter in der Warenannahme aus. Das Zeiterfassungssystem weist für heute folgende Arbeitszeiten aus:

| Name | Alter | Arbeitszeiten | Pausenzeiten |
|------|-------|---------------|--------------|
| Yilmaz Dengüz | 22 | 6.30–10.30 10.40–12.00 12.30–14.30 | 10.30–10.40 12.00–12.30 |
| Ben Wilke | 16 | 8.00–12.00 12.45–15.00 15.15–17.00 | 12.00–12.45 15.00–15.15 |
| Waltraud Kempe | 42 | 6.30–12.00 | – |
| Michael Dreher | 17 | 6.30–11.30 12.00–13.30 14.00–15.30 | 11.30–12.00 13.30–14.00 |

Bei wem wurde bei der Pausenregelung gegen eine gesetzliche Regelung verstoßen?

**(?) 6:** Ordnen Sie zu, indem Sie die Kennziffer des Gesetzes angeben, welches die im Folgenden beschriebene Regelung enthält.

**Gesetze:**
(1) Jugendschutzgesetz
(2) Schulgesetz
(3) Tarifvertragsgesetz
(4) Jugendarbeitsschutzgesetz
(5) Arbeitszeitgesetz
(6) Mutterschutzgesetz

**Regelung:**
a. Die Mindestruhezeit zwischen zwei Arbeitstagen beträgt 11 Std.
b. Ein mehr als 5-stündiger Berufsschulunterricht wird mit 8 Std. auf die betriebliche Arbeitszeit angerechnet.
c. Bei ständig sitzenden oder ständig stehenden Tätigkeiten besteht das Recht auf kurze bezahlte Arbeitsunterbrechungen.

**(?) 7:** Sie sind eine junge Mitarbeiterin und arbeiten seit dem Ende der Ausbildung nun seit 5 Jahren im gleichen Betrieb. Heute teilte Ihnen der Frauenarzt mit, dass Sie schwanger sind. Wie verhalten Sie sich richtig gegenüber Ihrem Arbeitgeber?
(1) Sie bitten die Krankenkasse, ihrem Arbeitgeber kommentarlos eine Kopie des Untersuchungsbefundes zuzustellen.
(2) Sie unternehmen nichts, solange die Schwangerschaft nicht sichtbar wird.
(3) Sie unterrichten nur ihre engsten Arbeitskollegen, die sie ggf. vertreten müssen.
(4) Sie unterrichten Ihren Arbeitgeber schriftlich.
(5) Sie unterrichten den Betriebsarzt und berufen sich auf seine Schweigepflicht.

**(?) 8:** Eine ältere Mitarbeiterin bittet Sie, zu klären, welcher gesetzliche Mindesturlaub ihr zusteht. Wo lesen Sie nach?
(1) im Jugendarbeitsschutzgesetz
(2) in der Betriebsstättenverordnung
(3) im Arbeitszeitgesetz
(4) im Bundesurlaubsgesetz
(5) im BGB

## Funktion 0602: Umweltschutz

### 1 Umweltbelastungen und betriebliche Beiträge zum Umweltschutz

Industrielle Produktion ist mit vielerlei Umweltbelastungen verbunden. Diese beginnen schon lange vor dem eigentlichen Herstellungsprozess mit dem Abbau von Grundstoffen und enden erst mit der Entsorgung der industriell gefertigten Erzeugnisse.

**Umweltbelastung durch industrielle Produktion**

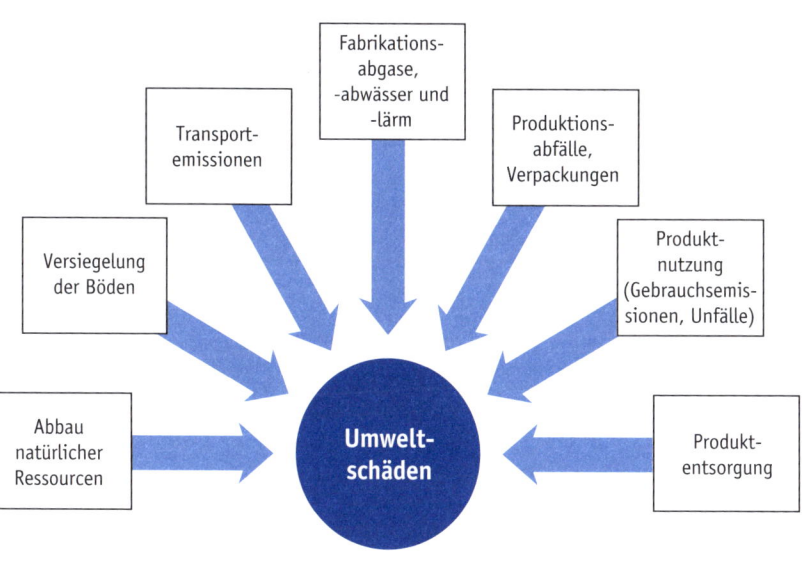

Da die Umweltbelastung durch unterschiedliche Betriebsfunktionen ausgelöst wird, können auch fast alle Unternehmensbereiche einen Beitrag zum Umweltschutz leisten:

## Umweltschutzmaßnahmen einzelner Betriebsbereiche

| Einkauf | Lagerhaltung | Produktion |
|---|---|---|
| • Auswahl standortnaher Lieferanten<br>• Auswahl recyclingfähiger Materialien<br>• Sammelbestellungen und -lieferungen | • Mehrfachschutzsysteme gegen Austritt schädlicher Bestandteile<br>• dezentrale Lagerorte<br>• energiesparende Fördersysteme<br>• Festplatzsystem mit transportminimierenden Lagerplätzen | • materialsparende Konstruktion<br>• energiesparende Anlagen<br>• Verringerung des Ausschusses<br>• Schadstoffrückhaltesysteme |

| Allgemeine Verwaltung, Rewe, EDV | Personal | Absatz |
|---|---|---|
| • Einrichtung eines ökologischen Managements<br>• Erweiterung des betrieblichen Verbesserungsvorschlagswesens um Anregungen zum Umweltschutz<br>• Verhaltensrichtlinien für Mitarbeiter<br>• papierloses Büro | • Schulungen zu Umweltfragen<br>• Einführung von Umweltprämien<br>• arbeitsrechtliche Konsequenzen für nicht umweltgerechtes Verhalten | • Auswahl umweltfreundlicher Transportmittel<br>• Verzicht auf aufwendige Verkaufsverpackungen<br>• attraktive Preisgestaltung für umweltfreundliche Produkte |

## Aufgaben:

**9:** Die „Reinweiß GmbH", ein mittelständischer Waschmittelfabrikant, hat durch eine Marktanalyse festgestellt, dass ihm das Image eines wenig umweltorientierten Betriebs anhaftet.Daran hat auch der Umstand, dass seit 2 Jahren ein Öko-Waschmittel angeboten wird, prinzipiell wenig geändert.

a) Beschreiben Sie nachteilige Folgen, die aus dem negativen Image des Waschmittelproduzenten erwachsen könnten.

b) Schlagen Sie je 2 Maßnahmen aus den Bereichen Beschaffung, Produktion und Lagerhaltung vor, um die Abläufe der Reinweiß GmbH noch umweltschonender zu gestalten.

**10:** Im Rahmen der erstmaligen Beantragung einer Betriebserlaubnis wird für den (geplanten) neuen Produktionsstandort der „Lederfabrik Erika Keubl KG" eine Umweltverträglichkeitsprüfung durchgeführt.

a) Begründen Sie mit zwei Argumenten, wieso diese Umweltverträglichkeitsprüfung sinnvoll ist.

b) Beschreiben Sie drei negative Auswirkungen, die eine industrielle Produktion auf die Umwelt des neuen Standorts haben könnte.

c) Wie können Umweltaspekte bei der Standortwahl berücksichtigt werden?

**?** **11:** Bei der Erstellung unternehmerischer Leitbilder (Corporate Identity) werden neben ökonomischen auch viele soziale und ökologische Ziele ausgewiesen.
a) Beschreiben Sie zwei Maßnahmen, um das ökologische Bewusstsein der Mitarbeiter zu fördern.
b) Wie zeigt sich umweltbewusstes unternehmerisches Handeln in der Öffentlichkeit? Nennen und erläutern Sie zwei Beispiele.

## 2 Umweltmanagement

Eine auf Nachhaltigkeit, d. h. auf die Sicherung der natürlichen Lebensgrundlagen ausgerichtete Unternehmensführung ist kein Selbstzweck, sondern folgt dem Grundgedanken, dass eine zerstörte Umwelt auch die Beschaffungs- und Absatzbeziehungen des Unternehmens nachhaltig beschneidet und so seine Existenzsicherung gefährdet.

Weitere Ziele einer umweltorientierten Unternehmensführung sind:
- Imagegewinn
- Kostensenkung (z.B. durch Verwendung von Sekundärrohstoffen oder Verringerung von Umweltabgaben)
- frühzeitige Anpassung an umweltrechtliche Verschärfungen
- Verringerung des Umwelt-Haftungsrisikos
- Gewinnung und Bindung neuer Kundengruppen

Analog zur Zertifizierung eines Qualitätsmanagementsystems nach DIN EN ISO 9001 kann nach DIN EN ISO 14001 auch die Anwendung und Funktionsfähigkeit eines **Umweltmanagementsystems** zertifiziert werden. Auch eine Teilnahme an dem Gemeinschaftssystem für Umweltmanagement und Umweltbetriebsprüfung der Europäischen Union (EMAS) bescheinigt nicht die Einhaltung bestimmter Schadstoffgrenzen oder eine besondere Umweltfreundlichkeit der Produktion, sondern weist eine Begutachtung des Umweltmanagementsystems sowie die Validierung (Gültigkeitserklärung) der Umwelterklärung, die für die Öffentlichkeit bestimmt ist, nach.

## Aufgaben:

**?** **12:** Auf den Angebotsunterlagen eines zur Auswahl stehenden Lieferanten ist folgendes Zeichen abgedruckt:

a) Können Sie davon ausgehen, dass dieser Lieferant nach besonders hohen Umweltstandards arbeitet?

197

b) Beschreiben Sie sowohl einen Vorteil des Lieferanten wie auch des gewerblichen Kunden, den die Verwendung dieses Zeichens bietet.

c) Der Verzicht auf eine umweltorientierte Geschäftsführung vermehrt die direkten und indirekten Umweltrisiken deutlich. Beschreiben Sie drei Gefahren, die durch mangelnde Beachtung ökologischer Aspekte für das Unternehmen entstehen könnten.

**(?) 13:** Eine Möbelfabrik möchte für die Holzimprägnierung ein neues Tauchverfahren einsetzen, welches das bisherige Kesseldruckverfahren ersetzt. Zur Einschätzung der Umweltwirkung wurde eine ökologische Wertanalyse erstellt:

a) Beurteilen Sie anhand der Analyse, ob ein Verfahrenswechsel aus rein ökologischer Sicht sinnvoll ist.

b) Der Leiter des Controllings weist darauf hin, dass der Wechsel des Verfahrens erhebliche Kosten mit sich bringt und zu Preiserhöhungen führen muss. Formulieren Sie 3 Argumente, um den Abnehmern diese Preiserhöhungen akzeptabel zu machen.

c) Schon bei der Lieferantenwahl kann die Möbelfabrik ökologische Aspekte einfließen lassen. Nennen Sie zwei davon.

## 3    Recycling

Hinsichtlich des Schutzes einer intakten Umwelt kann der Staat durch das Vorsorgeprinzip oder das Verursacherprinzip in die unternehmerischen Entscheidungen eingreifen:

| Vorsorgeprinzip Staat versucht, Umweltschäden gar nicht erst auftreten zu lassen | Verursacherprinzip Staat verursacht, die Kosten der Beseitigung von Umweltschäden auf den/die Verursacher zu übertragen |
|---|---|
| • Produktionsverbote und -auflagen<br>• Immisionsgrenzen<br>• Umweltverträglichkeitsprüfung<br>• Kreislaufwirtschaft (Recycling)<br>• Ernennung vom Umweltbeauftragten<br>• Pflicht zur technischen Überwachung | • Umweltabgaben<br>• Immissionszertifikate (Handel mit ungenutzten Verschmutzungsrechten)<br>• Haftung für Umweltschäden<br>• Entsorgungsgebühren |

Im Rahmen des Vorsorgeprinzips schreiben die §§ 7, 8 und 13 des Kreislaufwirtschaftsgesetzes diese Abfolge im Umfang mit Abfällen vor:

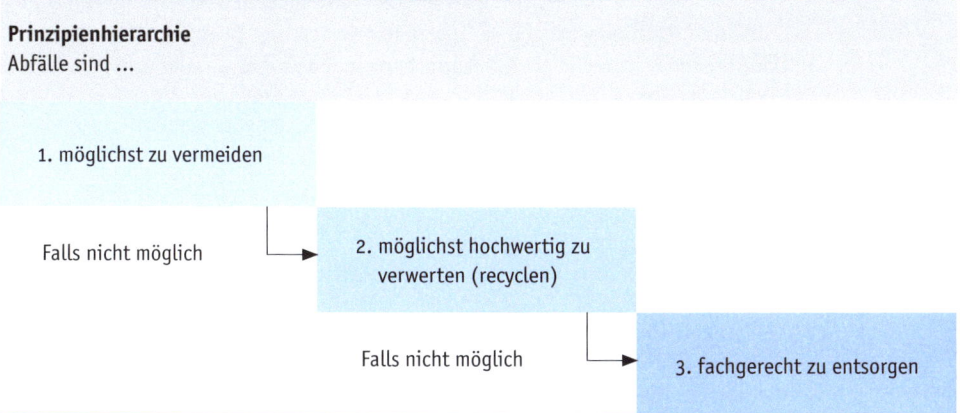

Im Zuge dieser Vorgaben ist die allgemeine Umwandlung der Durchlaufwirtschaft in eine Kreislaufwirtschaft angestrebt. Grundanliegen ist es hier, jeden Output, der anfällt (also Abwärme, Produktionsreste, Ausschuss, Verpackung und am Ende seines Lebenszyklus auch das Produkt selbst) wieder in den Produktionsprozess zurückzuführen.

Hinsichtlich der Art der Gewinnung von Sekundärrohstoffen unterscheiden sich vier Recyclingarten:

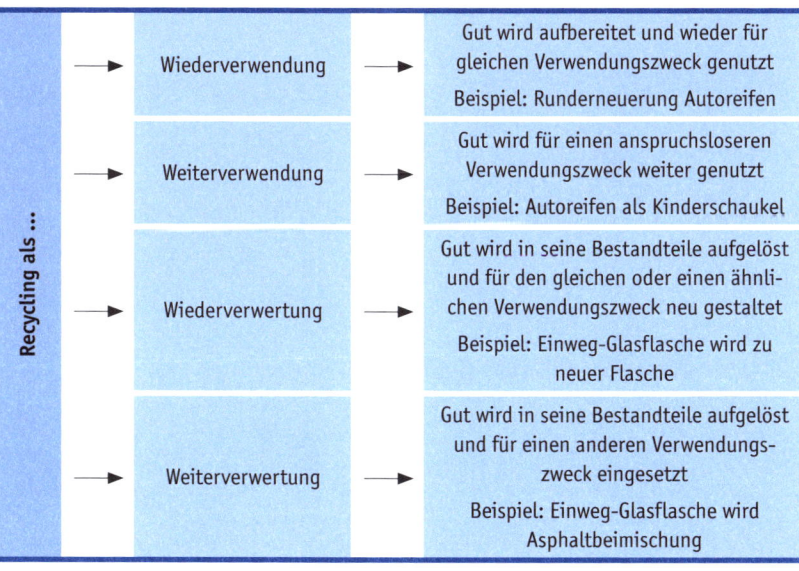

## Aufgaben:

 **14:** Um welche Recyclingart handelt es sich bei den folgenden Beispielen?

a) Eine Tintenpatrone wird neu befüllt und als „Recycling-Patrone" neu angeboten.

b) Die Autoverwertung liefert Kfz-Schrott an ein Stahlwerk, das daraus neues Karosserieblech herstellt.

c) Ein leere Milchflasche wird ausgespült und als Blumenvase genutzt.

d) Kartonagen gelangen in die Müllverbrennung und dienen dort der Heizwärmeerzeugung.

 **15:** In welcher der folgenden Fälle handelt es sich nicht um Recycling?

(1) Der Motor eines Unfallwagens wird als Ersatzmotor in einem anderen Fahrzeug verwendet.

(2) Gebrauchte PET-Einweg-Kunststoff-Flaschen werden zu Kunstfasern verarbeitet.

(3) Verpackungsabfälle werden in betriebsinternen Verbrennungsanlage in Heizenergie für die Produktionshalle umgewandelt.

(4) Stanzreste aus der Produktion werden eingeschmolzen und zu neuen Metallplatten geformt.

(5) Bauholz wird nach Nutzung verfaulen gelassen, um es als Dünger in den Naturkreislauf zurückzugeben.

# Block II nach Prüfungskatalog:

# Kaufmännische Steuerung und Kontrolle

**Kernprüfungsgebiet:**

05 Leistungsabrechnung unter Berücksichtigung des
Controllings

(Inhalte aus Lernfeld 3 „Wertströme erfassen und dokumentieren",
Lernfeld 4 „Wertschöpfungsprozesse analysieren und beurteilen"
und Lernfeld 8 „Jahresabschluss analysieren und bewerten"

**Weiteres Prüfungsgebiet:**

09 Integrative Unternehmensprozesse / Funktion 0904
Finanzierung

(Inhalte aus Lernfeld 11 „Investitions- und Finanzierungsprozesse
planen")

# *Prüfungsgebiet 05: Leistungsabrechnung*

## Funktion 0501: Buchhaltungsvorgänge

### Fragenkomplex 01: Geschäftsvorgänge für das Rechnungswesen bearbeiten

### 1    Bedeutung und Aufgaben der Finanzbuchführung

Die Finanzbuchführung ist ein Teilbereich des Rechnungswesens eines Unternehmens, sie liefert die Istdaten der laufenden Abrechnungsperiode für alle anderen Teilbereiche:

| Bereiche des Rechnungswesen | | | | |
|---|---|---|---|---|
| Finanz-buchhaltung | Jahresab-schluss | Kosten- und Leistungsrech-nung | Planung | Controlling mit Statistik |

Auf Basis von Belegen werden in der Finanzbuchhaltung alle Geschäftsvorfälle wertmäßig erfasst und zeitlich (Grundbuch = Buchungssätze) und sachlich (Hauptbuch = Konten) geordnet und ggf. zusätzlich in weiteren Nebenbüchern (Kontokorrentbuch, Lagerbuch usw.) dokumentiert. Diese Istwerte werden allen anderen Bereichen des Rechnungswesens zur Verfügung gestellt.

| Übersicht: Aufgaben der Finanzbuchhaltung | |
|---|---|
| Ermittlung der Zusammensetzung und der Veränderung des Vermögens und des Kapitals | Ermittlung der Erträge und Aufwendungen sowie des Erfolges (Gewinn oder Verlust) der Geschäftstätigkeit |
| Ermittlung von Basisdaten für Kosten- und Leistungsrechnung, Planungsrechnungen, Controlling, Statistik und viele unternehmerische Entscheidungen | Bereitstellung von Daten für gesetzlich vorgeschriebene Veröffentlichungen (Rechenschaftslegung) wie Jahresabschluss, z.B. Bilanz und Gewinn- und Verlustrechnung |
| Ermittlung von Bemessungsgrundlagen, z.B. für die Besteuerung | Bereitstellung von Beweismitteln beim Rechtsstreit (geordnete Aufbewahrung aller buchungsrelevanten Belege) |

### Aufgabe:

 **1:** Welche der nachfolgenden Aufgaben ist der Finanzbuchführung zuzuordnen?

Kreuzen Sie an!

1 ☐ Ermittlung von Abweichungsursachen in einem Soll-Ist-Vergleich.

2 ☐ Erstellen eines Liniendiagramms für die Darstellung von Umsatzentwicklungen.

3 ☐ Ermittlung der Aufwendungen und Erträge der abgelaufenen Rechnungsperiode.

4 ☐ Erstellung eines HGB-Jahresabschlusses für die Veröffentlichung.

5 ☐ Kalkulation des Verkaufspreises für ein neues Produkt.

## 2 Rechtsrahmen der Finanzbuchführung (einschließlich GoB)

Buchführungspflichtige Unternehmen:

| Buchführungspflicht nach HGB § 238 [1] | Buchführungspflicht nach AO §§ 140–141 |
|---|---|
| • alle Kaufleute gem. HGB: <br> • § 1 Istkaufmann <br> • § 2 Kannkaufmann [2] <br> • § 3 Land- und Forstwirtschaft; Kannkaufmann [2] <br> • § 5 Kaufmann kraft Eintragung <br> • § 6 Handelsgesellschaften; Formkaufmann | • alle Kaufleute gem. HGB sowie <br> • gewerbliche Unternehmer und Land- und Forstwirte mit einem Jahresumsatz > 800.000,00 € oder Jahresgewinn > 80.000,00 € |

[1] Gilt ab 2010 nicht mehr für Einzelkaufleute, die unterhalb der Umsatz- und Gewinngrenze nach § 141 AO liegen (§ 241a HGB).

[2] Eintragung in das Handelsregister notwendig.

## Aufgabe:

**2:** Welcher der nachfolgenden Gewerbetreibenden ist nicht buchführungspflichtig? Kreuzen Sie an! Hinweis: Die angegebenen Ergebniswerte gelten mit geringen Abweichungen für die vergangenen zwei Jahre.

1 ☐ Werner Wolf GmbH, Gartenbaucenter – Umsatz 12,2 Mio. €, Verlust 300.000,00€

2 ☐ Karl Walther e. K., Kunststoffteileherstellung – Umsatz 450.000,00 €, Gewinn 45.000,00 €

3 ☐ Intersport AG, Sportgerätehersteller – Umsatz 480.000,00 €, Gewinn 35.000,00 €

4 ☐ Goldschmiedemeister Phillip Werner – Umsatz 820.000,00€, Gewinn 48.000,00€

## Anforderungen (§ 238 HGB, § 145 AO) an die Finanzbuchführung (Generalregel):

Ein sachverständiger Dritter muss in angemessener Zeit einen Überblick über die Geschäftsvorfälle und einen Überblick über die Lage des Unternehmens erhalten können.

Grundsätze ordnungsmäßiger Buchführung (GoB) gemäß HGB/AO:

| Grundsätze ordnungsmäßiger Buchführung (GoB) gemäß HGB/AO | |
|---|---|
| Vollständigkeit | Kein Geschäftsvorfall darf in der Buchführung unberücksichtigt bleiben. |
| Richtigkeit | Jede Buchung muss wahrheitsgemäß erfolgen. |
| zeitgerecht | Die Buchung muss in angemessener Zeit nach dem Geschäftsvorfall erfolgen; Kasseneinnahmen und -ausgaben sollen täglich erfasst werden. |
| geordnet | Geschäftsvorfälle sind zeitlich fortlaufend zu erfassen; sachliche Zuordnung auf Konten und geordnete Ablage der Belege. |
| Belegprinzip | Für jede Buchung muss ein Beleg vorhanden sein. |
| Sprache, Währung | Handelsbücher und Aufzeichnungen in lebender Sprache; Abkürzungen, Ziffern, Buchstaben oder Symbole nur mit eindeutig festgelegter Bedeutung; Jahresabschluss in deutscher Sprache und in €. |
| Berichtigungen | Eintragungen oder Aufzeichnungen dürfen nicht in einer Weise verändert werden, dass der ursprüngliche Inhalt nicht mehr feststellbar ist (keine Bleistifteintragungen, kein Tipp-Ex, Radieren, Überschreiben, Löschen von Datenträgern usw.). |
| Aufbewahrungspflicht | Unterlagen der Buchführung müssen aufbewahrt werden. |

Die Aufbewahrungsfrist beginnt mit dem Ende des betreffenden Kalenderjahres, in dem die Aufzeichnung oder der Beleg entstand. Gem. HGB und GoB können die Bücher in gebundener Form (Seiten, als Bücher gebunden), als geordnete Loseblattsammlungen, als geordnete Ablage von Belegen oder auf Datenträgern (EDV) geführt werden.

### Wesentliche Aufbewahrungsfristen:

| zehn Jahre | sechs Jahre |
|---|---|
| • Handelsbücher (z.B. Grund- und Hauptbuch) <br> • Inventare <br> • Eröffnungsbilanzen <br> • Jahresabschlüsse (z.B. GuV-Rechnung, Bilanz) <br> • Arbeitsanweisungen und Organisationsunterlagen | • empfangene Handelsbriefe (z.B. Angebote) <br> • Wiedergaben abgesandter Handelsbriefe (z.B. Bestellungen) <br> • Unterlagen, soweit sie für die Besteuerung von Bedeutung sind |
| **acht Jahre** | |
| • Buchungsbelege (z.B. Ausgangsrechnungen, Kontoauszüge) | |

## Aufgaben:

**(?) 3:** Welche der nachfolgenden Handlungen eines buchführungspflichtigen Kaufmanns sind nicht mit den GoB vereinbar? Kreuzen Sie Verstöße gegen die GoB an!

1 ☐ Belegmäßig dokumentierte Geschäftsvorfälle werden innerhalb von 3 Tagen gebucht.

2 ☐ Kassenbestände werden jeweils am Wochenende abgerechnet und geprüft.

3 ☐ Belege auf Papier werden nach der Belegbearbeitung eingescannt und danach vernichtet.

4 ☐ Umsatzerlöse ohne Beleg werden in der Buchführung nicht erfasst.

5 ☐ Aushilfslöhne werden an den Sohn des Inhabers ohne Gegenleistung ausgezahlt und gebucht.

6 ☐ Kontoauszüge werden 12 Monate aufbewahrt.

**(?) 4:** Ermitteln Sie für eine Eingangsrechnung vom 14.08.2023 das früheste Vernichtungsdatum.
Frühestes Vernichtungsdatum: _____ (TTMMJJJJ)

**(?) 5:** Ermitteln Sie für ein erhaltenes Angebot (mit Auftragserteilung) vom 22.09.2023 das Datum, an dem die Aufbewahrungsfrist endet.
Beendigungsdatum für die Aufbewahrungsfrist: _____ (TTMMJJJJ)

## 3 Organisation der Finanzbuchführung

### Kontenrahmen und Kontenplan

Der **Kontenrahmen der Industrie** (IKR) ist in einem **dekadischen System** (10 Kontenklassen mit bis zu 10 Kontengruppen, die jeweils bis zu 10 weitere Kontenarten und ggf. auch Kontenunterarten enthalten) nach dem **Abschlussgliederungsprinzip** aufgebaut. Die Kontenklassen 0–8 gehören zum Rechnungskreis I Finanzbuchführung, die Kontenklasse 9 ist für die Kosten- und Leistungsrechnung reserviert (= Rechnungskreis II). Unterkonten (Ziffer 1 oder 2 an der 4 Stelle) werden immer vor dem Abschluss auf das jeweilige Kontenartenkonto umgebucht (z.B. Bezugskosten, Nachlässe, Erlösberichtigungen usw.)

Die Kontenklassen 0–2 enthalten aktive Bestandskonten, Abschluss im Soll des SBK.
Die Kontenklassen 3–4 enthalten passive Bestandskonten, Abschluss im Haben des SBK.
Die Kontenklasse 5 enthält Erträge, Abschluss im Haben des GuV-Kontos (Achtung: Sonderfall Bestandsveränderungskonto = Aufwands- oder Ertragskonto beachten!).
Die Kontenklassen 6–7 enthalten Aufwendungen, Abschluss im Soll des GuV-Kontos.

| | |
|---|---|
| Kontenklasse 0 | Immaterielle Vermögensgegenstände und Sachanlagen |
| Kontenklasse 1 | Finanzanlagen |
| Kontenklasse 2 | Umlaufvermögen und aktive Jahresabgrenzung |
| Kontenklasse 3 | Eigenkapital und Rückstellungen |
| Kontenklasse 4 | Verbindlichkeiten und passive Jahresabgrenzung |
| Kontenklasse 5 | Erträge |
| Kontenklasse 6 | Aufwendungen |
| Kontenklasse 7 | weitere Aufwendungen |
| Kontenklasse 8 | Eröffnungs- und Abschlusskonten (EBK, SBK, GuV-Konto) |
| Kontenklasse 9 | Rechnungskreis II Kosten- und Leistungsrechnung |

Eine Kontonummer hat damit bis zu 4 Stellen in nachfolgender Reihenfolge (Kontenklasse, Kontengruppe, Kontenart, Kontenunterart). Beispiel: 2002 = Nachlässe für Rohstoffe.

Die AKA-Nürnberg (Aufgabenstelle für kaufmännische Abschlussprüfungen) hat einen verkürzten Industriekontenrahmen veröffentlicht, der für die Abschlussprüfung der Industriekaufleute relevant ist. Jedes Industrieunternehmen kann den Ursprungskontenrahmen (IKR) erweitern oder verkürzen. Damit erstellt sich das Unternehmen einen individuellen **Kontenplan**, der für das Unternehmen alle benötigten Konten enthält.

### Aufgaben:

**(?) 6:** Geben Sie für nachfolgende Konten die Seite des Abschlusskontos an.

1 = Sollseite 8010 SBK          2 = 8010 Habenseite SBK

3 = Sollseite 8020 GuV-Konto      4 = 8020 Habenseite GuV-Konto

5 = Kann keiner Seite eines Abschlusskontos (mit Sicherheit) zugeordnet werden.

1 ☐ Konto 2800 Guthaben bei Kreditinstituten (Bank)

2 ☐ Konto 4400 Verbindlichkeiten a.L.L.

3 ☐ Konto 3001 Privatkonto      4 ☐ Konto 5200 Bestandsveränderungen

5 ☐ Konto 7020 Grundsteuer      6 ☐ Konto 5410 Sonstige Erlöse

7 ☐ 2001 Bezugskosten für Rohstoffe    8 ☐ Konto 3000 Eigenkapital

**7:** Kreuzen Sie jeweils an:

| Aussagen | Richtig | Falsch |
|---|---|---|
| 1. Alle Unternehmen in Deutschland müssen denselben Kontenrahmen benutzen. | | |
| 2. Kontenpläne sind Kurzfassungen (ggf. auch mit Erweiterungen) eines Kontenrahmens. | | |
| 3. Der Industriekontenrahmen basiert auf einem dekadischen System. | | |
| 4. Der Industriekontenrahmen ist abschlussorientiert aufgebaut. | | |
| 5. EDV-Buchführung setzt einen Kontenplan voraus. | | |
| 6. Innerhalb einer Branche nutzen alle Unternehmen einen einheitlichen Kontenplan. | | |

## Belege, Belegbearbeitung

Belege, die Grundlage jeder Buchung, entstehen im Unternehmen selbst oder werden von Dritten erstellt.

| Unternehmenseigene Belegerstellung | | Unternehmensfremde Belegerstellung im Ablauf der Unternehmenstätigkeit: |
|---|---|---|
| im Ablauf der Unternehmenstätigkeit: | zum Zwecke der Buchführung: | |
| • Ausgangsrechnungen und Gutschriften (Kopien) an Kunden <br> • eigene Zahlungsbelege <br> • Lohn- und Gehaltslisten <br> • Entnahmescheine | • vorbereitende Abschlussbuchungen <br> • Korrekturbuchungen <br> • Notbelege (kein Beleg vorhanden, z.B. Gespräch aus einer Telefonzelle) | • Eingangsrechnungen und Gutschriften von Lieferern (Werkstoffe, Anlagevermögen, Leistungen) <br> • Kontoauszüge der Banken und Zahlungsbelege von Kunden <br> • Spendenbescheinigungen <br> • Steuerbescheide |

Eingangsrechnungen müssen vor ihrer Buchung sowohl sachlich als auch rechnerisch auf Richtigkeit und Vollständigkeit überprüft werden. Eingangsrechnungen, die zu einem Vorsteuerabzug berechtigen, müssen den Anforderungen des Umsatzsteuerrechts (§ 14 Abs. 4 Satz 1 UStG) entsprechen.

| Sachliche Prüfung: | Rechnerische Prüfung: |
|---|---|
| • Übereinstimmung aller Rechnungswerte (Menge, Artikelart, Einzelpreis in €, Rabatte und Skonto in Prozent, Zahlungsziel usw.) mit der Bestellung <br> • Übereinstimmung aller Rechnungswerte mit der Wareneingangsmeldung (Menge, Artikelart, Güte und Beschaffenheit der Ware, ggf. Mängel) | Gesamtpreis je Artikel (Menge · Einzelpreis) <br> Gesamtpreis für alle Artikel in € <br> − Rabatt in € <br> = Nettowarenwert ggf. zzgl. Bezugskosten <br> + Umsatzsteuer <br> = Bruttorechnungsbetrag |

### Bücher der Finanzbuchführung

Bücher der Finanzbuchführung werden i. d. R. arbeitsteilig erstellt. Basis sind immer die **Grundbücher,** die in zeitlicher Reihenfolge alle Geschäftsvorfälle zuerst erfassen. Diese Grundbücher werden sachlich gegliedert in das **Hauptbuch** und ggf. in die **Nebenbücher** (z.B. Lagerbuch, Debitorenbuch = Kunden, Kreditorenbuch = Lieferanten, Anlagenbuch oder Personalbücher usw.) übertragen. Diese Übernahme erledigt ein Finanzbuchhaltungsprogramm auf Basis des Grundbuches automatisch.

## Aufgaben:

**8:** Geben Sie die richtige Reihenfolge an, indem Sie die Ziffern 1–6 zuordnen.

☐ **Grundbuch** (zeitliche Ordnung der Buchungen, Buchungssätze)

☐ **Kontierung** (Buchungsanweisung auf dem Beleg)

☐ **Hauptbuch** (sachliche Ordnung der Buchungen, Konten)

☐ **Dokumentation** der Geschäftsprozesse durch Belege

☐ **Belegbearbeitung** (sachliche und zeitliche Ordnung, Ordnungsmerkmale z.B. Kundennummern, Belegnummern usw.)

☐ **Ablage und Aufbewahrung** (Buchungsbelege, Bücher der Buchführung: Aufbewahrungsfrist 10 Jahre)

**9:** Welche der nachfolgenden Nebenbücher müssen jeweils angesprochen werden? (Mehrfachnennungen sind möglich!)
1 = Debitorenbuch   2 = Lagerbuch   3 = Anlagenbuch
4 = Keines der unter 1–3 genannten Nebenbücher

1 ☐ Einkauf von Rohstoffen auf Ziel   2 ☐ Einkauf einer Maschine auf Ziel

3 ☐ Barkauf von Büromaterial   4 ☐ Verkauf von Erzeugnissen auf Ziel

5 ☐ Überweisung der Löhne an Arbeitnehmer

6 ☐ Barverkauf gebrauchter Büromöbel

### EDV-gestützte Buchführung

Kein Unternehmen erstellt seine Buchführung manuell. Auf dem Softwaremarkt gibt es eine Vielzahl von Buchführungsprogrammen (Anbieter z.B. SAP, Microsoft, Lexware usw.), die, zumeist um weitere Module erweitert, eine vollständige Unternehmenssteuerung (ERP-Programme) ermöglichen. Belege, die mit diesen Programmen erstellt werden (z.B. Ausgangsrechnungen, Personalabrechnungen usw.), können dann direkt in das Buchführungsprogramm per „Knopfdruck" übernommen werden. Rechnungen in Formaten wie PDF, DOC, JPG usw. sowie Papierrechnungen sind seit Januar 2025 nur noch in Ausnahmefällen zulässig. Die E-Rechnung ist weitgehend Pflicht!
Das Grundprinzip ist immer gleich: EVA = Eingabe – Verarbeitung – Ausgabe

## Aufgabe:

**(?) 10:** Welche Hardwarekomponenten dienen der Eingabe (= 1), der Verarbeitung (= 2) oder der Ausgabe (= 3) von Buchführungswerten oder Belegen?

1 ☐ Tastatur                              2 ☐ Drucker
3 ☐ CPU (central prozessing unit)         4 ☐ Maus
5 ☐ Scanner                               6 ☐ Monitor (kein Touchscreen)

## Fragenkomplex 02: Bestands- und Erfolgskonten führen

### 1    Inventur, Inventar, Bilanz

| Inventur | Inventar | Bilanz |
|---|---|---|
| Bestandsaufnahme aller Vermögenswerte und Schulden | ausführliches Bestandsverzeichnis in Staffelform | Gegenüberstellung von Vermögen und Kapital in Kontoform |

Inventurwerte sind die Basis des Inventars und auch der Bilanz zum selben Zeitpunkt.

**Inventur** ist die Bestandsaufnahme aller Vermögenswerte und Schulden nach Art, Menge und Wert.

Die Durchführung der Inventur ist gesetzlich vorgeschrieben (§ 240 HGB, §§ 140, 141 AO) und muss erfolgen:

- bei Aufnahme der Geschäftstätigkeit (Gründung, Übernahme)
- am Ende jedes Geschäftsjahres (meistens der 31.12.)
- bei Aufgabe der Geschäftstätigkeit (Auflösung, Verkauf)

| Körperliche Inventur | Buchinventur |
|---|---|
| Bestandsaufnahme durch: Messen, Zählen, Wiegen und in Ausnahmefällen auch Schätzen (Vermögensgegenstände mit niedrigerem Wert und unangemessener Arbeitsaufwand bei alternativer Mengenermittlung) der Mengen, die anschließend bewertet werden. Beispiele: Bargeld, Rohstoffe, Vorprodukte/Fremdbauteile, Erzeugnisse usw. | Bestandsaufnahme nicht körperlicher Vermögensgegenstände und Schulden bzw. von Vermögensgegenständen, deren Bestand nach Art, Menge und Wert auch ohne körperliche Bestandsaufnahme festgestellt werden kann (z.B. durch Überprüfung von Aufzeichnungen, Belegen, Dokumenten). Beispiele: Bankguthaben, Fuhrpark, Forderungen und Verbindlichkeiten, Darlehensschulden usw. |

| Inventurarten für die jährliche Wertermittlung von Vermögens- und Schuldenwerten | | | |
|---|---|---|---|
| Stichtagsinventur | verlegte Inventur | permanente Inventur | Stichprobeninventur |
| 10 Tage vor bis 10 Tage nach dem Bilanzstichtag | 3 Monate vor bis 2 Monate nach dem Bilanzstichtag | körperliche Inventurtätigkeiten verteilt über das ganze Geschäftsjahr | Mengenermittlung mittels anerkannter mathematisch-statistischer Methoden |

Unabhängig vom Aufnahmezeitpunkt muss durch Anwendung eines den Grundsätzen ordnungsmäßiger Buchführung entsprechenden **Fortschreibungs- oder Rückrechnungsverfahrens** gesichert sein, dass der am Schluss des Geschäftsjahrs vorhandene Bestand der Vermögensgegenstände für diesen Zeitpunkt ordnungsgemäß bewertet werden kann.

Grundsätzlich sind alle Vermögensgegenstände und Schulden **einzeln** zu bewerten. Gleichartige Vermögensgegenstände des Vorratsvermögens sowie andere gleichartige oder annähernd gleichwertige bewegliche Vermögensgegenstände und Schulden können jeweils zu einer Gruppe zusammengefasst und mit dem **gewogenen Durchschnittswert** angesetzt werden.

Darüber hinaus erlaubt das HGB im Vorratsvermögen auch Verbrauchsfolgebewertungsverfahren wie das **LiFo- (Last in First out)** und das **FiFo-Verfahren (First in First out)** als Bewertungsalternative. Im Steuerrecht ist zurzeit nur das LiFo-Verfahren zulässig.

Für die Bewertung der Vermögenswerte innerhalb der Inventur gilt das **Niederstwertprinzip.**

Verglichen werden immer die AK/HK mit dem Zeitwert. Der niedrigere Wert wird Inventurwert und damit Bilanzwert. Wertsteigerungen sind nicht möglich!

| Anlagevermögen | Umlaufvermögen |
|---|---|
| Anschaffungskosten/Herstellungskosten<br>– planmäßige Abschreibungen (nur abnutzbare Anlagegüter)<br>– außerplanmäßige Abschreibungen (bei allen Anlagegütern möglich)<br>= Inventurwert (= Bilanzwert) | Anschaffungskosten/Herstellungskosten im Vergleich mit dem Zeitwert (Börsen-, Marktpreis oder beizulegender Zeitwert).<br><br>Der niedrigere Wert = Inventurwert (= Bilanzwert) |

Für die Schulden gilt das Höchstwertprinzip (Vergleich Anschaffungskosten oder -wert mit dem Erfüllungsbetrag [Rückzahlungsbetrag] – alles in Euro gerechnet; der höhere Wert wird zum Inventurwert)!

Das **Inventar** ist ein **ausführliches Bestandsverzeichnis** aller Vermögenswerte und Schulden nach **Art, Menge und Wert. Grundlage ist der § 240 HGB:** Jeder Kaufmann hat zu Beginn seines Handelsgewerbes seine Grundstücke, seine Forderungen und Schulden, den Betrag seines baren Geldes sowie seine sonstigen Vermögensgegenstände genau zu verzeichnen und dabei den Wert der einzelnen Vermögensgegenstände und Schulden anzugeben. Er hat demnächst für den Schluss eines jeden Geschäftsjahrs ein solches **Inventar** aufzustellen.

| | |
|---|---|
| **Inventarschema** | Anlagevermögen: Vermögensgegenstände, die auf Dauer im Unternehmen verbleiben sollen. Sie sind Grundlage der Betriebstätigkeit. |
| **A. Vermögen** | |
| I. Anlagevermögen | |
| II. Umlaufvermögen | Umlaufvermögen: Vermögensgegenstände, die sich in ihrer Zusammensetzung ständig ändern. Sie sind Grundlage für den Unternehmenserfolg. |
| Summe des Vermögens | |
| **B. Schulden (Fremdkapital oder Verbindlichkeiten)** | |
| I. Langfristige Schulden | Langfristige Schulden: Rückzahlungstermine > 1 Jahr |
| II. Kurzfristige Schulden | Kurzfristige Schulden |
| Summe der Schulden | Rückzahlungstermine ≤ 1 Jahr |
| Als Ergänzung möglich: | |
| **C. Ermittlung des Eigenkapitals** | Die Ermittlung des Eigenkapitals ist für das Inventar nicht vorgeschrieben, ist aber Bestandteil aller Schulbuchdarstellungen. |
| Summe des Vermögens | |
| – Summe der Schulden | |
| = Eigenkapital (Reinvermögen) | |

Die **Bilanz** ist eine kurz gefasste Gegenüberstellung von Vermögen und Kapital in Kontoform.

In der Bilanz müssen nach § 247 HGB das Anlagevermögen, das Umlaufvermögen, das Eigenkapital und die Schulden gesondert ausgewiesen und hinreichend aufgegliedert werden. Für Kapitalgesellschaften gelten besondere Gliederungsvorschriften gem. § 266 HGB.

**Beispiel:**

| Aktiva (Vermögen) | Bilanz | Passiva (Kapital) |
|---|---|---|
| A. Anlagevermögen | A. Eigenkapital | |
| 1. Grundstücke und Bauten | B. Verbindlichkeiten (Schulden, | |
| 2. Technische Anlagen und Maschinen | Fremdkapital) | |
| 3. Betriebs- und Geschäftsausstattung | 1. Langfristige Bankverbindlichkeiten | |
| B. Umlaufvermögen | (z.B. Darlehen) | |
| 1. Roh-, Hilfs- und Betriebsstoffe | 2. Verbindlichkeiten aus Lieferungen und | |
| 2. Unfertige Erzeugnisse | Leistungen | |
| 3. Fertige Erzeugnisse | 3. Sonstige Verbindlichkeiten | |
| 4. Handelswaren | | |
| 5. Forderungen aus Lieferungen und Leistungen | | |
| 6. Kasse | | |
| 7. Bankguthaben | | |

Die Summe der Aktiva und die Summe der Passiva sind immer gleich. Bilancia = italienisch für Waage.

Die Bilanzwerte basieren immer auf den Inventurwerten einer Rechnungsperiode, d.h., die Inventur- und damit die Inventarwerte eines Geschäftsjahresendes werden zu Bilanzwerten.

## Aufgaben:

**11:** Die Jahresinventur mit Stichtag 31.12. wird bereits am 31.10. als verlegte Inventur durchgeführt. Am 31.10. wird der Bestand eines Fertigteils mit 520 Stück festgestellt. Bis zum 31.12. gibt es noch folgende Bewegungen: Am 13.11. werden 100 Stück lt. Materialentnahmeschein entnommen, am 25.11. werden 70 Stück lt. Lieferschein zugekauft. Am 8.12. werden 10 defekte Fertigteile lt. Rücksendeschein an den Lieferanten zurückgeschickt. Am 15.12. werden lt. Materialentnahmeschein weitere 100 Stück entnommen. Ermitteln Sie den Inventurbestand zum 31.12.: _____ Stück

**12:** Ermitteln Sie auf Basis der nachfolgenden Inventurliste für Handelswaren

a) die Wertminderung für den Artikel 801XL = _____ €

b) den Inventurwert für den Artikel 801XL = _____ €

c) den Gesamtinventurwert für die Warengruppe Shorts = _____ €

Inventurliste Handelswaren
Warengruppenbereich: Shorts

Aufnahmetag: 03.01.20X1

Jahr 20XX                    Seite 1

| Artikel Nr. | Artikelbezeichnung | Lagermenge gem. Lagerbuchhaltung / Sollwert/Stück | Inventurmenge / Istwert/Stück | Einstandspreise der Bestände / €/Stück | Einkaufswert der Inventurmenge je Artikel / in Euro | Wertminderungen je Artikel / in Euro | Gesamtinventurwert / in Euro |
|---|---|---|---|---|---|---|---|
| 801L | Short „Kenn" superfast Größe „L" | 212 | 200 | 18,30 € | 3.660,00 | – | 3.660,00 |
| 801M | Short „Kenn" superfast Größe „M" | 242 | 244 | 18,60 € | 4.538,40 | – | 4.538,40 |
| 801S | Short „Kenn" superfast Größe „S" | 54 | 54 | 18,00 € | 972,00 | – | 972,00 |
| 801XL | Short „Kenn" superfast Größe „XL" | 212 | 211 | 21,40 € | 4.515,40 | a) | b) |
| 801XXL | Short „Kenn" superfast Größe „XXL" | 180 | 176 | 22,00 € | 3.872,00 | 360,80 | 3.511,20 |
| | Gesamtinventurwert Warengruppe Short Modell „Kenn" | | | | | | c) |

Wertminderungen (ohne Daten der Einkaufsabteilung):
Wasserschaden Artikel 801XL, Menge 25 Stück durchnässt und verschmutzt – Ware unverkäuflich!

| Artikel Nr. | Artikelbezeichnung | Einstandspreise der vorhandenen Shorts | Einstandspreise laut aktuellen Preislisten |
|---|---|---|---|
| 801L | Short „Kenn" superfast Größe „L" | 18,30 € | 18,95 € |
| 801M | Short „Kenn" superfast Größe „M" | 18,60 € | 18,95 € |
| 801S | Short „Kenn" superfast Größe „S" | 18,00 € | 18,95 € |
| 801XL | Short „Kenn" superfast Größe „XL" | 21,40 € | 19,95 € |
| 801XXL | Short „Kenn" superfast Größe „XXL" | 22,00 € | 19,95 € |

## Aufgaben:

**(?) 13:** Ermitteln Sie die fehlenden Werte.

a) Eigenkapital = _____ €        b) Anlagevermögen = _____ €

| Vermögen, Kapital | € | Vermögen, Kapital | € |
|---|---|---|---|
| Anlagevermögen | 140.000,00 | Anlagevermögen | |
| Umlaufvermögen | 120.000,00 | Umlaufvermögen | 60.000,00 |
| Fremdkapital | 80.000,00 | Fremdkapital | 40.000,00 |
| Eigenkapital | | Eigenkapital | 90.000,00 |

**(?) 14:** Welche der folgenden Aussagen gelten für die Inventur (= 1), das Inventar (= 2) und/oder die Bilanz (= 3)? Mehrfachnennungen möglich!

1. ☐ Bestandsaufnahme aller Vermögenswerte und Schulden nach Art, Menge und Wert

2. ☐ Unterteilung des Vermögens in Anlage- und Umlaufvermögen

3. ☐ Aufbewahrungsfrist 10 Jahre

4. ☐ Mengen- und wertmäßiges Verzeichnis des Vermögens und der Schulden

5. ☐ Darstellung in Staffelform

6. ☐ Kurz gefasste Gegenüberstellung des Vermögens und des Kapitals

**(?) 15:** Zu welchen Bilanzposten gehören nachfolgende Vermögens- und Schuldenwerte eines Industrieunternehmens der Metallindustrie gemäß Gliederung (z.B. AA 4 für Aktiva, Anlagevermögen, Posten 4) der Bilanz auf der Seite 211? Ordnen Sie zu!

☐ 1 Lkw                    ☐ 5 Unbezahlte Lieferantenrechnungen

☐ 2 Schrauben             ☐ 6 Unbezahlte Kundenrechnungen

☐ 3 Bargeld               ☐ 7 Langfristige Bankdarlehen

☐ 4 Buchgeld              ☐ 8 Blechpresse

## 2    Kontenführung und Kontenabschluss

Jeder Geschäftsvorfall verändert mindestens zwei Werte auf Bestandskonten. Bestandskonten sind Konten, die aus Bilanzpositionen abgeleitet werden. Aktive Bestandskonten (Kontenklasse 0, 1, 2) sind Vermögenswerte der Aktiva-Seite der Bilanz, passive Bestandskonten (Kontenklasse 3, 4) sind Kapitalwerte der Passiva-Seite der Bilanz. Abschlusskonto ist das Schlussbilanzkonto (8010 SBK).

### Werteveränderungen auf Bestandskonten

| Aktivtausch | Passivtausch |
|---|---|
| Beispiel: Kauf eines Fahrzeuges gegen Barzahlung<br>+ Fuhrpark – Kasse | Beispiel: Umwandlung einer kurzfristigen Verbindlichkeit in ein langfristiges Darlehen<br>+ Darlehensschulden – Verbindlichkeiten a.L.L. |
| **Aktiv-Passiv-Mehrung** | **Aktiv-Passiv-Minderung** |
| Beispiel: Kauf eines Fahrzeuges auf Ziel (Kredit)<br>+ Fuhrpark + Verbindlichkeiten a.L.L. | Beispiel: Banküberweisung an einen Rohstofflieferer<br>– Verbindlichkeiten a.L.L. – Bankguthaben |

Hinweis: Aufwandsbuchungen vermindern letztlich das passive Bestandskonto Eigenkapital, Ertragsbuchungen erhöhen es!

### Buchungsregeln für Bestandskonten:

| Soll | Aktives Bestandskonto | Haben |
|---|---|---|
| Anfangsbestand (EBK) | Minderungen | |
| Mehrungen | Endbestand (SBK) | |
| Summe Soll | = | Summe Haben |

| Soll | Passives Bestandskonto | Haben |
|---|---|---|
| Minderungen | Anfangsbestand (EBK) | |
| Endbestand (SBK) | Mehrungen | |
| Summe Soll | = | Summe Haben |

### Buchungen auf Erfolgskonten (Aufwands- und Ertragskonten):

Neben den Bestandskonten gibt es Erfolgskonten = Aufwands- (Kontenklasse 6, 7) und Ertragskonten (Kontenklasse 5). **Erfolgskonten haben keinen Anfangsbestand!** Buchungen auf Erfolgskonten verändern das Eigenkapital. Aufwandsbuchungen führen zu Eigenkapitalminderungen, Ertragsbuchungen führen zu Eigenkapitalmehrungen. Das **Abschlusskonto für die Erfolgskonten ist das Gewinn- und Verlustkonto (Konto 8020),** dessen Ergebnis auf das Eigenkapitalkonto weitergeleitet wird.

Aufwandskonten (Beispiele): 6000 Aufwendungen für Rohstoffe, 6050 Energie, 6200 Löhne

> Buchung (ohne Umbuchung Materialkonten):
> Aufwandskonto    an    Verbindlichkeiten a.L.L. oder Zahlungskonto

Ertragskonten (Beispiele): 5000 Umsatzerlöse für eigene Erzeugnisse, 5400 Nebenerlöse (z.B. Mieterträge)

> Buchung:    Forderungen a.L.L. oder Zahlungskonto    an    Ertragskonto

| Soll | Aufwandskonten | Haben |
|---|---|---|
| Aufwandsbuchungen | 8020 GuV-Konto | |

| Soll | Ertragskonten | Haben |
|---|---|---|
| 8020 GuV-Konto | Ertragsbuchungen | |

## Übersicht: Buchungsablauf

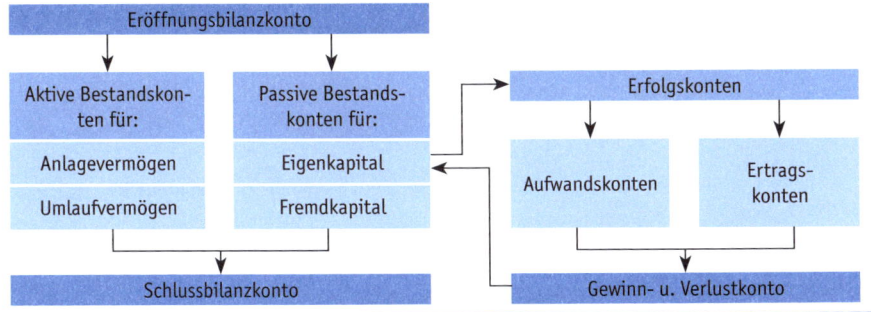

Sonderfall: 5200 Bestandsveränderungskonto = Aufwands- oder Ertragskonto! Je nachdem, ob die Bestandserhöhungen oder die Bestandsminderungen überwiegen.

### Unterkonten der Material- und Umsatzerlöskonten

Unterkonten gibt es für den **Materialeinkauf** und für **Umsatzerlöse. Die Buchung auf diesen Unterkonten ist für die AKA-Prüfung zwingend vorgegeben!**

| Beschaffungswirtschaft | | Absatzwirtschaft |
|---|---|---|
| Unterkonten in der Kontenklasse 2: Materialeinkauf bei bestandsorientierter Buchungstechnik | Unterkonten in der Kontenklasse 6: Materialeinkauf bei aufwandsorientierter Buchungstechnik | Unterkonten in der Kontenklasse 5 Verkauf von Erzeugnissen oder Handelswaren Umsatzerlöse |
| 2X01 Bezugskosten 2X02 Nachlässe | 6X01 Bezugskosten 6X02 Nachlässe | 5X01 Erlösberichtigungen |

**Bezugskosten** (Beispiele): Verpackungskosten, Frachtkosten, Rollgeld, Einfuhrzölle usw.

**Nachlässe oder Erlösberichtigungen** (Beispiele): Skonti, Boni, Gutschriften für Mängelrügen

Hinweis: **Sofortrabatte**, die in Rechnungen bereits abgezogen wurden, werden erst gar nicht gebucht! Buchungsbeträge nach Abzug der Sofortrabatte sind zu buchen.

Unterkonten werden vor dem Jahresabschluss immer auf das entsprechende Kontenartenkonto umgebucht! Beispiele:

| | | |
|---|---|---|
| 2000 Rohstoffe | an 2001 Bezugskosten für Rohstoffe | oder |
| 6000 Aufwendungen für Rohstoffe | an 6001 Bezugskosten für Rohstoffe | |
| 2002 Nachlässe für Rohstoffe | an 2000 Rohstoffe | oder |
| 6002 Nachlässe für Rohstoffe | an 6000 Aufwendungen für Rohstoffe | |
| 5000 Umsatzerlöse f. e. Erzeugnisse | an 5001 Erlösberichtigungen f. e. Erzeugnisse | oder |
| 5100 Umsatzerlöse für Waren | an 5101 Erlösberichtigungen für Waren | |

 Wichtig! Die Konten des Anlagevermögens haben nie Unterkonten!!!!

### Privatkonten als Unterkonten der Eigenkapitalkonten

Für Einzelunternehmer und Vollhafter von Personengesellschaften sind **Privateinlagen und - entnahmen** während des Geschäftsjahres möglich. Sie **müssen** auf dem jeweiligen Eigenkapitalunterkonto **30X1 Privat** gebucht werden.

Auch diese Unterkonten müssen auf das jeweilige Eigenkapitalkonto umgebucht werden. Beispiele:

| | | |
|---|---|---|
| Wenn die Privateinlagen überwiegen: | 3001 Privat | an 3000 Eigenkapital |
| Wenn die Privatentnahmen überwiegen: | 3000 Eigenkapital | an 3001 Privat |

### Umsatzsteuerkonten

Die Beträge auf Umsatzsteuerkonten werden als „durchlaufender Posten" behandelt, d.h. keine Erfolgsauswirkung für das Unternehmen! **An Lieferer bezahlte** Umsatzsteuer wird im Soll auf dem Konto 2600 Vorsteuer und **von Kunden erhaltene** Umsatzsteuer wird im Haben auf dem Konto 4800 Umsatzsteuer gebucht.

| Soll | 2600 Vorsteuer | Haben | | Soll | 4800 Umsatzsteuer | Haben |
|---|---|---|---|---|---|---|
| Umsatzsteuer bei Einkäufen | | ← Verrechnung → | | | Umsatzsteuer bei Verkäufen | |

Im Monatsabschluss und Jahresabschluss werden zuerst die Steuerkonten verrechnet.

| | |
|---|---|
| Verrechnungsbuchungssatz: 4800 Umsatzsteuer | an 2600 Vorsteuer |

Verrechnet wird immer der **Saldo des wertmäßig kleineren Kontos**! Das wertmäßig kleinere Konto ist damit ausgeglichen. Das wertmäßig größere Konto wird im Monatsabschluss am 10. des Folgemonats mit dem Finanzamt per Überweisung ausgeglichen.

| | | | |
|---|---|---|---|
| Vorsteuerüberhang: | 2800 Bankguthaben | an 2600 Vorsteuer | oder |
| Zahllast: | 4800 Umsatzsteuer | an 2800 Bankguthaben | |

Im Jahresabschluss sind die im Januar des Folgejahres auszugleichenden Beträge in das SBK zu übernehmen.

| | | | |
|---|---|---|---|
| Aktivierung Vorsteuerüberhang: | 8010 SBK | an 2600 Vorsteuer | oder |
| Passivierung Zahllast: | 4800 Umsatzsteuer | an 8010 SBK | |

### Sonderfall Bestandsveränderungskonto mit Unterkonten

Auf den Bestandsveränderungskonten 5201 Bestandsveränderungen an unfertigen Erzeugnissen und 5202 Bestandsveränderungen an fertigen Erzeugnissen werden **nur die Anfangsbestände und die Endbestände** aus Inventurwerten gebucht. Die jeweilige Differenz wird auf das Konto 5200 Bestandsveränderungskonto umgebucht. Beispiele:

Bestandserhöhung unfertige Erzeugnisse:
5201 Bestandsveränderungskonto
    unfertige Erzeugnisse          an 5200 Bestandsveränderungskonto
Bestandsminderung fertige Erzeugnisse:
5200 Bestandsveränderungskonto         an 5202 Bestandsveränderungskonto fertige Erzeugnisse

Je nachdem, ob auf dem Konto 5200 Bestandsveränderungen die **Bestandserhöhungen** oder die **Bestandsminderungen** der unfertigen und fertigen Erzeugnisse überwiegen, wird das Konto zum Ertrags- oder Aufwandskonto.

| | | |
|---|---|---|
| 5200 Bestandsveränderungen | an 8020 GuV-Konto | oder |
| 8020 GuV-Konto | an 5200 Bestandsveränderungen | |

## Aufgaben:

 **16:** Welche Art der Werteveränderung von Bilanzposten liegt vor?

1 = Aktivtausch   2 = Passivtausch   3 = Aktiv-Passiv-Minderung   4 = Aktiv-Passiv-Mehrung. Tragen Sie Ihre Zuordnung in der Lösungstabelle ein.

| Geschäftsvorfall | Werteveränderung | Geschäftsvorfall | Werteveränderung |
|---|---|---|---|
| 1. Kauf einer Maschine auf Ziel | | 2. Zinszahlung an die Bank per Lastschrift | |
| 3. Banküberweisung an einen Lieferer | | 4. Barabhebung vom Bankkonto | |

**17:** Ermitteln Sie den Rohstoffeinsatz, wenn der Inventurbestand der Rohstoffe bei bestandsorientierter Buchungstechnik am Jahresende 20.000,00 Euro beträgt. = _____ €

| Soll | 2000 Rohstoffe | Haben |
|------|----------------|-------|
| 8000 | 40.000,00 | |
| 4400 | 60.000,00 | |
| 4400 | 180.000,00 | |

| Soll | 2001 Bezugskosten | Haben |
|------|-------------------|-------|
| 4400 | 8.000,00 | |
| 2800 | 800,00 | |

| Soll | 2002 Nachlässe | Haben |
|------|----------------|-------|
| | | 4400 600,00 |
| | | 4400 1.200,00 |

**(?) 18:** Ermitteln Sie das Eigenkapital eines Einzelunternehmers am Jahres ende. _____ €

| Soll | 3001 Privat | Haben |
|------|-------------|-------|
| 2880 | 4.000,00 | 2800 22.000,00 |
| | | 0500 60.000,00 |

| Soll | 3000 Eigenkapital | Haben |
|------|-------------------|-------|
| | | 8000 138.000,00 |
| | | 8020 14.800,00 |

**(?) 19:** Ermitteln Sie die Zahllast für den Monat November. _____ €

| Soll | 2600 Vorsteuer | Haben |
|------|----------------|-------|
| 4400 | 36.000,00 | 4400 3.600,00 |
| 4400 | 12.000,00 | |

| Soll | 4800 Umsatzsteuer | Haben |
|------|-------------------|-------|
| 2400 | 6.000,00 | 2400 62.000,00 |
| | | 2400 12.000,00 |

**(?) 20:** Ermitteln Sie den Wert der Gesamtbestandsveränderung und geben Sie an, ob ein Ertrag (+) oder ein Aufwand (–) im GuV-Konto erscheint. _____ €

| Soll | 5201 BVÄ u. Erz. | Haben |
|------|------------------|-------|
| 8000 | 22.000,00 | 8010 12.600,00 |

| Soll | 5202 BVÄ f. Erz. | Haben |
|------|------------------|-------|
| 8000 | 16.000,00 | 8010 42.000,00 |

## 3 Buchungen

### (1) Buchungen im Beschaffungsbereich

Im **Materialbeschaffungsbereich** werden eingekaufte Materialien entweder auf Konten der Kontenklasse 2 (**bestandsorientierte Buchungstechnik**) oder auf Konten der Kontenklasse 6 (**aufwandsorientierte Buchungstechnik**) gebucht. Die **Methode wird vorgegeben oder muss aus der Aufgabenstellung abgeleitet werden.** Ein Einkauf für das Materiallager ist z.B. ein Hinweis für die Konten-klasse 2, ein Einkauf für die Produktion entsprechend für die Kontenklasse 6. Unterkonten (Bezugskosten, Nachlässe) müssen in derselben Kontenklasse geführt werden! Es werden immer nur Beträge nach Abzug eines Sofortrabattes gebucht. **Rücksendungen werden direkt auf dem Materialkonto erfasst.**

Buchungen im Materialbeschaffungsbereich sind i. d. R. **belegorientiert**, d.h., aus dem Beleg muss abgeleitet werden, ob es sich überhaupt um einen Materialeinkauf oder einen Anlagenkauf handelt. Darüber hinaus muss das Material zugeordnet werden. Hilfreich ist die Vorstellung des Modellunternehmens im Prüfungsbogen selbst. Hier werden die benötigten Anlagen und die Materialen – mit Zuordnung

– angegeben. Hilfreich für die Aufgabentsellungen in diesem Buch ist nachfolgende Übersicht über die Materialien eines Fahrradherstellers mit Beispielen:

| Rohstoffe Konto 2000 oder 6000 | Hilfsstoffe Konto 2020 oder 6020 | Betriebsstoffe Konto 2030 oder 6030 | Vorprodukte/Fremd-bauteile Konto 2010 oder 6010 | Handelswaren Konto 2280 oder 6080 |
|---|---|---|---|---|
| Hauptbestandteil eines Produktes | Nebenbestandteile eines Produktes | Kein Bestandteil des Produktes, aber not-wendig für dessen Produktion. | Fertige Erzeugnisse Dritter, die in das Pro-dukt eingebaut werden. | Waren, die unver-ändert weiterver-kauft werden. |
| Rohre und Bleche aus Stahl und Aluminium | Lack, Grundierun-gen, Schrauben | Schmierstoffe für die Rohrtrennanlage | Schaltungen, Antrie-be, Räder Lenker, Sättel, Schläuche | Fahrrad-bekleidung, Fahrradanhänger |

## Grundbuch bei bestandsorientierter Buchungstechnik am Beispiel Zielkauf von Rohstoffen:

| | Sollbuchungen | an | Habenbuchungen |
|---|---|---|---|
| Anfangsbestand Rohstoffe | 2000 Rohstoffe | an | 8000 EBK |
| **Eingangsrechnungen:** | | | |
| Einkauf von Rohstoffen auf Ziel (nach Ab-zug von Sofortrabatten) | 2000 Rohstoffe 2600 Vorsteuer | an | 4400 Verbindlichkeiten a.L.L. |
| Einkauf von Rohstoffen mit Bezugskosten (Lieferant stellt Rohstoffe und Bezugskos-ten gleichzeitig in Rechnung) | 2000 Rohstoffe 2001 Bezugskosten 2600 Vorsteuer | an | 4400 Verbindlichkeiten a.L.L. |
| Bezugskosten beim Rohstoffeinkauf | 2001 Bezugskosten 2600 Vorsteuer | an | 4400 Verbindlichkeiten a.L.L. |
| **Gutschriften und Zahlungsausgänge:** | | | |
| Rücksendung an den Lieferanten (Menge und Wert des Materials sinkt) | 4400 Verbindlichkeiten a.L.L. | an | 2000 Rohstoffe 2600 Vorsteuer |
| Preisminderungen (Mängelrüge, Lieferan-tenboni: Menge konstant, Wert des Mate-rials sinkt) | 4400 Verbindlichkeiten a.L.L. | an | 2002 Nachlässe 2600 Vorsteuer |
| Zahlung unter Abzug von Skonto an einen Rohstofflieferanten | 4400 Verbindlichkeiten a.L.L. | an | 2002 Nachlässe 2600 Vorsteuer 2800 Bankguthaben |
| **Umbuchungen und Abschlussbuchung:** | | | |
| Umbuchung Konto 2001 Bezugskosten | 2000 Rohstoffe | an | 2001 Bezugskosten |
| Umbuchung Konto 2002 Nachlässe | 2002 Nachlässe | an | 2000 Rohstoffe |
| Umbuchung Rohstoffverbrauch | 6000 Aufwendungen für Rohstoffe | an | 2000 Rohstoffe |
| Abschlussbuchung Inventurbestand Rohstoffe | 8010 SBK | an | 2000 Rohstoffe |

### Grundbuch (aufwandsorientierte Buchung) am Beispiel Zielkauf von Rohstoffen:

| | Sollbuchungen | an | Habenbuchungen |
|---|---|---|---|
| Anfangsbestand Rohstoffe | 2000 Rohstoffe | an | 8000 EBK |
| **Eingangsrechnungen:** | | | |
| Einkauf von Rohstoffen auf Ziel (nach Abzug von Sofortrabatten) | 6000 Aufw. für Rohstoffe<br>2600 Vorsteuer | an | 4400 Verbindlichkeiten a.L.L. |
| Einkauf von Rohstoffen mit Bezugskosten (Lieferant stellt Rohstoffe und Bezugskosten gleichzeitig in Rechnung) | 6000 Aufw. für Rohstoffe<br>6001 Bezugskosten<br>2600 Vorsteuer | an | 4400 Verbindlichkeiten a.L.L. |
| Bezugskosten beim Rohstoffeinkauf | 6001 Bezugskosten<br>2600 Vorsteuer | an | 4400 Verbindlichkeiten a.L.L. |
| **Gutschriften und Zahlungsausgänge:** | | | |
| Rücksendung an den Lieferanten (Menge und Wert des Materials sinkt) | 4400 Verbindlichkeiten a.L.L. | an | 6000 Aufw. für Rohstoffe<br>2600 Vorsteuer |
| Preisminderungen (Mängelrüge, Lieferantenboni: Menge konstant, Wert des Materials sinkt) | 4400 Verbindlichkeiten a.L.L. | an | 6002 Nachlässe<br>2600 Vorsteuer |
| Zahlung unter Abzug von Skonto an einen Rohstofflieferanten | 4400 Verbindlichkeiten a.L.L. | an | 6002 Nachlässe<br>2600 Vorsteuer<br>2800 Bankguthaben |
| **Umbuchungen und Abschlussbuchungen:** | | | |
| Umbuchung Konto 6001 Bezugskosten | 6000 Aufw. für Rohstoffe | an | 6001 Bezugskosten |
| Umbuchung Konto 6002 Nachlässe | 6002 Nachlässe | an | 6000 Aufw. für Rohstoffe |
| Abschlussbuchung Inventurbestand Rohstoffe | 8010 SBK | an | 2000 Rohstoffe |
| Bestandsminderung Rohstoffe | 6000 Aufw. für Rohstoffe | an | 2000 Rohstoffe |
| Bestandsmehrung Rohstoffe | 2000 Rohstoffe | an | 6000 Aufw. für Rohstoffe |

Für Buchungen sind in AKA-Prüfungsaufgaben immer Auszüge des Kontenplans des Modellunternehmens angegeben. In den Lösungsfeldern ist die angegebene Nummer, nicht die Kontennummer anzugeben! Nicht alle Konten werden benötigt! Die Reihenfolge der Nummern im Soll oder Haben ist für die Bewertung unerheblich.

Bei Eingangsrechnungen mit Umsatzsteuer ist es wichtig, dass die Rechnungen folgende Angaben enthalten. Nur dann wird die Vorsteuer aus diesen Belegen vom Finanzamt als abzugsfähig anerkannt

**Merkblatt: Rechnungen müssen folgende Angaben enthalten (§ 14 Abs. 4 Satz 1 UStG)**

1. den vollständigen Namen und die vollständige Anschrift des leistenden Unternehmers, inklusive der im Handelsregister eingetragenen Rechtsform,
2. die Steuernummer oder die vom Bundeszentralamt für Steuern erteilte Umsatzsteuer-Identifikationsnummer des leistenden Unternehmers,
3. den vollständigen Namen und die vollständige Anschrift des Leistungsempfängers,
4. die fortlaufende Rechnungsnummer mit einer oder mehreren Zahlenreihen, die der Rechnungsaussteller zur Identifizierung der Rechnung einmalig vergibt,
5. das Ausstellungsdatum,
6. die Menge und Art (handelsübliche Bezeichnung) des Gegenstandes der Lieferung oder die Art und den Umfang der sonstigen Leistung,
7. den Zeitpunkt der Lieferung oder sonstigen Leistung; im Falle von Anzahlungen, die in der Endrechnung abgezogen werden, den Zeitpunkt der Vereinnahmung des Entgelts, sofern dieser feststeht und nicht mit dem Rechnungsdatum übereinstimmt,
8. das nach den Steuersätzen und einzelnen Steuerbefreiungen aufgeschlüsselte Entgelt für die Lieferung oder sonstige Leistung sowie jede im Voraus vereinbarte Minderung des Entgelts, sofern diese nicht bereits im Entgelt berücksichtigt ist,
9. den anzuwendenden Steuersatz sowie den auf das Entgelt entfallenden Steuerbetrag oder im Fall einer Steuerbefreiung einen Hinweis darauf ...

Verkürzte Angabenpflichten gelten für Kleinbetragsrechnungen bis 250,00 €.

## Aufgabe:

**? 21:** Die Fly Bike Werke GmbH hat bei der Tamino Deutschland GmbH Antriebe, Räder und Schaltungen zum Lageraufbau eingekauft. 20 MTB XT Räder und Schaltungen sind verbogen und damit unbrauchbar – sie werden vom Lieferanten zurückgenommen; auf die Antriebe gibt der Lieferer einen Preisnachlass von 10 %. Siehe nachfolgende Belege.
Kontenplanauszug für die nachfolgenden 2 Belege.

(1) 2600 Vorsteuer      (2) 4800 Umsatzsteuer
(3) 2010 Vorprodukte/Fremdbauteile      (4) 5001 Erlösberichtigungen
(5) 2280 Handelswaren      (6) 2011 Bezugskosten für Vorprodukte/Fremdbauteile
(7) 2800 Bankguthaben      (8) 2012 Nachlässe für Vorprodukte/Fremdbauteile
(9) 6140 Frachten und Fremdlager      (10) 4400 Verbindlichkeiten a.L.L.

a) Buchen Sie die Eingangsrechnung der Tamino Deutschland GmbH.

| Soll | Haben |
|---|---|
| | |

b) Buchen Sie die Gutschrift der Tamino Deutschland GmbH.

| Soll | Haben |
|---|---|
| | |

c) Buchen Sie die Banküberweisung der Fly Bike Werke GmbH bei Skontoausnutzung

| Soll | Haben |
|---|---|
| | |

d) Ermitteln Sie den Überweisungsbetrag bei Skontoausnutzung. _____ €

## Tamino Deutschland GmbH

Tamino Deutschland GmbH, Immermannstr. 24, 4020 Düsseldorf

Fly Bike Werke GmbH
Rostocker Str. 334
26121 Oldenburg

**Rechnung 413**

| Bearbeiter | | Kundennr. | | Ihre Bestellung Nr. | | vom | Rechnungsdatum | |
|---|---|---|---|---|---|---|---|---|
| Herr Freundlich | 2010 | | 44001 | | 413 | 22.09.20XX | | 26.09.20XX |
| Versandart/ Freivermerk | | | Verpackungsart | | | geliefert am | | |
| per LKW ab Werk | | | Kartons/ Palette | | | | | 26.09.20XX |

| Artikelnr. | Warenbezeichnung | Menge | Preis | Einheit | Gesamtpreis |
|---|---|---|---|---|---|
| 2060 | MTB XT Räder und Schaltungen | 400 | 55,56 € | Set | 22.224,00 € |
| 2260 | MTB XT Antrieb | 250 | 17,05 € | Set | 4.262,50 € |
| | Frachtkostenpauschale | 1 | 500,00 € | | 500,00 € |
| | Verpackunskostenpauschale | 1 | 325,00 € | | 325,00 € |
| | | | Nettorechnungsbetrag | | 27.311,50 € |
| | | | + 19 % Mehrwertsteuer | | 5.189,19 € |
| | | | **Bruttorechnungsbetrag** | | **32.500,69 €** |

Bitte überweisen Sie den Rechnungsbetrag innerhalb von 30 Tagen auf unser Konto. Bei Zahlung innerhalb von 8 Tagen ab Rechnungdatum gewähren wir auf den Nettowarenwert 3 % Skonto.

## Tamino Deutschland GmbH

Tamino Deutschland GmbH, Immermannstr. 24, 4020 Düsseldorf

Fly Bike Werke GmbH
Rostocker Str. 334
26121 Oldenburg

**Gutschrift 13**

| Bearbeiter | | Kundennr. | | Ihre Bestellung Nr. | | vom | Gutschriftdatum | |
|---|---|---|---|---|---|---|---|---|
| Herr Freundlich | 2010 | | 44001 | | 413 | 22.09.20XX | | 02.10.20XX |
| Versandart/ Freivermerk | | | Verpackungsart | | | geliefert am | | |
| per LKW ab Werk | | | Kartons/ Palette | | | | | 26.09.20XX |

| Artikelnr. | Warenbezeichnung | Menge | Preis | Einheit/% | Gesamtpreis |
|---|---|---|---|---|---|
| 2060 | Rücknahme MTB XT Räder und Schaltungen | 20 | 55,56 € | Set | 1.111,20 € |
| 2260 | Preisnachlass MTB XT Antrieb 10 % | 250 | 17,05 € | 10 % | 426,25 € |
| Wir lassen die 20 fehlerhaften MTB XT Räder und Schalten in den nächsten Tagen abholen. | | | | | |
| | | | Nettogutschriftsbetrag | | 1.537,45 € |
| | | | + 19 % Mehrwertsteuer | | 292,12 € |
| | | | **Bruttogutschriftsbetrag** | | **1.829,57 €** |

Bitte verrechnen Sie den Gutschriftsbetrag mit unserer offenen Forderung.

**22:** Die Fly Bike Werke haben ihnen fehlende Teile wie immer **sofort für die Produktion** bei den Frikawerken bestellt und erhalten nachfolgende Eingangsrechnung. Am Jahresende überweist uns der Lieferer seinen Halbjahresbonus. Kontenplanauszug für die nachfolgenden 2 Belege.

(1) 4400 Verbindlichkeiten a.L.L.  
(2) 6010 Aufwendungen für Vorprodukte/Fremdbauteile  
(3) 2010 Vorprodukte/Fremdbauteile  
(4) 6011 Bezugskosten für Vorprodukte/Fremdbauteile  
(5) 2800 Bankguthaben  
(6) 6012 Nachlässe für Vorprodukte/Fremdbauteile  
(7) 2600 Vorsteuer  
(8) 4800 Umsatzsteuer  

a) Buchen Sie die Eingangsrechnung der Frikawerke GmbH & Co.KG.

| Soll | Haben |
|---|---|

b) Buchen Sie die Banküberweisung der Fly Bike Werke GmbH bei Skontoausnutzung.

| Soll | Haben |
|---|---|

c) Ermitteln Sie den Überweisungsbetrag bei Skontoausnutzung.

_____ €

d) Buchen Sie die Bonusgutschrift der Frikawerke GmbH & Co.KG.

| Soll | Haben |
|---|---|

---

### Frikawerke GmbH & Co. KG

Frikawerke, Gertenstr. 19, 58739 Wickede/Ruhr

Fly Bike Werke GmbH  
Rostocker Str. 334  
26121 Oldenburg

**Rechnung Nr. 1611**

Kunden-Nr. 2211  
Ansprechpartner: Herr Stoll  
Tel.: 02 37 7-57 75 63  
Ihre Bestellung Nr. 122  
Bestellungs-Datum: 29.09.20XX  
Lieferschein-Nr.: 1611  
Liefer-Datum: 02.10.20XX  
Rechnungs-Datum: 02.10.20XX

| Set-Nr. Fly Bike | Artikel-Nr. | Artikelbezeichnung | Menge | Preis je Set | Gesamtpreis |
|---|---|---|---|---|---|
| 5060 | 50060 | MTB XT Lenkung | 40 | 11,09 € | 443,60 € |
| 5070 | 50070 | MTB XT Lenkung | 40 | 14,30 € | 572,00 € |

| Warenwert | Verpackungs-kosten | Transport-kosten | Nettorechnungs-betrag | Umsatzsteuer 19% | Bruttorechnungsbetrag |
|---|---|---|---|---|---|
| 1.015,60 € | 52,00 € | 35,00 € | 1.102,60 € | 209,49 € | 1.312,09 € |

Zahlungsziel 14 Tage, Skontofrist 8 Tage, Skontosatz 2 % auf den Bruttorechnungsbetrag

**Landessparkasse Oldenburg**

| Kontonummer | | | Kontoauszug | Auszug | Blatt |
|---|---|---|---|---|---|
| 112326444 | | Landessparkasse Oldenburg BLZ 280 501 00 | 424 | 1 | |
| Buchungstag | Wert | Vorgang/Erläuterungen | Beträge in Euro | | |
| | | Kontostand am 28.12.20XX | 32.430,00 + | | |
| 29.12.20XX | 29.12.20XX | Frikawerke GmbH | | | |
| | | Bruttobonus 2. Halbjahr | 2.915,50 + | | |
| | | Kontostand am 30.12.20XX | 35.345,50 + | | |

Fly Bike Werke GmbH, Oldenburg

**23:** Die Fly Bike Werke haben Klarlack für die Produktion bei der Color GmbH bestellt und erhalten. Da sich der Klarlack nicht problemlos verarbeiten lässt, sendet die Color GmbH nach Anerkennung der Mängelrüge eine Gutschrift.
Kontenplanauszug für den nachfolgenden Beleg.

(1) 6020 Aufw. f. Hilfsstoffe
(2) 4400 Verbindlichkeiten a.L.L.
(3) 6010 Aufw. f. Vorprodukte/Fremdbauteile
(4) 6021 Bezugskosten für Hilfsstoffe
(5) 2600 Vorsteuer
(6) 4800 Umsatzsteuer
(7) 2800 Bankguthaben
(8) 6022 Nachlässe für Hilfsstoffe

a) Buchen Sie die Gutschrift der Color GmbH.

Soll        Haben

b) Geben Sie den Betrag an, der den Erfolg des Unternehmens erhöht. _____ €

**Color GmbH, Ludwigshafen**

Color GmbH, Hafenstr. 125, 67061 Ludwigshafen

Fly Bike Werke GmbH
Rostocker Str. 334
26121 Oldenburg

Kunden-Nr.. 424
Ansprechpartner: Frau Reineke
Tel.: 06 21-58 26 64
Lieferschein-Nr.: 2100
Liefer-Datum: 25.11.20XX
Rechnungs-Datum: 25.11.20XX
Gutschrifts-Datum: 29.11.20XX

**Gutschrift 33**

Wir erkennen Ihre Mängelrüge vollständig an und gewähren wie von Ihnen gewünscht 20 % Preisnachlass auf den Klarlack.

| Pos. | Artikel-Nr. | Artikelbezeichnung | Menge | Preis je Einheit | Gesamtpreis |
|---|---|---|---|---|---|
| 1 | 900100 | Klarlack | 300 Liter | 3,45 € | 1.035,00 € |
| | | 20 % Gutschrift | 300 Liter | 0,69 € | 207,00 € |

| Warenwert | Verpackungs-kosten | Transport-kosten | Nettogutschrifts-betrag | Umsatzsteuer 19 % | Bruttogutschriftsbetrag |
|---|---|---|---|---|---|
| | | | 207,00 € | 39,33 € | 246,33 € |

Verrechnen Sie diese Gutschrift mit unserer offenen Forderung.

**?** **24:** Welche der folgenden Angaben ist für die Vorsteueranerkennung einer Eingangsrechnung **nicht** von Bedeutung? Kreuzen Sie an!

| 1. Eine fortlaufende Rechnungsnummer |
| --- |
| 2. Die Kundennummer |
| 3. Das Lieferdatum |
| 4. Der anzuwendende Steuersatz |
| 5. Die USt-ID-Nummer oder die Steuer-Nr. |
| 6. Vollständiger Name und Adresse des Leistungsempfängers |

**?** **25:** Für die Fahrradproduktion werden Materialien vom Lager entnommen. Kontenplanauszug für den nachfolgenden Beleg.

(1) 6010 Aufwendungen für Vorprodukte/Fremdbauteile

(2) 4400 Verbindlichkeiten a.L.L.

(3) 2010 Vorprodukte/Fremdbauteile

(4) 6011 Bezugskosten für Vorprodukte/Fremdbauteile

(5) 2600 Vorsteuer (6) 4800 Umsatzsteuer

Buchen Sie den Materialentnahmeschein.

| Soll | Haben |
| --- | --- |
|  |  |

| Fly Bike Werke GmbH | | | FBW | Lagerbuchhaltung |
| --- | --- | --- | --- | --- |
| **Materialentnahmeschein für Fremdbauteile** | | | | Kostenstelle: 23<br>Gebucht: Schneider<br>Datum: 10.11.20XX |
| Nr. 1212 | Datum:10.11.20XX | | Montageband: 1 | | |
| Set-Nr. | Komponentenbezeichnung | Menge | Auftrags-Nr. | Kunde | Preis | Wert |
| 2010 | City SX-Räder, City SX-Kettenschaltung | 50 | 98 | Zweirad GmbH | 40,71 € | 2.035,50 € |
| 2210 | City SX-Antrieb | 50 | 98 | Zweirad GmbH | 8,40 € | 420,00 € |
| Entnahme durch: **Ludwig** | | | | | Summe: | 2.455,50 € |

## (2) Buchungen Im Absatzbereich

Industriebetriebe „leben" vom Verkauf ihrer Erzeugnisse und ggf. auch von Handelswaren. Wie im Beschaffungsbereich auch werden Preisnachlässe auf Unterkonten erfasst. Statt **„Nachlässe"** heißen sie hier **„Erlösberichtigungen"**. Rücksendungen werden den Umsatzerlöskonten direkt zugeordnet. Dies gilt auch für weiterbelastete Transport- und Verpackungskosten. Im Absatzbereich gibt es dafür keine Unterkonten!

Besondere Vertriebskosten, die im Zusammenhang mit Verkäufen entstehen und in Rechnung gestellt werden, sind belegmäßig Eingangsrechnungen, d.h., hier sind die Konten 2600 Vorsteuer und ggf. 4400 Verbindlichkeiten a.L.L. zu beachten. Beispiel:

| Verpackungsmaterial für die verkauften Erzeugnisse/Waren | Ausgangsfrachten und Lagerkosten für verkaufte Erzeugnisse/ Waren | Vertriebsprovisionen für den Verkauf von Erzeugnissen/Waren |
|---|---|---|
| 6040 Aufwendungen für Verpackungsmaterial | 6140 Frachten und Fremdlager | 6150 Vertriebsprovisionen |

| Grundbuch für Verkäufe auf Ziel, Gutschriften und Zahlungseingänge | | | |
|---|---|---|---|
| | Sollbuchungen | an | Habenbuchungen |
| **Ausgangsrechnungen:** | | | |
| Ausgangsrechnung für eigene Erzeugnisse | 2400 Forderungen a.L.L. | an | 5000 UE f. eigene Erzeugnisse 4800 Umsatzsteuer |
| Ausgangsrechnung für Waren | 2400 Forderungen a.L.L. | an | 5100 UE f. Waren 4800 Umsatzsteuer |
| **Gutschriften:** | | | |
| Gutschrift für Rücksendungen von Erzeugnissen | 5000 UE f. eigene Erz. 4800 Umsatzsteuer | an | 2400 Forderungen a.L.L. |
| Gutschrift für Rücksendungen von Waren | 5100 UE f. Waren 4800 Umsatzsteuer | an | 2400 Forderungen a.L.L. |
| Gutschrift für Mängelrügen und Boni bei eigenen Erzeugnissen | 5001 Erlösberichtigungen f. e. E. 4800 Umsatzsteuer | an | 2400 Forderungen a.L.L. |
| Gutschrift für Mängelrügen und Boni bei Waren | 5101 Erlösberichtigungen f. W. 4800 Umsatzsteuer | an | 2400 Forderungen a.L.L. |
| **Zahlungseingänge:** | | | |
| Kontoauszug: Zahlungseingang unter Abzug von Skonto für eigene Erzeugnisse | 5001 Erlösberichtigungen f. e. E. 4800 Umsatzsteuer 2800 Bankguthaben | an | 2400 Forderungen a.L.L. |
| Kontoauszug: Zahlungseingang unter Abzug von Skonto für Waren | 5101 Erlösberichtigungen f. Waren 4800 Umsatzsteuer 2800 Bankguthaben | an | 2400 Forderungen a.L.L. |
| **Umbuchungen:** | | | |
| Umbuchung Konto Erlösberichtigungen für Erzeugnisse | 5000 UE f. e. Erz. | an | 5001 Erlösberichtigungen f. e. E. |
| Umbuchung Konto Erlösberichtigungen für Waren | 5100 UE f. Waren | an | 5101 Erlösberichtigungen f. W. |

# Aufgabe:

**? 26:** Die Fly Bike Werke haben Fahrräder an die Radbauer GmbH geliefert und in Rechnung gestellt. Ein Fahrrad ist defekt und wird zurückgenommen; bei dem Modell „Constitution" sind Fehler aufgetreten, die der Kunde selbst beheben kann. Der Kunde erhält eine Gutschrift. Kontenplanauszug für die nachfolgenden 3 Belege.

(1) 2600 Vorsteuer

(2) 4800 Umsatzsteuer

(3) 5000 Umsatzerlöse f. e. Erzeugnisse

(4) 5001 Erlösberichtigungen

(5) 2280 Handelswaren

(6) 6140 Ausgangsfrachten und Fremdlager

(7) 2800 Bankguthaben

(8) 2002 Nachlässe

(9) 2400 Forderungen a.L.L.

(10) 4400 Verbindlichkeiten a.L.L.

a) Buchen Sie die Ausgangsrechnung an die Radbauer GmbH.

| Soll | Haben |
|---|---|
|  |  |

b) Buchen Sie die Gutschrift der Fly Bike Werke GmbH.

| Soll | Haben |
|---|---|
|  |  |

c) Buchen Sie die Banküberweisung der Radbauer GmbH bei Skontoausnutzung.

| Soll | Haben |
|---|---|
|  |  |

d) Ermitteln Sie den Überweisungsbetrag bei Skontoausnutzung. _____ €

e) Ermitteln Sie die Bruttobonusgutschrift für die Radbauer GmbH. _____ €

f) Buchen Sie die Bonusgutschrift der Fly Bike Werke GmbH.

| Soll | Haben |
|---|---|
|  |  |

---

### Fahrradhersteller in Oldenburg – Qualitätsfahrräder aus Deutschland

Fly Bike Werke, Rostocker Str. 334, 26121 Oldenburg

Radbauer GmbH
Augsburger Str.21
80335 München

| | |
|---|---|
| Kundennummer: | 10001 |
| Ihre Bestellung Nr.: | 134 |
| Ihr Bestell-Datum: | 04.12.20XX |
| Unsere Lieferschein- Nr.: | 1211 |
| Unser Lieferdatum: | 12.12.20XX |
| Ihr Fly Bike Ansprechpartner: | Herr Baumann |
| Tel.: 0441-885-01 | |

Rechnung-Nr.: 1211          Rechnungs-Datum: 12.12.20XX

| Artikel-Nr. | Artikelbezeichnung | Stückzahl | Einzelpreis | Rabatt in % | Gesamtpreis |
|---|---|---|---|---|---|
| 101 | City „Glide" | 20 | 245,00 € | 29,00 % | 3.479,00 € |
| 302 | Mountain „Constitution" | 25 | 598,50 € | 29,00 % | 10.623,38 € |
| 1 | Transportkosten | 1 | 250,00 € | 0,00 % | 250,00 € |

| Versandart/ Freivermerk: | | |
|---|---|---|
| Lkw     ab Werk | Nettorechnungsbetrag in Euro | 14.352,38 € |
| | 19 % Umsatzsteuer in Euro | 2.726,95 € |
| | Bruttorechnungsbetrag in Euro | 17.079,33 € |

| Bitte überweisen Sie: | Datum: | Skonto in % | Skonto in Euro | Euro |
|---|---|---|---|---|
| Innerhalb der Skontofrist bis: | 22.12.20XX | 2% | 341,59 € | 16.737,74 € |
| Innerhalb des Zahlungsziels bis: | 11.01.20XY | | | 17.079,33 € |

### Fahrradhersteller in Oldenburg – Qualitätsfahrräder aus Deutschland

Fly Bike Werke, Rostocker Str. 334, 26121 Oldenburg

Radbauer GmbH
Augsburger Str.21
80335 München

| | |
|---|---|
| Kundennummer: | 10001 |
| Ihre Bestellung Nr.: | 134 |
| Ihr Bestell-Datum: | 04.12.20XX |
| Unsere Lieferschein- Nr.: | 1211 |
| Unser Lieferdatum: | 12.12.20XX |
| Ihr Fly Bike Ansprechpartner: | Herr Baumann |
| Tel.: 0441-885-01 | |

Gutschrift-Nr. 66    Gutschrifts-Datum: 16.12.20XX

| Artikel-Nr. | Artikelbezeichnung | Stückzahl | Einzelpreis | Rabatt in % | Gesamtpreis |
|---|---|---|---|---|---|
| 101 | Rücknahme „City Glide" | 1 | 245,00 € | 29,00 % | 173,95 € |
| 302 | Preisnachlass „Constitution" | | | | 500,00 € |

| Versandart/ Freivermerk: | | |
|---|---|---|
| Lkw      ab Werk | Nettogutschriftsbetrag in Euro | 673,95 € |
| | 19 % Umsatzsteuer in Euro | 128,05 € |
| | Bruttogutschriftsbetrag in Euro | 802,00 € |

Wir bitten für unsere Fehler um Entschuldigung. Bitte verrechnen Sie diese Gutschrift mit unseren offenen Forderungen.

Die Fly Bike Werke GmbH haben für das 1. Quartal 20X1 ihr Bonussystem überarbeitet:

| Nettoumsatzerlöse | Bonussatz |
|---|---|
| bis 50.000,00 € | 0,00 % |
| über 50.000,00 € bis 100.000,00 € | 1,50 % |
| über 100.000,00 € bis 200.000,00 € | 2,00 % |
| über 200.000,00 € | 3,00 % |

| Kunden-nummer | Firma | Nettoumsatz 1. Quartal 20X1 | Bonussatz in Prozent | Netto-Quartalbonus |
|---|---|---|---|---|
| 10001 | Radbauer GmbH | 214.520,00 € | ? | ? |
| 10002 | Schöller&Co., Fahrradhandel | 24.000,00 € | 0 | - € |
| 10003 | Fahrradhandel Uwe Klein e. K. | 2.600,00 € | 0 | - € |
| 10004 | Zweirad GmbH | 245.000,00 € | 3 | 7.350,00 € |
| 10005 | Fahrrad&Motorrad GmbH | 34.000,00 € | 0 | - € |
| ... | ... | ... | ... | ... |

| 30033 | Austria Fahrradhandelsgesellschaft AG | 26.000,00 € | 0 | - € |
|---|---|---|---|---|
| 30034 | Velo AG | 22.000,00 € | 0 | - € |
| 40021 | Hofkauf AG | 214.000,00 € | 3 | 6.420,00 € |
| 40022 | Matro AG | 312.300,00 € | 3 | 9.369,00 € |
| | Summen: | 1.819.020,00 € | | 45.764,60 € |

## (3) Buchungen im Personalbereich

Im Personalbereich sind insbesondere die monatlichen Lohn- und Gehaltsabrechnungen oder auch Vorschüsse zu buchen. Übersicht: Wichtige Konten für Personalbuchungen bei monatlichen Lohn- oder Gehaltsabrechnungen.

| Konto-Nr. | Kontenbezeichnung | Buchungsanweisung |
|---|---|---|
| 2640 | SV-Vorauszahlung | alle Sozialversicherungsbeiträge des Arbeitnehmers und des Arbeitgebers; Empfänger = jeweilige gesetzliche Krankenkasse des Arbeitnehmers |
| 2650 | Forderungen an Mitarbeiter | Lohn-/Gehaltsvorauszahlungen in bar (Vorschüsse) oder Personalverkäufe auf Ziel, die zumeist in einer späteren Lohn-/Gehaltsabrechnung verrechnet werden. |
| 2800 | Bankguthaben | Auszahlungsbeträge (Arbeitnehmer, Finanzamt, Krankenkassen) |
| 6200 | Löhne | Aufwandskonto: Bruttolöhne, ggf. Sonderzahlungen |
| 6300 | Gehälter | Aufwandskonto: Bruttogehälter, ggf. Sonderzahlungen |
| 6320 | Sonstige tarifliche Leistungen | Aufwandskonto: VL-Arbeitgeber im Gehaltsbereich |
| 6400 6410 | Arbeitgeberanteil zur Sozialversicherung der Arbeitnehmer | Aufwandskonto für den Lohn- oder Gehaltsbereich; alle vom Arbeitgeber zu zahlenden Sozialversicherungsbeiträge für Gehaltsempfänger |
| 6420 | Beiträge zur Berufsgenossenschaft | Aufwandskonto für Berufsgenossenschaftsbeiträge (Unfallversicherung), die vom Arbeitgeber allein außerhalb einer Gehaltsabrechnung bezahlt werden müssen. |
| 66XX | Sonstige Personalaufwendungen | Diverse Aufwandskonten für den Personalbereich zumeist außerhalb von Gehaltsabrechnungen |
| 4830 | Sonstige Verbindlichkeiten ggü. Finanzbehörden | Lohnsteuer, Solidaritätszuschlag und Kirchensteuer Empfänger = Betriebsstättenfinanzamt |
| 4860 | Verbindlichkeiten aus vermögenswirksamen Leistungen | Sparraten der Arbeitnehmer Empfänger = z.B. Banken, Bausparkassen, Versicherungsunternehmen usw. |

In einer Lohn-/Gehaltsabrechnung fallen regelmäßig nachfolgende Buchungen an.

1. Buchung der SV-Vorauszahlung

| | | |
|---|---|---|
| 2640 SV-Vorauszahlung | an | 2800 Bankguthaben |

2. Buchung der Gehaltsabrechnung

6300 Gehälter

| | | |
|---|---|---|
| 6320 Sonstige tarifliche Leistungen | an | 4830 Verbindlichkeiten ggü. Finanzbehörden |
| | | 2640 SV-Vorauszahlung |
| | | 4860 Verbindlichkeiten aus VL |
| | | 2800 Bankguthaben |

In AKA-Prüfungen kann der VL-Anteil des Arbeitgebers auch in der Position Gehälter erfasst werden.

Auf der Habenseite können weitere Konten z.B. bei Vorschussverrechnungen (2650) oder sonstigen Einbehaltungen des Arbeitgebers (z.B.bei Arbeitnehmerdarlehen für Zinsen, Konto 5710, oder Tilgungen, Konto 1600 usw.) erscheinen.

3. Buchung des Arbeitgeberanteils zur Sozialversicherung

| | | |
|---|---|---|
| 6410 AG-Anteil zur Sozialversicherung | an | 2640 SV-Vorauszahlung |

4. Buchung der Überweisung an die Institutionen

| | | |
|---|---|---|
| 4830 Verbindlichkeiten ggü. Finanzbehörden | an | 2800 Bankguthaben |
| 4860 Verbindlichkeiten aus VL | an | 2800 Bankguthaben |

Bei den steuerlichen Abzügen spielen die zugeteilte oder gewählte Steuerklasse, die Anzahl der Kinderfreibeträge und bei Kirchensteuerpflicht der Arbeitsort (Bayern und Baden-Württemberg = 8 %, andere Bundesländer = 9 %) eine Rolle. Bei den Sozialversicherungen sind die jeweils gültigen Beitragssätze, Beitragsaufteilungen (z.B. Zuschlagssätze für Arbeitnehmer bei Kinderlosigkeit in der Pflegeversicherung) und Beitragsbemessungsgrenzen zu beachten.

## Aufgaben:

 **27:** Folgende Gehaltsabrechnung liegt vor – siehe Seite 231. Kontenplanauszug für diese Aufgabe.

(1) 6300 Gehälter

(2) 2800 Bankguthaben

(3) 2640 SV-Vorauszahlung

(4) 4860 Verbindlichkeiten aus VL

(5) 6320 Sonstige tarifliche Leistungen

(6) 4830 Verbindlichkeiten ggü. Finanzbehörden

(7) 6410 AG-Anteil zur Sozialversicherung

(8) 2650 Forderungen an Mitarbeiter

Buchen Sie auf Basis der nachfolgenden Gehaltsabrechnung:

a) die SV-Vorauszahlung

| Soll | Haben |
|------|-------|
|      |       |

b) die Gehaltsauszahlung per Banküberweisung

| Soll | Haben |
|------|-------|
|      |       |

c) den Arbeitgeberanteil zur Sozialversicherung

| Soll | Haben |
|------|-------|
|      |       |

d) die Banküberweisung der Steuern

| Soll | Haben |
|------|-------|
|      |       |

e) die Auszahlung eines Vorschusses per Banküberweisung

| Soll | Haben |
|------|-------|
|      |       |

Ermitteln Sie aus nachfolgender Gehaltsabrechnung:

f) das steuerpflichtige Bruttoentgelt _____ €

g) die Summe der gesetzlichen Abgaben _____ €

h) den Auszahlungsbetrag an den Arbeitnehmer _____ €

| Gehaltsabrechnung Personalnummer 1302 | Abrechnung: Januar 2021 | | |
|---|---|---|---|

Lars Baumann
Zur Waldesruh 4
26121 Oldenburg

| | Lohnsteuermerkmale | | |
|---|---|---|---|
| Steuerklasse | Kinderfreibetrag | Konfession | |
| III | 0 | 0 | |
| | Sozialversicherungsmerkmale | | |
| KV | PV | RV | AV |
| 15,9 % | 3,3 % | 18,6 % | 2,4 % |

| Bruttoverdienst | 2.730,00 |
|---|---|
| Provisionen, Prämien | 0,00 |
| vermögenswirksame Leistungen | 26,00 |
| Sonderzahlungen (Urlaubsgeld, Weihnachtsgeld) | 0,00 |
| Steuerfreibetrag | 50,00 |
| Lohnsteuer | 89,00 |
| Solidaritätszuschlag | 0,00 |
| Kirchensteuer | 0,00 |
| Krankenversicherung | 219,10 |
| Pflegeversicherung | 48,92 |
| Rentenversicherung | 256,31 |
| Arbeitslosenversicherung | 33,07 |
| vermögenswirksame Leistungen (Sparbeitrag) | 40,00 |
| Vorschussverrechnung | 140,00 |
| = Auszahlungsbetrag | ? |

**28:** Ermitteln Sie die Steuerbelastung (Monat) für einen ledigen kinderlosen Arbeitnehmer (katholisch) in NRW, dessen steuerpflichtiges Bruttoentgelt 2.440,00 € beträgt. _____ €

### Monat von 2.427,00 € bis 2.471,99

| Lohn/Gehalt bis | Steuerklasse | Lohnsteuer | ohne Kinderfreibetrag | | mit 0,5 Kinderfreibetrag | |
|---|---|---|---|---|---|---|
| | | | Kirchensteuer | | Kirchensteuer | |
| | | | 8% | 9% | 8% | 9% |
| 2429,99 | I | 259,66 | 20,77 | 23,36 | 13,33 | 14,99 |
| | II | 216,58 | 17,32 | 19,49 | 10,10 | 11,36 |
| | III | 43,83 | 3,49 | 3,92 | | |
| | IV | 259,66 | 20,77 | 23,36 | 16,99 | 19,11 |
| | V | 530,66 | 42,45 | 47,75 | | |
| | VI | 563,16 | 45,05 | 50,68 | | |
| 2432,99 | I | 260,33 | 20,82 | 23,42 | 13,38 | 15,05 |
| | II | 217,25 | 17,38 | 19,55 | 10,16 | 11,43 |
| | III | 44,16 | 3,53 | 3,97 | | |
| | IV | 260,33 | 20,82 | 23,42 | 17,04 | 19,17 |
| | V | 531,66 | 42,53 | 47,84 | | |
| | VI | 564,16 | 45,13 | 50,77 | | |
| 2435,99 | I | 261,00 | 20,88 | 23,49 | 13,43 | 15,11 |
| | II | 217,91 | 17,43 | 19,61 | 10,20 | 11,48 |
| | III | 44,66 | 3,57 | 4,01 | | |
| | IV | 261,00 | 20,88 | 23,49 | 17,09 | 19,22 |
| | V | 532,50 | 42,60 | 47,92 | | |
| | VI | 565,00 | 45,20 | 50,85 | | |
| 2438,99 | I | 261,66 | 20,93 | 23,54 | 13,48 | 15,17 |
| | II | 218,58 | 17,48 | 19,67 | 10,26 | 11,54 |
| | III | 45,16 | 3,61 | 4,06 | | |
| | IV | 261,66 | 20,93 | 23,54 | 17,14 | 19,28 |
| | V | 533,33 | 42,66 | 47,99 | | |
| | VI | 566,00 | 45,28 | 50,94 | | |
| 2441,99 | I | 262,41 | 20,99 | 23,61 | 13,54 | 15,23 |
| | II | 219,25 | 17,54 | 19,73 | 10,30 | 11,59 |
| | III | 45,66 | 3,65 | 4,10 | | |
| | IV | 262,41 | 20,99 | 23,61 | 17,20 | 19,35 |
| | V | 534,50 | 42,76 | 48,10 | | |
| | VI | 566,83 | 45,34 | 51,01 | | |
| 2444,99 | I | 263,08 | 21,04 | 23,67 | 13,58 | 15,28 |
| | II | 219,91 | 17,59 | 19,79 | 10,36 | 11,65 |
| | III | 46,16 | 3,69 | 4,15 | | |
| | IV | 263,08 | 21,04 | 23,67 | 17,25 | 19,40 |
| | V | 535,33 | 42,82 | 48,17 | | |
| | VI | 568,00 | 45,44 | 51,12 | | |

## (4) Buchungen im Finanz- und Zahlungsbereich

### Finanzbereich

Hier sind insbesondere Kreditaufnahmen bei Banken, die Zinszahlungen und die Kredittilgungen von Bedeutung.

Bei Kreditaufnahmen mit Abzug von Disagio (Zinsvorauszahlung) ist das Disagio dem Konto 2900 Aktive Jahresabgrenzung zuzuordnen, das während der Kreditlaufzeit jährlich zeitanteilig über das Konto 7590 Sonstige zinsähnliche Aufwendungen aufzulösen ist.

Bei Zinsberechnungen gilt die kfm. Zinsformel:

$$\text{Zinsen} = \frac{\text{Kapital} \cdot \text{Zinssatz} \cdot \text{Tage}}{100 \cdot 360}$$

Der Monat ist mit 30 Tagen, das Jahr mit 360 Tagen zu rechnen. Der Auszahlungstag ist kein Zinstag, der Rückzahlungstag ist ein Zinstag.

### Zahlungsbereich

Neben den üblichen Barzahlungen und Banküberweisungen ohne Abzüge sind hier die Überweisungen zu buchen, bei denen Abzüge vom Rechnungsbetrag zu berücksichtigen sind.

Rechnungsausgleich unter Skontoabzug **siehe bei 3 Buchungen (1) Beschaffungsbereich bzw. (2) Absatzbereich.** Das Nettoskonto ist hier bei den Materialkonten den Unterkonten 2XX2 oder 6XX2 Nachlässe oder bei den Umsatzerlöskonten den Unterkonten 5XX1 Erlösberichtigungen zuzuordnen. Für andere Bestands-, Aufwands- oder Ertragskonten sind lt. AKA **keine Unterkonten** eingerichtet!

Bei Rechnungsausgleich unter Skontoabzug im Sachanlagenbereich wird das Nettoskonto auf dem Anlagenkonto gebucht. Unterkonten gibt es im Sachanlagenbereich nicht. **Siehe Buchungen Teil 5: im Sachanlagenbereich.**

## Aufgabe:

**29:** Ein Bankdarlehen über 100.000,00 € wird mit einem Disagio von 5 % am 31.03.20XX auf das Bankkonto mit Gutschrift überwiesen. Der Nominalzinssatz beträgt 5 %, die Darlehenslaufzeit beträgt 5 Jahre. Die Zinsen und die Tilgung werden jeweils am Jahresende rückwirkend für das abgelaufene Geschäftsjahr von der Bank abgebucht.

Kontenplanauszug für diese Aufgabe.

(1) 4250 Darlehen                          (2) 2800 Bankguthaben
(3) 2900 Aktive Jahresabgrenzung           (4) 7590 Sonstige zinsähnliche Aufwendungen
(5) 7510 Zinsaufwendungen                   (6) 4900 Passive Jahresabgrenzung

Buchen Sie:

a) die Darlehensauszahlung

| Soll | Haben |
|------|-------|
|      |       |

b) die Zinslastschrift am Jahresende

| Soll | Haben |
|------|-------|
|      |       |

c) die Tilgungslastschrift am Jahresende

| Soll | Haben |
|------|-------|
|      |       |

d) die planmäßige Abschreibung des Disagios

| Soll | Haben |
|------|-------|
|      |       |

Ermitteln Sie die nachfolgend geforderten Werte für **das Jahr der Darlehensauszahlung:**

e) den Darlehensauszahlungsbetrag _____ €

f) die Zinsen _____ €

g) den Tilgungsbetrag _____ €

h) die Höhe der planmäßigen Abschreibung _____ €

**? 30:** Laut einer Rechnung mit einem Umsatzsteuersatz von 19 % beträgt der Nettorechnungsbetrag 12.000,00 €, davon sind 8.000,00 € skontierfähig. Der Skontosatz beträgt 2 %.

Ermitteln Sie:

a) das Bruttoskonto _____ €

b) das Nettoskonto _____ €

c) die Steuerberichtigung _____ €

d) den Überweisungsbetrag _____ €


### (5) Buchungen im Sachanlagenbereich

Sachanlagen sind Grundstücke und Gebäude, technische Anlagen und Maschinen, Betriebs- und Geschäftsausstattung, Anlagen im Bau sowie geleistete Anzahlungen auf diese Vermögensgegenstände. Ein steuerrechtlicher Sonderfall sind dabei die Geringwertigen Wirtschaftsgüter. Sachanlagen werden i. d. R. gekauft, im Ausnahmefall können sie ggf. auch selbst erstellt werden (siehe hierzu Bewertung und Buchung von Aktivierten Eigenleistungen im Themenbereich 0502 Kosten- und Leistungsrechnung, 02 Leistungen bewerten und berechnen, 03 Aktivierte Eigenleistungen).

Auf den Anlagekonten sind jeweils die Anschaffungskosten zu erfassen. Dies geschieht oft durch mehrere Buchungen. Dem Kauf folgen nachträgliche Anschaffungspreisminderungen z.B. durch Skonto und/oder nachträgliche Anschaffungskosten durch Ein- oder Umbauten.

| Begriffe des HGB/EStG | Beispiele für einen Pkw |
|------------------------|--------------------------|
| Anschaffungspreis | Listenpreis (auch für Sonderausstattungen) |
| – Anschaffungspreisminderungen | Rabatt, Skonto, Bonus, Gutschriften für Mängel |
| + Anschaffungsnebenkosten | Überführungskosten, Zulassungskosten |
| + nachträgliche Anschaffungskosten | nachträgliche Einbauten (Navigationssystem, Anhängerkupplung usw.) |
| = Anschaffungskosten (AK) | Summe der bezahlten Nettopreise |

**Buchungen beim Kauf**

Typische Buchungssätze beim Pkw-Kauf, gilt entsprechend für alle Anlagenkäufe (auch bei nachträglichen AK oder Anschaffungsnebenkosten).

> 0840 Fuhrpark an 4400 Verbindlichkeiten a.L.L. (oder Zahlungskonto)
> 2600 Vorsteuer

Typischer Buchungssatz bei Pkw-Anschaffungspreisminderungen

> 4400 Verbindlichkeiten a.L.L. an 0840 Fuhrpark
> 2600 Vorsteuer
> ggf. 2800 Bankguthaben (bei Zahlung unter Skontoabzug)

Im Sachanlagenbereich sind Wertminderungen bei Anlagegütern, deren Nutzung zeitlich begrenzt ist (abnutzbare Anlagegüter) durch planmäßige Abschreibungen zu berechnen und zu buchen. Da die Methoden der degressiven Abschreibung lt. AKA nicht mehr prüfungsrelevant sind, muss nur noch zwischen der linearen und der Leistungsabschreibung unterschieden werden.

| **Prüfungsrelevante planmäßige Abschreibungsmethoden** | |
|---|---|
| Lineare Abschreibung | Leistungsabschreibung |
| Ermittlung der Jahresabschreibung: $$\frac{\text{Anschaffungskosten}}{\text{betriebsgewöhnliche Nutzungsdauer [1]}}$$ | Ermittlung des Abschreibungsbetrages $$\frac{\text{Anschaffungskosten} \cdot \text{Jahresleistung}}{\text{geplante Gesamtleistung}}$$ |
| Zeitanteilige Abschreibung im Kauf- und Verkaufsjahr ist Pflicht. Der Jahresabschreibungsbetrag wird auf volle Nutzungsmonate (aufgerundet) berechnet. Je Nutzungsmonat wird 1/12 der Jahresabschreibung angesetzt. | Keine zeitanteilige Abschreibung möglich. Die tatsächliche Leistungsabgabe (km, Produktionsstunden o.Ä.) bestimmt die Abschreibungshöhe im Kauf- oder Verkaufsjahr. |

**Wichtig:** Beim (zeitanteiligen) Abschreibungsbeginn ist die Fertigstellung/Inbetriebnahme des Anlagegutes für die Abschreibungsermittlung relevant. Nicht das Rechnungsdatum!

[1] Die betriebsgewöhnliche Nutzungsdauer wird vom Bundesfinanzministerium in so genannten AfA-Tabellen veröffentlicht. Die AKA gibt in ihren Aufgaben die Nutzungsdauer an oder sie muss aus einem Auszug aus einer AfA-Tabelle selbst abgelesen werden. Bei allen Sachanlagen ist eine außerplanmäßige Abschreibung möglich, wenn der Zeitwert dauerhaft unter den fortgeführten Anschaffungskosten (Anschaffungskosten – planmäßige Abschreibung) liegt.

**Typische Buchungssätze zur Buchung der Abschreibungen:**

> 6520 Abschreibungen auf Sachanlagen an 0XXX Anlagenkonto
> 6550 Außerplanmäßige Abschreibungen an 0XXX Anlagenkonto

Bewegliche Wirtschaftsgüter des Anlagevermögens, die im Jahr 2020 und 2021 angeschafft oder hergestellt worden sind, können wieder degressiv abgeschrieben werden. Die Abschreibung beträgt 25 %, höchstens das 2,5-fache der linearen Abschreibung.

Buchungen beim Verkauf (Buchungsvorgabe der AKA!)

Verkaufsbuchung mit **realisiertem Verkaufserlös zzgl. Umsatzsteuer**

| | | |
|---|---|---|
| 2400 Forderungen a.L.L. (oder Zahlungskonto) | an | 5410 Sonstige Erlöse (aus Anlagenverkäufen) |
| | | 4800 Umsatzsteuer |

und zusätzlich die Buchung für den Anlagenabgang **zum Buchwert**.

| | |
|---|---|
| 6979 Anlagenabgänge | an 0XXX Anlagenkonto |

## Aufgaben:

**?** **31:** Folgende Belege im Rahmen eines Anlagenkaufs liegen vor. Kontenplanauszug für die nachfolgenden 2 Belege.

(1) 0840 Fuhrpark                  (2) 2800 Bankguthaben
(3) 2002 Nachlässe                 (4) 6050 Energie
(5) 6140 Frachten und Fremdlager   (6) 4400 Verbindlichkeiten a.L.L.
(7) 2600 Vorsteuer                 (8) 4800 Umsatzsteuer
(9) 6520 Abschreibungen auf Sachanlagen   (10) 6550 Außerplanmäßige Abschreibungen

Buchen Sie auf Basis der nachfolgenden Eingangsrechnung und der Gutschrift:

a) die Eingangsrechnung auf Ziel

| Soll | Haben |
|---|---|

b) den Eingang der Gutschrift

| Soll | Haben |
|---|---|

c) die Überweisung der Restschuld unter Abzug von Skonto

| Soll | Haben |
|---|---|

d) die Abschreibung im Anschaffungsjahr

| Soll | Haben |
|---|---|

Die betriebsgewöhnliche Nutzungsdauer beträgt 6 Jahre; der Pkw wird linear abgeschrieben. Ermitteln Sie für diesen Pkw-Kauf im Anschaffungsjahr:

e) die Anschaffungskosten des Pkw _____ €

f) den Abschreibungsbetrag _____ €

g) den Buchwert am Jahresende _____ €

Beleg 1: Eingangsrechnung

| **VWAG Nutzfahrzeuge Reimann** | |
|---|---|
| Dullendorfer Str. 47  53173 Bonn | **RECHNUNG** |
| Telefon (503) 555-0190 Fax (503) 555-0191 | |
| Kreativ-GmbH | Rechnungsdatum:   14. März 20XX |
| Plittersdorfer Str. 48 | Lieferdatum:   13. März 20XX |
| 53173 Bonn | Rechnungsnummer:   122-14 |

| Rechnungspositionen | Stück/% | PREIS | BETRAG |
|---|---|---|---|
| Transporter Wasa 2.0 TDI | 1 | 34.000,00 € | 34.000,00 € |
| Kundenrabatt | 15 % | −5.100,00 € | −5.100,00 € |
| Überführungskosten | 1 | 600,00 € | 600,00 € |
| Kosten der Zulassung | 1 | 200,00 € | 200,00 € |
| Festeinbau Navigationssystem | 1 | 1.800,00 € | 1.800,00 € |
| Tankfüllung 50 Liter | 1 | 75,00 € | 75,00 € |
| | Nettorechnungsbetrag | | 31.575,00 € |
| | USt-Satz in % | | 19,00% |
| | Umsatzsteuer in Euro | | 5.999,25 € |
| | Bruttorechnungsbetrag | | 37.574,25 € |

Zahlungsempfänger: VWAG Nutzfahrzeuge Reimann
Konto-Daten: Deutsche Bank AG, Bonn IBAN DE5850070024 BIC DEUTDEDBONN
Betrag zahlbar innerhalb von 30 Tagen; 2 % Skonto **auf das Fahrzeug** ohne weitere Rechnungspositionen bei Überweisung innerhalb von 8 Tagen.

Beleg 2: Gutschrift

**VWAG Nutzfahrzeuge Reimann**

Dollendorfer Str. 47  53173 Bonn                                      **Gutschrift**
Telefon (503) 555-0190  Fax (503) 555-0191

Kreativ-GmbH                    Gutschriftsdatum:   18.03.20XX
Plittersdorfer Str. 48          Lieferdatum:        13.03.20XX
53173 Bonn                      Gutschriftsnummer:  12

| Gutschriftpositionen | Stück/% | PREIS | BETRAG |
|---|---|---|---|
| Transporter Wasa 2.0 TDI | 1 | 34.000,00 € | 34.000,00 € |
| Kundenrabatt | 15 % | −5.100,00 € | −5.100,00 € |
| Nettobetrag für die Gutschrift | | | 28.900,00 € |
| Davon Gutschrift für Lackschäden | 5 % | | 1.445,00 € |
| | Nettogutschriftsbetrag | | 1.445,00 € |
| | USt-Satz in % | | 19,00 % |
| | Umsatzsteuer in Euro | | 274,55 € |
| | Bruttogutschriftsbetrag | | 1.719,55 € |

Verrechnen Sie den Gutschriftsbetrag mit unserer offenen Forderung.

**? 32:** Der Pkw – siehe Aufgabe 31 – war ein Fehlkauf. Er wird gegen **Ende des Folgejahres** am 19.12.20XY für 18.000,00 € netto zzgl. 19 % Umsatzsteuer gegen Barzahlung verkauft.

Kontenplanauszug für diese Aufgabe

(1) 0840 Fuhrpark

(2) 2880 Kasse

(3) 6979 Anlagenabgänge

(4) 5410 Sonstige Erlöse (aus Anlagenabgängen)

(5) 2600 Vorsteuer

(6) 4800 Umsatzsteuer

(7) 6520 Abschreibungen auf Sachanlagen

(8) 6550 Außerplanmäßige Abschreibungen

Buchen Sie auf Basis der Eingangsrechnung und der Gutschrift auf der Vorseite:

a) den Barverkauf

| Soll | Haben |
| --- | --- |
|  |  |

b) die planmäßige Abschreibung im Folgejahr

| Soll | Haben |
| --- | --- |
|  |  |

c) den Anlagenabgang

| Soll | Haben |
| --- | --- |
|  |  |

Ermitteln Sie:

d) den Buchwert zum Verkaufszeitpunkt _____ €

e) den Gewinn (+) oder den Verlust (–) aus dem Fahrzeugverkauf _____ €

**? 33:** Ermitteln Sie die Abschreibung nach Leistung für einen Gabelstapler im Jahr 20XX, wenn bei Anschaffungskosten von 60.000,00 € und bei einer geplanten Gesamtleistung von 24.000 Betriebsstunden und einer geplanten Leistung für das betrachtete Nutzungsjahr von 4.000 Betriebsstunden nur 3.000 Betriebsstunden tatsächlich in Anspruch genommen wurden.

## 4  Zeitliche Abgrenzung von Aufwendungen und Erträgen

Aufwendungen und Erträge müssen in dem Jahr erfolgswirksam gebucht werden, in das sie bei einer wirtschaftlichen Betrachtungsweise auch gehören. Wann diese Aufwendungen oder Erträge tatsächlich bezahlt werden, spielt dabei keine Rolle. Beispiele (Mietaufwand, Mietertrag):

**Nachträgliche Zahlung:** Wird die Dezembermiete für eine gemietete Lagerhalle erst im Januar des neuen Jahres bezahlt, gehört der Mietaufwand trotzdem in das alte Jahr.

**Vorauszahlung:** Wird die Januarmiete für eine vermietete Garage bereits im Dezember des alten Jahres im Voraus für das neue Jahr überwiesen, gehört der Mietertrag in das neue Jahr.

Die nachfolgende Übersicht zeigt u. a. die Buchungen und deren Wirkung.

**Zeitliche Erfolgsabgrenzung:**

Aufwendungen oder Erträge fallen in ein anderes Jahr als Ausgaben oder Einzahlungen

| Zahlungszeitpunkte | Nachzahlungen: Zahlung im neuen Jahr für das alte Jahr | | Vorauszahlungen: Zahlung im alten Jahr für das neue Jahr | |
|---|---|---|---|---|
| Abgrenzungsgründe | Wir zahlen später | Unser Schuldner zahlt später | Wir zahlen im Voraus | Unser Schuldner zahlt im Voraus |
| Abgrenzungskonto | Sonstige Verbindlichkeiten | Sonstige Forderungen | Aktive Jahresabgrenzung | Passive Jahresabgrenzung |
| Inhalt | Geldverbindlichkeiten | Geldforderungen | Leistungsforderungen | Leistungsverbindlichkeiten |
| Buchung | Aufwandskonto an Sonstige Verbindlichkeiten | Sonstige Forderungen an Ertragskonto | Aktive Jahresabgrenzung an Aufwandskonto | Ertragskonto an Passive Jahresabgrenzung |
| Erfolgsauswirkung | Aufwandserhöhung, Gewinn sinkt | Ertragserhöhung, Gewinn steigt | Aufwandsminderung, Gewinn steigt | Ertragsminderung, Gewinn sinkt |
| Bilanzauswirkung | Fremdkapitalmehrung | Vermögensmehrung | Vermögensmehrung | Fremdkapitalmehrung |

Steht die Höhe oder der Zahlungszeitpunkt einer zukünftigen Aufwendung, deren wirtschaftliche Ursache im aktuellen Geschäftsjahr liegt, noch nicht fest, so ist im Rahmen der Voraussetzungen des § 249 HGB eine Rückstellung zu bilden. Das gilt nur für

* ungewisse Verbindlichkeiten,
* drohende Verluste aus schwebenden Geschäften,
* unterlassene Aufwendungen für Instandhaltung, soweit sie innerhalb von drei Monaten im Folgejahr nachgeholt werden und
* Aufwendungen für Abraumbeseitigung, die innerhalb des Folgejahres nachgeholt werden.

Die AKA unterscheidet in Anlehnung an das HGB folgende Konten:

3700 Rückstellungen für Pensionen und ähnliche Verpflichtungen

3800 Steuerrückstellungen und

Sonstige Rückstellungen mit den Konten

3910 Sonstige Rückstellungen für Gewährleistungen

3930 Sonstige Rückstellungen für andere ungewissen Verbindlichkeiten

3970 Sonstige Rückstellungen für drohende Verluste aus schwebenden Geschäften

3990 Sonstige Rückstellungen für Aufwendungen (z.B. für unterlassene, nachzuholende Instandhaltungen)

Kurz- und langfristige Rückstellungen gehören **zum Fremdkapital** in einer Bilanz.

Typische Buchungen bei der Bildung von Rückstellungen

| 6XXX Aufwandskonto | an | z.B. 39XX Sonstige Rückstellungen |
|---|---|---|

Da die spätere tatsächliche Aufwandshöhe zum Zeitpunkt der Rückstellungsbildung (letztlich eine Schätzung, auch wenn mathematisch-statistische Methoden angewandt werden) nicht eindeutig feststeht, muss in der Regel erfolgswirksam „nachgebessert" werden.

Typische Buchungen bei der Auflösung von Rückstellungen

Fall 1: Die Rückstellung entspricht dem späteren Aufwand (Ausnahmefall)

| z.B. 39XX Sonstige Rückstellungen | an | 28XX Zahlungskonto oder 4400 Verbindlichkeiten a.L.L. |
|---|---|---|

Fall 2: Die Rückstellung ist höher als der spätere Aufwand

| z.B. 39XX Sonstige Rückstellungen | an | 28XX Zahlungskonto oder 4400 Verbindlichkeiten a.L.L. |
|---|---|---|
| | | 5480 Erträge aus der Herabsetzung von Rückstellungen |

Fall 3: Die Rückstellung ist niedriger als der spätere Aufwand

| z.B. 39XX Sonstige Rückstellungen | | |
|---|---|---|
| 6990 Periodenfremde Aufwendungen | an | 28XX Zahlungskonto oder 4400 Verbindlichkeiten a.L.L. |

## Aufgaben:

**(?) 34:** Ordnen Sie zu, wenn nachfolgende Sachverhalte am Geschäftsjahresende zu einer Buchung auf den angegebenen Konten führen:

(1) Sonstige Verbindlichkeiten   (2) Sonstige Forderungen
(3) Aktive Jahresabgrenzung   (4) Passive Jahresabgrenzung
(5) Sonstige Rückstellungen   (6) Keines dieser Konten

1 ☐ Die Zinsen für ein Mitarbeiterdarlehen werden erst im Folgejahr rückwirkend für das altes Jahr von der Bank gutgeschrieben.

2 ☐ Der Fassadenschaden aus einem Dezembersturm mit einem Kostenvoranschlag von 12.000,00 € zzgl. 19 % Umsatzsteuer des alten Jahres wird erst im Februar des neuen Jahres repariert.

3 ☐ Der Rohstoffeinkauf auf Ziel aus dem Dezember des alten Jahres (Rechnungseingang) wird erst im Januar des neuen Jahres überwiesen.

4 ☐ Die Januarmiete des neuen Jahres wird schon im alten Jahr an den Vermieter überwiesen.

5 ☐ Die Gebühr für eine Fachzeitschrift (Dezemberausgabe altes Jahr) wird erst im neuen Jahr vom Bankkonto abgebucht.

6 ☐ Ein Schuldner überweist die Darlehenszinsen für das 1. Quartal des neuen Jahres bereits im Dezember des alten Jahres.

**?** **35:** Ein Industrieunternehmen hat im alten Jahr eine Gewerbesteuerrückstellung in Höhe von 12.000,00 Euro gebildet. Im Folgejahr wird ein Gewerbesteuerbescheid in Höhe von 9.800,00 Euro zugestellt.

a) Buchen Sie die Auflösung der Steuerrückstellung bei Banküberweisung.

Kontenplan für diese Aufgabe:

(1) 3800 Steuerrückstellungen    (2) 6990 Periodenfremde Aufwendungen

(3) 2800 Bankguthaben    (4) 5480 Erträge aus der Herabsetzung von Rückstellungen

(5) 5490 Periodenfremde Erträge    (6) 2400 Forderungen a. L.L.

a) Buchung: Auflösung der Rückstellung

| | Soll | Haben |
|---|---|---|
| | | |

b) Ermitteln Sie den Betrag, der den Erfolg des neuen Jahres erhöht._____ €

## 5    Jahresabschluss

Zum Jahresabschluss eines Unternehmens gehören die Bilanz, die Gewinn- und Verlustrechnung und der Anhang. Bei mittelgroßen und großen Unternehmen ist ein Lagebericht hinzuzufügen.

**Bestandteile der Rechenschaftslegung**

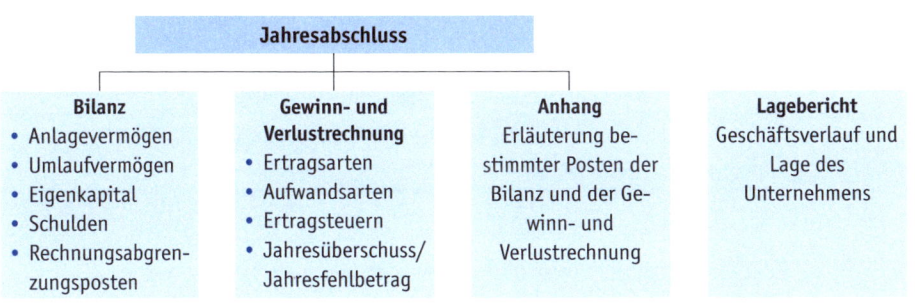

Buchungsrelevant sind nur die Bilanz (Basis: Konto 8010 SBK) und die Gewinn- und Verlustrechnung (Basis: Konto 8020 GuV).

Um einen Jahresabschluss aufstellen zu können, müssen zuvor

1. die Inventur durchgeführt werden und alle Bewertungsentscheidungen im Anlage- und Umlaufvermögen sowie im Fremdkapital getroffen werden (neben der zeitlichen Erfolgsabgrenzung und den planmäßigen Abschreibungen müssen ggf. auch außerplanmäßige Abschreibungen oder Zuschreibungen gebucht werden),

2. alle Salden der Unterkonten (XXX1 oder XXX2) auf die Kontenartenkonten umgebucht werden (z.B. Bezugskosten, Nachlässe, Erlösberichtigungen, Privatkonto),

3. die Umsatzsteuerkonten verrechnet werden.

## Aufgabe:

**?** **36:** Prüfen Sie nachfolgende vorbereitende Jahresabschlussbuchungen auf ihre Richtigkeit. Kreuzen Sie an!

| Falsch | Richtig | Jahresabschlussbuchungen |
|---|---|---|
| | | 1. Verrechnung der Umsatzsteuerkonten:<br>4800 Umsatzsteuer an 2600 Vorsteuer |
| | | 2. Planmäßige Abschreibung eines Fahrzeuges:<br>0840 Fuhrpark an 6520 Abschreibungen auf Sachanlagen |
| | | 3. Umbuchung von Bezugskosten für Fremdbauteile:<br>2010 Fremdbauteile an 2011 Bezugskosten |
| | | 4. Umbuchung von Erlösberichtigungen für Handelswaren:<br>5101 Erlösberichtigungen an 2280 Handelswaren |
| | | 5. Abschluss des Kontos Bestandsveränderungen (Mehrungen überwiegen):<br>8020 GuV-Konto an 5200 Bestandsveränderungen |
| | | 6. Umbuchung des Kontos Privat (Privateinlagen überwiegen):<br>3001 Privat an 8020 GuV-Konto |
| | | 7. Abschluss des Kontos Aktivierte Eigenleistungen:<br>8010 SBK an 5300 Aktivierte Eigenleistungen |
| | | 8. Abschluss des Kontos Passive Jahresabgrenzung:<br>4900 Passive Jahresabgrenzung an 8010 SBK |

## Fragenkomplex 03 Vorgänge des Zahlungsverkehrs und des Mahnwesens bearbeiten

### 1    Zahlungsbedingungen nach BGB und HGB

Grundsätzlich können Gläubiger und Schuldner Zahlungsbedingungen frei aushandeln (Vertragsfreiheit). Die Zahlungsart (Barzahlung, halbbare Zahlung oder bargeldlose Zahlung) und ggf. eine Zahlungsfrist (bei Ein- oder Verkäufen auf Ziel) sollten in einem Vertrag geregelt werden. Ebenso können auch Anzahlungen, Vorauszahlungen oder Zahlungen „Zug um Zug" vereinbart werden. Je nach Vereinbarung werden bei Rechnungsstellung oder -ausgleich verschiedene Konten angesprochen.

# Aufgabe:

**(?) 37:** Welche der nachfolgenden Konten müssen gebucht werden? Ordnen Sie zu!

(1) 2800 Bankguthaben                    (2) 2850 Postbank

(3) 2400 Forderungen a. L.L.             (4) 4400 Verbindlichkeiten a.L.L.

(5) 2860 Schecks                         (6) 2880 Kasse

(7) 0900 Geleistete Anzahlungen auf Sachanlagen

(8) 4330 Erhaltene Anzahlungen auf Bestellungen

(9) 2300 Geleistete Anzahlungen auf Vorräte

1 ☐ Einkauf von Handelswaren auf Ziel

2 ☐ Eingang eines Verrechnungsschecks per Briefpost

3 ☐ Lastschrift für Telefongebühren auf dem Sparkassenkonto

4 ☐ Postbanküberweisung einer Anzahlung für ein bestelltes neues Fahrzeug

5 ☐ Verkauf einer gebrauchten Maschine „auf Rechnung"

6 ☐ Vorauszahlung durch Banküberweisung eines Kunden für den Kauf von Erzeugnissen (noch nicht geliefert)

7 ☐ Kunde zahlt bar bei Warenabholung

## 2    Rechnungsprüfung

Eingehende Rechnungen müssen immer geprüft werden. Fehler sind „menschlich" oder manchmal auch „gewollt".

| Sachliche Prüfung | Rechnerische Prüfung |
|---|---|
| Hier ist festzustellen, ob die Eingangsrechnung – so wie ausgestellt – überhaupt berechtigt ist:<br>• Liegt eine entsprechende Bestellung vor?<br>• Wurde das in Rechnung Gestellte tatsächlich so bestellt und geliefert?<br>• Ist die Lieferung rechtzeitig und mangelfrei erfolgt?<br>• Stimmen die in der Rechnung angegebenen Vertragsbedingungen (z.B. Artikel, Mengen, Preise, Preisnachlässe, Zahlungsfristen)?<br>• Entspricht die Rechnung dem Umsatzsteuerrecht (Vorsteuerabzugsberechtigung)? | Hier muss nachgerechnet werden:<br>• Menge · Preis je Artikel (netto)<br>• Summe aller Artikelpreise (netto)<br>• vereinbarte Preisnachlässe in Prozent und in Euro (netto)<br>• Summe der Nettopreise nach Preisnachlässen<br>• die Umsatzsteuer je Artikel (0 %, 7 %, 19 %)<br>• der Bruttopreis inkl. Umsatzsteuer<br>• ggf. der mögliche Skontoabzug in Prozent und Euro |

Werden Fehler in der Rechnung „aufgedeckt", muss der Rechnungssteller aufgefordert werden, eine neue, fehlerfreie Rechnung auszustellen. Das gilt insbesondere dann, wenn die umsatzsteuerlichen Pflichtinhalte nicht vollständig vorhanden sind – hier droht eine „Nicht-Vorsteuerabzugsberechtigung" (siehe Seite 221).

## Aufgabe:

**? 38:** Prüfen Sie nachfolgende Rechnung. Welche Aussagen dazu sind richtig oder falsch? Kreuzen Sie an!

| **Tamino Deutschland GmbH** | | | | |
|---|---|---|---|---|

Tamino Deutschland GmbH, Immermannstr. 24, 4020 Düsseldorf

Fly Bike Werke GmbH
Rostocker Str. 334
26121 Oldenburg

**Rechnung 301**

| Bearbeiter | Kundennr. | Ihre Bestellung Nr. | vom | Rechnungsdatum |
|---|---|---|---|---|
| Herr Freundlich | | 216 | 01.11.20xx | 27.12.20xx |
| Versandart/ Freivermerk | | Verpackungsart | | geliefert am |
| per LKW ab Werk | | Kartons/Palette | | |

| Artikelnr. | Warenbezeichnung | Menge | Preis | Einheit | Gesamtpreis |
|---|---|---|---|---|---|
| 2060 | MTB XT Räder und Schaltungen | 500 | 55,56 € | Set | 27.780,00 € |
| 2260 | MTB XT Antrieb | 500 | 17,05 € | Set | 8.525,00 € |
| | Großkundenrabatt | | | 25 % | 9.076,25 € |
| 1 | Transportkostenpauschale | | | | 500,00 € |
| | | Nettorechnungsbetrag | | | 26.728,75 € |
| | | + 19 % Mehrwertsteuer | | | 5.078,46 € |
| | | **Bruttorechnungsbetrag** | | | **31.807,21 €** |

**Bitte überweisen Sie unter Angabe der Rechnungsnummer den Rechnungsbetrag spätestens innerhalb von 30 Tagen auf unser Konto.**

| **EUR** | 31.807,21 € | **bis:** | 26.01.20XY | **oder EUR** | 31.171,07 € | **bis:** | 04.01.20XY |
|---|---|---|---|---|---|---|---|

| Richtig | Falsch | Aussage |
|---|---|---|
| | | 1. Es fehlt die Kundennummer. Aus diesem Grund kann aus dieser Eingangsrechnung keine Vorsteuer geltend gemacht werden. |
| | | 2. Der Nettorechnungsbetrag beträgt tatsächlich 27.728,75 €. |
| | | 3. Der berechnete Skontoabzug beträgt 3 %. |
| | | 4. Der Lieferant ist in diesem Fall verpflichtet, eine neue Rechnung auszustellen. |
| | | 5. Es fehlt das Lieferdatum. Aus diesem Grund kann aus dieser Eingangsrechnung keine Vorsteuer geltend gemacht werden. |
| | | 6. In Eingangsrechnungen müssen die USt-ID-Nr. **oder** die Steuer-Nr. angegeben werden. |
| | | 7. Der Überweisungsbetrag nach 3 % Skontoabzug beträgt tatsächlich 32.007,01 €. |
| | | 8. Laut Wareneingangsmeldung wurden nur 495 MTB TX Antriebe geliefert. Die richtige Rechnungssumme sinkt damit um 274,94 €. |

# 3    Zahlungsvorgänge, Zahlungsbelege

!) Keine Buchung ohne Beleg!

Das gilt insbesondere auch bei Zahlungsvorgängen. Bei einer Barzahlung ist eine besondere Quittung oder z.B. ein Kassenbeleg Pflicht. Bei Zahlungen über Bankkonten (Überweisung, Abbuchung oder Lastschrift, aber auch PayPal-Zahlungen usw.) gibt es immer einen Kontoauszug als Zahlungsbeleg. Schecks gelten nur vorläufig als Zahlungsbeleg – die Auszahlung der Schecksumme wird durch „endgültige" Belege, zumeist einen Kontoauszug, dokumentiert. Wechselzahlungen sind lt. AKA nicht mehr prüfungsrelevant.

## Aufgabe:

**39:** Beachten Sie den nachfolgenden Kontoauszug (Zahlungsbeleg) für den Rechnungsausgleich für Fremdbauteile.
Kontenplanauszug für den nachfolgenden Beleg.

| | |
|---|---|
| (1) 2600 Vorsteuer | (2) 4800 Umsatzsteuer |
| (3) 2010 Vorprodukte/Fremdbauteile | (4) 6140 Frachten und Fremdlager |
| (5) 2280 Handelswaren | (6) 4400 Verbindlichkeiten a.L.L. |
| (7) 2800 Bankguthaben | (8) 2012 Nachlässe für Vorprodukte/Fremdbauteile |

a) Buchen Sie die Banküberweisung der Fly Bike Werke GmbH.

| Soll | Haben |
|---|---|
| | |

b) Berechnen Sie die Bankzinsen für die Lieferantenkreditfrist von 20 Tagen mit der kfm. Zinsformel,

$$\text{Bankzinsen} = \frac{\text{Überweisungsbetrag} \cdot \text{Zinssatz} \cdot \text{Lieferantenkreditfrist}}{100 \cdot 360}$$

wenn der Bankzinssatz 6,5 % beträgt.
c) Ermitteln Sie den Finanzierungserfolg (Nettoskonto – Bankzinsen). _____ €

| Landessparkasse Oldenburg | | | | | |
|---|---|---|---|---|---|
| Kontonummer | | | Kontoauszug | Auszug | Blatt |
| 112326444 | | IBAN DE86 2805 0100 0112 3264 44 | | 464 | 1 |
| Buchungstag | Wert | Vorgang/Erläuterungen | | Beträge in Euro | |
| | | Kontostand am 28.10.20XX | | 2.430,00 | – |
| 29.10.20XX | 29.10.20XX | Tamino GmbH | | | |
| | | Rechnungsausgleich zu Nr. 174 | | | |
| | | unter Abzug von 2% Skonto | | 18.192,72 | – |
| | | Kontostand am 30.10.20XX | | 20.622,72 | – |

Fly Bike Werke GmbH, Oldenburg

## 4 Zahlungsverzug

Kommt der Schuldner seiner vertraglichen Zahlungspflicht nicht rechtzeitig nach, so kommt er bei kalendermäßig bestimmbaren Zahlungsterminen bei Ablauf des Datums in Verzug. Ist das nicht der Fall, ist eine Mahnung notwendig. Der Schuldner kommt nicht in Verzug, solange die Leistung infolge eines Umstands unterbleibt, den er nicht zu vertreten hat.

Automatisch kommt der Schuldner in Zahlungsverzug, wenn er 30 Tage nach Fälligkeit und Zugang einer Rechnung seine Zahlung nicht erbringt. Verzugsschaden sind hier zumeist die Zinsen für den Zeitraum der Zahlungsverspätung:

| Verzugszinsen für Handelskäufe | Verzugszinsen für Verbrauchsgüterkäufe |
|---|---|
| 9 % über dem jeweils gültigen Basiszinssatz zzgl. einer Pauschale in Höhe von 40,00 €. Wenn der Zeitpunkt des Zugangs der Rechnung oder Zahlungsaufstellung unsicher ist, kommt der Schuldner, der nicht Verbraucher ist, spätestens 30 Tage nach Fälligkeit und Empfang der Gegenleistung in Verzug. | 5 % über dem jeweils gültigen Basiszinssatz, wenn auf diese Folgen in der Rechnung oder Zahlungsaufstellung besonders hingewiesen worden ist. |

Gegen Nachweis kann der Gläubiger auch einen höheren Schaden geltend machen!

Der Basiszinssatz wird von der EZB unter www.basiszinssatz.info veröffentlicht und zweimal jährlich angepasst. Die AKA verwendet auch für die Ermittlung der Verzugszinsen die kfm. Zinsformel.

$$\text{Verzugszinsen} = \frac{\text{Forderungsbetrag} \cdot \text{Zinssatz} \cdot \text{Tage}}{100 \cdot 360}$$

Der Monat ist mit 30 Tagen, das Jahr ist mit 360 Tagen anzusetzen. Wichtig ist hierbei, dass der **Tag nach der Fälligkeit der erste Zinstag** ist. Der Tag des Rechnungsausgleichs (Zahlung) ist der **letzte Zinstag.**

Hinweis: Der Basiszinssatz für alle nachfolgenden Berechnungen beträgt +0,63 %! Der Basiszinssatz kann auch negativ sein!

### Aufgaben:

**(?) 40:** Ein Schuldner begleicht seine Rechnung über 5.950,00 € 32 Tage (Überziehungszeitraum) zu spät. Ermitteln Sie die Verzugszinsen, wenn
a) es ein Handelskauf ist, _____ €
b) es ein Verbrauchsgüterkauf ist._____ €

**(?) 41:** Eine Rechnung (Handelskauf) ist am 05.09.20XX fällig. Wie viele Verzugszinsen fallen bis zum Jahresende an, wenn der Rechnungsbetrag 11.900,00 € beträgt?_____ €

# 5 Außergerichtliches und gerichtliches Mahnverfahren

Das „Außergerichtliche Mahnverfahren" ist individuell und damit unternehmensabhängig. Auch Inkassoinstitute können mit dem Geldeinzug beauftragt werden.

| Maximal (früher üblich) | Minimal |
|---|---|
| Zahlungserinnerung<br>1. Mahnung<br>2. Mahnung<br>3. (und letzte) Mahnung<br>Wechsel in das gerichtliche Mahnverfahren<br>oder Klageerhebung | 1. Mahnung<br>Letzte Mahnung<br>Wechsel in das gerichtliche Mahnverfahren<br>oder Klageerhebung |

Das gerichtliche Mahnverfahren verläuft demgegenüber immer gleich:

**Das gerichtliche Mahnverfahren**

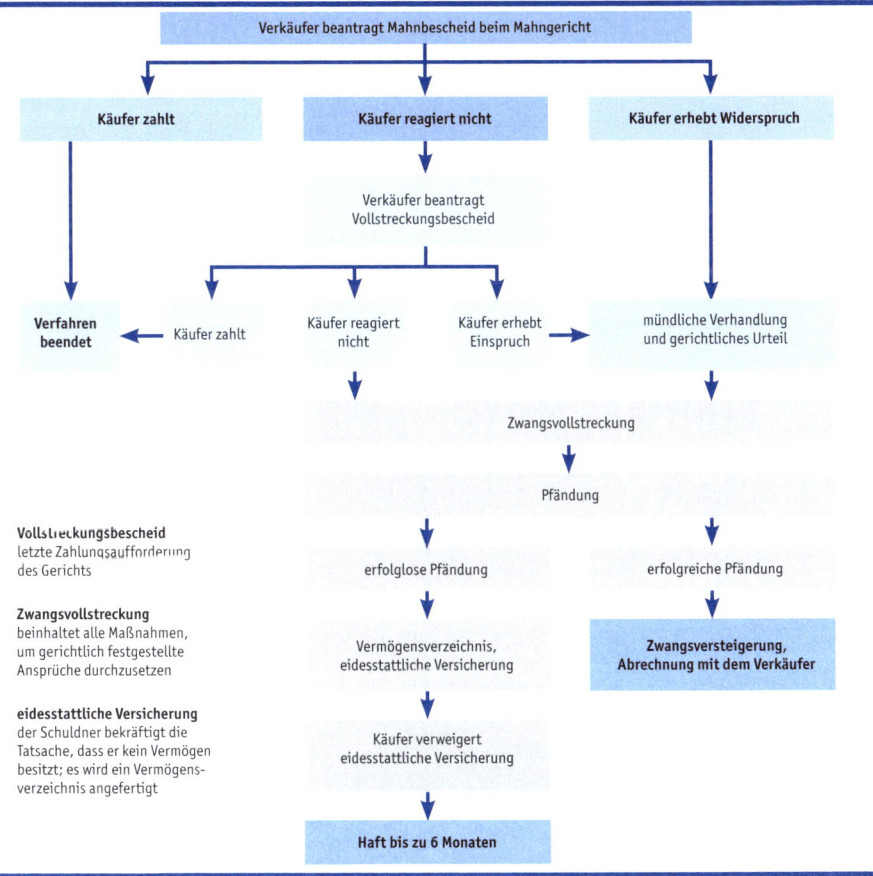

247

**Spätestens** nach Verstreichen der letzten Zahlungsfrist (in der letzten kfm. Mahnung) oder bei Einstieg in das gerichtliche Mahnverfahren gilt eine Forderung nicht mehr als einwandfrei. Das muss auch in der Buchführung „ersichtlich" werden. Die Forderung ist umzubuchen:

| 2470 Zweifelhafte Forderungen | an | 2400 Forderungen a.L.L. |
|---|---|---|

Wird die Forderung im Laufe eines Geschäftsjahres nachweisbar ganz oder teilweise uneinbringlich, so muss der ausfallende Teil der Nettoforderung auf dem Konto „6951 Abschreibungen auf Forderungen wegen Uneinbringlichkeit" abgeschrieben werden. Der darauf entfallende Umsatzsteueranteil wird auf dem Konto 4800 Umsatzsteuer im Soll korrigiert. Buchung:

| 6951 Abschreibungen auf Forderungen wegen Uneinbringlichkeit | | |
|---|---|---|
| 4800 Umsatzsteuer | an | 2470 Zweifelhafte Forderungen |

Unternimmt ein Gläubiger nichts gegen die Zahlungsverweigerung des Schuldners, verjährt eine Forderung nach 3 Jahren. Die Verjährungsfrist beginnt mit dem Beginn des Geschäftsjahres, das dem, in dem die Forderung entstanden ist, folgt, und endet am 31.12. des übernächsten Jahres.

| Entstehung des Anspruchs | Beginn der Verjährungsfrist | Ende der Verjährungsfrist |
|---|---|---|
| | 3 Jahre | |
| 20.11.20X1 | 01.01.20X2 | 31.12.20X4 |

## Aufgaben:

 **42:** Welche Aussagen zu den Mahnverfahren sind richtig oder falsch? Kreuzen Sie an!

| Richtig | Falsch | Aussage |
|---|---|---|
| | | 1. Das kaufmännische Mahnverfahren beinhaltet immer 3 schriftliche Mahnungen. |
| | | 2. Unabhängig vom Ablauf des kaufmännischen Mahnverfahrens kann der Gläubiger immer Klage auf Zahlung vor Gericht erheben. |
| | | 3. Die Zustellung eines gerichtlichen Mahnbescheides hat für den Schuldner keine rechtliche Wirkung. |
| | | 4. Widerspricht der Schuldner einem Mahnbescheid, kommt es zu einer mündlichen Verhandlung vor Gericht und einem gerichtlichen Urteil. |

| | | |
|---|---|---|
| | | 5. Reagiert ein Schuldner nicht auf einen gerichtlichen Mahnbescheid, kann der Gläubiger (nach Ablauf von 2 Wochen) einen gerichtlichen Vollstreckungsbescheid beantragen. |
| | | 6. Das gerichtliche Mahnverfahren ermöglicht es dem Gläubiger bei Nichtbeachtung durch den Schuldner, auch ohne Gerichtsverfahren zu einem vollstreckbaren Titel zu kommen, der eine Pfändung ermöglicht. |

**?** **43:** Auf eine zweifelhafte Forderung in Höhe von 7.140,00 € wird eine Zahlung von 3.570,00 € geleistet. Der Rest der Forderung ist uneinbringlich.
Kontenplanauszug für diese Aufgabe.
(1) 2600 Vorsteuer                   (2) 4800 Umsatzsteuer
(3) 2400 Forderungen a. L.L.   (4) 2470 Zweifelhafte Forderungen
(5) 2800 Bankguthaben          (6) 6951 Abschreibungen auf Forderungen wegen Uneinbringlichkeit

a) Buchen Sie die Banküberweisung der Teilzahlung.

| Soll | Haben |
|---|---|
| | |

b) Buchen Sie die Abschreibung der Restforderung.

| Soll | Haben |
|---|---|
| | |

c) Ermitteln Sie den Betrag, der den Erfolg des Unternehmens mindert.
_____ €

d) Ermitteln Sie den Betrag, der die Zahllast des Unternehmens mindert.
_____ €

**?** **44:** Eine Forderung in Höhe von 11.900,00 € ist am 14.02.2015 entstanden. Ab wann ist diese Forderung verjährt, wenn der Gläubiger keinerlei Maßnahmen ergreift und der Schuldner nichts unternimmt? _____ Datum

## Funktion 0502: Kosten- und Leistungsrechnung

### Fragenkomplex 01: Kosten erfassen und überwachen

### 1    Aufgaben und Grundbegriffe der Kosten- und Leistungsrechnung

#### Definitionen

Kosten sind sachzielbezogene und bewertete Güterverbräuche in einer Rechnungsperiode.
Leistungen sind sachzielbezogene und bewertete Gütererstellungen in einer Rechnungsperiode.
(Hinweis: sachzielbezogen = betriebsbezogen = betrieblich)

| Frage | Kostenrechnung | Leistungsrechnung |
|-------|----------------|-------------------|
| Welche? | Kostenartenrechnung: Welche Kosten sind angefallen?<br>Durchführung: Abgrenzungsrechnung (Ergebnistabelle) | Leistungsartenrechnung: Welche Leistungen sind angefallen? [1] |
| Wo? | Kostenstellenrechnung: Wo sind die Kosten angefallen?<br>Durchführung: Betriebsabrechnungsbogen (BAB) | Leistungsstellenrechnung: Wo sind die Leistungen angefallen? [1] |
| Wofür? | Kostenträgerrechnung: Wofür sind die Kosten angefallen?<br>Durchführung: Kalkulation | Leistungträgerrechnung: Wofür sind die Leistungen angefallen? [1] |

[1] In AkA-Prüfungen wird die Durchführung der Leistungsrechnung nicht geprüft.

**(!)** Einzahlungen und Auszahlungen verändern den Wert von Zahlungskonten (Bank, Kasse). Einnahmen und Ausgaben verändern das Geldvermögen eines Unternehmens ggf. auch auf Forderungs- und Verbindlichkeitskonten. Wird das Gesamtvermögen eines Unternehmens verändert, spricht man von Aufwendungen und Erträgen.

### Abgrenzung
- Sind Aufwendungen **betrieblich** und **ordentlich** und **periodengerecht** = Kosten
- Sind Aufwendungen betriebsfremd oder außerordentlich oder periodenfremd = **neutrale** Aufwendungen
- Sind Erträge **betrieblich** und **ordentlich** und **periodengerecht** = **Leistungen**
- Sind Erträge betriebsfremd oder außerordentlich oder periodenfremd = **neutrale** Erträge

### Aufgaben:

**(?) 1:** Vervollständigen Sie die Begriffspaare.

(1) Auszahlung  (2) _____

(3) _____  (4) Einnahme

(5) Aufwendungen  (6) _____

(7) _____  (8) Leistungen

**(?) 2:** Wo werden die Werte für obige Begriffe im Rechnungswesen ausgewiesen? Geben Sie die jeweilige Nummer der Aufgabe 1 an!

(1) ☐ Habenseite des GuV-Kontos und Ergebnistabelle Spalte 2

(2) ☐ Sollbuchung auf dem Konto Forderungen

(3) ☐ Sollbuchungen auf dem Konto Kasse oder auf Bankkonten (Bar- bzw. Buchgeld-Mehrung)

(4) ☐ Spalte 8 Ergebnistabelle

(5) ☐ Habenbuchungen auf dem Konto Kasse oder auf Bankkonten (Bar- bzw. Buchgeld – Minderung)

(6) ☐ Sollseite des GuV-Kontos und Ergebnistabelle Spalte 1

(7) ☐ Spalte 7 Ergebnistabelle

(8) ☐ Habenbuchung auf dem Konto Verbindlichkeiten

**? 3:** Welche der obigen Begriffe lassen sich jeweils zuordnen? Geben Sie die zutreffenden Nummern der Aufgabe 1 (Mehrfachangaben teilweise notwendig) an!

(1) Barkauf von Büromaterial = _____

(2) Barverkauf von gebrauchten Büromöbeln zum Buchwert = _____

(3) Kalkulatorische Wagnisse = _____

(4) Verkauf von Erzeugnissen auf Ziel = _____

(5) Bilanzielle Abschreibungen auf Maschinen = _____

(6) Einkauf von Betriebsstoffen für die Produktion auf Ziel = _____

(7) Kauf eines Fahrzeuges auf Ziel = _____

**? 4:** Ordnen Sie nachfolgende Begriffe der unten stehenden Tabelle zu.

a) Kfz-Steuerrückzahlung aus Vorjahr ☐

b) Energieaufwand für vermietetes Gebäude ☐

c) Betriebsfremde Erträge ☐

d) Erträge aus Anlagenabgängen ☐

e) Verluste aus Schadensfällen ☐

f) Periodenfremder Aufwand ☐

| Begriffe der Kosten- und Leistungsrechnung | Zuzuordnende Beispiele für ein Industrieunternehmen |
|---|---|
| (1) | Mieterträge |
| außerordentliche Erträge | (2) |
| periodenfremde Erträge | (3) |
| betriebsfremde Aufwendungen | (4) |
| außerordentliche Aufwendungen | (5) |
| (6) | Steuernachzahlungen für Vorjahre |

**5:** Vervollständigen Sie nachfolgende Übersicht zur Kosten**rechnung:**

| Aufgabenbereiche | | |
|---|---|---|
| a) | Kostenstellenrechnung | b) |
| **Fragestellung** | | |
| c) | d) | Wofür sind die Kosten entstanden? |
| **Durchführung** | | |
| Ergebnistabelle | e) | f) |

## 2 Abgrenzungsrechnung einschließlich kalkulatorischer Kosten

In der **Abgrenzungsrechnung in Form einer Ergebnistabelle** werden ausgehend von den **Aufwendungen und Erträgen (Spalten 1 und 2)** der Geschäftsbuchhaltung (Finanzbuchhaltung) die **Kosten- und Leistungen (Spalten 7 und 8)** ermittelt. Abgegrenzt werden **betriebsfremde** Aufwendungen und Erträge (Spalten 3 und 4) sowie **außerordentliche (einschließlich periodenfremde)** Aufwendungen und Erträge (Spalten 5 und 6). **Kalkulatorische Kosten** (bei Anderskosten werden die Aufwendungen in der Spalte 5 herausgenommen) und **andere kostenrechnerische Korrekturen** (kalkulatorische Kosten, Verrechnungspreise) werden in den Spalten 6 und 7 berücksichtigt.

| Rechnungskreis 1 | | | | Rechnungskreis 2 | | | | | |
|---|---|---|---|---|---|---|---|---|---|
| Geschäftsbuchhaltung | | | | Unternehmensbezogene Abgrenzung | | Betriebsbezogene Abgrenzung | | Kosten- und Leistungsarten | |
| Konto-Nr. | Kontenbezeichnungen | 1 Aufwendungen | 2 Erträge | 3 Aufwendungen | 4 Erträge | 5 Aufwendungen | 6 Erträge | 7 Kosten | 8 Leistungen |
| **Grundkosten** | | | | | | | | | |
| Kosten, die den Aufwendungen der Finanzbuchhaltung entsprechen, z.B. Gehälter, Löhne usw. | | | | | | | | | |
| **Kalkulatorische Kosten** | | | | | | | | | |
| Kosten, denen keine Aufwendungen (Zusatzkosten) oder Aufwendungen in anderer Höhe (Anderskosten) in der Finanzbuchhaltung gegenüberstehen. | | | | | | | | | |
| **Anderskosten:** kalkulatorische Abschreibungen, kalkulatorische Miete (eigene Gebäude), kalkulatorische Zinsen auf das betriebsnotwendige Fremdkapital, kalkulatorische Wagnisse (z.B. Anlagenwagnis, Gewährleistungswagnis, Vertriebswagnis, Beständewagnis usw.) | | | | **Zusatzkosten:** kalkulatorische Zinsen auf das betriebsnotwendige Eigenkapital, kalkulatorische Miete (bei von Unternehmensinhabern kostenlos überlassenen Gebäuden), kalkulatorischer Unternehmerlohn bei Einzel- und Personengesellschaften | | | | | |

Hinweis: Das **allgemeine Unternehmerwagnis** (Verluste, Insolvenz) ist kein Kostenbestandteil!

Berechnungen (Jahreswerte):

Kalkulatorische Abschreibungen: $\dfrac{\text{Wiederbeschaffungskosten}}{\text{betriebsindividuelle Nutzungsdauer}}$

Kalkulatorische Zinsen: $\dfrac{\text{betriebsnotwendiges Kapital} \cdot \text{kalkulatorischer Zinssatz}}{100}$

Kalkulatorische Miete, Wagnisse (u.a.): Durchschnittswerte der Vergangenheit bezogen auf Planwerte.

Weitere Berechnungsgrundlagen:

Gesamtergebnis = neutrales Ergebnis + Betriebsergebnis oder
Erträge – Aufwendungen (gem. GuV)

Neutrales Ergebnis = unternehmensbezogenes Ergebnis + betriebsbezogenes Ergebnis

Betriebsergebnis = Gesamtergebnis – neutrales Ergebnis
oder Leistungen – Kosten

Wirtschaftlichkeit des Unternehmens
(Spalte 1 und 2 der Ergebnistabelle) $= \dfrac{\text{Erträge}}{\text{Aufwendungen}}$

Wirtschaftlichkeit des Betriebes
(Spalte 7 und 8 der Ergebnistabelle) $= \dfrac{\text{Leistungen}}{\text{Kosten}}$

> Betriebsbezogenes Ergebnis lt. AkA:
> kosten- und leistungsrechnerische Korrekturen (außerordentliche betriebsbezogene Aufwendungen und Erträge, Verrechnungskorrekturen, sonstige Abgrenzungen)

## Aufgaben:

**? 6:** Ordnen Sie unten stehende Begriffe den Spaltennummern (Mehrfachnennungen möglich) der Ergebnistabelle zu.

| Geschäftsbuchhaltung | | Unternehmensbezogene Abgrenzung | | Betriebsbezogene Abgrenzung | | Kosten- und Leistungsarten | |
|---|---|---|---|---|---|---|---|
| 1 Aufwendungen | 2 Erträge | 3 Aufwendungen | 4 Erträge | 5 Aufwendungen | 6 Erträge | 7 Kosten | 8 Leistungen |

a) ☐ betriebsfremde Aufwendungen  b) ☐ Rechnungskreis 1

c) ☐ periodenfremde Aufwendungen  d) ☐ außerordentliche Aufwendungen

e) ☐ kalkulatorische Kosten  f) ☐ Rechnungskreis 2

g) ☐ periodenfremde Erträge  h) ☐ betriebsfremde Erträge

i) ☐ außerordentliche Erträge  j) ☐ Verrechnungspreise

**? 7:** Für eine Maschine sind die kalkulatorischen Monatsabschreibungen zu ermitteln: Anschaffungskosten 44.000,00 €, Wiederbeschaffungskosten 52.000,00 €, betriebsgewöhnliche Nutzungsdauer lt. AfA-Tabelle 8 Jahre, betriebsindividuelle Nutzungsdauer 6 Jahre, gleichmäßige Nutzung (lineare Abschreibung). Kalkulatorische Monatsabschreibung: _____ €

**? 8:** Ein Industrieunternehmen kalkuliert seine Zinsen mit einem kalkulatorischen Zinssatz von 9 %. Das betriebsnotwendige Anlagevermögen beträgt

12.400.000,00 €, das betriebsnotwendige Umlaufvermögen beträgt 6.400.000,00 €
Das Abzugskapital beträgt 2.000.000,00 €.

a) Welche der nachfolgenden Werte gehören zum betriebsnotwendigen Kapital?

(1) ☐ vermietete Werkswohnungen  (2) ☐ Produktionsanlagen im Betrieb

(3) ☐ gelagerte Fremdbauteile     (4) ☐ spekulative Wertpapiere

b) Ermitteln Sie die kalkulatorischen Monatszinsen = _____€

**?** **9:** Ermitteln Sie die Ergebnisse und die Höhe der Aufwendungen in Spalte 1.

| Konto-Nr. | Geschäftsbuchhaltung | | | Unternehmensbezogene Abgrenzung | | Betriebsbezogene Abgrenzung | | Kosten- und Leistungsarten | |
| | Kontenbezeichnungen | 1 Aufwendungen | 2 Erträge | 3 Aufwendungen | 4 Erträge | 5 Aufwendungen | 6 Erträge | 7 Kosten | 8 Leistungen |
|---|---|---|---|---|---|---|---|---|---|
| | Summen | | 684.920 | 10.508 | 3.200 | 115.650 | 100.900 | 578.831 | 670.320 |
| | Salden (Gewinn oder Verlust) | | | | | | | | |
| | Ergebnisse | Gesamtergebnis | Ergebnis der unternehmensbezogenen Abgrenzung | | Ergebnis der betriebsbezogenen Abgrenzung | | Betriebsergebnis | | |
| | | | Neutrales Ergebnis | | | | | | |

| | |
|---|---|
| Ergebnis der unternehmensbezogenen Abgrenzung | Euro |
| + Ergebnis der betriebsbezogenen Abgrenzung | Euro |
| = Neutrales Ergebnis | Euro |
| + Betriebsergebnis | Euro |
| = Gesamtergebnis | Euro |

**?** **10:** In welchen **beiden** Spalten (1–8) müssen nachfolgende Werte eingetragen werden?

| Konto-Nr. | Geschäftsbuchhaltung | | | Unternehmensbezogene Abgrenzung | | Betriebsbezogene Abgrenzung | | Kosten- und Leistungsarten | |
| | Kontenbezeichnungen | 1 Aufwendungen | 2 Erträge | 3 Aufwendungen | 4 Erträge | 5 Aufwendungen | 6 Erträge | 7 Kosten | 8 Leistungen |
|---|---|---|---|---|---|---|---|---|---|
| | Summen | 862.800 | | 60.830 | 10.500 | 209.000 | 160.900 | 695.170 | 955.000 |
| | Salden (Gewinn oder Verlust) | | | | 50.330 | | 48.100 | 259.830 | |

1) ☐ Rohstoffverbrauch zu Verrechnungspreisen, 2) ☐ Kalkulatorische Zinsen, 3) ☐ Umsatzerlöse für eigene Erzeugnisse, 4) ☐ Zinserträge, 5) ☐ Anlagenabgänge, 6) ☐ Fertigungslöhne

Ermitteln Sie (ggf. auf zwei Nachkommastellen runden):

(1) Gesamtgewinn oder Gesamtverlust: _____ €

(2) die Summe der Erträge in Spalte 2: _____ €

(3) Wirtschaftlichkeit des Unternehmens: _____

(4) Wirtschaftlichkeit des Betriebes: _____

**(?) 11:** Bei welcher Kostenart handelt es sich vollständig und eindeutig um Anderskosten? Kreuzen Sie an!

(1) ☐ Kalkulatorische Zinsen      (2) ☐ Kalkulatorische Miete

(3) ☐ Kalkulatorische Abschreibungen      (4) ☐ Gehälter

(5) ☐ Kalkulat. Unternehmerlohn      (6) ☐ Allgemeines Unternehmerwagnis

## 3 Kostenartenrechnung

Wichtigste Kostenarten für einen Industriebetrieb sind die Materialkosten, die Personalkosten, die Abschreibungen und die Energiekosten, die je nach Betrachtungsweise wie folgt eingeordnet werden können:

| Grundbegriffe der Kostenartenrechnung | Erläuterung | Beispiel |
|---|---|---|
| Einzelkosten | sind dem Kostenträger direkt zurechenbar und werden direkt zugerechnet | Fertigungslöhne, Fertigungsmaterial, z.B. Rohstoff- und Fremdbauteileverbrauch |
| Sondereinzelkosten | Einzelkosten der Fertigung oder des Vertriebs, die nur für ein bestimmtes Produkt (oder einen bestimmten Auftrag) entstehen | Konstruktionskosten oder Spezialverpackungen |
| Echte Gemeinkosten | sind dem Kostenträger nicht direkt zurechenbar | Gehalt einer Sekretärin |
| Unechte Gemeinkosten | sind dem Kostenträger direkt zurechenbar, werden aber nicht direkt zugerechnet | häufig Hilfsstoffe, z.B. Grundierungen, Schrauben, Muttern |
| Fixe Kosten | beschäftigungsunabhängige Kosten | Miete, Pacht, Gehälter |
| Sprungfixe Kosten | in Grenzen beschäftigungsunabhängige Kosten, die bei Kapazitätsänderungen steigen oder sinken | kalkulatorische Abschreibungen (z.B. bei Neuinvestitionen oder Stilllegungen) |
| Variable Kosten | beschäftigungsabhängige Kosten i. d. R. als proportionale Kosten, Sonderfälle: überproportionale Kosten, unterproportionale Kosten | Verbrauch von Fertigungsmaterial oder Fremdbauteilen, z.B. Fertigungslöhne für Überstunden, Verpackungsmaterialverbrauch |
| Mischkosten | Kostenarten mit beschäftigungsabhängigen und -unabhängigen Bestandteilen | Energie (Zählergebühr und Energieverbrauch) |

Neben der **Abhängigkeit** einer Kostenart **von der Beschäftigung** (fixe oder variable Kosten) spielt auch der **Zeitbezug** der Kosten eine Rolle. **Istkostenrechnung:** tatsächliche Güterverbräuche vergangener Abrechnungsperioden, **Normalkostenrechnung:** durchschnittliche Güterverbräuche mehrerer vergangener Abrechnungsperioden, **Plankostenrechnung:** geplante Güterverbräuche für zukünftige Abrechnungsperioden. Besonders prüfungsrelevant ist das Verhalten der fixen und variablen Kosten (proportional) in Abhängigkeit von der Beschäftigung.

### Kostenverläufe

Die Entwicklung der **fixen Gesamt- und Stückkosten** lässt sich durch ein Zahlenbeispiel verdeutlichen (GE = Geldeinheiten = Kosten in €):

| Produktions-menge/St. | Fixkosten gesamt | Fixkosten je St. |
|---|---|---|
| 100 | 10.000,00 | 100,00 |
| 200 | 10.000,00 | 50,00 |
| 300 | 10.000,00 | 33,33 |
| 400 | 10.000,00 | 25,00 |
| 500 | 10.000,00 | 20,00 |
| 600 | 10.000,00 | 16,66 |

Fixkosten bleiben insgesamt gleich, können aber mit steigender Stückzahl auf immer mehr Produkte umgelegt werden.

Eine Variante der fixen Kosten sind die **sprungfixen Kosten**. Diese bleiben innerhalb einer gewissen Bandbreite an Produktionszahlen gleich, steigen oder sinken darüber hinaus jedoch stufenweise.

Ein Beispiel dafür könnten Leasinggebühren für Produktionsmaschinen sein, die jeweils eine Kapazität von 250 Stück besitzen und monatliche Leasinggebühren von 2.500,00 € verursachen.

| Produktions-menge/St. | Benötigte Maschinen | Fixkosten gesamt |
|---|---|---|
| 100 | 1 | 2.500,00 |
| 200 | 1 | 2.500,00 |
| 300 | 2 | 5.000,00 |
| 400 | 2 | 5.000,00 |
| 500 | 2 | 5.000,00 |
| 600 | 3 | 7.500,00 |

Auch die Entwicklung der **variablen Gesamt- und Stückkosten** soll durch ein Zahlenbeispiel verdeutlicht werden:

| Produktions- menge/St. | Variable Kosten gesamt | Variable Kosten je St. |
|---|---|---|
| 100 | 2.000,00 | 20,00 |
| 200 | 4.000,00 | 20,00 |
| 300 | 6.000,00 | 20,00 |
| 400 | 8.000,00 | 20,00 |
| 500 | 10.000,00 | 20,00 |
| 600 | 12.000,00 | 20,00 |

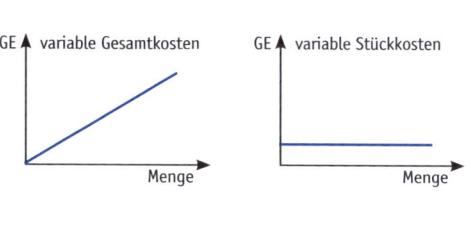

**!** Variable Kosten steigen und sinken mit der Produktionsmenge, bleiben aber pro Stück gleich!

Die **Gesamtkosten** (K) einer bestimmten Produktionsmenge ergeben sich durch die Addition fixer und variabler Kostenelemente. Da die Fixkosten ($K_f$) mengenunabhängig sind, müssen zuvor nur die variablen Stückkosten ($k_v$) mit der Produktionsmenge (x) multipliziert werden.

$K = K_f + (k_v \cdot x)$

Hier soll nun das begonnene Zahlenbeispiel (ungeachtet der sprungfixen Kosten) fortgesetzt werden:

| Produktions- menge/St. | Variable Kosten gesamt | Fixkosten gesamt | Gesamt- kosten | Stück- kosten |
|---|---|---|---|---|
| 100 | 2.000,00 | 10.000,00 | 12.000,00 | 120,00 |
| 200 | 4.000,00 | 10.000,00 | 14.000,00 | 70,00 |
| 300 | 6.000,00 | 10.000,00 | 16.000,00 | 53,33 |
| 400 | 8.000,00 | 10.000,00 | 18.000,00 | 45,00 |
| 500 | 10.000,00 | 10.000,00 | 20.000,00 | 40,00 |
| 600 | 12.000,00 | 10.000,00 | 22.000,00 | 36,67 |

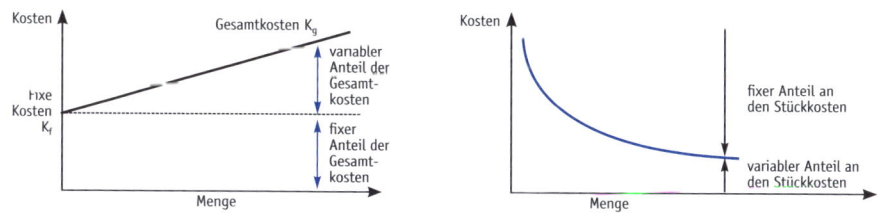

Die Grafik rechts verdeutlicht auch das so genannte **Gesetz der Massenproduktion**: Je höher die Produktionsmenge ausfällt, desto geringer sind wegen der immer stärkeren Umlage der Fixkosten auch die Stückkosten. Die kostengünstigste Produktion liegt unter dieser Annahme an der Kapazitätsgrenze, also der maximalen Produktionsmenge des Unternehmens.

257

**Beispiel:** Die fixen Kosten betragen 144.000,00 €, die variablen Kosten je Stück 42,00 € und die Stückerlöse (Produktpreis) 72,00 €. Stellt man die Entwicklung von Gesamtkosten (K) und Gesamterlösen (E) grafisch dar, so ergibt sich folgendes Schaubild:

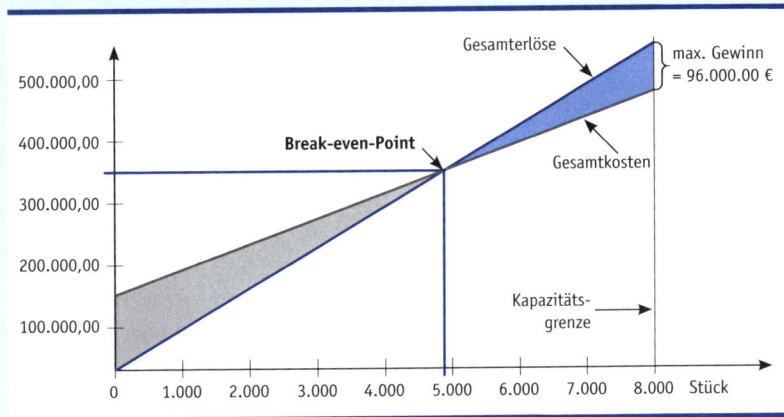

Werden die Werte der Beispielaufgabe eingesetzt, so findet man die Gewinnschwelle bei:

$$x = \frac{KF \text{ (fixe Kosten)}}{db \text{ (Stückdeckungsbeitrag)}} = \frac{144.000}{(72-42)} = 4.800 \text{ Stück}$$

## Aufgaben:

**12:** Ordnen Sie nachfolgende Begriffe der unten stehenden Tabelle zu (bis zu drei Zuordnungen sind möglich).

a) Sondereinzelkosten des Vertriebs □   b) Gehälter in der Verwaltung □

c) Hilfsstoffverbrauch in der Produktion □   d) Gesamtkosten für Energie □

e) Miete für eine Produktionshalle □   f) Fertigungsmaterial für Erzeugnisse □

g) Erlöse für eigene Erzeugnisse □   h) Fertigungslöhne □

| Begriffe der Kosten- und Leistungsrechnung | Zuzuordnende Beispiele für ein Industrieunternehmen der Fahrradbranche |
|---|---|
| fixe Kosten | (1) |
| variable Kosten | (2) |
| Leistungen | (3) |
| Einzelkosten | (4) |
| (5) | Vertriebsprovisionen |
| echte Gemeinkosten | (6) |
| unechte Gemeinkosten | (7) |
| Mischkosten | (8) |

**(?) 13:** Die fixen Kosten betragen im Jahr 240.282,00 €, die variablen Kosten **(proportional)** je Stück 4,20 €. Der Nettoverkaufspreis beträgt 10,50 € je Stück. Ermitteln Sie:

a) den Gewinn bei 54.000 verkauften Stück: _____ € Gewinn

b) den Mindestumsatz zur Deckung der Selbstkosten: _____ € Umsatz

**(?) 14:** Ordnen Sie die nachfolgenden Begriffe der unten stehenden Grafik zu:

☐ a) Kapazitätsgrenze                 ☐ b) fixe Kosten

☐ c) Gewinnschwelle (Break-even-Point)    ☐ d) variable Kosten

☐ e) Verlustzone                       ☐ f) Gesamtkosten

☐ g) Kosten/Erlöse in €            ☐ h) Produktionsmenge in Stück

☐ i) Gesamterlöse                    ☐ j) Gewinnzone

**(?) 15:** Ein Hersteller bietet Aluminiumrohre je Meter für 6,00 € an. Bei Eigenfertigung betragen die variablen Kosten je Meter Rohr 4,50 €. Die Fixkosten für die Rohrproduktion betragen 30.000,00 €. Der Verkaufspreis je Meter Rohr beträgt 8,00 €. Ermitteln Sie den kritischen Umsatz = _____ €.

**(?) 16:** Ein Fahrzeug verursacht je Jahr fixe Kosten in Höhe von 4.000,00 €, die variablen Kosten je km betragen 0,30 €. Ermitteln Sie a) die Gesamtkosten bei einer Fahrleistung von 16.850 km/Jahr = _____ € und b) die Gesamtkosten **je km** bei dieser Fahrleistung = _____ €.

# 4 Vollkostenrechnung

In der Vollkostenrechnung werden **alle Gemeinkosten**, die in der Ergebnistabelle in der Spalte 7 ermittelt wurden, auf Kostenstellen verteilt. Die Einzelkosten (Fertigungsmaterial und Fertigungslöhne (Zuschlagsgrundlagen) dienen als Basis (= 100 %) für die Ermittlung von Gemeinkostenzuschlagssätzen. Die Kostenstellenrechnung wird in einem einstufigen oder mehrstufigen (mit Allgemeinen und/oder Hilfskostenstellen, deren Kosten letztlich auf Hauptkostenstellen umgelegt werden) **Betriebsabrechnungsbogen** (BAB) durchgeführt. Gemeinkostenverteilung im BAB:

| **Allgemeine Kostenstellen (Beispiele)** | | | **Hilfskostenstellen (Beispiele: Vorleistung nur für Fertigungskostenstellen)** | | **Übliche Hauptkostenstellen (ggf. können auch Maschinen als Hauptkostenstellen im BAB aufgeführt werden)** | | | | |
|---|---|---|---|---|---|---|---|---|---|
| Fuhrpark | EDV | Kantine | Konstruktion | Arbeitsvorbereitung | Material | Fertigung I | Fertigung II | Verwaltung | Vertrieb |

**Verteilungshinweise:** Die Gemeinkosten der Allgemeinen Kostenstellen werden von links beginnend auf alle nachfolgenden Kostenstellen verteilt. Danach werden die neuen Gemeinkostensummen der Hilfskostenstellen auf die Fertigungskostenstellen verteilt.

Dabei können **Kostenstelleneinzelkosten** (Gemeinkosten, die den Kostenstellen direkt zurechenbar sind, z.B. Gehälter nach Gehaltslisten, Stromverbrauch nach Zählern) oder **Kostenstellengemeinkosten** (Gemeinkosten, die über Schlüssel wie Anteile, Prozentsätze oder Hilfsgrößen wie qm auf die Kostenstellen verteilt werden) unterschieden werden.

Für die **Kostenträgerzeitrechnung (Betriebsabrechnungsbogen II)** und die **Kalkulation** (Selbstkostenermittlung für ein Produkt oder einen Auftrag) werden im BAB Zuschlagssätze für die Hauptkostenstellen ermittelt.

| Zuschlagssätze | Formeln |
|---|---|
| **Materialgemeinkosten-Zuschlagssatz** | $\frac{\text{Materialgemeinkosten} \cdot 100}{\text{Fertigungsmaterial}}$ |
| **Fertigungsgemeinkosten-Zuschlagssatz** | $\frac{\text{Fertigungsgemeinkosten} \cdot 100}{\text{Fertigungslöhne}}$ |
| **Verwaltungsgemeinkosten-Zuschlagssatz** | $\frac{\text{Verwaltungsgemeinkosten} \cdot 100}{\text{Herstellkosten des Umsatzes}}$ |
| **Vertriebsgemeinkosten-Zuschlagssatz** | $\frac{\text{Vertriebsgemeinkosten} \cdot 100}{\text{Herstellkosten des Umsatzes}}$ |

Die Herstellkosten des Umsatzes werden wie folgt ermittelt:

| | |
|---|---|
| | Fertigungsmaterial (Materialeinzelkosten) |
| + | Materialgemeinkosten lt. BAB |
| + | Fertigungslöhne (Fertigungseinzelkosten) |
| + | Fertigungsgemeinkosten lt. BAB |
| = | Herstellkosten der Erzeugung (= Herstellkosten der Abrechnungsperiode) |

| | |
|---|---|
| – | Bestandsmehrung unfertige oder fertige Erzeugnisse |
| + | Bestandsminderung unfertige oder fertige Erzeugnisse |
| = | Herstellkosten des Umsatzes |

**Kostenträgerzeitrechnung:** Mithilfe der Kostenträgerzeitrechnung können die Ergebnisse einer Abrechnungsperiode auch je Erzeugnisgruppe (oder je Erzeugnis) sichtbar gemacht werden. Dabei ist es notwendig, die Einzelkosten jeder Erzeugnisgruppe oder jedes Erzeugnisses zu kennen. Die Gemeinkosten werden mit den im BAB ermittelten Zuschlagssätzen dann auf die Erzeugnisse (Kostenträger) verteilt.

**Maschinenstundensatzrechnung:** Hauptkostenstellen in einem BAB können auch **Maschinen** sein. In diesem Fall werden die auf die Maschine entfallenen Gemeinkosten nicht als Zuschlagssatz, sondern als **Kosten je Maschinenstunde** erfasst. Nur die **Restfertigungsgemeinkosten**, die der Maschine nicht zugerechnet werden können, werden als Zuschlagssatz auf die Fertigungslöhne berechnet.

**Normalkostenrechnung:** Für die Selbstkostenermittlung als Basis für die Angebotskalkulation werden im Rahmen einer Vorkalkulation häufig die Gemeinkosten mit **Normalkosten** (aktualisierte Durchschnittszuschlagssätze mehrerer vergangener Abrechnungsperioden) gerechnet. Liegen die aktuellen BAB-Daten (Zuschlagssätze = Istwerte) vor, kann die Nachkalkulation erfolgen. Es gilt:

Normalkosten > Istkosten = Kostenüberdeckung
Normalkosten < Istkosten = Kostenunterdeckung

## Aufgaben:

**17:** Bringen Sie die nachfolgenden Tätigkeiten in eine sachlich richtige Reihenfolge, indem Sie diese mit 1–7 nummerieren.

☐ Ermittlung der Herstellkosten des Umsatzes

☐ Ermittlung der Summe der Gemeinkosten je Kostenstelle

☐ Zuordnung der Einzelkosten (Zuschlagsgrundlagen) auf die relevanten Kostenstellen

☐ Ermittlung aller Gemeinkostenzuschlagssätze je Kostenstelle

☐ Aufteilung der Kosten in Einzel- und Gemeinkosten

☐ Übernahme aller Kosten aus der Ergebnistabelle

☐ Verteilung der Gemeinkosten auf die Kostenstellen

**18:** Ermitteln Sie die Herstellkosten des Umsatzes und die Zuschlagssätze unter Berücksichtigung einer Bestandsmehrung bei den unfertigen Erzeugnissen in

Höhe von 32.000,00 € und einer Bestandsminderung bei den fertigen Erzeugnissen in Höhe von 46.000,00 €. Tragen Sie Ihre Ergebnisse direkt in die Tabelle ein!

| Gemeinkostenart | Gesamtkosten | Material | Fertigung | Verwaltung | Vertrieb |
|---|---|---|---|---|---|
| Summe Gemeinkosten | 2.483.980,00 | 812.500,00 | 937.500,00 | 282.300,00 | 451.680,00 |
| Zuschlagsgrundlagen | Einzelkosten/ Herstellkosten | Fertigungsmaterial 1.250.000,00 | Fertigungslöhne 750.000,00 | a) Herstellkosten des Umsatzes _____ | |
| Zuschlagssätze | GK x 100/ EK oder HK | b) | c) | d) | e) |

 **19:** Der BAB eines Industriebetriebes zeigt folgende Werte:

| Material-stelle | Fertigungshauptkostenstellen | | | Verwaltungs-stelle | Vertriebs-stelle |
|---|---|---|---|---|---|
| | Maschine 1 | Maschine 2 | Übrige Fertigungsstellen | | |
| 460.000,00 | 210.000,00 | 196.000,00 | 78.000,00 | 163.520,00 | 122.640,00 |

Weitere Angaben der Kostenrechnung:

Fertigungsmaterial = 920.000,00 €  Maschine 1: 1.200 Maschinenstunden

Fertigungslöhne = 156.000,00 €  Maschine 2: 1.600 Maschinenstunden

Mehrbestand unfertige Erzeugnisse = 12.000,00 €

Minderbestand fertige Erzeugnisse = 36.000,00 €

Die Kosten der Maschinen 1 und 2 sind zu 40 % fix.

Ermitteln Sie (ggf. auf zwei Nachkommastellen runden!):

a) den Materialgemeinkostenzuschlagssatz _____ %

b) den Maschinenstundensatz der Maschine 2 _____ €

c) die Herstellkosten des Umsatzes _____ €

d) den Vertriebsgemeinkostenzuschlagssatz _____ %

e) die Selbstkosten der Abrechnungsperiode _____ €

f) einen kostendeckenden Maschinenstundensatz, wenn Maschine 1 nur 900 Stunden produziert _____ €

 **20:** Ermitteln Sie den Maschinenstundensatz bei einer geplanten Laufleistung der Maschine von 160 Std./Monat. _____

| | |
|---|---|
| Anschaffungskosten | 140.000,00 € |
| Wiederbeschaffungskosten | 168.000,00 € |
| Betriebsindividuelle Nutzungsdauer | 7 Jahre |

| | |
|---|---|
| Lineare (kalkulatorische) Abschreibung in € | ? |
| Kalkulatorische Zinsen 6% auf die halben Anschaffungskosten | ? |
| Strompreis je kWh | 0,20 € |
| Grundgebühr für Strom monatlich | 80,00 € |
| Maschinenleistung | 20 kWh |
| Wartungskosten je Jahr | 3.720,00 € |
| Stand- und Arbeitsfläche | 40 qm |
| Platzkosten je qm/Monat | 45,00 € |
| Durchschnittliche Werkzeugkosten/Monat | 100,00 € |
| Betriebsstoffkosten/Monat | 80,00 € |

 **21:** Für einen Auftrag gelten folgende Daten:

12 Maschinenstunden zu je 160,00 €
120 % Restfertigungsgemeinkostenzuschlagssatz
40 Stunden für Fertigungslöhne zu je 20,00 €
Ermitteln Sie die Fertigungskosten: _____ €

 **22:** Ermitteln Sie für nachfolgende Selbstkostenkalkulation:

a) Ist-Selbstkosten: _____ €
b) Summe der Kostenüberdeckung (= +) oder Kostenunterdeckung (= –): _____ €

| Selbstkostenkalkulation | Normalkosten | | Istkosten | |
|---|---|---|---|---|
| | € | % | € | % |
| Fertigungsmaterial | 150,00 € | | 150,00 € | |
| Materialgemeinkosten | 20,25 € | 13,50% | 24,00 € | 16,00% |
| Fertigungslöhne | 26,00 € | | 26,00 € | |
| Fertigungsgemeinkosten | 104,00 € | 400,00% | 106,60 € | 410,00% |
| **Herstellkosten des Umsatzes** | **300,25 €** | | **306,60 €** | |
| Verwaltungsgemeinkosten | 19,82 € | 6,60% | | 6,20% |
| Vertriebsgemeinkosten | 16,21 € | 5,40% | | 5,80% |
| Selbstkosten | 336,28 € | | | |

 **23:** Welche der folgenden Aussagen sind richtig? Bitte ankreuzen!

a) ☐ Kostenstelleneinzelkosten sind Gemeinkosten.

b) ☐ Vertriebsprovisionen sind Gemeinkosten, die ausschließlich dem Vertrieb zugerechnet werden.

c) ☐ Die Lagerkosten für fertige Erzeugnisse werden der Kostenstelle Material zugerechnet.

d) ☐ Die Herstellkosten werden von Bestandsveränderungen der unfertigen und fertigen Erzeugnisse nicht beeinflusst.

e) ☐ Ein BAB kann mehrere Fertigungskostenstellen enthalten.

f) ☐ Der Fremdbauteileverbrauch gehört zu den Einzelkosten.

 **24:** Folgende Daten einer Kostenträgerzeitrechnung liegen vor:

| | | | |
|---|---|---|---|
| Fertigungsmaterial | 250.000,00 € | Materialgemeinkosten | 30 % |
| Fertigungslöhne | 120.000,00 € | Fertigungsgemeinkosten | 80 % |
| Sondereinzelkosten der Fertigung | 20.000,00 € | Verwaltungsgemeinkosten | 8 % |
| Sondereinzelkosten des Vertriebs | 12.000,00 € | Vertriebsgemeinkosten | 6 % |
| Bestandserhöhung fertige Erzeugnisse | 24.000,00 € | | |

Ermitteln Sie:

a) die Herstellkosten des Umsatzes = _____ €

b) die Selbstkosten des Umsatzes = _____ €

 **25:** Ermitteln Sie auf Basis der nachfolgend abgebildeten Ergebnistabelle mit ganzzahliger Werteanzeige einer **GmbH** die geforderten Werte:

a) Wirtschaftlichkeit des Betriebes: _____ b) Neutrales Ergebnis: _____ €

c) Materialgemeinkostenzuschlagssatz, wenn die Materialgemeinkosten 78.750,00 € betragen: _____ %

d) Selbstkosten des Umsatzes: _____ € e) Betriebsergebnis: _____ €

| | | Geschäftsbuchhaltung | | | Unternehmensbezogene Abgrenzung | | Betriebsbezogene Abgrenzung | | Kosten- und Leistungsarten | |
|---|---|---|---|---|---|---|---|---|---|---|
| Konto-Nr. | Kontenbezeichnungen | 1 Aufwendungen | 2 Erträge | 3 Aufwendungen | 4 Erträge | 5 Aufwendungen | 6 Erträge | 7 Kosten | 8 Leistungen | |
| 5000 | Umsatzerlöse für eigene Erzeugnisse | | 722000 | | | | | | 722000 | |
| 5202 | Bestandserhöhung fertige Erzeugnisse | | 6200 | | | | | | 6200 | |
| 5400 | Nebenerlöse (Mieterträge) | | 2000 | | 2000 | | | | | |
| 5410 | Erlöse aus Anlagenabgängen | | 3200 | | | | 3200 | | | |
| 5490 | Periodenfremde Erträge | | 12800 | | | | 12800 | | | |
| 5710 | Zinserträge | | 1800 | | 1800 | | | | | |
| 6000 | Aufwendungen für Rohstoffe/Fertungsmaterial | 307900 | | | | 307900 | 315000 | 315000 | | |
| 6020 | Aufwendungen für Hilfsstoffe | 10120 | | | | | | 10120 | | |
| 6030 | Aufwendungen für Betriebsstoffe | 4800 | | | | | | 4800 | | |
| 6040 | Verpackungsmaterial | 2400 | | | | | | 2400 | | |

| Konto | Bezeichnung | | | | | | | | |
|---|---|---|---|---|---|---|---|---|---|
| 6050 | Energie | 13100 | 220 | | | | 12880 | |
| 6160 | Fremdinstandhaltung | 12400 | 180 | | | | 12220 | |
| 6150 | Vertriebsprovisionen | 11200 | | | | | 11200 | |
| 6200 | Fertigungslöhne | 47860 | | | | | 47860 | |
| 6300 | Gehälter | 84200 | | | | | 84200 | |
| 6400 | soziale Abgaben | 29713 | | | | | 29713 | |
| 6520 | Abschreibungen auf Sachanlagen | 23520 | | | 23520 | | | |
| 6700 | Mieten, Pachten | 8000 | | | | | 8000 | |
| 6710 | Leasing | 5455 | | | | | 5455 | |
| 68xx | Aufwendungen für Kommunikation | 24280 | 90 | | | | 24190 | |
| 6900 | Versicherungsbeiträge | 3350 | 20 | | | | 3330 | |
| 6930 | Verluste aus Schadensfällen | 10800 | | | 10800 | | | |
| 6979 | Anlagenabgänge | 4300 | | | 4300 | | | |
| 7510 | Zinsaufwendungen | 14012 | | | 14012 | | | |
| 7600 | Außerordentliche Aufwendungen | 12200 | | | 12200 | | | |
| 70/77 | Steuern | 8590 | 7731 | | | | 859 | |
| | Kalkulatorische Abschreibungen | | | | | 25000 | 25000 | |
| | Kalkulatorische Zinsen | | | | | 22500 | 22500 | |
| | Kalkulatorische Wagnisse | | | | | 12000 | 12000 | |
| | Summen | 638200 | 748000 | 8241 | 3800 | 372732 | 390500 | 631727 | 728200 |
| | Salden (Gewinn oder Verlust) | | | | | | | |

**? 26:** Welche Aussagen zur Ergebnistabelle aus Aufgabe 25 sind zutreffend? Kreuzen Sie an!

a) ☐ Es wurden weniger Erzeugnisse verkauft als hergestellt.

b) ☐ Die Einzelkosten betragen 315.000,00 €.

c) ☐ Das Ergebnis der betriebsbezogenen Abgrenzung ist größer als das Ergebnis der unternehmensbezogenen Abgrenzung.

d) ☐ Der kalkulatorische Unternehmerlohn fehlt in der Ergebnistabelle.

e) ☐ Die Zinsaufwendungen sind nicht betriebsbezogen.

f) ☐ Alle Ergebnisse sind positiv.

g) ☐ Der Abgrenzungsbereich erhöht das Betriebsergebnis im Vergleich mit dem Gesamtergebnis um knapp über 15 %.

**? 27:** Ermitteln Sie für den auf Seite 266 abgebildeten BAB folgende Werte:

a) die Ist-Gemeinkosten der Fertigungshauptkostenstelle II = _____ €

b) den Ist-Gemeinkostenzuschlagssatz für die Materialstelle = _____ %

c) den Normal-Gemeinkostenzuschlagssatz für den Vertrieb = _____ %

d) die Kostenüberdeckung (= +) oder Kostenunterdeckung (= −) für die Verwaltung
= _____ €

| Gemeinkosten-kosten und Berechnungsgrundlagen | Gesamt-kosten | Material | Fertigung | | | Verwal-tung | Vertrieb |
|---|---|---|---|---|---|---|---|
| | | | Fertigungs-hilfskostenstelle | Fertigungshauptkosten-stelle I | Fertigungshauptkosten-stelle II | | |
| Gemeinkosten Monat Mai | 810.000 | 210.000 | 40.000 | 200.000 | 160.000 | 90.000 | 110.000 |
| Umlage Fertigungshilfskostenstelle | | | Verteilungs-verhältnis: | 6 | 2 | | |
| Summe IST- Gemeinkosten | | | | a) | | | |
| Zuschlagsgrundlagen | | Fertigungsmat. | | Fertigungslöhne I | Fertigungslöhne II | Herstellk. d. Umsatzes | |
| | | 336.000 | | 400.000 | 500.000 | 1.900.000 | |
| IST-Zuschlagssätze | | b) | | | | | |
| Summe | | | | | | | |
| Normalgemeinkosten | 840.000 | 220.000 | | 215.000 | 195.000 | 105.000 | 105.000 |
| Zuschlagsgrundlagen | | Fertigungsmat. | | Fertigungslöhne I | Fertigungslöhne II | Herstellk. d. Umsatzes | |
| | | 336.000 | | 400.000 | 500.000 | 1.920.000 | |
| Normal-Zuschlagssätze | | | | | | | c) |
| Kosten-Überdeckung | | | | | | d) | |
| Kosten-Unterdeckung | | | | | | d) | |

**(?) 28:** Eine neue Maschine mit Anschaffungskosten von 80.000,00 € wird in einem Abrechnungsmonat 150 Stunden eingesetzt. Berechnen Sie die kalkulatorischen Zinsen vom halben Anschaffungswert mit einem Zinssatz von 9 % für eine Maschinenstunde: _____ €

## 5 Teilkostenrechnung als Deckungsbeitragsrechnung

### Deckungsbeitragsrechnung als Stückrechnung

Die Teilkostenrechnung in Form der Deckungsbeitragsrechnung trennt alle Kosten der Ergebnistabelle (Spalte 7) in fixe und variable Kosten auf. Kurzfristig variabel sind alle Einzelkosten (z.B. Fertigungsmaterial, Fertigungslöhne) und Teile der Gemeinkosten (z.B. Energie, Verpackungskosten). Es gelten nachfolgende Formeln.

Deckungsbeitrag = (Nettoverkaufs-)Erlöse – variable Kosten

Gesamtkosten = (variable Kosten je Stück · Stückzahl) + fixe Kosten der Abrechnungsperiode

$$\text{Break-even-Point (Gewinnschwelle in Stück)} = \frac{\text{fixe Kosten}}{\text{Deckungsbeitrag je Stück}}$$

Absolute Preisuntergrenze = variable Kosten je Einheit   oder
(kurzfristig)                        Einzelkosten + variable Gemeinkosten

$$\text{variable Kosten je Stück (bei Mehrperiodenvergleich)} = \frac{\text{Gesamtkostenveränderungen}}{\text{Gesamtmengenveränderung}}$$

Dabei kann der Deckungsbeitrag je Stück (db), je Erzeugnis (DB I) und bei mehrstufiger Deckungsbeitragsrechnung auch für Erzeugnisgruppen unter Berücksichtigung von erzeugnisgruppenfixen Kosten (DB II) ermittelt werden.

Dabei kann der Deckungsbeitrag je Stück (db), je Erzeugnis (DB I) und bei mehrstufiger Deckungsbeitragsrechnung auch für Erzeugnisgruppen unter Berücksichtigung von erzeugnisgruppenfixen Kosten (DB II) ermittelt werden.

(!) Der Gewinn (G) aus einer Produktion ergibt sich aus der Differenz zwischen Gesamterlösen/Umsätzen (E) abzüglich der Gesamtkosten (K): G = E – K

## Aufgaben:

**(?) 29:** Ein Getränkehersteller produziert im Monat September 60.000 Flaschen hochwertigen Sekt. Die fixen Kosten betragen 384.000,00 Euro, die variablen Kosten je Flasche betragen 9,20 Euro. Ermitteln Sie:

a) die Selbstkosten je Flasche = _____ €

b) den Gewinn, wenn alle Flaschen zum Preis von 22,60 Euro verkauft werden können = _____ €

c) den Umsatz, bei dem die Gewinnschwelle erreicht wird = _____ €

**(?) 30:** Ein kleiner Holzverarbeitungsbetrieb produziert für einen Spielwarenhersteller im Auftrag Spielfiguren aus Holz. Der Materialverbrauch und die Produktionszeit je Spielfigur sind bei allen Figuren gleich.

| | |
|---|---|
| Produktionsmenge August: | 200.000 Stück |
| Gesamtkosten: | 45.000,00 € |
| Produktionsmenge September: | 220.000 Stück |
| Gesamtkosten: | 48.000,00 € |

Ermitteln Sie:

a) die variablen Kosten je Spielfigur = _____ €

b) die fixen Kosten des Holzverarbeitungsbetriebes: _____ €

c) den Erfolg im Monat September, wenn der Erlös je Figur 0,32 € beträgt = _____ €

d) den Erfolg im Monat September, wenn ein Zusatzauftrag über 10.000 Stück zu je 0,25 € angenommen wird: _____ €

**(?) 31:** Eine Maschinenbaufabrik fertigt zeitweise nur ein Erzeugnis, den Geschwindigkeitsregler VVS-3. Im Mai wurden 250 Geräte hergestellt, dafür entstanden Produktionskosten in Höhe von 122.000,00 €. Im darauffolgenden Monat wurden nur 220 Geräte hergestellt, wofür 110.000,00 € Produktionskosten anfielen.

a) Berechnen Sie die variablen Kosten je Stück. Gehen Sie dabei davon aus, dass die Fixkosten in beiden Monaten unverändert bestehen._____ €

b) Berechnen Sie die fixen Kosten._____ €

c) Im nächsten Monat wird die Produktionsrate voraussichtlich wieder auf 240 Geräte steigen. Mit welchen Produktionskosten ist zu rechnen?_____ €

**(?) 32:** Entscheiden Sie, ob es sich bei den folgenden Beispielen um (1) fixe Kosten, (2) variable Kosten oder (3) Mischkosten handelt:

1. ☐ Gewährleistungskosten
2. ☐ Büromiete
3. ☐ Wartungskosten Maschinen
4. ☐ Abschreibung Fabrikhalle
5. ☐ Grundsteuer
6. ☐ Verkaufsprovisionen
7. ☐ Verpackungskosten
8. ☐ Energiekosten

**(?) 33:** Für die Erzeugung eines Schreibtisches in **einer Serie über 1.000 Stück** fielen folgende Kosten an:

| Kostenart | Gesamtbetrag | Variator* | Fixe Kosten | Variable Kosten | Variable Stückkosten |
|---|---|---|---|---|---|
| Materialverbrauch | 40.000,00 | 100% (1,0)* | | | |
| Lohnkosten | 20.000,00 | 60% (0,6)* | | | |
| Energieverbrauch | 6.000,00 | 80% (0,8)* | | | |
| Abschreibungen | 15.000,00 | 0% | | | |
| Sonstige Kosten | 11.000,00 | 0% | | | |

*wird teilweise auch als Faktor angegeben

a) Ermitteln Sie für jede Kostenart die absolute Höhe der fixen und der variablen Kosten bei der gegebenen Beschäftigung direkt in der Tabelle.

b) Ermitteln Sie für jede Kostenart die variablen Kosten je Stück direkt in der Tabelle..

c) Aufgrund hoher Nachfrage sollen nun 200 Stück der Serie nachproduziert werden. Mit welchen zusätzlichen Kosten ist zu rechnen? _____ €

**(?) 34:** Die Goslaer Renotech AG bereitet mithilfe der Deckungsbeitragsrechnung den Erfolgsbericht für das vergangene Geschäftsjahr vor. Sie vertreibt drei verschiedene Varianten einer Bohrmaschine:

| Typ | BM-800 | BM-1200 | BM-2200 |
|---|---|---|---|
| Absatzmenge (Stück) | 20.000 | 32.000 | 8.000 |
| Stückpreis | 69,00 | 99,00 | 169,00 |
| Variable Stückkosten | 55,00 | 67,00 | 85,00 |

Die zurechenbaren Fixkosten betragen für den Betrachtungszeitraum 1.950.000,00 €.

a) Errechnen Sie für BM-800 den Stückdeckungsbeitrag _____ € und für BM-2200 den Gesamtdeckungsbeitrag. _____ €

b) Ermitteln Sie das Betriebsergebnis. _____ €

**(?) 35:** Bei der Produktion von Wäschetrocknern entstehen in einer Periode Selbstkosten in Höhe von 560.000,00 €. 70% dieser Selbstkosten sind variable Kosten. Der Verkaufspreis der Wäschetrockner beträgt 650,00 € je Stück. Berechnen Sie den Deckungsbeitrag je Stück, wenn von einer Produktions- und Absatzmenge von 1.000 Stück ausgegangen wird. _____ €

**36:** Ursprünglich plante der Hersteller, eine Verkaufsmenge von 70.000 Stück der Vorhangserie „Mathilde" zum Stückpreis von 115,00 € abzusetzen. Um das Verkaufsziel zu erreichen, musste allerdings der Abgabepreis um 15 % reduziert werden. Berechnen Sie, um welche Summe der Deckungsbeitrag sinkt. _____ €

**37:** Als Mitarbeiter im Controlling lesen Sie in einer Tagungsvorlage, dass der Break-even-Point des neuen Klimagerätes voraussichtlich bei einer jährlichen Absatzmenge von 10.000 Stück liegt. Entscheiden Sie mithilfe der Einzeldaten und kreuzen Sie an! Diese Aussage ist richtig oder falsch.

- Fixe Kosten: 420.000,00 €
- Stückerlöse: 450,00 €
- Fixe Stückkosten bei einer Produktion von 20.000 Stück: 21,00 €
- Variable Stückkosten: 310,00 €

Break-even = 10.000

ja   ☐

nein   ☐

**38:** Betrachten Sie die folgende Grafik zur Ertragssituation der „Phicom · GmbH", eines Anbieters von Standard-Kamerasystemen für die Gebäudeüberwachung:

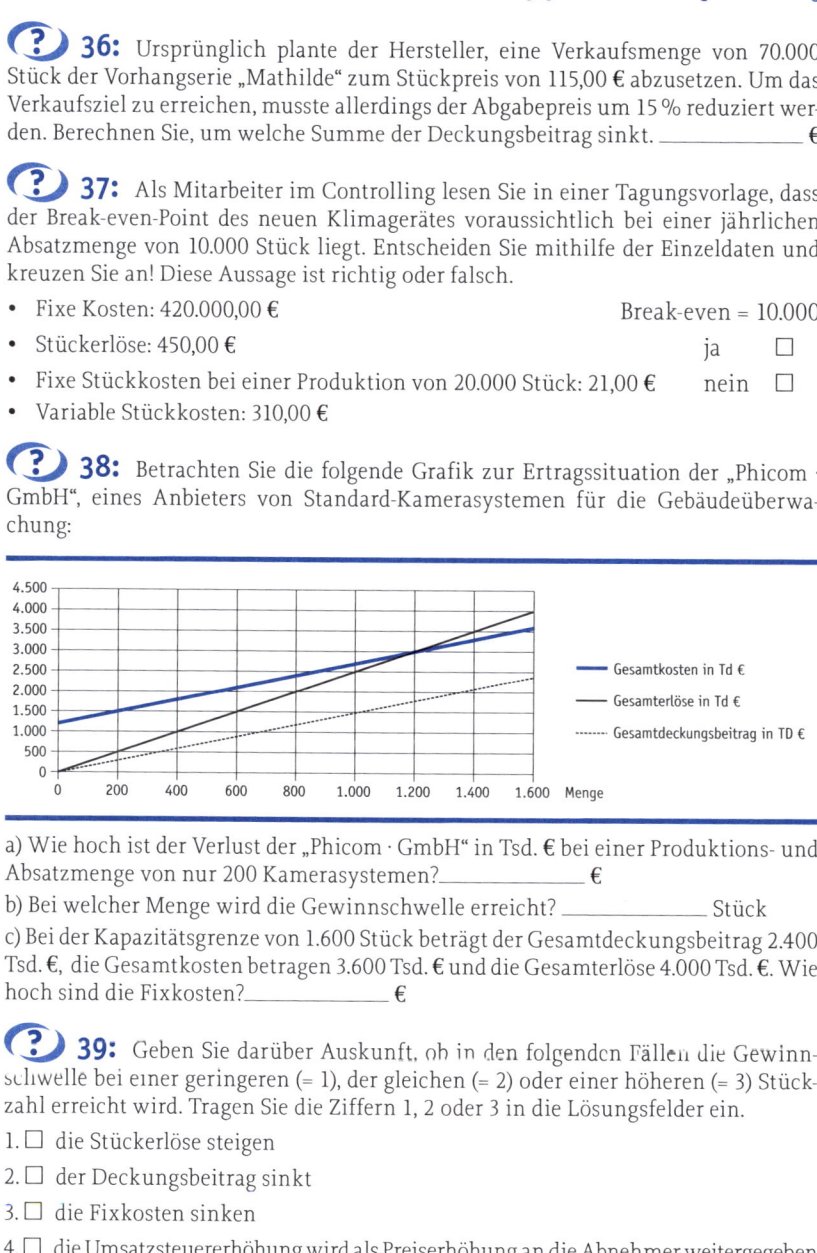

a) Wie hoch ist der Verlust der „Phicom · GmbH" in Tsd. € bei einer Produktions- und Absatzmenge von nur 200 Kamerasystemen? _____ €

b) Bei welcher Menge wird die Gewinnschwelle erreicht? _____ Stück

c) Bei der Kapazitätsgrenze von 1.600 Stück beträgt der Gesamtdeckungsbeitrag 2.400 Tsd. €, die Gesamtkosten betragen 3.600 Tsd. € und die Gesamterlöse 4.000 Tsd. €. Wie hoch sind die Fixkosten? _____ €

**39:** Geben Sie darüber Auskunft, ob in den folgenden Fällen die Gewinnschwelle bei einer geringeren (= 1), der gleichen (= 2) oder einer höheren (= 3) Stückzahl erreicht wird. Tragen Sie die Ziffern 1, 2 oder 3 in die Lösungsfelder ein.

1. ☐ die Stückerlöse steigen
2. ☐ der Deckungsbeitrag sinkt
3. ☐ die Fixkosten sinken
4. ☐ die Umsatzsteuererhöhung wird als Preiserhöhung an die Abnehmer weitergegeben
5. ☐ die variablen Kosten sinken

**40:** Der Stückdeckungsbeitrag für eine Voliere (Vogelkäfig) beträgt 70,00 €. Bei einem Verkauf von 500 Volieren wurde ein Gewinn von 14.000,00 € erzielt. Bestimmen Sie die Gewinnschwellenmenge. _____ Stück

## Fragenkomplex 02: Leistungen bewerten und verrechnen

### 1 Absatzleistungen

**Absatzleistungen** entstehen durch den **Verkauf von eigenen Erzeugnissen oder Handelswaren** und werden auf den entsprechenden Umsatzerlöskonten als Ertrag erfasst. Die Listenverkaufspreise werden zumeist auf Basis der Selbstkosten ermittelt.

Berechnungen mit Prozentbeispielen für eine Vorwärtskalkulation zum Listenverkaufspreis:

|   | | | | | |
|---|---|---|---|---|---|
| | Selbstkosten | 100 % | | | |
| + | Gewinn | 20 % | | | |
| = | Barverkaufspreis | 120 % | 97 % | | |
| + | Kundenskonto | | 3 % | | |
| = | Zielverkaufspreis | | 100 % | 85 % | |
| + | Kundenrabatt | | | 15 % | |
| = | Listenverkaufspreis | | | 100 % | |

Berechnungen mit Prozentbeispielen für eine Rückwärtskalkulation zu den Selbstkosten:

|   | | | | | |
|---|---|---|---|---|---|
| | Listenverkaufspreis | 100 % | | | |
| – | Kundenrabatt | 15 % | | | |
| = | Zielverkaufspreis | 85 % | 100 % | | |
| – | Kundenskonto | | 3 % | | |
| = | Barverkaufspreis | | 97 % | 120 % | |
| – | Gewinn | | | 20 % | |
| = | Selbstkosten | | | 100 % | |

Ermittlung des Gewinns und des Gewinnzuschlagssatzes bei der Differenzkalkulation:

| Barverkaufspreis | Gewinnzuschlagssatz in Prozent: |
|---|---|
| – Selbstkosten | $= \dfrac{\text{Gewinn} \cdot 100}{\text{Selbstkosten}}$ |
| = Gewinn | |

Hinweis: Alle (Zwischen-)Ergebnisse auf zwei Nachkommastellen runden!

### Aufgabe:

**41:** Ermitteln Sie den Listenverkaufspreis für eine Handelsware, deren Selbstkosten 220,00 € betragen und die mit einem Gewinnzuschlag von 30 %, einem

Kundenskonto von 2 % und einem Kundenrabatt von 8 % kalkuliert wird. Listenverkaufspreis = _____ €

**?** **42:** Ein Industrieunternehmen hat 500 Stück Handelswaren zum Listeneinkaufspreis von 50,00 € je Stück bestellt. Der Hersteller gewährt bei dieser Abnahmemenge 12 % Rabatt und 3 % Skonto. Er berechnet allerdings zusätzlich 5 % Fracht- und Verpackungskosten auf seinen Zielverkaufspreis. Das Industrieunternehmen verkauft diese Handelswaren mit einem Gemeinkostenzuschlagssatz von 20 % und einem Gewinnzuschlagssatz von 15 %. Die Kunden erhalten 2 % Skonto und 5 % Rabatt. Ermitteln Sie für 500 Stück Handelswaren:

a) den Bezugspreis = _____ € b) die Selbstkosten = _____ € c) den Listenverkaufspreis = _____ €

**?** **43:** Ermitteln Sie die fehlenden Werte und tragen Sie diese in die Tabelle ein:

| Kalkulationsschema | Vorwärtskalkulation | | Rückwärtskalkulation | | Differenzkalkulation | |
|---|---|---|---|---|---|---|
| | % | € | % | € | % | € |
| Listeneinkaufspreis | | 600,00 | | f) | | 450,00 |
| Liefererrabatt | 10% | 60,00 | 15% | e) | 18% | 81,00 |
| = Zieleinkaufspreis | | 540,00 | | d) | | 369,00 |
| Liefererskonto | 2% | 10,80 | 3% | 14,02 | 3% | 11,07 |
| = Bareinkaufspreis | | 529,20 | | 453,44 | | 357,93 |
| Bezugskosten | | 39,00 | | 58,72 | | 17,46 |
| = Bezugspreis | | 568,20 | | 512,16 | | 375,39 |
| Handlungskosten | 15% | 85,23 | 25% | 128,04 | 18% | 67,57 |
| = Selbstkosten | | 653,43 | | 640,20 | | 442,96 |
| Gewinn | 20% | 130,69 | 50% | 320,10 | i) | h) |
| = Barverkaufspreis | | 784,12 | | 960,30 | | g) |
| Kundenskonto | 2% | 16,00 | 3% | 29,70 | 2% | 16,15 |
| = Zielverkaufspreis | | a) | | 990,00 | | 807,50 |
| Kundenrabatt | 5% | b) | 10% | 110,00 | 5% | 42,50 |
| − Listenverkaufspreis | | c) | | 1.100,00 | | 850,00 |

## 2 Lagerleistungen

**Lagerleistunge**n entstehen durch den **Lageraufbau (Ertrag) oder den Lagerabbau (Aufwand)** von **unfertigen** und **fertigen** Erzeugnissen. Bewertet werden Lagerleistungen mit ihren Herstellungskosten (siehe 3 Aktivierte Eigenleistungen). Lagerleistungen beeinflussen das Gesamtergebnis und das Betriebsergebnis in der Ergebnistabelle und sind für die Berechnung der Herstellkosten des Umsatzes von Bedeutung.

Herstellkosten der Erzeugung

+    Bestandserhöhungen oder – Bestandsminderungen fertige Erzeugnisse

=    Herstellkosten des Umsatzes

## Aufgabe:

**44:** Die Bestandsveränderungskonten für unfertige und fertige Erzeugnisse zeigen folgendes Bild:

| Soll | 5201 BVÄ u. Erz. | | Haben | Soll | 5202 BVÄ f. Erz. | | Haben |
|---|---|---|---|---|---|---|---|
| 8000 | 21.000,00 | 8010 | 13.600,00 | 8000 | 15.000,00 | 8010 | 44.000,00 |

Die Herstellkosten der Abrechnungsperiode betragen 245.000,00 €. Ermitteln Sie die Herstellkosten des Umsatzes: _____ €

## 3    Aktivierte Eigenleistungen

Aktivierte Eigenleistungen entstehen immer dann, wenn ein Unternehmen Anlagen selbst erstellt. In der HGB-Bilanz müssen diese Anlagen mit Herstellungskosten bewertet werden. Herstellungskosten sind die Aufwendungen, die durch den Verbrauch von Gütern und die Inanspruchnahme von Diensten für die Herstellung eines Vermögensgegenstands, seine Erweiterung oder für eine über seinen ursprünglichen Zustand hinausgehende wesentliche Verbesserung entstehen. **Dazu gehören die Materialkosten, die Fertigungskosten und die Sonderkosten der Fertigung sowie angemessene Teile der Materialgemeinkosten, der Fertigungsgemeinkosten und des Werteverzehrs des Anlagevermögens, soweit dieser durch die Fertigung veranlasst ist.** Bei der Berechnung der Herstellungskosten **dürfen** angemessene Teile der Kosten der allgemeinen Verwaltung sowie angemessene Aufwendungen für soziale Einrichtungen des Betriebs, für freiwillige soziale Leistungen und für die betriebliche Altersversorgung einbezogen werden, soweit diese auf den Zeitraum der Herstellung entfallen. Forschungs- und Vertriebskosten **dürfen nicht** einbezogen werden. Zinsen für Fremdkapital, das zur Finanzierung der Herstellung eines Vermögensgegenstands verwendet wird, dürfen angesetzt werden, soweit sie auf den Zeitraum der Herstellung entfallen. Diese Herstellungskosten werden auf dem Ertragskonto 5300 Aktivierte Eigenleistungen erfasst.

Bei Fertigstellung einer Anlage wird wie folgt gebucht:

| 0XXX Anlagenkonto | an | 5300 Aktivierte Eigenleistungen |
|---|---|---|

Damit werden die für die Produktion der Anlage entstandenen Aufwendungen in der GuV-Rechnung auf einem Ertragskonto gegengebucht. Die Anlage kann so erst über die bilanzielle Abschreibung aufwandswirksam werden.

## Aufgaben:

**? 45:** Welche der nachfolgenden Kostenarten müssen = (1), dürfen = (2) oder dürfen nicht = (3) laut Handelsgesetzbuch aktiviert werden, wenn der ermittelte Wert der betrachteten Gemeinkostenart als angemessen im Sinne des Gesetzes gilt und deren Ermittlungszeitraum ggf. auf den Zeitraum der Herstellung entfällt?

a) ☐ Werteverzehr des Anlagevermögens[1)]   b) ☐ Sonderkosten der Fertigung

c) ☐ Materialkosten                         d) ☐ Vertriebskosten

e) ☐ Forschungskosten

f) ☐ Zinsen für Fremdkapital, das zur Finanzierung der Herstellung verwendet wird

g) ☐ Kosten der allgemeinen Verwaltung   h) ☐ Materialgemeinkosten

i ) ☐ Fertigungskosten                   j) ☐ Fertigungsgemeinkosten

k) ☐ Kosten für soziale Einrichtungen des Betriebs

l) ☐ Kosten für freiwillige soziale Leistungen

m) ☐ Kosten für die betriebliche Altersversorgung

[1)]   durch die Fertigung veranlasst

## Aufgabe:

**? 46:** Eine Maschinenfabrik erstellt für die eigene Fertigung eine Blechpresse (Anlagenkonto 0720) für Maschinengehäuse. Gemäß den Aufzeichnungen der Betriebsbuchhaltung sind für die Herstellung der Presse folgende Kosten entstanden:

| | | |
|---|---|---|
| Materialeinzelkosten | 12.000,00 € | (Verbrauch von Rohstoffen) |
| + Fertigungseinzelkosten | 16.000,00 € | (Löhne für die Produktion) |
| + Sondereinzelkosten der Fertigung | 2.000,00 € | (Konstruktionskosten) |
| + angemessene Materialgemeinkosten | 30 % | auf die Materialeinzelkosten |
| + angemessene Fertigungsgemeinkosten | 50 % | inkl. Werteverzehr des Anlagevermögens auf die Fertigungseinzelkosten |
| + angemessene Verwaltungsgemeinkosten | 4 % | auf die Herstellkosten |

a) Ermitteln Sie die Herstellungskosten: _____ €

b) Welche Buchung ist bei der Fertigstellung der Maschine vorzunehmen?
   1. 0720 Maschinen an 2800 Bankguthaben
   2. 0720 Maschinen an 5300 Aktivierte Eigenleistungen
   3. 5300 Aktivierte Eigenleistungen an 0720 Maschinen
   4. 0720 Maschinen an 5200 Bestandsveränderungen

## Fragenkomplex 03: Kalkulationen betriebsbezogen durchführen

### 1    Vollkostenrechnung: Divisions-, Äquivalenzziffern- und Zuschlagskalkulation

| Divisionskalkulation | Äquivalenzziffernkalkulation | Zuschlagskalkulation |
|---|---|---|
| Hier werden die Kosten für die Produktion gleichartiger Erzeugnisse einer Zeiteinheit durch deren Produktionsmenge in dieser Zeiteinheit dividiert. | Hier werden die Kosten gleichartiger Erzeugnisse, die sich in ihrem Material und ihren Produktionsabläufen nur wenig unterscheiden, über Wertigkeitsziffern verteilt. | In der Zuschlagskalkulation werden Erzeugnissen mit unterschiedlichen Einzelkosten die Gemeinkosten mit Zuschlagssätzen aus dem BAB zugerechnet. |

Kosten je Sorte bei der Äquivalenzziffernkalkulation:
Wertigkeitsziffer (Äquivalenzziffer) einer Sorte · Produktionsmenge dieser Sorte
= Verrechnungseinheiten für diese Sorte · Wert je Verrechnungseinheit

### Aufgaben:

**47:** Eine Papierfabrik produziert und verkauft Papier in unterschiedlichen Ausführungen.
Stufe I: Rohpapier, Rollenwaren von der Papiermaschine
Stufe II: Beschichtetes Rohpapier, Rollenware nach der Extruderanlage
Stufe III: Konfektioniertes Papier, Papier formatgeschnitten nach der Schneidemaschine

| | Produktionsmenge t | Herstellkosten (der Produktionsstufe ohne die Kosten der vorherigen Stufe) |
|---|---|---|
| Stufe I | 120.000 | 96 Mio. € |
| Stufe II | 60.000 | 7,2 Mio. € |
| Stufe III | 40.000 | 2,0 Mio. € |

Ermitteln Sie
a) Die Herstellkosten für eine Tonne beschichtets Rohpapier: _____ €
b) Die Herstellkosten für ein Kilogramm formatgeschnittenes Papier: _____ €

**48:** Ermitteln Sie für einen Fruchtsafthersteller für die Sorte IV: a) die Äquivalenzziffer; b) die Kosten dieser Sorte; c) die Kosten je hl. direkt in der Tabelle.

| | A | B | C | D | E | F | G |
|---|---|---|---|---|---|---|---|
| 1 | Sorte | Frucht- | Äquivalenz- | Produktions- | Verrechnungs- | Kosten | Kosten |
| 2 | | gehalt | ziffer | menge in hl | einheiten | Je Sorte | Je hl |
| 3 | I | 18 | 1,5 | 12.500 | 18.750 | | 30,00 € |
| 4 | II | 12 | 1 | 15.000 | 15.000 | 300.000,00 € | 20,00 € |
| 5 | III | 24 | 2 | 40.000 | 80.000 | 1.600.000,00 € | 40,00 € |
| 6 | IV | 42 | a) | 1.000 | | b) | c) |
| 7 | Summen | | | 68.500 | | 2.345.000,00 € | |

d) Welches Kostenrechnungsverfahren wird hier angewendet? _____-Verfahren.

e) Welche kopierbare Formel muss in die Zelle G6 eingetragen werden? Bitte ankreuzen!

1 ☐ = Summe (G3:G6)     2 ☐ = $F$6/$E$6

3 ☐ = $F$6/$D$6     4 ☐ = C6*D6/F6     5 ☐ = F6/D6

**(?) 49:** Ermitteln Sie direkt in der Tabelle.

a) die Herstellkosten des Umsatzes     b) den Vertriebsgemeinkostenzuschlagssatz
c) den Gewinnzuschlagssatz     d) den Listenverkaufspreis

Hinweis: Alle Zwischenergebnisse auf zwei Nachkommastellen kaufmännisch runden!

| Kostenstellen | Gesamtkosten | Material | Fertigung | Verwaltung | Vertrieb |
|---|---|---|---|---|---|
| Summe Gemeinkosten | 259.125,00 | 31.680,00 | 110.920,00 | 79.237,00 | 37.288,00 |
| Zuschlagsgrundlagen | | Fertigungsmat. | Fertigungslöhne | Herstellkosten des Umsatzes [1] | |
| | | 96.000,00 | 236.000,00 | a) | |
| Zuschlagssätze in % | | 33,00 % | 47,00 % | 17,00 % | b) |

[1] Hinweis: Die Bestandsveränderung bei den unfertigen und fertigen Erzeugnissen beträgt 8.500,00 Euro (Bestandsmehrung)

| Kalkulation | Zuschlagssatz in % | Wert in Euro | Kalkulation | Zuschlagssatz in % | Wert in Euro |
|---|---|---|---|---|---|
| 1. Fertigungsmaterial | | 8,40 | 10. Selbstkosten (Übertrag) | | |
| 2. Materialgemeinkosten | 33 | 2,77 | 11. Gewinnzuschlag | c) | 9,10 |
| 3. Materialkosten | | 11,17 | 12. Barverkaufspreis | | 45,48 |
| 4. Fertigungslöhne | | 12,20 | 13. Kundenskonto | 3 | |
| 5. Fertigungsgemeinkosten | 47 | 5,73 | 14. Zielverkaufspreis | | |
| 6. Fertigungskosten | | 17,93 | 15. Kundenrabatt | 15 | |
| 7. Herstellkosten des Umsatzes | | 29,10 | 16. Listenverkaufspreis | | d) |
| 8. Verwaltungsgemeinkosten | 17 | 4,95 | | | |
| 9. Vertriebsgemeinkosten | b) | | | | |
| 10. Selbstkosten | | | | | |

## 2 Teilkostenrechnung: Preisuntergrenze, Zusatzaufträge und optimales Produktionsprogramm

| Preisuntergrenze | Zusatzaufträge | Optimales Produktionsprogramm |
|---|---|---|
| absolute (kurzfristige) Preisuntergrenze: variable Kosten langfristige Preisuntergrenze: Selbstkosten (variable und fixe Kostenbestandteile) | Für Zusatzaufträge gilt, dass sie einen positiven Deckungsbeitrag erbringen müssen. Sind die fixen Kosten zuvor bereits gedeckt, ist dieser zusätzliche Deckungsbeitrag gleich zusätzlicher Gewinn. | Bei Produktionsengpässen wird das kostenoptimale Produktionsprogramm (Rangfolge) über den Deckungsbeitrag eines Erzeugnisses bezogen auf den Engpass (z.B. je Minute) ermittelt. |

| Mehrstufige Deckungsbeitragsrechnung (Beispiel): | relativer (engpassbezogener) Deckungsbeitrag: |
|---|---|
| $db = p - k_v$ (je Stück)<br>$DBI = db \times X$ (X= Absatzmenge eines Erzeugnisses)<br>– erzeugnisfixe Kosten<br>= DBII (für ein Erzeugnis) + DBII anderer Erzeugnisse<br>– unternehmensfixe Kosten<br>= Betriebsergebnis | $db_{rel.} = \dfrac{\text{Deckungsbeitrag je Stück}}{\text{Produktionsfaktorverbrauch}}$<br>zumeist als db je Zeiteinheit (Minute) im Engpass<br>$db_{rel.} = \dfrac{\text{Deckungsbeitrag je Stück}}{\text{Zeiteinheiten im Engpass}}$<br>Der $db_{rel.}$ bestimmt die Produktionsrangfolge bis zur Kapazitätsgrenze! |

## Aufgaben:

**50:** Ein Fahrradhersteller für hochpreisige Rennräder bietet 3 verschiedene Fahrradmodelle auf einer hausinternen Händlermesse zu Sonderpreisen an. Folgende Planwerte (= geplante Absatzmengen) liegen für diese Messe vor:

| Modelle | Erlöse je Stück | variable Kosten/Stück | Geplanter Absatz |
|---|---|---|---|
| Acer | 420,00 € | 240,00 € | 200 Stück |
| Bee | 480,00 € | 290,00 € | 150 Stück |
| Cray | 560,00 € | 350,00 € | 300 Stück |

Ermitteln Sie:

a) die absolute Preisuntergrenze für das Modell Cray: _____ €

b) Den geplanten Deckungsbeitrag je Stück für das Modell Acer: _____ €

c) Den geplanten Gesamtdeckungsbeitrag für das Modell Bee: _____ €

d) Den geplanten Betriebsgewinn für diese Händlermesse, wenn die fixen Kosten dieser Veranstaltung tatsächlich 57.500,00 € betragen. _____ €

**51:** Ein Industrieunternehmen ermittelt 200.000,00 € fixe Kosten pro Monat. Die variablen Kosten der verkauften Artikel betragen 60,00 € pro Stück. Ermitteln Sie den Erfolg eines Monats wenn: (Geben Sie zusätzlich an, ob ein Gewinn = + oder ein Verlust = - erzielt wird)

a) 4000 Artikel für 100,00 € verkauft werden : _____ €.

b) 5500 Artikel für je 100,00 € und 500 Artikel für 80,00 € verkauft werden : _____ €.

c) zusätzlich zu den Verkäufen bei b) ein weiterer Zusatzauftrag über 200 Stück zu 70,00 € angenommen wird: _____ €

**52:** Für den Produktionsmonat August stehen im Montagebereich (Fahrradendmontage) eines Fahrradherstellers mit 2 Montagebändern maximal 26.400 Produktionsminuten zur Verfügung. Folgende Daten sind bekannt:

| Modelle | Deckungsbeitrag je Stück | Montagezeit in Minuten | Bestellte Mengen |
|---------|--------------------------|------------------------|------------------|
| Xaver | 320,00 € | 10 Minuten | 1.000 Stück |
| Ygar | 360,00 € | 12 Minuten | 900 Stück |
| Zülle | 180,00 € | 8 Minuten | 1.200 Stück |

Ermitteln Sie:

a) Die kostenoptimale Produktionsmenge für das Modell Zülle = _____ Stück.

b) Den Deckungsbeitrag der Gesamtproduktion bei kostenoptimalem Absatz: _____ €-DB

c) Den tatsächlichen Deckungsbeitrag, wenn auf Grund einer Anordnung des Vertriebs die Modelle Ygar und Zülle in den bestellten Mengen auch produziert werden müssen: _____ €-DB

d) Den Gewinnrückgang in Prozent durch die Anordnung des Vertriebs, wenn fixe Kosten in Höhe von 400.000 € berücksichtigt werden müssen. (zwei Nachkommastellen!) _____%

**53:** Eine Marketingaktion, für die 16.000,00 € aufgewendet wurde, hat im Monat März den Absatz von 12000 Stück auf 13500 Stück erhöht. Die variablen Kosten je Stück betragen 22,00 €, die Nettoverkaufserlöse je Stück 48,00 €, die fixen Kosten des Monats März – ohne die Marketingaktion – betragen 122.000,00 €.

Gewinnveränderung in € durch die Marketingaktion (+ Gewinn, − Verlust) = _____ €

**54:** Folgende Tabelle liegt der Controlling-Abteilung vor.

| Produktgruppen | Produktgruppe Kohlegrills | | | Produktgruppe Gasgrills | | |
|----------------|-------|-------|---------|--------|--------|----------|
| Artikel | Q 200 | Q 202 | Classic | Aktiva | Spirit | Exklusiv |
| Nettoverkaufspreis /Stück in € | 251,50 | 377,30 | 552,10 | 419,00 | 587,40 | 1.007,50 |
| Variable Kosten | 80,00 | 120,00 | 470,28 | 190,00 | 230,00 | 420,00 |
| Absatz in Stück | 1.000 | 600 | 440 | 143 | 300 | 1.500 |
| Erzeugnisfixe Kosten gesamt | 10.000,00 | 15.000,00 | 36.000,00 | 33.000,00 | 30.000,00 | 45.000,00 |

Ermitteln Sie:

a) Den Stückdeckungsbeitrag (db) für den Artikel Classic = _____ €

b) Den Gesamtdeckungsbeitrag (DBI) für den Artikel Exclusiv = _____ €

c) Das Produkt, das aus dem Sortiment aus kostenrechnerischer Sicht entfernt werden sollte = _____

**55:** Auf einer Verkaufsmesse für Küchengeräte tritt ein ausländisches Handelsunternehmen an uns heran, welches kurzfristig noch einen Auftrag über 50.000 Handmixer platzieren will. Bei der Produktion des Mixers fallen bei uns 1.400.000,00 € fixe Kosten an, die variablen Kosten je Gerät werden auf 28,00 € kalkuliert. Wir bieten dieses Gerät den gewerblichen Wiederverkäufern zum Preis von 55,00 € an und konnten bislang unsere geplante Jahresproduktion von 200.000 Stück bereits zu 80 %

absetzen. Das ausländische Handelsunternehmen wird jedoch maximal einen Stückpreis von 35,00 € leisten.

a) Wie würde sich der Betriebsgewinn durch die Annahme des Auftrags verändern verändern, wenn die Maximalkapazität bei 300 000 Stück liegt? _____ €

b) Das Handelsunternehmen bestellt in der gleichen Periode noch weitere 10.000 Handmixer zu den o. g. Konditionen nach. Welche Veränderung des Betriebsgewinns stellt sich durch diese Nachbestellung ein? _____ €

**56:** Ein Unternehmen verweigert kategorisch die Annahme von Aufträgen, deren Stückerlös unterhalb der Stückselbstkosten liegt. Mit welcher Folge ist zu rechnen? Kreuzen Sie die richtigen Aussage an!

1. ☐ Die Kapazität des Unternehmens sinkt.

2. ☐ Der Stückdeckungsbeitrag sinkt.

3. ☐ Aufgrund geringer Auslastung steigen die fixen Stückkosten.

4. ☐ Der Betriebsgewinn steigt.

5. ☐ Die Lagerkosten reduzieren sich.

**57:** Die Solwell GmbH, ein Hersteller von Leuchtkörpern, hat ihr Sortiment nun vollkommen von Glühlampen auf LED-Leuchtdioden umgestellt. Im Monat 8/20XX haben die drei LED-Ausführungen folgende Kenndaten erzielt:

|  | LED-Spot | LED-Birne | LED-Kerze |
|---|---|---|---|
| Verkaufspreis | 12,80 € | 10,90 € | 10,90 € |
| Variable Stückkosten | 4,50 € | 4,20 € | 4,10 € |
| Absatzmenge | 20.000 St. | 45.000 St. | 36.000 St. |
| Anteilige erzeugnisfixe Kosten | 145.000,00 € | 185.000,00 € | 180.000,00 € |

Unternehmensfixe Kosten: 175.000,- €

a) Berechnen Sie den gesamten Deckungsbeitrag I für die LED-Birnen. _____ €

b) Errechnen Sie das Betriebsergebnis für die gesamte Leuchtmittelproduktion. _____ €

**58:** Bei der Produktion verschiedener Ausführungen von Ledertaschen kann immer auf die gleiche Produktionsanlage zurückgegriffen werden. Deren zeitliche Fertigungskapazität ist allerdings begrenzt, sodass nicht alle absetzbaren Taschen auch gefertigt werden können. Bringen Sie die im Folgenden genannten Arbeitsschritte in die richtige Reihenfolge (1–7), um das optimale Produktionsprogramm und maximale Betriebsergebnis zu ermitteln:

(a) Einbeziehung des Zeitbedarfs je Tasche an der Produktionsanlage

(b) Festlegung der Fertigungsreihenfolge anhand relativer Deckungsbeiträge

(c) Ermittlung der absoluten Deckungsbeiträge

(d) Ermittlung des Gesamtdeckungsbeitrages aller produzierten Taschen

(e) Ermittlung der relativen Deckungsbeiträge

(f) Produktion nach festgelegter Reihenfolge, bis die Fertigungskapazität erschöpft ist

(g) Abzug der fixen Kosten

**? 59:** Um das optimale Produktionsprogramm für Bodenfliesen zu ermitteln, liegen der „Bielsteiner Keramikfabrik OHG" folgende Daten vor:

| Fliese | Melate | Obate | Agate |
|---|---|---|---|
| Verkaufspreis/m² | 14,50 € | 12,00 € | 16,80 € |
| Variable Stückkosten/m² | 6,70 € | 6,50 € | 7,40 € |
| Maximale Absatzmenge/m² | 4.000 | 10.000 | 2.000 |
| Fertigungszeit/m² | 1,9 min | 1,0 min | 3,5 min |
| Kapazität der Fertigungseinrichtung im gleichen Zeitraum: 250 Stunden | | | |

a) Welchen Gesamtdeckungsbeitrag leistet der Fliesentyp „Obate"?_____ €

b) Wie hoch ist die maximale Produktionsmenge des Fliesentyps „Melate"? _____m²

**? 60:** Welche Formel müssen Sie in das Feld B7 eingeben, um den (engpassbezogenen) relativen Deckungsbeitrag von Produkt A zu ermitteln? Kreuzen Sie an!

| | A | B | C | D | E |
|---|---|---|---|---|---|
| 1 | Produkt | A | B | C | D |
| 2 | Stückpreis | 65,– | 38,– | 69,– | 44,– |
| 3 | variable Stückkosten | 42,– | 27,– | 50,– | 32,– |
| 4 | Deckungsbeitrag/Stück | | | | |
| 5 | Fixkosten | 25.000,- € | | | |
| 6 | Fertigungszeit/Stück | 2,3 min | 1,5 min | 2,2 min | 2,0 min |
| 7 | relativer Deckungsbeitrag/Stück | | | | |

1. ☐ = (B2+B3)/B6    2. ☐ = B2/B6+B4

3. ☐ = B2-B3-B5    4. ☐ = (B3*B6)/B3

5. ☐ = (B2-B3)/B6    6. ☐ = B2/B6-B5

# Fragenkomplex 04: Instrumente der Kostenplanung und -kontrolle anwenden

## 1 Plankostenrechnung

In der Plankostenrechnung werden die Einzel- und Gemeinkosten einer erwarteten Produktionsmenge (= Planbeschäftigung) für eine zukünftige Abrechnungsperiode mit geplanten Preisen (erwarteter Planwert für alle sachzielbezogenen Güterverbräuche) kalkuliert und ein Plankostenverrechnungssatz ermittelt.

$$\text{Plankostenverrechnungssatz je Stück} = \frac{\text{Plankosten bei Planbeschäftigung}}{\text{Planbeschäftigung}}$$

Mit diesem Plankostenverrechnungssatz werden die Plankosten der Ist-Absatzmenge berechnet.

**Plankosten der Abrechnungsperiode = produzierte Stückzahl · Plankostenverrechnungssatz**

In einem zweiten Schritt wird für diese Planbeschäftigung eine Kostenanalyse durchgeführt, d.h., für die geplante Produktionsmenge in dieser zukünftigen Abrechnungsperiode werden die fixen und die variablen Kosten ermittelt und in einer Sollkostenfunktion vorgegeben.

**Sollkosten = fixe Kosten dieser Abrechnungsperiode + (variable Kosten je Stück · produzierte Stückzahl)**

Wird in der geplanten Abrechnungsperiode die geplante Beschäftigung (Produktionsmenge = Ist-Absatzmenge) nicht erreicht oder überschritten und/oder sind die tatsächlichen Istkosten höher oder niedriger als die Sollkosten, ergeben sich Abweichungen bei den Kosten. Hinweis: Preisabweichungen bei den Kosten bleiben lt. AkA unberücksichtigt.

| Beschäftigungsabweichungen | Verbrauchsabweichungen |
|---|---|
| Differenz zwischen den Sollkosten und Plankosten der Ist-Absatzmenge = Unter- oder Überdeckung der geplanten Fixkosten | Differenz zwischen den Istkosten und den Sollkosten der Ist-Absatzmenge = innerbetriebliche Mehr- oder Minderverbräuche von Kostenarten |

### Aufgabe:

**61:** Ein Industrieunternehmen plant eine Produktionsmenge von 125.000 Einheiten. Die Gesamtkosten für diese Produktionsmenge werden mit 720.000,00 € geplant. Davon sind 30 % fixe Kosten. Ermitteln Sie:

a) den Plankostenverrechnungssatz = _____ €

b) die Plankosten, wenn tatsächlich nur 112.500 Einheiten produziert werden = _____ €

c) die Sollkosten, wenn tatsächlich nur 112.500 Einheiten produziert werden = _____ €

d) die Beschäftigungsabweichung = _____ €

e) die Verbrauchsabweichung, wenn die tatsächlichen Istkosten 680.000,00 € betragen _____ €

# Funktion 0503: Erfolgsrechnung und Abschluss

## Fragenkomplex 01: Bewertungsvorschriften anwenden

### Auswirkungen von Bewertungsentscheidungen

**Abschreibungen = Wertminderungen** | **Zuschreibungen = Werterhöhung**

**Erfolgsauswirkungen**

- Aufwand in der GuV-Rechnung
- Verminderung des Gewinnes
- Minderung der vom Gewinn abhängigen Steuern
- ggf. Minderung der Gewinnausschüttung an die Anteilseigner

- Ertrag in der GuV-Rechnung
- Erhöhung des Gewinnes
- Erhöhung der vom Gewinn abhängigen Steuern
- ggf. Erhöhung der Gewinnausschüttung an die Anteilseigner

**Bilanzauswirkungen**

- Vermögensminderung in der Bilanz
- geringere Kreditwürdigkeit durch im Wert sinkende Vermögensgegenstände und sinkende Gewinne
- höhere Liquidität durch geringeren Abfluss von flüssigen Mitteln für Steuern und ggf. für Gewinnausschüttungen

- Vermögenserhöhung in der Bilanz
- erhöhte Kreditwürdigkeit durch im Wert steigende Vermögensgegenstände und steigende Gewinne
- sinkende Liquidität durch höheren Abfluss von flüssigen Mitteln für Steuern und ggf. Gewinnausschüttungen

Bewertungsvorschriften und -entscheidungen führen im HGB-Abschluss oft zu stillen Rücklagen.

### Entstehung stiller Rücklagen

**Stille Rücklagen**

Entstehung durch

**Unterbewertung von Vermögensgegenständen**

Beispiele

- Wertsteigerungen von Grundstücken und Gebäuden oder Finanzanlagen
- Überhöhte Wertminderungen von Sachanlagen durch vorgeschriebene Mindestabschreibungen

**Überbewertung von Schulden**

Beispiele

- Hohe Schätzung von Rückstellungsbeträgen
- Die Rückzahlungsbeträge von Verbindlichkeiten werden hoch angesetzt

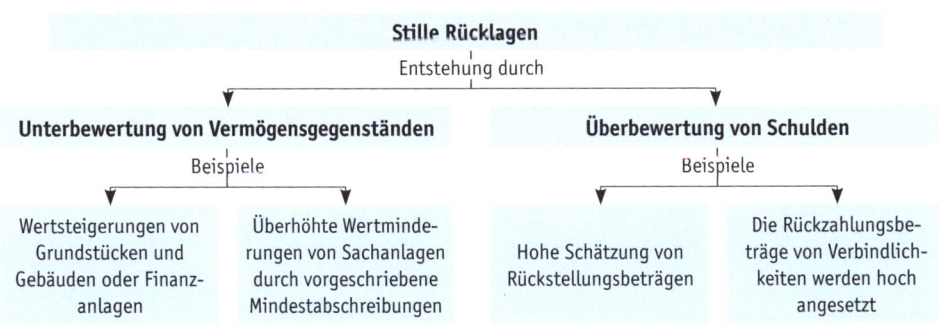

# 1    Bewertungsprinzipien und Wertansätze

Für den Ansatz von Werten in einer HGB-Bilanz gelten nachfolgende Grundsätze, von denen nur in Ausnahmefällen – mit Begründung im Anhang – abgewichen werden darf:

| Bewertungsgrundsätze | |
|---|---|
| Bilanzidentität | Die Wertansätze in der Eröffnungsbilanz des Geschäftsjahrs müssen mit denen der Schlussbilanz des vorhergehenden Geschäftsjahrs übereinstimmen. |
| Unternehmens-fortführung | Bei der Bewertung ist von der Fortführung der Unternehmenstätigkeit auszugehen, sofern dem nicht tatsächliche oder rechtliche Gegebenheiten entgegenstehen. |
| Einzelbewertung | Die Vermögensgegenstände und Schulden sind zum Abschlussstichtag einzeln zu bewerten. |
| Prinzip der Vorsicht | Es ist vorsichtig zu bewerten. Alle vorhersehbaren Risiken und Verluste, die bis zum Abschlussstichtag entstanden sind, sind zu berücksichtigen, selbst wenn diese erst zwischen dem Abschlussstichtag und dem Tag der Aufstellung des Jahresabschlusses bekannt geworden sind. Gewinne sind nur zu berücksichtigen, wenn sie bis zum Abschlussstichtag realisiert sind. |
| Periodenabgrenzung | Aufwendungen und Erträge des Geschäftsjahrs sind unabhängig von den Zeitpunkten der entsprechenden Zahlungen im Jahresabschluss zu berücksichtigen. |
| Bewertungskontinuität | Die auf den vorhergehenden Jahresabschluss angewandten Bewertungsmethoden sind beizubehalten. |

Diese Grundsätze lassen sich unter dem „Prinzip der Vorsicht" zusammenfassen, das der Gesetzgeber wie folgt konkretisiert:

**Übersicht: Bewertungsprinzipien nach dem HGB**

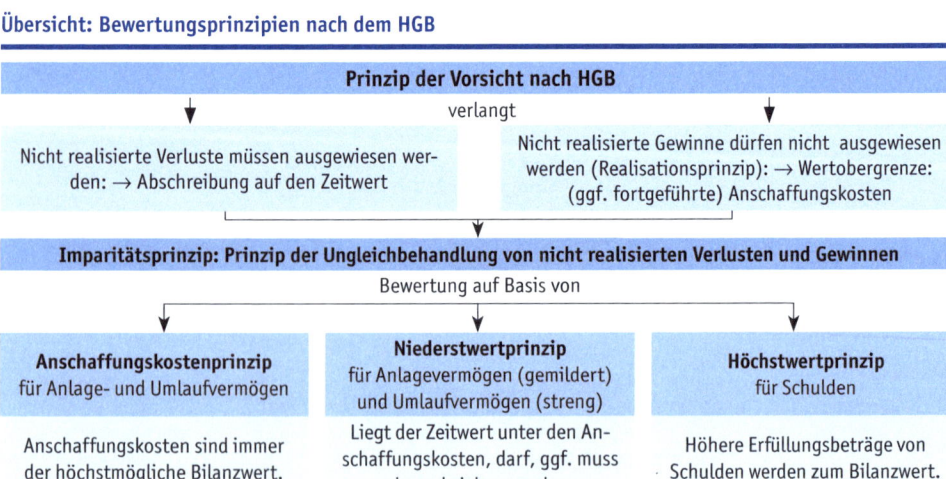

Mittelgroße und große Kapitalgesellschaften müssen im Anhang (Bestandteil des Jahresabschlusses) ihre Bewertung näher erläutern.

## Aufgaben:

**?** **1:** Ein Industrieunternehmen muss nachfolgende Bewertungsentscheidungen treffen.
Ermitteln Sie den jeweiligen Bilanzwert:

(1) Der Wiederbeschaffungswert eines Rohstoffvorrates (Anschaffungskosten 2,0 Mio. Euro) ist zum Jahresende auf 1,2 Mio. Euro gesunken. Bilanzwert = _____ €

(2) Ein vor zehn Jahren für 20.000,00 € angeschafftes Reservegrundstück wurde durch eine Bebauungsplanänderung jetzt Bauland. Gemäß Gutachten beträgt sein Marktwert 200.000,00 €. Bilanzwert = _____ €

(3) Eine Fremdwährungsverbindlichkeit in USD, die zum Entstehungszeitpunkt umgerechnet einer Schuld von 22.500,00 € entsprach, steigt durch Wechselkursveränderungen auf 24.600,00 €. Bilanzwert = _____ €

(4) Einem Lkw, der nach planmäßiger Abschreibung einen Buchwert von 120.000,00 € aufweist, wird nach Gutachten eines Sachverständigen nur noch ein Zeitwert von 80.000,00 € zugerechnet. Bilanzwert = _____ €

(5) Der Vorrat eines Fremdbauteiles, der einen Bezugspreis von 5.000,00 € verursacht hat, kann zum Bilanzstichtag wegen erheblicher Preiserhöhungen für 8.500,00 € wiederbeschafft werden. Bilanzwert = _____ €

**?** **2:** Ordnen Sie nachfolgende Bewertungsprinzipien für die Aufstellung eines Jahresabschlusses den unten stehenden Aussagen zu:

(1) Realisationsprinzip  (4) gemildertes Niederstwertprinzip
(2) Imparitätsprinzip  (5) Anschaffungskostenprinzip
(3) strenges Niederstwertprinzip  (6) Höchstwertprinzip

Aussagen

a) ☐ Sind die Erfüllungsbeträge von Schulden höher als deren Anschaffungskosten, so werden die Erfüllungsbeträge zum Bilanzwert.

b) ☐ Im Anlagevermögen dürfen Wertminderungen, die ggf. über den planmäßigen Abschreibungen liegen, nur dann gebucht werden, wenn diese voraussichtlich auf Dauer sind.

c) ☐ Gewinne dürfen nicht ausgewiesen werden, wenn sie noch nicht realisiert sind.

d) ☐ Nicht realisierte Gewinne werden anders behandelt als nicht realisierte Verluste.

e) ☐ Der höchstmögliche Bilanzwert sind die aufgewendeten Anschaffungskosten.

f) ☐ Im Umlaufvermögen müssen alle Wertminderungen gebucht werden.

**?** **3:** Wo werden den Anteilseignern einer Aktiengesellschaft die angewandten Bewertungsmethoden bekannt gemacht? Kreuzen Sie an:

a) ☐ im Anlagenspiegel  d) ☐ im Anhang

b) ☐ in der Bilanz  e) ☐ in der Hauptversammlung

c) ☐ im Lagebericht  f) ☐ in der GuV-Rechnung

## 2 Bewertung

### Bewertung des Anlagevermögens

| Bestandteile des Anlagevermögens | |
|---|---|
| Immaterielle Werte | nicht stoffliche, aber werthaltige Vermögensgegenstände eines Unternehmens wie z. B. Konzessionen, gewerbliche Schutzrechte und ähnliche Rechte und Werte, Lizenzen an solchen Rechten und Werten sowie ein Geschäfts- oder Firmenwert |
| Sachanlagen | Grundstücke und Bauten, technische Anlagen und Maschinen, Betriebs- und Geschäftsausstattung einschließlich Fuhrpark |
| Finanzanlagen | Anteile an verbundenen Unternehmen oder Ausleihungen an sie, Beteiligungen, Ausleihungen an Unternehmen, mit denen ein Beteiligungsverhältnis besteht, Wertpapiere des Anlagevermögens und sonstige Ausleihungen |

Die Bewertung im Anlagevermögen erfolgt durch Abschreibung der Vermögensgegenstände. Abschreibungsbasis sind immer deren Anschaffungs- (AK) oder Herstellungskosten (HK):

| Ermittlung der Anschaffungskosten | Ermittlung der Herstellungskosten |
|---|---|
| Anschaffungspreis<br>+ Anschaffungsnebenkosten<br>– Anschaffungspreisminderungen<br>+ nachträgliche Anschaffungskosten<br>= Anschaffungskosten | Materialeinzelkosten<br>+ Fertigungseinzelkosten<br>+ Sondereinzelkosten der Fertigung<br>+ angemessene Materialgemeinkosten<br>+ angemessene Fertigungsgemeinkosten<br>= Mindestansatz nach HGB<br>+ angemessene Verwaltungsgemeinkosten<br>= Höchstansatz nach HGB |
| **Werteveränderungen im Anlagevermögen** | |
| Wertminderung durch planmäßige Abschreibung nur für abnutzbare Vermögensgegenstände | • Wertminderung durch außerplanmäßige Abschreibung für alle Vermögensgegenstände möglich<br>• Voraussetzung: voraussichtlich dauerhafte Wertminderung<br>• Ausnahme: Finanzanlagen |

- Werterhöhung durch Zuschreibungen nur nach außerplanmäßiger Abschreibung, wenn der Grund dafür weggefallen ist.
- Höchstmöglicher Wert für Anlagegüter: fortgeführte Anschaffungs- oder Herstellungskosten = Buchwerte ggf. nach planmäßiger Abschreibung

| Anzahlungen (umsatzsteuerpflichtig!) | |
|---|---|
| Erhaltene Anzahlungen = Schulden | Geleistete Anzahlungen = Vermögenswerte |

| Verkauf gebrauchter Anlagen | |
|---|---|
| **1. Buchung (Verkaufserlös)** <br> 2400 Forderungen a.L.L.    an 5410 Sonstige Erlöse <br>                   aus Anlagenabgängen <br>                   4800 Umsatzsteuer | **2. Buchung (Buchwert)** <br> 6979 Anlagenabgänge      an 0XXX <br>                         Anlagenkonto |

| Anlagenspiegel im Jahresabschluss (verkürzte Darstellung) | | | | | | | |
|---|---|---|---|---|---|---|---|
| Anlagegüter (Bilanzposten) | Anschaffungs- oder Herstellungs- kosten | Zugänge | Abgänge | Umbuchungen | Zuschreibun- gen | Abschrei- bungen (kumuliert) | Buchwert zum Schluss des Geschäftsjahres |
| 0 | 1 | 2 | 3 | 4 | 5 | 6 | 7 |
| Berechnun- gen | AK oder HK | + | – | + oder – | + | – | = Buchwert |

Bei der planmäßigen Abschreibung sind nur noch die lineare und die Leistungsabschreibung prüfungsrelevant; zeitanteilige Abschreibung im Kauf- oder Ver-
kaufsjahr ist bei linearer Abschreibung Pflicht (siehe Funktion 05 Leistungsabrechnung, 0501 Buchhaltungsvorgänge, Fragenkomplex 02, Themenkreis 03:
Buchungen im Sachanlagevermögen).

**Sonderfall: Geringwertige Wirtschaftsgüter.** Nach Steuer- und Handelsrecht
dürfen **bewegliche Anlagegüter** des **Anlagevermögens** mit einer Nutzungsdauer von über einem Jahr, die **selbstständig nutzbar** sind und deren **Anschaffungskosten oder Herstellungskosten bis maximal 1.000,00 €** betragen,
besonders bewertet werden. Natürlich **darf** auch auf diese besondere Bewertung
verzichtet werden. Dann ist die Abschreibung nach der betriebsgewöhnlichen
Nutzungsdauer Pflicht. Ab 2018 gelten die folgenden neuen Grenzwerte:

**Geringwertige Wirtschaftsgüter mit AK/HK bis 250,00 Euro**

Sofortabzug = Erfassung direkt auf einem Aufwandskonto (z.B. Büromaterial).

Diese Bewertungsmöglichkeit besteht für jedes einzelne Wirtschaftsgut und ist
damit unabhängig von der Auswahl einer anderen Bewertungsalternative

**Geringwertige Wirtschaftsgüter mit AK/HK von über 250,00 Euro bis 800,00 Euro**

Aktivierung als GWG mit Vollabschreibung am Ende des Anschaffungsjahres.
Wichtig: Alle Wirtschaftsgüter über 800,00 Euro müssen dann planmäßig in ihrer betriebsgewöhnlichen Nutzungsdauer abgeschrieben werden.

**ODER**

**Geringwertige Wirtschaftsgüter mit AK/HK von über 250,00 Euro bis 1.000,00 Euro**

Einstellung in einen Sammelposten **für alle Wirtschaftsgüter** von über 250,00 Euro bis
1.000,00 Euro eines Geschäftsjahres.
Lineare Abschreibung über fünf Jahre (= 20 % je Jahr) – unabhängig von Veränderungen
(Verkauf, Entnahme, Verlust) im Sammelposten!

Neu: Die betriebsgewöhnliche Nutzungsdauer für Wirtschaftsgüter „Computer-hardware" und für „Betriebs- und Anwendersoftware" beträgt ab 2021 ein Jahr (= Sofortabschreibung).

## Aufgaben:

**4:** Anfang Januar 20XX wird eine neue Verpackungsmaschine angeschafft:

| | |
|---|---|
| Anschaffungspreis | 220.000,00 € zzgl. 19 % USt |
| Bezugs- und Montagekosten | 30.000,00 € zzgl. 19 % USt |
| Gutschrift des Maschinenherstellers | 10.000,00 € zzgl. 19 % USt |
| Finanzierungskosten | 4.000,00 € |

Welche der nachfolgenden Aussagen ist richtig? Kreuzen Sie an!

a) ☐ Die Anschaffungskosten setzen sich aus dem Anschaffungspreis, den Bezugs- und den Montagekosten zusammen und betragen 250.000,00 €.

b) ☐ Die Anschaffungskosten sind die Bezugs- und Montagekosten; sie betragen 30.000,00 €.

c) ☐ Die Anschaffungskosten sind die Summe aller Zahlungen, die im Zusammenhang mit der Anschaffung eines Anlagegutes im Anschaffungsjahr entstehen; sie betragen 289.600,00 €.

d) ☐ Die Anschaffungskosten ergeben sich aus dem Anschaffungspreis zuzüglich der Anschaffungsnebenkosten und abzüglich der Anschaffungspreisminderungen und erhöhen sich bei nachträglichen Anschaffungskosten; sie betragen zurzeit 240.000,00 €.

e) ☐ Die Anschaffungskosten setzen sich zusammen aus dem Anschaffungspreis, den Bezugs- und Montagekosten und den Finanzierungskosten; sie betragen einschließlich Umsatzsteuer 301.500,00 €.

**5:** Ein Unternehmen kauft einen neuen Lkw auf Ziel. Rechnungseingang: 29.08.20XX, Übergabe- und Zulassungsdatum: 14.09.20XX, linerare Abschreibung.

| | |
|---|---:|
| Listenpreis | 280.000,00 € |
| + Sonderausstattungen | 20.000,00 € |
| – 20 % Rabatt (auf den Listenpreis und die Sonderausstattung) | 6.000,00 € |
| + Überführung und Zulassung | 2.500,00 € |
| = Nettorechnungsbetrag | 296.500,00 € |
| + 19 % Umsatzsteuer | 56.335,00 € |
| = Bruttorechnungsbetrag | 352.835, 00 € |

Die betriebsgewöhnliche Nutzungsdauer laut AfA-Tabelle beträgt sechs Jahre.

a) Ermitteln Sie die Anschaffungskosten = _____ €.

b) Ermitteln Sie den Abschreibungsbetrag im **Anschaffungsjahr** = _____ €.

c) Auf das Fahrzeug wurde am 14.06.20XX (vor der Produktion des Fahrzeuges mit der bestellten Sonderausstattung) eine Anzahlung in Höhe von 24.000,00 € zzgl. 19 % USt gegen Banküberweisung geleistet.

Kontenplanauszug für die nachfolgende Buchung:

(1) 2600 Vorsteuer  (2) 4800 Umsatzsteuer
(3) 0900 Geleistete Anzahlungen auf Sachanlagen  (4) 0840 Fuhrpark
(5) 2800 Bankguthaben  (6) 6750 Kosten des Geldverkehrs

Buchen Sie die Banküberweisung der Anzahlung.

| Soll | Haben |
|---|---|
| | |

**6:** Ein Pkw wurde am 01.07. im Jahr 20X1 für 48.000,00 Euro angeschafft. Der Pkw wurde linear abgeschrieben und am 31.06. im Jahr 20X4 für 25.000,00 Euro netto zzgl. 19 % Umsatzsteuer auf Ziel verkauft. Die betriebsgewöhnliche Nutzungsdauer für den Pkw beträgt sechs Jahre.
a) Ermitteln Sie die Abschreibung des Jahres 20X1 = _____ €.
b) Ermitteln Sie den Buchwert beim Anlagenabgang = _____ €.
c) Ermitteln Sie den Gewinn (+) oder den Verlust (–) aus dem Anlagenabgang = ☐ _____ €.

**7:** Ermitteln Sie den Buchwert eines Büroschreibtisches innerhalb eines Sammelpostens am Ende des Jahres 20X2, der mit Anschaffungskosten von 600,00 € am 14.09.20X1 als GWG in den Sammelposten eingestellt wurde.
Buchwert = _____ €

**8:** Welche der nachfolgenden Güter sind **keine** geringwertigen Wirtschaftsgüter (GWG)? Kreuzen Sie an:
(AK = Anschaffungskosten)
a) ☐ Bürodrehstuhl, AK = 800,00 €  b) ☐ Einbauschrank, AK = 1.000,00 €
c) ☐ Bohrhammer, AK = 400,00 €  d) ☐ Großlocher, AK = 90,00 €
e) ☐ Sortiereinheit für Kopiergerät, AK = 360,00 €
f) ☐ Zugekaufte Keramikfelder für selbst hergestellte Herde, AK = 300,00 €/St.

**9:** Ermitteln Sie auf Basis des nachfolgenden Anlagenspiegels (verkürzte Darstellung):

| Dilanz-posten | Anschaff.-/ Herstel-lungskosten EUR | Zu-gänge EUR | Ab-gänge EUR | Umbu-chungen EUR | Zu-schrei-bungen EUR | Abschrei-bungen (kumuliert) EUR | Abschrei-bungen lfd. Jahr EUR | Buchwert zum Schluss des Ge-schäftsjahres EUR | Buchwert (Vorjahr) EUR |
|---|---|---|---|---|---|---|---|---|---|
| 0 | 1 | 2 | 3 | 4 | 5 | 6 | 7 | 8 | 9 |
| Fuhrpark | 120.000 | 5.000 | 2.000 | +36.000 | 0 | 64.000 | 24.000 | a) | 112.000 |
| Büromöbel | 64.000 | 0 | 6.000 | 0 | 0 | b) | 8.600 | 34.000 | 42.000 |
| Büromasch. | c) | 3.000 | 5.000 | 0 | 1.500 | 34.000 | 6.200 | 64.000 | 75.000 |

a) den Buchwert des Fuhrparks zum Schluss des Geschäftsjahres = _____ €
b) die kumulierten Abschreibungen der Büromöbel = _____ €
c) die Anschaffungskosten der Büromaschinen = _____ €

## Bewertung des Umlaufvermögens

| Zum Umlaufvermögen gehören nach dem Bilanzgliederungsschema des HGB | | | |
|---|---|---|---|
| Vorräte | Forderungen | Wertpapiere | Flüssige Mittel |

Wie im Anlagevermögen gilt auch im Umlaufvermögen beim Kauf das Anschaffungskostenprizip.

### Bewertung eingekaufter Vorräte

| Beim Kauf eines Vorrats (Bezugskalkulation): | Ermittlung der Anschaffungskosten gleichartiger Vorräte am Geschäftsjahresende: |
|---|---|
| Listeneinkaufspreis | |
| − Rabatt | → Einzelbewertung |
| = Zieleinkaufspreis | oder |
| − Skonto | → Durchschnittsbewertung |
| = Bareinkaufspreis | → gewogener Durchschnitt |
| + Bezugskosten | → permanenter Durchschnitt |
| = Bezugs-/Einstandspreis (= Anschaffungskosten) | oder |
| | → Verbrauchsfolgen, z.B. |
| | → Lifo = Last in, first out |
| | → Fifo = First in, first out |

Der Bilanzwert von Vorräten sinkt, wenn ein Börsen- oder Marktpreis oder ein beizulegender Zeitwert
(z. B. Wiederbeschaffungskosten) unter den ermittelten Anschaffungskosten liegt
**= strenges Niederstwertprinzip**

| Bewertung von Forderungen in Abhängigkeit von der Wahrscheinlichkeit von Zahlungseingängen: | | |
|---|---|---|
| Einwandfreie Forderungen | Zweifelhafte Forderungen | Uneinbringliche Forderungen |
| • Zahlungseingang erscheint sicher<br>• keine Abschreibung | • Zahlungseingang ist gefährdet.<br>• Eine Abschreibung muss geschätzt werden. | • Zahlungseingang wird nicht mehr erwartet<br>• Eine Abschreibung ist im tatsächlichen Umfang notwendig. |

## Aufgaben:

**? 10:** Kauf von 20.000 kg Stahlblechen zu 2,50 €/kg (Listenpreis). Der Lieferer gewährt 15 % Rabatt und 2 % Skonto. Eine Spedition liefert die Stahlbleche zum Preis von 2.500,00 €.

a) Berechnen Sie den Bezugspreis/Einstandspreis für diesen Rohstoff = _____ €.

b) Ermitteln Sie den Inventurwert für die am 31.12.20XX noch vorhandenen Stahlbleche mit einem Gewicht von 5.000 kg, wenn die Wiederbeschaffungskosten für derartige Bleche zurzeit 2,10 € je kg betragen = _____ €.

**11:** Eine Handelsware wird während des Geschäftsjahres 20XX ständig neu bestellt.

| | A | B | C | D |
|---|---|---|---|---|
| | Anschaffungsdatum | Menge in kg | Preis je kg | Wert |
| 1 | | | | |
| 2 | 14. Mrz | 12200 | 19,88 € | 242.536,00 € |
| 3 | 19. Aug | 22550 | 20,45 € | 461.147,50 € |
| 4 | 22. Okt | 16510 | 21,25 € | 350.837,50 € |
| 5 | 14. Nov | 25820 | 21,85 € | 564.167,00 € |
| 6 | Summen | 77080 | | 1.618.688,00 € |

a) Berechnen Sie den gewogenen Durchschnittswert für eine Inventurmenge von 500 kg = _____ €.

b) Ermitteln Sie den Bilanzwert zum 31.12.20XX, wenn die Wiederbeschaffungskosten zu diesem Zeitpunkt 20,40 € je kg betragen = _____ €.

c) Mit welcher Formel können die Anschaffungskosten der noch vorhandenen Handelsware ermittelt werden? Kreuzen Sie an!

a) ☐ = D6/B6*500                   b) ☐ = D6/Summe(C2:C5)

c) ☐ = D6/B6*(Summe(C2:C5)/4)      d) ☐ = 20,40*500

**12:** Eine Handelsware wird immer wieder neu bestellt. In der Tabelle werden die Bezugspreise je Stück (Anschaffungskosten) angegeben.

| Bestände/Einkäufe | Menge in Stück | Preis je Stück | Wert |
|---|---|---|---|
| Anfangsbestand 01.01.20XX | 1.000 | 20,00 € | 20.000,00 € |
| Einkauf 19.03.20XX | 2.000 | 20,50 € | 41.000,00 € |
| Einkauf 22.06.20XX | 1.500 | 21,00 € | 31.500,00 € |
| Einkauf 14.09.20XX | 800 | 22,00 € | 17.600,00 € |
| Endbestand 31.12.20XX | 900 | | |

Ermitteln Sie den Wert des Endbestandes (Anschaffungskosten) der Handelsware gemäß einer fiktiven, d.h. unabhängig vom tatsächlichen Verbrauch angenommenen Verbrauchsfolge:

a) nach dem FiFo-Verfahren = _____ €

b) nach dem LiFO-Verfahren = _____ €

## Bewertung der Schulden

§ 253 Zugangs- und Folgebewertung nach HGB Abs. 1:

... Verbindlichkeiten sind zu ihrem **Erfüllungsbetrag** und Rückstellungen in Höhe des nach vernünftiger kaufmännischer Beurteilung **notwendigen Erfüllungsbetrages** anzusetzen.

### Sonderregelung für Fremdwährungsverbindlichkeiten

§ 256a Währungsumrechnung: Auf fremde Währung lautende Vermögensgegenstände und Verbindlichkeiten sind zum Devisenkassamittelkurs am Abschlussstichtag umzurechnen. Bei einer Restlaufzeit von einem Jahr oder weniger sind § 253 Abs. 1 Satz 1 und § 252 Abs. 1 Nr. 4 Halbsatz 2 **nicht** anzuwenden.

Daraus folgt, dass für Forderungen und **Verbindlichkeiten in Fremdwährungen, deren Restlaufzeiten bis zu einem Jahr betragen**, zu beachten ist, dass das Realisationsprinzip **nicht** anzuwenden ist. In diesen Fällen sind in der Handelsbilanz (nicht in der Steuerbilanz!) ggf. auch am Bilanzstichtag noch nicht realisierte Gewinne auszuweisen. Der Bilanzwert kann im Fall von Fremdwährungsverbindlichkeiten damit über oder auch unter dem Zugangswert liegen. Abweichungen sind entsprechend immer erfolgswirksam zu buchen. Das Höchstwertprinzip (kein Ausweis von nicht realisierten Gewinnen bei Verbindlichkeiten) gilt damit nur für Währungsverbindlichkeiten, die eine Restlaufzeit von über einem Jahr aufweisen.

**Bei Darlehensaufnahmen unter Abzug von Disagio** (= Zinsvorauszahlung) ist immer die Darlehenssumme und nicht der Auszahlungsbetrag als langfristige Bankverbindlichkeit zu buchen.

Das Disagio ist dem Konto 2900 Aktive Jahresabgrenzung zuzuordnen und über die Darlehenslaufzeit zeitanteilig über das Konto 7590 Sonstige zinsähnliche Aufwendungen aufzulösen.

| 7590 Sonstige zinsähnliche Aufwendungen | an | 2900 Aktive Jahresabgrenzung |
|---|---|---|

Hinweis: Wird das Darlehen im Aufnahmejahr auch wieder getilgt (oder fehlt die Angabe einer Darlehenslaufzeit), so kann die Zugangsbuchung auch wie folgt aussehen:

| 2800 Bankguthaben | | |
|---|---|---|
| 7590 Sonstige zinsähnliche Aufwendungen | an | 4250 Langfristige Bankverbindlichkeiten |

Das Disagio wird in diesem Fall sofort als sonstiger zinsähnlicher Aufwand gebucht.

## Aufgaben:

**13:** Ein Importeur kauft am 12.11.20XX Fremdbauteile im Wert von 128.000,00 USD auf Ziel (60 Tage Zahlungsfrist). Der Devisenkassamittelkurs (US-Dollar/Euro) beim Zugang beträgt 1,2812. Am Geschäftsjahresende ist die Verbindlichkeit noch nicht bezahlt. Der Devisenkassamittelkurs beträgt am 31.12.20XX 1,3411. Ermitteln Sie:

a) den Euro-Wert der Verbindlichkeit am 31.12.20XX = _____

b) die Werteveränderung (+ oder–) der Fremdbauteile durch die Kursveränderung = _____

**(?) 14:** Ein Unternehmen nimmt am Jahresanfang 20XX ein Darlehen zum Ausbau des Verwaltungsgebäudes in Höhe von 600.000,00 € auf. Im Vertrag wird ein Disagio in Höhe von 5 % vereinbart. Die Zinsen (ein Jahr mit 360 Zinstagen) für das Darlehen werden jährlich rückwirkend in Höhe von 6 % der jeweils offenen Darlehenssumme bezahlt. Die Tilgung erfolgt jeweils am Jahresende in Höhe von 10 % der Darlehenssumme.

a) Ermitteln Sie für das **erste Jahr**:

a1) den Auszahlungsbetrag des Darlehens = _____ €

a2) die Zinsen = _____ €

a3) die teilweise Auflösung des Disagios am Jahresende = _____ €

a4) die Tilgungszahlung = _____ €

b) Welche Buchung ist für die zeitanteilige Auflösung des Disagios am Jahresende notwendig? Kreuzen Sie an!

1. ☐ 2900 Aktive Jahresabgrenzung an 2800 Bankguthaben

2. ☐ 2900 Aktive Jahresabgrenzung an 4250 Langfristige Bankverbindlichkeiten

3. ☐ 7510 Zinsaufwendungen an 2900 Aktive Jahresabgrenzung

4. ☐ 7590 Sonstige zinsähnliche Aufwendungen an 2900 Aktive Jahresabgrenzung

c) Welche Kreditsicherung würde für dieses Darlehen infrage kommen? Kreuzen Sie an!

1. ☐ Sicherungsübereignung      2. ☐ Zession

3. ☐ Grundschuld      4. ☐ Factoring

## Fragenkomplex 02: Geschäftsabschlüsse des Ausbildungsbetriebes beurteilen

Industriebetriebe in der Rechtsform einer Kapitalgesellschaft müssen nachfolgende Aufstellungs- und Veröffentlichungspflichten beachten:

Achtung! Ab 2024 gelten die angegebenen neuen Schwellenwerte!

| Größe der Kapitalgesellschaft[1] | | Kleine Kapitalgesellschaft § 267 Abs. 1 HGB | Mittelgroße Kapitalgesellschaft § 267 Abs. 2 HGB | Große Kapitalgesellschaft § 267 Abs. 3 HGB |
|---|---|---|---|---|
| Merkmale | Bilanzsumme | bis 7,5 Mio € | bis 25,0 Mio. € | über 25,0 Mio. € |
| | Umsatzerlöse | bis 15,0 Mio. € | bis 50,0 Mio. € | über 50,0 Mio. € |
| | durchschnittliche Arbeitnehmerzahl | bis 50 Arbeitnehmer | bis 250 Arbeitnehmer | über 250 Arbeitnehmer |

| | | | | |
|---|---|---|---|---|
| **Jahresabschluss** | Fristen § 264 HGB | 6 Monate | 3 Monate | 3 Monate |
| | Bilanz § 266 HGB | ja, verkürzt § 266 Abs. 1 HGB | ja, vollständig | ja, vollständig |
| | Gewinn- und Verlustrechnung § 275 HGB | ja, verkürzt § 276 Abs. 1 HGB | ja, verkürzt § 276 Abs. 1 HGB | ja, vollständig |
| | Anhang §§ 284 ff. HGB (Erläuterung) | ja | ja | ja |
| | Lagebericht § 289 HGB | nein § 264 Abs. 1 HGB | ja | ja |
| **Offenlegung und Prüfung** | Offenlegung §§ 325 ff. HGB | ja, Bilanz und Anhang (keine GuV-Rechnung) | ja, auch Bilanz und Anhang in verkürzter Form möglich | ja |
| | Art | Einreichung und Bekanntmachung im elektronischen Bundesanzeiger | | |
| | Fristen | spätestens 12 Monate nach dem Jahresabschluss[2] | | |
| | Prüfungspflicht durch externe Abschlussprüfer § 316 HGB | keine | ja | ja |

1  § 267 Abs. 3 und 4 HGB: Mittelgroße und große Kapitalgesellschaften sind solche, die mindestens zwei der drei Merkmale überschreiten. Die Rechtsfolgen treten nur ein, wenn die Merkmale an den Abschlussstichtagen von zwei aufeinanderfolgenden Geschäftsjahren über- oder unterschritten werden.

2  Für kapitalmarktorientierte Kapitalgesellschaften (z. B. börsennotierte Aktiengesellschaften) gilt eine Einreichungsfrist zur Offenlegung von vier Monaten (§ 325 Abs. 4 Satz 1 HGB).

## Aufgabe:

**15:** Welche Aussagen sind richtig? Kreuzen Sie an!

a) ☐ Eine GmbH mit 20,02 Mio. € Bilanzsumme ist zwangsläufig eine große Kapitalgesellschaft.

b) ☐ Die Jahresabschlüsse aller Kapitalgesellschaften müssen von externen Abschlussprüfern überprüft werden.

c) ☐ Kleine Kapitalgesellschaften müssen keine GuV-Rechnung veröffentlichen.

d) ☐ Nicht kapitalmarktorientierte Aktiengesellschaften müssen ihren Jahresabschluss spätestens nach zwölf Monaten offenlegen.

# 1    Aufbereitung der Bilanz

Für eine Bilanz nach HGB ist zumeist nur das Gliederungsschema einer kleinen Kapitalgesellschaft prüfungsrelevant.

**Beispiel:** Verkürzte Bilanz einer kleinen Kapitalgesellschaft

| Aktiva | Passiva |
|---|---|
| A.  Anlagevermögen | A.  Eigenkapital |
| I. | I.  Gezeichnetes Kapital |
|      Immaterielle Vermögensgegenstände | II.  Kapitalrücklage |
| II.  Sachanlagen | III.  Gewinnrücklagen |
| III.  Finanzanlagen | IV.  Gewinnvortrag/Verlustvortrag |
| B.  Umlaufvermögen | V.  Jahresüberschuss/Jahresfehlbetrag |
| I.  Vorräte | |
| II.  Forderungen und sonstige | B.  Rückstellungen |
|      Vermögensgegenstände | C.  Verbindlichkeiten |
| III.  Wertpapiere | D.  Rechnungsabgrenzungsposten |
| IV.  Kassenbestand, Bundesbankguthaben, | E.  Passive latente Steuern[1] |
|      Guthaben bei Kreditinstituten und | |
|      Schecks | |
| C.  Rechnungsabgrenzungsposten | |
| D.  Aktive latente Steuern[1] | |
| E.  Aktiver Unterschiedsbetrag aus der | |
|      Vermögensrechnung[1] | |

[1] Diese Bilanzposten sind nicht prüfungsrelevant und wurden in AKA-Aufgaben bisher nicht aufgeführt.

Für die Auswertung einer Bilanz muss eine Strukturbilanz vorgegeben oder erstellt werden.

**Beispiel:**

| Aktiva | Strukturbilanz der Industrie GmbH in Euro | | | | Passiva |
|---|---|---|---|---|---|
| | Vorjahr | Berichtsjahr | | Vorjahr | Berichtsjahr |
| Anlagevermögen | 7.200.000,00 | 10.800.000,00 | Eigenkapital | 3.300.000,00 | 3.465.000,00 |
| Umlaufvermögen | 4.500.000,00 | 4.200.000,00 | – Gewinnrücklagen | 300.000,00 | 750.000,00 |
| – Vorräte | 600.000,00 | 1.410.000,00 | Fremdkapital | 8.400.000,00 | 11.535.000,00 |
| – Forderungen (kurzfristig) | 3.000.000,00 | 1.800.000,00 | – langfristig | 4.650.000,00 | 7.035.000,00 |
| – flüssige Mittel | 900.000,00 | 990.000,00 | – kurzfristig | 3.750.000,00 | 4.500.000,00 |
| Gesamtvermögen | 11.700.000,00 | 15.000.000,00 | Gesamtkapital | 11.700.000,00 | 15.000.000,00 |

Eine Strukturbilanz beinhaltet alle Werte, die für eine Bilanzanalyse nach AKA-Vorgaben notwendig sind. „-"Werte sind Einzelwerte, die im darüber stehenden

Hauptposten enthalten sind. Für die Zuordnung (langfristig, kurzfristig) müssen in der Aufgabenstellung Hinweise gegeben werden, da in einer Bilanz die Fristigkeiten (Forderungen, Fremdkapital) nicht eindeutig erkennbar sind.

## Aufgaben:

**?** **16:** Ordnen Sie folgende Kontenarten den nachfolgend genannten Positionen einer Strukturbilanz zu.

1 = Anlagevermögen      2 = Umlaufvermögen
3 = Eigenkapital      4 = Fremdkapital

a) ☐ Geleistete Anzahlungen auf SA      d) ☐ Kapitalrücklage
b) ☐ Sonstige Finanzanlagen      e) ☐ Erhaltende Anzahlungen
c) ☐ Steuerrückstellungen      f) ☐ Sozialversicherungsvorauszahlung

**?** **17:** Welche der nachfolgenden Kontenarten gehören nicht zu den Vorräten? Kreuzen Sie an!

a) ☐ Unfertige Erzeugnisse      d) ☐ Rohstoffe
b) ☐ Waren (Handelswaren)      e) ☐ Geleistete Anzahlungen auf Vorräte
c) ☐ Guthaben bei Kreditinstituten      f) ☐ Büromaterial

## 2     Beurteilung der Bilanz
### (hinsichtlich unterschiedlicher Kriterien)

Aus den Werten einer Strukturbilanz können Kennzahlen zur Bilanzanalyse ermittelt werden:

**Aufbau und Bestandteile der Bilanzanalyse**

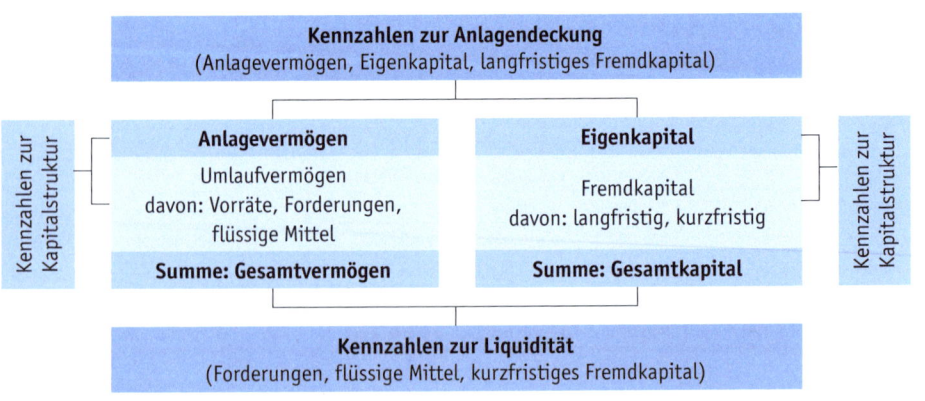

Die Aussagefähigkeit von Kennzahlen ergibt sich aus einem
- Zeitvergleich: Vergleich der Ergebnisse verschiedener Geschäftsjahre eines Unternehmens,
- Unternehmens- oder Branchenvergleich: Vergleich der Ergebnisse mit anderen vergleichbaren Unternehmen (oder mit Durchschnittswerten einer Branche),
- Soll-Ist-Vergleich: Vergleich der Ist-Ergebnisse mit vorher geplanten Soll-Ergebnissen.

Nur wenige Kennzahlen haben einen **Mindestwert**. Beispiele: Liquidität 2. Grades oder Deckungsgrad II, hier gilt, dass mindestens 100 % erreicht werden sollten. Gestiegene Werte (im Vergleich zum Vorjahr), höhere Werte (als z.B. das Vergleichsunternehmen oder Planüberschreitungen beim Soll- Ist-Vergleich) werden zumeist positiv bewertet.

Die AKA hat für die Analyse verbindliche Berechnungen in einer Formelsammlung veröffentlicht.

## Beurteilung der Kapitalausstattung (Finanzierung)

Kennzahlen zur Kapitalstruktur

$$\text{Eigenkapitalquote} = \frac{\text{Eigenkapital} \cdot 100}{\text{Gesamtkapital}} \qquad \text{Fremdkapitalquote} = \frac{\text{Fremdkapital} \cdot 100}{\text{Gesamtkapital}}$$

$$\text{Verschuldungsgrad} = \frac{\text{Fremdkapital} \cdot 100}{\text{Eigenkapital}} \qquad \text{Grad der Selbstfinanzierung} = \frac{\text{Gewinnrücklagen} \cdot 100}{\text{Gesamtkapital}}$$

## Beurteilung der Anlagenfinanzierung (Investierung)

Kennzahlen zur Anlagendeckung

$$\text{Deckungsgrad I} = \frac{\text{Eigenkapital} \cdot 100}{\text{Anlagevermögen}} \qquad \text{Deckungsgrad II} = \frac{(\text{Eigenkapital} + \text{langfristiges Fremdkapital}) \cdot 100}{\text{Anlagevermögen}}$$

## Beurteilung zum Vermögensaufbau (Konstitution)

Kennzahlen zur Vermögensstruktur

$$\text{Anlagenintensität (Anlagenquote)} = \frac{\text{Anlagevermögen} \cdot 100}{\text{Gesamtvermögen}} \qquad \text{Umlaufintensität (Quote des Umlaufvermögens)} = \frac{\text{Umlagevermögen} \cdot 100}{\text{Gesamtvermögen}}$$

### Beurteilung der Zahlungsfähigkeit (Liquidität)

Kennzahlen zur Liquidität

$$\text{Liquidität 1. Grades} = \frac{\text{flüssige Mittel} \cdot 100}{\text{kurzfristiges Fremdkapital}}$$

$$\text{Liquidität 2. Grades} = \frac{(\text{flüssige Mittel} + \text{Forderungen}) \cdot 100}{\text{kurzfristiges Fremdkapital}}$$

$$\text{Liquidität 3. Grades} = \frac{\text{Umlaufvermögen} \cdot 100}{\text{kurzfristiges Fremdkapital}}$$

## Aufgaben:

**18:** Ein Industriebetrieb hat für die Auswertung des Jahresabschlusses folgende Werte in Tsd. € ermittelt.

| | | | |
|---|---:|---|---:|
| Grundstücke und Gebäude | 400 | Technische Anlagen und Maschinen | 200 |
| Betriebs- und Geschäftsausstattung | 200 | Vorräte | 158 |
| Forderungen a.L.L. (kurzfristig) | 332 | Bankguthaben | 197 |
| Kasse | 17 | Gezeichnetes Kapital | 600 |
| Kapitalrücklage | 120 | Gewinnrücklagen | 28 |
| Gewinnvortrag | 3 | Jahresüberschuss | ? |
| Rückstellungen für Pensionen (langfristig) | 12 | Sonstige Rückstellungen (kurzfristig) | 5 |
| Verbindlichkeiten gegenüber Kreditinstituten (langfristige Darlehensschulden) | 300 | Verbindlichkeiten a.L.L. (kurzfristig) | 161 |
| Umsatzsteuer | 31 | | |

Hinweise: Die Bilanzposition Grundstücke und Gebäude enthält ein Reservegrundstück mit einer Größe von 12.000 qm, das 1989 für umgerechnet 30,00 € je qm angeschafft wurde und für das damals 3,5 % Grunderwerbsteuer und weitere Anschaffungsnebenkosten in Höhe von umgerechnet 2.500,00 € angefallen sind.

Ermitteln Sie (alle Ergebnisse auf zwei Nachkommastellen runden!):

a) den Gewinn = _____ Tsd. €         b) die Anlagenintensität = _____ %

c) die Vorratsquote = _____ %         d) die Fremdkapitalquote = _____ %

e) die Liquidität 3.Grades = _____ %         f) den Deckungsgrad II = _____ %

g) Für das Reservegrundstück ermittelt ein Gutachter einen aktuellen Marktwert von 110,00 € je qm.

Ermitteln Sie die Höhe der stillen Reserve für dieses Grundstück = _____ €.

**19:** Welche der nachfolgenden Kennzahlen beschreibt den Grad der finanziellen Unabhängigkeit? Kreuzen Sie an!

a) ☐ Deckungsgrad II         b) ☐ Liquidität 2. Grades

c) ☐ Vorratsquote         d) ☐ Eigenkapitalquote

e) ☐ Fremdkapitalquote         f) ☐ Umlaufintensität

**20:** Welche Maßnahme führt zur Bildung von stillen Reserven? Kreuzen Sie an!

a) ☐ Verkauf gebrauchter Anlagen über Buchwert

b) ☐ Bildung von Gewinnrücklagen

c) ☐ Überbewertung von Aktiva

d) ☐ Kauf von Maschinen zum Sonderpreis

e) ☐ Überhöhte Rückstellungsbildung für eine Dachreparatur

**21:** Beachten Sie die Strukturbilanz der Wollmer GmbH vor der Ergebnisverwendung.

| Aktiva | Strukturbilanz für die Auswertung | | | | | Passiva |
|---|---|---|---|---|---|---|
| | Vorjahr (20X1) | Berichtsjahr (20X2) | | | Vorjahr (20X1) | Berichtsjahr (20X2) |
| Anlagevermögen | 6.300.000 | 6.040.000 | Eigenkapital | | 3.335.000 | 3.303.000 |
| Umlaufvermögen | 1.069.000 | 1.337.000 | davon Gewinnrücklagen | | 50.000 | 50.000 |
| davon | | | Fremdkapital | | 4.034.000 | 4.074.000 |
| Vorräte | 500.000 | 600.000 | davon | | | |
| Forderungen | 360.000 | 340.000 | langfristig | | 3.184.000 | 3.015.000 |
| Flüssige Mittel | 209.000 | 397.000 | kurzfristig | | 850.000 | 1.059.000 |
| Gesamtvermögen | 7.369.000 | 7.377.000 | Gesamtkapital | | 7.369.000 | 7.377.000 |

a) Welche Schlussfolgerungen sind richtig? Kreuzen Sie an!

1. ☐ Im Berichtsjahr wurde ein Gewinn in Höhe von 32 Tsd. € erzielt.

2. ☐ Der Deckungsgrad II ist gestiegen.

3. ☐ Das Fremdkapital ist im Berichtsjahr im Vergleich mit dem Vorjahr um ca. 5,3 % gesunken.

4. ☐ Der Verschuldungsgrad im Vorjahr beträgt ca. 121 %.

b) Ermitteln Sie (zwei Nachkommastellen):

1. die Forderungsquote im Vorjahr = _____ %

2. die Fremdkapitalquote im Vorjahr = _____ %

3. den Grad der Selbstfinanzierung im Berichtsjahr = _____ %

4. die Liquidität 2. Grades im Berichtsjahr = _____ %

**22:** Ordnen Sie die unten stehenden Aussagen den Kennziffern zu.

1. ☐ Liquidität 1. Grades     2. ☐ Deckungsgrad II

3. ☐ Verschuldungsgrad

1 = Zeigt das Betriebsergebnis in Prozent des Gesamtkapitals.

2 = Zeigt, ob das Anlagevermögen durch langfristiges Kapital finanziert wird.

3 = Ermittelt den Anteil des Jahresüberschusses am Gesamtkapital.

4 = Gibt Auskunft über das Verhältnis von Fremdkapital zu Eigenkapital.

5 = Zeigt, ob die flüssigen Mittel das kurzfristige Fremdkapital decken.

 **23:** Durch welche Maßnahmen wird die Liquidität eines Industrieunternehmens verbessert? Kreuzen Sie an!

a) ☐ Neuanschaffung moderner Maschinen

b) ☐ Verkauf von Forderungen (Factoring)

c) ☐ Verlängerung der Zahlungsziele für Kunden

d) ☐ Überziehung des Kontokorrentkontos

e) ☐ Umwandlung eines kurzfristigen Lieferantenkredites in ein langfristiges Lieferantendarlehen

 **24:** Die Bilanz einer kleinen GmbH zeigt folgendes Bild:

| Aktiva | Bilanz der Bonner Highlight Gmbh, Bonn zum 31.12.20XX | | | | Passiva |
|---|---|---|---|---|---|
| | Vorjahr | Berichtsjahr | | Vorjahr | Berichtsjahr |
| A. Anlagevermögen | | | A. Eigenkapital | | |
| I. Immaterielle Vermögensgegenstände | 50.000,00 | 40.000,00 | I. Gezeichnetes Kapital | 1.500.000,00 | 1.500.000,00 |
| II. Sachanlagen | 4.406.250,00 | 4.322.600,00 | II. Kapitelrücklage | 50.000,00 | 50.000,00 |
| III. Finanzanlagen | - | - | III. Gewinnrücklage | 50.000,00 | 70.000,00 |
| B. Umlaufvermögen | | | IV. Gewinnvortrag | 250,00 | 750,00 |
| I. Vorräte | 462.600,00 | 698.200,00 | V. Jahresüberschuss | 172.600,00 | 215.000,00 |
| II. Forderungen und sonstige Vermögensgegenstände | 423.720,00 | 396.200,00 | B. Rückstellungen | 2.300,00 | 54.000,00 |
| III. Wertpapiere | 2.000,00 | 6.500,00 | C. Verbindlichkeiten | 3.650.000,00 | 3.680.100,00 |
| IV. Kassenbestand, Bundesbankguthaben, Guthaben bei Kreditinstituten und Schecks | 80.580,00 | 106.350,00 | | | |
| | 5.425.150,00 | 5.569.850,00 | | 5.425.150,00 | 5.569.850,00 |

Welche der nachfolgenden Aussagen zu diesen Bilanzwerten sind eindeutig und damit sicher richtig? Kreuzen Sie an!

1. ☐ Die Highlight GmbH hat im Berichtsjahr die offenen Rücklagen um 20.000,00 € aufgestockt.

2. ☐ Der Lageraufbau bei den Vorräten ist auf sinkende Absatzmengen zurückzuführen.

3. ☐ Die Liquidität 1. Grades hat sich verbessert.

4. ☐ Der Gewinn ist um fast 25 % gestiegen.

5. ☐ Die GmbH hat im Berichtsjahr einen zusätzlichen Gesellschafter aufgenommen.

6. ☐ Die Highlight GmbH hat im Berichtsjahr ein Grundstück mit Buchwert von 83.650,00 € verkauft.

# Fragenkomplex 03: Kennzahlen zur Darstellung des betrieblichen Erfolgs ermitteln und auswerten

## 1 Aufbereitung der Erfolgsrechnung

Die GuV-Rechnung im HGB-Abschluss wird in Staffelform erstellt.

| Gliederung der Gewinn- und Verlustrechnung nach § 275 HGB (Gesamtkostenverfahren) |
|---|
| 1. Umsatzerlöse (Erlöse aus dem Verkauf und der Vermietung oder Verpachtung von Produkten sowie aus der Erbringung von Dienstleistungen) |
| 2. Erhöhung oder Verminderung des Bestandes an fertigen und unfertigen Erzeugnissen |
| 3. andere aktivierte Eigenleistungen |
| 4. sonstige betriebliche Erträge (einschließlich außerordentliche Erträge) |
| 5. Materialaufwand |
| a) Aufwendungen für Roh-, Hilfs- und Betriebsstoffe und für bezogene Waren |
| b) Aufwendungen für bezogene Leistungen |
| 6. Personalaufwand |
| a) Löhne und Gehälter |
| b) soziale Abgaben und Aufwendungen für Altersvorsorge und für Unterstützung, davon für Altersversorgung |
| 7. Abschreibungen |
| a) auf immaterielle Vermögensgegenstände des Anlagevermögens und Sachanlagen |
| b) auf Vermögensgegenstände des Umlaufvermögens, soweit diese die in der Kapitalgesellschaft üblichen Abschreibungen überschreiten |
| 8. sonstige betriebliche Aufwendungen (einschließlich außerordentliche Aufwendungen) |
| 9. Erträge aus Beteiligungen, davon aus verbundenen Unternehmen |
| 10. Erträge aus anderen Wertpapieren und Ausleihungen des Finanzanlagevermögens, davon aus verbundenen Unternehmen |
| 11. sonstige Zinsen und ähnliche Erträge, davon aus verbundene Unternehmen |
| 12. Abschreibungen auf Finanzanlagen und auf Wertpapiere des Umlaufvermögens |
| 13. Zinsen und ähnliche Aufwendungen, davon an verbundene Unternehmen |
| 14. Steuern vom Einkommen und vom Ertrag |

| 15. Ergebnis nach Steuern |
| --- |
| 16. sonstige Steuern |
| 17. Jahresüberschuss/Jahresfehlbetrag |

Kleine und mittelgroße Kapitalgesellschaften dürfen die Positionen 1 bis 5 in einer Position „Rohergebnis" zusammenfassen.

## Aufgaben:

**? 25:** Beachten Sie das neue Gliederungsschema der GuV nach HGB in Staffelform (Positionen 1 bis 17) und kreuzen Sie nachfolgende Aussagen an, wenn sie falsch sind.

1. ☐ Der Arbeitgeberanteil zur Sozialversicherung der Arbeitnehmer muss dem Gliederungspunkt 6. Personalaufwand zugeordnet werden.

2. ☐ Abschreibungen auf Finanzanlagen müssen dem Gliederungspunkt 7. Abschreibungen zugeordnet werden.

3. ☐ Erlöse aus der Erbringung von Dienstleistungen sind Umsatzerlöse.

4. ☐ Ein Außerordentliches Ergebnis gibt es in der GuV ab 01.01.2016 nicht mehr.

5. ☐ Das Ergebnis nach Steuern wird nach Abzug aller Steuern ermittelt.

**? 26:** Welche der folgenden Geschäftsvorfälle beeinflussen nur das Finanzergebnis (Gliederungspunkte 9 bis 13)? Kreuzen Sie an!

1. ☐ Verkauf eigener Erzeugnisse auf Ziel

2. ☐ Banklastschrift für Kfz-Steuer

3. ☐ Lastschrift der Bank für Darlehenszinsen

4. ☐ Banküberweisung der Gehälter

5. ☐ Kauf von Büromaterial gegen Barzahlung

6. ☐ Bankgutschrift für Dividenden

## 2 Ermittlung und Auswertung von Kennzahlen

### Lager, Forderungs- und Kapitalumschlag

Hinweis: Die Ermittlung und Auswertung von **Lagerkennziffern** finden Sie unter 02 Beschaffung und Bevorratung im Themenbereich 0203 Vorratshaltung und Beständeverwaltung, Fragenkomplex 02 Bestände erfassen und bewerten.

Kennzahlen zum Forderungsumschlag

$$\text{Umschlagshäufigkeit der Forderungen} = \frac{\text{Umsatzerlöse}}{\text{Forderungsbestand}}$$

$$\text{Durchschnittliche Kreditdauer} = \frac{360}{\text{Umschlagshäufigkeit der Forderungen}}$$

Kennzahlen zum Kapitalumschlag

$$\text{Umschlagshäufigkeit des Eigenkapitals} = \frac{\text{Umsatzerlöse}}{\text{Eigenkapital}}$$

$$\text{Umschlagshäufigkeit des Gesamtkapitals} = \frac{\text{Umsatzerlöse}}{\text{Gesamtkapital}}$$

$$\text{Durchschnittliche Kapitalumschlagsdauer} = \frac{360}{\text{Kapitalumschlagshäufigkeit}}$$

## Aufgabe:

**27:** Ein Industrieunternehmen hat ein bilanzielles Gesamtvermögen in Höhe von 4 Mio. Euro. Davon sind 220.000,00 € Forderungen. Bei Umsatzerlösen in Höhe von 12,6 Mio. Euro beträgt das Eigenkapital 1,2 Mio. Euro.
Ermitteln Sie (zwei Nachkommastellen):
a) die Umschlagshäufigkeit des Gesamtkapitals = ___-mal
b) die durchschnittliche Kreditdauer = ___Tage
c) die durchschnittliche Umschlagsdauer des Eigenkapitals = ___Tage

### Rentabilität des Eigen- und Gesamtkapitals und des Umsatzes

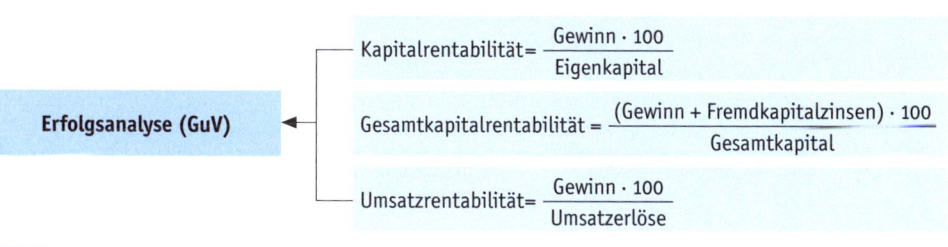

## Aufgabe:

**? 28:** Am Ende des Geschäftsjahres 20X2 ermittelt die Koller GmbH folgende Ergebnisse:

**Bilanz der Koller GmbH**

| Aktiva | Berichtsjahr (20X2) in Tsd. € | Vorjahr (20X1) in Tsd. € | Passiva | Berichtsjahr (20X2) in Tsd. € | Vorjahr (20X1) in Tsd. € |
|---|---|---|---|---|---|
| **Anlagevermögen** | | | **Eigenkapital** | | |
| Sachanlagen | 5.640 | 4.320 | Gez. Kapital | 4.860 | 3.060 |
| Finanzanlagen | 1.090 | 910 | Gewinnrücklagen | 1.525 | 1.099 |
| **Umlaufvermögen** | | | **Fremdkapital** | | |
| Vorräte | 4.200 | 5.250 | Langfristiges FK | 5.580 | 4.425 |
| Forderungen | 2.400 | 1.530 | Kurzfristiges FK | 2.205 | 3.786 |
| Flüssige Mittel | 840 | 360 | | | |
| | 14.170 | 12.370 | | 14.170 | 12.370 |

Daten aus der Gewinn- und Verlustrechnung

| GuV-Posten | Berichtsjahr 20X2 | Vorjahr 20X1 |
|---|---|---|
| Umsatzerlöse | 5.312,5 Tsd. € | 4.820 Tsd. € |
| Jahresüberschuss | 425 Tsd. € | 312 Tsd. € |
| Zinsaufwendungen | 167,4 Tsd. € | 132,75 Tsd. € |

Berechnen Sie für die Vergleichsjahre 20X2/20X1 jeweils die Kennzahlen (auf zwei Nachkommastellen runden!).

Hinweis: Die Kapitalrentabilitäten werden von der Koller GmbH vom durchschnittlich eingesetzten Kapital ermittelt. Das Eigenkapital am Ende des Jahres 20X0 betrug 3.850 Tsd. €, das Gesamtkapital betrug zum selben Zeitpunkt 11.850 Tsd. €.

| Rentabilitätskennzahlen | Berichtsjahr 20X2 | Vorjahr 20X1 |
|---|---|---|
| Eigenkapitalrentabilität | ___ % | ___ % |
| Gesamtkapitalrentabilität | ___ % | ___ % |
| Umsatzrentabilität | ___ % | ___ % |

## Cashflow

Für die Cashflow-Berechnung in Prüfungsaufgaben gibt AKA folgende Grundformel vor:

> Jahresüberschuss
> + Abschreibungen auf Anlagen
> +/– Veränderung der langfristigen Rückstellungen
> = Cashflow

Andere (wesentlich komplexere) Formeln aus der betriebswirtschaftlichen Literatur sind nicht prüfungsrelevant.

Die Cashflow-Umsatzverdienstrate wird auf dieser Basis wie folgt ermittelt:

$$\text{Cashflow-Umsatzverdienstrate} = \frac{\text{Cashflow} \cdot 100}{\text{Umsatzerlöse}}$$

## Aufgaben:

 **29:** Ermitteln Sie für **das Berichtsjahr:**

|   | A | B | C |
|---|---|---|---|
|   | GuV- und Bilanzwerte | Vorjahr | Berichtsjahr |
| 1 |  |  |  |
| 2 | Umsatzerlöse | 4.200.000,00 € | 4.650.000,00 € |
| 3 | Weitere Erträge | 200.000,00 € | 250.000,00 € |
| 5 | Abschreibungen auf Anlagen | 600.000,00 € | 920.000,00 € |
| 6 | Weitere Aufwendungen/Steuern | 3.600.000,00 € | 3.800.000,00 € |
| 7 | langfristige Rückstellungen | 600.000,00 € | 720.000,00 € |
| 8 | kurzfristige Rückstellungen | 50.000,00 € | 80.000,00 € |

a) den Gewinn = _____ €

b) den Cashflow nach AKA-Vorgabe = _____ €

c) die Cashflow-Umsatzverdienstrate (zwei Nachkommastellen) = _____ %

 **30:** Worüber gibt der Cashflow eines Industrieunternehmens Auskunft? Kreuzen Sie an!

a) ☐ die Produktivität      d) ☐ die Liquidität

b) ☐ die Rentabilität      e) ☐ die Verschuldung

c) ☐ die Selbstfinanzierungskraft      f) ☐ die Mittelverwendung

# Prüfungsgebiet 09: Integrative Unternehmensprozesse

## Funktion 0904:  Finanzierung

### Fragenkomplex 01: Finanzierungskosten für Aufträge und Projekte ermitteln

### 1   Kapitalbedarf

| Kapitalbedarf = Auszahlungen einer Periode > Einzahlungen einer Periode | | |
|---|---|---|
| für die laufende (übliche) Geschäftstätigkeit | für (Groß-)Aufträge | für Projekte |

Die Kapitalbindungsdauer ist dabei unterschiedlich.

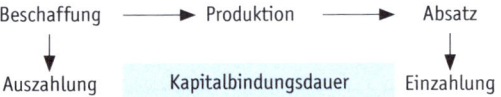

Übersteigen in einer Periode die Auszahlungen die Einzahlungen, so muss die Differenz gedeckt werden. Das kann durch vorhandenes oder zu beschaffendes Eigen- oder Fremdkapital erfolgen.

Einen Kapitalbedarf muss ein Industrieunternehmen vorausschauend in einem **Finanzplan** über mehrere Perioden hinweg für die Zukunft planen. Berechnung für eine Periode:

> Zahlungsmittelbestand am Anfang der Periode
> + geplante Einzahlungen z.B. aus Umsatzerlösen, Anlagenverkäufen, Kreditaufnahmen usw.
> − geplante Auszahlungen z.B. für Löhne, Gehälter, Materialien, Mieten, Kredittilgungen usw.
> = Kapitalüberschuss oder Kapitalbedarf

Bei besonderen Anlässen (Großaufträge, Projekte) ist individuell zu rechnen und die Ergebnisse müssen in den Finanzplan integriert werden. Hier sind insbesondere die Anschaffungskosten von neuen Sachanlagen und die ausgabenwirksamen Aufwendungen für den Einsatz zusätzlicher Produktionsfaktoren zu beachten.

**Beispiel:** Berechnung von Kapitalbedarf für das Umlaufvermögen

| Kapitalbindungsdauer in Tagen | | | | |
|---|---|---|---|---|
| 1 2 3 4 5 6 7 8 9 10 11 12 13 14 15 16 17 18 19 20 21 22 23 24 25 26 27 28 29 30 31 32 33 34 35 36 37 38 39 40 41 42 43 44 45 | | | | |
| Lagerdauer Material 5 Tage | Fertigungsdauer 10 Tage | Lagerdauer Erzeugnisse 10 Tage | Zahlungsziel an Kunden 20 Tage | |
| Zahlungsziel der Lieferanten 10 Tage | Kapitalbindungsdauer für Materialkosten: 35 Tage | | | |
| Kapitalbindungsdauer für Fertigungskosten: 40 Tage | | | | |
| Kapitalbindungsdauer für Verwaltungs- und Vertriebskosten: 45 Tage | | | | |

Berechnungen: Auszahlung je Kostenart pro Tag x Kapitalbindungsdauer in Tagen

## Aufgaben:

**1:** Für ein Projekt wird eine neue PC-Einheit benötigt. Der Listenpreis beträgt 1.600,00 €, der Lieferer gewährt 15 % Rabatt und 2 % Skonto. Die Lieferung wird zusätzlich mit 50,00 € – nicht rabatt- und skontierfähig – berechnet.
Ermitteln Sie den Kapitalbedarf: _____ Euro (= Anschaffungskosten)

**2:** Für einen Großauftrag werden folgende Zeiten ermittelt: Lagerdauer der Materialien 20 Tage, Produktionsdauer 5 Tage, Lagerdauer der Erzeugnisse 3 Tage, Kundenziel 14 Tage, Lieferantenzahlung am Ende der Skontofrist = 8 Tage. Ermitteln Sie die Kapitalbindungsdauer in Tagen für die
a) Materialkosten: _____ Tage    b) Produktionskosten: _____ Tage
c) den Kapitalbedarf nur für die Produktionskosten, wenn pro Tag 500,00 € ausgabe-wirksame Kosten entstehen: _____ Euro

## 2    Kostenvergleichsrechnung

Finanzierungskosten sind in erster Linie **Zinsen**. Weitere mögliche Kosten sind in Abhängigkeit von der Finanzierungsart und den (Preis-)Kalkulationen des Kreditgebers z.B. Bearbeitungsgebühren, Disagio (= Zinsvorauszahlung), Kosten für Grundbucheintragungen usw. Die AKA nutzt für Berechnungen die kaufmännische Zinsformel mit 360 Tagen. Vorgabe:

$$\text{Zinsen} = \frac{\text{Kapital} \cdot \text{Zinssatz} \cdot \text{Tage}}{100 \cdot 360}$$

Der Monat ist mit 30 Tagen, das Jahr ist mit 360 Tagen anzusetzen.

Wichtig ist hierbei, dass der **Tag der Kreditauszahlung kein Zinstag** ist. Der Tag der Kreditrückzahlung gehört allerdings noch zur Kreditfrist!

Die Kapitalrentabilität basiert auf der Grundformel:

$$\text{Rentabilität} = \frac{\text{Gewinn} \cdot 100}{\text{Kapital}}$$

Je nach Aufgabenstellung kann das eingesetzte oder das durchschnittlich eingesetzte Kapital von Bedeutung sein. Aufgabenstellung beachten!

**Kostenvergleiche** könnten dieselbe Kreditart zu unterschiedlichen Konditionen oder unterschiedliche Kreditarten betreffen. Häufig wird der Kontokorrentkredit mit einem Lieferantenkredit verglichen.

| Kosten eines Kontokorrentkredites | Kosten eines Lieferantenkredites |
|---|---|
| $\text{Zinsen} = \dfrac{\text{Kreditsumme} \cdot \text{Zinssatz} \cdot \text{Tage}}{100 \cdot 360}$ | Nettoskonto = skontierfähige Nettorechnungspositionen · Skontosatz |
| **Hinweise und Berechnungen** | |
| Effektiver Jahreszinssatz = Bankzinssatz<br><br>Bei kreditfinanzierter Skontoausnutzung gilt:<br><br>Kapital = Überweisungsbetrag<br><br>Tage = Zahlungsziel – Skontofrist<br>= Lieferantenkreditfrist<br><br>Hinweis: Bankzinssätze sind lt. Preisangabenverordnung immer effektive Zinssätze, die alle Kosten enthalten müssen.<br><br>Für Privatkunden werden neben den üblichen Jahreszinssätzen auch Monatszinssätze veröffentlicht. | Effektiver (Jahres-)Zinssatz beim Skontoabzug (Alternativberechnung je nach Aufgabenstellung)<br><br>Näherungsrechnung = $\dfrac{\text{Skontosatz} \cdot 360}{(\text{Zahlungsziel in Tagen} - \text{Skontofrist in Tagen})}$<br>= Lieferantenkreditfrist<br><br>Genaue Berechnung = $\dfrac{\text{Nettoskonto}^{1)} \cdot 100 \cdot 360}{\text{Überweisungsbetrag} \cdot \text{Lieferantenkreditfrist}}$ |
| **Finanzierungserfolg im Vergleich:** | |
| Nettoskonto – Bankzinsen auf den Überweisungsbetrag für die Lieferantenkreditfrist | |

[1] Die AKA verwendete in vergangenen Prüfungen das Bruttoskonto!

Weiterer Kostenvergleich: Darlehen – Leasing siehe Seite 310/311.

## Aufgaben:

 **3:** Ein Kredit in Höhe von 20.000,00 € wird am 01.09.20XX ausbezahlt; der Jahresbankzinssatz beträgt 8 %. Berechnen Sie die Zinsen bis zum Jahresende.
_____ €/Zinsen

**4:** Ein Kredit in Höhe von 20.000,00 € erbringt in einem Jahr Zinsen (= Gewinn) in Höhe von 800,00 €. Berechnen Sie die Kapitalrentabilität des eingesetzten Kapitals. ____%

 **5:** Ein Handelswarenlieferant sendet folgende Rechnung:

---

**Fahrradteile International GmbH**
**Bauteile und Handelswaren für die Fahrradindustrie**

Fahrradteile International GmbH, Borgwardstr. 16 28309 Bremen

| | |
|---|---|
| Fly Bike Werke GmbH | Kundennummer: 10112 |
| Rostocker Str. 334 | Ihre Bestellung Nr.: 23 |
| 26121 Oldenburg | Ihr Bestell-Datum: 08.02.20XX |
| | Unsere Lieferschein-Nr.: 95 |
| | Unser Lieferdatum: 18.02.20XX |
| | |
| | Ihr Ansprechpartner: Herr Itze |
| | |
| | Tel. 0421- 83 09 1 |

Rechnung-Nr.: 95                              Rechnungs-Datum:        18.02.20XX

| Artikel-Nr. | Artikelbezeichnung | Stück-zahl | Einzelpreis in EUR | Rabatt in Prozent | Gesamtpreis in EUR |
|---|---|---|---|---|---|
| 10100 | Fahrradanhänger WXP-100 Ihre Modellbezeichnung „Kelly" | 200 | 45,00 | 10 % | 8.100,00 |
| 10300 | Fahrradanhänger WXO-300 Ihre Modellbezeichnung „Max" | 80 | 75,00 | 10 % | 5.400,00 |
| 11111 | Transportkosten | 1 | 300,00 | 0% | 300,00 |
| | Nettorechnungsbetrag | | | | 13.800,00 |
| Versandart: Lieferung ab Werk per Lkw | zzgl. 19 % Umsatzsteuer | | | | 2.622,00 |
| | **Bruttorechnungsbetrag** | | | | **16.422,00** |

Wir liefern direkt in Ihrem Auftrag an die Matro AG Zwischenlager Mühlheim, Kruppstr. 60, 45472 Mühlheim a.d.R. Der Rechungsbetrag ist innerhalb von 10 Tagen mit 2 % Skontoabzug auf den Warenwert oder innerhalb von 30 Tagen ohne Abzug zu überweisen.

---

Ermitteln Sie bei Skontoausnutzung und einem Bankzinssatz in Höhe von 9 %:
a) das Nettoskonto _____ €        b) den Überweisungsbetrag _____ €
c) die Bankzinsen bei kreditfinanzierter Skontoausnutzung _____ €
d) den Finanzierungserfolg _____ €
e) den effektiven Zinssatz der Skontoausnutzung
e1) als Näherungsrechnung_____ %
e2) als genaue Berechnung ____ % (nach AKA)

## Fragenkomplex 02: Finanzierung für Aufträge oder Projekte vorbereiten und abwickeln

### 1 Finanzierungsgrundsätze

Die Einhaltung von Finanzierungsgrundsätzen wird insbesondere von kreditgebenden Banken stark beachtet. Sie erwarten, dass keine Ungleichgewichte in der Kapitalstruktur bestehen. Analysegrundlage ist die Bilanz eines Unternehmens.

| Kapitalstrukturregeln | |
|---|---|
| **Horizontale Kapitalstrukturregeln** | **Vertikale Kapitalstrukturregeln** |
| **Goldene Finanzierungsregel**<br>Sie verlangt, dass die Dauer der Mittelüberlassung (Finanzierung) der Dauer der Mittelverwendung (Investierung) entsprechen soll.<br><br>**Goldene Bilanzregel**<br>Sie verlangt, dass das Anlagevermögen möglichst durch Eigenkapital oder zumindest mit langfristig verfügbarem Kapital (Eigen- und Fremdkapital) finanziert werden muss (Deckungsgrad II ≥ 100 %). | **Verschuldungsgrad**<br>Er zeigt das Verhältnis von Eigen- zu Fremdkapital. Ein Verhältnis von 1:1 oder abgeschwächt von 1:2 wird noch positiv bewertet (Verschuldungsgrad ≤ 200 %).<br><br>**Liquiditätsregeln**<br>Hier werden die (1) flüssigen Mittel oder die (2) flüssigen Mittel + Forderungen oder das gesamte (3) Umlaufvermögen in Relation zum kurzfristigen Fremdkapital gesehen und bestimmte Mindestwerte z.B. (1) 20 %, (2) 100 % oder (3) 200 % erwartet. |

Zu (1) flüssige Mittel: Kasse, Bankguthaben und kurzfristig veräußerbare Wertpapiere des Umlaufvermögens. Zu (2) nur kurzfristige Forderungen: ohne Hinweise auf Fristigkeiten immer die gesamte Bilanzposition „Forderungen und sonstige Vermögensgegenstände".

### 2 Finanzierungskennzahlen

Aus den Kapitalstrukturregeln werden die Finanzierungskennzahlen abgeleitet.

| | |
|---|---|
| Goldene Bilanzregel im engeren Sinne<br><br>$\text{Deckungsgrad I} = \dfrac{\text{Eigenkapital} \cdot 100}{\text{Anlagevermögen}}$ | $\text{Liquidität 1. Grades} = \dfrac{\text{flüssige Mittel} \cdot 100}{\text{kurzfristiges Fremdkapital}}$ |
| Goldene Bilanzregel im weiteren Sinne<br><br>$\text{Deckungsgrad II} = \dfrac{(\text{Eigenkapital} + \text{langfr. FK}) \cdot 100}{\text{Anlagevermögen}}$ | $\text{Liquidität 2. Grades} = \dfrac{(\text{flüssige Mittel} + \text{Forderungen}) \cdot 100}{\text{kurzfristiges Fremdkapital}}$ |
| $\text{Verschuldungsgrad} = \dfrac{\text{Fremdkapital} \cdot 100}{\text{Eigenkapital}}$ | $\text{Liquidität 3. Grades} = \dfrac{\text{Umlaufvermögen} \cdot 100}{\text{kurzfristiges Fremdkapital}}$ |

## Aufgabe:

**? 6:**

| Aktiva (Vermögen) | Strukturbilanz | | Passiva (Kapital) |
|---|---|---|---|
| A. Anlagevermögen | 500.000,00 | A. Eigenkapital | 1.000.000,00 |
| B. Umlaufvermögen | 1.500.000,00 | B. Fremdkapital | 1.000,000,00 |
| – davon kurzfristige Ford. | 350.000,00 | – davon kurzfr. FK | 400.000,00 |
| – davon flüssige Mittel | 50.000,00 | | |

a) Ermitteln Sie aus den Daten der obigen Strukturbilanz:

(1) Deckungsgrad I _____ %      (2) Deckungsgrad II _____ %

(3) Verschuldungsgrad _____ %      (4) Liquidität 1 _____ %

(5) Liquidität 2 _____ %      (6) Liquidität 3 _____ %

b) Werden die Finanzierungsregeln (Kapitalstrukturregeln) alle eingehalten? Bitte ankreuzen:

Ja ☐ oder Nein ☐

## 3    Finanzierungsarten

Die Finanzierungsmöglichkeiten sind unternehmensindividuell. Nicht jede Finanzierungsart ist für jedes Unternehmen möglich. Insbesondere bei der Kreditfinanzierung sind Finanzierungsregeln zuvor einzuhalten.

**Finanzierungsarten im Überblick**

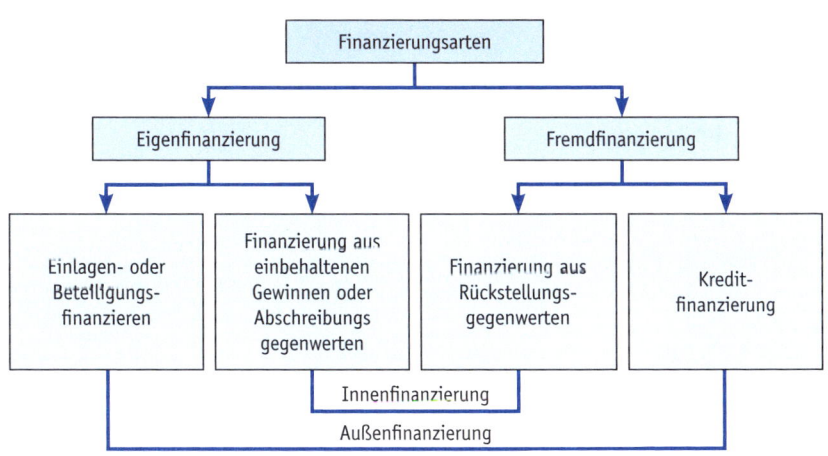

Als Sonderformen der (kapitalschonenden) Finanzierung gelten darüber hinaus das **Leasing** und das **Factoring.**

| Finanzierungsart | Beispiele |
|---|---|
| Einlagenfinanzierung | Ein Einzelunternehmer stockt sein Eigenkapital durch Einzahlungen aus seinem Privatvermögen auf. Eine OHG nimmt gegen Einlagenzahlung einen neuen Komplementär in das Unternehmen auf. |
| Beteiligungsfinanzierung | Eine AG erhöht ihr Eigenkapital durch die Ausgabe junger Aktien. (Nennwert erhöht das gezeichnete Kapital, das Agio erhöht die Kapitalrücklagen). |
| Einbehaltene Gewinne | OHG-Gesellschafter entnehmen nur einen Teil ihres individuellen Jahresgewinnes. Mögliche Gewinnteile werden aufgrund von erlaubten Bewertungsentscheidungen erst gar nicht ausgewiesen = **stille Reserven.** |
| Abschreibungsgegenwerte | Verdiente Abschreibungen werden in Neuanlagen investiert. |
| Rückstellungsgegenwerte | Langfristige Pensionsrückstellungen werden in Neuanlagen investiert. |
| Langfristige Kreditfinanzierung | Darlehen (Annuitäten-, Raten- oder Fälligkeitsdarlehen) von Kreditinstituten (oft mit Grundschuld- oder Hypotheken-Absicherung). |
| Kurzfristige Kreditfinanzierung | Kontokorrentkonten mit Überziehungsmöglichkeiten bei Kreditinstituten oder Lieferantenkredite (Käufe auf Ziel). |
| Leasing | Befristete Miete/Pacht von Anlagegütern gegen Zahlungen nur für den Nutzungszeitraum. Formen: Operate-Leasing (kurzfristig), Finance-Leasing (langfristig). |
| Factoring | Verkauf von Forderungen vor Fälligkeit an eine spezielle Bank (Factor) zumeist mit Finanzierungs- (vorzeitiger Geldzugang), Delkredere- (Risikoübernahme) und Servicefunktion (z.B. Übernahme des Mahnverfahrens). |

## Aufgaben:

 **7:** Ordnen Sie zu, um welche Darlehensarten es sich jeweils handelt.

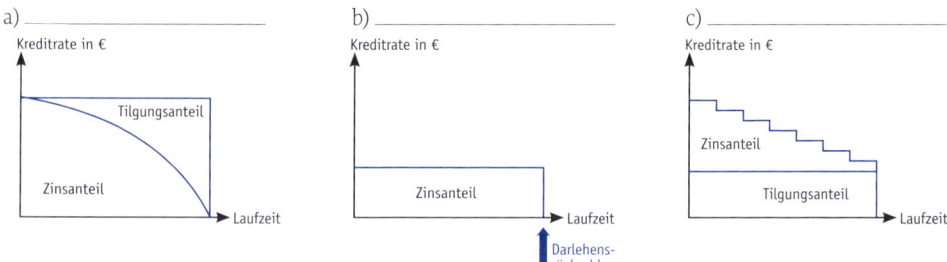

a) _____   b) _____   c) _____

**8:** Ein Lkw wird zu folgenden Konditionen angeboten: Listenpreis von 500.000,00 €, Sonderausstattungen 50.000,00 €, 10 % Rabatt, Überführungs- und Zulassungskosten 1.000,00 €.

a) Ermitteln Sie den Kapitalbedarf: _____€ (Anschaffungskosten)

b) Der Verkäufer bietet ein Darlehen in Höhe der Anschaffungskosten oder einen Leasingvertrag an.

| Darlehen | Leasing |
|---|---|
| Darlehensart: Fälligkeitsdarlehen (Kredittilgung am Ende der Kreditlaufzeit in einer Summe)<br>Laufzeit: 6 Jahre<br>Zinssatz: 6 % | Sonderzahlung: 50.000,00 €<br>Leasingdauer: 6 Jahre<br>Monatliche Leasingrate: 10.200,00 €<br>Restwert: 50.000,00 € |

Ermitteln Sie die Gesamtzahlungen bei

b1) Darlehensfinanzierung: _____ €

b2) Leasing (bei Kauf des Lkw zum Restwert am Ende der Leasingdauer): _____ €

c) Welche der nachfolgenden Aussagen können als Vorteile einer Leasingfinanzierung genannt werden? Kreuzen Sie an!

| | | | |
|---|---|---|---|
| ☐ | 1. Der Käufer wird sofort Eigentümer. | ☐ | 2. Diese Finanzierung ist bilanzneutral = keine direkte Veränderung von Vermögens- oder Kapitalposten durch den Abschluss eines Leasingvertrages ohne Sonderzahlung. |
| ☐ | 3. Diese Finanzierungsart ist immer die kostengünstigere. | ☐ | 4. Zahlungen erfolgen nur während der vereinbarten Nutzungsdauer. |

**9:** Ein Annuitätendarlehen über 250.000,00 € mit einer Laufzeit von fünf Jahren und einem Zinssatz von 8 % wird von einer Bank mit einer Annuität (jährliche Gesamtzahlung für Zinsen und Tilgung) in Höhe von 62.614,11 € angeboten. Ermitteln Sie für das **zweite Jahr** der Kreditlaufzeit:

a) die Zinsen _____ €      b) die Tilgung _____ €

c) welche Zinsen und Tilgung im zweiten Jahr notwendig wären, wenn ein Ratendarlehen mit denselben Konditionen (Laufzeit, Zinssatz) vereinbart würde.

c1) die Zinsen _____ €      c2) die Tilgung _____ €

**10:** Den Komplementären einer KG steht neben einem Arbeitsentgelt ein weiterer Gewinn in Höhe von 240.000,00 € zu. Laut Gesellschafterbeschluss werden davon nur 25 % ausgezahlt. Ermitteln Sie die Höhe der Selbstfinanzierung der KG: _____ €

**11:** Eine AG mit einem gezeichneten Kapital von 6.000.000,00 € und einem Nennwert von 100,00 € aller Aktien erhöht laut Beschluss der Hauptversammlung ihr Kapital im Verhältnis 10:1. Der Ausgabekurs der neuen (jungen) Aktien beträgt 150,00 €. Ermitteln Sie

a) die Anzahl der neuen Aktien: _____ Stück

b) das neue gezeichnete Kapital: _____ €

c) die Erhöhung der Kapitalrücklage: _____ €

**12:** Ein Kontokorrentkredit hat ein Kreditlimit von 20.000,00 €. Der Schuldner befindet sich für zwölf Tage mit 25.000,00 € im Kreditbereich. Ermitteln Sie die Zinsbelastung für diesen Zeitraum, wenn die Sollzinsen 8 % und die Überziehungszinsen 12 % betragen: _____ €

## Fragenkomplex 03: Formen der Kreditsicherung

### 1 Personalkredit

Personalkredite ermöglichen es einem Gläubiger, bei Nichtzahlung seines Schuldners Dritte in Anspruch nehmen zu können.

| Bürgschaft | Zession |
|---|---|
| Die Bürgschaft ist ein Vertrag zwischen Gläubiger und Bürgen (Dritten), in dem sich der Bürge verpflichtet, für die Verbindlichkeiten des Hauptschuldners einzustehen. | Die Zession ist ein Vertrag zwischen dem Gläubiger und seinem Kreditgeber, mit dem eine Forderung gegenüber einem Dritten übertragen (abgetreten) wird. |
| Formen:<br>**Ausfallbürgschaft** – hier kann der Bürge die „Einrede der Vorausklage" geltend machen, d.h., der Gläubiger muss die Zahlungsunfähigkeit des Hauptschuldners vorab beweisen. Beweismöglichkeit: abgeschlossenes Klageverfahren mit erfolgloser Zwangsvollstreckung (z.B. durch Pfändungen).<br>**Selbstschuldnerische Bürgschaft** – hier ist der Bürge sofort zur Zahlung verpflichtet, wenn der Hauptschuldner nicht rechtzeitig zahlt.<br>Hinweis: Üblich bei Bankkrediten. | Formen:<br>**Stille Zession** – der Drittschuldner wird nicht über die Abtretung informiert. Er zahlt an seinen Gläubiger.<br>**Offene Zession** – der Drittschuldner wird informiert. Er zahlt an den Kreditgeber seines Gläubigers.<br>**Einzelzession** – eine konkrete Forderung wird abgetreten.<br>**Mantelzession** – zusammengefasste Einzelforderungen, die in ihrer Summe immer der Kredithöhe entsprechen müssen, werden abgetreten. Die abgetretenen Forderungen wechseln. |

### 2 Realkredite

Realkredite ermöglichen es einem Gläubiger, bei Nichtzahlung seines Schuldners dessen von ihm zur Verfügung gestelltes oder ihm überlassenes Vermögen zu verwerten oder zurückzufordern.

| Hypothek | Grundschuld |
|---|---|
| Gläubiger und Schuldner vereinbaren notariell beurkundet, dass entsprechende Eintragungen im Grundbuch vorgenommen werden. Das ist nur dann möglich, wenn der Schuldner Eigentum an einem Grundstück mit und ohne Bauten besitzt. | |
| Voraussetzung: Bestehen einer Forderung in der Höhe der einzutragenden Hypothek. Der Schuldner haftet persönlich, das Grundstück dient als Pfand. Nach Forderungsausgleich (bis zur Löschung im Grundbuch) wird aus der Hypothek eine Eigentümergrundschuld. | Voraussetzung: Die Höhe der Grundschuld ist von der Forderung selbst unabhängig. Der Schuldner haftet nur mit dem Grundstück. Die Grundschuld bleibt auch bei Forderungsausgleich (bis zur Löschung im Grundbuch) bestehen. Üblich bei Baukrediten der Banken. |

| Sicherungsübereignung | Verpfändung |
|---|---|
| Die Sicherungsübereignung ist ein Vertrag zwischen Gläubiger und Schuldner, in dem der Schuldner eine bewegliche Sache dem Gläubiger sicherungshalber übereignet. | Zur Bestellung eines Pfandrechtes (Vertrag) ist es erforderlich, dass der Schuldner als Eigentümer einer beweglichen Sache diese dem Gläubiger übergibt. |
| Die Sache bleibt beim Schuldner (unmittelbarer Besitzer durch Besitzkonstitut), der diese Sache (z.B. Fahrzeuge) weiter nutzen darf; der Kreditgeber wird Eigentümer und mittelbarer Besitzer. | Für Privatleute und Klein(st)-Unternehmen ist das Pfandhaus „um die Ecke" bekannt. Größere Unternehmen arbeiten mit einem Lombardkredit. I. d. R. werden Wertpapiere in Bankaufbewahrung abgetreten. Der Gläubiger verliert dann (nur) die Verfügungsgewalt über seine Wertpapiere, die sein Eigentum bleiben! „Beleihungsgrenzen" begrenzen die Kreditvergabe. |

Eigentumsvorbehalte sollen einen Lieferanten von Sachen (z.B. Rohstoffe oder Erzeugnisse) vor vorzeitigem Verlust seines Eigentums ohne Gegenleistung des Schuldners schützen.

| Eigentumsvorbehalt | | |
|---|---|---|
| Einfacher | Verlängerter | Erweiterter |
| Erlischt, wenn Sachen an gutgläubige Dritte **veräußert** werden oder sie **verarbeitet, verbunden oder vermischt** werden. | Mit einer **Verarbeitungsklausel** geht das Eigentum an der neuen Sache (anteilig) auf den Gläubiger über. Mit der **Vorausabtretungsklausel** wird bei Weiterverkauf die Forderung abgetreten. Auch ein Weiterverkauf mit nachgeschaltetem Eigentumsvorbehalt ist möglich. | Weiterverkauf nur unter Offenlegung der ursprünglichen Eigentumsverhältnisse möglich. **Eigentumswechsel nur nach Rechnungsausgleich des Erstkäufers möglich.** In der Praxis unüblich. |

## Aufgaben:

 **13:** Welche Formen der Kreditsicherung kommen infrage?

| | |
|---|---|
| 1. Der zukünftige Schuldner ist Eigentümer eines Grundstückes; die Schuld wird erst in der Zukunft entstehen. Die Höhe der Schuld ist noch nicht abschließend konkretisiert. | |
| 2. Der Schuldner kauft Waren auf Ziel und fordert eine lange Zahlungsfrist. | |
| 3. Der Schuldner ist Eigentümer von „handelbaren", d.h. börsennotierten Wertpapieren, die er nicht verkaufen will. | |

| | |
|---|---|
| 4. Der Schuldner kann eine kreditwürdige Person benennen, die bei Zahlungsunfähigkeit die Schuld ohne vorhergehende Klageerhebung sofort zurückzahlen wird. | |
| 5. Der Schuldner ist nachweisbar Eigentümer von hochwertigen Maschinen und Anlagen. | |
| 6. Der Schuldner ist Eigentümer einer hohen Forderung gegenüber einem als zahlungsfähig bekannten Unternehmen. | |
| 7. Der Schuldner ist Eigentümer eines Grundstückes; die Schuld entsteht sofort in konkreter Höhe. | |

**? 14:** Ein Lackhersteller verkauft Lacke an einen Möbelhersteller auf Ziel Welche Art des Eigentumsvorbehaltes ist hier sinnvoll? _____

**? 15:** Ein Kreditnehmer hat in seinem Depot bei der kreditgebenden Bank Aktien im Kurswert von 200.000,00 € und Bundesanleihen im Kurswert von 400.000,00 €. Die Bank legt die Beleihungsgrenzen für diese Wertpapiere auf 60 % (Aktien) und 80 % (Anleihen) fest. Wie hoch ist für die Bank die maximale Kreditsumme für einen Lombardkredit? _____ Euro

**? 16:** Wer ist Eigentümer einer kreditgesicherten Sache? Gläubiger (G) oder Schuldner (S)? Tragen Sie ein!

| | | | |
|---|---|---|---|
| 1. Hypothek | ☐ | 4. Verpfändung (Lombardkredit) | ☐ |
| 2. Sicherungsübereignung | ☐ | 5. Rohstofflieferung mit einfachem Eigentumsvorbehalt (nach Verarbeitung) | ☐ |
| 3. Warenlieferung mit einfachem Eigentumsvorbehalt (beim Käufer lagernd) | ☐ | 6. Grundschuld | ☐ |

# Block III nach Prüfungskatalog:

# Wirtschafts- und Sozialkunde

**Prüfungsgebiete:**

10 Grundtatbestände industriellen Wirtschaftens

11 Rechtliche Rahmenbedingungen des Wirtschaftens

12 Das Unternehmen im gesamtwirtschaftlichen Zusammenhang

13 Der Einfluss mittelfristiger staatlicher Wirtschaftspolitik

(Inhalte aus Lernfeld 1: „In Ausbildung und Beruf orientieren", Lernfeld 9: „Das Unternehmen im gesamt- und weltwirtschaftlichen Zusammenhang einordnen", Lernfeld 12: „Unternehmensstrategien und -projekte umsetzen")

# Prüfungsgebiet 10: Notwendigkeit wirtschaftlichen Handelns

## Funktion 1001: Notwendigkeit und Realisierung wirtschaftlichen Handelns

### 1    Bedürfnisse, Bedarf und Nachfrage

Ein **Bedürfnis** bezeichnet ein **Mangelempfinden** des Menschen, dies kann körperlicher (Hunger, Durst, Kälte) oder seelischer Natur (Angst, Traurigkeit) sein. Der Mensch strebt danach, dieses Mangelempfinden zu überwinden. Die Güter, die er zur Beseitigung dieses Mangelempfindens anstrebt, ergeben den **Bedarf**. So kann das Müdigkeitsempfinden z.B. den Wunsch nach einer Tasse Kaffee auslösen. Es kann aber auch durch frühzeitiges Zubettgehen gestillt werden, was keinen wirtschaftlich relevanten Bedarf entstehen lässt.

Aber auch nicht jeder Bedarf mündet in einer **Produktnachfrage**, d.h. einer **konkreten Kaufhandlung**. Hierfür muss nicht nur der Bedarf, sondern auch die entsprechende Kaufkraft vorhanden sein.

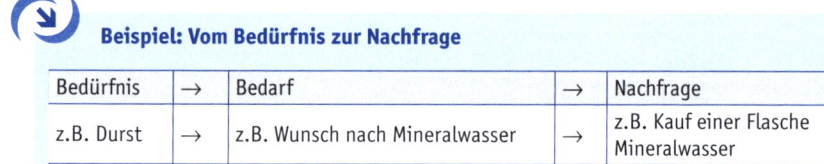

**Beispiel: Vom Bedürfnis zur Nachfrage**

| Bedürfnis | → | Bedarf | → | Nachfrage |
|---|---|---|---|---|
| z.B. Durst | → | z.B. Wunsch nach Mineralwasser | → | z.B. Kauf einer Flasche Mineralwasser |

Man kann Bedürfnisse nach unterschiedlichen **Kriterien** einteilen:

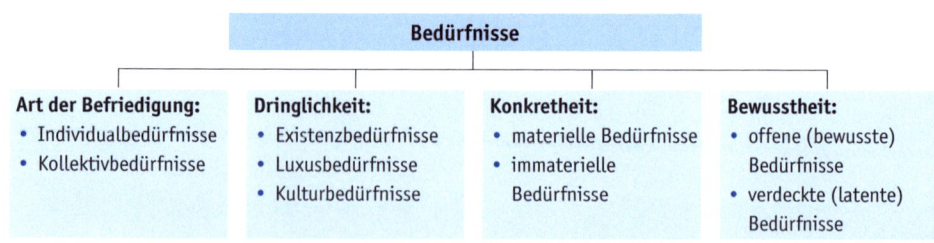

**Bedürfnisse**

| Art der Befriedigung: | Dringlichkeit: | Konkretheit: | Bewusstheit: |
|---|---|---|---|
| • Individualbedürfnisse<br>• Kollektivbedürfnisse | • Existenzbedürfnisse<br>• Luxusbedürfnisse<br>• Kulturbedürfnisse | • materielle Bedürfnisse<br>• immaterielle Bedürfnisse | • offene (bewusste) Bedürfnisse<br>• verdeckte (latente) Bedürfnisse |

• **Individualbedürfnisse** kann ein Mensch für sich alleine befriedigen (z.B. das Bedürfnis, zu essen).

- **Kollektivbedürfnisse** können nur von einer Gemeinschaft befriedigt werden (z.B. das Bedürfnis nach Umweltschutz).
- **Existenzbedürfnisse** umfassen die Bedürfnisse, die erfüllt sein müssen, um die Existenz zu sichern (z.B. ausreichende Nahrung, Kleidung, Sicherheit).
- **Luxusbedürfnisse** müssen nicht befriedigt werden, sie erhöhen aber die Lebensqualität (z.B. Schmuck, Auto).
- **Kulturbedürfnisse** beschreiben den Wunsch nach gesellschaftlicher Teilhabe (z.B. durch Internetzugang, Theaterbesuch).

## Aufgaben:

**1:** In welchem Fall liegt **kein** Kollektivbedürfnis vor:
(1) Wunsch nach innerer und äußerer Sicherheit
(2) Wunsch nach intakter Umwelt
(3) Wunsch nach funktionsfähiger öffentlicher Verwaltung
(4) Wunsch nach beruflichem Aufstieg
(5) Wunsch nach guter medizinischer Versorgung

**2:** Ordnen Sie richtig zu:

| Beschreibung: | Bedürfnisart: |
|---|---|
| (1) Wunsch nach Privatflugzeug | a. Existenzbedürfnis |
| (2) Wunsch nach gutem Bildungsabschluss | b. Kulturbedürfnis |
| (3) Wunsch nach Diamantuhr | |
| (4) Wunsch nach Gesundheit | |
| (5) Wunsch nach Weltreise | |

## 2  Ökonomisches Prinzip

Grundsätzlich steht jedes Wirtschaftssubjekt, egal ob nun als Verbraucher oder als Unternehmen, vor der gleichen Problemstellung: Die wirtschaftlichen Zielsetzungen können durch die knappen Ressourcen nicht vollständig erreicht werden.

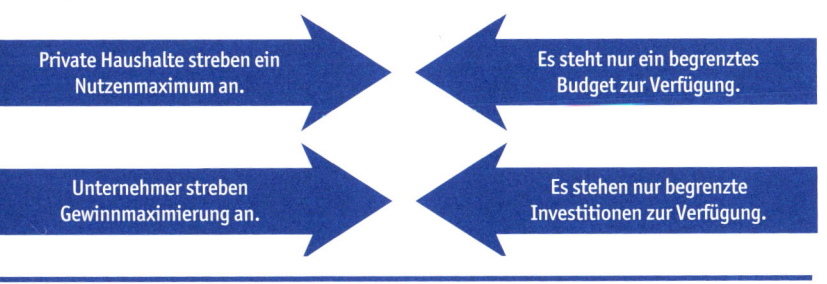

Private Haushalte streben ein Nutzenmaximum an.

Es steht nur ein begrenztes Budget zur Verfügung.

Unternehmer streben Gewinnmaximierung an.

Es stehen nur begrenzte Investitionen zur Verfügung.

Dieses Dilemma kann nicht grundsätzlich aufgehoben, sondern nur durch wirtschaftliches Handeln so weit wie möglich abgemildert werden. Wirtschaftliches Handeln bedeutet, das optimale Verhältnis zwischen dem Ertrag (Ausmaß der Nutzenstiftung) und dem Mitteleinsatz zu finden. Um dies zu erreichen, gibt es zwei grundsätzliche Strategien:

| Verfolgung des Maximalprinzipes | Verfolgung des Minimalprinzipes |
| --- | --- |
| • Der Mitteleinsatz ist festgelegt.<br>• Gesucht wird die Alternative, die den höchsten Ertrag (Nutzen) verspricht.<br>• Beispiele: Gesucht wird der wärmste Pullover für 30,– €, die Produktionsmaschine, die für 20.000,– € die höchste Kapazität verspricht. | • Der gewünschte Ertrag (Nutzen) ist festgelegt.<br>• Gesucht wird die Alternative, die den geringsten Mitteleinsatz erfordert.<br>• Beispiele: Gesucht wird der Friseur, der eine Dauerwelle am billigsten frisiert, der Lieferant, der das Bauteil XY am günstigsten anbietet. |

ACHTUNG: Beide Prinzipien sind **nicht** kombinierbar, d.h., es ist nicht erreichbar, ein möglichst großes Grundstück zum geringstmöglichen Preis zu erwerben (Preis sinkt mit der Größe des Grundstückes) oder möglichst viel Umsatz mit möglichst wenig Produktionskosten zu machen (eine Umsatzausweitung geht zumeist mit einer Produktionsaufstockung einher).

## Aufgaben:

**? 3:** Im Zuge eines Restrukturierungsprogrammes bei der „Chemnitzer Leuchtstoffröhren GmbH" soll auch im Absatzbereich stärker auf die Umsetzung des ökonomischen Prinzips geachtet werden. Die Bereichsleitung hat für den Umbau eine Reihe von Zielformulierungen aufgestellt. Welche davon ist nach dem Minimalprinzip formuliert?

(1) Mit 10% zusätzlichem Verkaufspersonal soll der Marktanteil um 5% sinken.

(2) Mit einem Investitionsvolumen von 100 Mio. € sollen möglichst viele neue Verkaufsfilialen eröffnet werden.

(3) Der durchschnittliche Kundenumsatz des letzten Jahres soll dieses Jahr trotz 10% weniger Vertreterbesuchen beibehalten werden.

(4) Bei einer Reduzierung des Werbebudgets um 8% soll die Anzahl der geschalteten Werbeanzeigen um 30% steigen.

(5) Die Anzahl der Produktinnovationen soll proportional zur Ausweitung der Entwicklungsausgaben steigen.

**? 4:** Der Auszubildende Fritz Loll sucht sich die erste eigene Mietwohnung. In welchem Fall handelt er nach dem Maximalprinzip?

(1) Er sucht sich die günstigste 2-Zimmer-Wohnung im Umkreis von 10 Kilometern vom Ausbildungsbetrieb.

(2) Er sucht einen Mitbewohner, um sich die Wohnungsmiete teilen zu können.

(3) Er sucht die Wohnung mit dem günstigsten Quadratmeterpreis in seiner Stadt.

(4) Er sucht irgendeine Wohnung, in die er ohne Renovierung sofort einziehen kann.

(5) Er sucht für einen Mietpreis von 350,– € eine möglichst große Wohnung.

# 3 Betriebliche, nationale und internationale Arbeitsteilung

Bereits in der Frühgeschichte wurde die Arbeitsteilung als Möglichkeit der Effizienzsteigerung menschlicher Arbeit entdeckt, selbst in primitivsten Steinzeitkulturen finden sich Ansätze einer Spezialisierung auf bestimmte Grundtätigkeiten wie Jagd/Fischfang, Viehhaltung, Kinderpflege, Heilversorgung usw.

Mit jeder Arbeitsteilung wird das Prinzip der Selbstversorgung aufgegeben, an seine Stelle tritt die Notwendigkeit des Austauschs/Handels. Aus dem so entstandenen Urberuf des Händlers hat sich Hunderte Generationen später schließlich auch das Berufsbild des Industriekaufmanns/der Industriekauffrau entwickelt.

In der modernen Volks- und Weltwirtschaft hat sich neben der beruflichen auch eine innerbetriebliche, volkswirtschaftliche und internationale Arbeitsteilung entwickelt:

| Arten der Arbeitsteilung | | | |
|---|---|---|---|
| Berufliche Arbeitsteilung | Innerbetriebliche Arbeitsteilung | Volkswirtschaftliche Arbeitsteilung, dies | Internationale Arbeitsteilung |
| • Berufsbildung (Grundberufe, z.B. Medizinmann)<br>• Berufsspaltung (Arzt, Psychologe, Priester)<br>• Spezialisierung (z.B. Facharzt) | • Bildung von Abteilungen<br>• Bildung von Arbeitsgruppen<br>• Bildung von Stellen | • nach Wirtschaftszweigen (Branchen)<br>• in Produktionsstufen<br> – Urerzeugung<br> – Weiterverarbeitung<br> – Handel und Dienstleistungen | Spezialisierung auf bestimmte Produktionsgüter |

Die Trennung in aufeinanderfolgende Produktionsstufen kann wie folgt näher beschrieben werden:

| Urerzeugung | Weiterverarbeitung | Handel und Dienstleistungen |
|---|---|---|
| • primärer Sektor<br>• Hier werden die benötigten Stoffe unmittelbar der Natur entnommen, es gibt keine Zulieferer.<br>• z.B. Bergbau, Landwirtschaft | • sekundärer Sektor<br>• Hier werden bereits erzeugte (Roh-) Stoffe zu funktionsfähigen Produkten geformt.<br>• Industrie- und Handwerksbetriebe | • tertiärer Sektor<br>• Hier werden verwendungsfähige Güter und Dienstleistungen an den Verwender weitergegeben oder dieser in der Nutzung unterstützt.<br>• z.B. Speditionen, Kreditinstitute, Serviceunternehmen |

Eine Arbeitsteilung, gleich welcher Art, ist immer mit einer Reihe von Vor- und Nachteilen verbunden:

| Vorteile | Nachteile |
|---|---|
| • Berücksichtigung der unterschiedlichen Voraussetzungen der einzelnen Menschen und der Umwelt, z.B. Neigungen, Anlagen, Ausbildung, Erfahrungen, Wissen, Ausstattung mit Werkzeugen und Maschinen, Bodenschätze und Klima<br>• Weiterentwicklung der Produktionsfaktoren, z.B. berufliche Ausbildung, Fähigkeiten und Fertigkeiten, technischer Fortschritt, Entwicklung der Wissenschaften<br>• Spezialisierung auf wenige Tätigkeiten erhöht Arbeitstempo<br>• Arbeitszerlegung ermöglicht Maschineneinsatz und damit kostengünstige Massenproduktion<br>• bessere Versorgung mit Gütern<br>• steigendes Einkommen<br>• wachsender Lebensstandard<br>• Einsparung von Arbeitsaufwand und Arbeitszeit<br>• mehr Freizeit | • Eintönigkeit der Arbeit<br>• Zwang zu straffer Arbeitsdisziplin<br>• Schaffung von Abhängigkeiten der Menschen und Betriebe untereinander<br>• Störanfälligkeit der Wirtschaft, z.B. bei Streik oder Zulieferproblemen (Bsp. Ölkrise)<br>• Versorgungsprobleme bei Störfällen<br>• Beziehung zum Arbeitsprodukt geht verloren<br>• Einseitige Beanspruchung kann zu körperlichen und psychischen Schäden führen.<br>• sinkende Arbeitsmotivation<br>• Durch die Spezialisierung verkümmern Fähigkeiten des Menschen.<br>• Maschinen rationalisieren Arbeitsplätze weg, daraus resultieren alle negativen Folgen der Arbeitslosigkeit für den Einzelnen und die Gesellschaft. |

## Aufgaben:

**(?) 5:** In der Wirtschaft existieren unterschiedliche Formen einer Arbeitsteilung. Welcher der folgenden Fälle beschreibt eine innerbetriebliche Arbeitsteilung?
(1) Die Abteilung „Rechnungswesen" besteht aus den Arbeitsgruppen „Hauptbuchhaltung", „Kreditoren- und Debitorenbuchhaltung" und „Kosten- und Leistungsrechnung".
(2) Das Schwellenland Indonesien hat sich zunehmend auf das Recycling von Edelmetallen spezialisiert.
(3) Das Volkseinkommen wird in Arbeitnehmereinkommen sowie Unternehmer- und Vermögenseinkommen getrennt.
(4) Zwei Unternehmen teilen Absatzmärkte unter sich auf.
(5) Das Tischlerhandwerk wird dem verarbeitenden Sektor zugerechnet.

**(?) 6:** In einer Vorstandssitzung spricht sich der Vorsitzende für eine weitere Arbeitszerlegung durch Bildung zusätzlicher Abteilungen aus. Mit welcher Konsequenz ist dies für das Unternehmen verbunden?
(1) Die Koordinationsanstrengungen sind zu verstärken.
(2) Die Arbeitsfelder der Mitarbeiter weiten sich aus.
(3) Der Planungsprozess wird übersichtlicher.
(4) Die Motivation der Mitarbeiter steigt, obwohl deren Anzahl sinkt.
(5) Lean Management wird nun auf allen Betriebsebenen angewendet.

**? 7:** Im Rahmen einer volkswirtschaftlichen Studie sollen einzelne Betriebe bestimmten Produktionsstufen zugeordnet werden. Unterstützen Sie diese Aufgabe, indem Sie den jeweils zutreffenden Betrieb für die beiden gesuchten Produktionsstufen finden:

Betriebe:

(1) KMB Kredit- und Mittelstandsbank AG

(2) Tranker Versandhandel KG

(3) H. J. Hochseefischerei OHG

(4) Schreinerei Ute Lanz e. K.

(5) Deutsche Möbelspedition Bruck & Töchter GmbH

Produktionsstufe:

a. Urerzeugung

b. Weiterverarbeitung

**? 8:** Beim Elektrounternehmen „Hochvolt Saar AG" wurden bislang mit 400 Mitarbeitern täglich 3000 Kabelverbindungen hergestellt. Durch eine stärkere Arbeitsteilung werden nun nur noch 350 Mitarbeiter benötigt, die täglich 3200 Kabelverbindungen herstellen. Ermitteln Sie den Produktivitätsfortschritt durch diese Maßnahme.

# 4 Angebots- und Nachfrageverhalten

Anbieter und Nachfrager reagieren auf Preisänderungen eines Gutes völlig gegensätzlich.

Für die **Anbieter** wird die Herstellung eines Sachgutes oder eine Dienstleistung umso attraktiver, je höher der erzielbare Marktpreis ist. Dies erhöht – unter ansonsten gleichen Bedingungen – den Gewinn, der aus der Produktion zu ziehen ist. Deshalb werden nicht nur die vorhandenen Anbieter ihre Produktion zulasten anderer Produkte aus ihrem Sortiment ausweiten, sondern auch völlig neue Anbieter in den Markt eintreten.

 Ein höherer Preis führt folglich mittelfristig zu einer höheren Angebotsmenge.

Beispiel:

Auf dem Wochenmarkt nimmt das Angebot an Äpfeln zu, wenn der erzielbare Verkaufspreis steigt.

| Preis in € je kg Äpfel | angebotene Menge in kg |
|:---:|:---:|
| 1,00 | – |
| 1,50 | 200 |
| 2,00 | 500 |
| 2,50 | 800 |
| 3,00 | 1100 |
| 3,50 | 1400 |

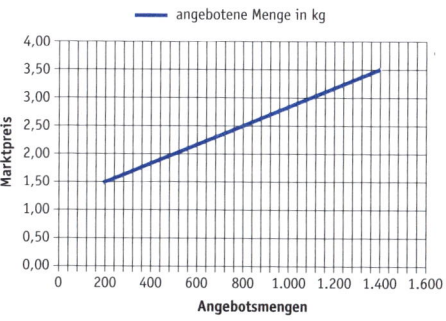

**Angebotsfunktion**

— angebotene Menge in kg

Für die **Nachfrager** ist der Erwerb eines Sachgutes oder einer Dienstleistung umso attraktiver, je geringer der verlangte Marktpreis ist. Dies erhöht – unter ansonsten gleichen Bedingungen – die mögliche Konsummenge, also den Gesamtnutzen, der mit dem gegebenen Etat zu erreichen ist. Die Nachfrager werden deshalb mehr vom preiswerten Produkt erwerben wollen, es kommen auch neue Nachfrager hinzu, für die das Erzeugnis bislang unbezahlbar war.

> (!) Ein höherer Preis führt umgekehrt auch schon kurzfristig zu einer abnehmenden Nachfragemenge.

Beispiel:
Auf dem Wochenmarkt geht die Nachfrage nach Äpfeln zurück, wenn der geforderte Kaufpreis steigt.

| Preis in € je kg Äpfel | nachgefragte Menge in kg |
|:---:|:---:|
| 1,00 | 1.400 |
| 1,50 | 1.200 |
| 2,00 | 1.000 |
| 2,50 | 800 |
| 3,00 | 600 |
| 3,50 | 400 |

**Nachfragefunktion**

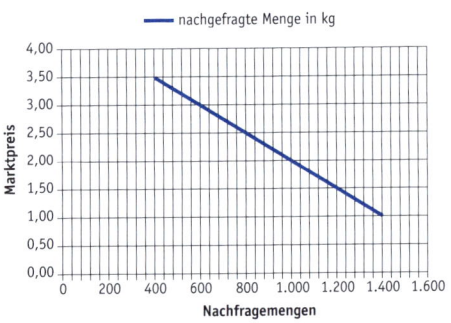

Allerdings sind nicht alle Anbieter- und Nachfragereaktionen nur vom Preis abhängig, so ...

erhöht sich das **Angebot bei gleichem Preis**, wenn
- der technische Fortschritt rationellere Produktionsverfahren ermöglicht
- die Preise der Produktionsfaktoren sinken
- die Gewinnerwartungen sich positiv entwickeln
- Marktzutrittsbarrieren für neue Anbieter entfallen
- die unternehmerischen Rahmenbedingungen sich verbessern

erhöht sich die **Nachfrage bei gleichem Preis**, wenn
- die Haushaltseinkommen steigen
- die Haushaltsvermögen steigen
- die Zukunftserwartungen sich positiv entwickeln
- die Preise von Komplementärgütern sinken
- die Preise von Substitutionsgütern steigen
- die Bedarfsstärke zunimmt (z.B. durch erfolgreiche Werbung)

**Angebotsfunktion**

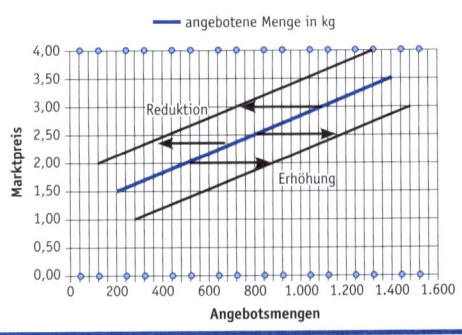

**Nachfragefunktion**

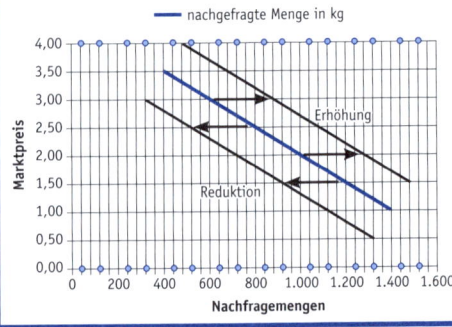

Bei umgekehrten Bedingungen ergibt sich die entsprechend gegenteilige Reaktion.

## Aufgaben:

**9:** Die „Berleburger Spiele GmbH" hat zur Preisfestlegung des neuen Gesellschaftsspiels „Casino" eine Marktuntersuchung vorgenommen. Die Studie kommt u.a. zu folgendem Ergebnis: „Die Nachfrager reagieren sehr sensibel auf Preisveränderungen, sodass schon bei leichten Preiserhöhungen deutliche Nachfragerückgänge zu erwarten sind." Entscheiden Sie, welche der folgenden Grafiken dieses Nachfrageverhalten am besten kennzeichnet:

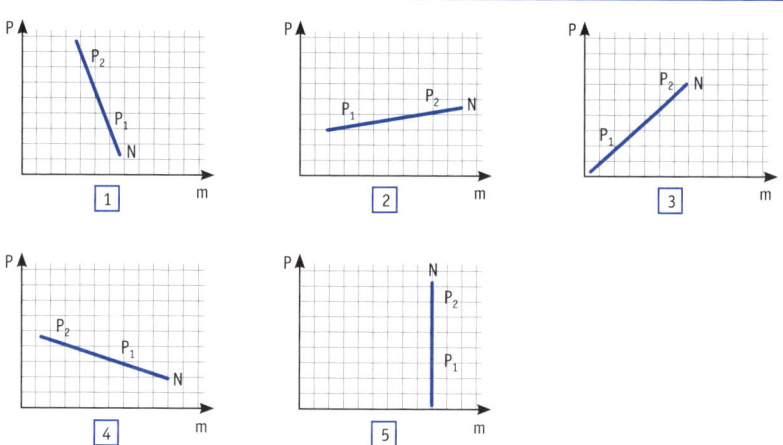

**10:** Prüfen Sie, welche Situation vermutlich zur abgebildeten Verschiebung der Nachfragekurve für Rindfleisch geführt hat:

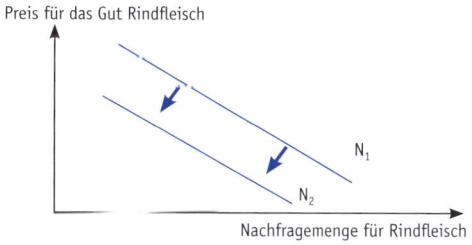

(1) Die Tariflöhne sind deutlich gestiegen.

(2) Medienberichte decken neuen Rindfleisch-Skandal auf.

(3) Staat beschließt umfangreiche Steuersenkungen für Arbeitnehmer.

(4) Die Preise für Geflügelfleisch sind deutlich gestiegen.

(5) Die Rindfleischimporte sind zurückgegangen.

## 5 Preisbildung im Modell des vollkommenen Marktes

Um die in der Realität sehr komplexen Preisbildungsmechanismen leichter erfassbar zu machen, wurde das Modell des „vollkommenen Marktes" geschaffen. In diesem Modell werden alle Verkaufs- und Kaufentscheidungen der Marktteilnehmer nur vom Preis der Ware gesteuert. Das bedeutet, jeder Verkäufer erzielt den maximal möglichen Absatzpreis, der Käufer zahlt den minimal möglichen Einkaufspreis. Damit dies eintritt, muss das Modell eine Reihe von Prämissen setzen:

### Voraussetzungen des vollkommenen Marktes

- Alle Güter sind völlig gleichartig (homogene Güter).
- Alle Anbieter und Nachfrager kennen den jeweils für sie vorteilhaftesten Kaufvertragspartner (Markttransparenz).
- Es werden keine Anbieter oder Nachfrager aufgrund ihres Warenangebotes, ihrer räumlichen Entfernung, einer persönlichen Bindung oder eines anderen preisunabhängigen Merkmals bevorzugt (keine Präferenzen).
- Es stehen viele Anbieter und Nachfrager zur Auswahl (Polypol).
- Auf alle Veränderungen wird sofort reagiert (unendliche Anpassungsgeschwindigkeit).

Nur unter diesen Voraussetzungen ergibt sich für alle Anbieter und Nachfrager ein einheitlicher Preis, der **Gleichgewichtspreis**. Dieser wird durch das Zusammenspiel von Angebots- und Nachfrage-verhalten bestimmt.
Beispiel aus vorangegangenem Abschnitt (Äpfel auf dem Wochenmarkt):

Beispiel:
Beim Aufeinandertreffen von Angebot und Nachfrage ergibt sich bei 2,50 € ein Gleichgewicht zwischen angebotener und nachgefragter Menge

| Preis in € je kg Äpfel | anbebotene Menge in kg | nachgefragte Menge in kg |
|---|---|---|
| 1,00 | – | 1.400 |
| 1,50 | 200 | 1.200 |
| 2,00 | 500 | 1.000 |
| 2,50 | 800 | 800 |
| 3,00 | 1100 | 600 |
| 3,50 | 1400 | 400 |

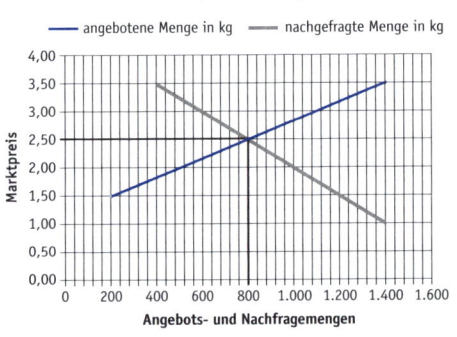

Marktpreisbildung

Der Gleichgewichtspreis erfüllt im Modell des vollkommenen Marktes eine Reihe von Aufgaben:

### Funktionen des Gleichgewichtspreises

- gewährleistet den höchsten Marktumsatz
- räumt den Markt (wenig unbefriedigte Anbieter und Nachfrager)
- zeigt den Knappheitsgrad eines Gutes
- lenkt knappe Ressourcen in expansive Wirtschaftsbereiche (Bereiche mit hoher Nachfrage)
- zwingt die Anbieter zu kostensparender Leistungserstellung

Viele Anbieter und Nachfrager haben beim Eintritt ins Marktgeschehen andere Preisvorstellungen, als sie durch das Marktgeschehen tatsächlich gegeben sind. Ergeben sich hier positive Differenzen, so erzielen die Marktteilnehmer eine sog. „Rente" (Vermögenszufluss ohne Gegenleistung):

- Alle Anbieter, die ursprünglich bereit gewesen wären, ihre Güter auch zu einem geringeren Preis als dem Gleichgewichtspreis zu verkaufen, erzielen eine **Produzentenrente** in Höhe des Ertragszuwachses.
- Alle Nachfrager, die ursprünglich bereit gewesen wären, ihre Güter auch zu einem höheren Preis als dem Gleichgewichtspreis zu kaufen, erzielen eine **Konsumentenrente** in Höhe der Ersparnis.

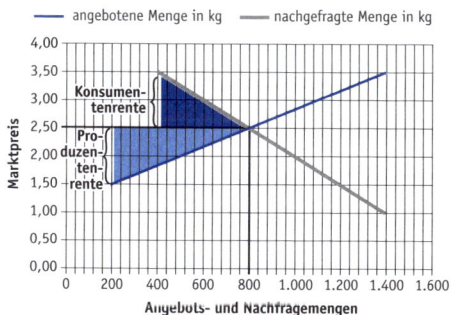

**Konsumenten- und Produzentenrente**

Besteht (mindestens) eine Prämisse des vollkommenen Marktes nicht, so kann kein einheitlicher Gleichgewichtspreis entstehen. Hier spricht man von einem **unvollkommenen Markt**. In dieser deutlich realitätsnäheren Annahme versuchen die Anbieter, durch Werbung, Zusatzleistungen, Imagebildung, technische Weiterentwicklung usw. ihre Leistungen und Produkte von denjenigen der Wettbewerber abzuheben. Durch die Aufhebung der Homogenitätsbedingung und der Herausbildung von Verbraucherpräferenzen gelingt es so, eigene Erzeugnisse auch zu einem höheren Preis als direkte Konkurrenzprodukte anbieten zu können, ohne dass die Kunden vollständig zur Konkurrenz abwandern.

### Beispiel:

In einer Stadt gibt es viele Döner-Läden. Die Preise für einen Geflügeldöner sind jeweils unterschiedlich. Wenn der Döner-Laden „Dönerglück" den Preis von 5,00 € auf 6,00 € erhöht, wirkt sich das kaum auf die Nachfrage aus. Erhöht das „Dönerglück" den Preis aber auf 7,00 €, werden viele Kunden zur Konkurrenz abwandern, da ihnen der Preis zu hoch erscheint. Setzt es den Preis auf 4,00 €, so werden neue Kunden angelockt.

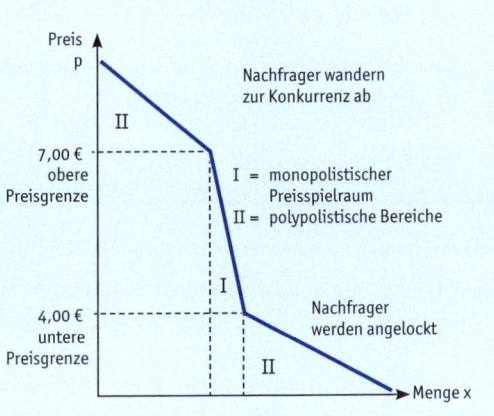

Dieses Kundenverhalten kommt in der doppelt geknickten Preis-Absatz-Funktion zum Ausdruck, die in ihrem mittleren Teil einen sog. „monopolistischen Bereich" enthält, in dem es die für einen Anbieter entstandene Kundenpräferenz erlaubt, innerhalb eines gewissen Spielraumes die Preise nach Belieben steigern oder senken zu können, ohne eine deutliche Nachfrageänderung erwarten zu müssen.

Letztlich dienen alle absatzpolitischen Maßnahmen nur dazu, diesen monopolistischen Bereich so weit wie möglich auszudehnen, um schließlich einen Preis am oberen Knickpunkt festzulegen.

## Aufgaben:

**11:** Der Rohstoff Nickel wird unter anderem an der Frankfurter Warenbörse in $ (US-Dollar) gehandelt. Für den heutigen Börsentag liegen folgende Verkaufs- und Kaufaufträge vor:

| Verkaufsaufträge | Kaufaufträge |
|---|---|
| 200 t zu mind. 1.000,– $ je t | 400 t zu max. 800,– $ je t |
| 100 t zu mind. 600,– $ je t | 400 t zu max. 1.200,– $ je t |
| 200 t zu mind. 1.200,– $ je t | 400 t zu max. 600,– $ je t |
| 200 t zu mind. 800,– $ je t | 300 t zu max. 1.400,– $ je t |
| 200 t zu mind. 1.400,– $ je t | 400 t zu max. 1.000,– $ je t |

Bestimmen Sie den Gleichgewichtspreis.

**12:** Stellen Sie fest, welche Aussage einen unvollkommenen Markt beschreibt:

(1) Die angebotenen Güter sind nicht unterscheidbar.

(2) Es besteht ein einheitlicher Marktpreis.

(3) Die Verkäufer hegen Präferenzen hinsichtlich bestimmter Kunden.

(4) Es gibt viele Anbieter, aber noch mehr Nachfrager.

(5) Alle Marktteilnehmer sind über alle Marktdaten ständig informiert.

 **13:** Gegeben sei folgende Modellzeichnung über die Marktpreisbildung:

Ordnen Sie die enthaltenen Nummerierungen den Bezeichnungen zu:

| [1] | → | |
|-----|---|---|
| [2] | → | |
| [3] | → | (a) Produzentenrente |
| [4] | → | (b) Angebotskurve |
| [5] | → | (c) Gleichgewichtspreis |
| [6] | → | |

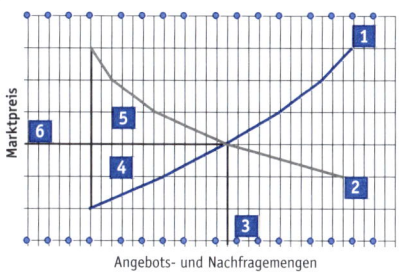

 **14:** Die „Nordzucker AG" benötigt große Mengen an Zuckerrüben für ihre Zuckerproduktion und beobachtet deshalb ständig die Marktverhältnisse. Zurzeit beträgt der Preis je t Zuckerrüben 400,– €.

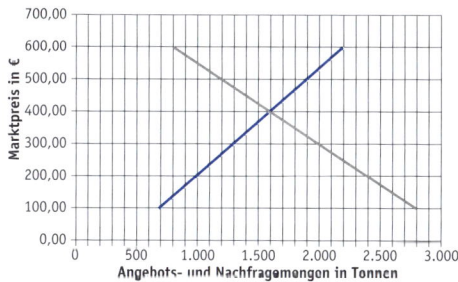

Stellen Sie fest, um wie viele Tonnen sich die Nachfragemenge verändern würde, wenn der Marktpreis auf 500,– € stiege.

 **15:** Welche Wirkung hat eine Verschiebung der Angebotskurve nach links auf das Marktgleichgewicht?

(1) Der Gleichgewichtspreis und die Gleichgewichtsmenge steigen.

(2) Der Gleichgewichtspreis und die Gleichgewichtsmenge ändern sich nicht.

(3) Der Gleichgewichtspreis und die Gleichgewichtsmenge sinken.

(4) Der Gleichgewichtspreis steigt und die Gleichgewichtsmenge sinkt.

(5) Der Gleichgewichtspreis sinkt und die Gleichgewichtsmenge steigt.

## 6 Eingriffe in die Preisbildung und Marktungleichgewichte

Nicht immer sind die Ergebnisse der freien Marktpreisbildung erwünscht, z.B. führt ein Wohnungsmangel zu stark steigenden Mieten und grenzt vor allem einkommensschwache Familien aus. Der Staat kann in diesem Falle in die Preisbildung eingreifen, dabei unterscheiden sich marktkonforme und marktkonträre Maßnahmen.

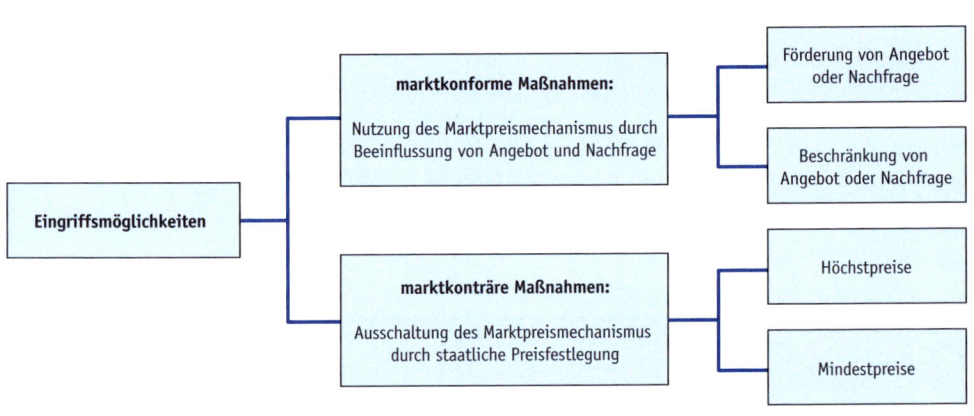

Die Förderung von Angebot oder Nachfrage kann z.B. durch Subventionen oder Transferzahlungen (Sozialleistungen) erfolgen, während eine Beschränkung z.B. durch die Erhöhung von Verkehrssteuern möglich ist. So könnte die Wohnungsnot einkommensschwacher Familien durch vergünstigte Kredite für Wohnungsbaugesellschaften bei gleichzeitiger Sozialbindung abgemildert werden.

Allerdings wirken diese marktkonformen Maßnahmen oft nur mittel- bis langfristig auf die Preisbildung ein. Ist ein unmittelbarer Effekt gewünscht, muss der Staat zu einer staatlichen Preisfestlegung greifen. Dies führt jedoch genauso unmittelbar zu einem Marktungleichgewicht.

| Preissituation | Angebots- und Nachfragesituation |
|---|---|
| Gleichgewichtspreis | Angebots- und Nachfragemenge sind gleich. |
| Mindestpreis (Preis oberhalb des Gleichgewichtspreises) | Es besteht ein Angebotsüberhang. |
| Höchstpreis (Preis unterhalb des Gleichgewichtspreises) | Es besteht ein Nachfrageüberhang. |

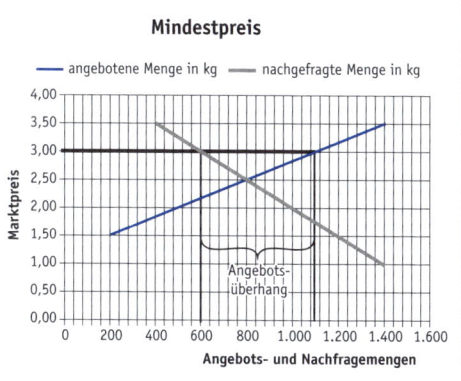

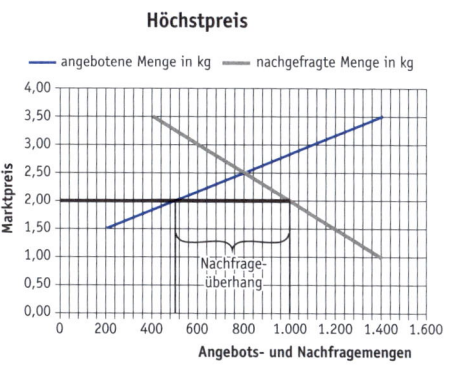

Kennzeichen eines Höchstpreises mit dem entsprechenden Nachfrageüberhang ist u.a. das Entstehen von sog. „Schwarzmärkten", auf denen die ansonsten nicht erhältlichen Waren vom Käufer zum tatsächlichen Handelswert erworben werden können. Um die durch staatliche Eingriffe entstandenen Ungleichgewichte wieder zu beseitigen, muss der Staat also nochmals aktiv werden:

- Ein entstandener Angebotsüberhang kann z.B. durch Produktionskontingente (Mengenbeschränkungen) oder staatliche Aufkäufe ausgeglichen werden.
- Ein entstandener Nachfrageüberhang kann durch Rationierung (Ausgabe von Bezugsscheinen) oder staatliche Produktionsprämien ausgeglichen werden. Das Agieren auf Schwarzmärkten wird zudem meist mit empfindlichen Strafen geahndet.

## Aufgaben:

**16:** Der Bundesregierung liegt zum Beschluss ein Maßnahmenpaket vor, um den zuletzt explodierten Strompreis mittelfristig wieder zu stabilisieren und langfristig sogar zu reduzieren. Welche der im Folgenden genannten Maßnahmen ist **nicht** marktkonform?

(1) Einführung von Stromerzeugniszuschüssen für die Anbieter

(2) Einführung von Prämien für die Anschaffung energiesparender Haushaltsgeräte

(3) Erleichterungen bei der Durchleitung von Strom ausländischer Erzeuger

(4) Einführung eines Strom-Höchstpreises

(5) Einführung einer Strafsteuer für hohen Stromverbrauch

**17:** Seit einiger Zeit protestieren die Rindfleischerzeuger gegen die ihrer Meinung nach existenzgefährdenden „Schleuderpreise" für bestes Rindfleisch (Rinderfilet). Schließlich gibt die Regierung nach und setzt einen Mindestpreis von 25,– € je kg fest.

| Preis in € je kg Rindfleisch | anbebotene Menge in t | nachgefragte Menge in t |
|---|---|---|
| 5,00 | 6.000 | 30.000 |
| 10,00 | 10.000 | 26.000 |
| 15,00 | 14.000 | 22.000 |
| 20,00 | 18.000 | 18.000 |
| 25,00 | 22.000 | 14.000 |
| 30,00 | 26.000 | 10.000 |

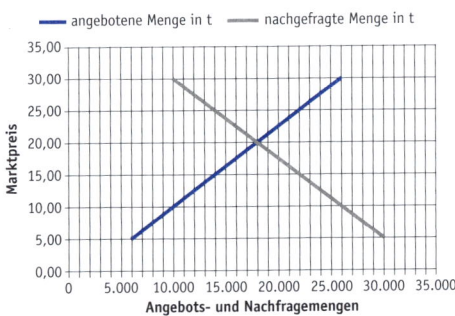

(1) Wie hoch (Angabe in t) ist nun der sich ergebende Angebotsüberschuss?

(2) Wie viele t Rindfleisch werden nun noch verkauft, sofern der Staat keine eigenen Aufkäufe durchführt?

(3) Welchen Mehr- oder Mindererlös haben die Fleischproduzenten durch Einführung des Mindestpreises zu erwarten?

**18:** Wie ist der Effekt, der durch Einführung eines Höchstpreises entsteht, richtig erläutert?

(1) Der Höchstpreis führt zu einem Angebotsüberschuss, der Marktumsatz steigt.

(2) Der Höchstpreis führt zu einem Nachfrageüberschuss, der Marktumsatz steigt.

(3) Der Höchstpreis führt zu einem Angebotsüberschuss, der Marktumsatz stagniert.

(4) Der Höchstpreis führt zu einem Nachfrageüberschuss, der Marktumsatz geht zurück.

(5) Der Höchstpreis führt zu einem Nachfrageüberschuss, der Marktumsatz stagniert.

## Funktion 1003: Ausbildung und Beruf des Industriekaufmanns

### 1 Rechtliche Grundlagen des Ausbildungsverhältnisses

Für das Ausbildungsverhältnis gelten eine Reihe gesetzlicher, tariflicher und einzelvertraglicher Bestimmungen:

| Rechtsgrundlagen des Ausbildungsverhältnisses | | |
|---|---|---|
| Rechtsgrundlage | Gültigkeit | Inhalte |
| Ausbildungsvertrag | für Ausbildenden und Auszubildenden verbindlich | Ausbildungsberuf, Beginn der Ausbildung, Probezeit, Dauer der Ausbildung, Ausbildungsort, besondere Pflichten, Urlaubsanspruch, Ausbildungsvergütung |

| Tarifvertrag | nur für tarifgebundene Ausbildungsbetriebe verbindlich | tarifliche Arbeitszeit, tariflicher Urlaubsanspruch, tarifliche Entlohnung, befristete Übernahme von Auszubildenden ... |
|---|---|---|
| Ausbildungsordnung | für alle Ausbildenden und Auszubildenden des Berufsbildes verbindlich | regelmäßige Ausbildungsdauer, sachliche und zeitliche Gliederung der Ausbildung, Abschlussprüfung ... |
| Berufsbildungsgesetz | für alle Ausbildenden und Auszubildenden verbindlich | allgemeine Rechte und Pflichten der Ausbildungsparteien; weitere Inhalte siehe unten |
| allgemeine gesetzliche Grundlagen wie Jugendarbeitsschutzgesetz, Arbeitszeitgesetz oder Schulgesetze der Bundesländer | für alle Beschäftigten (des jeweiligen Bundeslandes) verbindlich anzuwenden | Arbeits-, Pausen- und Urlaubszeiten, spez. Beschäftigungsverbote, Regeln für die Schulpflicht ... |

Gelten für eine Sachfrage (z.B. Urlaubsanspruch) mehrere Rechtsgrundlagen, so ist die für den Auszubildenden jeweils günstigere anzuwenden.

| Die wichtigsten Regelungen des Berufsbildungsgesetzes | |
|---|---|
| **Dauer der Probezeit** | • 1 – 4 Monate |
| **Ausbildungsvertrag** | • schriftlich oder in elektronischer Form<br>• bei Minderjährigen Unterschrift gesetzl.Vertreter<br>• Eintrag ins Verzeichnis der Berufsausbildungsverhältnisse |
| **Abschluss der Ausbildung** | • Bestehen der Abschlussprüfung (unabhängig vom Ausbildungsende lt. Ausbildungsvertrag) |
| **Wiederholung der Abschlussprüfung** | • bei Nichtbestehen zweimal möglich |
| **Verkürzung derAusbildungsdauer** | • auf gemeinsamen Antrag von Ausbildenden und Auszubildenden (bei guten Leistungen) an die IHK |
| **Kündigung des Ausbildungsverhältnisses** | • immer schriftlich<br>• in der Probezeit fristlos von beiden Seiten<br>• nach der Probezeit vom Ausbildenden (nur) aus wichtigem Grund fristlos, vom Auszubildenden auch mit einer Frist von 4 Wochen, falls er einen anderen Ausbildungs- oder Berufsweg einschlagen möchte |
| **Weiterbeschäftigung** | • ohne besondere Vereinbarung wird durch Weiterbeschäftigung nach der Abschlussprüfung ein unbefristetes Arbeitsverhältnis geschlossen |
| **Berufsschulbesuch** | • keine betriebliche Beschäftigung, wenn der Unterricht vor 9 Uhr beginnt<br>• Bei mehr als 5 Unterrichtsstunden sind Auszubildende einmal pro Woche nach dem Berufsschulbesuch freizustellen.<br>• Berufsschulbesuch mit mehr als 5 Unterrichtsstunden wird mit 8 Stunden auf die Arbeitszeit angerechnet. |

| Mindestvergütung | • gilt für alle ab 2020 geschlossenen Ausbildungsverhältnisse und wird jährlich angepasst |
|---|---|

| Die wichtigsten Regelungen der Ausbildungsordnung | |
|---|---|
| Reguläre Ausbildungsdauer | • 3 Jahre |
| Ausbildungsrahmenplan und Ausbildungsplan | • standardgemäße sachliche und zeitliche Gliederung der Ausbildung<br>• tatsächliche Gliederung unter Berücksichtigung der betrieblichen Erfordernisse |
| Prüfungen | • Zwischenprüfung in der Mitte des 2. Ausbildungsjahres, Abschlussprüfung<br>• Prüfungsteile der Abschlussprüfung (mit Gewichtung): Geschäftsprozesse (40 %), Steuerung und Kontrolle (20 %), Wirtschafts- und Sozialkunde (10 %), Einsatzgebiet (30 %) |
| Bestehensregelung | • keine ungenügenden Leistungen<br>• keine magelhaften Leistungen in den Prüfungsteilen „Geschäftsprozesse" und „Einsatzgebiet"<br>• in den anderen Prüfungsteilen: maximal eine mangelhafte Leistung<br>• Durchschnitt aller gewichteten Teilleistungen: mindestens 50 Punkte |

Siehe auch JAschG und ArbeitsZG

## Aufgaben:

**?** **19:** Ein Auszubildender möchte sein Ausbildungsverhältnis nach der Probezeit kündigen. Entscheiden Sie, welchen Grund er dafür **nicht** angeben kann, ohne ggf. schadensersatzpflichtig zu werden:

(1) Er möchte statt der Ausbildung ein Studium aufnehmen.

(2) Er möchte einen anderen Ausbildungsberuf erlernen.

(3) Er möchte in einer Vollzeitschule einen allgemeinbildenden Schulabschluss nachholen.

(4) Er möchte seine Ausbildung in einem anderen Betrieb fortsetzen.

(5) Er möchte als ungelernter Arbeitnehmer eine Tätigkeit aufnehmen.

**?** **20:** Viola Kruft, geb. am 24.2.1997, beginnt am 1.8.2014 eine dreijährige Ausbildung zur Industriekauffrau. Für das Ausbildungsverhältnis gilt ein jährlicher Urlaubsanspruch von 30 Arbeitstagen. Welche Bestimmung liegt diesem Urlaubsanspruch zugrunde?

(1) das Bundesurlaubsgesetz      (2) der Tarifvertrag

(3) das Jugendarbeitsschutzgesetz      (4) das Berufsbildungsgesetz

(5) die Ausbildungsordnung

**(?) 21:** Angenommen Viola Kruft hätte einen jährlichen Urlaubsanspruch von 30 Werktagen, wie hoch ist ihr anteiliger Jahresanspruch in 2014?

(1) 30 Werktage       (2) 15 Werktage       (3) 12 Arbeitstage

(4) 13 Werktage       (5) 24 Arbeitstage

**(?) 22:** Bestimmen Sie, welche Regelung nicht dem Ausbildungsvertrag, sondern der Ausbildungsordnung zu entnehmen ist:

(1) Beginn der Ausbildung                    (2) Ausbildungsort

(3) Name und Anschrift des Ausbildenden      (4) Auflistung d. Ausbildungsinhalte

(5) Dauer der Probezeit

**(?) 23:** In welchen **beiden** Fällen ist die Kündigung des Ausbildungsverhältnisses von Seiten des Ausbildenden rechtens?

(1) fristlose Kündigung auf Grund fehlender Eignung in der Probezeit

(2) fristlose Kündigung aufgrund fehlender Eignung nach der Probezeit

(3) Kündigung aufgrund fehlender Eignung nach der Probezeit mit Frist 2 Wochen

(4) fristlose Kündigung nach der Probezeit aus wichtigem Grund

(5) Kündigung aufgrund fehlender Eignung nach der Probezeit mit Frist 4 Wochen

**(?) 24:** Ein Auszubildender im 2. Ausbildungsjahr möchte einen anderen Ausbildungsberuf erlernen und deshalb das Ausbildungsverhältnis zum 30. Mai 2015 beenden. An welchem Datum muss er die Kündigung spätestens aussprechen?

## 2    Rechte und Pflichten des Auszubildenden

Durch das Berufsbildungsgesetz und andere gesetzliche Bestimmungen ergeben sich für den/die Auszubildende(n) folgende Rechte und Pflichten:

| Rechte des Auszubildenden (= Pflichten des Ausbildenden) | Pflichten des Auszubildenden (= Rechte des Ausbildenden) |
|---|---|
| Vermittlung ausbildungsbezogener Kenntnisse und Fertigkeiten | Bemühung zum Erreichen des Ausbildungszieles (Lernpflicht) |
| kostenlose Bereitstellung von Ausbildungsmitteln | sorgfältige Ausführung übertragener Arbeiten (Sorgfaltspflicht) |
| Fürsorge (Gebot zur charakterlichen Förderung, Ausschluss sittlicher und körperlicher Gefährdung) | Befolgung betrieblicher Anweisungen (Gehorsamspflicht) |
| Anmeldung und Freistellung zu Zwischen- und Abschlussprüfungen | pflegliche Behandlung von Betriebseinrichtungen, Sauberkeit am Arbeitsplatz (Ordnungspflicht) |
| Ausbilder als Ansprechpartner | Stillschweigen über Geschäftsgeheimnisse (Pflicht zur Verschwiegenheit) |
| Freistellung zum Berufsschulbesuch | regelmäßige Teilnahme am Berufsschulunterricht (Berufsschulpflicht) |

| Zahlung einer jährlich ansteigenden Ausbildungsvergütung | Beachten der jeweiligen Betriebsordnung |
|---|---|
| Ausstellung eines Ausbildungszeugnisses (auf Wunsch qualifiziertes Zeugnis) | Führen eines Berichtsheftes |

## Aufgaben:

**25:** Kurz vor dem täglichen Betriebsschluss wird der 19-jährige Auszubildende Bahri Yilmaz, der gerade seine Ausbildungsnachweise anfertigt, von seinem Abteilungsausbilder aufgefordert, noch einige Belege einzusortieren. Er lehnt dies ab, weil er mit dem Schreiben der Ausbildungsnachweise sowieso schon einen Monat im Zeitverzug ist. Wie beurteilen Sie die Rechtslage? Herr Yilmaz ist …

(1) … im Recht, weil das Anfertigen von Ausbildungsnachweisen gesetzlich vorgeschrieben ist und er dieser Pflicht deshalb vorrangig nachkommen muss.

(2) … nicht im Recht, weil er den Anweisungen der Ausbildungsbeauftragten Folge zu leisten hat.

(3) … nicht im Recht, weil er ja durch Überstunden beide Arbeiten noch erledigen kann.

(4) … im Recht, weil das Einsortieren von Belegen nicht dem Ausbildungsziel dient, und diese Anweisung deshalb nicht rechtens ist.

(5) … im Recht, weil mündliche Arbeitsanweisungen unverbindlich sind.

**26:** In einem Ausbildungsvertrag mit einem nicht tarifgebundenen Unternehmen gibt es hinsichtlich der Ausbildungsvergütung folgende Regelung:

| Monatliche Ausbildungsvergütungen (Stand 1.1.2015) | | |
|---|---|---|
| 1. Ausbildungsjahr | 2. Ausbildungsjahr | 3. Ausbildungsjahr |
| 755,– € | 855,– € | 865,– € |

Welche Aussage trifft zu?

(1) Die Regelung ist gesetzeswidrig, weil die Ausbildungsvergütung gleichmäßig ansteigen muss.

(2) Die Regelung ist rechtens, weil es hierzu keine gesetzlichen Vorschriften gibt.

(3) Die Regelung ist rechtens, weil die Vergütung jedes Jahr ansteigt.

(4) Die Regelung ist rechtens, weil der gesetzliche Mindestlohn erreicht wird.

(5) Die Regelung ist gesetzeswidrig, weil dadurch Anpassungen an die allgemeine Preissteigerung ausgeschlossen sind.

**27:** In welchen **beiden** Fällen verletzt Ihr Ausbildungsbetrieb Pflichten?

(1) Er verlangt, dass Sie täglich die Teeküche säubern.

(2) Er meldet Sie ohne Rücksprache zu einem Fortbildungsseminar an.

(3) Er gewährt Ihnen keinen Zuschuss zum Kantinenessen.

(4) Er erwartet, dass Sie auch an Berufsschultagen im Bedarfsfall ganztags dem Betrieb zur Verfügung stehen.

(5) Er verlangt Schadensersatz für Ausbildungsmittel, die Sie durch unsachgemäße Handhabung beschädigt haben.

# 3 Die Jugend- und Auszubildendenvertretung (JAV)

Die JAV ist eine spezielle Interessenvertretung von Jugendlichen und Auszubildenden. Für sie gelten nach dem **Betriebsverfassungsgesetz** folgende Regelungen:

| | |
|---|---|
| **Wahlvoraussetzungen** | • Bestehen eines Betriebsrates<br>• mindestens 5 Wahlberechtigte |
| **Wahlberechtigte** | • alle Jugendlichen (unter 18 Jahren)<br>• alle Auszubildenden (kein Alterslimit mehr) |
| **wählbare Mitglieder** | • alle Betriebsangehörigen unter 25 Jahre |
| **Amtszeit** | • 2 Jahre |
| **Aufgaben** | • Vertretung der Interessen Jugendlicher und Auszubildender im Betriebsrat<br>• Überwachung der Einhaltung von gesetzlichen Bestimmungen für Jugendliche und Azubis<br>• Förderung der Integration ausländischer Auszubildender sowie der Gleichstellung von Mann und Frau |
| **Rechte der JAV** | • Recht auf Teilnahme an Betriebsratssitzungen (1 JAV-Vertreter)<br>• Stimmrecht bei Jugend-/Ausbildungsfragen im Betriebsrat<br>• Recht auf Unterrichtung durch den Betriebsrat<br>• Recht auf Freistellung für JAV-Aufgaben<br>• Recht auf Schulung<br>• Kündigungsschutz |

Die JAV vertritt die Interessen der Jugendlichen und Auszubildenden **nicht direkt gegenüber dem Arbeitgeber,** sondern nur über den Betriebsrat.

Für JAV-Mitglieder gilt wie für alle Angehörigen des Betriebsrates ein Kündigungsschutz, der bis zu einem Jahr über die Amtszeit hinausreicht. Da ein Ausbildungsverhältnis und die Betriebszugehörigkeit jedoch auch ohne Kündigung automatisch mit Bestehen der Prüfung endet, muss ein JAV-Mitglied im Ausbildungsverhältnis spätestens 3 Monate vor Ausbildungsende einen Antrag auf Übernahme stellen, dessen Ablehnung vonseiten des Arbeitgebers einer Zustimmung des Arbeitsgerichtes bedarf.

## Aufgaben:

**28:** In der „Fillup GmbH", einem Abfüllbetrieb für Speisefette, sind 1054 Mitarbeiter (m/w) beschäftigt. Darunter befinden sich:
• 439 Teilzeitbeschäftigte ab 18 Jahren
• 4 Teilzeitbeschäftigte unter 18 Jahren

- 572 Vollzeitbeschäftigte ab 18 Jahren
- 0 Vollzeitbeschäftigte unter 18 Jahren
- 19 Auszubildende im Alter von 16 - 17 Jahren
- 11 Auszubildende im Alter von 18 - 21 Jahren
- 4 Auszubildende im Alter von 22 - 24 Jahren
- 1 Auszubildender im Alter von 25 Jahren

Ein Betriebsrat wurde nicht gewählt.

a) Prüfen Sie, ob in diesem Fall eine JAV gebildet werden kann.

b) Wenn eine JAV gebildet werden könnte – wie viele Personen der „Fillup GmbH" wären wahlberechtigt?

 **29:** Welche Aussage über die JAV trifft **nicht** zu?

(1) Die JAV vertritt die Interessen aller Auszubildenden und Arbeitnehmer unter 25 Jahren.

(2) Die JAV verhandelt nicht direkt mit dem Arbeitgeber.

(3) Die Amtsperiode beträgt 2 Jahre.

(4) Die JAV setzt sich auch für die Integration von Auszubildenden ohne deutschen Pass ein.

(5) Die JAV kann einen Vertreter zu den Betriebsratssitzungen schicken.

**30:** Welche Aussage beschreibt das Verhältnis zwischen Betriebsrat und JAV korrekt?

(1) Der Betriebsrat bestimmt die Mitglieder der JAV.

(2) Die Mitglieder der JAV sind immer auch gleichzeitig Betriebsräte.

(3) Die JAV formuliert Jugendinteressen bei Betriebsratssitzungen.

(4) JAV-Mitglieder wechseln mit dem 18. Geburtstag automatisch in den Betriebsrat.

(5) Vor allen Verhandlungen zwischen Arbeitgeber und Betriebsrat ist die JAV anzu-hören.

**31:** Entscheiden Sie, wer von den folgenden Betriebsangehörigen sich **nicht** als Kandidat in der morgen stattfindenden JAV-Wahl aufstellen durfte:

(1) Maike May, 17 Jahre, Produktionshelferin

(2) Klaus Brings, 24 Jahre, auszubildender Industriekaufmann

(3) Olga Reischürke, 26 Jahre, auszubildende Bürokauffrau

(4) Carlotte Oposchiensky, 22 Jahre, Angestellte

(5) Mahmud Tacan, 16 Jahre, auszubildende Lagerfachkraft

**32:** In welchem Gesetz wird die Arbeit der JAV geregelt?

(1) Jugendarbeitsschutzgesetz

(2) Jugendschutzgesetz

(3) Berufsbildungsgesetz

(4) Betriebsverfassungsgesetz

(5) Grundgesetz

# Prüfungsgebiet 11: Rechtliche Rahmenbedingungen

## Funktion 1101: Allgemeine rechtliche Grundlagen

### 1 Rechtsquellen und Rechtsordnung

Vereinfacht dargestellt gliedert sich unser Rechtssystem wie folgt:

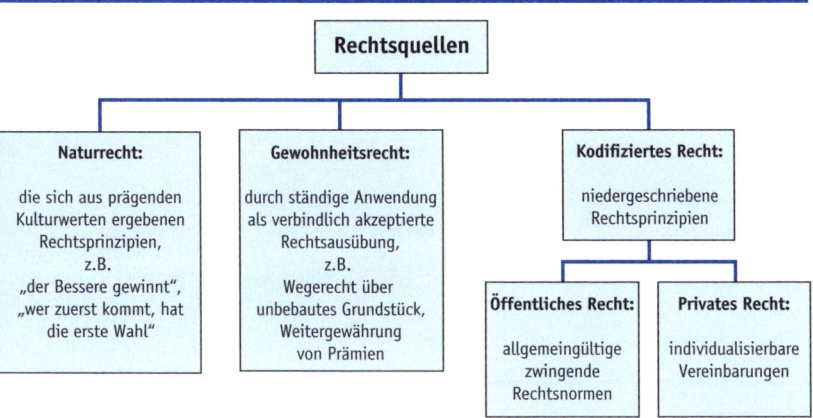

Das kodifizierte Recht besteht aus dem Grundgesetz, den Landesverfassungen, Bundes- und Landesgesetzen, Rechtsverordnungen und den Satzungen öffentlich-rechtlicher Institutionen. Öffentliches und privates Recht lassen sich folgendermaßen voneinander abgrenzen:

| Öffentliches Recht | Privates Recht |
| --- | --- |
| • regelt die Rechtsbeziehungen zwischen dem Staat und seinen Bürgern | • regelt die Rechtsbeziehungen zwischen den Bürgern |
| • gilt für alle gleich | • gilt meist nur für einen kleineren Beteiligtenkreis |
| • ist zwingendes Recht, der Einzelne muss sich unterordnen | • ist nachgiebiges Recht, gesetzliche Bestimmungen können vertraglich abgeändert werden |
| • Strafrecht, Steuerrecht, Verkehrsrecht u.a. | • BGB, HGB, Arbeitsrecht, Urheberrecht u.a. |

### Aufgaben:

**1:** Ihr Ausbildungsbetrieb hat eine Lagerhalle vermietet. Weil der Mieter mit mehreren Monatsmieten im Rückstand ist, soll das Vertragsverhältnis gekündigt werden. Welche Aussage zu den Rechtsquellen ist richtig?

(1) Die Nichtzahlung der Monatsmiete ist ein Gewohnheitsrecht des Mieters.

(2) Der Mietvertrag ist Gegenstand des privaten Rechts.

(3) Die natürliche Ordnung bestimmt, dass ein Schuldner seinen Zahlungspflichten nachkommt.

(4) Die Kündigung des Mietverhältnisses entspringt zwingendem Recht.

(5) Der Staat darf hier nicht an der Eintreibung der Mietschulden mitwirken, weil private Rechtsgeschäfte nicht geschützt sind.

**2:** Eine Krankenkasse verweigert ihrem Mitglied die Kostenübernahme für eine medizinische Behandlung. Es kommt zum Rechtsstreit. Sortieren Sie sie möglichen heranzuziehenden Rechtsquellen nach ihrer Bedeutung, beginnen Sie dabei mit der wichtigsten Rechtsquelle.

(1) Satzung der gesetzlichen Krankenkasse

(2) Grundgesetz

(3) Rechtsverordnung des Gesundheitsministeriums

(4) Gesundheitsgesetz des Bundes

(5) Verfassung des Bundeslandes, in dem der Patient lebt

## 2 Rechts- und Geschäftsfähigkeit

Rechtsfähigkeit bedeutet die Fähigkeit, Träger von Rechten und Pflichten zu sein und damit aktiv oder passiv am Rechtsverkehr teilnehmen zu können (z.B. zu erben, zu klagen, der Schul- oder Steuerpflicht zu unterliegen).

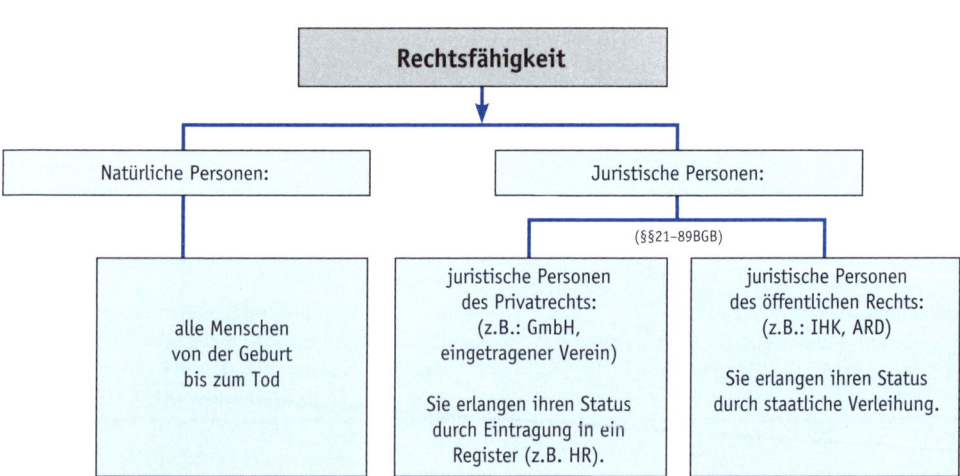

**Geschäftsfähigkeit** ist hingegen die Fähigkeit, selbst rechtsverbindliche Willenserklärungen einzugehen, insbesondere Verträge abzuschließen. Dies setzt die Rechtsfähigkeit voraus. Bei natürlichen Personen (Menschen) ist das Ausmaß der Geschäftsfähigkeit von Alter und Geisteskraft abhängig, während juristische Personen immer auch über volle Geschäftsfähigkeit verfügen.

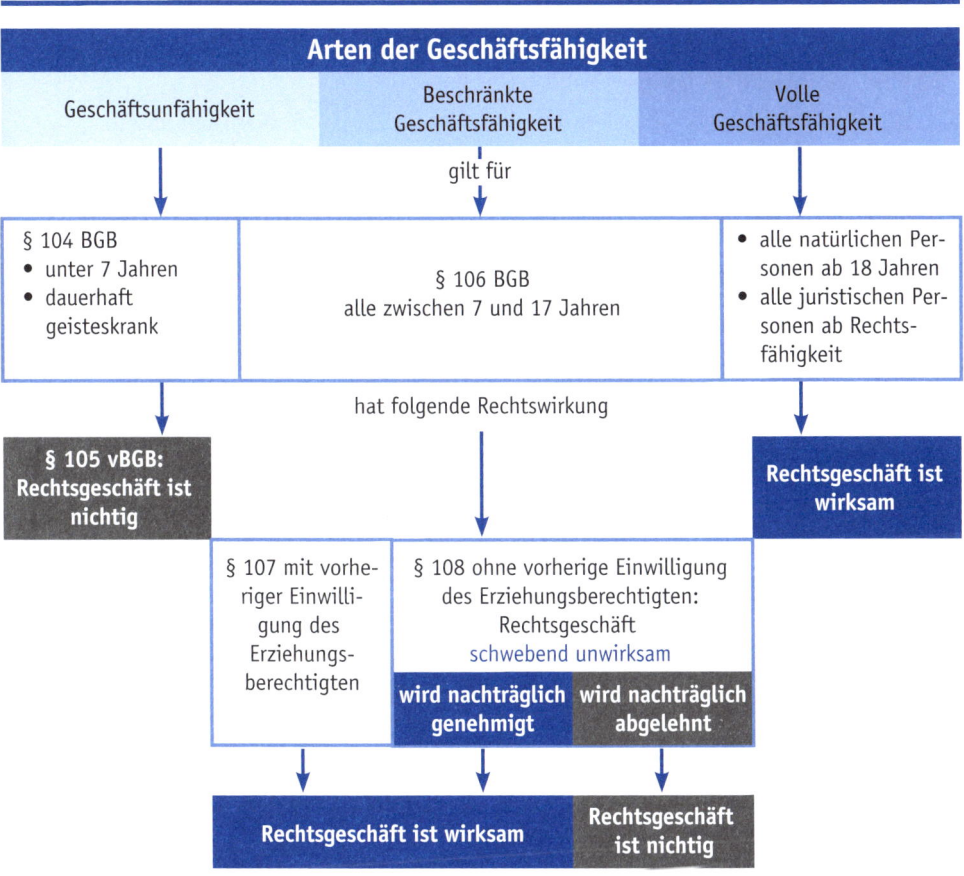

Grundsätzlich ist bei beschränkt Geschäftsfähigen also die Einwilligung (vorher) oder Genehmigung (nachher) der Erziehungsberechtigten dafür ausschlaggebend, ob die Willenserklärung des Minderjährigen rechtswirksam ist.

Von dieser Regel gibt es jedoch auch einige Ausnahmen:

---

**Diese Rechtsgeschäfte beschränkt Geschäftsfähiger bedürfen weder Zustimung noch Genehmigung der Erziehungsberehtigten:**

- Rechtsgeschäfte, die allein von rechtlichem Vorteil für den Minderjährigen sind (z.B. Annahme eines Geldgeschenkes)

- Rechtsgeschäfte, die mit frei von den Erziehungsberechtigten überlassenen Mitteln erfüllt werden (Taschengeldgeschäfte)

- Rechtsgeschäfte, die im Rahmen eines Ausbildungs- oder Arbeitsverhältnisses anfallen, in das die Erziehungsberechtigten eingewilligt haben

---

## Aufgaben:

**? 3:** Der 14-jährige Schüler Ewald Blith hat von seinem Taschengeld in einer Filiale der Warenhauskette „Schröder & Loll Konsumwaren AG" eine Stoppuhr gekauft. Prüfen Sie, welche Eigenschaften die Vertragsparteien haben (d.h. welche der fünf folgenden Fälle zutrifft):

| Verkäufer ist ... | Käufer ist ... |
|---|---|
| (1) Natürliche, voll geschäftsfähige Person | Natürliche, voll geschäftsfähige Person |
| (2) Natürliche, voll geschäftsfähige Person | Juristische, beschränkt geschäftsfähige Person |
| (3) Natürliche, voll geschäftsfähige Person | Juristische, voll geschäftsfähige Person |
| (4) Juristische, voll geschäftsfähige Person | Juristische, beschränkt geschäftsfähige Person |
| (5) Juristische, voll geschäftsfähige Person | Natürliche, beschränkt geschäftsfähige Person |

**? 4:** Die 17-jährige Auszubildende Edita Bengler hat sich am Fahrkartenschalter eine Monatskarte für den täglichen Weg zum Ausbildungsbetrieb gekauft. Zu Hause angekommen schimpft der Vater und verlangt, die Monatskarte wieder zurückzugeben, da er aufgrund einer großräumigen Verkehrsumleitung nun einige Zeit sowieso morgens und abends die gleiche Strecke wie seine Tochter hat und diese mitnehmen kann. Beurteilen Sie die Rechtslage:

(1) Edita kann die Monatskarte problemlos zurückgeben, da das Rechtsgeschäft von Anfang an nichtig war.

(2) Edita hat keinen Anspruch auf Rückgabe der Monatskarte, weil ein wirksames Rechtsgeschäft vorliegt.

(3) In solchen Fällen besteht immer ein Sonderkündigungsrecht.

(4) Edita kann die Monatskarte zurückgeben, da das Rechtsgeschäft durch Ablehnung des Erziehungsberechtigten nichtig wurde.

(5) Edita hat keinen Anspruch auf Rückgabe der Monatskarte, weil Schimpfen noch keine Ablehnung bedeutet.

**? 5:** Der 16-jährige Schüler Tarek Ölcan hat mit Erlaubnis seiner Eltern einen Ferienjob angenommen und damit eine vierstellige Summe verdient. Über die Verwendung des Geldes hatte er noch nicht mit den Eltern gesprochen. Kurz entschlossen bestellt er sich davon im Internet – unter Angabe eines zwei Jahre älteren Geburtsdatums – das neueste Powerbook, das er per Nachnahme bezahlt. Welche Rechtsfolge ist eingetreten?

(1) Da Tarek noch nicht volljährig ist, sind seine Willenserklärungen grundsätzlich ungültig.

(2) Das Rechtsgeschäft ist schwebend unwirksam, solange die Eltern es nicht zur Kenntnis nehmen.

(3) Das Rechtsgeschäft ist gültig, da es aus eigenen Mitteln bestritten wird.

(4) Das Rechtsgeschäft ist gültig, solange die Erziehungsberechtigten ihm nicht widersprechen.

(5) Das Rechtsgeschäft ist nichtig, weil der Preis eines neuen Powerbooks am Anfang immer übertrieben hoch ist.

**(?) 6:** Christel Neuhoff, die sich bei der „Bertels Ledertaschenfabrik GmbH" in Ausbildung zur Industriekauffrau befindet, wird nächste Woche 17 Jahre alt. Ihr Ausbilder im Einkauf bittet sie, heute noch einen telefonischen Auftrag über 100 Lederhäute bei einem bestimmten Stammlieferanten abzugeben, was sie dann auch tut. Welche Aussage lässt sich diesem Rechtsgeschäft zuordnen? Die Bestellung ist ...

(1) ... rechtswirksam, da Christel Neuhoff dazu bevollmächtigt wurde.

(2) ... unwirksam, da ein Formfehler vorliegt.

(3) ... schwebend unwirksam, da Christel Neuhoff beschränkt geschäftsfähig ist.

(4) ... rechtswirksam, weil es ein branchenübliches Geschäft ist.

(5) ... unwirksam, da der gesetzliche Vertreter ebenfalls zustimmen muss.

## 3 Eigentumsübertragung und Eigentumsvorbehalt

Als **Eigentum** bezeichnet man die **rechtliche Verfügbarkeit** über eine Sache, d.h. die Möglichkeit, diese als Rechtsobjekt zu nutzen (z.B. diese als Pfand einzusetzen, das Eigentum daran weiterzugeben, den Besitzer zu bestimmen). Als **Besitz** bezeichnet man hingegen die **tatsächliche Verfügbarkeit** über eine Sache, d.h., die Möglichkeit, die Sache selbst zu nutzen (z.B. das Fahren eines gemieteten Autos). Während der Besitz durch einfache Aushändigung wechselt, gibt es für die Eigentumsübertragung folgende Formen:

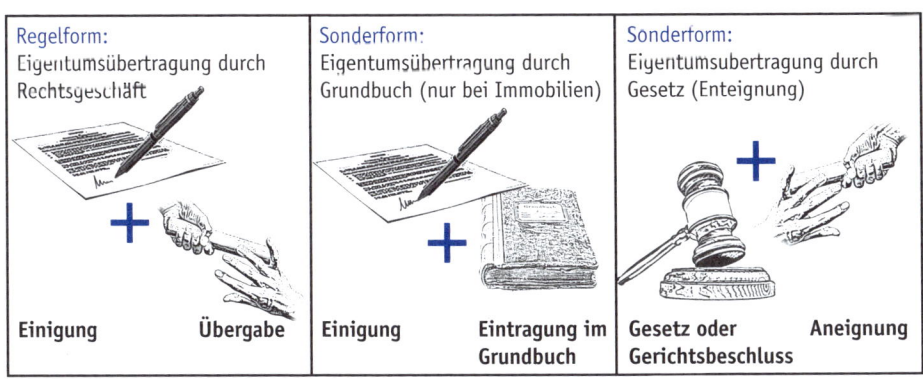

| Regelform: Eigentumsübertragung durch Rechtsgeschäft | Sonderform: Eigentumsübertragung durch Grundbuch (nur bei Immobilien) | Sonderform: Eigentumsübertragung durch Gesetz (Enteignung) |
|---|---|---|
| **Einigung**   **Übergabe** | **Einigung**   **Eintragung im Grundbuch** | **Gesetz oder Gerichtsbeschluss**   **Aneignung** |

(!) Grundsatz: Ist der Verkäufer kein Eigentümer und handelt er auch nicht in dessen Vollmacht, so kann der Käufer ebenfalls kein Eigentümer werden.

Hierzu gibt es einige Ausnahmeregeln:

- Ausnahme: Konnte der Käufer den Umständen nach davon ausgehen, dass der Verkäufer auch der Eigentümer sei, so hat er dennoch das Eigentum erworben (gutgläubiger Erwerb).
- Ausnahme von der Ausnahme: Ein gutgläubiger Erwerb ist bei gestohlenen oder verloren gegangenen Sachen jedoch ausgeschlossen.

(!) Ist der Käufer schon Besitzer, so reicht zur Eigentumsübertragung die Einigung.

Entgegen dem allgemeinen Rechtsempfinden sind also nur Einigung und Übergabe, nicht aber die Zahlung des vereinbarten Kaufpreises die gesetzliche Voraussetzung der Eigentumsübertragung. Der Gläubiger hat kein Recht, eine bereits übertragene Sache wieder an sich zu nehmen, wenn sie nicht bezahlt wurde.

Soll für diesen Fall ein Herausgabeanspruch bestehen, muss dieser vertraglich vereinbart sein. Durch Eigentumsvorbehalt wird festgelegt, dass trotz Übergabe einer Sache diese nicht in das Eigentum des Käufers übergeht, solange der Kaufpreis nicht gezahlt wird.

### Aufgaben:

(?) **7:** Am 6.6.2014 bestellte die „Kaufhaus AG" bei der „Orthofit GmbH" nach deren verbindlichem Angebot 100 Matratzen. Am 10.6.2014 erfolgte die Auftragsbestätigung, am 12.6.2014 ging die Ware in den Versand, traf am 13.6.2014 bei der „Kaufhaus AG" ein und wurde ohne Beanstandung eingelagert. Am 15.6.2014 erfolgte eine technische Prüfung der Ware, die ohne Beanstandung blieb. Am 20.6.2014 ging die Rechnung der „Orthofit GmbH" bei der „Kaufhaus AG" ein, die sie dann am 30.6.2014 zur Zahlung anwies.

Ein Eigentumsvorbehalt war nicht vereinbart. An welchem Tag fand die Eigentumsübertragung statt:

(1) Am 10.6.2014, dem Tag der Auftragsbestätigung.

(2) Am 12.6.2014, dem Tag des Warenversandes.

(3) Am 13.6.2014, dem Tag des Wareneingangs.

(4) Am 15.6.2014, dem Tag der bestandenen technischen Prüfung.

(5) Am 30.6.2014, dem Tag der Zahlung.

(?) **8:** Der angehende Industriekaufmann Lars Schmidt leiht Claus Fichtel, einem flüchtigen Bekannten, sein Schulbuch aus , das einen markanten Aufkleber besitzt. Er ist sehr verärgert, als er aufgrund des Aufklebers erkennt, dass ein ganz anderer Schüler nun das Buch besitzt. Von diesem fordert er die sofortige Herausgabe. Der unbekannte Schüler verweigert diese mit der Anmerkung, schließlich hätte er das gebrauchte Buch ordnungsgemäß von Claus Fichtel gekauft. Wie beurteilen Sie die Rechtslage?

(1) Der unbekannte Schüler muss das Buch sofort an Lars Schmidt als rechtmäßigen Eigentümer herausgeben.

(2) Der unbekannte Schüler muss das Buch zunächst nur an Claus Fichtel geben, der ihm den Kaufpreis zu erstatten hat.

(3) Der unbekannte Schüler ist der rechtmäßige Eigentümer, sofern er das Buch in gutem Glauben erworben hat.

(4) Der unbekannte Schüler muss den Kaufpreis von Claus Fichtel zurückfordern und ihn dann Lars Schmidt aushändigen.

(5) Der unbekannte Schüler muss den Kaufpreis ein zweites Mal, diesmal an Lars Schmidt, bezahlen.

# 4 Vertragsarten

Die häufigsten Vertragsarten im Wirtschaftsleben sind:

| Vertragsart | Vertragspartner | Vertragsinhalt |
| --- | --- | --- |
| Kaufvertrag | Verkäufer und Käufer | Eigentumsübertragung an einem Sachgegenstand |
| Werkvertrag | Unternehmer und Auftraggeber | Herstellung eines Werkes mit erfolgsabhängiger Vergütung (z.B. Autoreparatur) |
| Dienstvertrag | Arbeitgeber und Arbeitnehmer | Leistung von Diensten gegen Entgelt (Arbeitsvertrag = Sonderform bei dauerhaften Diensten) |
| Mietvertrag | Vermieter und Mieter | Überlassung einer Sache zum privaten Gebrauch gegen Entgelt |
| Pachtvertrag | Verpächter und Pächter | Überlassung einer Sache zum gewerblichen Gebrauch (Absicht zur Gewinnerzielung) gegen Entgelt |
| Leihvertrag | Verleiher und Entleiher | Überlassung einer Sache zum Gebrauch ohne Entgelt mit Rückgabe derselben Sache (z.B. Buchleihe) |
| Sachdarlehensvertrag | Darlehensgeber und Darlehensnehmer | Überlassung einer Sache zum Gebrauch mit oder ohne Entgelt mit Rückgabe einer gleichartigen Sache (z.B. vom Nachbarn geborgtes Ei) |
| Darlehensvertrag | Darlehensgeber und Darlehensnehmer | Überlassung eines Geldbetrages mit oder ohne Entgelt und Rückzahlungspflicht |
| Versicherungsvertrag | Versicherer und Versicherungsnehmer | Risikoabsicherung durch Schadensausgleich |
| Maklervertrag | Makler und Auftraggeber | Auffinden und Nachweis eines Vertragspartners |
| Fernabsatzvertrag | Verkäufer und Käufer | spezielle Form des Kaufvertrags, der unter Inanspruchnahme von Fernkommunikationsformen (z. B. Internet) zustande kommt und dem Käufer erweiterte Rechte zugesteht |
| Pauschalreisevertrag | Reiseveranstalter und Reisende | kombiniertes Angebot von mindestens zwei Reiseleistungen (z. B. Flug und Unterkunft) |

**?** **9:** Die „Bremer Kometwerft AG" schließt am heutigen Tage eine Reihe von Verträgen. Ordnen Sie die richtige Kennzahl den beiden genannten Vertragsarten zu: Vertragsarten:

Verträge:

(1) Die Kometwerft stellt 2 neue Mitarbeiter ein.

(2) Die Kometwerft erwirbt das Nutzungsrecht für eine angrenzende Lagerhalle.

(3) Die Kometwerft nimmt einen Kredit auf.

(4) Die Kometwerft gibt den Bau eines Trockendocks in Auftrag.

(5) Die Kometwerft erwirbt Werkstücke von einem Lieferanten.

Vertragsarten:

a. Pachtvertrag

b. Werkvertrag

**?** **10:** Ihr Ausbildungsbetrieb, die „Detmolder Leuchtstoffröhren GmbH", will die Wartung der Produktionsanlagen an einen externen Dienstleister outsourcen und schließt mit diesem einen entsprechenden Wartungsvertrag. Welche Aussage trifft auf das Vertragsverhältnis zu?

(1) Hier handelt es sich um einen Dienstvertrag, der regelmäßig geleistet werden muss.

(2) Nach BGB ist hier ein Dienstleistungsvertrag abgeschlossen worden.

(3) Hier liegt ein Werkvertrag vor.

(4) Es kommt überhaupt kein Vertragsverhältnis zustande, da der Betriebsrat noch nicht zugestimmt hat.

(5) Hier handelt es sich um eine Personalleihe, d. h., es liegt ein Leihvertrag vor.

**?** **11:** Um das neue Bürogebäude einzurichten, haben Sie sowohl einen Lieferanten für Büromöbel als auch eine Installationsfirma für die Verlegearbeiten (Elektrik, Datenleitungen) beauftragt. Außerdem stellen Sie selbst noch befristet einige Aushilfen für das Aufstellen der Büromöbel ein.

Welche Verträge wurden mit den Vertragspartnern abgeschlossen? Ordnen Sie die Kennzahl entsprechend zu:

Vertragsarten:

(1) Dienstvertrag

(2) Darlehensvertrag

(3) Kaufvertrag

(4) Werkvertrag

(5) Pachtvertrag

Vertragspartner:

a. Lieferant für Büromöbel

b. Installationsunternehmen

c. Aushilfen

## 5    Nichtigkeit und Anfechtbarkeit

Nicht immer sind abgeschlossene Verträge rechtswirksam, der Gesetzgeber unterscheidet in diesem Falle zwischen nichtigen und anfechtbaren Rechtsgeschäften:

**!** Nichtige Rechtsgeschäfte sind von Anfang an unwirksam. Anfechtbare Rechtsgeschäfte sind solange wirksam  bis sie erfolgreich angefochten werden.

Dies trifft jeweils auf folgende Sachverhalte zu:

| Nichtige Rechtsgeschäfte | Anfechtbare Rechtsgeschäfte |
|---|---|
| • Willenserklärungen von Geschäftsunfähigen<br>• Verträge, die gegen gesetzliche Formvorschriften verstoßen<br>• Verträge, die gegen ein Gesetz verstoßen<br>• Willenserklärungen, die zum Scherz abgegeben wurden<br>• Willenserklärungen, die nur zum Schein abgegeben wurden<br>• Verträge, die unter Ausnutzen einer Zwangslage oder der Unkenntnis die andere Partei erheblich benachteiligen (sittenwidrige Verträge, z.B. Wucher)<br>• Willenserklärungen, die im Zustand der Bewusstseinstrübung abgegeben wurden | • Verträge, die auf einem Irrtum basieren<br>  – Erklärungsirrtum (Tippfehler, Verwechslung)<br>  – Übermittlungsirrtum (Telefonleitungsstörung beim Telefonat, unlesbarer Text)<br>  – Irrtum über wesentliche Eigenschaften einer Person oder Sache (Fehlen der üblicherweise vorauszusetzenden Eigenschaften des Vertragsobjektes oder des Vertragspartners)<br>• Willenserklärungen, die durch arglistige Täuschung zustande kamen<br>• Willenserklärungen, die durch widerrechtliche Drohung zustande kamen |

Nicht anfechtbar sind Kalkulationsfehler (Irrtümer, die **vor** der Erklärung entstanden) sowie Verträge, bei denen das beabsichtigte Ziel nicht erreicht wurde (Motivirrtümer), z.B. die Glücksspielteilnahme, die ohne Hauptgewinn endete.

## Aufgaben:

 **12:** Prüfen Sie, welche **beiden** Verträge nichtig sind:

(1) Ein Bauer verkauft seinen Acker per Handschlag.

(2) Eine 15-jährige kauft sich vom Taschengeld eine CD.

(3) Durch Erpressung verlängert ein Arbeitgeber den befristeten Arbeitsvertrag.

(4) Ein 5-jähriger kauft sich eine Tüte Gummibären.

(5) Durch einen Zahlendreher im Mietvertrag vermietet eine Autovermietung den Leihwagen viel zu billig.

**13:** Aufgrund einer Anfrage erstellt die „Elastoform KG" ein verbindliches Angebot über 500 Kunststoffwannen an den bis dahin unbekannten Kunden, das bereits 5 Tage später zu einer Kundenbestellung führt. In welchem Fall kann die „Elastoform KG" den Kaufvertrag anfechten?

(1) Falls der Kunde nicht vereinbarungsgemäß zahlt.

(2) Falls versäumt wurde, eine Regelung für die Berechnung von Verpackungskosten zu vereinbaren.

(3) Falls sich der Kunde mit der Bestellung nur einen Spaß erlauben wollte.

(4) Falls mit der Lieferung eine gesetzliche Ausfuhrbeschränkung verletzt würde.

(5) Falls sich herausstellt, dass der Kunde an der angegebenen Lieferadresse nicht gemeldet ist und Betrugsabsicht vermutet werden darf.

**? 14:** Es liegen Ihnen eine Reihe von Rechtsgeschäften zur Begutachtung vor. Geben Sie durch Nennung der entsprechenden Kennzahl an, bei welchem Rechtsgeschäft die angegebene Rechtswirkung vorliegt:

| Rechtsgeschäft: | Rechtswirkung |
|---|---|
| (1) In Erwartung sommerlichen Wetters schließt ein Tourist einen Reisevertrag. Leider regnet es am Urlaubsort die ganze Zeit. | a. nichtiger Vertrag b. anfechtbarer Vertrag |

(2) In einer Anzeige der Autozeitung sieht ein Leser ein sehr günstiges Angebot für einen Sportwagen, bestellt telefonisch, erhält aber das entsprechende Auto nur als Spielzeugmodell.

(3) Obwohl das Angebot nur 2 Bürostühle umfasste, bestellt der Kunde 3 Stück und bekommt diese auch geliefert und bezahlt sie anstandslos.

(4) In deutlich angetrunkenem Zustand unterschreibt der Kunde den Versicherungsvertrag.

(5) Erschrocken bemerkt der Vermieter, dass er vergessen hat, die Abschreibungen in dem vereinbarten Mietpreis einzukalkulieren und er deshalb deutlichen Verlust macht.

## Funktion 1102: Handelsrechtliche Rahmenbedingungen

### 1 Kaufleute

Kaufmann/Kauffrau ist derjenige, der ein Handelsgewerbe betreibt. Ein Handelsgewerbe ist ein mit kaufmännischer Organisation geführter und auf Gewinnerzielung angelegter Betrieb.

Ein Handelsgewerbe, welches die Kaufmannseigenschaft nach sich zieht, lässt sich von einem Kleingewerbe dadurch unterscheiden, dass es
- ständig und planmäßig betrieben wird,
- eine entsprechende Umsatz- und Gewinnhöhe erreicht (Orientierungsgrößen hierzu sind ein Jahresumsatz ab 600.000€ und/oder ein Gewinn ab 60.000€ im Jahr),
- über entsprechende Geschäftsräume verfügt,
- evtl. weitere Mitarbeiter beschäftigt,
- im Handelsregister eingetragen oder aber aufgrund des Geschäftsumfangs zwingend eintragspflichtig ist (faktische Kaufmannseigenschaft).

Freie Berufe (Ärzte, Architekten, Notare, Rechtsanwälte etc.) betreiben grundsätzlich kein Handelsgewerbe.

Im Folgenden nun ein Überblick über die Kaufmannsarten:

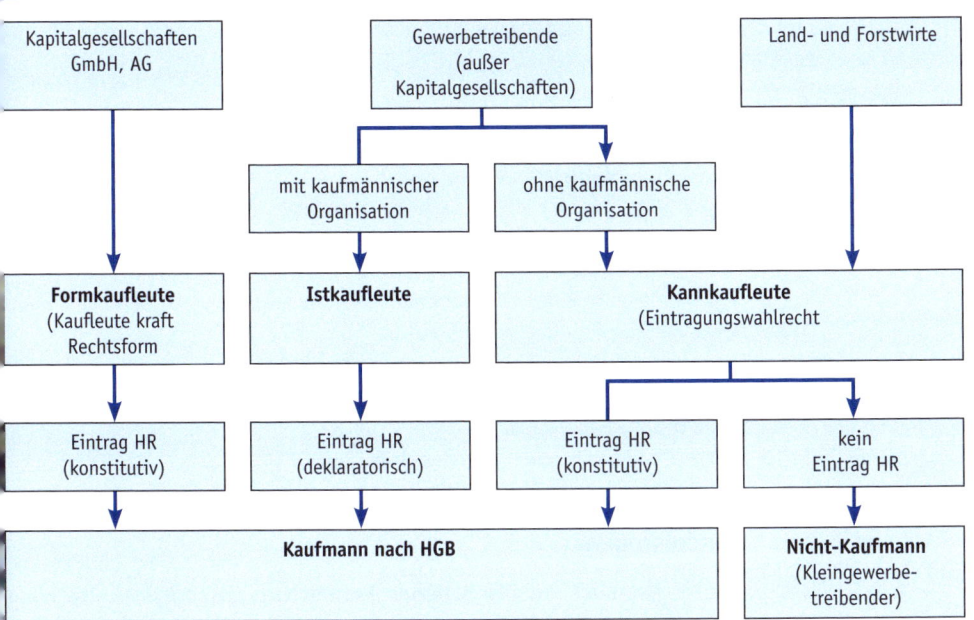

Mit der Kaufmannseigenschaft sind folgende **Rechte und Pflichten** verbunden:

- Pflicht zum Eintrag ins Handelsregister
- Pflicht zur Buchführung
- Pflicht und Recht zum Führen einer Firma
- Recht auf formfreie Bürgschaftserklärungen, Schuldanerkenntnisse, Schuldversprechen etc.
- Recht auf Erteilung von Prokura

Grundsätzlich muss der Kaufmann die Regelungen des HGB gegen sich gelten lassen, dies hat z.B. auch Auswirkungen darauf, wie ein Rechtsgeschäft zustande kommen kann (z.B. gilt Schweigen bei bestehender Geschäftsbeziehung als Zustimmung)

## Aufgaben:

**(?) 15:** Welche der folgenden Personen kann **keine** Kaufmannseigenschaft innehaben?

(1) Einzelhändler Erich Traut

(2) Mons & Krüger Aktiengesellschaft

(3) Industriekaufmann Bert Mönlich

(4) Handelsvertreterin Claudia Podewski

(5) Fabrikant Michael von Oldenberg

 **16:** Die Gräfin Bernadotte von Wechterleben betreibt schon in der 5. Generation eine Pferdezucht. Da die Zuchttiere sehr gefragt sind und zu hohen Preisen gehandelt werden, hat die Gräfin Geschäftsräume eingerichtet und beschäftigt eigenes Büropersonal. Welche Aussage zur Kaufmannseigenschaft ist hier zutreffend?

(1) Durch die erfolgreiche Pferdezucht ist sie eine Ist-Kauffrau geworden.

(2) Es handelt sich um eine nicht registrierungsfähige Kleingewerbetreibende.

(3) Sie ist eine Kann-Kauffrau.

(4) Als Selbstständige kann sie kein Gewerbe anmelden.

(5) Es handelt sich in jedem Fall um einen Formkaufmann.

 **17:** Welche Aussage trifft **nicht** auf die Kaufmannseigenschaft zu?

(1) Kaufleute müssen Geschäftsbücher führen.

(2) Kaufleute müssen dem Arbeitgeber-Fachverband beitreten.

(3) Kaufleute dürfen Prokura erteilen.

(4) Kaufleute führen eine Firma.

(5) Kaufleute werden im Handelsregister eingetragen.

## 2 Handelsregister

Das Handelsregister ist ein **öffentliches Verzeichnis aller Kaufleute** eines Amtsgerichtsbezirks.

Aufbau, Inhalt und Rechtswirkung:

| Handelsregister ||
|---|---|
| Abteilung A<br>für Einzelunternehmen und Personengesellschaften | Abteilung B<br>für Kapitalgesellschaften (AG, GmbH) |
| Inhalte:<br>• Firma und Sitz des Unternehmens<br>• Rechtsform<br>• Gegenstand des Unternehmens (Branche)<br>• Inhaber/persönlich haftende Gesellschafter<br>• Geschäftsführer oder Vorstände<br>• Prokura<br>• Grund- oder Stammkapital<br>• evtl. Beantragung eines Insolvenzverfahrens ||
| deklaratorische Wirkung<br>(rechtsbezeugend)<br>Dies betrifft Handelsregistereinträge, deren Rechtswirkung bereits eingetreten ist, durch den Eintrag aber publik gemacht wird:<br>• Eintrag eines Ist-Kaufmanns<br>• Eintrag von Prokura<br>• Ernennung neuer Vorstände/Geschäftsführer | konstitutive Wirkung<br>(rechtserzeugend)<br>Dies betrifft Handelsregistereinträge, deren Rechtswirkung erst durch den Eintrag eintritt:<br>• Eintrag eines Kannkaufmanns<br>• Gründung einer GmbH oder AG<br>• Satzungsänderung einer AG |

## Aufgaben:

**18:** Rudi Kollo und Frederike Schalk, beide ansässig in Bonn, wollen in Köln eine Kommanditgesellschaft gründen. Prüfen Sie, wo die Unternehmung einzutragen ist:

(1) beim Amtsgericht in Köln, Handelsregister, Abteilung A

(2) beim Landgericht in Bonn, Handelsregister, Abteilung B

(3) beim Amtsgericht in Bonn, Handelsregister, Abteilung B

(4) beim Landgericht in Köln, Handelsregister, Abteilung B

(5) beim Verwaltungsgericht in Köln, Gewerberegister, Abteilung B

**19:** Die Firma „Mediclear GmbH" stellt medizinische Geräte her. Vor einiger Zeit konnte mit den „Bielefelder Kliniken GmbH" ein neuer Kunde für einen Großauftrag über 3 Computertomografen gewonnen werden. Der Kaufvertrag soll heute feierlich unterzeichnet werden, dazu reisen Vertreter der „Bielefelder Kliniken GmbH" an. Über die „Bielefelder Kliniken GmbH" gibt das Handelsregister folgende Auskünfte:

| | | | | | | HR B 2346-7 |
|---|---|---|---|---|---|---|
| Nummer der Eintragung | a) Firma b) Sitz c) Gegenstand des Unternehmens | Grund- oder Stammkapital in Euro | Vorstand Geschäftsführer Gesellschafter | Prokura | Rechtsverhältnisse | a) Tag der Eintragung b) Bemerkungen |
| 1 | 2 | 3 | 4 | 5 | 6 | 7 |
| 1. | a) Bielefelder Kliniken GmbH b) Bielefeld c) Krankenhaus | 120.000,00 | Geschäftsführer Holbe, Markus Bielefeld, geb. 12.07.1964 zugleich Gesellschafter Haye, Claudia Bielefeld, geb. 09.05.1968 Gesellschafter Stadt Bielefeld, vertreten durch den Stadtdirektor, alleiniger Gesellschafter | gemeinschaftliche Vertretung mit einem Geschäftsführer oder einem anderen Prokuristen: Stolbe, Karin, Detmold, geb. 12.10.1975 Etterling, Dirk, Bielefeld, geb.07.03.1972 | GmbH mit Gesellschafts-vertrag vom 29. Mai 2003 Sind mehrere Geschäftsführer bestellt, so vertreten diese die Gesellschaft gemeinschaftlich. | a) 4. Juni 2003 |

Wer ist vonseiten der Klinik berechtigt, den Kaufvertrag zu unterschreiben:

(1) Markus Holbe alleine

(2) Karin Stolbe alleine

(3) der Verwaltungsdirektor der Klinik, Dr. Max Terzin

(4) Karin Stolbe und Dirk Etterling

(5) die aktuelle Stadtdirektorin von Bielefeld, Katharina Wilke-Heimerzhaus

**20:** Welche Information ist dem Handelsregister zu entnehmen?

(1) die Namen der Aktionäre

(2) die Mitarbeiterzahl des Unternehmens

(3) das Grundkapital der AG

(4) das Verkaufssortiment

(5) Mitarbeiter mit Handlungsvollmacht

## 3 Firma

Die Firma ist der **Name eines Kaufmanns**, unter dem er seine Geschäfte betreibt, die Unterschrift abgibt, klagen oder verklagt werden kann.

Eine Firma setzt sich zusammen aus:

**Firmenkern** + Rechtsformzusatz,
z.B.

**Metallwarenhandel Robert Becker** GmbH

Beim Firmenkern gibt es folgende Wahlmöglichkeiten:

| Personenfirma | Sachfirma | Fantasiefirma | gemischte Firma |
|---|---|---|---|
| • Firmenkern besteht aus Personennamen | • Firmenkern besteht aus dem Gegenstand des Unternehmens | • Firmenname ist frei erfunden | • Firmenname ist Mischung aus Personen-, Sach und/oder Fantasiefirma |

Bei der Firmierung sind folgende Grundsätze zu beachten:

| | |
|---|---|
| **Firmenwahrheit** | Bei der Gründung muss der Firmenkern wahr sein. Bsp.: Metallwarenhandel Robert Becker GmbH → Es muss sich um einen Metallwarenhandel handeln. Der Inhaber muss Robert Becker heißen. |
| **Firmenklarheit** | Die Firmenbezeichnung darf nicht über Art und Umfang der Geschäftstätigkeit irreführen. Bsp.: Internationale Maschinenfabrik Detmold GmbH → Es muss in viele Länder exportiert werden und sich um eine größere Unternehmung handeln, nicht um einen Ein-Mann-Betrieb. |
| **Firmenausschließlichkeit** | An einem Ort dürfen nicht zwei identische Firmen existieren. |
| **Firmenbeständigkeit** | Bei Inhaberwechsel darf mit Genehmigung des bisherigen Inhabers der Firmenname beibehalten werden. |
| **Firmenöffentlichkeit** | Die Firma muss ins Handelsregister eingetragen werden, jedermann kann einen Auszug beantragen, alle Änderungen der Unternehmensverhältnisse müssen elektronisch veröffentlicht werden. |

## Aufgaben:

**? 21:** Bei der Gründung eines Unternehmens haben Sie bei der Wahl der Firma den Grundsatz der Firmenbeständigkeit zu beachten. Was ist darunter zu verstehen?

(1) Eine gewählte Firmierung ist nie mehr änderbar.

(2) Eine Unternehmung muss notfalls von den Erben weitergeführt werden.

(3) Das Unternehmen muss jederzeit einer Buchprüfung standhalten können.

(4) Der Standort ist gegeben.

(5) Bei Weiterveräußerung soll der Traditionsname möglichst fortbestehen.

**(?) 22:** Pia Schulte und Kira Mondschein wollen sich selbstständig machen und ein Unternehmen gründen, welches Software für Mobiltelefone (sog. „Apps") entwickelt. Das Unternehmen soll als Personengesellschaft eingetragen sein. Welche der folgenden Firmierung ist rechtlich **nicht** zulässig:

(1) Mondschein Apps OHG

(2) Schulte & Mondschein OHG

(3) Software Sensation KG

(4) Mobile Programmierung Schulte & Mondschein

(5) Pia Schulte & Co. KG

**(?) 23:** Jonas Hemrath betreibt seit einigen Jahren nahe des Mannheimer Hauptbahnhofs eine Fahrradwerkstatt. Die Kundschaft wächst schnell, und Herr Hemrath hat bereits zwei Aushilfen eingestellt. Er möchte sich nun als Kaufmann eintragen (Einzelunternehmer) und eine Sachfirma führen. Welche Firmierung entspricht hier seinen Vorstellungen:

(1) Jonas Hemrath OHG

(2) Mannheimer Fahrradservice e.K.

(3) Propper e.K.

(4) Jonas Hemrath e.K.

(5) Bahnhofsengel KG

## 4  Vertretungsrechte

Der Inhaber, Geschäftsführer oder Vorstand eines Unternehmens ist nicht in der Lage, alle täglich anfallenden Rechtsgeschäfte selbst abzuschließen. Aus diesem Grunde erhalten die meisten Mitarbeiter in abgestuftem Grade Vollmachten, die sie zur Vertretung des Kaufmanns berechtigen.

Die wichtigsten Vollmachten, Prokura und Handlungsvollmacht, werden im Folgenden gegenübergestellt:

|  | Prokura | Handlungsvollmacht |
|---|---|---|
| → **Wesen** | Prokura ermächtigt zu allen gerichtlichen und außergerichtlichen Geschäften und Rechtshandlungen, die der Betrieb irgendeines Handelsgewerbes mit sich bringt (§ 49 HGB). | Allgemeine Handlungsvollmacht erstreckt sich auf außergerichtliche Geschäfte, die in der jeweiligen Branche üblich sind. |
| → **Erteilung** | • nur durch Kaufleute<br>• ausdrückliche Erteilung<br>• Eintragung in das Handelsregister | • durch Kaufleute und Personen mit einer übergeordneten Vollmacht<br>• formlose Erteilung<br>• keine Eintragung in das Handelsregister |

| → Umfang | verboten:<br>• Ändern der Firma<br>• Aufnahme neuer Gesellschafter<br>• Verkauf oder Löschung des Unternehmens<br>• Beantragung von Insolvenz<br>• Anmeldungen im Handelsregister<br>• Steuererklärungen, Inventar und Bilanz unterschreiben<br>nur mit Sondervollmacht:<br>• Grundstücke belasten oder verkaufen | verboten:<br>• es gelten die gleichen Verbote wie beim Prokuristen<br>nur mit Sondervollmacht:<br>• Grundstücke belasten oder verkaufen<br>• Eingehen von Wechselverbindlichkeiten<br>• Aufnahme von Darlehen<br>• gerichtliche Vertretung |
|---|---|---|
| → Ein-schränkung | Prokura darf nach außen nicht einge-schränkt werden. | Handlungsvollmacht kann beliebig einge-schränkt werden |
| → Arten | Einzelprokura<br>= ein Prokurist kann entscheiden, ohne eine andere Person einzuschalten.<br>Gesamtprokura<br>= zwei oder mehrere Prokuristen können nur zusammen entscheiden.<br>Filialprokura<br>= sie bezieht sich nur auf eine Zweigstelle. | Allgemeine Handlungsvollmacht<br>= sie berechtigt zur Ausübung aller üblichen Rechtsgeschäfte, die der Betrieb mit sich bringt.<br>Artvollmacht<br>= sie berechtigt zu einer bestimmten Art von Rechtsgeschäft (z. B. Einkaufen).<br>Einzelvollmacht<br>= sie berechtigt zur einmaligen Ausübung eines einzelnen Rechtsgeschäfts. |

## Aufgaben:

**?** **24:** Frau Dr. Sylvia von Weystein wurde in ihrer Funktion als Regionallei-terin der „Aspensis Baubetreuung GmbH" eine allgemeine Handlungsvollmacht erteilt. Wer der folgenden Personen ist zu dieser Erteilung berechtigt?

(1) der Geschäftsführer der Aspensis Baubetreuung

(2) der anteilsstärkste Gesellschafter der Aspensis Baubetreuung

(3) ein Prokurist der Aspensis Baubetreuung mit Gesamtprokura

(4) zwei weitere Handlungsbevollmächtigte gemeinsam

(5) ein Artbevollmächtigter der Aspensis Baubetreuung

**?** **25:** Die „Trierer Stromversorgungswerke GmbH" haben dem Leiter der kauf-männischen Verwaltung eine Einzelprokura erteilt. Welches der folgenden Rechtsge-schäfte ist ihm dennoch grundsätzlich verboten:

(1) Mitarbeiter einstellen

(2) Waren verkaufen

(3) Firmenkonten einrichten

(4) Firmierung ergänzen

(5) Darlehen aufnehmen

**❓ 26:** Einem Niederlassungsleiter der „Metallunion Dortmund AG" wurde Einzelprokura erteilt. Laut einer internen Vereinbarung sind ihm Einkäufe im Bestellwert von über 250.000,– € nur nach vorheriger Genehmigung durch den Vorstand gestattet. Als ihm eine besonders günstige Charge Stahl kurzfristig angeboten wird und kein Vorstandsmitglied erreichbar ist, bestellt er, obwohl der Bestellwert fast 400.000,–€ beträgt. Mit welcher rechtlichen Konsequenz hat er zu rechnen?

(1) Der Kaufvertrag ist generell unwirksam, da er zum Einkauf nicht berechtigt war.

(2) Der Kaufvertrag ist schwebend unwirksam, bis ein Vorstandsmitglied zustimmt oder ablehnt.

(3) Der Kaufvertrag ist ungeachtet der internen Beschränkung gültig, der Niederlassungsleiter aber ggf. schadensersatzpflichtig.

(4) Der Kaufvertrag ist gültig, aber der Vertragspartner ist nun der Niederlassungsleiter persönlich.

(5) Der Kaufvertrag ist nur gültig, wenn ein weiterer Prokurist der Bestellung zugestimmt hatte.

# Funktion 1103: Arbeits- und sozialrechtliche Grundlagen

## 1 Tarifvertrag und Arbeitskampf

Der Tarifvertrag ist eine kollektive (gemeinschaftliche) Regelung von Arbeitsbedingungen. Er gilt jeweils für eine bestimmte Branche in einem festgelegten Tarifbezirk.

Das Ergebnis der Tarifverhandlungen gilt zunächst für alle dem Arbeitgeberfachverband im jeweiligen Tarifbezirk angehörenden Betriebe, andere Tarifbezirke übernehmen die in einem „Pilotbezirk" erzielten Regelungen meist ohne weitere Verhandlung. Seit einigen Jahren bieten Arbeitgeberfachverbände aber ihren Unternehmen auch eine sog. „OT"-Mitgliedschaft an, „OT" bedeutet hier „ohne Tarifbindung".

Der Bundesarbeitsminister kann unter bestimmten Voraussetzungen die Gültigkeit von Tarifverträgen durch eine „Allgemeinverbindlichkeitserklärung" auch auf die nicht tarifgebundenen Betriebe ausdehnen. Dies wirkt wie die Einsetzung eines branchenbezogenen Mindestlohns.

Es gibt folgende Arten von Tarifverträgen:

| Name der Vereinbarung | Verhandlungspartner | Inhalt | Laufzeit |
|---|---|---|---|
| Flächentarifvertrag | Arbeitgeber-Fachverband und Fachgewerkschaft | Regelungen, die für einen Tarifbezirk gelten | |
| Haustarifvertrag | (großes) Unternehmen und Fachgewerkschaft | Regelungen, die für ein Unternehmen gelten | |
| Manteltarifvertag | | grundsätzliche Regelungen, z.B. Kündigungsfristen, Arbeitszeit, Rationalisierungsschutz, Urlaubsanspruch, Lohngruppenschlüssel | mehrere Jahre |
| Entgelttarifvertrag | | Lohnhöhe in den einzelnen Lohngruppen | meist 1 - 2 Jahre |

Nicht zu den Tarifverträgen gehörend, jedoch von ähnlicher Wirkung ist die Betriebsvereinbarung:

| Betriebsvereinbarung | Arbeitgeber und Betriebsrat | Regelungen, die für ein Unternehmen gelten | |
|---|---|---|---|

Die Betriebsvereinbarung konkretisiert und ergänzt die getroffenen tariflichen Bestimmungen (z.B. ist zwar die wöchentliche Arbeitszeit tarifvertraglich geregelt, ihre Verteilung auf die Wochentage aber den Betrieben überlassen), dabei gilt: Eine Betriebsvereinbarung darf die Tarifbestimmungen nicht verletzen, auch nicht zugunsten der Arbeitnehmer!

Endet die Laufzeit eines Tarifvertrages oder wird die in ihm enthaltene Kündigungsfrist von einer der Tarifparteien wahrgenommen, so beginnen Verhandlungen, die auf den Abschluss eines neuen Tarifvertrages zielen. Scheitern diese, so droht ein Arbeitskampf.

Dessen möglicher Ablauf wird im Schaubild auf der folgenden Seite dargestellt.

Während des Streiks ruht das Arbeitsverhältnis der streikenden Gewerkschaftsmitglieder und damit die Pflicht zur Lohnzahlung des Arbeitgebers. Bei der Aussperrung gilt dies für alle Betriebsangehörigen.

Ein Arbeitskampf während der Laufzeit des Tarifvertrages ist nicht zulässig, hier gilt Friedenspflicht. Der Staat darf sich nicht zugunsten einer der Tarifparteien in die Tariffindung einmischen, auch nicht durch Gewährung von Arbeitslosengeld für streikende oder ausgesperrte Arbeitnehmer. Diesen Grundsatz bezeichnet man als **Tarifautonomie**.

Im Einzelnen lassen sich folgende **Streikarten** unterscheiden:

| Streikart | Erläuterung |
|---|---|
| Warnstreik | kurze Arbeitsniederlegung zur Bekundung der Kampfbereitschaft |
| Flächenstreik | Alle Betriebe einer Branche und eines Tarifbezirkes werden bestreikt. |
| Schwerpunktstreik | Nur wichtige Schlüsselbetriebe (Zulieferer) werden bestreikt. |
| wilder Streik | spontane, ohne Urabstimmung erfolgte Arbeitsniederlegung, gilt als Arbeitsverweigerung und Kündigungsgrund |
| organisierter Streik | von der Gewerkschaft vorbereitet, ist nach Ablauf der Friedenspflicht arbeitsrechtlich zulässig |

Hier ist z.B. bei der IG Metall lt. Satzung eine Zustimmung über 25% erforderlich.

Hier wird ein neutraler Schlichter angerufen, dessen Schlichterspruch aber unverbindlich ist.

Aussperrung = Beschäftigungsverweigerung des Arbeitgebers, gilt auch gegenüber Nichtstreikenden.

Spielregeln für den Arbeitskampf

Tarifverhandlungen Gewerkschaften – Arbeitgeber (oft begleitet von Warnstreiks)

Urabstimmung über Ergebnis; Streik-Ende

Erklärung des Scheiterns

Neue Verhandlungen

Schlichtungsverfahren möglich*

Neuer Tarifvertrag

Gegenmaßnahme der Arbeitgeber: Aussperrung**

Erklärung des Scheiterns (Ende der Friedenspflicht)

Urabstimmung der Gewerkschaftsmitglieder über Streik

STREIK

3247 © Globus   *im öffentl. Dienst zwingend, wenn von einer Seite gefordert   **im öffentl. Dienst nicht praktiziert

Hier ist z.B. bei der IG Metall lt. Satzung nur eine Zustimmung von über 75 % nötig.

Streik = Arbeitsverweigerung der Gewerkschaftsmitglieder

## Aufgaben:

 **27:** Bringen Sie folgende Schritte beim Arbeitskampf in die richtige Reihenfolge, indem Sie die Beschreibungen nummerieren:

(a) Urabstimmung der Gewerkschaftsmitglieder über Streik

(b) Urabstimmung der Gewerkschaftsmitglieder über Streikende

(c) Aussperrung als Gegenreaktion des Arbeitgebers

(d) Tarifverhandlungen werden für gescheitert erklärt.

(e) Neue Verhandlungen werden erfolgreich abgeschlossen.

(f) Streik der Gewerkschaftsmitglieder

(g) Neutraler Schlichter wird erfolglos angerufen.

 **28:** Was bedeutet der Begriff „Friedenspflicht" im Rahmen der Tarifverhandlungen?

(1) Während der Laufzeit eines Tarifvertrages sind Arbeitskampfmaßnahmen unzulässig.

(2) Die Tarifverhandlungen sollen möglichst friedfertig ablaufen.

(3) Arbeitgeberfachverband und Gewerkschaft setzen sich auf internationaler Ebene für den Weltfrieden ein.

(4) Beim Arbeitskampf wird nur mit friedlichen Mitteln gegen unbefriedigende Arbeitsbedingungen protestiert.

(5) In Kriegszeiten sind Tarifverträge nicht gültig.

 **29:** Welche Information lässt sich einem Manteltarifvertrag nicht entnehmen?

(1) der jährliche Urlaubsanspruch

(2) Regelungen über die prozentualen Überstundenzuschläge

(3) die regelmäßige wöchentliche Arbeitszeit

(4) die Gewährung eines 13. Monatsgehaltes

(5) die aktuellen Tarifentgelte

 **30:** Aus den Wirtschaftsnachrichten entnehmen Sie, dass die Bundesregierung beschlossen hat, gegen das sog. „Lohndumping" durch die vermehrte Allgemeinverbindlichkeitserklärung von Tarifverträgen vorzugehen. Was bedeutet dieses Vorhaben konkret?

(1) Es gibt für alle Branchen einen gemeinsamen Tarifvertrag.

(2) Auch nicht tarifgebundene Betriebe müssen den Tarifvertrag ihrer Branche und ihres Bezirks anwenden.

(3) Es gilt damit bundesweit ein einheitlicher gesetzlicher Mindestlohn.

(4) Die Unternehmen erklären ihre Absicht, zukünftig angemessene Löhne zu bezahlen.

(5) Betriebe mit unsozialen Lohnsätzen werden von den Tarifverhandlungen ausgeschlossen.

## 2 Betriebsrat

Der Betriebsrat vertritt die Belegschaftsinteressen auf betrieblicher Ebene. Nicht jeder Betrieb hat einen Betriebsrat – zum Teil, weil die Belegschaft die entsprechende Wahl nicht organisiert, oder, weil die Wahlvoraussetzungen gem. **Betriebsverfassungsgesetz** nicht gegeben sind.

| **Mindestvoraussetzungen einer Betriebsratswahl** | • 5 dauerhaft Beschäftigte, volljährige Mitarbeiter (auch Auszubildende) <br> • 3 wählbare Beschäftigte |
|---|---|

Sind die o.g. Voraussetzungen gegeben, muss noch ein Wahlvorstand berufen werden, welcher die Betriebsratswahl organisiert.

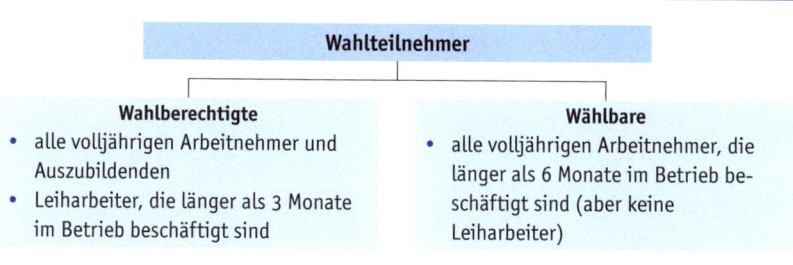

**Wahlteilnehmer**

**Wahlberechtigte**
- alle volljährigen Arbeitnehmer und Auszubildenden
- Leiharbeiter, die länger als 3 Monate im Betrieb beschäftigt sind

**Wählbare**
- alle volljährigen Arbeitnehmer, die länger als 6 Monate im Betrieb beschäftigt sind (aber keine Leiharbeiter)

Die Anzahl der zu wählenden Betriebsratsmitglieder ist von der Größe der Belegschaft abhängig.

Der Betriebsrat wird auf 4 Jahre gewählt und besitzt noch 1 Jahr über seine Amtszeit hinaus einen besonderen Kündigungsschutz.

Zu seinen Aufgaben gehören insbesondere
- die Einhaltung von Arbeitsschutzgesetzen, Verordnungen, Unfallverhütungsvorschriften, Tarifverträgen und Betriebsvereinbarungen zu überwachen,
- die Einberufung von vierteljährlichen Betriebsversammlungen,
- beim Arbeitgeber Maßnahmen zu beantragen, die dem Betrieb und der Belegschaft dienen,
- die Durchsetzung der tatsächlichen Gleichberechtigung von Frauen und Männern, die Eingliederung Schwerbehinderter und die Beschäftigungsförderung älterer Mitarbeiter,
- die Wahl einer Jugend- und Auszubildendenvertretung vorzubereiten und durchzuführen,
- die Anregungen der Jugend- und Auszubildendenvertretung entgegenzunehmen und sie ggf. in Verhandlungen mit dem Arbeitgeber umzusetzen.

Um seine Aufgaben erfüllen zu können, stehen dem Betriebsrat eine Reihe abgestufter Beteiligungsrechte zur Verfügung:

Die Beteiligungsrechte im Überblick

| Art des Beteiligungsrechtes | Erforderliche Handlung | Folgen bei Ablehnung durch den Betriebsrat | Beispiele |
|---|---|---|---|
| Informations- und Beratungsrechte in wirtschaftlichen Angelegenheiten | Rechtzeitige und umfassende Unterrichtung durch den Arbeitgeber; Auseinandersetzen mit den Vorschlägen des BR. | Maßnahmen bleiben wirksam; Informationen können eingeklagt werden. | Leistungsbeurteilung von Mitarbeitern, Personalplanung, Arbeitsplatzgestaltung, Produktionsprogramm, Investitionspläne, Stilllegungen |
| Mitwirkungsrechte in personellen Angelegenheiten | Arbeitgeber muss die Zustimmung des BR zu der von ihm geplanten Maßnahme einholen. | Maßnahme wird ausgesetzt, Arbeitgeber kann fehlende Zustimmung durch das Arbeitsgericht ersetzen. | Einstellung, Versetzung, Umgruppierung, Erstellung von Auswahlrichtlinien |
| Mitbestimmungsrechte in sozialen Angelegenheiten | Arbeitgeber benötigt Einigung mit dem BR über die von ihm geplanten Maßnahmen oder Betriebsrat kann eine gewünschte Maßnahme erzwingen. | Maßnahme ist unwirksam. | Urlaubspläne, Arbeitszeitregelungen, Lohngestaltung, Versäumnis interner Personalausschreibung, Sozialpläne, Betriebsordnung |

Der Betriebsrat kann verlangen, dass eine zu besetzende Stelle zunächst intern ausgeschrieben wird. Geschieht dies nicht, kann er die Zustimmung zur Einstellung verweigern.

Auch bei bestimmten Kündigungsanlässen hat der Betriebsrat einige Einwirkungsmöglichkeiten, Näheres entnehmen Sie dem Abschnitt „Kündigung eines Arbeitsverhältnisses" (siehe Prüfungsgebiet 03/5 Personalfreisetzung).

## Aufgaben:

**31:** Die Auszubildende Melina Bellmann, geb. am 23.1.1996, ist am 1.8.2014 als Auszubildende in ein mittelständisches Unternehmen mit 340 Arbeitnehmern eingetreten. Einige Arbeitskollegen haben sie aufgefordert, sich bei der am 22.11.2014 anstehenden Wahl zum Betriebsrat als Kandidatin aufzustellen. Beurteilen Sie die Rechtslage:

(1) Frau Bellmann kann sich aufstellen lassen.

(2) Frau Bellmann kann sich nicht aufstellen lassen, da sie Auszubildende ist.

(3) Frau Bellmann kann sich nicht aufstellen lassen, da sie am 1.1. des Wahljahres noch nicht volljährig war.

(4) Frau Bellmann kann sich nicht aufstellen lassen, da sie noch keine 6 Monate im Betrieb beschäftigt ist.

(5) Frau Bellmann kann sich aufstellen lassen, aber nur für eine verkürzte Amtsperiode bis zum Abschluss ihrer Ausbildung.

**32:** Angenommen, Frau Bellmann (s. vorherige Aufgabe) könnte und würde zur Betriebsrätin gewählt werden. In welchem Falle hätte sie **kein** Mitbestimmungsrecht?

(1) Entscheidung über die Lage der Betriebsferien

(2) Beginn und Ende der täglichen Arbeitszeit

(3) Bestellung eines neuen Geschäftsführers

(4) Rauchverbote am Arbeitsplatz

(5) Einführung von Leistungsprämien

**33:** Der Betriebsrat wurde darüber informiert, dass in der Einkaufsabteilung eine neue Stelle zu besetzen ist, und hat eine interne Stellenausschreibung verlangt. Diese ist auch erfolgt, aber letztlich hat das Unternehmen mit einem externen Bewerber einen Arbeitsvertrag abgeschlossen. Wie ist die Rechtslage korrekt beschrieben?

(1) Der Arbeitsvertrag ist schwebend unwirksam, bis der Betriebsrat zugestimmt hat.

(2) Der Arbeitsvertrag ist unwirksam, weil der Betriebsrat einen internen Kandidaten bevorzugt hat.

(3) Der Arbeitsvertrag ist wirksam, weil dem Arbeitgeber das Auswahlrecht zusteht.

(4) Der Arbeitsvertrag ist wirksam, weil der Betriebsrat anschließend nicht rechtzeitig widersprochen hat.

(5) Der Arbeitsvertrag ist anfechtbar, weil der Arbeitgeber offensichtlich nur den Bewerber mit der geringsten Gehaltsforderung auswählen wollte (sittenwidriges Verhalten).

**34:** Wo sind die Regelungen über Aufgaben und Rechte des Betriebsrates hinterlegt?

(1) im Betriebsverfassungsgesetz      (2) im Mitbestimmungsgesetz von 1976

(3) in der Gewerbeordnung      (4) im Jugendarbeitsschutzgesetz

(5) im Handelsgesetzbuch

**35:** In der „Deodor Projektbetreuung GmbH" arbeiten folgende Personen:

– 1 geschäftsführender Inhaber

– 3 Vollzeitangestellte, volljährig, davon einer noch im 5. Monat der Probezeit

– 2 Teilzeitkräfte, davon eine minderjährig

– 1 Auszubildender, volljährig, im 2. Ausbildungsjahr

– 1 Leiharbeitnehmer, volljährig, seit über einem Jahr lückenlos im Betrieb eingesetzt

– 1 Schülerin als Ferienaushilfe

Geben Sie an, wie viele Personen bei einer Betriebsratswahl wahlberechtigt wären:

(1) 4 Personen      (2) 5 Personen

(3) 6 Personen      (4) 7 Personen

(5) 8 Personen

## 3 Mitbestimmung im Aufsichtsrat

Kapitalgesellschaften mit mehr als 500 Arbeitnehmern haben einen Aufsichtsrat zu bilden. Auch die Arbeitnehmer senden dazu ihre Vertreter und können damit Einfluss auf die Geschäftspolitik nehmen. Die Zusammensetzung des Aufsichtsrates und damit der Einfluss der Arbeitnehmervertreter ist dabei von der Unternehmensgröße und der Branche abhängig:

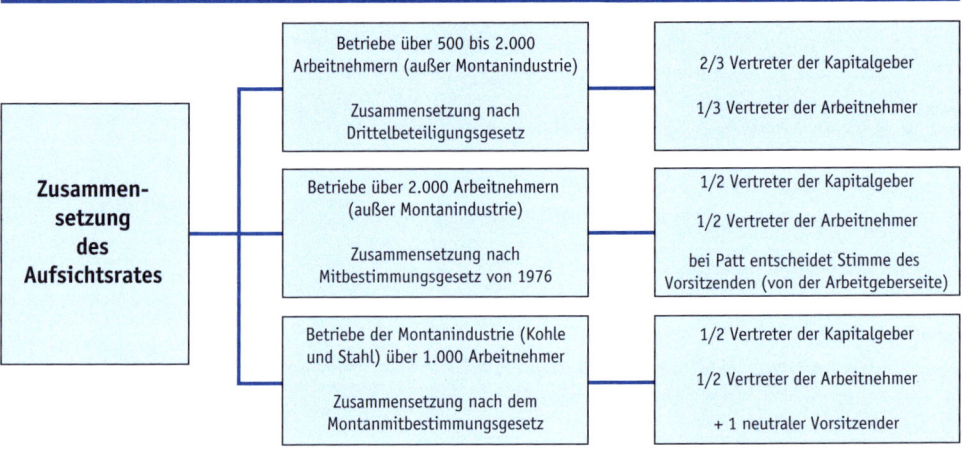

Die Aufgaben des Aufsichtsrates entnehmen Sie bitte der Übersicht S. 370.

## Aufgabe:

**?  36:** Die „Blitz Telekommunikations-AG hat 1400 Mitarbeiter. Der Aufsichtsrat der AG besteht aus insgesamt 12 Personen. Welche Aussage über seine Zusammensetzung ist zutreffend?

(1) Im Aufsichtsrat sitzen 1 neutraler Vorsitzender und 6 Kapitalvertreter.

(2) Im Aufsichtsrat sitzen 6 Kapitalvertreter, von denen einer den Vorsitz innehat.

(3) Im Aufsichtsrat sitzen ausschließlich Kapitalvertreter.

(4) Im Aufsichtsrat sitzt ein Arbeitsdirektor und 7 Kapitalvertreter.

(5) Im Aufsichtsrat sitzen 8 Kapitalvertreter, von denen einer den Vorsitz innehat.

## 4 Sozialversicherung

Die gesetzliche Sozialversicherung besteht schon seit Ende des 19. Jahrhunderts und wurde seitdem immer wieder ausgebaut, zuletzt 1995 durch die Einführung der gesetzlichen Pflegeversicherung.

Folgende Merkmale unterscheiden die gesetzliche Sozialversicherung von einer privaten Versicherung:

| Gesetzliche Sozialversicherung |
|---|
| • Pflichtversicherung |
| • Aufnahmeverpflichtung |
| • Beiträge nach Leistungsfähigkeit (Einkommen), keine Risikoausschlüsse |
| • gesetzlich festgelegte Leistungen |
| • Prinzip der Aufwandsdeckung, Staat gleicht ggf. Defizite aus |
| • Beiträge erbringen Versicherungsnehmer und sein Arbeitgeber (Ausnahme: Unfallversicherung) |

Bei der gesetzlichen Rentenversicherung gilt im Gegensatz zu einer privaten kapitalgedeckten Altersvorsorge überdies der sog. **„Generationenvertrag"**. Das bedeutet, dass die einbezahlten Beiträge nicht für spätere Rentenleistungen angespart, sondern direkt an die jetzigen Rentner ausgezahlt werden. Dafür erhalten die Beitragszahler das Anrecht, eines Tages von den Beitragszahlungen der nachfolgenden Generation versorgt zu werden. Dieses System wird jedoch in Zeiten ständig zurückgehender Geburtenzahlen problematisch.

Die Träger, Versicherungspflichtigen, Beiträge und Leistungen der einzelnen Versicherungszweige zeigt die folgende Übersicht.

| | Krankenversicherung | Unfallversicherung |
|---|---|---|
| Träger | • Allgemeine Ortskrankenkassen (AOK)<br>• Innungskrankenkassen (IKK)<br>• Betriebskrankenkassen (BKK)<br>• Ersatzkassen<br>• u.a. | • Berufsgenossenschaften (HVGB)<br>• Unfallkassen von Bund, Ländern und kommunalen Einrichtungen |
| Beiträge (Stand Juni 2025) | Grundbeitrag (14,6 %) und kassenindividueller Zusatzbeitrag (bis über 4,0 %). Sowohl Grund- wie auch Zusatzbeitrag zahlen Arbeitgeber und Arbeitnehmer je zur Hälfte. | Der Beitrag wird allein vom Arbeitgeber getragen, die Höhe richtet sich nach Gefahrenklassen und Betriebsgröße (die Höhe der Lohn- und Gehaltssummen der Betriebe). |
| Leistungen | • Maßnahmen zur Förderung der Gesundheit<br>• Maßnahmen und Leistungen zur Verhütung und Fruherkennung von Krankheiten<br>• Behandlung von Krankheiten<br>• Arzneimittel, Heilmittel<br>• Mutterschaftsvorsorge<br>• Krankengeld<br>• Erziehungsgeld<br>• sonstige Hilfen | • Maßnahmen zur Unfallverhütung<br>• Heilbehandlung bei Unfallverletzungen und Berufskrankheiten<br>• Verletztengeld<br>• Berufshilfe<br>• Renten an Verletzte und Hinterbliebene<br>• Sterbegeld |

| Versicherte | Pflichtversicherte:<br>• Arbeitnehmer und ihre Familienangehörigen<br>• Arbeitslose<br>• Auszubildende<br>• Studenten bis 14. Fachsemester<br>• Rentner<br>• Landwirte, Künstler, Kleingewerbetreibende und Selbstständige mit Einkommen unter der Pflichtversicherungsgrenze | Pflichtversicherte:<br>• Arbeitnehmer<br>• Auszubildende<br>• Schüler und Studenten<br>• Landwirte<br>• Haushaltshilfen und häusliche Pflegekräfte |

|  | **Rentenversicherung** | **Arbeitslosenversicherung** | **Pflegeversicherung** |
|---|---|---|---|
| Träger | Deutsche Rentenversicherung | Bundesagentur für Arbeit mit ihren Regionaldirektionen und Agenturen für Arbeit | Pflegekassen; ihre Aufgaben werden von den gesetzlichen Krankenkassen übernommen |
| Beiträge (Stand Juni 2025) | 18,6 % des Bruttolohnes bis zur Beitragsbemessungsgrenze, in der Regel zahlen Arbeitgeber und Arbeitnehmer je die Hälfte | 2,6 % des Bruttolohnes bis zur Beitragsbemessungsgrenze, in der Regel zahlen Arbeitgeber und Arbeitnehmer je die Hälfte | 3,6 % des Bruttogehaltes bis zur Beitragsbemessungsgrenze; Arbeitgeber und Arbeitnehmer zahlen je die Hälfte; Kinderlose über 23 Jahren zahlen außerdem einen Zuschlag von 0,6 % |
| Leistungen | • Renten wegen Alters (Regelaltersrente)<br>• Renten wegen verminderter Erwerbsfähigkeit<br>• Renten wegen Todes (z.B. Witwen-/Waisenrente)<br>• Rente an den geschiedenen Ehegatten<br>• Leistungen zur Rehabilitation | • Arbeitsvermittlung<br>• Berufsberatung<br>• Umschulung mit Unterhaltsgeld<br>• Arbeitslosengeld<br>• Förderung der beruflichen Fortbildung | Alle Pflegebedürftigen (stationär und ambulant) haben Anspruch auf Leistungen. Diese richten sich nach dem Grad der Pflegebedürftigkeit; hierbei werden drei Pflegestufen unterschieden. Die Pflegeversicherung erbringt Geld- oder Sachleistungen, mit denen die Grundpflege und hauswirtschaftliche Versorgung finanziert werden. |
| Versicherte | Pflichtversicherte:<br>• Arbeitnehmer<br>• Auszubildende<br>• Arbeitslose<br>• Künstler und Schriftsteller<br>• Handwerksmeister | Pflichtversicherte:<br>• Arbeitnehmer<br>• Auszubildende | Pflichtversicherte:<br>• alle gesetzlich Krankenversicherten |

In der gesetzlichen Unfallversicherung sind nicht nur Unfälle in der Betriebsstätte und bei auswärtigen Arbeitseinsätzen versichert, sondern auch **Wegeunfälle** von der privaten Unterkunft zum Einsatzort und zurück. Dabei gelten folgende Grundsätze:

| **Besonderheiten bei Wegeunfällen** |
| --- |
| • Versichert ist nur der direkte Weg, dies ist der kürzeste oder der schnellste Weg zum Arbeitsplatz. |
| • Umwege zum Abholen bei Fahrgemeinschaften sind ebenfalls versichert. |
| • Privat bedingte Unterbrechungen und Umwege sind nicht unfallversichert, bei einer Fortsetzung des direkten Weges nach kurzer Unterbrechung lebt der Versicherungsschutz wieder auf. |

Bei der Ermittlung der Beiträge ist zu berücksichtigen, dass Abzüge nur von einem Einkommen bis zur **Beitragsbemessungsgrenze** berechnet werden, das darüber hinausgehende Einkommen bleibt unberücksichtigt. Die Beitragsbemessungsgrenze liegt 2025 in der Renten- und Arbeitslosenversicherung bei einem Monatseinkommen von 8.050,00 € (keine Trennung mehr in alte und neue Bundesländer, Jahresgrenze: 96.600,00 €). Für Kranken- und Pflegeversicherung gilt eine Beitragsbemessungsgrenze von monatlich 5.512,50 € (entspricht 66.150,00 € jährlich). Einkommen oberhalb der Beitragsbemessungsgrenze wird bei der Ermittlung der jeweiligen Beiträge nicht berücksichtigt. Überschreitet das Einkommen dauerhaft die Versicherungspflichtgrenze von zzt. 6.150,00 € monatlich, kann man von der gesetzlichen in eine private Krankenversicherung wechseln.

## Aufgaben:

**37:** Die 17-jährige Auszubildende Irene Driesch ist mit dem Mofa auf dem Weg zur Arbeit, als ihr Vorderrad blockiert, sie vom Fahrzeug fällt und sich erhebliche Verletzungen zuzieht, die ambulant im Krankenhaus behandelt werden. Wer bezahlt die Behandlungskosten?

(1) die gesetzliche Krankenversicherung

(2) die Haftpflichtversicherung für das Mofa

(3) die gesetzliche Unfallversicherung

(4) die Rentenversicherung

(5) die private Unfallversicherung der Auszubildenden

**38:** Die 19-jährige Auszubildende Janine de Lorey hat das 2. Ausbildungsjahr begonnen, was eine Erhöhung der monatlichen Ausbildungsvergütung auf 700,– € nach sich zog. Errechnen Sie, welchen Arbeitnehmerbeitrag sie zur gesetzlichen Krankenversicherung leisten muss. Ihre Krankenkasse erhebt einen Zusatzbeitrag von 3,4 %.

**39:** Im Jahre 2025 erhält die Mitarbeiterin Janina Filtrup ein Monatsgehalt von 5.000,– € und eine einmalige Erfolgsbeteiligung von 8.000,– €. Laut Tarifvertrag steht ihr außerdem ein 13. Monatsgehalt als Weihnachtsgeld zu. Von welchem Jahreseinkommen werden die Beiträge zur Rentenversicherung und von welchem die Beiträge zur Krankenversicherung berechnet?

**40:** Was bedeutet der „Generationenvertrag" in der gesetzlichen Rentenversicherung?

(1) Die Arbeitgeber finanzieren die Hälfte der gesetzlichen Rentenversicherung.

(2) Jeder Arbeitnehmer soll einen Teil seines Nettoeinkommens für die private Altersvorsorge zurücklegen.

(3) Die Kinder zahlen jeweils die Rentenleistung ihrer Eltern.

(4) Jede Arbeitnehmergeneration ist verpflichtet, der Rentenversicherung eine vertragliche Beitragszusicherung abzugeben.

(5) Die beruflich aktive Generation bezahlt die Rente der Ruhestandsgeneration.

## Funktion 1104:  Rechtsformen

Die Wahl der geeigneten Rechtsform bei der Gründung oder Umgestaltung eines Unternehmens ist u.a. von folgenden Aspekten abhängig:

| Kriterien für die Wahl der Rechtsform |
|---|
| • Mindestkapital |
| • Möglichkeiten der Kapitalaufbringung (Eigen- und Fremdkapital) |
| • Einfluss auf die Geschäftsführung/unternehmerischer Einfluss |
| • Umfang der Haftung |
| • steuerliche Aspekte |
| • Publizitätspflichten (Veröffentlichung des Geschäftsergebnisses) |

Grundsätzlich lassen sich die Alternativen wie folgt systematisieren:

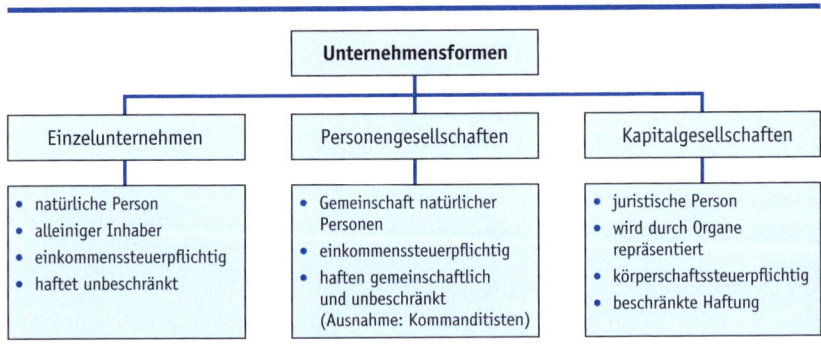

## 1    Einzelunternehmen und Personengesellschaften

Die Frage, ob der Unternehmer sein Unternehmen allein oder in Gemeinschaft mit anderen Gesellschaftern betreiben möchte, ist in vielerlei Hinsicht abzuwägen: Auf der positiven Seite stehen kurze Entscheidungsprozesse und alleiniger Gewinnanspruch negativen Aspekten wie hoher Arbeitsbelastung, hohem Fehlentscheidungsrisiko und geringer Kapitalausstattung gegenüber.

Personengesellschaften bieten gegenüber Kapitalgesellschaften den Vorteil, dass eine Einflussnahme auf die Unternehmensführung nicht von der Höhe der Kapitalbeteiligung abhängt, d. h., in einer OHG hat auch der Minderheitsgesellschafter die gleichen Geschäftsführungsrechte wie der Mehrheitsgesellschafter. Ferner ist die Publizitätspflicht (Offenlegung des Jahresabschlusses) auf Großunternehmen mit Umsatzerlösen über 130 Mio. € und mehr als 5000 Beschäftigten beschränkt. Nachteil ist hier sicherlich die unbeschränkte Haftung der (meisten) Gesellschafter.

Im Einzelnen sind folgende Merkmale zu vergleichen:

| Unternehmens-form | Einzelunternehmung | Offene Handelsgesellschaft | Kommanditgesellschaft |
|---|---|---|---|
| Gründungs-vorschriften | Gründung durch Aufnahme des Geschäftsbetriebes | • Gründung durch Aufnahme des Geschäftsbetriebes<br>• formloser Gesellschafts-vertrag, mind. 2 Gesellschafter | • Gründung durch Aufnahme des Geschäftsbetriebes<br>• formloser Gesellschaftsvertrag<br>• mind. 1 Komplementär und 1 Kommanditist |
| Rechtsform-zusatz | eingetragener Kfm./ eingetragene Kffr. „e.K." | offene Handelsgesellschaft „OHG" | Kommanditgesellschaft „KG" |
| Mindestkapital | keins | keins | keins |
| Geschäftsfüh-rung und Vertretung | durch den Inhaber, Erteilung von Prokura möglich | • jeder Gesellschafter allein (Einzelgeschäftsführung und Alleinvertretung)<br>• bei außergewöhnlichen Geschäften Zustimmung aller Gesellschafter nötig<br>• Erteilung von Prokura möglich | • durch die Komplementäre (Einzelgeschäftsführung und Alleinvertretung)<br>• bei außergewöhnlichen Geschäften Zustimmung aller Gesellschafter erforderlich<br>• Erteilung von Prokura nur durch Komplementäre möglich |
| Haftung | unbeschränkt, d.h. mit Geschäfts- und Privatvermögen | unbeschränkt, unmittelbar und solidarisch | • Komplementäre haften wie OHG-Gesellschafter.<br>• Kommanditisten haften nur bis zur Höhe ihrer Einlage. |
| Gewinn-verteilung (gesetzlich) | entfällt | im Verhältnis der Einlagen, im Zweifelsfall zu gleichen Teilen | im Verhältnis der Einlagen, im Zweifelsfall zu gleichen Teilen |
| Besonderheit | „Stille Gesellschaft", d. h., es kann ein weiterer Eigenkapitalgeber vorhanden sein, der nach außen nicht in Erscheinung tritt | | Kommanditisten haben Kontrollrecht hinsichtlich der Ergebnisermittlung (Jahresabschluss) |

## Aufgaben:

**? 41:** In der „Sauerländer Dekorkerzen OHG" hat der mit den drei Gesellschaftern abgeschlossene Gesellschaftsvertrag zur Gewinnverteilung keine vom Gesetz abweichende Regelung getroffen. Der Gesellschafter Thomas Ömmerstroh hat mit einer Einlage von 20.000,– € zum Eigenkapital von 100.000,– € beigetragen. Berechnen Sie, wie hoch sein Anteil am Gesamtgewinn in Höhe von 34.000,– € ausfällt.

**? 42:** Marvin Koll und Thalia Belkenwein wollen eine Personengesellschaft gründen, in der beide unbeschränkt haften. Gewerbezweig soll die Herstellung von Teppichböden sein. Unter welcher Firma kann das Unternehmen im Handelsregister angemeldet werden?

(1) Koll & Belkenwein
(2) Koll & Partner Handelsgesellschaft
(3) Bodenbeläge Koll & Belkenwein KG
(4) Koll & Belkenwein OHG
(5) Teppich Koll e. K.

**? 43:** Drei ehemalige Schulfreunde, Erik Winter, Carola Dasgar und Melanie Dorindt haben eine Kommanditgesellschaft zum Vertrieb von Importwaren gegründet. Erik Winter ist der Komplementär, die anderen sind als Kommanditistinnen beteiligt. Nun möchte Erik Winter die Firma verlassen. Welche Konsequenz ist damit verbunden?

(1) Das Unternehmen kann weitergeführt werden, solange noch zwei Gesellschafter verbleiben.

(2) Das Unternehmen wird ohne Komplementär automatisch zu einer OHG.

(3) Das Unternehmen ist ohne Komplementär nicht mehr als KG zu betreiben.

(4) Das Unternehmen kann noch 5 Jahre weitergeführt werden, weil Komplementäre auch nach dem Ausscheiden weiter privat haften.

(5) Das Unternehmen kann weitergeführt werden, wenn für Erik Winter noch mindestens 2 weitere Gesellschafter als Kommanditisten in die Gesellschaft einsteigen.

**? 44:** Holger Weiß ist einer von drei OHG-Gesellschaftern und ziemlich überrascht, als ein Gläubiger von ihm die Zahlung einer Rechnung für Büroausstattung fordert, die sein Mit-Gesellschafter Erich Schwarz bestellt und damit sein Büro eingerichtet hat. Wie ist die Rechtslage richtig beschrieben?

(1) Er kann die Zahlung mit dem Argument verweigern, dass er die Büroausstattung nicht bestellt hat.

(2) Er muss in diesem Falle unmittelbar und solidarisch für die Verbindlichkeiten einstehen.

(3) Er muss in diesem Falle ein Drittel der Verbindlichkeiten selbst leisten.

(4) Er kann den Gläubiger auffordern, die Rechnung zunächst von Herrn Schwarz einzufordern und ihn erst im Falle der Nichtzahlung haftbar zu machen.

(5) Er kann den Gläubiger auf den Gesellschaftsvertrag der OHG hinweisen, nachdem eine unmittelbare Haftung der Gesellschafter ausgeschlossen ist.

# 2 Kapitalgesellschaften

Kapitalgesellschaften bieten gegenüber Personengesellschaften mehrere Vorteile: Zum einen die beschränkte Haftung, dann eine bei hohen Gewinnen vorteilhafte Besteuerung (Körperschaftssteuersatz steigt auch bei hohen Gewinnsummen nicht an), vor allem aber die hohe Eigenkapitalbasis durch einen großen Kreis an Gesellschaftern/Aktionären.

Der Eintritt in eine Kapitalgesellschaft wird den Gesellschaftern nicht nur durch die ausgeschlossene persönliche Haftung, sondern auch durch den Umstand erleichtert, dass eine persönliche Mitarbeit in der Geschäftsführung nicht erforderlich ist. In der Aktiengesellschaft ist der Erwerb von Anteilen nochmals dadurch erleichtert, dass Eintritt und Kündigung nicht durch den Gesellschaftervertrag bestimmt werden, sondern durch den freien Handel der Anteilsscheine (Aktien) erfolgen.

Im Einzelnen sind folgende Merkmale zu vergleichen:

| Unternehmens-form | Gesellschaft mit beschränkter Haftung | Unternehmergesellschaft haftungsbeschränkt | Aktiengesellschaft |
|---|---|---|---|
| Gründungsvor-schriften | • Eintrag ins Handelsregister<br>• notariell beurkundeter Gesellschaftsvertrag (auch Anwendung des Musterprotokolls möglich),<br>• mind. 1 „Gesellschafter" | wie GmbH | • Eintrag ins Handelsregister<br>• notariell beurkundete Satzung (Gesellschaftsvertrag),<br>• mind. 1 Aktionär (Gesellschafter) |
| Rechtsformzusatz | Gesellschaft mit beschränkter Haftung „GmbH" | Unternehmergesellschaft (haftungsbeschränkt) „UG (haftungsbeschränkt)" | Aktiengesellschaft „AG" |
| Mindestkapital | 25.000,– € Stammkapital als Bar- oder Sacheinlage, dv. mind. 12.500,– € tatsächlich eingebracht | 1,– € (nur) als Bareinlage | 50.000,– € Grundkapital als Bar- oder Sacheinlage |
| Geschäftsführung und Vertretung | • wird durch die Versammlung der Gesellschafter bestimmt: bei mehreren Geschäftsführern gilt Gesamtgeschäftsführung und gemeinschaftliche Vertretung<br>• Prokura wird auf Beschluss der Gesellschafterversammlung durch die Geschäftsführung erteilt | wie GmbH | • wird durch den Aufsichtsrat bestimmt<br>• bei mehreren Vorständen gilt Gesamtgeschäftsführungsbefugnis und gemeinschaftliche Vertretung<br>• Prokura wird durch den Vorstand erteilt |

| Haftung | beschränkt auf den gezeichne-ten Geschäftsanteil | wie GmbH | beschränkt auf den Anteil am Geschäftsvermögen |
|---|---|---|---|
| Gewinnverteilung (gesetzlich) | im Verhältnis der Geschäftsan-teile, Bildung freiwilliger Rück-lagen möglich | 25% des Jahresgewinns gehen in die gesetzliche Rücklage (insg. max. 25.000,– €),Rest wird im Verhältnis der Geschäftsan-teile verteilt oder in eine freiwillige Rücklage eingestellt | Zufluss in die gesetzliche Rücklage (bis 10% des Grundkapitals erreicht sind), Bildung weiterer Gewinnrücklagen, Dividen-denausschüttung nach Aktienanteilen |
| Besonderheit | Neben der Geschäftsführung bestehen als weitere Organe der Aufsichtsrat (sofern über 500 Mitarbeiter) und die Gesellschafterversammlung. | Organe wie GmbH; Erreicht die gesetzliche Rücklage 25.000,– €, kann die UG in eine GmbH umge-wandelt werden. | Neben dem Vorstand be-stehen als weitere Organe der Aufsichtsrat und die Hauptversammlung. |

Neben reinen Personen- und Kapitalgesellschaften gibt es auch Mischformen, am häufigsten findet sich die **GmbH & Co. KG:** Hier handelt es sich um eine Kom-manditgesellschaft, deren Komplementär keine natürliche Person ist, sondern eine juristische – in Form einer GmbH. Zwar haftet in diesem Falle auch die GmbH unbeschränkt, hat aber als juristische Person kein Privatvermögen. Das bedeutet folglich, dass in dieser Personengesellschaft überhaupt kein Privatver-mögen herangezogen werden kann.

### Aufgaben:

 **45:** Lore Dorweg, 17 Jahre alt, hat einen Ausbildungsvertrag zur Industrie-kauffrau mit der „Bodensee-Luftschifffahrts AG" geschlossen. Welche Aussage über ihren Ausbildungsbetrieb trifft **nicht** zu?

(1) Das Stammkapital beträgt mindestens 25.000,– €.

(2) Der Vorstand führt die Geschäfte.

(3) Das Eigenkapital wird u.a. durch die Ausgabe von Aktien aufgebracht.

(4) Die AG ist eine Kapitalgesellschaft.

(5) Der Handelsregistereintrag ist konstituierend.

 **46:** Der Kurs für die Aktien der „Marburger Baumaschinen AG" ist seit Monaten ständig gesunken. Welche Wirkung hat dies auf das Grundkapital der Akti-engesellschaft?

(1) Das Grundkapital verringert sich im gleichen Verhältnis wie der Aktienkurs.

(2) Das Grundkapital bleibt davon unberührt.

(3) Das Grundkapital sinkt, jedoch nicht unter die Schwelle von 50.000,– €.

(4) Das Grundkapital muss zum Ausgleich der Kursverluste entsprechend zunehmen.

(5) Das Grundkapital wird teilweise in Stammkapital umgewandelt.

**?** **47:** Vor einigen Monaten wurde die „Marmeladenfabrik Vorgebirge KG" in die „Marmeladenfabrik Vorgebirge GmbH & Co. KG" umgewandelt. Welche Rechtsfolge ist damit verbunden?

(1) In dieser Personengesellschaft gibt es kein haftungspflichtiges Privatvermögen.

(2) Es handelt sich nun nicht mehr um eine Personengesellschaft.

(3) Der Kommanditist ist eine GmbH.

(4) Diese Gesellschaftsform benötigt nur einen Gesellschafter.

(5) Das Mindestkapital dieser Gesellschaftsform beträgt 25.001,– €.

**?** **48:** Ordnen Sie jeweils ein Merkmal zu, welches auf die GmbH und auf die AG zutrifft:

| Merkmal | Unternehmensform |
|---|---|
| (1) mindestens 2 Gesellschafter | a. GmbH |
| (2) an der Börse gehandelte Anteilsscheine | b. AG |
| (3) Mindesteinlage je Aktionär beträgt 500,– € | |
| (4) Grundkapital mindestens 25.000,– € | |
| (5) keine gesetzliche Gewinnrücklage | |

## 3 Organe

Da die juristische Person eine fiktive Rechtsfigur darstellt, kann diese nicht selber entscheiden und handeln, sondern muss die Interessenvertretung einer Gemeinschaft natürlicher Personen (Organ-schaften) überlassen. Um zu gewährleisten, dass diese natürlichen Personen tatsächlich die Interessen der juristischen Person und nicht ihre persönlichen Interessen verfolgen, sind die unternehmerischen Aufgaben auf mehrere dieser Organe verteilt:

| Organ | GmbH | AG |
|---|---|---|
| leitendes Organ | Geschäftsführung | Vorstand |
| überwachendes Organ | Aufsichtsrat → erst bei mehr als 500 Arbeitnehmern zwingend erforderlich | Aufsichtsrat → immer vorgeschrieben |
| beschließendes Organ | Gesellschafterversammlung | Hauptversammlung |

Die Aufgabenverteilung ist durch Gesetz (Aktiengesetz, GmbH-Gesetz) geregelt und wird am Beispiel der Aktiengesellschaft wie folgt vorgenommen:

## Aktiengesellschaft

| Aufgaben des Vorstands | Aufgaben des Aufsichtsrates | Aufgaben der Hauptversammlung |
|---|---|---|
| • Führung der lfd. Geschäfte<br>• Gerichtliche und außergerichtliche Vertretung<br>• Erstellung des Jahresabschlusses<br>• Einberufung der ordentlichen Hauptversammlung<br>• Vorschlag zur Gewinnverwendung<br>• Erteilung von Prokura<br>• Beantragung von Insolvenz | • Bestellung und Abberufung des Vorstandes<br>• Überwachung der Vorstandtätigkeit<br>• Prüfung des vom Vorstand erstellten Jahresabschlusses<br>• Berichterstattung in der Hauptversammlung<br>• im Bedarfsfall: Einberufung einer außerordentlichen Hauptversammlung | • Beschlussfassung über die Gewinnverwendung<br>• Entlastung von Vorstand und Aufsichtsrat<br>• Wahl der Kapitalvertreter in den Aufsichtsrat<br>• Wahl der Wirtschaftsprüfer<br>• Beschlussfassung über Satzungsänderungen (z.B. Kapitalerhöhung) |

Der Vorstand wird für maximal 5 Jahre bestellt, eine wiederholte Bestellung ist zulässig. Aufsichtsratsmitglieder werden für maximal 4 Jahre bestellt. Die ordentliche Hauptversammlung tritt einmal jährlich zusammen, bei ihr gilt ein Stimmrecht je Aktie. Bei Satzungsänderungen sind Mehrheitsentscheidungen mit 3/4-Mehrheit erforderlich.

Bei der GmbH gelten u.a. folgende Abweichungen:
• Ein Aufsichtsrat ist nicht immer zwingend vorgeschrieben, die Kontrollpflichten müssen dann durch die Gesellschafter selbst wahrgenommen werden;
• die Geschäftsführung wird durch die Gesellschafterversammlung bestimmt und ernannt;
• Prokura wird auf Beschlussfassung der Gesellschafterversammlung erteilt.

### Aufgaben:

 **49:** Welche Aussage zum Aufsichtsrat einer GmbH ist zutreffend?
(1) Der Aufsichtsrat ernennt die Vorstandsmitglieder der GmbH.
(2) Der Aufsichtsrat beantragt gegebenenfalls die Insolvenz.
(3) Nicht bei jeder GmbH ist ein Aufsichtsrat vorgeschrieben.
(4) Die Gesellschafter sind auch automatisch Aufsichtsratsmitglieder.
(5) Ein bestehender Aufsichtsrat tagt in der GmbH nur einmal jährlich.

 **50:** Der Auszubildende Jens Bach soll helfen, die nächste Vorstandssitzung seines Ausbildungsbetriebes, der „Fruchtzucker AG", vorzubereiten. Welche der folgenden Tagesordnungspunkte könnten eine Aufgabe dieses Gremiums sein?
(1) Entscheidung über die Gewinnverwendung
(2) Wahl der Mitglieder für den Aufsichtsrat
(3) Prüfung des Jahresabschlusses
(4) Einberufung der ordentlichen Hauptversammlung
(5) Entlastung der Hauptversammlung

# Prüfungsgebiet 12: Das Unternehmen im gesamtwirtschaftlichen Zusammenhang

## Funktion 1201: Investition und Wirtschaftswachstum

### 1 Standortwahl

Eine Reihe von Wettbewerbsfaktoren bestimmt die Attraktivität eines bestimmten Standortes.

**Beschaffungsbezogene Standortfaktoren**
- Immobilienpreise
- Materialkosten
- Transportkosten
- Kosten, die die Art des Produkts verursacht
- Qualifikation der Arbeitskräfte

**Auflagen und Genehmigungsverfahren**
- Umweltschutzauflagen
- Gewerbeeinschränkungen
- Grunderwerbseinschränkungen

**Arbeitsbezogene Standortfaktoren**
- Zahl der Arbeitskräfte
- Kosten der Arbeitskräfte
- Qualifikation der Arbeitskräfte

**Renditebezogene Standortfaktoren**
- Gewinn
- Rentabilität
- Produktivität
- Wirtschaftlichkeit

**Standortfaktoren**

**Infrastrukturelle Standortfaktoren**
- Anbindung an Autobahnen
- Vorhandensein von Verkehrsknotenpunkten
- Telekommunikationsnetz
- Dienstleistungsangebote

**Abgabebezogene Standortfaktoren**
- Zölle
- Kontingente
- Steuern

**Absatzbezogene Standortfaktoren**
- Kundennähe
- Kundenstruktur
- Kaufverhalten
- Konkurrenz
- potenzielle Nachfrage
- Vertriebsstruktur
- Transportfähigkeit des Produkts
- Lieferfristen

Im Zuge der Globalisierung ringen nicht mehr nur die Kommunen und Regionen um die Ansiedlung neuer Betriebe, sondern auch die Staaten befinden sich nunmehr in einem internationalen Wettbewerb um die günstigsten Standortbedingungen. Ungünstige Standortbedingungen können im Verlust ganzer Wirtschaftsbranchen münden, so ist z.B. die Fotoindustrie oder die Textilindustrie mittlerweile fast vollkommen aus Deutschland in andere Regionen abgewandert.

Bei den **Steuern als Standortfaktor** ist zwischenden nationalen und den internationalen Steuern zu unterscheiden:

- **National,** also innerhalb Deutschlands, sind die **Einkommenssteuer** oder die **Körperschaftssteuer**, die die Gewinnbesteuerung der Unternehmen bzw. deren Inhaber regeln, **kein** Wettbewerbsfaktor. Grund: Die Steuersätze sind deutschlandweit einheitlich. Nur die **Gewerbesteuer**, deren Höhe von den einzelnen Städten und Gemeinden (Kommunen) festgelegt wird, ist hier für die Standortwahl relevant.
- **International** steht das gesamte Steuersystem der einzelnen Staaten im Vergleich, und alle genannten Steuerarten werden zum Standortfaktor.
- Ausnahme: Die **Umsatzsteuer** ist jedoch weder national noch international für die Standortwahl entscheidend, da sie unabhängig von ihrer Höhe immer nur vom Endverbraucher zu tragen ist.

Die im Einzelnen aufgezeigten Faktoren sind jedoch nicht für alle Betriebe von gleicher Bedeutung. So wird eine Finanzholding einen abgabenbezogenen Standort wählen (also den Standort mit der geringsten staatlichen Abgabenlast), während ein High-Tech-Unternehmen eher eine arbeitsbezogene Standortentscheidung vornimmt, d.h. zunächst die Verfügbarkeit qualifizierter Arbeitskräfte betrachtet.

Um alle Faktoren und deren unterschiedliche Bedeutung in ein transparentes Entscheidungs-verfahren einzubeziehen, verwendet man zumeist eine Entscheidungsbewertungstabelle. Diese hat einen Aufbau wie im folgenden Beispiel:

**Beispiel:** Entscheidungsbewertungstabelle für die Standortwahl

| Standortfaktor | Gewichtungs-faktor | A-Stadt | | B-Stadt | | C-Stadt | |
|---|---|---|---|---|---|---|---|
| | | Punkte A-Stadt | gewichtete Punkte | Punkte B-Stadt | gewichtete Punkte | Punkte C-Stadt | gewichtete Punkte |
| Verkehrslage | 3 | 40 | 120 | 60 | 180 | 90 | 270 |
| Fachkräfte | 5 | 60 | 300 | 60 | 300 | 40 | 200 |
| Abgaben | 2 | 30 | 60 | 20 | 40 | 20 | 40 |
| Umweltauflagen | 1 | 50 | 50 | 70 | 70 | 30 | 30 |
| Punktsumme | | | 530 | | 590 | | 540 |

Bei der Erstellung werden zunächst die Standortfaktoren und dann deren Gewichtung festgelegt. Dann wird jeder Standort nach einem festgelegten Bewertungsschema bepunktet (z.B. 100 Punkte = ideal, 0 Punkte = denkbar schlecht), die erteilten Punkte anschließend mit dem Gewichtungsfaktor multipliziert und die so gewonnene Punktzahl für jeden Standort addiert.

## Aufgaben:

**1:** Die „Location Systeme GmbH", ein Produzent von Radarsystemen für die Militär- und Zivilschifffahrt möchte aus Gründen der Kosteneinsparung die bislang auf verschiedene Standorte verstreuten Aktivitäten auf einem Standort konzentrieren. Hierzu wurde bereits eine Entscheidungsbewertungstabelle vorbereitet:

| Standortfaktor | Gewich-tungsfaktor | Standort A | | Standort B | | Standort C | |
|---|---|---|---|---|---|---|---|
| | | Punkte A-Stadt | gewichtete Punkte | Punkte B-Stadt | gewichtete Punkte | Punkte C-Stadt | gewichtete Punkte |
| Nähe Abnehmer | 5 | 20 | | 60 | | 80 | |
| Arbeitskräfte | 8 | 60 | | 50 | | 40 | |
| Gewerbeauflagen | 2 | 40 | | 80 | | 60 | |
| Abgaben | 3 | 30 | | 20 | | 20 | |
| Subventionen | 1 | 50 | | 70 | | 10 | |
| Verkehrswege | 5 | 30 | | 60 | | 70 | |
| Punktsumme | | | | | | | |

Ermitteln Sie durch Ausfüllen der Tabelle den günstigsten Standort.

**2:** Stellen Sie anhand der vorherigen Tabelle fest, welcher Standortfaktor für die „Location Systeme GmbH" am wichtigsten ist:

(1) ein an der Umwelt orientierter Standort

(2) ein an staatlichen Abgaben orientierter Standort

(3) ein an Vorhandensein geeigneter Arbeitskräfte orientierter Standort

(4) ein an der Infrastruktur orientierter Standort

(5) ein an Gewerbevorschriften orientierter Standort

**3:** Sie sollen für Ihren Ausbildungsbetrieb, einen Hersteller von Schausteller-Fahrgeschäften (Karussell, Autoscooter, Riesenrad usw.) im Inland einen neuen Standort suchen. Welche der folgenden Steuern könnte einen Einfluss auf die Standortentscheidung haben?

(1) die Umsatzsteuer        (2) die Gewerbesteuer

(3) die Vergnügungssteuer   (4) die Einkommenssteuer

(5) die Mineralölsteuer

## 2 Instrumente staatlicher Wettbewerbspolitik

Der Staat beziehungsweise die von ihm geführten Institutionen haben vielfältige Möglichkeiten, das Wirtschaftsgeschehen zu beeinflussen:

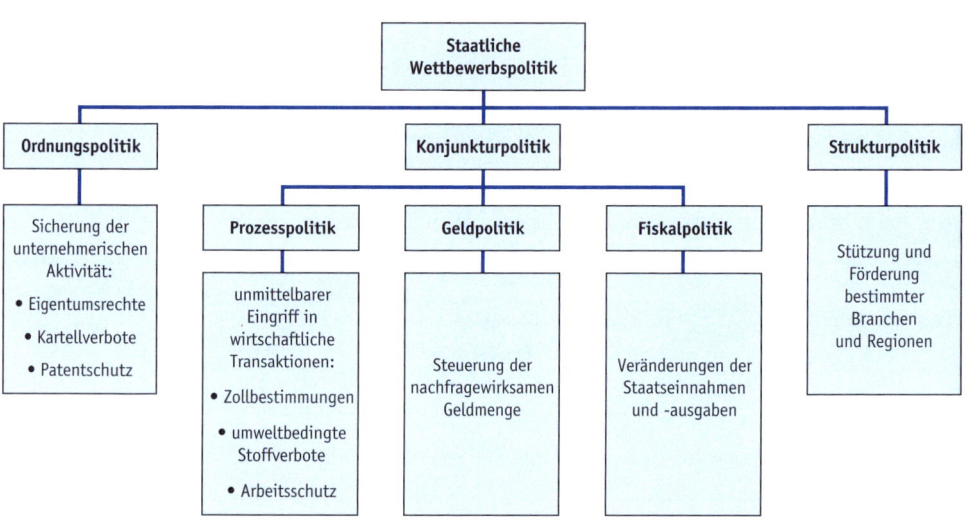

Die **Ordnungspolitik** legt den Rahmen fest, innerhalb dessen wirtschaftliche Aktivitäten stattfinden können. Mit ihrer Hilfe soll gleichzeitig eine stabile und verlässliche Grundlage für den unternehmerischen Erfolg, aber auch eine wettbewerbsintensive Konkurrenzsituation geschaffen werden. Zu den ordnungspolitischen Regelungen gehören insbesondere
- die Eigentumsordnung,
- die rechtlichen Regelungen zur Gewährleistung wirtschaftlichen Wettbewerbs (Verbot von Wettbewerbeschränkungen, Kontrolle der Werbe- und Verkaufspraktiken etc.) und
- die Regelung des Vertrags- und Haftungsrechts.

Die **Konjunkturpolitik** hat die Absicht, das Auf und Ab der wirtschaftlichen Aktivität möglichst in Form eines moderaten, aber ununterbrochenen Aufwärtstrends zu verstetigen. In konjunkturschwachen Zeiten werden so nachfragebelebende Maßnahmen ergriffen, in Zeiten der Hochkonjunktur werden nachfragedämpfende Impulse gesetzt. Die Konjunkturpolitik wird von zwei Akteuren getragen: der staatlichen Wettbewerbspolitik sowie der Geldpolitik der Europäischen Zentralbank. Aktionsparameter sind hier erstens direkte Eingriffe in Erzeugung und Handel (z.B. Einführung von Importbeschränkungen), zweitens Änderung des Besteuerungssystems und der staatlichen Ausgaben sowie drittens die Veränderung der Geldversorgung.

Die **Strukturpolitik** verfolgt das Ziel, die Wirtschaft erfolgreich auf den technisch-organisatorischen Wandel, auf die Veränderung der weltwirtschaftlichen Wettbewerbsbedingungen, einzustellen. Dabei kann sowohl die Gesamtwirtschaft im Fokus stehen (z.B. Ausbau eines Breitbandnetzes zur verbesserten Kommunikation), als auch bestimmte krisengeprägte Regionen oder Branchen, die durch entsprechende Maßnahmen gefördert werden. Weitere Ausführungen erfolgen im nächsten Abschnitt.

## Aufgaben:

**?) 4:** Im Zuge einer anhaltenden Wirtschaftskrise hat der Deutsche Bundestag am heutigen Vormittag ein umfangreiches Maßnahmenpaket verabschiedet. Welche 2 der im folgenden genannten Maßnahmen sind rein konjunkturpolitisch ausgestaltet?

(1) befristete Senkung der Einkommenssteuer

(2) Untersagung von Unternehmenszusammenschlüssen

(3) Ansiedlungsprämien für Betriebe in Küstengebieten

(4) verstärkte Investitionstätigkeit staatlicher Einrichtungen

(5) europäische Vereinheitlichung von Zulassungsbedingungen technischer Anlagen

**?) 5:** Der Arbeitgeberverband Bauindustrie weist seit Jahren auf einen großen Wettbewerbsnachteil deutscher Bauunternehmen hin. Diese müssten auch im Inland mit ausländischen Baugesellschaften konkurrieren, deren Mitarbeiter nur nach den im Ausland üblichen Entgelten bezahlt würden und deshalb deutlich günstigere Angebote machen könnten. Wählen Sie eine geeignete ordnungspolitische Maßnahme zur Behebung dieses Wettbewerbsnachteils aus:

(1) Vereinfachung der Baugenehmigungen

(2) Senkung des Mehrwertsteuersatzes auf Bauleistungen

(3) Tariflohnbindung für alle in Deutschland beschäftigten Bauarbeiter

(4) Erhöhung des Kurzarbeitergeldes

(5) Erhöhung der inländischen Tariflöhne

## 3    Nationale und europäische Strukturpolitik

Eine Volkswirtschaft unterliegt nicht nur konjunkturellen Schwankungen, sondern auch lokalen, regionalen oder globalen Veränderungen der Standort- und Wettbewerbsbedingungen.

| Anlässe des Strukturwandels | |
| --- | --- |
| • technische Innovation | • Bedarfsänderungen |
| • Aufbau oder Beseitigung von Handelsbarrieren (z.B. gemeinsamer EU-Markt, Freihandelsabkommen) | • Umweltschutz |
| | • Globalisierung der Märkte |
| | • Produktionsverbote |
| | • Ausfall von Rohstoffquellen u.a. |

Die Folge unzureichender Anpassung an die neuen Bedingungen besteht vor allem im Erlahmen der wirtschaftlichen Aktivität, sei es durch Standortverlagerung, Verkleinerung oder Insolvenz der betroffenen Unternehmen. Dies zieht im Folgenden hohe Arbeitslosigkeit, Einnahmendefizite der betroffenen Kommunen und Länder und soziale Spannungen nach sich. Da der Strukturwandel meist nicht auf ein bestimmtes Land begrenzt ist und eine Vereinheitlichung der Lebensverhältnisse in den EU-Staaten angestrebt wird, stehen heutzutage nationale und europäische Strukturförderung nebeneinander.

Die Strukturpolitik kann sich auf mehrere Bereiche erstrecken:

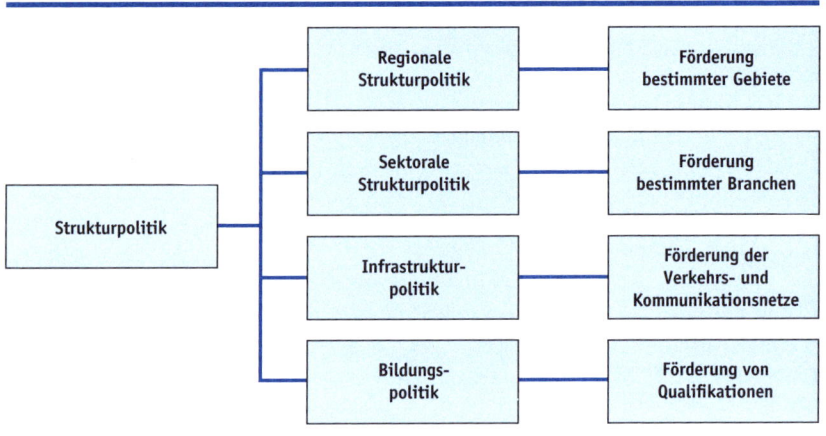

Als Förderungsinstrumente kommen grundsätzlich
- Steuererleichterungen und Subventionen,
- Ge-und Verbote sowie
- die finanzielle Förderung von Forschung, Bildung und Ausbildung in Betracht.

In der EU existieren verschiedene Fördertöpfe, beispielhaft zu nennen sind
- der Europäische Fonds für regionale Entwicklung (EFRE), der Regionen mit Entwicklungsrückstand oder demografischen Nachteilen fördert;
- der Europäische Sozialfonds plus, der die Beschäftigung (Arbeitsaufnahme oder Existenzgründung) junger oder benachteiligter Menschen fördert.

## Aufgaben:

**? 6:** Die Arbeitslosenquote im nordwestlichen Ruhrgebiet verharrt auf hohem Niveau. Die dort ansässigen Betriebe beklagen seit Jahren eine abnehmende Wettbewerbsfähigkeit der gesamten Region. Mit welcher strukturpolitischen Maßnahme könnte die Bundesregierung die Standortbedingungen in der Region gezielt verbessern?
(1) Ausbau der Infrastruktur durch Ansiedlung eines Frachtterminals der DB

(1) Ausbau der Infrastruktur durch Ansiedlung eines Frachtterminals der DB
(2) allgemeine Senkung der Körperschaftssteuer
(3) Verlängerung der Patentlaufzeiten
(4) Senkung des Mindestkapitals für Gesellschaften mit beschränkter Haftung
(5) Kürzung des Arbeitslosengeldes

**(?) 7:** Durch das Auftreten preisaggressiver internationaler Konkurrenz sind die europäischen Landmaschinenbauer (Traktoren, Mähdrescher usw.) zunehmend in eine wirtschaftliche Notlage geraten, es droht der massenhafte Verlust von Arbeitsplätzen. Mit welcher Maßnahme der sektoralen Strukturpolitik könnte dieser Situation begegnet werden?

(1) Zahlung von Subventionen für landwirtschaftsintensive Regionen
(2) Senkung des Umsatzsteuersatzes für Saatgetreide
(3) Investitionsbeihilfen für europäische Landmaschinenbauer
(4) finanzielle Förderung für die Einrichtung zusätzlicher Ausbildungsplätze
(5) Bau einer Schnellzugverbindung zwischen den europäischen Hauptstädten

# Funktion 1202: Wirtschaftskreislauf und volkswirtschaftliche Gesamtrechnung

## 1 Der Wirtschaftskreislauf

Der Wirtschaftskreislauf verdeutlicht die wirtschaftlichen Beziehungen der Wirtschaftsobjekte in einer Volkswirtschaft anhand der zwischen ihnen verlaufenden **Geldströme**. Es handelt sich hier in der Regel um eine sog. Nettoflussdarstellung, in der gegenteilige Effekte miteinander verrechnet sind. So sparen manche Haushalte, während andere umgekehrt Kredite aufnehmen. In der Summe übersteigt jedoch das Sparen die Kreditaufnahme.

Der offene Wirtschaftskreislauf mit staatlicher Aktivität kennt 5 Wirtschaftsobjekte:

| Bezeichnung | Anmerkung | Geldzuflüsse | Geldabflüsse |
|---|---|---|---|
| private Haushalte | Betrifft die privaten Geldzuflüsse und -abflüsse aller natürlichen Personen. Dazu gehören auch die privaten Haushalte der Unternehmer. | • Faktoreinkommen von den Unternehmen (Arbeitsentgelt, Miet- und Pachteinnahmen, Zinserträge, Gewinnanteil)<br>• Faktoreinkommen der Staatsbediensteten<br>• Sozialtransfer (staatliche Sozialleistungen) | • direkte Steuern (Einkommenssteuer, Grundsteuer, Kfz-Steuer)<br>• Sparen<br>• Konsumausgaben |

| Unternehmen | Produktabgaben werden vom Unternehmen abgeführt, sind jedoch vom Verbraucher zu tragen (Aufschlag auf den Produktpreis) | • Erlöse aus Konsumgüterverkäufen an private Haushalte<br>• Erlöse aus Güterverkäufen an den Staat<br>• Investitionskredite<br>• Exporterlöse<br>• Subventionen | • Produktabgaben (Umsatzsteuer, Mineralölsteuer, EEG-Abgabe)<br>• Faktoreinkommen an die privaten Haushalte<br>• Importausgaben |
| --- | --- | --- | --- |
| Kapitalsammelstellen | Banken, Versicherungen, Fonds etc. | Sparleistungen | Investitionskredite |
| Staat | | • direkte Steuern<br>• Produktabgaben<br>• ggf. Kredite zur Defizitabdeckung | • Subventionen<br>• Sozialtransfers<br>• Staatsnachfrage<br>• Faktoreinkommen Staatsbedienstete |
| Ausland | | Importausgaben | Exporterlöse |

Die Transaktionen innerhalb der Objektgruppen (also z.B. Verkäufe von Unternehmen zu Unternehmen) werden in dieser Darstellung nicht ausgewiesen.

*Oftmals wird nur die Differenz zwischen Exporterlösen und Importausgaben als sogenannter **Außenbeitrag** angegeben.

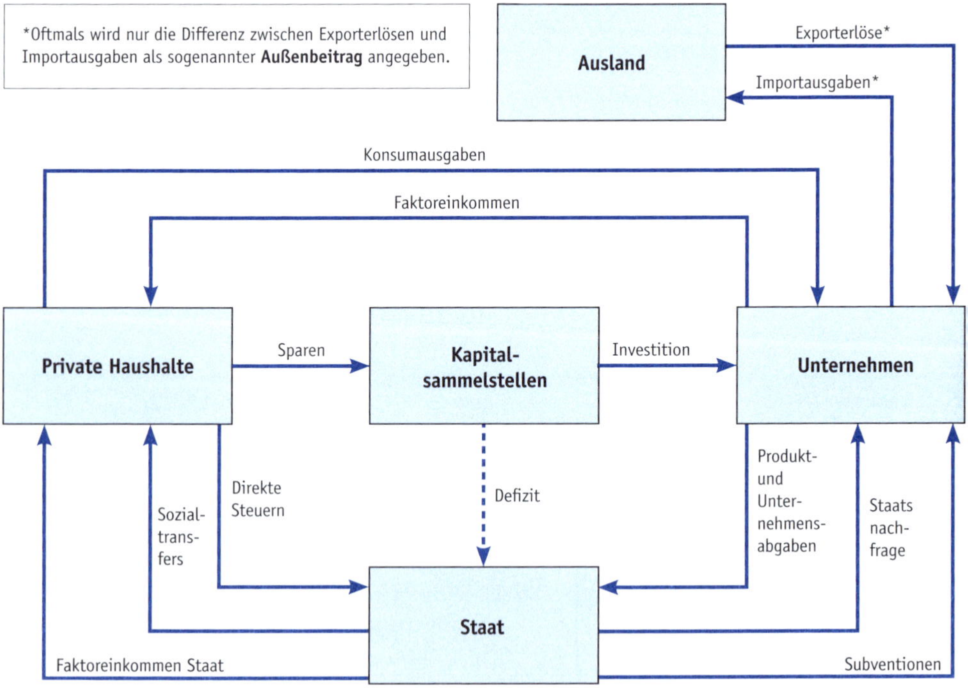

Ausland

Exporterlöse*

Importausgaben*

Konsumausgaben

Faktoreinkommen

**Private Haushalte** → Sparen → **Kapitalsammelstellen** → Investition → **Unternehmen**

Direkte Steuern

Sozialtransfers

Defizit

Produkt- und Unternehmensabgaben

Staatsnachfrage

**Staat**

Faktoreinkommen Staat

Subventionen

# Aufgaben:

**8:** In einem Wirtschaftskreislauf finden zur gleichen Zeit eine Reihe von Transaktionen statt, die einen entsprechenden Geldstrom auslösen. Ordnen Sie jeder der im Folgenden beschriebenen Transaktionen die Kennziffer zu, die im nachstehenden Schaubild den entsprechenden Geldstrom kennzeichnet:

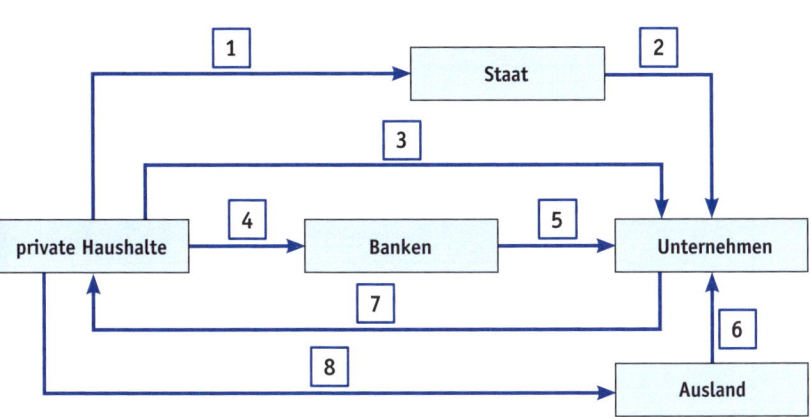

A: Eine Großhandlung erteilt der Bank einen Auftrag zur Überweisung. der Monatsgehälter

B: Eine Familie kauft sich bei ihrem Auslandsurlaub ein Souvenir.

C: Der Unternehmer bezahlt für sein Privatauto die fällige Kfz-Steuer.

D: Eine Auszubildende spart einen Teil ihrer Ausbildungsvergütung für die Wohnungseinrichtung.

E: Eine Feuerwache kauft ein neues Feuerwehrauto.

F: Eine Rentnerin erwirbt eine Lesebrille über den Versandhandel.

G: Ein Sägewerk liefert Bretter an eine italienische Möbelfabrik.

H: Eine Spedition beantragt einen Kredit für die Anschaffung neuer LKW.

**9:** Im Wirtschaftskreislauf eines Landes haben sich nahezu zeitgleich drei Geldströme verändert: Die Zahlungen der Haushalte an die Unternehmen sind gesunken, die Zahlungen der Haushalte an die Kapitalsammelstellen sind gestiegen und die Zahlungen der Kapitalsammelstellen an die Unternehmen sind gesunken. Welche Ursache dieser Entwicklung ist möglich?

(1) Es gab massive Steuererhöhungen.

(2) Der Wechselkurs des Euro ist gesunken.

(3) Die Mietpreise sind rückläufig.

(4) Es gibt eine allgemeine Inflationstendenz.

(5) Das Zinsniveau ist gestiegen.

**?** **10:** Ermitteln Sie unter Nutzung des unten stehenden Kreislaufschemas
a) die Höhe der Importe,
b) die Höhe der Investitionen,
c) die Höhe der Transferzahlungen.

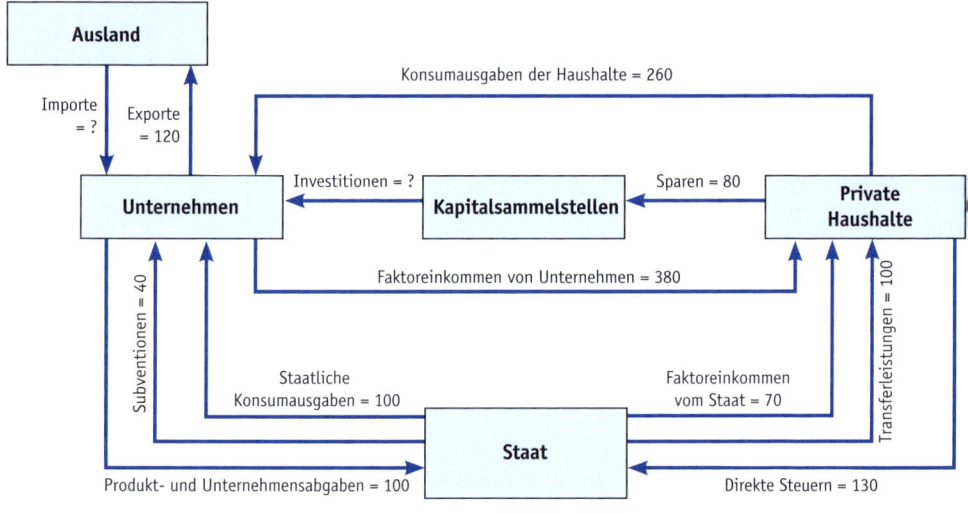

**?** **11:** Ermitteln Sie anhand des dargestellten Ausschnitts aus dem Wirtschaftskreislauf die Konsumquote der Haushalte:

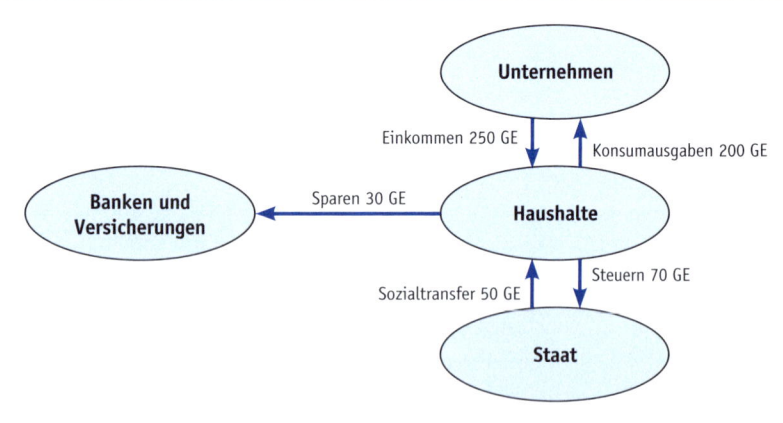

## 2 Das Bruttoinlandsprodukt und andere volkswirtschaftliche Kennzahlen

Die volkswirtschaftliche Leistungsfähigkeit wird durch eine Reihe von Begriffen beschrieben:

| Inlandsleistungen | | Inländerleistungen |
|---|---|---|
| **Bruttoproduktionswert** beschreibt die Nettoerträge aller inländischen Gewerbetreibenden (Umsätze, Eigenleistungen, Bestandsmehrungen) | | |
| **– Vorleistungen** zieht die Nettoumsätze zwischen Gewerbetreibenden innerhalb der Produktionskette ab | | |
| **= Bruttowertschöpfung** beschreibt die Nettoerträge aller inländischen Gewerbetreibenden, die mit Endabnehmern erzielt werden | | |
| **+ Gütersteuern** den Abgabepreis erhöhende Verbrauchssteuern | | |
| **– Gütersubventionen** | | |
| **= Bruttoinlandsprodukt** beschreibt die Nettoumsatzwerte aller inländischen Gewerbetreibenden, die mit Endabnehmern erzielt werden | + Wert der von Inländern im Ausland erzielten Leistungen – Wert der von Ausländern im Inland erzielten Leistungen | **= Bruttonationaleinkommen** beschreibt die Nettoumsatzwerte aller gewerbetreibenden Inländer, die mit Endabnehmern erzielt werden |
| | | **– Abschreibungen** durch Abnutzung der Betriebsmittel entstehende Wertverluste |
| | | **= Nettonationaleinkommen** beschreibt den tatsächlichen Wertezuwachs aller gewerbetreibenden Inländer |
| | | **– Abgaben an den Staat** Zölle, Betriebs- und Gewinnsteuern |
| | | **+ Unternehmenssubventionen** |
| | | **= Volkseinkommen** beschreibt den für die Vergütung aller Leistungsbeteiligten verbleibenden Wertezuwachs |

Dabei gilt das **Bruttoinlandsprodukt** als volkswirtschaftliche Referenzgröße. Da hier bereits alle Doppelzählungen von erzeugten Gütern und Dienstleistungen als Vorleistungen genauso herausgerechnet wurden wie Preisverzerrungen durch steuerliche Belastung der Güter, kennzeichnet der Begriff die volkswirtschaftliche Erzeugungskraft am besten.

Bruttoinlandsprodukt = erzeugter Güterwert einer Periode

Allerdings steigt der jährlich erzeugte Güterwert von Jahr zu Jahr, selbst wenn der Umfang der Gütererzeugung (leicht) abnähme. Verantwortlich dafür ist die Inflation, die durch ihre Preissteigerungsrate das BIP künstlich aufbläht. Möchte man also wissen, wie sich die Leistungskraft der Volkswirtschaft tatsächlich entwickelt, d.h., wie sich die Menge der erzeugten Güter verhält, muss man die Preissteigerungsrate aus dem BIP herausrechnen, die Gütermengen also mit gleichbleibenden Preisen bewerten.

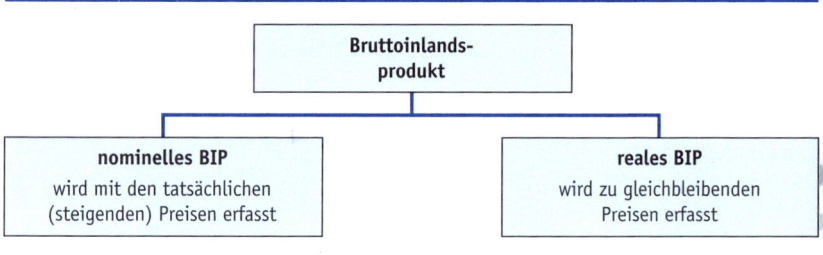

Um vom nominellen auf das reale BIP umzurechnen, wendet man folgende Formel an:

$$\text{reales BIP} = \frac{\text{nominales BIP} \cdot 100}{\text{Preisindex}}$$

Dieses Schema kann auch zur Ermittlung der Realeinkommen aus nominalen Einkommen verwendet werden!

Die Ermittlung des Bruttoinlandsprodukts ist eine sog. **Inlandsbetrachtung**, d.h., es wird der Wert der im Inland erzeugten Güter betrachtet, unabhängig davon, wer (von welcher Nationalität) diese hergestellt hat. In Deutschland wurde jedoch lange Zeit vornehmlich eine **Inländerbetrachtung** gewählt, d.h. es wurde der Wert der von Deutschen erzeugten Güter betrachtet, unabhängig davon, in welchem Land diese erbracht wurden. Dies hat sich teilweise bis heute erhalten, sodass Begriffe aus beiden Konzepten heute nebeneinander stehen:

| Inlandsbetrachtung | | Inländerbetrachtung |
|---|---|---|
| Bruttoinlandsprodukt | + Wert der von Deutschen im Ausland erzeugten Leistung<br>− Wert von Ausländern in Deutschland erzeugten Leistungen | = Bruttonationaleinkommen |
| Nettoinlandsprodukt | | = Nettonationaleinkommen |
| Inlandseinkommen | | = Volkseinkommen |

## Aufgaben:

**(?) 12:** In einer Broschüre ist bei der Berechnung des Volkseinkommens ein Fehler beim Abdruck des Berechnungsschemas vorgefallen. Stellen Sie fest, bei welchem der Schritte 1 bis 6 dieser Fehler vorliegt:

(1)    Bruttonationaleinkommen

(2) –  Abschreibungen

(3) =  Nettonationaleinkommen

(4) –  Produktions- und Importabgaben

(5) –  Subventionen

(6) =  Volkseinkommen

**(?) 13:** In der Wirtschaftsredaktion einer Tageszeitung wurden verschiedene Daten aus den vergangenen Jahren zusammengetragen (Mrd. €, alle Werte fiktiv):

| Jahr | Bruttowert-schöpfung | Produktabgaben abzg. Produktsubventionen | Arbeitnehmer-einkommen | Nettoinlands-produkt | Abschreibun-gen |
|------|------|------|------|------|------|
| 2014 | 2645,5 | 465,3 | 1382,4 | 1903,4 | 276,6 |
| 2015 | 2670,0 | 431,0 | 1399,1 | 1965,8 | 273,2 |

Ermitteln Sie das Bruttoinlandsprodukt für das Jahr 2015.

**(?) 14:** Sie studieren folgende Grafik zur Entwicklung des nominalen und realen Bruttoinlandsproduktes. Um wie viel % trug die Preissteigerungsrate 2018 zur Erhöhung der nominalen Wirtschaftsleistung bei?

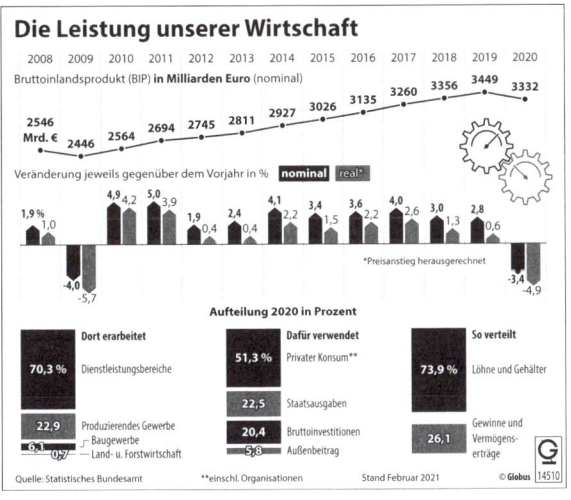

**(?) 15:** Prüfen Sie, welche Leistung **nicht** in das BIP einfließt:

(1) Verkaufserlöse einer Metzgerei, (2) Kauf eines Handys in einem Online-Shop

(3) PKW-Reparatur in einer Fachwerkstatt, (4) Krankenpflege einer Mutter für ihr Kind, (5) Kauf von Briefmarken bei der Post

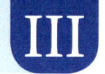

**16:** Im Jahr 2013 betrug das nominale Bruttoinlandsprodukt eines EU-Mitgliedslandes 1.244 Mrd. €. Im Folgejahr 2014 stieg es bei einer Preissteigerungsrate von 2,5% um 62 Mrd. €. Wie hoch ist der reale Zuwachs in %?

## 3 Entstehungs-, Verwendungs- und Verteilungsrechnung

Die volkswirtschaftliche Gesamtrechnung gliedert sich in 3 Informationsteile:

Volkswirtschaftliche Gesamtrechnung
Entstehungsrechnung
Verwendungsrechnung
Verteilungsrechnung
ermittelt, in welchen Wirtschaftsbereichen das Bruttoinlandsprodukt entsteht
ermittelt, wohin die erzeugten Güter und Dienstleistungen fließen
ermittelt, welche Haushalte von der Werteerzeugung in welchem Maße profitieren

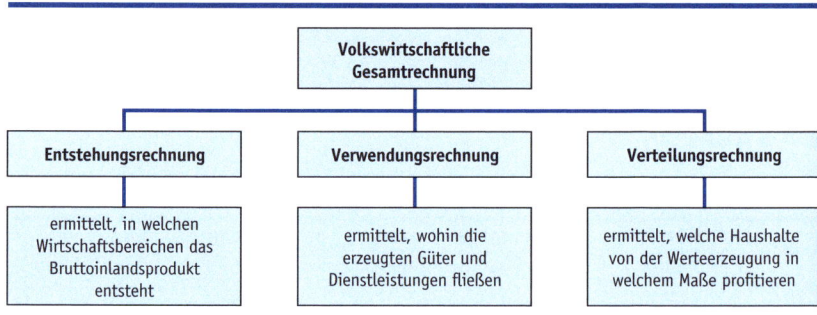

**Vorgehensweise bei der Datenberechnung**

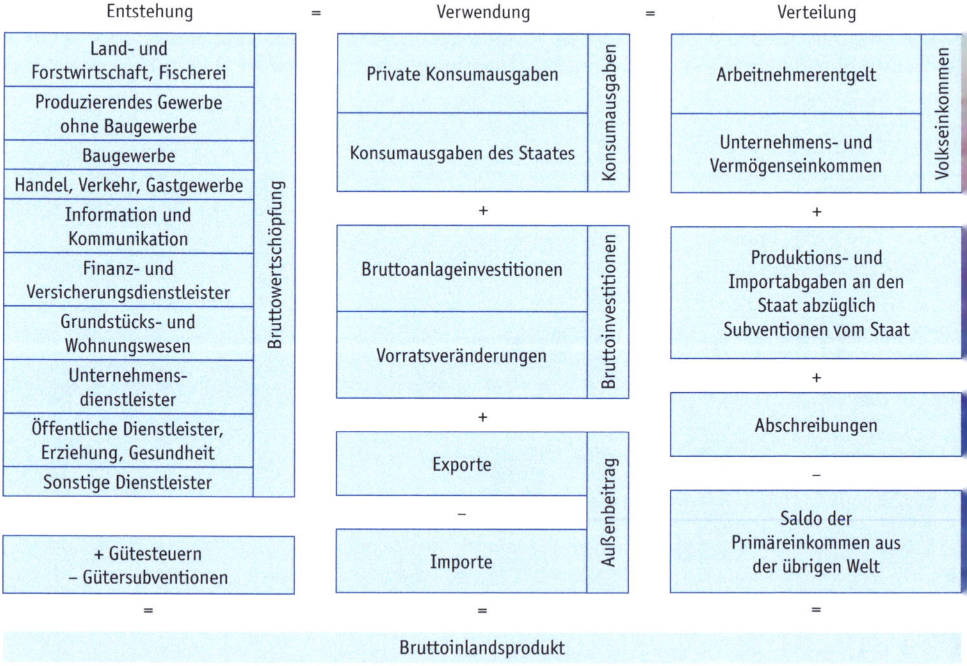

Entstehung
=
Verwendung
=
Verteilung
Land- und Forstwirtschaft, Fischerei
Produzierendes Gewerbe ohne Baugewerbe
Baugewerbe
Handel, Verkehr, Gastgewerbe
Information und Kommunikation
Finanz- und Versicherungsdienstleister
Grundstücks- und Wohnungswesen
Unternehmens-dienstleister
Öffentliche Dienstleister, Erziehung, Gesundheit
Sonstige Dienstleister
Bruttowertschöpfung
+ Gütersteuern
– Gütersubventionen
Private Konsumausgaben
Konsumausgaben des Staates
Konsumausgaben
+
Bruttoanlageinvestitionen
Vorratsveränderungen
Bruttoinvestitionen
+
Exporte
–
Importe
Außenbeitrag
Arbeitnehmerentgelt
Unternehmens- und Vermögenseinkommen
Volkseinkommen
+
Produktions- und Importabgaben an den Staat abzüglich Subventionen vom Staat
+
Abschreibungen
–
Saldo der Primäreinkommen aus der übrigen Welt
=
=
=
Bruttoinlandsprodukt

Quelle: Statistisches Bundesamt: Volkswirtschaftliche Gesamtrechnung, Wiesbaden 2013
https://www.destatis.de/DE/Publikationen/Qualitaetsberichte/VolkswirtschaftlicheGesamtrechnungen/QualitaetsberichtVGR.pdf?__blob=publicationFile

Bei der Verteilungsrechnung erfolgt die Ermittlung im Subtraktionsverfahren. Aus traditionellen Gründen wird hier die Inländerbetrachtung gewählt und vom BIP zunächst auf das Bruttonationaleinkommen umgerechnet. Dann werden Abschreibungen und Steuer fast herausgerechnet. Das so verbliebene Volkseinkommen wird schließlich wie folgt unterteilt:

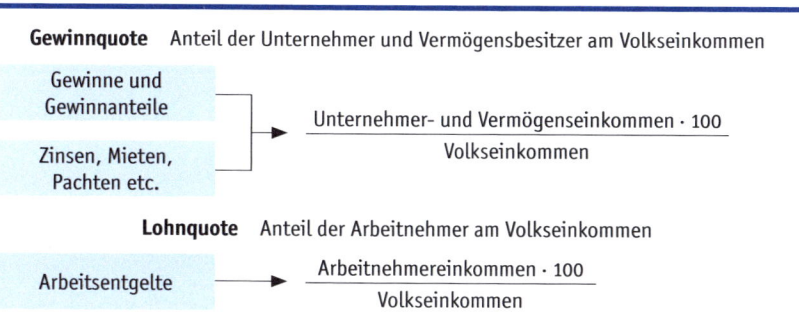

**Gewinnquote** Anteil der Unternehmer und Vermögensbesitzer am Volkseinkommen

$$\frac{\text{Unternehmer- und Vermögenseinkommen} \cdot 100}{\text{Volkseinkommen}}$$

Gewinne und Gewinnanteile

Zinsen, Mieten, Pachten etc.

**Lohnquote** Anteil der Arbeitnehmer am Volkseinkommen

Arbeitsentgelte

$$\frac{\text{Arbeitnehmereinkommen} \cdot 100}{\text{Volkseinkommen}}$$

## Aufgaben:

**17:** Ordnen Sie der Erläuterung den passenden Begriff aus der volkswirtschaftlichen Gesamtrechnung zu (entsprechende Lösungsziffer nennen):

Volkswirtschaftliche Begriffe

(1) Volkseinkommen
(2) Lohnquote
(3) Inlandskonzept
(4) nominales Bruttoinlandsprodukt
(5) Entstehungsrechnung
(6) Bruttowertschöpfung
(7) Inländerkonzept

Erläuterung

a. der um Vorleistungen reduzierte Bruttoproduktionswert
b. Ermittlung der Wirtschaftskraft aller Bundesbürger
c. Addition branchenbezogener Wirtschaftsleistungen

**18:** Berechnen Sie die Lohnquote für das Gesamtjahr 2013:

## XI. Konjunkturlage in Deutschland

**1. Entstehung und Verwendung des Inlandsprodukts, Verteilung des Volkseinkommens**

| | 2011 | 2012 | 2013 | 2011 | 2012 | 2013 | 2012 2.Vj. | 3.Vj. | 4.Vj. | 2013 1.Vj. | 2.Vj. | 3.Vj. | 4.Vj. |
|---|---|---|---|---|---|---|---|---|---|---|---|---|---|
| Position | | Index 2005 = 100 | | | | | Veränderung gegen Vorjahr in % | | | | | | |
| preisbereinigt, verkettet | | | | | | | | | | | | | |

**V. Verteilung des Volkseinkommens**

| Arbeitnehmerentgelt | 1.325,9 | 1.377,6 | 1.416,1 | 4,4 | 3,9 | 2,8 | 4,1 | 3,9 | 3,8 | 3,0 | 2,7 | 2,9 | 2,6 |
| Unternehmens- und Vermögenseinkommen | 686,1 | 676,6 | 702,7 | 5,3 | − 1,4 | 3,9 | − 1,5 | − 1,9 | − 4,0 | − 4,1 | 7,2 | 4,9 | 8,9 |
| Volkseinkommen | 2.012,0 | 2.054,3 | 2.118,8 | 4,7 | 2,1 | 3,1 | 2,3 | 1,8 | 1,5 | 0,4 | 4,1 | 3,6 | 4,4 |
| Nachr.: Bruttonationaleinkommen | 2.668,9 | 2.730,1 | 2.804,6 | 4,7 | 2,3 | 2,7 | 2,3 | 2,0 | 1,9 | 0,5 | 3,5 | 3,2 | 3,6 |

**? 19:** Der Verwendungsrechnung einer europäischen Volkswirtschaft sind folgende Daten zu entnehmen:
- private Konsumausgaben: 1495 Mrd. €
- Staatsausgaben: 507 Mrd. €
- Bruttoinvestitionen: 450 Mrd. €
- Exporte: 603 Mrd. €
- Importe: 388 Mrd. €

Ermitteln Sie das Bruttoinlandsprodukt.

**? 20:** Das Bruttoinlandsprodukt der Bundesrepublik Deutschland betrug im Betrachtungszeitraum 2600 Mrd. €. Aus der Verwendungsrechnung liegen Ihnen folgende Daten vor:
- Außenbeitrag: 440 Mrd. €
- private Konsumausgaben: 1380 Mrd. €
- Bruttoinvestitionen: 380 Mrd. €

Ermitteln Sie die Höhe der Staatsausgaben.

**? 21:** Studieren Sie die untenstehende Tabelle und prüfen Sie, welche der folgenden Aussagen auf sie zutrifft:
(1) Alle angegeben Werte sind reale Werte.
(2) Die Vorratsbestände nahmen in allen Jahren ab.
(3) Die Importe erreichten im Jahr 2020 ihren bisherigen Höchststand.
(4) Die Ausrüstungsinvestitionen waren zuletzt rückläufig.
(5) Der Außenbeitrag war durchgängig negativ.

| Verwendungsgrößen | 2018 | 2019 | 2020 |
|---|---|---|---|
| in jeweiligen Preisen, Milliarden Euro | | | |
| Konsumausgaben | 2.425,739 | 2.511,407 | 2.460,137 |
| private Konsumausgaben | 1.755,393 | 1.806,871 | 1.709,299 |
| Konsumausgaben des Staates | 670,346 | 704,536 | 750,838 |
| Bruttoanlageinvestitionen | 709,253 | 747,986 | 735,496 |
| Ausrüstungen | 235,619 | 240,139 | 213,862 |

| Verwendungsgrößen | 2018 | 2019 | 2020 |
|---|---|---|---|
| Bauten | 344,866 | 373,695 | 387,006 |
| sonstige Anlagen | 128,768 | 134,152 | 134,628 |
| Vorratsveränderungen und Nettozugang an Wertsachen | 15,042 | -10,274 | -57,357 |
| inländische Verwendung von Gütern | 3.150,034 | 3.249,119 | 3.138,276 |
| Außenbeitrag (Exporte minus Importe) | 206,376 | 199,931 | 193,954 |
| Exporte | 1.590,017 | 1.617,360 | 1.460,094 |
| Importe | 1.383,641 | 1.417,429 | 1.266,140 |
| Bruttoinlandsprodukt | 3.356,410 | 3.449,050 | 3.332,230 |

Quelle:https://www.destatis.de/DE/ZahlenFakten/GesamtwirtschaftUmwelt/VGR/Inlandsprodukt/Tabellen/VerwendungBIP.html

# Funktion 1203: Soziale Marktwirtschaft

## 1 Leitidee und Merkmale der sozialen Marktwirtschaft

Um die wirtschaftliche Steuerung einer Volkswirtschaft dem freien Spiel der Marktkräfte zu überlassen (Preisbildung als Knappheitsindikator, gewinnorientierte Produktionsplanung, Wettbewerbsprinzip), bedarf es einer Reihe von Grundfreiheiten aller Marktteilnehmer.

| Ordnungsmerkmale einer Marktwirtschaft | |
|---|---|
| Merkmal | Erläuterung |
| Privateigentum | Die Unternehmer müssen das Recht besitzen, durch Fleiß und gute Geschäftsführung ihren eigenen Besitzstand zu mehren (Erzielen und Behalten von Gewinnen). |
| Gewerbefreiheit | Die Unternehmer müssen das Recht besitzen, das Gewerbe auszuüben, das ihren Fähigkeiten und der Marktlage entsprechend die besten Gewinnaussichten bietet. |
| Vertragsfreiheit | Verkäufer und Käufer müssen das Recht besitzen, den für sie jeweils günstigsten Vertragspartner auszuwählen und die Vertragsgegenstände sowie Vertragsbedingungen frei auszuhandeln. |
| Produktions- und Konsumfreiheit | Die Hersteller sind bei der Planung ihres Warenangebotes genauso frei wie die Verbraucher bei ihrer Konsumwahl. |
| freie Arbeitsplatzwahl | Jeder Arbeitnehmer darf seinen Beruf und Arbeitsplatz selbst wählen. |
| Koalitionsfreiheit | Unternehmer und Verbraucher dürfen Bündnisse bilden, um ihre Marktsituation zu verbessern (Einkaufsgemeinschaften, Genossenschaften etc.) |

In der Praxis führen diese Freiheiten jedoch zu sozialen und ordnungspolitischen Missständen, z.B.:

- Wettbewerbsdruck und Koalitionen von Unternehmen führen dazu, dass am Ende keine oder nur noch wenige Konkurrenten auf den Märkten existieren, „der Wettbewerb zerstört sich selbst".
- Notwendige, aber nicht hinreichend gewinnträchtige Dienstleistungen werden nicht oder nicht flächendeckend angeboten (Kindergärten, Schulen, Straßen in ländlichen Gebieten), viele Haushalte sind auch mangels Finanzkraft von deren Nutzung ausgeschlossen.
- Je nach Marktsituation kommt es leicht zu sozialer Ausbeutung, Gesundheits- und Umweltgefahren (Kinderarbeit, Drogenhandel, Raubbau an der Natur).
- Allein der wirtschaftliche Erfolg bestimmt den menschlichen Status in der Gesellschaft, Ältere und Behinderte sind ausgeschlossen.

Bei der Gründung der Bundesrepublik Deutschland 1949 wurde deshalb wegen der negativen Erfahrungen mit dem Frühkapitalismus, aber auch in der politischen Abgrenzung zur vorherigen nationalsozialistischen Planwirtschaft und dem osteuropäischen Staatssozialismus die Leitidee einer **sozialen Marktwirtschaft** entwickelt.

**Diese bejaht prinzipiell den marktwirtschaftlichen Steuerungsmechanismus, setzt diesem aber einen festen Ordnungsrahmen (gesetzliche Einschränkungen) und sorgt für die soziale Umverteilung der Marktergebnisse (Einkommen).**

Dadurch ergeben sich im Vergleich zur freien Marktwirtschaft folgende Einschränkungen und Eingriffe:

| Staatliche Eingriffe in der sozialen Marktwirtschaft | |
|---|---|
| Merkmal | Erläuterung |
| Privateigentum | ... wird garantiert, kann aber aus gesellschaftlichen Interessen enteignet werden. Es existiert neben gemeinschaftlichem Eigentum (Verkehrswege, staatl. Krankenhäuser etc.).<br>Gewinne werden mit steigender Höhe überproportional besteuert, Geringverdiener erhalten Sozialleistungen (staatl. Umverteilung). |
| Gewerbefreiheit | ... unterliegt der Gewerbeordnung, dem Bau- und Umweltrecht (z.B. Prüfung auf Umweltverträglichkeit). Vielfach sind Qualifikationsnachweise (z.B. Meisterbrief) für eine Unternehmensgründung erforderlich. |
| Vertragsfreiheit | ... ist durch eine Vielzahl von Gesetzen eingeschränkt, z.B. Jugendarbeitsschutzgesetz, Gleichbehandlungsgesetz, BGB (Geschäftsfähigkeit, Formvorschriften), Gesetz gegen Wettbewerbsbeschränkungen. |

| Produktions- und Konsumfreiheit | Es existiert eine Reihe von Produktions- und Konsumverboten, z.B. Betäubungsmittelgesetz, DDT-Gesetz, Landminen-Verbot (UN-Konvention) |
|---|---|
| freie Arbeitsplatzwahl | grundsätzlich freigestellt, jedoch qualifikationsbedingte Zulassungsbeschränkungen, z.B. für Krankenhausärzte, Kraftfahrer, Staatbedienstete, Rechtsanwälte |
| Koalitionsfreiheit | für Unternehmer stark eingeschränkt, s.a. Vertragsfreiheit<br>Für Arbeitgeber und -nehmer jedoch ist die Bildung von wettbewerbsneutralen Wirtschaftsverbänden und die kollektive Lohnfindung im Rahmen von Tarifautonomie und Streikrecht gesetzlich gewährleistet. |

Anlässe zu (neuen) staatlichen Markteingriffen sind:

- die Gefährdung der freiheitlichen Wirtschaftsordnung (z.B. das Auftreten neuer Konkurrenz mit nicht kostendeckenden Preisen – Dumping),
- die gesundheitliche Gefährdung von Verbrauchern (z.B. Pestizide in Lebensmitteln),
- unethische Geschäftsmodelle (quälerische Tierzucht, Leihmutterschaft),
- wirtschaftliche Schwierigkeiten bestimmter Branchen und Regionen (landwirtschaftliche Subventionierung, Regionalförderung, Länderfinanzausgleich),
- unsoziale Praktiken auf dem Arbeitsmarkt (Dauerpraktika, Scheinselbstständigkeit, Löhne unter Existenzminimum),
- Änderungen des EU-Rechts oder internationale Verträge.

## Aufgaben:

**? 22:** Um die aktuelle, konjunkturbedingte Kündigungswelle im verarbeitenden Gewerbe zu bekämpfen, beschließt die Bundesregierung ein Gesetz zur Beschäftigungsstabilisierung. Welche der darin festgeschriebenen Maßnahmen verstößt gegen die Wirtschaftsordnung der Bundesrepublik Deutschland?

(1) Die gesetzliche Kündigungsfrist wird ausgedehnt.

(2) Die Bundesregierung verordnet den Sozialpartnern eine Tarifsenkung um 10%.

(3) Die Bundesregierung stellt Fördermittel für die Qualifizierung älterer Arbeitnehmer bereit.

(4) Die Bundesregierung erhöht das Kurzarbeitergeld.

(5) Die Bundesregierung appelliert an die soziale Verantwortung der Arbeitgeber.

**? 23:** Das Privateigentum ist ein wichtiger Bestandteil unserer Wirtschaftsordnung. Welche **beiden** Aussagen gelten für das Privateigentum im System unserer sozialen Marktwirtschaft?

(1) Für die Durchführung wichtiger gesellschaftlicher Aufgaben und Projekte kann Privateigentum gegen entsprechende Entschädigung auch enteignet werden.

(2) In der sozialen Marktwirtschaft gibt es kein Privateigentum, nur Gemeinschaftseigentum.

(3) Privateigentum darf nicht zum eigenen Nutzen verwendet werden.

(4) Privateigentum bedeutet auch eine soziale Verantwortung gegenüber der Gesellschaft.

(5) Privateigentum beschränkt sich in der sozialen Marktwirtschaft auf Gebäude und Kraftfahrzeuge.

**24:** Um das Wirtschaftswachstum durch staatliche Eingriffe zu beleben, werden eine Reihe von Ideen diskutiert. Nur eine davon ist mit der Idee einer sozialen Marktwirtschaft zu vereinen. Geben Sie die entsprechende Lösungsziffer an.

(1) Der Staat schreibt den Unternehmen eine gesetzliche (Mindest-)Investitionssumme vor.

(2) Der Staat zwingt die Unternehmen durch Verordnung, ihre Preise zu senken.

(3) Der Staat verbietet die Einfuhr von Gütern aus allen Nicht-EU-Ländern.

(4) Der Staat beschließt Konsum- und Investitionsprämien.

(5) Der Staat ordnet an, Bankkredite auch bei geringerer Bonität zu vergeben.

**25:** Welche der folgenden Marktsituationen wäre sowohl mit den Prinzipien einer freien wie auch einer sozialen Marktwirtschaft zu vereinbaren?

(1) Aus gesundheitspolitischen und ethischen Gründen sind die Konsumfreiheiten deutlich eingeschränkt.

(2) Nicht wettbewerbsfähige Unternehmen scheiden aus dem Markt aus, die Mitarbeiter verlieren ihre Arbeitsstelle.

(3) Wettbewerbsbeschränkende Unternehmenszusammenschlüsse sind verboten.

(4) Neue Kassenärzte dürfen ihre Praxis nur dort eröffnen, wo nach Ansicht der Krankenkassen ein entsprechender Bedarf besteht.

(5) In wirtschaftsschwachen Regionen werden bei Neuansiedlungen von Unternehmen erhebliche Subventionen gewährt.

## 2 Maßnahmen gegen Unternehmenskonzentration (Kartelle)

Als Unternehmenskonzentration bezeichnet man die Ballung wirtschaftlicher Macht in den Händen weniger Wirtschaftssubjekte. Dies tritt ein, wenn durch den Verdrängungswettbewerb nur noch wenige (im Extremfall nur noch einer) Anbieter verbleiben oder die Unternehmen gegeneinander keinen Wettbewerb mehr ausüben, da sie vertraglich, kapitalmäßig oder handelsrechtlich miteinander verbunden sind.

Je nach Wettbewerbsziel können solche Zusammenschlüsse vertikal, horizontal oder anorganisch sein:

**VERTIKAL**
Zusammenschluss aufeinanderfolgender Produktionsstufen

Ziel:
Sicherung der Beschaffungs- oder Absatzwege

z.B.
- Erzbergwerk
- Hüttenwerk
- Stahlwerk
- Walzwerk
- Maschinenfabrik

vertikal

anorganisch

horizontal

z.B. Fahrradwerke A + B

z.B.
- Bauunternehmen
- Großbäckerei
- Bank
- Spedition
- Hotel

**ANORGANISCH**
Zusammenschluss von Unternehmen ohne Produktionszusammenhang

Ziele:
- Risikostreuung
- Imagetransfer

**HORIZONTAL**
Zusammenschluss von Unternehmen der gleichen Produktionsstufe, im Extremfall auch direkte Konkurrenzunternehmen

Ziele:
- Kostensenkung (hohe Auflagen, hohe Bestell- und Absatzmengen)
- Ausübung von Marktmacht
- Steigerung der Finanzkraft
- Erwerb von Konkurrenz-Know-how
- Zugang zu neuen Märkten oder Marktsegmenten

Sortiert nach der Intensität der Zusammenarbeit lassen sich mehrere Arten von Zusammenschlüssen unterscheiden, wie sie im Schaubild auf der folgenden Seite zusammengestellt sind.

Von **Kooperation** spricht man, wenn die verbundenen Unternehmen ihre rechtliche Selbstständigkeit behalten, aber durch die abgeschlossenen Kooperationsverträge in Teilbereichen wirtschaftlich nicht mehr frei agieren können (Arbeitsgemeinschaft, Kartell, Interessengemeinschaft und Joint Ventures). **Konzentration** hingegen bedeutet, dass die verbundenen Unternehmen einheitlich geleitet werden, unabhängig davon, ob sie nach wie vor als rechtlich selbstständige Unternehmen existieren (wie beim Konzern) oder in das beherrschende Unternehmen aufgenommen und als Firma gelöscht werden (wie bei der Fusion).

Bei den Kartellen lassen sich die einzelnen Kartellarten meist einfach nach der Art des vertraglichen Wettbewerbsausschlusses benennen. So führt die Vereinbarung einer einheitlichen Preisgestaltung zu einem Preiskartell, die Vereinbarung exklusiver Absatzgebiete zu einem Gebietskartell, die Vereinbarung bestimmter Produktionsmengen zu einem Produktionskartell usw. Eine besondere Form des Kartells ist das Syndikat, bei dem alle Güter über eine gemeinsame Absatzorganisation vertrieben werden. Oft sind Kartellabsprachen jedoch nur

schwer nachzuweisen, da keine schriftlichen Verträge existieren, sondern das Kartell durch eingeübte, abgestimmte Verhaltensweisen funktioniert (z.B. folgen in der Regel die anderen Mineralölkonzerne der Preiserhöhung eines Konkurrenten).

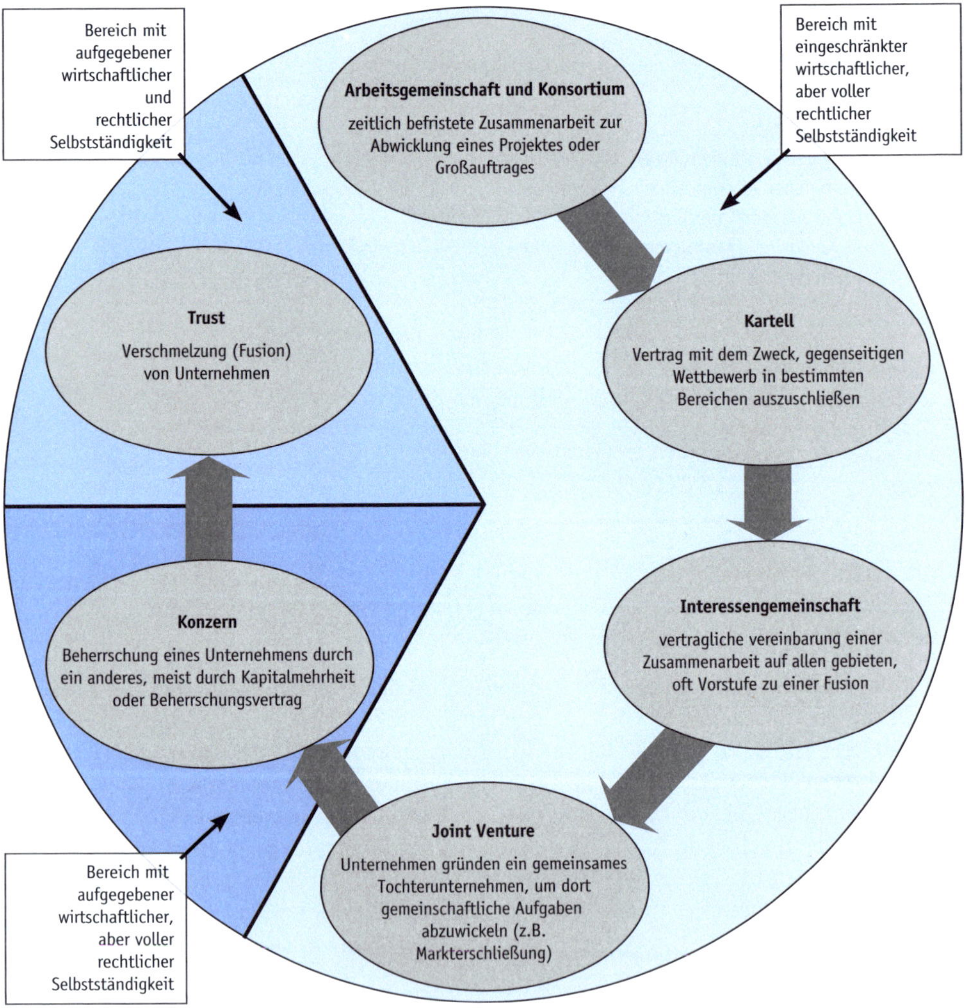

Bereich mit aufgegebener wirtschaftlicher und rechtlicher Selbstständigkeit

Bereich mit eingeschränkter wirtschaftlicher, aber voller rechtlicher Selbstständigkeit

**Arbeitsgemeinschaft und Konsortium**
zeitlich befristete Zusammenarbeit zur Abwicklung eines Projektes oder Großauftrages

**Trust**
Verschmelzung (Fusion) von Unternehmen

**Kartell**
Vertrag mit dem Zweck, gegenseitigen Wettbewerb in bestimmten Bereichen auszuschließen

**Konzern**
Beherrschung eines Unternehmens durch ein anderes, meist durch Kapitalmehrheit oder Beherrschungsvertrag

**Interessengemeinschaft**
vertragliche vereinbarung einer Zusammenarbeit auf allen gebieten, oft Vorstufe zu einer Fusion

**Joint Venture**
Unternehmen gründen ein gemeinsames Tochterunternehmen, um dort gemeinschaftliche Aufgaben abzuwickeln (z.B. Markterschließung)

Bereich mit aufgegebener wirtschaftlicher, aber voller rechtlicher Selbstständigkeit

Bei den Konzernen gibt es je nach Art der Herrschaftsverhältnisse zwei Konzernarten: Beim **Unterordnungskonzern** herrscht jeweils ein Mutterunternehmen über eine (oder mehrere) Tochtergesellschaften, während beim **Gleichordnungs-**

**konzern** eine gegenteilige Abhängigkeit besteht. Eine besondere Form des Kartells ist die **Holding**, eine reine Verwaltungsgesellschaft, deren einzige Aufgabe in der Steuerung der Konzerntöchter besteht.

Während die verbundenen Unternehmen durch die Kooperation und Konzentration eine Reihe von Vorteilen realisieren, haben die Konkurrenten und Abnehmer (einschließlich des Endverbrauchers) eine Reihe von Nachteilen zu erwarten:

---

**Nachteile von Unternehmenszusammenschlüssen**

- Fehlende Konkurrenz führt zum Anstieg der Verbraucherpreise (Monopolpreisniveau).
- Fehlende Konkurrenz raubt den Antrieb zur technischen Innovation. Durch den Zusammenschluss gehen oft viele Arbeitsplätze verloren.
- Großunternehmen können auch erhebliche politische Macht ausüben (z.B. durch die Drohung mit Abwanderung ins Ausland).
- Fehlende Konkurrenz raubt den Antrieb zu kostenminimaler Herstellung.
- Großunternehmen können leicht Märkte abschotten und so das Auftreten neuer Konkurrenz verhindern (z.B. durch zeitweises Dumping).

---

Aus diesem Grund sieht das Gesetz gegen Wettbewerbsbeschränkungen (GWB) eine Reihe von Verboten, Aufsichtsmaßnahmen und Sanktionen vor, um einen funktionsfähigen Wettbewerb zu erhalten. Die aufsichtsführende Rolle wird dabei dem Bundeskartellamt übertragen, welches folgende Eingriffsmöglichkeiten besitzt:

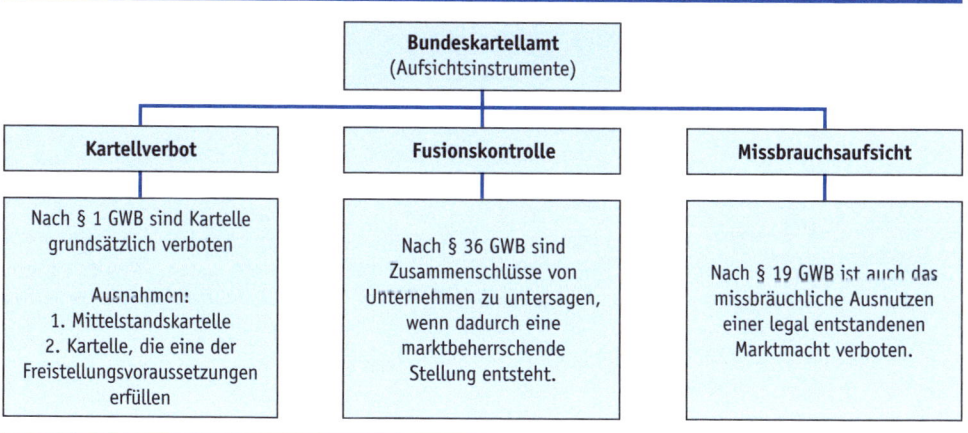

Mittelstandskartelle sind solche, bei denen eine Reihe von kleineren Unternehmen in bestimmten Sachgebieten kooperiert (z. B. gemeinsame Forschung), um ihre Wettbewerbsfähigkeit gegenüber den auf dem Markt etablierten Großunternehmen zu erhalten oder zu verbessern. Dies trägt zum Erhalt der Wettbewerbsintensität bei.

Unter Kartellen, die eine der Freisetzungsvoraussetzungen erfüllen, sind solche, die
- entweder zur Verbesserung der Warenerzeugung und -verteilung oder
- zum technischen Fortschritt

beitragen UND der Verbraucher von deren Nutzung profitiert.

## Aufgaben:

 **26:** Aufgrund des hohen Konkurrenzdruckes erwirbt der Fernsehsender „Unieuropa GmbH" die Kapitalmehrheit an seinem privaten Hauptkonkurrenten „Primetime Germany GmbH". Geben Sie an, wie sich der Zusammenschluss auf beide Unternehmen auswirkt (**2** Antworten):

**Unieuropa GmbH**

(1) Rechtliche und wirtschaftliche Selbstständigkeit bleibt erhalten.

(2) Rechtliche Selbstständigkeit bleibt erhalten, wirtschaftliche ist eingeschränkt/aufgegeben.

(3) Rechtliche und wirtschaftliche Selbstständigkeit ist aufgegeben.

**Primetime Germany GmbH**

(4) Rechtliche und wirtschaftliche Selbstständigkeit bleibt erhalten.

(5) Rechtliche Selbstständigkeit bleibt erhalten, wirtschaftliche ist eingeschränkt/aufgegeben.

(6) Rechtliche und wirtschaftliche Selbstständigkeit ist aufgegeben.

**27:** In welchem Fall entsteht ein Trust?

(1) Unternehmen A übernimmt die Kapitalmehrheit an Unternehmen B.

(2) Unternehmen A beschließt mit Unternehmen B die Bildung einer gemeinsamen Absatzorganisation.

(3) Unternehmen A hat mit Unternehmen B einen gemeinsamen Messestand.

(4) Unternehmen A gründet mit Unternehmen B eine gemeinsame Tochtergesellschaft.

(5) Unternehmen A löst sich auf und geht in Unternehmen B auf.

**28:** Da der geplante Neubau des Münchener Hauptbahnhofs für ein einziges Bauunternehmen wegen der finanziellen und technischen Kapazitäten nicht allein bewältigt werden kann, vereinbaren vier süddeutsche Baufirmen die gemeinsame Ausführung mit einer einheitlichen Bauleitung. Wie nennt sich dieser Zusammenschluss auf Zeit, der nur für dieses Bauprojekt gilt?

(1) Konsortium

(2) Kartell

(3) Konzern

(4) Trust

(5) Joint venture

**29:** Gegen welche Vereinbarung müsste das Kartellamt einschreiten?

(1) Zwei Versandhäuser gründen einen gemeinsamen Reparaturservice.

(2) Alle deutschen Chemieunternehmen gründen einen Verband, der ihre wirtschaftlichen Interessen gegenüber der Politik vertritt.
(3) Alle Verkehrsunternehmen haben nun einheitliche Maße bei den Türöffnungen ihrer Straßenbahnen, um Rollstuhlfahrern einen sicheren Zugang zu ermöglichen.
(4) Vier große Möbelhändler gewähren sich gegenseitig exklusive Absatzgebiete.
(5) Zwei konkurrierende Stahlhersteller wenden für ihre Mitarbeiter den gleichen Tarifvertrag an.

## 3 Maßnahmen gegen unlauteren Wettbewerb

Schon die Monopolisierung der Märkte schwächt die Verhandlungsposition der Verbraucher, ist aber nicht die einzige mögliche Benachteiligung der schwächeren Marktteilnehmer. Auch kleinere Unternehmen können so versucht sein, durch unfaires Wettbewerbsverhalten gegenüber den Konsumenten und anderen Konkurrenten Zusatzerträge zu erwirtschaften, die nicht auf höherer Leistungsfähigkeit beruhen und somit zum Schaden des Vertragspartners ausfallen. Das „Gesetz gegen unlauteren Wettbewerb UWG" setzt den Unternehmen deshalb einen Rahmen für erlaubtes Wettbewerbsverhalten.

**(!)** Ziel des UWG ist es, Verbraucher und Unternehmer vor unfairen Wettbewerbspraktiken zu schützen. Insbesondere soll vermieden werden, dass durch Irreführung untaugliche Produkte zu überhöhten Preisen erworben werden.

| Verbote unlauteren Verhaltens gemäß dem UWG – Wesentliche Regelungen | | | |
|---|---|---|---|
| §§ 3 und 4: Allgemeine unlautere Handlungen | §§ 5 und 5a: Irreführende Angaben | § 6: Unzulässige Vergleiche in der Werbung | §7: Unzumutbare Belästigungen |
| • bei Vertragsabschluss Druck herstellen oder Entscheidungszwang ausüben<br>• Unerfahrenheit, Gutgläubigkeit oder Gebrechen von Käufern ausnutzen<br>• unklare Rabatt- oder Zugabeversprechen machen<br>• die Teilnahme an Gewinnspielen an einen Kaufzwang binden<br>• Schädigendes oder Verunglimpfendes über Konkurrenten verbreiten | • zu den Eigenschaften einer Ware täuschende oder unwahre Aussagen machen<br>• über den Anlass des Verkaufs oder die Vorteilhaftigkeit des Preises unwahre oder täuschende Angaben machen<br>• notwendige Folgekosten eines Kaufs verschleiern<br>• fehlende Angabe des Endpreises<br>• unklare Bedingungen für Garantieleistungen | • Waren vergleichen, die nicht für den gleichen Bedarf oder dieselbe Zweckbestimmung dienen<br>• Vergleichsaussagen machen, die nicht objektiv und nicht nachprüfbar sind<br>• mit der Konkurrenz verwechselbare Werbung verbreiten<br>• herablassende Aussagen zu Vergleichsprodukten äußern | • unerwünschte Direktwerbung wiederholen<br>• Telefonwerbung ohne Einverständnis des Adressaten durchführen<br>• Werbefaxe, Spam und andere automatisierte Massenwerbung versenden, der nicht widersprochen werden kann<br>• Werbung ohne Angabe eines Absenders |

Nach § 17 UWG ist auch der Verrat von Geschäftsgeheimnissen bzw. die Anstiftung dazu zum Nutzen eines Konkurrenten untersagt.

Verstöße gegen das UWG geben den benachteiligten Konkurrenten zunächst einen Anspruch auf Unterlassung, der Schädigende muss sich außerdem verpflichten, bei Wiederholung eine vorab festgelegte Vertragsstrafe zu zahlen. Außerdem muss er den Benachteiligten den entstandenen Schaden ersetzen sowie den durch unlauteren Wettbewerb erzielten Zusatzgewinn herausgeben. Die Zuständigkeit des Kartellamtes beschränkt sich aber allein auf Wettbewerbsbeschränkungen, die von nationalen Unternehmen auf den einheimischen Markt wirken. Auf dem gemeinsamen europäischen Markt wird der Schutz des Wettbewerbs von der EU-Kommission (in Person des Wettbewerbskommissars) ständig überwacht und ggf. gemaßregelt.

## Aufgaben:

**30:** Um verlorene Marktanteile zurückzugewinnen, plant das Vertriebs-Team der „Plauener Winzergenossenschaft e. G" einige Marketingmaßnahmen, die vorsichtshalber noch einem Juristen zur wettbewerbsrechtlichen Prüfung vorgelegt werden. Gegen welche Maßnahme wird er vermutlich einen Einwand erheben?

(1) Der neue Werbeslogan soll lauten: „Weg mit dem Dreck – nur Plauener Reben bedeuten gesundes Leben".

(2) Es soll nun auch außerhalb der Anbauregion geworben werden, obwohl dort die Weine der Winzergenossenschaft kaum erhältlich sind.

(3) Bei Großbestellungen werden Rabatte versprochen.

(4) Die Flaschenform erinnert eher an ein Erfrischungsgetränk als an eine Weinflasche.

(5) Auf dem Etikett wird eine Burg abgebildet, die es in der Plauener Gegend gar nicht gibt.

**31:** Welche Werbeaussage ist nach dem „Gesetz gegen unlauteren Wettbewerb" zulässig?

(1) Es wird mit einer Preissenkung von 10% geworben, allerdings verringert sich der Inhalt des Produktes dabei um 20%.

(2) Es wird auf die Tatsache hingewiesen, dass das beworbene Produkt Testsieger eines Vergleichstests von „Öko-Test" war.

(3) Es wird mit einer Preissenkung von 10% geworben. Allerdings wird dies auf Basis einer Preiserhöhung von 10% angegeben, die erst eine Woche zuvor erfolgte.

(4) Es wird mit „Ausverkaufspreisen" geworben. Dabei wird die Ware anschließend zum gleichen Preis weitergeführt.

(5) Es wird mit Preisen geworben, zu denen die gesetzliche Umsatzsteuer und ein Versandkostenzuschlag aber noch hinzugerechnet werden müssen.

# Prüfungsgebiet 13: Der Einfluss staatlicher Wirtschaftspolitik

## Funktion 1301: Gründe staatlicher Wirtschaftspolitik

### 1 Konjunkturzyklus

Schwankungen in der wirtschaftlichen Aktivität können verschiedene Erscheinungsformen annehmen:

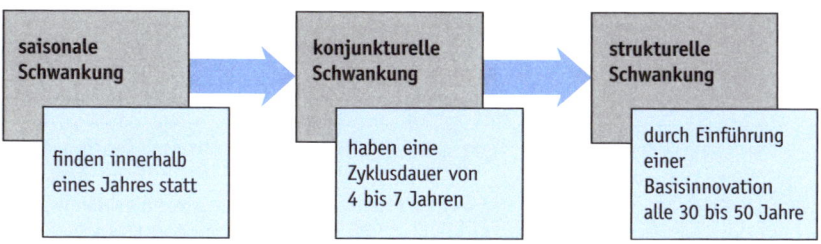

- Saisonale Schwankungen sind jahreszeitlich bedingt, z.B. führt der Kälteeinbruch im Winter zur Einstellung der Bautätigkeit.
- Strukturelle Schwankungen kommen dadurch zustande, dass die Einführung einer ganz neuen Basistechnik einen außergewöhnlich starken Nachfrageimpuls auslöst, z.B. die Einführung der Dampfmaschine, der Elektrizität, der Computertechnik.

Konjunkturelle Schwankungen sind mittelfristige Schwankungen, die durch Veränderung der wirtschaftlichen Rahmenbedingungen (Zinsen, Wechselkurse, Steuern), aber auch durch psychologische Faktoren (Zukunftserwartungen) ausgelöst werden.

Der typische Konjunkturzyklus erstreckt sich über 4 - 7 Jahre und kennt folgende Phasen:

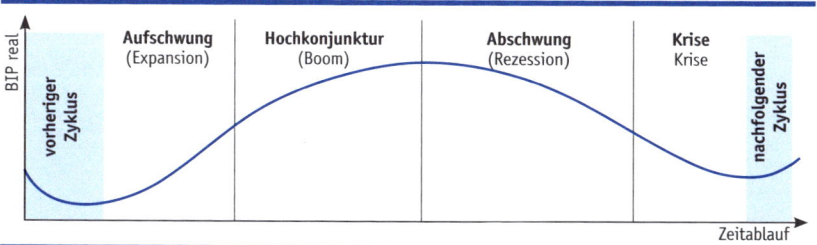

Nicht zum typischen Konjunkturzyklus gehört die **Depression**, eine nachhaltige Störung der wirtschaftlichen Aktivität, die den zyklischen Aufschwung verhindert. Dies ist z.B. bei einer grundlegenden Vertrauenskrise in die Selbstheilungskräfte des marktwirtschaftlichen Systems der Fall, dies wird oft auch von einer Deflation begleitet.

Der aktuelle Konjunkturzustand wird vorrangig an der Veränderung des realen Bruttoinlandsproduktes bemessen, es gibt jedoch noch eine ganze Reihe anderer Indikatoren, die den Zustand der Volkswirtschaft beschreiben. Dabei ist zwischen Früh-, Gegenwarts- und Spätindikatoren zu unterscheiden:

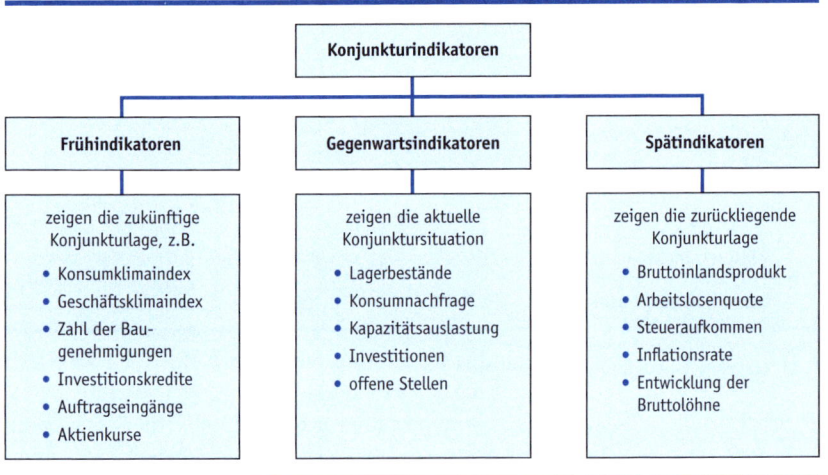

Viele Kennzahlen müssen deshalb den Spätindikatoren zugeordnet werden, weil sie durch die statistische Aufarbeitung nur zeitverschoben veröffentlicht werden. So kann z.B. auch die „Anzahl der offenen Stellen" dann zum Spätindikator werden, wenn sie der amtlichen Beschäftigungsstatistik entnommen ist.

Entsprechend ihrer zeitlichen Synchronität verhalten sich die einzelnen Konjunkturindikatoren in den Konjunkturphasen wie folgt:

| Indikator | Aufschwung | Hochkonjunktur | Abschwung | Krise |
|---|---|---|---|---|
| Bruttoinlandsprodukt, real | steigt | hoch | fällt | gering |
| Konsumklimaindex | steigt | erreicht Höhepunkt, fällt wieder | fällt | erreicht Tiefstand, steigt wieder |
| Inflationsrate | gering, aber steigt | hoch | hoch, aber fällt | niedrig |
| Zinsen | steigen | hoch | fallen | niedrig |

| Arbeitslosenquote | sinkt | niedrig | steigt | hoch |
|---|---|---|---|---|
| Aktienkurse | erreichen Höchststand | beginnen zu sinken | erreichen Tiefstand | beginnen zu steigen |
| Kapazitätsauslastung | steigt | hoch | sinkt | gering |

## Aufgaben:

 **1:** Die konjunkturelle Entwicklung in den letzten Quartalen (Vierteljahren) ist durch folgende Daten gekennzeichnet:

| Nr. | Indikator | III. Quartal Vorjahr | IV. Quartal Vorjahr | I. Quartal aktuelles Jahr | II. Quartal aktuelles Jahr |
|---|---|---|---|---|---|
| 1 | Aktienkurse (DAX) | 8400 | 8620 | 8700 | 8550 |
| 2 | Kapazitätsauslastung | 92,5% | 94,3% | 95,0% | 95,0% |
| 3 | Auftragseingänge | 540 Mrd. € | 565 Mrd. € | 570 Mrd. € | 560 Mrd. € |
| 4 | Steuereinnahmen | 235 Mrd. € | 244 Mrd. € | 257 Mrd. € | 268 Mrd. € |
| 5 | Arbeitslosenquote | 6,7% | 7,1% | 6,8% | 6,3% |

a) Auf welche Konjunkturphase weisen die Daten für das II. Quartal im aktuellen Jahr hin?
b) Welche Nr. hat der einzige Gegenwartsindikator?

**2:** Prüfen Sie, welche Größe Sie als Frühindikator für die wirtschaftliche Entwicklung anzusehen haben:
(1) Geschäftsklimaindex     (2) Preisindex
(3) Arbeitslosenquote      (4) Konsumquote
(5) Reklamationsquote

**3:** Prüfen Sie, in welcher Zeilennummer die Angaben zum Verhalten des Konjunkturindikators richtig dargestellt sind:

| Nr. | Indikator | Aufschwung | Hochkonjunktur | Abschwung | Krise |
|---|---|---|---|---|---|
| 1 | Absatzzahlen | steigen | hoch | fallen | gering |
| 2 | Konsumklimaindex | steigt | steigt weiter | erreicht Höhepunkt, fällt danach | fällt |
| 3 | Inflationsrate | Tiefstand | steigt | Höchststand | sinkt |
| 4 | Arbeitslosenquote | steigt | hoch | fällt | niedrig |
| 5 | Zinsniveau | sinkt | niedrig | steigt | hoch |

**? 4:** Welche Konjunkturphase wird im Folgenden nahezu idealtypisch beschrieben?

- Produktion und Beschäftigung erreichen Höchststände
- Aktienkurse fallen
- Inflation muss dringend gedämpft werden
- Arbeitgeber beklagen überhöhte Lohnabschlüsse
- Geschäftsklimaindex erstmals seit langer Zeit rückläufig

(1) Depression                  (2) Rezession

(3) Hochkonjunktur          (4) Krise

(5) Aufschwung

## 2   Konjunkturpolitik

Die Konjunkturpolitik ist ein Bestandteil der staatlichen Wettbewerbspolitik.

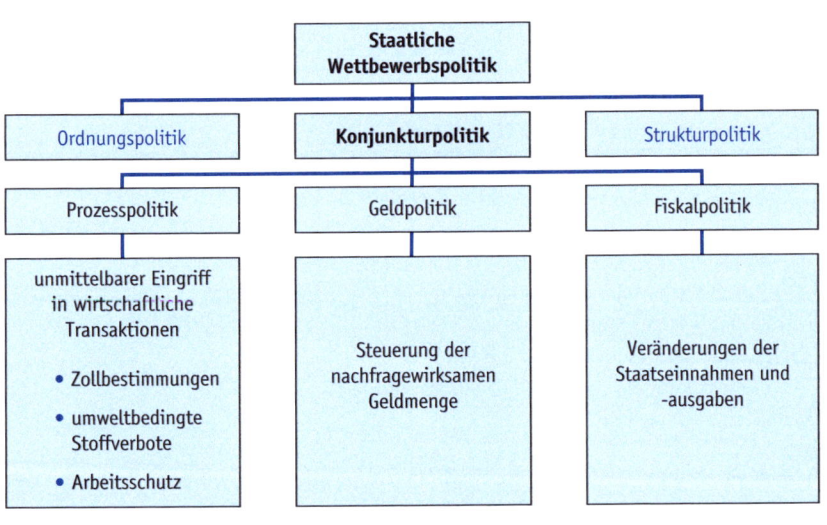

Hinsichtlich der Beeinflussung der wirtschaftlichen Entwicklung lassen sich die staatlichen Eingriffe zwei grundlegenden wirtschaftspolitischen Positionen zuordnen:

### (1) Die nachfrageorientierte Denkweise

Sie möchte über entsprechende Steuerung der Staatsausgaben und -einnahmen den Konjunkturverlauf „glätten", d.h. in Rezession und Krise belebende Impulse setzen oder durch ein massives staatliches Ausgabenprogramm sogar eine Depression überwinden. Grundgedanke ist, dass durch einen einmal ausgelösten staatlichen Nachfrageimpuls bei den Unternehmen Folgeinvestitionen und Arbeitskräftebedarf in der gesamten Produktionskette ausgelöst werden, was zu einem deutlichen Wirtschaftswachstum führt, welches sich letztlich über die Verbesserung der Zukunftserwartungen ohne weiteren Eingriff verselbstständigt. Nachfrageorientierte Wirtschaftspolitik ist hauptsächlich Fiskalpolitik.

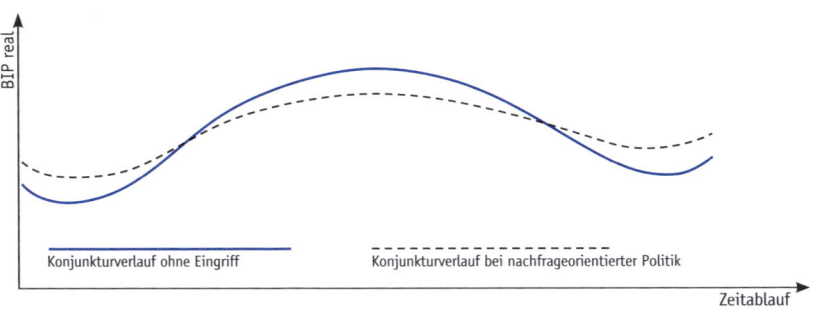

(2) Die angebotsorientierte Denkweise

Sie möchte über eine Verbesserung der wirtschaftlichen „Rahmenbedingungen" Innovationen und Unternehmensgründungen erleichtern. Ihre Grundannahme besteht darin, dass ein vielfältiges und attraktives Produktangebot auch eine entsprechende (Export-)Nachfrage nach sich zieht. Die nachfrageorientierte Wirtschaftspolitik setzt nicht in einer bestimmten Konjunkturphase an, sondern möchte – unter Inkaufnahme der üblichen Schwankungen – den generellen Wachstumstrend verstärken.

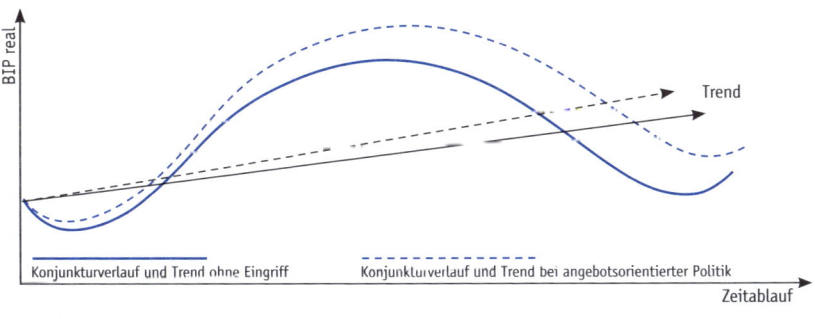

Angebotsorientierte Wirtschaftspolitik ist hauptsächlich Ordnungspolitik, sie wird durch entspechende Geldpolitik (gute Geldversorgung) unterstützt. In der folgenden Übersicht sind die beiden Ansätze noch einmal mit den wichtigsten Wesensmerkmalen gegenübergestellt.

|  | Nachfrageorientierte Politik | Angebotsorientierte Politik |
|---|---|---|
| Entstehungshintergrund | Reaktion auf die Weltwirtschaftskrise 1929/32 | inden1970er-Jahren Reaktion auf grundlegende Schwierigkeiten einer nachfrageorientierten Wirtschaftspolitik |
| Wichtigster Vertreter | John Maynard Keynes | Milton Friedman |
| Vorrangiges Ziel | Vollbeschäftigung | Investitionsbelebung |
| Annahmen | • Freie Marktwirtschaft führt nicht automatisch zu einem Marktgleichgewicht und Vollbeschäftigung.<br>• Es bedarf eines aktiven Eingreifens des Staates. | • vertraut in die Selbstheilungskräfte des Marktes<br>• Staat soll auf unmittelbare Eingriffe ins Wirtschaftsgeschehen verzichten<br>• Wirtschaftspolitik soll stattdessen investitions- und wachstumsfreundliche Rahmenbedingungen schaffen.<br>• positive Anreize für Unternehmertätigkeit und Leistung |
| Instrumente | • Fiskalpolitik, antizyklisch<br>• Befürwortung von Reallohnzuwächsen | • Sicherung des Wettbewerbs durch Ordnungspolitik<br>• Senken der Staatsquote (Steuersenkungen)<br>• günstige Geldversorgung<br>• Innovationsschutz |
| Kritik | • wachsende Staatsverschuldung<br>• Inflationsdruck<br>• zu wenige Anreize für privatwirtschaftliche Innovationen | • wachsende Ungleichheit bei der Einkommensverteilung<br>• zunehmende „Ökonomisierung" aller Lebensbereiche (z.B. der Bildung und des Gesundheitswesens) |

## Aufgaben:

**5:** Nach einer längeren Rezessionsphase möchte die Bundesregierung durch eine nachfrageorientierte Politik für eine Konjunkturbelebung sorgen. Prüfen Sie, welche Maßnahme hierzu geeignet erscheint:

(1)Die degressive Abschreibung wird abgeschafft.

(2)Der private Hausbau wird mit massiven staatlichen Zuschüssen wieder gefördert.

(3)Die Mineralölsteuer wird erhöht.

(4)Die EU kündigt das Freihandelsabkommen mit der Westafrikanischen Union.

(5)Ein neues Gesetz erleichtert Unternehmenszusammenschlüsse.

**6:** Welche Zielformulierung beschreibt das Bemühen der nachfrageorientierten Wettbewerbspolitik am besten?

(1)Der Staat soll für den Ausgleich der ausbleibenden Nachfrage von Unternehmen und Konsumenten sorgen.

(2)Der Staat soll die Hersteller zur Einstellung neuer Mitarbeiter zwingen.

(3)Der Staat soll auf die Selbstheilungskräfte des Wettbewerbs vertrauen und nicht intervenieren.

(4)Der Staat soll seine Ausgaben an den Staatseinnahmen ausrichten.

(5)Der Staat soll durch attraktive Standortbedingungen für eine wirtschaftliche Belebung sorgen.

**7:** Aufgrund der hohen Staatsverschuldung soll das weitere Wachstum der Volkswirtschaft über die Verbesserung der unternehmerischen Rahmenbedingungen erfolgen. Prüfen Sie, mit welcher wirtschaftspolitischen Maßnahme dies **nicht** erreicht werden kann:

(1)über die Verlängerung von Patentlaufzeiten

(2)über die Einführung von Steuerbefreiungen im Erbrecht für Kinder, die das Unternehmen weiterführen

(3)über die erleichterte Befristung von Arbeitsverträgen

(4)über den Wegfall von Formvorschriften bei der Gründung von Kapitalgesellschaften

(5)über den Ausbau der statistischen Erhebung von Unternehmensdaten

## 3  Fiskalpolitik und Staatsverschuldung

Fiskalpolitik, also die Steuerung der staatlichen Einnahmen und Ausgaben verfolgt hauptsächlich drei Zielsetzungen:

| Fiskalpolitische Ziele | Konjunkturbeeinflussung (Wirtschaftsbelebung) | → | Antizyklische Fiskalpolitik |
|---|---|---|---|
| | Sozialer Ausgleich | → | Angleichung der Lebensverhältnisse |
| | Beschränkung der Neuverschuldung | → | Einhaltung der Maastricht-Kriterien |

Im vorherigen Abschnitt wurde die staatliche Ausgabenpolitik unter dem Gesichtspunkt der **Konjunkturbeeinflussung** bereits thematisiert. Aber auch die Steuerung staatlicher Einnahmen kann zu gleichem Zweck eingesetzt werden:

| Konjunktursituation | Ausgabenpolitik | Einnahmenpolitik |
|---|---|---|
| Abschwung/Krise | Ausweitung der Ausgaben, z.B. <br>• staatliche Förderprogramme <br>• allg. Investitionsbeihilfen <br>• Konsumprämien <br>• Erhöhung der Sozialleistungen <br>• Lohnerhöhungen für Staatsbedienstete <br>• direkte staatliche Investitionen (z.B. Bau von Autobahnen) | Begrenzung der Einnahmen, z.B. <br>• Verbesserung der Abschreibungsbedingungen <br>• befristete Steuernachlässe <br>• Ausweitung der Möglichkeit von Verlustvorträgen <br>• nachweisfreie Anrechnung von Aufwendungen |

| Hochkonjunktur | Begrenzung der Ausgaben, z.B. | Ausweitung der Einnahmen, z.B. |
|---|---|---|
| | • Streichung von Sozialleistungen<br>• Beschäftigungsabbau im öffentlichen Dienst<br>• Streckung staatlicher Investitionen | • befristete Verbrauchs- und Investitionsabgaben<br>• Erhöhung der Umsatzsteuer<br>• Verschlechterung der Abschreibungsbedingungen<br>• verstärkter Einsatz von Steuerinspektoren |

Das oben aufgezeigte fiskalpolitische Ausgabeverhalten wird als **antizyklisch** bezeichnet, d.h. je schwächer die Konjunktur ausfällt, desto höhere Staatsausgaben fallen an. Da mit der Wirtschaftsschwäche gleichzeitig aber auch schon ohne weitere Abgabensenkungen ein geringeres Steueraufkommen verbunden ist, können die erhöhten Staatsausgaben nur durch die Aufnahme von Schulden, das sog. **deficit spending**, bestritten werden.

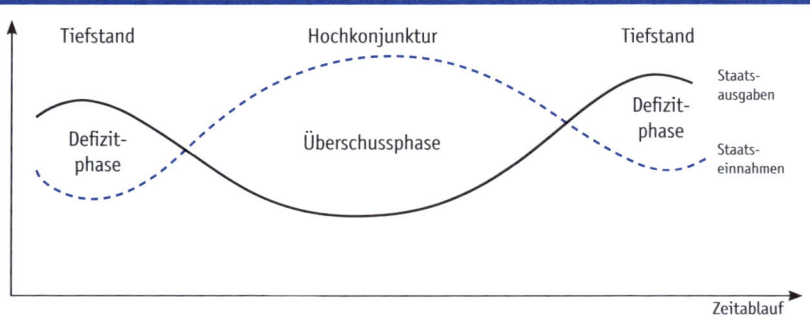

Des Weiteren wird die Fiskalpolitik zur Durchführung des **sozialen Ausgleichs** von Marktergebnissen, insbesondere einer (bedarfs-) gerechten Einkommens- und Vermögensverteilung genutzt. Vereinfacht ausgedrückt werden hier hohe Einkommen überproportional zur Finanzierung der staatlichen Aufgaben herangezogen, während Geringverdiener wenige Abgaben leisten oder sogar vom Staat alimentiert werden (Arbeitslosengeld II, Sozialhilfe, Wohngeld, Erziehungsgeld u.a.). Im Endeffekt gleicht sich dadurch die Verteilung der verfügbaren Einkommen etwas an, was dem sozialen Zusammenhalt und der inneren Sicherheit der Gesellschaft dient.

Mit der antizyklischen Fiskalpolitik untrennbar verbunden ist das Problem der **Staatsverschuldung**. Viele Jahrzehnte wurde in fast allen Industrieländern eine nachfrageorientierte Wachstumspolitik verfolgt, deren Ausgabenprogramme durch Schulden finanziert wurden. Leider wurde die antizyklische Fiskalpolitik aber in wirtschaftlich prosperierenden Zeiten nicht angewandt, wo die entstehenden Überschüsse zur Schuldentilgung verwandt werden sollten. Hier führten die sprudelnden Finanzquellen stattdessen zur Einführung neuer staatlicher Leistungen, sodass die Schuldenstände immer neue Rekordmarken erreichten.

Die ausufernde **Staatsverschuldung** bringt folgende Probleme mit sich:

### Nachteile der Staatsverschuldung

- hohe Zinslasten, geringere Möglichkeiten für Zukunftsinvestitionen im Staatshaushalt
- kein Spielraum für Steuersenkungen
- Abhängigkeit von den Kapitalmärkten
- Vertrauensschwund in die staatliche Aufgabenerfüllung (insbesondere in die sozialen Sicherungssysteme)

Um diese nachteiligen Faktoren zu vermeide und das Vertrauen in die gemeinsame Währung zu stärken, wurde im Vertrag von Maastricht für die EURO-Teilnehmerländer eine Schuldenobergrenze von 60% des nationalen Bruttoinlandsprodukts und ferner die **Beschränkung der Neuverschuldung** auf 3% des Bruttoinlandsproduktes beschlossen. Diesem Ziel ist folglich auch die deutsche Fiskalpolitik verpflichtet, es kann nur bei einer gesamtwirtschaftlichen Störung kurzzeitig ausgesetzt werden.

## Aufgaben:

**(?) 8:** Die Neuverschuldung der Bundesrepublik lag in einem Jahr nur knapp unterhalb von 3% des Bruttoinlandsproduktes. Gegen welches Vertragswerk wäre hier beinahe verstoßen worden?
(1) Schengener Vertrag
(2) Vertrag von Lissabon
(3) Römische Verträge
(4) Vertrag von Maastricht
(5) Vertrag über die deutsche Einheit

**(?) 9:** Gegenwärtig befindet sich die Wirtschaft in einer Phase der Hochkonjunktur. Welche der folgenden Maßnahmen kann als antizyklische Fiskalpolitik betrachtet werden?
(1) Der Staat stellt massiv neue Staatsbedienstete ein.
(2) Die Einkommens- und Körperschaftssteuersätze werden abgesenkt.
(3) Öffentliche Investitionen werden auf Folgejahre verschoben.
(4) Es werden zusätzliche Leistungen bei der Pflegeversicherung eingeführt.
(5) Die Abschreibungsmöglichkeiten werden verbessert.

**(?) 10:** Ermitteln Sie anhand folgender Daten die zusätzliche Neuverschuldung der öffentlichen Haushalte in % des Bruttoinlandsproduktes:
Kreditaufnahme im lfd. Jahr: 235 Mrd. €
Bruttoinlandsprodukt im lfd. Jahr: 2.450 Mrd. €

405

Tilgung bestehender Kredite im lfd. Jahr: 155 Mrd. €
Staatsschulden insgesamt im lfd. Jahr: 1.730 Mrd. €

**? 11:** Welche fiskalpolitische Maßnahme scheint zur Konjunkturbelebung sinnvoll?
(1) Senkung des Mindestreservesatzes
(2) Erhöhung der Kfz-Steuer
(3) gesetzliche Verfügung eines Mindestlohnes im Baugewerbe
(4) staatliche Investitionsprämien
(5) Erleichterung von Unternehmensneugründungen

## Funktion 1302: Ziele und Zielkonflikte staatlicher Konjunkturpolitik

### 1 Wirtschaftspolitische Ziele und Zielkonflikte

Im **Stabilitätsgesetz von 1967** wurden anlässlich einer aus heutiger Sicht geringfügigen Konjunkturschwäche erstmals vier wirtschaftspolitische Leitlinien formuliert (Ziele 1–4), später traten weitere Ziele (5 und 6) hinzu:

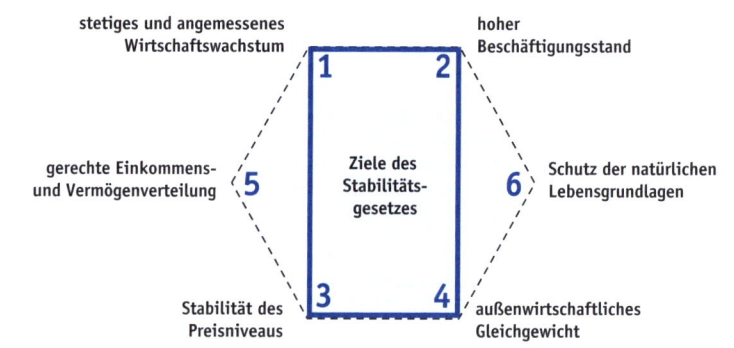

Für die Erreichung dieser Ziele gelten die folgenden Vorgaben:

| Ziel | Erfüllungskriterium |
| --- | --- |
| Wirtschaftswachstum | + 3 % real |
| hoher Beschäftigungsstand | Arbeitslosenquote bis 3 % |
| Stabilität des Preisniveaus | nahe 2 % Inflationsrate |
| außenwirtschaftliches Gleichgewicht | Leistungsbilanz +/– = 0 |

Für die Erfüllung der später formulierten Ziele existieren keine eindeutigen Vorgaben.

Die „Magie" der vier bzw. sechs wirtschaftspolitischen Ziele besteht darin, dass es nur durch ein Wunder gelingen könnte, diese allesamt zu erreichen. Manche Ziele stehen in einer konkurrierenden Beziehung, d.h. je mehr das eine erfüllt wird, desto unerreichbarer wird das andere. Andere Ziele stehen hingegen in Zielharmonie, weil sie sich gegenseitig fördern. Schließlich gibt es auch noch neutrale Zielbeziehungen, die ohne gegenseitigen Einfluss bleiben.

### Zielbeziehungen

| Ziel | Harmonie zu | Konflikt zu | Anmerkungen |
|------|-------------|-------------|-------------|
| Wirtschaftswachstum | hoher Beschäftigungsstand | Preisstabilität | Wirtschaftswachstum bedingt hohe Nachfrage, hohe Nachfrage löst Preiserhöhungen aus |
| hoher Beschäftigungsstand | Wirtschaftswachstum | Preisstabilität | |
| Preisstabilität | – | Wirtschaftswachstum, hoher Beschäftigungsstand | |
| außenwirtschaftliches Gleichgewicht | Wirtschaftswachstum, hoher Beschäftigungsstand (bei bestehenden Überschüssen) | Wirtschaftswachstum, hoher Beschäftigungsstand (bei bestehenden Defiziten) | Zielbeziehung ist von der Ausgangssituation abhängig |
| Schutz der natürlichen Lebensgrundlagen | Umweltschutz kann in Konflikt zu hohem Beschäftigungsstand und Wirtschaftswachstum stehen, weil die Kosten von Umweltauflagen die internationale Wettbewerbsfähigkeit verringern. Es kann aber auch als Harmonie betrachtet werden, weil Umweltschutztechnik so selbst zur Wachstumsbranche wird. | | |

## Aufgaben:

 **12:** Welcher Aussage zum magischen Sechseck können Sie zustimmen?

(1) Im magischen Sechseck wurden ursprünglich sieben wirtschaftspolitische Ziele formuliert.

(2) Alle Ziele des magischen Sechsecks verhalten sich gegenläufig.

(3) Die Ziele des magischen Sechsecks sind dem Grundgesetz zu entnehmen.

(4) Der „Umweltschutz" wurde erst nach dem Inkrafttreten des Stabilitätsgesetzes als wirtschaftspolitisches Ziel formuliert.

(5) Der gleichzeitige Verstoß gegen mehrere wirtschaftspolitische Ziele wird strafrechtlich verfolgt.

**?  13:** Bestimmen Sie, in welchem Fall ein wirtschaftspolitischer Zielkonflikt formuliert ist:

(1) Bei stabilem Wirtschaftswachstum steigt die Beschäftigung.

(2) Bei steigender Beschäftigung erfolgt eine gleichmäßigere Einkommens- und Vermögensverteilung.

(3) Strengere Umweltauflagen begünstigen den Umsatzzuwachs der Umweltbranche.

(4) Eine steigende Beschäftigung wirkt sich kaum auf die Leistungsbilanz aus.

(5) Eine Dämpfung der Inflation verringert die Beschäftigung.

**?  14:** Welches der folgenden wirtschaftspolitischen Ziele ist nicht dem Stabilitätsgesetz entnommen?

(1) gerechte Einkommens- und Vermögensverteilung

(2) hoher Beschäftigungsstand

(3) Preisstabilität

(4) außenwirtschaftliches Gleichgewicht

(5) stetiges und angemessenes Wirtschaftswachstum

## 2  Wachstumspolitik und die Grenzen des Wachstums

Der Erfolg unseres gegenwärtigen Wirtschaftssystems orientiert sich am Ausmaß seines quantitativen Wachstums, d.h. an seiner jährlichen Steigerung von Produktion, Umsatz und Einkommen. Wachstum erscheint unentbehrlich, weil

- es durch höhere Beitragseinnahmen für die Stabilisierung der gesetzlichen Sozialsysteme sorgt,
- es durch höhere Steuereinnahmen die Funktionsfähigkeit des Staates gewährleistet,
- es durch höheren Mehrwert sowohl die Einkommen aus Unternehmertätigkeit und Vermögen wie auch aus unselbstständiger Arbeit zu steigern erlaubt,
- es den allgemeinen Lebensstandard (Ausmaß der Güterversorgung) erhöht,
- es dem menschlichen Streben nach Verbesserung entspricht.

Wirtschaftspolitik ist dementsprechend auch generell als Wachstumspolitik ausgerichtet, sodass für weitere Erläuterungen die Abschnitte über die Wettbewerbs-, Konjunktur- und Fiskalpolitik herangezogen werden können.

Allerdings stellt sich vermehrt die Frage nach den Grenzen des Wachstums, denn der Wunsch nach ständig erhöhter Güterversorgung ist auch mit vielen Schattenseiten verbunden:

| | |
|---|---|
| schnellere Erschöpfung der Ressourcen | |
| steigende Herstellungs- und Transportemissionen | Grenzen des |
| wachsende Entsorgungsprobleme | Wachstums |
| Wachstum ist auf die 1. Welt konzentriert – Wohlstandsgefälle | |

Kritiker des „Wachstumsfetischismus'" bezweifeln auch generell, dass sich der Reichtum einer Gesellschaft und das individuelle Glück hinreichend über Veränderungen des BIP erfassen lassen. Sie plädieren für ein qualitatives Wachstum, das sich an einer Steigerung der Lebensqualität, z.B. an Bildungsstand, Gesundheit oder intakter Umwelt bemisst.

## Aufgaben:

**15:** In welchen **beiden** Fällen wird durch die Steigerung des Bruttoinlandsprodukts ein steigender Wohlstand signalisiert, obwohl für die Gesellschaft eine nachteilige Wirkung eingetreten ist?

(1) Durch einen Streik steht der Flugverkehr für mehrere Tage still.

(2) Durch einen Herbststurm werden viele Gebäude beschädigt und sind renovierungsbedürftig.

(3) Die hohe Feinstaubbelastung führt zu zeitweisen Lkw-Fahrverboten.

(4) Ein zeitweiser Ausfall des Stromnetzes führt in bestimmten Betrieben zu Produktionseinschränkungen.

(5) Eine unter Kleinkindern grassierende Virusepidemie füllt die Krankenhäuser.

**16:** Die Bundesregierung hat eine Studie zum volkswirtschaftlichen Wohlstand in Auftrag gegeben. Welche der folgenden Kennziffern erfasst ein qualitatives Merkmal?

(1) Bruttoinlandsprodukt je Einwohner

(2) Sparquote

(3) mittleres Haushaltsnettoeinkommen

(4) PKW Bestand

(5) mittlere Lebenserwartung

## 3 Arbeitslosigkeit und Beschäftigungspolitik

Arbeitslosigkeit ist bereits seit den 1970er Jahren ein Massenphänomen, welches eine Reihe persönlicher und gesellschaftlicher Probleme aufwirft.

---

**Probleme der Massenarbeitslosigkeit**

- Verfall des Selbstwertgefühls bei langer Arbeitslosigkeit
- Abnahme der Kaufkraft, Nachfragerückgang
- soziale Konflikte in der Gesellschaft verstärken sich, Stärkung radikaler Parteien
- Einnahmen von Staat und Sozialkassen verringern sich
- Transferzahlungen steigen usw.

---

Das Ausmaß der Arbeitslosigkeit wird an der Arbeitslosenquote gemessen, diese ermittelt sich nach

$$\text{Arbeitslosenquote in \%} = \frac{\text{Anzahl der Arbeitslosen} \cdot 100}{\text{Anzahl der Erwerbspersonen}}$$

Anmerkung: Als Erwerbspersonen gelten alle Personen, die eine Beschäftigung tatsächlich nachfragen, also

Erwerbspersonen = Selbstständige + Arbeitnehmer + gemeldete Arbeitslose

Die tatsächliche Arbeitslosigkeit in einer Gesellschaft liegt aber meist weitaus höher, weil sich viele Arbeitssuchende nicht bei der Arbeitsagentur als arbeitssuchend melden, sei es, weil sie keine Unterstützungsleistungen beanspruchen können oder für sich selbst kaum Vermittlungschancen sehen. Die nicht gemeldeten Arbeitssuchenden werden als **stille Reserve** bezeichnet.

Arbeitslosigkeit hat verschiedene Ursachen, dementsprechend gibt es auch angepasste Bekämpfungsansätze:

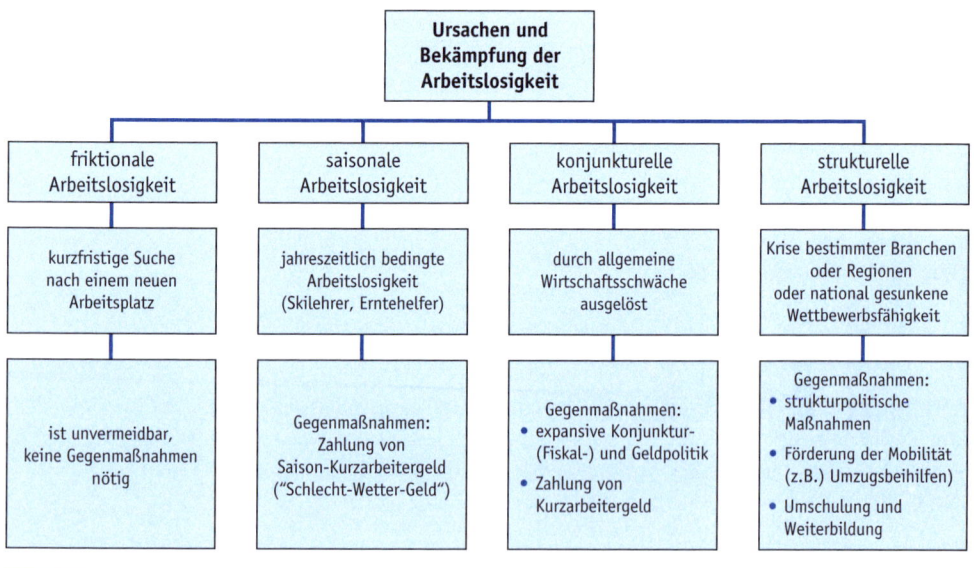

Dauerhafte Massenarbeitslosigkeit weist immer auf (hauptsächlich) strukturelle Ursachen hin, in den entwickelten Volkswirtschaften sind dies z.b.
* hohe Leistungsfähigkeit maschineller Fertigungsverfahren
* hohe Tariflöhne
* einstellungshemmende Arbeits- und Kündigungsvorschriften.

Als Idealzustand einer Volkswirtschaft gilt eine Arbeitslosenquote von 2 - 3%, dies wird als **Vollbeschäftigung** beschrieben. Eine höhere Arbeitslosenquote gilt als **Unterbeschäftigung**, eine geringere als Überbeschäftigung. Der Zustand der Überbeschäftigung ist ebenfalls nicht erwünscht, da hier aufgrund fehlender Arbeitskräfte branchen- und regionenübergreifend nicht alle offenen Stellen rasch wieder besetzt werden können und so Produktionsausfälle entstehen. Außerdem führt das geringe Arbeitskräfteangebot zu stark steigendem Lohn und damit zur Inflationsgefahr.

## Aufgaben:

**17:** Welche Aussage können Sie der folgenden Erwerbstätigen-Statistik entnehmen?

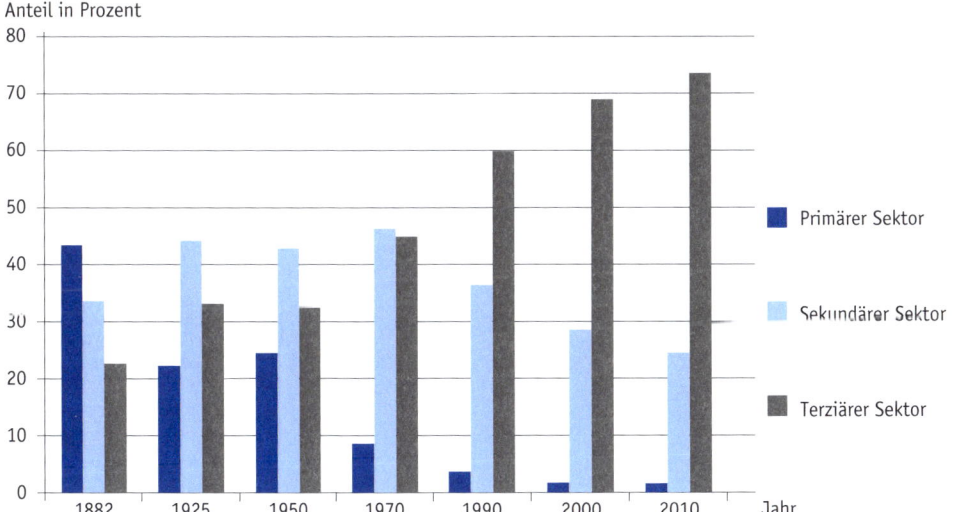

**Entwicklung der Anzahl Erwerbstätiger nach Wirtschaftssektoren**

Quelle der Daten für 1882 und 1925: Statistisches Bundesamt (Hrsg.), Datenreport 2006, S. 92
https://www.destatis.de/DE/Publikationen/Datenreport/Downloads/Datenreport2006.html
Quelle der Daten ab 1950: Statistisches Bundesamt,
https://www.destatis.de/DE/ZahlenFakten/Indikatoren/LangeReihen/Arbeitsmarkt/lrerw013.html

(1) Dass die Anzahl der Erwerbstätigen ab 1970 deutlich steigt.

(2) Dass der Anteil der Beschäftigten in Landwirtschaft und Bergbau fast ständig zurückgegangen ist.

(3) Dass die Industrie heute die meisten Erwerbstätigen beschäftigt.

(4) Dass Handel, Banken und Dienstleistungen eine anteilsmäßig schrumpfende Tendenz aufzeigen.

(5) Dass primärer und sekundärer Sektor zusammen immer genauso groß sind wie der tertiäre Sektor.

 **18:** Welches der folgenden Beispiele beschreibt eine „saisonale Arbeitslosigkeit"?

(1) Ein Bankkassierer wird wegen Untreue gekündigt.

(2) Eine Kassiererin wird nach Erreichen der Altersgrenze gem. Tarifvertrag zwangsweise in den Ruhestand geschickt.

(3) Der Kellner eines Biergartens verliert wie jedes Jahr im Herbst seinen Job.

(4) Wegen einer Absatzflaute verliert ein Produktionshelfer die Arbeitsstelle.

(5) Wegen Umzugs der Familie muss sich auch eine Arzthelferin am neuen Wohnort eine Stelle suchen.

**19:** Welches der folgenden Beispiele kann eine Ursache für eine anhaltende strukturelle Arbeitslosigkeit sein?

(1) ein harter Winter

(2) die Abwertung der eigenen Währung

(3) ein Ausfuhrembargo gegenüber einem Entwicklungsland

(4) der ständig steigende Arbeitgeberanteil zur gesetzlichen Sozialversicherung

(5) eine Autobahngebühr

## 4    Außenwirtschaftspolitik

Keines der wirtschaftspolitischen Ziele ist so irreführend wie das des „außenwirtschaftlichen Gleichgewichts". Allgemein gilt Deutschland als eine der weltweit führenden Exportnationen und registriert Jahr für Jahr hohe Handelsbilanzüberschüsse.

Durch den internationalen Handel entstehen eine ganze Reihe von Vorteilen, er ist natürlich ebenso mit Nachteilen verbunden:

| Bewertung des Außenhandels | |
|---|---|
| **Vorteile** | **Nachteile** |
| • Erschließung neuer (Export-)Märkte<br>• Umsatzsteigerung und Sicherung von Arbeitsplätzen durch Exportgüter<br>• volkswirtschaftliche Spezialisierung auf international besonders gefragte Produktarten (PKW, Chemie, Maschinenbau)<br>• Völkerverständigung durch Handelskontakte<br>• internationale Abhängigkeit verringert Kriegsgefahren<br>• breiteres Produktangebot im Inland (durch Import hier nicht erzeugbarer Waren)<br>• niedrigeres Preisniveau durch intensive internationale Konkurrenz | • Binnenkonjunktur und Inflation sind abhängig von der Entwicklung in anderen Ländern.<br>• Andere Länder können durch ihre Handelspolitik (z.B. Import- oder Exportverbote) politischen Druck ausüben.<br>• Sozialstandards im Inland sind durch preisaggressive internationale Konkurrenz gefährdet.<br>• Bestimmte Branchen sind international nicht ausreichend wettbewerbsfähig.<br>• hohe Transportemissionen durch lange Handelswege<br>• Produktion in Billiglohnländern bedeutet meist geringe Umwelt- und Arbeitsschutz-Standards. |

Grundsätzlich bestimmen aber nicht allein die Handelsströme das Ausmaß der wirtschaftlichen Verflechtung zwischen In- und Ausland. Um alle Transaktionen zu erfassen, bedient man sich eines umfassenden Bilanzierungssystems. Dessen Gesamtheit wird als Zahlungsbilanz bezeichnet und ist wie jedes unternehmerische Bilanzierungssystem rechnerisch immer automatisch ausgeglichen.

Ungleichgewichte treten aber in den aufgeführten Unterbilanzen auf:
• In der Handelsbilanz, also der Gegenüberstellung von Warenexporten und Warenimporten, herrscht traditionell ein hoher Exportüberschuss.
• In der Bilanz der Erwerbs- und Vermögenseinkommen übersteigen die aus dem Ausland erhaltenen Einkommen ebenfalls seit vielen Jahren die Höhe der an das Ausland abgegebenen Einkommen.
• In der Übertragungsbilanz hingegen ist die Situation umgekehrt, hier fließen für Entwicklungshilfe, UNO-Beiträge, Gastarbeiterüberweisungen erheblich höhere Mittel ab, als sie umgekehrt zufließen.
• Stark defizitär ist schließlich die Kapitalbilanz, d.h., es werden mehr Sach- und Finanzinvestitionen im Ausland vorgenommen, als umgekehrt durch das Ausland bei uns investiert werden.

Im Folgenden ist eine Übersicht über das außenwirtschaftliche Bilanzsystem abgebildet:

| A. Leistungsbilanz | |
|---|---|
| **1. Handelsbilanz** | |
| Warenexport | Warenimport |
| **2. Dienstleistungsbilanz** | |
| Dienstleistungsexporte (z.B. Urlaubsreisen, Geschäftsreisen von Ausländern ins Inland, Transporte für Ausländer) | Dienstleistungsimporte (z.B. Urlaubsreisen ins Ausland, Transporte von Ausländern für das Inland) |
| **3. Bilanz der Primäreinkommen** | |
| aus dem Ausland empfangene Arbeits- und Vermögenseinkommen (Gehalt, Provision, Mieten, Zinsen usw.) | an das Ausland überwiesene Arbeits- und Vermögenseinkommen |
| **4. Bilanz der Sekundäreinkommen** | |
| empfangene regelmäßige Zahlungen ohne Gegenleistung | geleistete regelmäßige Zahlungen ohne Gegenleistung, z.B. Entwicklungshilfe, UNO-Beiträge, Zahlung von ausländischen Arbeitskräften an ihre Familien |
| **B. Vermögensübertragungsbilanz** | |
| empfangene Vermögensübertragungen | geleistete Vermögensübertragungen, z.B. Erbschaften oder Schenkungen |
| **C. Kapitalbilanz** | |
| Kapitalimporte (z.B. Abnahme von Forderungen, Zunahme von Verbindlichkeiten aus dem Ausland) | Kapitalexporte (z.B. Zunahme von Forderungen, Abnahme von Verbindlichkeiten an das Ausland) |
| **D. Devisenbilanz** | |
| Abgänge an Devisen | Zugänge an Devisen |
| **E. Restposten** | |
| Saldo der nicht erfassbaren Posten | |

Um die Waren- und Dienstleistungsströme zu beeinflussen, kann der Staat grundsätzlich eine Reihe im- und exportfördernder Aktivitäten entwickeln:

| Importförderung durch | Exportförderung durch |
|---|---|
| • Senkung von Importzöllen<br>• Erhöhung von Importkontingenten (Begrenzungen der Einfuhrmenge)<br>• Vereinfachung von technischen Zulassungsbedingungen | • Senkung von Exportzöllen<br>• Erhöhung von Exportkontingenten<br>• staatliche Exportbürgschaften<br>• Exportbeihilfen (Subventionen) |

Zu beachten ist allerdings, dass eine Reihe von europäischen und internationalen Abkommen hier den politischen Spielraum stark einschränken, z.B. der gemeinsame Markt der EU-Staaten, das Freihandelsabkommen mit der EFTA, die Zollunion mit der Türkei usw. Außerdem sind auch immer mögliche Gegenmaßnahmen von Handelspartnern ins Kalkül zu ziehen.

# Aufgaben:

**20:** In einem zwischenstaatlichen Abkommen vereinbaren Deutschland und China wesentliche gegenseitige Einreiseerleichterungen für Touristen. Geben Sie an, welche Position der Zahlungsbilanz dadurch beeinflusst werden kann:

(1) Kapitalbilanz

(2) Handelsbilanz

(3) Dienstleistungsbilanz

(4) Bilanz der Sekundäreinkommen

(5) Bilanz der Erwerbs- und Vermögenseinkommen

**21:** Aus dem aktuellen Monatsbericht der Deutschen Bundesbank entnehmen Sie, dass die Übertragungsbilanz ein Rekorddefizit aufweist. Durch welchen Umstand könnte dies verursacht worden sein?

(1) hohe Dividendenzahlungen ausländischer Aktiengesellschaften an deutsche Aktionäre

(2) Einstellung der Entwicklungshilfe an einen bürgerkriegsführenden Staat

(3) starke Erhöhung der UNO-Beitragszahlung aufgrund der gestiegenen Wirtschaftskraft Deutschlands

(4) Rückgang der Direktinvestitionen ausländischer Kapitalgeber

(5) Rückgang von Gastarbeiterüberweisungen in ihre Heimatländer

**22:** Sie lesen folgende Zeitungsmeldung:

> **Deutsche Exporte brechen ein.**
> Erstmals seit 4 Jahren hat sich der deutsche Export rückläufig entwickelt, er sank gegenüber dem Vorjahr um 8% auf 690 Mrd. €. Stabil blieben hingegen die Importdaten gegenüber dem Vorjahr, die Einfuhr liegt unverändert bei 600 Mrd. €.
> Ursache dieser Entwicklung ist die Wirtschaftskrise in wichtigen Exportmärkten, hier haben
> ...

Welche Aussage können Sie aus dem Artikel ableiten?

(1) Im Vorjahr lag der Export bei 745,2 Mrd. €.

(2) Die Importe übersteigen im lfd. Jahr den Wert der Exporte.

(3) Der Außenbeitrag des lfd. Jahres beträgt 90 Mrd. €.

(4) Im lfd. Jahr wurden Waren im Wert von 1200 Mrd. € mit dem Ausland ausgetauscht.

(5) Im vergangenen Jahr überstieg der Exportwert den Importwert noch um 8% mehr.

**23:** Der Mosbacher „Schutzschalter-Technik GmbH" ist es erstmals gelungen, eine ausländische Baumarktkette als Abnehmer ihrer Stromkreissicherungen zu gewinnen. Beschreiben Sie die Auswirkung dieses Geschäftsabschlusses auf das Zahlungsbilanzsystem der Bundesrepublik Deutschland:

(1) Dies verringert den bestehenden Importüberschuss in der Dienstleistungsbilanz.

(2) Dies vergrößert das Ungleichwicht in der Zahlungsbilanz.

(3) Dies wird in der Devisenbilanz zu einem Devisenabgang führen.

(4) Die Handelsbilanz wird nicht beeinflusst, aber es kommt in der Kapitalbilanz zu einem Kapitalzufluss.

(5) Dies erhöht den bestehenden Exportüberschuss in der Handelsbilanz.

## 5    Wechselkurse

Durch die Einführung des EURO als gemeinsamer Währung ist die Bedeutung von Wechselkursschwankungen für die (außen)wirtschaftliche Entwicklung etwas in den Hintergrund getreten, gleichwohl haben viele bedeutende Handelspartner Deutschlands, z.B. die USA, China oder Großbritannien weiterhin eigene Währungen, deren Umtauschkurs sich im Zeitablauf verändert.

**(!)** Der Wechselkurs gibt an, wie viele Einheiten ausländischer Währung für einen EURO aufzubringen sind.

Bei **freien Währungen** (wie z.B. dem EURO) ändert sich dieses Umtauschverhältnis täglich je nach der Lage an den Devisenmärkten, d.h. der Entwicklung von Angebot und Nachfrage. **Gebundene Währungen** haben hingegen zu anderen Währungen ein festes Umtauschverhältnis (wie z.B. der chinesische Yuan gegenüber dem US-Dollar), gelegentlich sind hier auch Schwankungen innerhalb bestimmter Grenzen zugelassen.

Da der Wechselkurs sich also teilweise aus spekulativen oder staatspolitischen Motiven heraus entwickelt, entspricht er nur selten der Kaufkraftparität, d.h., der mit Wechselkursen umgerechnete Wert einer im Ausland gehandelten Ware ist meist ein anderer als der Wert der gleichen Ware im Inland.

Somit können Wechselkurse auch gezielt als Instrument zur Beeinflussung von Im- und Export eingesetzt werden.

**Beispiel:** Ein Tennisschläger vergleichbarer Qualität wird in den USA für 100,– $ und in Europa für 80,– € angeboten.

| Fall 1: Der Wechselkurs beträgt 1 € = 1,20 $ | Fall 2: Der Wechselkurs beträgt 1 € = 1,50 $ | Fall 3: Der Wechselkurs beträgt 1 € = 1,00 $ |
|---|---|---|
| Ausgangszustand | Aufwertung des EURO: Es sind nun mehr ausländische Geldeinheiten für einen € zu zahlen. | Abwertung des EURO: Es sind nun weniger ausländische Geldeinheiten für einen € zu zahlen. |
| Umtauschpreise: Der US-Tennisschläger kostet umgerechnet 100/1,2 = 83,33 €. Der EU-Tennisschläger kostet umgerechnet 80 · 1,2 = 96 $. | Umtauschpreise: Der US-Tennisschläger kostet umgerechnet 100/1,5 = 66,67 €. Der EU-Tennisschläger kostet umgerechnet 80 · 1,5 = 120 $. | Umtauschpreise: Der US-Tennisschläger kostet umgerechnet 100/1 = 100 €. Der EU-Tennisschläger kostet umgerechnet 80 · 1 = 80 $. |

| Die Preisunterschiede sind geGering, es liegt fast eine Kaufpreisparität vor. | Der US-Tennisschläger ist nun gegenüber dem EU-Schläger sowohl im In- wie auch im Ausland deutlich günstiger. | Umgekehrt ist jetzt der EU-Tennisschläger gegenüber dem US-Schläger sowohl im In- wie auch im Ausland deutlich günstiger. |
|---|---|---|
| Wechselkurs verursacht keinen Im- oder Exportimpuls. | Importe von US-Tennisschlägern nehmen zu, Exporte von EU-Schlägern gehen zurück. | Importe von US-Tennisschlägern gehen zurück, Exporte von EU-Schlägern nehmen zu. |

Da also eine Abwertung der eigenen Währung die Absatzchancen einheimischer Erzeugnisse deutlich verbessert, ist bei gebundenen Währungen im Falle einer Wirtschaftskrise oft ein sogenannter Abwertungswettlauf zu beobachten.

## Aufgaben:

 **24:** Sie lesen im Wirtschaftsteil Ihrer Tageszeitung folgende Meldung:

> **Turbulenzen auf den Währungsmärkten**
>
> – Kurs des Schweizer Franken nun bei 1,18 –
>
> Die anhaltende Aufwertungstendenz des Schweizer Franken setzt sich fort. Nachdem noch im Frühjahr der Kurs bei 1 € = 1,38 sfr. festgestellt wurde, wurde er gestern erstmals unter 1,20 sfr. notiert. Diese Entwicklung hat nicht nur für die schweizerische Ökonomie gravierende Folgen ...

Stellen Sie fest, welche Folgen diese Entwicklung für die Handelsbilanz des EURO-Raumes hat:

(1) Die Handelsbilanz wird sich gegenüber der Schweiz positiv entwickeln, weil Waren des EURO-Raumes in der Schweiz billiger werden.

(2) Die Handelsbilanz wird sich nicht wesentlich verändern, weil die meisten Handelsbeziehungen auf langfristigen Verträgen beruhen.

(3) Die Handelsbilanz wird sich gegenüber der Schweiz negativ entwickeln, weil Waren des EURO-Raumes in der Schweiz teurer werden.

(4) Die Handelsbilanz wird sich gegenüber der Schweiz positiv entwickeln, weil eine Aufwertung des Schweizer Frankens die eigenen Exporte wertvoller macht.

(5) Die Handelsbilanz wird sich gegenüber der Schweiz negativ entwickeln, weil eine Aufwertung des Schweizer Frankens nur in die Vermögensübertragungsbilanz eingeht.

**25:** Kurz vor Ihrer Urlaubsreise nach Japan studieren Sie noch einmal die Wechselkurse. Seit Ihrer Reiseplanung vor über 3 Monaten hat sich der Kurs noch einmal deutlich verändert:

vor 3 Monaten: 1 € = 138,55 Yen

heute: 1 € = 146,20 Yen

Was bedeutet diese Kursentwicklung für Sie?

(1) Die Preise in Japan sind in den letzten Monaten um fast 6 % gestiegen.

(2) Der Euro wurde abgewertet, deshalb sind die Reiseaufwendungen innerhalb Japans für deutsche Touristen nun höher als geplant.

(3) Der Euro wurde aufgewertet, deshalb sind die Reiseaufwendungen innerhalb Japans für deutsche Touristen nun geringer als geplant.

(4) Die Kursveränderung wird bis zum Reiseeintritt sicher wieder den Ursprungszustand erreichen.

(5) Die kleinste Währungseinheit in Japan sind 100,00 Yen.

**26:** In der nachfolgenden Grafik ist eine Aufwertung des EURO aufgrund einer Verschiebung der Nachfragekurve abgebildet.

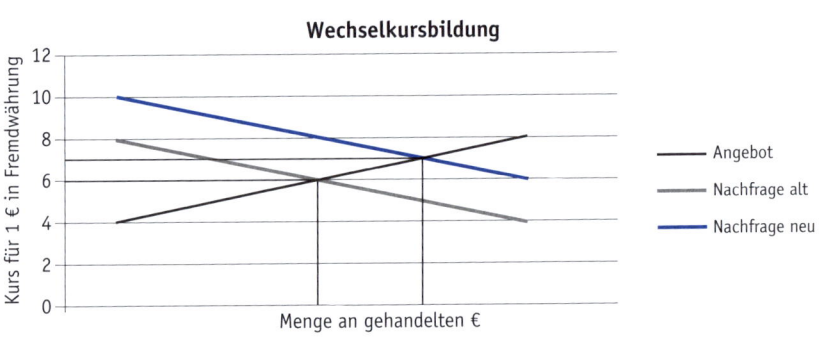

Welche Ursache könnte diese Nachfrageverschiebung haben?

(1) Aufgrund einer internationalen Finanzkrise steuern Geldanleger bevorzugt „sichere" Währungen wie den Euro an.

(2) Die Spekulation um das Auseinanderbrechen der Währungsunion hat sich verstärkt.

(3) Die EZB hat die umlaufende Geldmenge an EURO deutlich ausgeweitet.

(4) Der Wechselkurs wurde als zu niedrig angesehen, deswegen hat die EZB die Regierungen der EURO-Länder zum Kauf von EURO veranlasst.

(5) Durch den hohen Falschgeldumlauf wird der EURO als problematisch eingeschätzt.

# Funktion 1303: Geld- und Fiskalpolitik als konjunkturpolitische Maßnahmen

## 1 Inflation und Deflation

Als Inflation bezeichnet man einen Prozess ständiger Geldentwertung durch fortlaufende Preissteigerung. Umgekehrt kann jedoch nicht jede Preissteigerung als Inflation bezeichnet werden. Dafür muss sie

- auf Dauer vorgenommen
- auf alle Güter ausgedehnt
- nicht durch Qualitätsverbesserungen berechtigt

sein.

Ursachen der Inflation können sein:

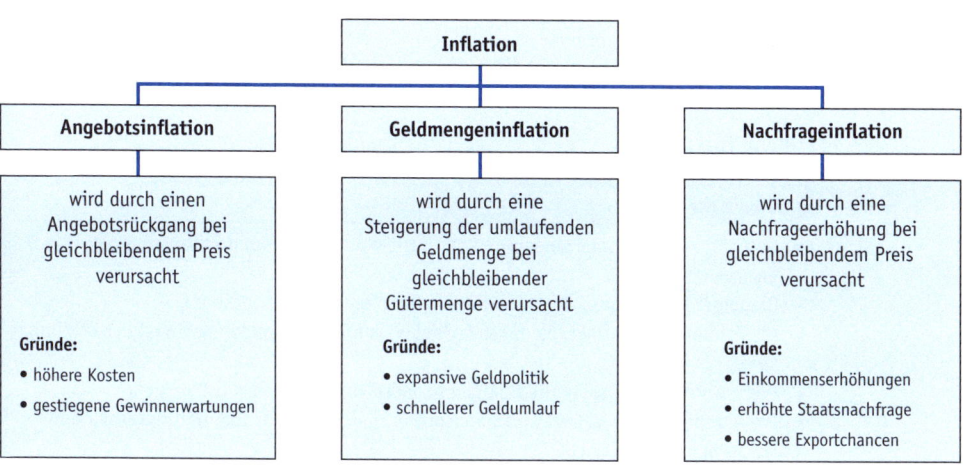

Kommt eine Inflation im Inland durch den Umstand zustande, dass das Ausland aufgrund des dort höheren Preisniveaus verstärkt im Inland einkauft und deshalb auch hier das Preisniveau steigt, so spricht man von einer **importierten Inflation**. Führen Lohnerhöhungen über den gleichzeitigen Einkommens- und Kosteneffekt zum Preisanstieg und dieser wiederum zur Forderung nach neuen Lohnerhöhungen, so spricht man von einer **Lohn-Preis-Spirale**.

Die mit der Inflation einhergehende Preissteigerung bedeutet für den Geldbesitzer, dass er sich für eine gleichbleibende Geldmenge immer weniger Waren kaufen kann, d.h., je höher das Preisniveau wird, desto geringer ist die Kaufkraft des Geldes. Beide Größen sind also reziprok:

$$\text{Kaufkraft} = \frac{1 \cdot 100}{\text{Preisniveau}}$$

Eine schwindende Kaufkraft kann auch durch die Berechnung von Reallöhnen aufgezeigt werden. Diese drücken aus, wie sich die Lohnsumme unter Herausrechnung der notwendigen Inflationsanpassung ermittelt:

$$\text{Reallohn} = \frac{\text{Nominallohn} \cdot 100}{\text{Preisniveau}}$$

Nicht jede Inflation ist sofort an steigenden Preisen erkennbar, manche Staaten greifen bei Strafandrohung zu Preisdiktaten, um weitere Preiserhöhungen zu verhindern. Hier erkennt man die sog. **verdeckte Inflation** daran, dass zu den verordneten Preisen kaum ein Anbieter bereit ist, seine Waren abzugeben, und ein Schwarzmarkt entsteht.

Eine geringe Preissteigerungsrate wird als unschädlich betrachtet, die EZB zielt hier auf Preissteigerungsraten um 2%. Grund: Ein Teil dieser Preissteigerungen beruht auf Qualitätsverbesserungen der Ware. Zudem sollen die Nachfrager angeregt werden, ihre Finanzmittel nicht zu horten, sondern wegen des verfallenden Geldwertes möglichst rasch wieder umsatzsteigernd einzubringen.

Höhere Inflationsraten bergen dagegen erhebliche Risiken:

### Probleme der Inflation

- Geschäftskalkulationen sind wegen der unsicheren Kosten- und Erlösplanungen erschwert.
- Gläubiger werden geschädigt, da ihre Forderungen an Wert verlieren.
- Die Zahlungsmoral sinkt, da das Aufschieben von Zahlungen den Realwert der Zahlung senkt.
- Preisaushänge, Preislisten, Kataloge etc. müssen ständig erneuert werden.
- Die Akzeptanz des Geldes als Zahlungsmittel sinkt, Rückkehr zum Naturaltausch und Flucht in die Sachwerte.
- Die Teilnahme am internationalen Devisenverkehr wird zunehmend erschwert.
- Der Standort wird für ausländische Investoren unattraktiv.

Noch gefährlicher als hohe Inflationsraten ist jedoch eine **Deflation**, d.h. ein Prozess ständiger Preissenkungen und Geldwerterhöhungen. Dies löst eine Kaufzurückhaltung aus, da bei einem Aufschub des Kaufes ja eine erheblich größere Gütermenge für das gleiche Geld erworben werden kann. Die Kaufzurückhaltung zwingt die Hersteller zu weiteren Preissenkungen, aber in der Folge auch zu Massenentlassungen oder Lohnkürzungen, was jedoch nur einen weiteren Nachfragerückgang auslöst. Diese Spirale endet im vollkommenen wirtschaftlichen Zusammenbruch.

Geldwertänderungen werden durch den sogenannten **Preisindex der Lebenshaltung** vom Statistischen Bundesamt erfasst. Das Verfahren lässt sich wie folgt beschreiben:

 - Das Statistische Bundesamte ermittelt die Verbrauchsgewohnheiten eines typischen Durchschnittshaushaltes (Privathaushalt mit 2,3 Personen).

 - Die typischerweise konsumierten Artikel werden mit ihrer durchschnittlichen Konsumhäufigkeit multipliziert und bilden so die Verbrauchsmengen in einem sogenannten **Warenkorb**.

• Nun werden durch Preisrecherchen die Verbrauchskosten, d.h. der Wert des Warenkorbes errechnet. Diesen Wert setzt man als Preisindex = 100. Dieser Wert gilt aber nur für das erste Jahr, das sog. Basisjahr.

 • In den Folgejahren wird die Preisrecherche wiederholt, die neuen Verbrauchskosten werden ins Verhältnis zur ersten Erhebung gesetzt, dementsprechend steigt der Preisindex.

 • Nach einigen Jahren haben sich die Verbrauchsgewohnheiten so weit geändert, dass ein neuer Warenkob zusammengestellt wird, der Preisindex wird wieder auf 100 gesetzt. Das Jahr der Neugewichtung ist entsprechend wieder das neue Basisjahr.

Als Rechenformel ergibt sich:

$$\text{Preisindex der Lebenshaltung} = \frac{\text{Wert des Warenkorbs im Berichtsjahr} \cdot 100}{\text{Wert des Warenkorbes im Basisjahr}}$$

$$\text{Inflationsrate} = \frac{(\text{Preisindex Berichtsjahr} - \text{Preisindex Vorjahr}) \cdot 100}{\text{Preisindex Vorjahr}}$$

# Aufgaben:

 **27:** Beurteilen Sie, welche negative Wirkung von einer Inflation ausgeht:
(1) Der Geldwert wird kritisch hoch.
(2) Gläubiger verlieren einen Teil des Realwerts ihrer Forderungen.
(3) Die meisten Waren haben Qualitätsverluste.
(4) Die Haushalte horten Geld, und die Zahl der Wohnungseinbrüche steigt.
(5) Die Währung wird überbewertet.

**28:** Im Folgenden ist die aktuelle Zusammensetzung des Warenkorbes für die Berechnung des Verbraucherpreisindex abgebildet. Die Anteile der einzelnen Gütergruppen sind in **Promille** angegeben. Welche Preissteigerungsrate würde der Index ausweisen, wenn die Ausgaben für Wohnungsmieten und Energie um 5% stiegen, alle anderen Positionen aber unverändert blieben?

| Verbraucherpreisindex für Deutschland – Wägungsschema Basisjahr 2015 | | Gewicht in Promille |
|---|---|---|
| 01 | Nahrungsmittel und alkoholfreie Getränke | 96,85 |
| 02 | Alkoholische Getränke und Tabakwaren | 37,77 |
| 03 | Bekleidung und Schuhe | 45,34 |
| 04 | Wohnung, Wasser, Strom, Gas und andere Brennstoffe | 324,70 |
| 05 | Möbel, Leuchten, Geräte u. a. Haushaltszubehör | 50,04 |
| 06 | Gesundheit | 46,13 |

| 07 | Verkehr | 129,05 |
|----|---------|--------|
| 08 | Post und Telekommunikation | 26,72 |
| 09 | Freizeit, Unterhaltung und Kultur | 113,36 |
| 10 | Bildungswesen | 9,02 |
| 11 | Gaststätten- und Beherbergungsdienstleistungen | 46,77 |
| 12 | Andere Waren und Dienstleistungen | 74,25 |

Quelle: Statistisches Bundesamt, Wiesbaden https://www.destatis.de/DE/ZahlenFakten/Gesamtwirtschaft-Umwelt/Preise/Verbraucherpreisindizes/WarenkorbWaegungsschema/Waegungsschema.pdf?__blob=publicationFile

**29:** Aus dem Wirtschaftsbericht der Bundesregierung für das vorausgegangene Jahr ist zu entnehmen, dass die durchschnittlichen Bruttoverdienste der Mitarbeiter um 2,7 % bei einer Inflationsrate von 3,3% gestiegen sind. Berechnen Sie die Veränderung der Reallöhne in %!

**30:** Das Statistische Bundesamt hat folgende Daten zur Inflationsberechnung veröffentlicht, allerdings fehlen noch die Werte für das Jahr 2014.
Der Wert des Warenkorbs betrug im Jahr 2010 genau 2876,– €, er stieg 2011 auf 2936,40 €, 2012 auf 2994,– €, 2013 auf 3040,– € und 2014 auf 3125,50 €.

**Verbraucherpreisindex für Deutschland**
Verbraucherpreise insgesamt

| Jahr in % | Verbraucherpreisindex 2010 = 100 | Veränderung zum Vorjahr in % |
|-----------|----------------------------------|------------------------------|
| 2010 | 100,0 | +1,1 |
| 2011 | 102,1 | +2,1 |
| 2012 | 104,1 | 2,0 |
| 2013 | 105,7 | +1,5 |

Berechnen Sie den Preisindex und die Inflationsrate für das Jahr 2014.

**31:** Zwischen den Jahren 1993 und 1997 betrug die Inflationsrate insgesamt ziemlich genau 10%. Berechnen Sie, um wieviel % die Kaufkraft im gleichen Zeitraum abnahm.

## 2 EZB und geldpolitische Instrumente

Seit dem 1.1.1999 trägt die Europäische Zentralbank (EZB) die Verantwortung für die Geldpolitik im Euro-Raum, seitdem ist auch die Deutsche Bundesbank das ausführende Organ der EZB-Beschlüsse.

Im Einzelnen übernimmt die EZB folgende Aufgaben:

## Aufgaben der EZB

- Steuerung der Geldmenge und des Zinsniveaus
- Verwaltung der Währungsreserven
- Genehmigung der Ausgabe von Banknoten
- Stabilisierung des €-Wechselkurses
- Bankenaufsicht
- Organisation und Vereinheitlichung des Zahlungsverkehrs in den EURO-Mitgliedsländern

Sowohl die EZB als auch die Bundesbank sind bei der Wahrnehmung ihrer Aufgaben unabhängig von den Weisungen der Politik. Sie sind in erster Linie dem Ziel der Geldwertstabilität verpflichtet. Ist diese nicht gefährdet, so kann sie die Wirtschaftspolitik der EU unterstützen, die auf beständiges Wachstum und hohes Beschäftigungsniveau ausgerichtet ist (Artikel 3 des EU-Vertrages).

Die EZB kennt folgende Organe:

| Organe der EZB | | |
|---|---|---|
| **Direktorium** | **EZB-Rat** | **erweiterter EZB-Rat** |
| besteht aus Präsident, Vize-Präsident und 4 weiteren Mitgliedern, führt die lfd. Geschäfte und setzt die geldpolitischen Beschlüsse um | besteht aus dem Direktorium und den Notenbank-Prasidenten der EURO-Teilnehmerländer | besteht aus dem EZB-Rat und den Notenbank-Präsidenten von EU-Ländern, die NICHT am EURO teilnehmen |
| | fasst geldpolitische Entscheidungen | dient der Information und Abstimmung |

Zum Zeitpunkt der Drucklegung gehören folgende EU-Länder, die den EURO als Zahlungsmittel eingeführt haben, dem EZB-Rat an: Belgien, Deutschland, Estland, Finnland, Frankreich, Griechenland, Irland, Italien, Kroatien, Lettland, Litauen, Luxemburg, Malta, Niederlande, Österreich, Portugal, Slowakei, Slowenien, Spanien und Zypern.

Folgende Länder gehören nur dem erweiterten EZB-Rat an, weil sie als EU-Mitgliedsland noch weiter ihre nationale Währung führen: Bulgarien, Dänemark, Polen, Rumänien, Schweden, Tschechische Republik und Ungarn.

Um die Geldwertstabilität zu gewährleisten, aber auch die Geldversorgung des Wirtschaftskreislaufes aufrechtzuerhalten, hat die EZB zwei Aktionsparamater, deren Wirkungsweise hier am Beispiel einer gewünschten Wirtschaftsbelegung (expansive Geldpolitik) kurz erläutert werden soll:

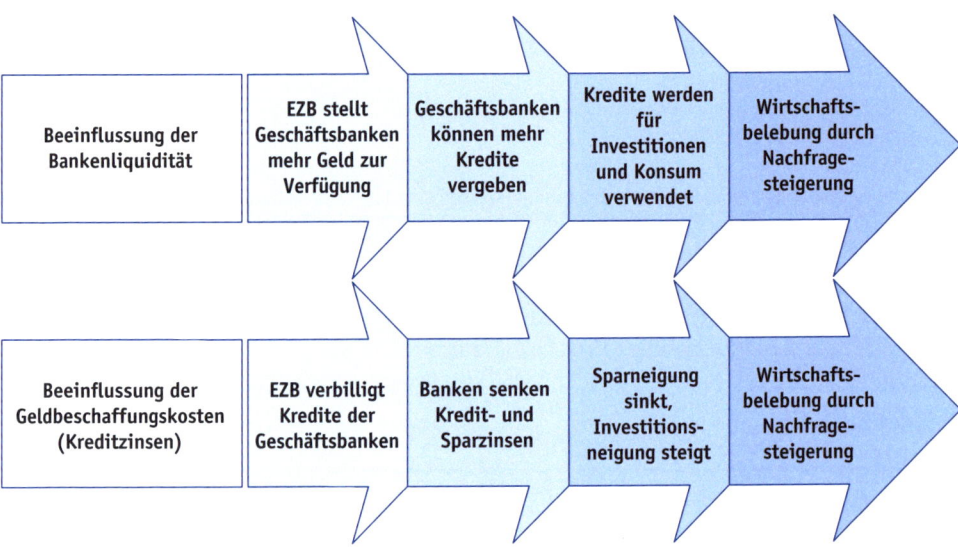

Zur Beeinflussung von Bankenliquidität und Geldbeschaffungskosten stehen drei geldpolitische Instrumente zur Verfügung:

| Geldpolitische Instrumente | 1. Offenmarktgeschäfte | befristete Beleihung von Wertpapieren der Geschäftsbanken |
|---|---|---|
| | 2. ständige Fazilitäten | Über-Nacht-Kredite oder Über-Nacht-Einlagen |
| | 3. Mindestreserven | Zwangshinterlegung von Einlagen der Geschäftsbanken bei der EZB |

Als **Offenmarktgeschäfte** bezeichnete man ursprünglich den Kauf und Verkauf von Wertpapieren vom anonymen Markt durch die EZB. Diese **definitiven Käufe** sind heutzutage aber nebensächlich, an ihre Stelle traten zunächst Wertpapierkäufe mit fester Rückkaufvereinbarung und einem vorab festgelegten Rückkaufpreis, der einen Zinsaufschlag enthält. Hier spricht man von **Pensionsgeschäften**. Vorteil: Der Verkäufer kann den Kaufpreis nur zeitweise verwenden, und die EZB kann nach dem Rückkauf immer wieder neu entscheiden, wie viele neue Offenmarktgeschäfte sie tätigt und wie viel Geld damit dem Wirtschaftskreislauf zugeführt oder entzogen werden soll.

Den gleichen Effekt erreicht man aber auch ohne mehrmalige Eigentumsübertragung, indem man die Wertpapiere nicht ankauft, sondern zeitweise beleiht. Dementsprechend wird ein großer Teil der Offenmarktgeschäfte mittlerweile als verzinste **Pfandkredite** abgewickelt.

**Ständige Fazilitäten** geben den Geschäftsbanken die Gelegenheit, am Ende des Bankentages kleinere Liquiditätsüberschüsse oder -defizite zu bereinigen. Überschüssiges Geld kann zu einem geringen Zinssatz über Nacht bei der EZB deponiert, fehlendes Geld zu einem sehr hohen Zinssatz über Nacht bei der EZB ausgeliehen werden.

Stärkstes Instrument der Geldpolitik sind jedoch die **Mindestreserven**, hier müssen die Banken einen Teil ihrer Kundeneinlagen bei der EZB verzinst hinterlegen. Je höher der Mindestreservesatz, desto weniger Geld steht für die Kreditvergabe zur Verfügung.

Abschließend hierzu noch ein Überblick über den zielgerichteten Einsatz des geldpolitischen Instrumentariums:

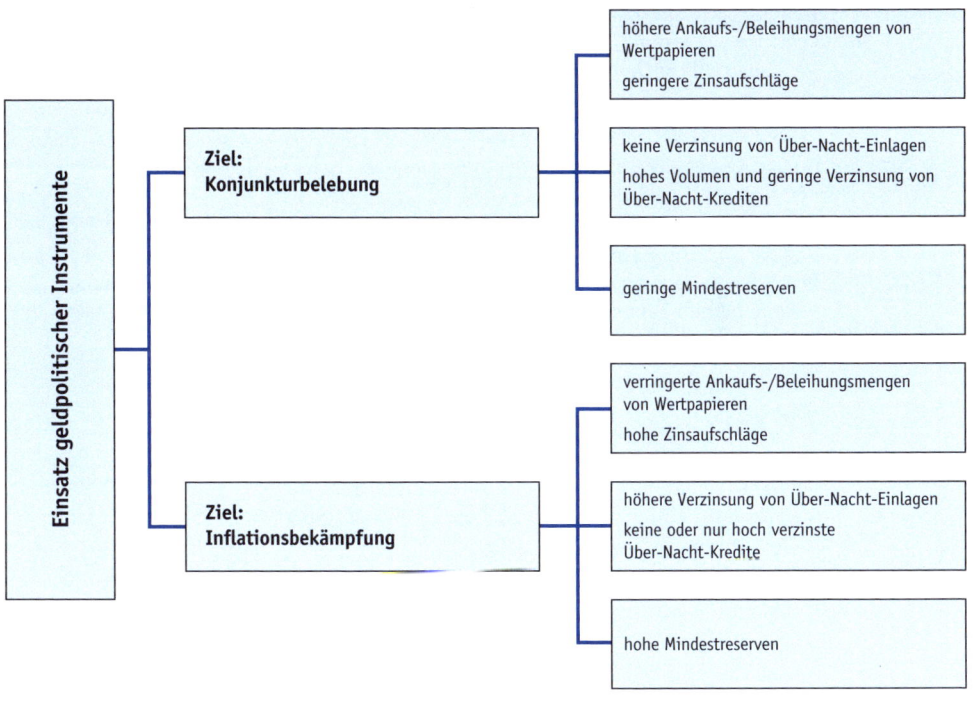

Als **Leitzins** gilt der sog. **Hauptrefinanzierungssatz**, dieser wird für Offenmarktgeschäfte (Pensions- oder Beleihungsgeschäfte) mit einwöchiger Laufzeit angesetzt. Weitere wichtige Zinssätze sind der **Spitzenrefinanzierungssatz** für Über-Nacht-Kredite und der **Einlagensatz** für Über-Nacht-Einlagen bei der EZB. Aber ACHTUNG: Der **Mindestreservesatz** ist kein Zinssatz, sondern gibt an, welchen Anteil ihrer Kundeneinlagen die Banken den Mindestreserven zuzuführen haben.

## Aufgaben:

**? 32:** In der Nachrichtensendung verliest der Sprecher folgende Meldung: „Die EZB hat zur Inflationsbekämpfung den Hauptrefinanzierungssatz um 0,5% angehoben". Welche Auswirkung wird diese Nachricht auf das Industrieunternehmen haben, in dem Sie gerade Ihre Ausbildung absolvieren?

(1) Die Exportchancen werden sich erhöhen.

(2) Die Kreditkosten werden steigen, die Investitionsneigung wird gedämpft.

(3) Die Kreditbeschaffung wird erleichtert.

(4) Mein Betrieb erhält nun bessere Konditionen bei den Banken.

(5) Die EZB erhebt eine Sondersteuer, die an den Verbraucher abgewälzt werden kann.

**? 33:** Die EZB beschließt, den Hauptrefinanzierungssatz zu erhöhen. Skizzieren Sie die Wirkung dieses Instrumentes, indem Sie die folgenden Wirkungsschritte in der richtigen Reihenfolge anordnen:

(1) Die Konsumneigung sinkt zugunsten der Sparneigung, die Investitionsneigung geht ebenfalls zurück.

(2) Die Banken erhöhen die Spar- und Kreditzinsen.

(3) Der Preisauftrieb wird gebremst.

(4) Die Kosten der Banken für die Liquiditätsbeschaffung steigen.

(5) Die Nachfrage geht zurück.

**? 34:** Im EZB-Rat wurde soeben eine Leitzinsänderung für den EURO-Raum beschlossen. Die nationalen Notenbanken sind angewiesen, diese umzusetzen. Für welche **beiden** EU-Länder ist der Beschluss nicht wirksam?

(1) Großbritannien     (2) Frankreich      (3) Malta

(4) Österreich         (5) Schweden        (6) Belgien

**? 35:** Die Spitzenverbände der europäischen Industrieunternehmen beklagen die ihrer Meinung nach zu schwierige Geldversorgung, die zu deutlichen Wettbewerbsnachteilen gegenüber Konkurrenten aus Nicht-EU-Ländern führt. Durch welche Maßnahme könnte die EZB die Geldversorgung der Wirtschaft erleichtern?

(1) Anhebung des Leitzinses um 1%

(2) Weiterverkauf von Industrieanleihen

(3) Erhöhung des Zinssatzes für Über-Nacht-Kredite

(4) Ausschluss von Krisenstaaten aus dem Währungsverbund

(5) Senkung der Mindestreserven

**? 36:** Zur Inflationsbekämpfung setzt die EZB ihr gesamtes geldpolitisches Instrumentarium ein. Welches Maßnahmenpaket ist hierbei stimmig?

|     | Hauptrefinanzierungssatz | Beleihungsvolumen | Mindestreservepflicht |
| --- | --- | --- | --- |
| (1) | sinkt  | steigt | sinkt  |
| (2) | steigt | sinkt  | sinkt  |
| (3) | steigt | sinkt  | steigt |
| (4) | sinkt  | sinkt  | steigt |
| (5) | steigt | steigt | sinkt  |

# Lösungen

# Prüfungsgebiet 01: Marketing und Absatzwirtschaft

## Funktion 0101: Auftragsanbahnung und -vorbereitung

L1: a) Mehrwegdistribution → unterschiedliche Marktsegmente erschließen, damit größeren Gesamtabsatz erreichen; Absatzrisiko breiter streuen; höhere Gesamtumsätze erzielen

b) Die effiziente Gestaltung des Sortimentes ist schwieriger, unrentable Produkte können schwerer identifiziert werden, preis- und kommunikationspolitische Instrumente lassen sich weniger effektiv einsetzen.

L2: aa) 170 x 100 / 127 = 133,86 % → Anstieg um 33,86 %.

ab) Marktanteil$_{alt}$ = 6,67 % Marktanteil$_{neu}$ = 6,97 % Anstieg um 0,3 %- Punkte (absolut) bzw. um 4,5 % (relativ)

ac) Umsatzzuwachs / Werbekosten = 1.692,9 % (= die Höhe der Werberendite begründet Zweifel an der Aussagekraft der Kennziffer in diesem Beispiel.)

ad) Gewinn$_{alt}$ = 27.000  Gewinn$_{neu}$ = 37.460 Anstieg um 10.460 bzw. 38,74 %

c) Mögliche Gründe für das deutliche Umsatzplus: gesamtwirtschaftlicher Anstieg der Nachfrage (Konjunkturboom), deutlicher Anstieg der Nachfrage im Marktsegment (Trends, , klimatische Faktoren), Ausscheiden von Mitbewerbern

L3: Produktpolitik: Verbesserung der technischen Produkteigenschaften, Verbesserung der Handhabung | Preispolitik: da teuerster Anbieter, aber nicht Testsieger, sollte der Preis direkt oder indirekt durch eine Zugabe gesenkt werden (z.B. zusätzlicher Wechselakku bei gleichem Preis) | Kommunikationspolitik: Das sehr gute Ergebnis der Sicherheitsprüfung und das gute Ergebnis insgesamt sollten in der Produktwerbung deutlich herausgestellt werden.

L4: a) Fragen in Bezug auf die Nachfrager (Zufriedenheit mit dem bestehenden Angebot; weitere Wünsche; Ver-/Gebrauchsgewohnheiten, soziometrische Daten etc.) | Fragen in Bezug auf die Mitbewerber (Größe und Bekanntheit der Mitbewerber; Warenangebot und Angebotspreise der Mitbewerber etc.) | Fragen in Bezug auf die eigenen Unternehmung (Bekanntheit und Image der Marke, Kundenzufriedenheit und –treue, Marktanteil etc.)

b) Marktanalyse sammelt Marktdaten zu einem bestimmten Zeitpunkt, Marktbeobachtung über einen Zeitraum hinweg.

c) Befragung von Marktteilnehmern (schriftlich / mündlich), Haushalts- und Händlerpanels, Beobachtung von Marktteilnehmern, z.B. am Verkaufsort oder im Labor, Produkttests

L5: a) Beispiel: den Absatz in nachfrageschwachen Jahreszeiten erhöhen (z.B. Saisonrabatte gewähren, z.B. die Preise für Speiseeis im Herbst und Winter senken)

b) Ziele: 1. Verminderung des Absatzrückganges in nachfrageschwachen Zeiträumen; 2. gleichmäßigere Auslastung der Produktionskapazitäten und stabilere Herstellkosten (Verminderung von Leerkosten); 3. Sicherung des finanziellen Gleichgewichtes durch kontinuierliche Einnahmen

L6: a)

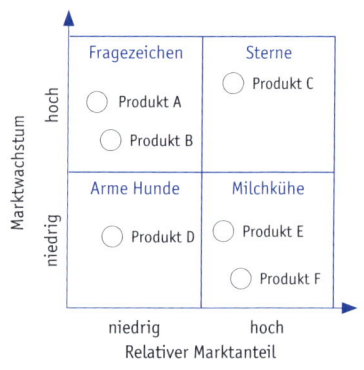

b) Produkt A: hohes Potenzial, geringer Marktanteil → stark fördern, z.B. durch Werbung | Produkt B: ebenfalls fördern, da Markt wächst; genau beobachten und ggf. wieder eliminieren | Produkt C: Marktanteil durch Erhaltungswerbung stabilisieren und an Marktwachstum partizipieren (z.B. Produktvariation) | Produkt D: wegen geringem Potenzial eliminieren | Produkt E: Marktanteil erhöhen (z.B. Preisnachlässe, Produktvariationen) | Produkt F: Marktanteil durch Erhaltungswerbung stabilisieren, aber bereits Nachfolgerprodukt vorbereiten

c) Milchkühe sind Hauptumsatzträger der Unternehmung und sichern die finanzielle Stabilität. Bevor sie „Opfer" von Marktveränderungen werden, müssen rechtzeitig Nachfolger am Markt innoviert werden (= „Fragezeichen"), die sich zu „Sternen" und schließlich „Milchkühen" entwickeln können. „Arme Hunde" müssen konsequent eliminiert werden (da Kosten ohne ausreichende Erlöse).

L7: Besonders geeignet: Probeweise Veränderung des Angebotspreises auf einem Testmarkt (kann bei Fehlschlag ohne größere Schäden zurückgenommen werden; verfälschende Einflussfaktoren lassen sich besser ausschließen als auf dem Gesamtmarkt).

L8: a) Die Preiselastizität (der Nachfrage) beschreibt die relative Änderung der nachgefragten Menge im Verhältnis zur relativen Änderung des Angebotspreises.

b) 0,05 = rel. Nachfrageänderung / 0,20 $\rightarrow$ rel. Nachfrageänderung = 0,01 = 1 %

c) Die Verringerung des Preises um 20 % hat eine Zunahme der Nachfrage von lediglich 1 % bewirkt. Die Preisänderung sollte also nicht am dem Gesamtmarkt durchgeführt werden.

d) Statistische Repräsentativität für den Gesamtmarkt; Freiheit von externen Störeinflüssen; Kooperationsbereitschaft der Marktteilnehmer

L9: Niedrigpreisstrategie $\rightarrow$ im Verhältnis zu Konkurrenzprodukten geringe Angebotspreise, um den Absatz und damit den Marktanteil zu maximieren; neben dem Grundnutzen des Produktes wird nur ein relativ kleiner – bis gar kein – Zusatznutzen versprochen (z.B. Fahrzeuge der Automobilmarke Dacia; Grundnahrungsmittel der Einzelhandels-Discountmarken).

Hochpreisstrategie $\rightarrow$ durch relativ hohe Angebotspreise den Stückgewinn eines Produktes maximieren; erforderlich ist ein umfängliches Nutzenversprechen bzw. ein besonderes Qualitäts- und Markenimage (z.B. Oberklassefahrzeuge wie Mercedes S-Klasse, 7er BMW etc.; exklusive Duftserien und Bekleidungslabels wie Gucci, Chanel etc.).

L10: Weniger plakative Kommunikation der Werbebotschaft gegenüber klassischer Absatzwerbung $\rightarrow$ der Konsument kann sich schwerer entziehen; der werbende Markeninhaber profitiert vom Image des Filmdarstellers (Übertragung auf das Produkt), die Werbung wird mit jeder Ausstrahlung des Films (Kino, DVD / Blue Ray, TV, Internetstream) erneut ohne zusätzliche Kosten gesendet.

L11: Aspekte der Vorbereitung sind: von den Kunden bislang bezogene Leistungen (Produkte, Mengen, Preise etc.) | von den Kunden zusätzlich gewünschte Leistungen | für den Kunden möglicherweise interessante Angebote | vorzubereitende Räumlichkeiten und Aktivitäten (Vorträge, Produktpräsentationen, Besichtigungen etc.)

L12:

a) Soziometrische Angaben zur Person (Alter, Geschlecht, Einkommen, Bildung etc.); Werthaltungen (konservativ, experimentierfreudig, zukunftsorientiert etc.); Nutzungsgewohnheiten; Erfahrungen mit und Einstellungen zu den Produkten des PC-Herstellers; Konsumgewohnheiten

b) Welche und wie viele Konsumenten sollen befragt werden? Wann und wo soll die Befragung stattfinden? Wie soll die Befragung erfolgen (mündlich, fernmündlich, schriftlich)? Wer soll die Befragung durchführen?

c) Vorteile: Große Erfahrung der Marktforschungsinstitute in der Durchführung von Befragungen, Verfügbarkeit einer große Zahl geeigneter Probanden (= zu befragende Personen). Nachteile: Der Auftraggeber hat nur begrenzten Einfluss auf die Durchführungsqualität (z.B. Eignung und Motivation der Fragenden); höhere Kosten.

L13: aa) Ziele der Produktelimination: kurzfristige Vermeidung variabler Kosten, mittel- bis langfristigen Abbau fixer Kosten, Kapazitäten nicht unrentabel binden und für rentierliche Produkte frei machen

ab) Stückdeckungsbeitrag; Absatz; Kundenzufriedenheit

ba) Verkauf Innendienst sowie Außendienst; Arbeitsvorbereitung; Beschaffungsmanagement

bb) Kunden, die das Produkt bislang nachgefragt haben; Lagerhalter und andere Logistikdienstleister; Lieferanten der verwendeten Materialien

bc) Komplementärbeziehungen zu anderen Produkten; langfristige Lieferverpflichtungen

L14: Händler folgen „unverbindlichen" Preisempfehlungen meist freiwillig $\rightarrow$ kein Interesse an einem offenen Preiskampf , Vermeiden von Preisverfall, keinen Anlass für Liefersperren durch marktmächtige Hersteller bieten

L15: a) Typische Preisschwellen bei der 100g-Tafel Schokolade (ca. 1 €), Mobilfunkflatrates (ca. 25 €), Bäckerbrötchen (ca. 25 Cent).

b) Je höher die Markentreue eines Kunden, desto geringer ist seine Preiselastizität. Marketingmaßnahmen: erfolgreiche Gestaltung der Marke, Kommunikation der Marke, Nutzenversprechen – dafür geeignet können sämtliche Formen der direkten und direkten Absatzwerbung, des Sales Promotion und der PR-Arbeit sein.

L16: a) Horizontale Diversifikation → Erschließung neuer Geschäftsfelder / Märkte, die auf gleicher Wertschöpfungsstufe wie die bisherigen Geschäftsfelder des Unternehmens liegen (Beispiel: eine Bierbrauerei produziert auch alkoholfreie Erfrischungsgetränke z.B. „Fassbrause").

b) Gründe: unterausgelastete Produktionskapazitäten nutzen (z.B. Abfüllanlage des Bierbrauers), neue Absatz- und Umsatzpotenziale erschließen, den Gesamtgewinn maximieren, das Unternehmensrisiko breiter streuen. Dabei können bestehende Absatzkanäle oder Technologien genutzt werden („Synergieeffekte").

L17: a) Kalkulatorischer Zins: 200.000 x 10 % / 2 = 10.000 € abzgl. Gewinn 7.500 € = 2.500 € Verlust

b) Wichtigen Stammkunden nicht verlieren; wichtigen Neukunden gewinnen, von dem man sich lukrative Folgeaufträge verspricht; trotz Verlust weist der Auftrag einen positiven Deckungsbeitrag auf und deckt zumindest einen Teil der fixen Kosten.

L18:

1. Üblicherweise: Festlegung des Werbeetats für ein Produkt / eine Produktgruppe in Prozent des erzielten oder geplanten Umsatzes. 2. Höhere oder niedrigere Etats differenziert nach konkreten Werbezielen. 3. In der Regel erheblich höherer Werbeaufwand bei der Markteinführung (Marktwiderstände brechen). 4. Zusätzliche Werbung auch in der Wachstumsphase (erreichten Marktanteil ausbauen, Konkurrenzprodukte abwehren). 5. Reduktion auf Erhaltungswerbung in der Reife- und Sättigungsphase.

Zusätzlich: Der Werbeaufwand hängt stark von der Vermarktungsstrategie ab (höher bei Markenprodukten und niedriger bei No-name-Produkten) und die Länge des Lebenszyklus spielt eine Rolle (mehr Werbung zur schnellen Markterschließung bei kürzerem Zyklus).

L19: a) Marktsegmentierung = Einteilung eines Gesamtmarktes in strukturgleiche, ansonsten aber möglichst verschiedenartige Teilmärkte.

b) Marktsegmentierung ermöglicht eine präzise Ansprache des Kunden in Bezug auf seine individuellen Bedürfnisse und die Entwicklung passgenauer Leistungsangebote. Dies erhöht die Kundenzufriedenheit und Kundenbindung.

L20: a) I: Einführung | II: Wachstum | III: Reife | IV: Sättigung | V: Rückgang / Degeneration

b) I: Bekanntmachung | II: Erkämpfen eines Marktanteiles von x % | III: Vergrößerung des Marktanteiles um x % | IV: Stabilisierung des Marktanteiles | V: Vorbereitung der Markteinführung des Nachfolgers

c) Gesamtwirtschaftliche Entwicklung (Konjunktur); Marketingmaßnahmen, z.B. Werbung, der Konkurrenz; staatliches Handeln (Gesetze / Verordnungen)

Fallaufgabe 1

a) Direkter Vertrieb: eigene Verkaufsabteilung zur Belieferung von Gartenbaubetrieben; B2B- und / oder B2C-online-shop; indirekter Vertrieb: Absatz über Großhändler, Einkaufsgenossenschaften (z.B. Raiffeisenmärkte) und Facheinzelhändler (z.B. Baumärkte)

b) Gewerbliche Kunden (Gartenbaubetriebe) stellen hohe Qualitätsanforderungen an die Gartengeräte (Profiqualität), auch im Hinblick auf die Beratungs- und Servicequalität. Daher sind sie am besten über die werkseigene Verkaufsabteilung, ggf. unterstützt durch Absatzmittler (Handlungsreisende und Handelsvertreter) oder über den qualifizierten Großhandel bzw. Einkaufsgenossenschaften anzusprechen. Private Kunden (Hobbygärtner) haben weitaus geringere Qualitätsanforderungen. Sie sind am besten über den qualifizierten Einzelhandel (Gartenfach- und Baumärkte) anzusprechen. E-Commerce durch B2B- oder B2C-onlineshops eignen sich grundsätzlich für beide Zielgruppen, sollten aber in Bezug auf ihr Warenangebot auf die jeweilige Zielgruppe zugeschnitten sein.

c) 15 % x Umsatz = 2.500 + (Umsatz − 10.000) x 5 % → Umsatz = 20.000 € pro Monat

d)

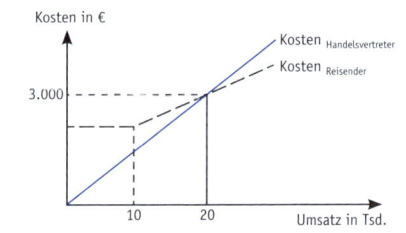

e)

| Kriterium | Reisender | Handelsvertreter |
|---|---|---|
| Vertragsverhältnis | Arbeitsvertrag | Agenturvertrag |
| Weisungsgebundenheit | unmittelbare Weisungsgebundenheit | Keine unmittelbare Weisungsgebundenheit |
| Komplementärangebote | Nur Sortiment des Arbeitgebers | Auch Angebote anderer Anbieter, allerdings nicht direkte Mitbewerber |

f) Ein großes Risiko erwächst aus dem zunehmenden Angebot südostasiatischer Mitbewerber, die aufgrund geringerer Lohn- und Energiekosten zu günstigeren Preisen bei immer weiter verbesserter Qualität anbieten können. Aus dem sich daraus ergebenden Zwang, immer wieder neue und technisch fortschrittlichere Produkte anbieten zu müssen, erwächst ein hohes Investitionsrisiko.

g) Um die speziellen Wünsche der relativ wenigen gewerblichen Kunden zu erforschen, eignen sich besonders Befragungen der Kunden, und zwar per Direktmailings, Telefoninterviews oder durch Besuche des Außendienstes. Die zahlenmäßig große, in ihren Erwartungen weitaus weniger differenzierte Gruppe der Privatkunden könnte z.B. durch online-Befragungen, angeknüpft an die online-shopping-Angebote von Baumarktketten oder durch Befragungen oder Beobachtungen am POS (im Gartenfach- bzw. Baumarkt) erforscht werden.

h) Das Marktforschungsinstitut ist fachkundig, objektiv und verfügt zudem häufig bereits über umfängliche Marktinformationen.

i) Durch die Neueinführung von Produkten in den Markt (Produktinnovationen) sollen Trends aufgegriffen und neue Kundenwünsche erfüllt werden. Durch das Angebot weiterer Varianten bestehender Produkte (Produktdifferenzierung) werden die Absatzpotenziale erweitert und individuelle Kundenwünsche präziser aufgegriffen („mass-customization").

j) Überregionale Zeitschriften sind grundsätzlich gut geeignet, sofern sie von der avisierten Zielgruppe gelesen werden (Gartenzeitschriften). Der Streuverlust ist hier gering, das Kosten-Nutzen-Verhältnis gut, allerdings ist die Konkurrenzsituation unmittelbar. Fernsehwerbung hat große Streuverluste und ist relativ teuer, bietet aber die Möglichkeit einer breiten Zielgruppenansprache. Fachzeitschriften für den Facheinzelhandel sprechen nur eine relativ geringe Anzahl von möglichen Käufern an, diese aber präzise. Diesem Werbeträger wäre der Vorzug zu geben, um gewerbliche Kunden anzusprechen.

k) Radiowerbung hat ein relativ gutes Kosten-Nutzen-Verhältnis und ist grundsätzlich gut geeignet, eine Marke sowohl bei gewerblichen wie bei privaten Kunden zu bewerben. Für private Kunden (Hobbygärtner) hat auch Internetwerbung wegen ihrer weiten und schnellen Verbreitung sowie der geringen Kosten große Vorzüge.

l) Die Haas GmbH hat die Pflicht, die Ware ordnungsgemäß einzulagern und den Großhändler auf seine Pflicht zur Abnahme hinzuweisen. Ein Nothilfeverkauf kommt nicht in Frage, da Rasenmäher keine verderbliche Ware sind. Vielmehr kann die Haas GmbH auf Abnahme sowie Erstattung der durch den Annahmeverzug entstehenden Kosten bestehen. Verweigert Gutmann auch innerhalb einer angemessenen Frist die Abnahme, kann die Haas GmbH vom Vertrag zurücktreten und Schadenersatz verlangen oder einen Selbsthilfeverkauf vornehmen. Über diesen ist Gutmann allerdings zu informieren.

m) Eine Klage auf Abnahme und Bezahlung der Rasenmäher ist stets mit einem Prozessrisiko verbunden. Da die Rasenmäher noch unbenutzt sind, sollte Haas die Rasenmäher anderweitig verkaufen. Eine Einforderung von Schadenersatz für die entstandenen Liefer- und Lagerkosten bleibt dabei aber unbenommen.

## Fallaufgabe 2

a) Mit Hilfe einer Marke kann ein Anbieter sein Produkt von den Angeboten der Mitbewerber deutlich erkennbar abgrenzen und somit die Kundenbindung erhöhen (Markentreue). Indem die Marke ein Synonym für ein bestimmtes Qualitätsniveau (z.D. „Golf-Klasse") oder eine ganze Produktart (z.B. „Tempo-Tücher") wird, können Marktanteile leichter verteidigt und durch Innovationen unter dem Markendach („umbrella-Strategie") ausgebaut werden.

b)

| Marktanteile | Vorjahr | | 20xx | | Folgejahr (geschätzt) | |
|---|---|---|---|---|---|---|
| Unternehmen | in Mio. € | in % | in Mio. € | in % | in Mio. € | in % |
| Feinkost GmbH | 50,5 | 27 | 48,4 | 26 | 47,0 | 25 |

431

| Lomy | 37,4 | 20 | 42,8 | 23 | 45,0 | 24 |
| Hengst-mann | 24,3 | 13 | 27,9 | 15 | 30,0 | 16 |
| Sonstige Anbieter | 74,8 | 40 | 66,9 | 36 | 65,0 | 35 |
| Summe | 187 | 100 | 186 | 100 | 187,0 | 100 |

c) Die Feinkost GmbH hat Marktanteile verloren. Bei den Mitbewerbern hat folgerichtig ein Zuwachs stattgefunden. Der Gesamtmarkt hat jedoch stagniert.

d) Eine Abkehr von den Glasverpackungen ist nicht zu empfehlen. Dafür sollte eine Produktdifferenzierung durch Entwicklung weiterer Geschmacksvarianten (z.B. Honig- oder Cassis-Senf) vorgenommen werden. Außerdem sollte die milde Linie ausgebaut werden, verbunden mit einer optischen Aufwertung der Gläserverpackungen, um die besondere Wertigkeit der Produkte auszudrücken.

e) Eine sinnvolle Zielgruppe für die Segmentierung könnten z.B. Familien innerhalb des Marktsegmentes I sein. Diese sind relativ wenig preissensibel und markentreu, haben aber eine hohe Erwartung an die Produktqualität.

f) Wettbewerbsvorteile: guter Geschmack / hohe Qualität und gutes Preis-Leistungs-Verhältnis; Wettbewerbsnachteile: schlechte Entnahme des Produktes aus dem Glas und schlechte Mischbarkeit mit anderen Speisen

g) Schriftliche oder mündliche Befragungen; Produkttests; Beobachtungen am POS; Experteninterviews (z.B. mit Mitarbeitern von Feinkostabteilungen)

h) Stärken: Die Absatzmittler passen zum Produkt; die Distribution ist zuverlässig; Großhändler werden direkt beliefert. Schwächen: keine Präsenz im Discountsegment; hohe Leerkosten im Fuhrpark; die Akquise erfolgt weitgehend planlos

i) Die Distribution sollte an Logistikdienstleister (Speditionen) ausgegliedert werden, um Leerkosten zu vermeiden. Der Einsatz des Außendienstes muss systematischer erfolgen; ggf. sollte die Hilfe einer Unternehmensberatung in Anspruch genommen werden. Schließlich sollte die Präsenz im Niedrigpreissegment – am besten mit einer eigenen Produktlinie – verstärkt werden.

j) Da sich die Produkte prinzipiell an alle Privathaushalte richten, solle Massenumwerbung, z.B. im Radio, im TV oder in Printmedien, genutzt werden. In der Grillsaison könnte dies in Form einer Ge-

meinschaftswerbung mit Fleischwarenherstellern erfolgen. Großabnehmer sollten direkt umworben werden, z.B. durch gezielte Mailings. Außerdem sollten Sales-Promotion-Maßnahmen, z.B. Probierstände oder Gewinnspiele, im Groß- und Einzelhandel durchgeführt werden.

**Fallaufgabe 3**

a) Fragen zu Motiven und Meinungen von Biertrinkern sowie ihren soziometrischen Merkmalen, z.B.: Zu welchen Anlässen trinken Sie gerne Bier? An welchen Orten trinken Sie gerne Bier (daheim / in der Kneipe / dem Restaurant etc.)? Welche Biersorten (Pils, Alt, Kölsch, Weizen etc.) oder welche Biermarken bevorzugen Sie? Was ist Ihrer Meinung nach ein angemessener Preis für einen 10-Liter-Kasten Bier? Usw.

b) Statistische Repräsentativität für die gesamte Zielgruppe; Objektivität der Fragenden

c) Fragebögen; persönliche Interviews; Verbraucherpanel; Internetrecherche

d) Marktveränderungen finden permanent statt und müssen zuverlässig und zeitnah erkannt werden, um ggf. sofort reagieren bzw. diese vorwegnehmen zu können.

e) Produktpolitik: neue Geschmacksrichtungen entwickeln; kleine Gebindegrößen anbieten. Kommunikationspolitik: freche / jugendliche Werbung schalten; ökologische Inhalte in der Werbung kommunizieren. Distributionspolitik: indirekten Vertrieb über Verbraucher- und Getränkemärkte stärken; Sales-Promotion-Aktivitäten an „Hot-spots" (Open-Air-Konzerte, Beach-Clubs etc.)

f) Erfolgreich konnte sich in der Vergangenheit die Marke „Bionade" im Markt etablieren. Ebenfalls großen Erfolg hat die Kölner Brauerei Gaffels mit ihrer „Fassbrause". Die dahinter stehende Botschaft sind die gesundheitsfördernde Natürlichkeit des Produktes („Bio-", „Fass-") und die alkoholfreie Erfrischung („-nade", „-brause"). Durch die in ihrer Form einer Bierflasche entsprechende Verpackung kann gleichzeitig ein „Langweiler"-Image des Produktes und seines Konsumenten vermieden werden.

g) Der Slogan sollte die in f) genannten Produkteigenschaften prägnant zum Ausdruck bringen.

h) Um eine jugendliche Zielgruppe anzusprechen, eignen sich besonders soziale Netzwerke bzw. das Internet allgemein. Aber auch Plakatwerbung oder Werbung im Radio (z.B. WDR Eins live) sind geeignet. Bei TV-Werbung ist auf eine Anbindung an geeignete TV-Formate (z.B. GNTM, Verbotene Liebe etc.) zu achten.

## Funktion 0102: Auftragsbearbeitung

L21: 1. Prüfung der Lieferfähigkeit (Lagerbestände, Fertigungskapazitäten, technische Realisierbarkeit) | 2. Prüfung der Lieferwilligkeit (Bonität des Anfragenden, evtl. Konkurrenzbeziehungen) | 3. Kalkulation des Angebotspreises | 4. Planung eines möglichen Liefertermins | 5. Erstellung des Angebotes

L22: a) Die als BRIC-Staaten bekannten vier Schwellenländer, zu denen Brasilien gehört, weisen eine außergewöhnlich dynamische Wirtschafts- und Bevölkerungsentwicklung auf, sodass hier für deutsche Maschinenhersteller beste Absatzchancen bestehen.

b) Aufgrund der großen räumlichen Distanzen bestehen erhöhte Transportrisiken. Sehr unterschiedliche Rechtssysteme der BRIC-Staaten gegenüber Deutschland führen zu juristischen Risiken. Die große Dynamik dieser Volkswirtschaften ist immer mit einem erhöhten Insolvenz- und damit Zahlungsrisiko verbunden.

c) Internetrecherche; Bankauskunft; amtliche Länderanalysen; Auskünfte gewerblicher Auskunfteien

d) Durch das Incoterm „ex works" (EXW) kann der Lieferant sämtliche Transportrisiken und –kosten auf den Käufer abwälzen. Auch „free carrier" (FCA) wäre empfehlenswert, da der Versender hier nur die Transportkosten und das Transportrisiko bis zur Übergabe der Ware an den ersten Frachtführer (z.B. LKW-Spediteur) übernehmen muss.

e) Für den Lieferanten garantiert das Dokumentenakkreditiv die Zahlung, sofern die geforderten Dokumente ordnungsgemäß („clean") vorgelegt werden. Der Kunde hat dagegen die Garantie, dass die Ware auch tatsächlich wie vereinbart geliefert wird.

L23: Korrekte Firmierung und Anschrift(en); Geschäftsfeld(er); Rechtsform; Haftungsverhältnisse; haftendes Kapital; Bonität | Durch eine Vorauszahlung kann das Forderungsausfallrisiko ausgeschlossen werden. Auch eignen sich Bankbürgschaften (z.B. Dokumentenakkreditiv), sofern die bürgende Bank selbst hinreichend solvent ist (vgl. „Lehman-Krise").

L24: a) Alter Angebotspreis: 3,75 abzgl. 10 % Rabatt und 2 % Skonto = alter BarVK 3,31 € → abzgl. 15 % Gewinnzuschlag = 2,88 € Selbstkosten = 0,43 € Gewinnmarge

Neuer Angebotspreis: 3,75 € x 1,025 = 3,84 €; abzgl. 10 % Rabatt und 2 % Skonto = 3,39 € BarVK = > abzgl. Selbstkosten 2,88 € x 1,05 Preisanstieg = 3,02 € → 0,37 € Gewinnmarge = 12,25 %

b) 1. Jahresbonus bei Erreichen bestimmter Umsatzziele | 2. Angebot zusätzlicher Dienstleistungen (z.B. Regalpflege) oder günstigere Bezugskonditionen (z.B. frei Haus-Lieferung).

L25: a) Es fehlen das Datum der Lieferung, die Steuer-Nr. des Verkäufers sowie ein Hinweis auf die Aufbewahrungspflicht des Beleges.

b) Um eine pünktliche und vollständige Zahlung zu bewirken, sollten ein Fälligkeitsdatum und der Überweisungsbetrag angegeben sein (z.B. „Bitte überweisen Sie den Rechnungsbetrag in Höhe von 416,50 Euro bis zum 02.09.20xx) .

c) Unterstellt man den Zugang der Rechnung für den 03.08.20xx, tritt die Fälligkeit 30 Tage später, also am 02.09.20xx ein. Somit befindet sich Schumacher am 15.09.20xx seit 13 Tagen im Zahlungsverzug. Die Kosten der Mahnung können somit als Verzugsschaden eingefordert werden, da sie auch nicht unverhältnismäßig hoch sind.

d) 13 + 30 = 43 Tage x (8 + 1,5 = ) 9,5 % x 416,50 / 365 = 4,73 €

e) Die Frist für die Verjährung des Anspruches auf Zahlung des Kaufpreises verjährt in drei Jahren, beginnend mit dem auf die Lieferung und Rechnungsstellung folgenden Jahr. Beispiel: Rechnungsdatum 02.08.2014, Verjährung eingetreten am 01.01.2018.

f) Einen Neubeginn könnte die Eurostuhl GmbH erreichen, in dem sie Schumacher zu einem Schuldanerkenntnis, einer Bitte um Stundung, der Erbringung einer Sicherheitsleistung oder einer Abschlagszahlung bewegt. Durch Beantragung und Zustellung eines gerichtlichen Mahnbescheides oder die Klageerhebung wird zudem die Verjährung gehemmt.

## Funktion 0103: Auftragsnachbereitung und Service

L26: 1. Immer ruhig, höflich und kontrolliert bleiben! Der Kunde wird in aller Regel emotionalisierter sein als normal. Umso wichtiger ist es, selbst ruhig zu bleiben.

2. Nach einem standardisierten Ablauf den genauen Anlass und Inhalt der Kundenbeschwerde in Erfahrung bringen! Nur wenn das Problem klar und deutlich herausgearbeitet wurde, kann eine sinnvolle Lösung gefunden werden.

3. Das Gespräch stets mit einem für den Kunden zufriedenstellenden (Zwischen-)Ergebnis beenden! Ein erfolgreiches Beschwerdemanagement kann die Kundenbindung sogar verbessern. Ein erfolgloses wird sie ganz sicher beenden!

**L27:** a) Preis- / Konditionenpolitik: konkurrenzorientierte Preiskalkulation (hilfreich dabei sind lange Zahlungsziele oder Jahresbonus)

b) Servicepolitik: umfänglichen Beratung bei der Ausgestaltung der Beleuchtung, Montage- und Wartungsservice vor Ort. Ergänzend kompetent besetzte Telefon-Hotline.

c) Der geringe, keine Gewinnmarge zulassende Selbstkostenpreis kann den Preisverfall in der Branche verstärken. Bei zukünftigen Aufträgen lassen sich nur schwer deutlich höhere Preise durchsetzen.

**L28:** 1. Ein Kunde, der eine Beschwerde wegen aus seiner Sicht unzureichender Qualität vortragen möchte, ist bereits verärgert. Wird seine Beschwerde unprofessionell behandelt, verstärkt sich seine Verärgerung.

2. Dies wird bei dem Kunden eine sehr negative Einstellung gegenüber dem Produkt, seinem Anbieter und seiner Marke bewirken. Die Kundenbindung leidet erheblich. Wahrscheinlich wird der Kunde seine negative Erfahrung auf alle Produkte dieses Herstellers bzw. die Marke als Ganze übertragen.

3. Der Kunde wird seine negativen Erfahrung weiterkommunizieren („Mundpropaganda" , Kundenbewertungen in online-Medien). Das Image eines Anbieters und seiner Marke kann erheblichen Schaden nehmen.

## Prüfungsgebiet 02: Beschaffung und Bevorratung

### Funktion 0201: Bedarfsermittlung und Disposition

**L1:** a) Materialbedarfsplanung; Planung der optimalen Bestellmenge; Planung der Lieferzeitpunkte

b) Lieferantensuche; Lieferantenauswahl; Bestellung beim Lieferanten

c) Kontrolle der Liefertreue; Wareneingangskontrolle; Rechnungskontrolle

**L2:** a) und b)

| Granu-lat | Einkaufsmenge | | Einkaufswert | | Zuordnung (bitte ankreuzen) | | |
|---|---|---|---|---|---|---|---|
| | ins-ge-samt in to | Anteil in % an der Gesamt-menge | insgesamt in € | Anteil in % am Gesamt-wert | A-Gut | B-Gut | C-Gut |
| HX300 | 3,5 | 2,0 | 1.750,00 | 1,4 | | | X |
| TX240 | 12,6 | 7,1 | 9.828,00 | 7,6 | | X | |
| TX440 | 4,8 | 2,7 | 2.970,00 | 2,3 | | | X |
| ADD90 | 1,2 | 0,7 | 1.200,00 | 0,9 | | | X |
| ADP50 | 24,9 | 14,0 | 16.200,00 | 12,6 | | X | |
| ADP66 | 53,1 | 29,9 | 33.000,00 | 25,7 | X | | |
| PP330 | 28,8 | 16,2 | 25.200,00 | 19,6 | X | | |
| PP2000 | 6,7 | 3,8 | 2.200,00 | 1,7 | | | X |
| PS930 | 39,6 | 22,3 | 34.800,00 | 27,1 | X | | |
| PS1000 | 2,1 | 1,2 | 1.400,00 | 1,1 | | | X |
| Summe | 177,3 | 100,0 | 128.548,00 | 100,0 | | | |

b) besonders sorgfältige Lieferantensuche und -auswahl I Sorgfältige Qualitätskontrolle bei Wareneingang I Kauf auf Abruf oder Beschaffung just in time

c) Hier lässt sich das beste Kosten-Nutzen-Verhältnis (Planungsaufwand vs. Einsparungspotenzial) erzielen.

**L3:** a) Sicherheitsbestand: 60 Verpackungen   Meldebestand: 270 Verpackungen

b) Ein Sicherheitsbestand wird benötigt, um ungeplante Bedarfserhöhungen oder Lieferengpässe durch den Ausfall eines Lieferanten auszugleichen (z.B. bei Spezialverpackungen).

c) Durch eine Verringerung der täglichen Verbrauchsmenge sinkt der Meldebestand.

**L4:** a)

| Be-stell-anzahl | Bestell-menge (Stück) | Durchschn. Lagerbe-stand (Stück) | Lager-haltungs-kosten (EUR) | Bestell-kosten (EUR) | Gesamt-kosten (EUR) |
|---|---|---|---|---|---|
| 1 | 4032 | 2016 | 4032,00 | 100,00 | 4132,00 |
| 2 | 2016 | 1008 | 2016,00 | 200,00 | 2216,00 |
| 3 | 1344 | 672 | 1344,00 | 300,00 | 1644,00 |
| 4 | 1008 | 504 | 1008,00 | 400,00 | 1408,00 |

| 5 | 806 | 403 | 806,00 | 500,00 | 1306,00 |
| 6 | 672 | 336 | 672,00 | 600,00 | 1272,00 |
| 7 | 576 | 288 | 576,00 | 700,00 | 1276,00 |

b) 360 Tage p. a. / 6 Bestellungen p. a. = alle 60 Kalendertage

c) Meldebestand = 12,5 Stück / Tag x (3 Tage + 5 Tage) = 100 Stück

d) Nicht ausreichende Lagerkapazitäten; mangelnde Liquidität zur Finanzierung der Bestellmenge; erwartete Änderungen der Beschaffungspreise (Spekulationsmotiv)

L5: 1. Gezielt ökologisch vorteilhafte Materialien (z.B. aus Recyclingprozessen gewonnene Sekundärrohstoffe, natürliche Rohstoffe aus zertifiziert nachhaltiger Gewinnung) verwenden. 2. Lieferanten bevorzugen, die die ökologische Vorteilhaftigkeit ihrer Produktionsprozesse durch Umweltzertifizierungen belegen (sowie Lieferanten aus der näheren Umgebung, was Transportaufwand minimiert).

L6: a)

| Mengenübersichtsstückliste Erzeugnis A ||
|---|---|
| Teile-Bezeichnung | Menge |
| G 03 | 2 |
| G 05 | 1 |
| T 01 | 12 |
| T 02 | 4 |
| T03 | 12 |

b) Primärbedarf Erzeugnis A: 200 Stück

| Teile-Bezeichnung | Brutto-bedarf | Dispo-bestand | Netto-bedarf |
|---|---|---|---|
| T 01 | 2.400 | 220 | 2.180 |
| T 02 | 800 | 60 | 740 |
| T 03 | 2.400 | 120 | 2.280 |

c) 1. Die Nettobedarfe entsprechen nicht den Mindestabnahmemengen des Anbieters oder handelsüblichen Gebindegrößen / Versandeinheiten. 2. Durch eine größere Bestellmenge kann ein Mengenrabatt erzielt werden. 3. Eine andere Bestellmenge könnte die wirtschaftlich optimale Bestellmenge als Minimum der gesamten Beschaffungskosten darstellen.

## Funktion 0202: Bestelldurchführung

L7: a) Beschaffungsmarktforschung = systematische, auf wissenschaftliche Methoden gegründete Sammlung von Informationen über die Beschaffungsmärkte der Unternehmung.

b) Materialien, potenzielle Lieferanten, Preise und Bezugskonditionen, Beschaffungswege etc.

c) 1. Internetrecherche mit Hilfe geeigneter Suchmaschinen; 2. Besuch von Fachmessen; 3. Recherche in Lieferantenverzeichnissen („Wer liefert was?", „ABC der deutschen Wirtschaft")

L8: 8 – 6 – 5 – 1 – 3 – 7 – 2 – 4

L9: a) interne Quellen: Materialstammdatei, Lieferantenstammdatei, Berichte des Außendienstes | externe Quellen: Internetrecherche, Branchenadressbücher, Messen

b)

| Anbieter | A | B | C |
|---|---|---|---|
| Listenpreis | 3341,25 | 3375,00 | 2700,00 |
| – Rabatt | 0 | 337,50 | 0 |
| = Ziel-EK | 3341,25 | 3037,50 | 2700,00 |
| – Skonto | 100,24 | 91,13 | 54,00 |
| = Bar-EK | 3241,01 | 2946,37 | 2646,00 |
| + Fracht/Verp. | 0 | 0 | 390,00 (auch: 416,00) |
| = EP / BP | 3241,01 (= 0,43/St.) | 2946,37 (= 0,37/St.) | 3036,00 (= 0,40) (auch: 3062,00) |

c) B ist am günstigsten, aber unbekannt; C ist etwas teurer, aber zuverlässig

L10: aa) 55 %    ab) 25 %

b) 5 % Preiserhöhung bei 55 % Kostenanteil der Materialkosten entspricht: 2,75 %

2 % Lohnerhöhung bei 25 % Kostenanteil der Personalkosten entspricht: 0,50 %

2,75 % + 0,5 % = 3,25 % begründbare Preiserhöhung

c) Preis beinhaltet Gewinnanteile; Preiserhöhung berücksichtigt nicht Produktivitätszuwachse

d) günstigere Zahlungsbedingungen vereinbaren; Bonusstaffeln vereinbaren; alternative Materialien auswählen

e) Lieferantenstammdatei; Internet; Lieferantenverzeichnisse; Fachmessen; Fachzeitschriften

fa)

| Kalkulation | Bisheriger Lieferant | neuer Lieferant A | neuer Lieferant B |
|---|---|---|---|
| Listenpreis | 28,00 | 25,90 | 29,90 |
| Zieleinkaufspreis | 25,20 | 25,90 | 25,42 |
| Bareinkaufspreis = Einstandspreis | 24,70 | 25,12 | 24,65 |

fb) Die Qualität des günstigsten Lieferanten B entspricht nicht den Qualitätserwartungen; eine Lieferzeit von 4 Wochen ist zu lang

L11: a) Bei der Umrechnung der Fremdwährung (SFR bzw. GBP) in Euro sind die Devisen-Geldkurse zu verwenden!

| Kalkulation | Künzli, Bern | Goodman, Liverpool | Wissmann, Gelsenkirchen |
|---|---|---|---|
| Listenpreis | 63.600,00 | 34.920,00 | 49.800,00 |
| Zieleinkaufspreis | 63.600,00 | 33.174,00 | 43.824,00 |
| Bareinkaufspreis | 63.600,00 | 33.174,00 | 42.947,52 |
| Einstandspreis in Fremdwährung | 67.200,00 | 33.174,00 | |
| Einstandspreis in EUR | 41.550,73[1] | 50.755,81[2] | 42.947,52 |

[1] 1,6173 SFR = 1 EUR
67.200,00 SFR = 41.550,73 EUR
[2] 0,6536 GBP = 1 EUR
33.174 GBP = 50.755,81 EUR

b) Der günstigere Lieferant bieten ggf. eine schlechtere Qualität an; mit den teureren Lieferanten bestehen langjährige erfolgreiche Geschäftsbeziehungen; es besteht das Risiko von Währungsschwankungen; die Schweiz ist nicht Mitglieder der EU, die Abwicklung der Wareneinfuhr ist also arbeitsaufwendiger.

L12: a) Für die Umrechnung von YEN in EUR ist der Geldkurs zu verwenden.

| | |
|---|---|
| Listenpreis in Fremdwährung | 1.998.000 YEN |
| Zieleinkaufspreis in Fremdwährung | 1.838.160 YEN |
| Einstandspreis frei Hamburg in Fremdwährung | 1.921.160 YEN |
| Einstandspreis frei Hamburg in EUR | 16.220,53 |
| Einstandspreis frei Haus in EUR | 16.493,08 |

b) Zur Absicherung des Währungsrisikos sollte der Importeur ein Devisentermingeschäft mit seiner Geschäftsbank abschließen. Bei diesem wird die Lieferung einer bestimmten Menge einer fremden Währung zu einem bestimmten Preis in der Zukunft vereinbart.

L13: a) Aufbau einer intensiven Lieferanten-Kundenbeziehung; Nutzung von Mengen- und Treuerabatten; Beteiligung des Lieferanten an der eigenen Produktentwicklung; Möglichkeit der fertigungssynchronen Beschaffung

b) Streuung des Versorgungsrisikos auf mehrere Bezugsquellen; Verhinderung von zu großer Marktmacht auf Seiten des Lieferanten; Unterstützung der Konkurrenzsituation auf den Beschaffungsmärkten

L14: a) Qualität der gelieferten Materialien; nachgewiesene Zertifizierungen; Zahlungsziele; Lieferzeit und Liefertreue; räumliche Nähe; Fertigung nach ökologischen oder sozialen Standards

b) Die ausgewählten Kriterien gegeneinander gewichten – Summe der Gewichtungsfaktoren = 100 % – die in Frage kommenden Lieferanten A bis D nach allen Kriterien bewerten – die Bewertungen gewichten und aufaddieren → Der Lieferant mit dem höchsten Nutzwert sollte den Auftrag erhalten.

c) Für Materialien der A-Kategorie spielt der Einstandspreis auf Grund des großen Beschaffungsvolumens eine viel größere Rolle als bei C-Materialien. Weiterhin sind die Lieferzeit und die Liefertreue bei X-Materialien bedeutsamer als bei Y-Materialien.

d) geringeres Transportrisiko; kein Fremdwährungsrisiko; geringeres juristisches Risiko, da gemeinsames Rechtssystem; keine Einfuhrformalitäten

L15: a) Der Käufer hat alle Versandkosten ab (Bahnhof) Frankfurt / M. zu tragen, der Verkäufer trägt lediglich das Rollgeld I.

b) Der Verkäufer hat alle Versandkosten bis (Bahnhof) Berlin zu tragen, der Käufer trägt lediglich das Rollgeld II.

c) Der Verkäufer hat alle Versandkosten bis zum Geschäfts- / Wohnsitz des Käufers in Hamburg zu tragen.

L16: a) Fehlerhafte Ware, da gekaufte Sache nicht die zu erwartende Beschaffenheit aufweist. (BGB § 434, Abs. 1, Satz 2); Austausch der Kette als Nacherfüllung und Schmerzensgeld als Schadenersatz.

b) Kein Sachmangel, da (nicht anfechtbarer) Planungsfehler des Käufers; grds. keine Rechte, aber ggf. Umtausch aus Kulanz.

c) Fehlerhafte Ware, da vereinbarte Beschaffenheit (Maschinenwaschbarkeit) fehlt. (BGB § 434, Abs. 1, Satz 1); Rücktritt vom KV, da fehlerfreie Ersatzlieferung als Nacherfüllung voraussichtlich nicht erfolgreich sein wird (Fehler bei allen gattungsgleichen Waren).

d) Mangelhafte Montageanleitung (sog. Ikea-Klausel") (BGB § 434, Abs. 2, Satz 2); Lieferung einer deutschen Gebrauchsanleitung als Nacherfüllung.

e) Zuweniglieferung (BGB § 434, Abs. 3); Nachfüllen des fehlenden Bieres.

f) Kein Sachmangel, sondern (nicht anfechtbarer) Motivirrtum; grds. keine Rechte, aber ggf. Umtausch aus Kulanz.

g) Montagemangel (BGB § 434, Abs. 2, Satz 1); Sachgerechte Montage eines neuen Schrankes (Nacherfüllung), Austausch der beschädigten Arbeitsplatte, Reparatur möglicherweise entstandener Schäden an der Wand und Schadenersatz für das zerstörte Geschirr.

h) Fehlerhafte Ware, da irreführend deklariert (BGB § 434, Abs. 1, Satz 2) ;Lieferung deutscher Erdbeeren (sofern möglich), andernfalls Rücktritt oder Minderung.

L17: a) Schickschuld; Gefahrenübergang am Geschäftssitz (Versandlager) des Händlers; Kunde trägt das Versandrisiko ab Übergabe an den Frachtführer.

b) Bringschuld; Gefahrenübergang im Garten des Nachbarn; Gärtner trägt das Risiko bis zur Abnahme durch den Auftraggeber.

c) Holschuld; Gefahrenübergang im Geschäft des Einzelhändlers; Händler muss den Diebstahlschaden tragen.

d) Qualifizierte Schickschuld; Jeanskunde trägt das Verlustrisiko; ggf. Erstattung durch die Kontoführende Bank.

e) Bringschuld; Heizölhändler trägt Transportrisiko bis zur Befüllung des Tanks.

f) Bringschuld; Klempnermeister haftet für Verschulden seines Erfüllungsgehilfen W.

g) Schickschuld; Supermarktkette trägt Transportrisiko; Versicherung des Unfallverursachers (oder ggf. Transportversicherung) haftet für den Schaden.

h) Bringschuld; Bodenverleger muss falsch verlegte Bodenbeläge entfernen und neu verlegen.

L18: a) Produktionsplanung informieren und um neuen Liefertermin bitten; Vertrieb informieren; Deckungskauf bei der Kerpener Gießwerke GmbH vornehmen.

b) Produktionsplanung: Fertigungsauftrag entsprechend der Ersatzlieferung verschieben; Vertrieb: Kunden über Verzögerung informieren und neuen Liefertermin mitteilen, ggf. Ersatzprodukt anbieten.

c) Anschreiben an die Gusseisen AG:

Gusseisen AG
Herr Klein
Mustermannstr. 1
12345 Mülheim

Darmstadt, 20xx-xx-xx

Ihre Nichtlieferung zu unserer Bestellung 1234 vom xx.xx.20xx

Sehr geehrter Herr Klein,

am 18. April 20xx haben Sie uns telefonisch mitgeteilt, dass Sie die von uns bestellten 1000 Gussteile 554-87 auf unbestimmte Zeit nicht liefern können. Da wir die genannten Teile jedoch umgehend benötigen, müssen wir hiermit leider unseren Rücktritt von dem mit Ihnen geschlossenen Kaufvertrag erklären und eine spätere Lieferung ablehnen. Durch die Vornahme eines Deckungskaufes wird uns voraussichtlich ein Schaden in Höhe von 3.000,00 Euro entstehen. Eine entsprechende Belastungsanzeige werden wir Ihnen zusenden. Weitergehende Schadenersatzansprüche aufgrund des von Ihnen zu vertretenden Lieferungsverzuges behalten wir uns ausdrücklich vor. Wir bedauern diesen Schritt und hoffen auf zukünftig weiterhin gute Geschäftsbeziehungen mit Ihnen.

Mit freundlichen Grüßen
Maschinenbau GmbH

L19: Anschreiben an die Schneider Import KG

Brauer GmbH – In der Heide 17-19
20334 Buchholz

Schneider Import KG
Kaigasse 50 – 54
20040 Hamburg

Buchholz, 20xx-xx-xx

Anfrage

Sehr geehrte Damen und Herren,

wir möchten unser Angebotsprogramm erweitern und bitten Sie daher um Ihr verbindliches Angebot über:

Elektronische Feinwaage Modell EGH 14-23 und Modell EFR 12-13

Die Waagen sind auf der Vorderseite mit dem Schriftzug „Brauer" gem. anliegender technischer Zeichnung auszustatten und jeweils in einer noch von uns zu bemusternden Faltschachtel zu je 10 Stück im Umkarton zu liefern. Wir rechnen mit einer Abnahmemenge von 1000 Stück je Modell und Jahr.

Wir bitten um Lieferung frei Haus Buchholz. Erfüllungsort und Gerichtsstand für beide Seiten ist ebenfalls unser Geschäftssitz in Buchholz.

Des weiteren erwarten wir eine Herstellergewährleistung für offene und versteckte Mängel von zwei Jahren ab Zugang der Sendung.

Wir bitten um Abgabe Ihres Angebotes bis zum xx-xx.20xx.

Mit freundlichen Grüßen

Brauer GmbH

**L20:**

Köln

1,2511 CHF      $\rightarrow$ 1,00 € (Devisen-Geldkurs, Mengennotierung)

250.000,00 CHF  $\rightarrow$ x €

$$\frac{250.000 \cdot 1}{1,2511} = 199.824,15 \text{ €}$$

Zürich

1,00 CHF       $\rightarrow$ 0,8001 € (Devisen-Geldkurs in Zürich, Mengennotierung)

250.000,00 CHF  $\rightarrow$ x "

$$\frac{250.000 \cdot 0,8001}{1,2511} = 200.025,00 \text{ €}$$

**Funktion 0203: Vorratshaltung und Beständeverwaltung**

L21: a) Vorratsbeschaffung: größere Mengen der benötigten Materialien werden gekauft und bis zum Verbrauch eingelagert | Fertigungssynchrone Beschaffung: nur genau die zur Deckung des unmittelbaren Bedarfes benötigten Materialien werdem „just in time" bereitgestellt (weitestgehend keine Vorratshaltung).

b) Vorteile Vorratsbeschaffung: höhere Sicherheit bei stark schwankenden Bedarfen oder Verfügbarkeiten der Materialien; geringere anteilige Beschaffungs- / Logistikkosten; Vorteile Fertigungssynchrone Beschaffung: Einsparung von Lagerkosten; höhere Flexibilität in Bezug auf Kundenwünsche

L22: a) 2 Tage x 480 Mot. / Tag = 960 Mot.

b) 960 Mot. / 6 Mot / m$^2$ x 0,96 m$^2$ = 153,6 m$^2$

c) 12 x (500 € + 7,50 € / m$^2$ x 153,6 m$^2$) = 19.824,00 €

d) 960 Mot.x 80,00 € / Mot. x 7 % = 5.376,00 €

e) 153,6 m$^2$ x 12,50 € / m$^2$ x 12 = 23.040,00 € $\rightarrow$ Die Fremdlagerung wäre teurer als die Eigenlagerung.

f) Durch die Verringerung des Sicherheitsbestandes erhöht sich die Gefahr, dass es bei einem Ausfall des Motorenlieferanten zu einem Produktionsstillstand kommen könnte. Man könnte weniger flexibel auf einen plötzlichen Anstieg der Marktnachfrage reagieren.

L23: aa) durchschnittlicher Lagerwert = (52.480 + 69.223) / 2 = 60.851,50 €

ab) Umschlagshäufigkeit = 4.512.000 / 60.851,50 = 74,15

ac) durchschnittliche Lagerdauer = 360 / 74,15 = 4,86 Tage

ad) 60.851,50 x 6 % = 3.651,09 €

b) Je höher die Umschlagshäufigkeit, desto niedriger die durchschnittliche Kapitalbindung und damit die Kapitalbindungskosten (und umgekehrt).

c) Eine Umstellung der Vorratsbeschaffung auf eine fertigungssynchrone Beschaffung erhöht die Umschlagshäufigkeit sehr wesentlich. Schon die Vereinbarung eines Abrufauftrages wirkt in diese Richtung, wenn auch weniger stark.

d) Je häufiger zwecks Senkung der Lagerbestände und der Kapitalbindung beschafft wird, desto höher werden die logistischen Kosten der Beschaffung.

L24: a) 1. Materialien wurden in der Produktion durch andere ersetzt, für die Restbestände besteht keine Verwendung mehr besteht. 2. Materialien sind durch Lagerung unbrauchbar geworden, wurden aber nicht entsorgt. 3. Es wurden Materialien für Produkte beschafft, die nicht mehr nachgefragt werden.

b) 1. Versuch, die Materialien ggf. mit deutlichen Preisnachlässen zu verkaufen. 2. Die innerbetriebliche Verwendbarkeit nochmals prüfen. 3. Umweltgerechte Entsorgung / Verschrottung.

c) Sollbestand: Menge eines Materials, die gem. der Lagerbuchführung vorhanden sein sollte. Istbestand: der durch Inventur ermittelte tatsächliche Bestand.

d) Schwund; Diebstahl; Buchungsfehler; Inventurfehler; nicht gebuchte Ein- oder Auslagerungen

L25: 1. Bewirtschaftung nach dem Freiplatzsystem, sodass der vorhandene Lagerraum besser genutzt bzw. verringert werden kann. 2. Rationalisierungsmöglichkeiten (z.B. Einsatz automatisierter Regalbediensysteme) und damit die Möglichkeit zur Einsparung von Personalkosten. 3. Beschleunigung der Ein- und Auslagerung, dadurch Senken der Bestände und der Kapitalbindungskosten. 4. EDV-gestützte Kommissioniersysteme (z.B. „pick-by-voice, pick-by-light") erlauben kürzere Zugriffs- und Versandzeiten und erhöhen den Servicegrad des Lagers.

L26: Festplatzsystem: Jeder Materialart ist ein fester Lagerort zugewiesen. Nicht genutzter Lagerraum kann nicht für die Lagerung einer anderen Materialart genutzt werden. Die Verwaltung der Lagergüter und –plätze kann auch manuell erfolgen.

Freiplatzsystem: Einem einzulagernden Lagergut wird der jeweils im Moment der Einlagerung optimale Lagerplatz zugewiesen. Die Lagergüter haben keine festen Lagerplätze, sodass die Lagerkapazitäten optimal ausgelastet werden können. Zur Verwaltung der Lagergüter und –plätze ist ein EDV-gestütztes Warenwirtschaftssystem notwendig.

L27: 1. Sofortige Prüfung der korrekten Lieferadresse, der richtigen Anzahl der Packstücke und der äußerlichen Unversehrtheit der Sendung (Kartons und Paletten).

2. Empfangsbestätigung vorbehaltlich einwandfreien Inhaltes; sofort festgestellte Mängel sind auf dem Lieferschein und dem Frachtbrief zu dokumentieren.

3. Euro-Paletten tauschen.

4. Öffnen der Packstücke und unverzügliche Prüfung der Ware auf Mängel der Art, Menge und Güte (ggf. stichprobenartig).

5. Festgestellte Mängel sind auf dem Wareneingangsbeleg zu dokumentieren und dem Lieferanten anzuzeigen (Mängelrüge).

6. Buchhalterische Erfassung des Wareneingangs.

7. Einlagerung der Ware, wenn mangelfrei. Ansonsten Absonderung bis weitere Verwendung geklärt.

L28: Holsystem : Der Materialfluss wird dezentral und von seinem Ende her („retrograd") gesteuert. Die jeweilige Verbrauchsstelle holt sich (erst) im Moment des tatsächlichen Bedarfes das benötigte Material vom Lager zum Verbrauchsort → Sinken der Bestände im Umlaufvermögen, Kostenersparnis. Beispiel: Das japanische KANBAN-System.

Bringsystem: Eine zentrale Prozesssteuerung versorgt die Bedarfstellen progressiv, d. h. in Richtung des Materialflusses → die Mitarbeiter der Bedarfstellen können sich auf die Ausführung ihrer eigentlichen Produktionsschritte konzentrieren und müssen ihren Arbeitsplatz nicht verlassen.

L29: a) Einsparen der fixen Kosten der Eigenlagerung; Nutzung des speziellen Know-How des Lagerhalters; mögliche räumliche Nähe des Fremdlagers z.B. zu weiter entfernten Absatzmärkten

b) Z.B. Personalkosten; Abschreibungen auf das Gebäude, die Lagereinrichtung und die Lagergüter; (kalkulatorische) Zinskosten des gebundenen Anlage- und Umlaufvermögens

## Prüfungsgebiet 03: Personal

### Funktion 0301: Rahmenbedingungen der Personalwirtschaft

L1: a) Altersstruktur; Qualifikationsstruktur; Abwesenheit; Fluktuation

b)

$$\text{Fluktuationsquote} = \frac{\text{Anzahl der Personalabgänge in einem Zeitraum} \times 100}{\text{durchschnittlicher Personalbestand}}$$

c) Wesentlichen Einfluss auf die Fluktuationsquote hat die Zufriedenheit der Arbeitnehmer mit ihren Arbeitsbedingungen. Diese kann durch eine den Anforderungen der Stelle und der Leistung des einzelnen entsprechende Bezahlung verbessert werden. Weitere Einflussfaktoren: Arbeitsplatzgestaltung und Arbeitsumgebung.

L2: 1 – 1 – 9 – 9 – 1 –1 – 9 – 1 – 9

L3: a) Das AGG schützt gegen Benachteiligung aufgrund der Rasse oder ethnischen Herkunft, des Geschlechts, der Religion oder Weltanschauung, einer Behinderung, des Alters oder der sexuellen Identität. Es schützt z.B. nicht gegen Benachteiligungen aufgrund des Aussehens (sofern nicht als Behinderung zu bewerten), der Größe oder des Körpergewichts oder der regionalen Herkunft.

b) Der Arbeitnehmer hat zunächst einen Anspruch auf Unterlassung der Diskriminierung durch den Arbeitgeber. Hat der Arbeitnehmer durch die Diskriminierung sogar einen konkret nachweisbaren Schaden (z.B. Vermögensnachteil wegen einer unterlassenen Beförderung / Höhergruppierung) erlitten, muss der Arbeitgeber diesen ersetzen.

L4: a) 1. Deckung des quantitativen und qualitativen Personalbedarf der Unternehmung. 2. Optimierung der Arbeitsleistung der Mitarbeiter. 3. Minimierung der Personalkosten der Unternehmung.

b) Leistungs- und anforderungsgerechte Entlohnung der Mitarbeiter, z.B. durch Prämien, die die Leistungsbereitschaft erhöhen, versus Pesonalkosten (die dadurch nicht minimiert werden).

c) Zustimmung des Arbeitnehmers zur Erfassung, Speicherung und Verarbeitung seiner personenbezogenen Daten; Schutz vor missbräuchlicher Verwendung der Daten; Minimierung der erfassten und gespeicherten Daten

L5: a) Personalabbau durch betriebsbedingte Kündigungen; Überalterung der Belegschaft (= zahlreiche Eintritte in die Altersrente); Unzufriedenheit der Arbeitnehmer mit der Personalführung

b) 1. Verlust von sehr viel Humankapital (= Wissen und Fertigkeiten der Arbeitnehmer). Dieses Wissen zu ersetzen erfordert einen hohen finanziellen und zeitlichen Aufwand. 2. Negatives Image der Unternehmung in der Öffentlichkeit. 3. Schädigung der Zufriedenheit der verbleibenden Mitarbeiter, die den Abgang von Kollegen durch Mehrarbeit auffangen müssen.

L6: a) Deutlich sichtbar ist der „demographische Wandel" (hier: überdurchschnittlich viele ältere Arbeitnehmer). Vorteile dieser Struktur: 1. Umfangreiche Kenntnisse und Erfahrungen der Älteren und 2. i.d.R. höhere Treue zum Betrieb. Nachteile: 1. Massiver Wissensverlust wenn viele gleichzeitig das Rentenalter erreichen und 2. Mangel an qualifizierten Nachwuchs („Fachkräftemangel").

b) 1. Bemühen um jüngere qualifizierte Arbeitnehmer (Gewinnung, Qualifizierung durch duale Ausbildung oder duale Studiengänge). 2. Schaffung flexibler Übergangssysteme (z.B. Altersteilzeitmodelle) für bevorstehend ausscheidende Arbeitnehmer. 3. „Senior-Expert"-Modelle entwickeln (Verlust an Humankapital mildern, z.B. im Ruhestand befindliche Mitarbeiter stellen weiterhin Wissen zur Verfügung)

L7: Kai Holbe ist „besserzustellen", d. h. es gilt die Vorgabe des Tarifvertrages von 38 Stunden wöchentlicher Arbeitszeit. (Antwort 2)

## Funktion 0302: Personaldienstleistungen

L8: a) Zusatzbedarf: 200 Stück x 55 Min. / Stück = 11.000 Minuten

11.000 Minuten / (160 Stunden x 60 Minuten / Stunde) + 20 % Zeitzuschlag = 1,4 Mitarbeiter

b) 1. Mit Hilfe einer Stellenanzeige neue Mitarbeiter suchen und festanstellen. Vorteil: passende Mitarbeiterauswahl, gezielte Weiterentwicklung (Fortbildung). Nachteil: Bei Rückgang des Personalbedarfs nicht flexibel (nach Ablauf der Probezeit nur unter Beachtung des Kündigungsschutzrechtes wieder freisetzbar). 2. Neues Personal bei Personalleasingunternehmung mieten. Vorteil: Flexibilität, Freisetzung ist nach Bedarf wieder möglich. Nachteil: Auf diesem Wege sind schwierig Fachkräfte zu gewinnen. Personalentwicklung lohnt hierbei kaum.

L9: a)

|  | Aktuelles Jahr | 1. Planjahr | 2. Planjahr |
|---|---|---|---|
| Planstellenbestand | 255 | 255 | 267 |
| + neue Planstellen | - | + 12 | + 8 |
| – abzubauende Planstellen | - | - | - |
| **Bruttopersonalbedarf** | 255 | 267 | 275 |
| – aktueller Personalbestand | 255 | 255 | 267 |
| Personalüberdeckung (–) / Personalunterdeckung (+) | - | 12 | 8 |
| Zu ersetzende Abgänge | - | 11 | 9 |
| Feststehende Zugänge | - | 7 | 1 |
| **Nettopersonalbedarf** | - | 16 | 16 |

b) Altersrente; Auslaufen befristeter Arbeitsverträge; Kündigungen des Arbeitsverhältnisses; Elternzeit

c) Intern: Ausbildung; Versetzung; extern: Stellenanzeigen; Personalleasing

d) Angebot einer Teilzeitbeschäftigung; Versetzung an einen anderen Standort innerhalb der Unternehmung

e) Bezeichnung, Ziele, Aufgaben, Über- / Unterstellung, Stellvertretung

f) Die Stellenbeschreibung ist zunächst Organisationsmittel, da sie die arbeitsteilige Erfüllung der betrieblichen Aufgaben sicherstellt. Sie dient zudem der qualitativen Beschreibung des Personalbedarfes und der anforderungsgerechten Entgeltfindung.

L10: a) Formale Bildungsabschlüsse (z.B. abgeschlossene Berufsausbildung als Industriekaufmann / -frau), Berufs- bzw. Branchenerfahrung, Flexibilität, Verhandlungsgeschick, Engagement

b) Stellenausschreibung (statt Stellenbeschreibung), Außendienstmitarbeiter / -in (m / w), keine Angabe eines Höchstalters, Abgabe der Bewerbung deutlich vor dem 01.06.20xx (z.B. 01.04.20xx)

L11: a) Bewerbungen sichten, Vorauswahl anhand der Bewerbungen, geeignete Bewerber einladen, Tests bzw. Gespräche durchführen, Auswahl treffen

b) Anschreiben, Lebenslauf, Zeugnisse (Abschluss- und Arbeitszeugnisse), gem. AGG darf kein Lichtbild eingefordert werden

c) Das Anschreiben sollte eine hinreichende Originalität aufweisen und die Motive des Bewerbers deutlich machen, um die dahinter stehende Persönlichkeit einschätzen zu können. Der Lebenslauf muss in jedem Fall vollständig sein, da Lücken keine Basis einer vertrauensvollen Zusammenarbeit sind. Die vorgelegten Zeugnisse sollten im Hinblick auf die mit der Stelle verbundenen Anforderungen analysiert werden (z.B. Eigeninitiative und Engagement)

d) Begrüßung und warm-up, Selbstdarstellung des Bewerbers, gezielte Fragen zur Person des Bewerbers und seiner beruflichen Situation und seinen Motiven, gezielte Fragen oder Aufgaben, um die fachlichen und sozialen Kompetenzen des Bewerbers zu testen, Informationen über die zu besetzende Stelle, Abschluss und Verabschiedung

e) 1. Verlauf und Bewertung des Gespräches leiden unter mangelnder Subjektivität. Der Beurteilende lässt sich von eigenen Erfahrungen und Vorurteilen leiten und interpretiert seine Wahrnehmung des Bewerbers in diesem Sinne. 2. Verlauf und Inhalt mehrerer Gespräche können sich so sehr voneinander unterscheiden, dass deren Ergebnisse nicht vergleichbar sind. 3. Verlauf und Inhalt können ungeeignet sein, ein hinreichendes Bild von den Kompetenzen des Bewerbers zu liefern. (Man spricht von mangelnder Reliabilität und Validität.)

f) Fragen nach einer bestehenden oder geplanten Schwangerschaft. Fragen nach der Zugehörigkeit zu einer Gewerkschaft oder politischen Partei. Fragen nach der sexuellen Orientierung.

g) Bankverbindung, Sozialversicherungsausweis / -bescheinigung, Urlaubsbescheinigung des vorherigen Arbeitgebers, VL-Vertrag

h) Die Dauer des Wettbewerbsverbotes darf maximal 2 Jahre betragen (vgl. § 74 a HGB). Für damit

verbundene Einkommensnachteile ist dem Arbeitnehmer ein Schadensersatz zu leisten.

i) der Name und die Anschrift der Vertragsparteien, der Zeitpunkt des Beginns des Arbeitsverhältnisses, bei befristeten Arbeitsverhältnissen: die vorhersehbare Dauer, der Arbeitsort oder ein Hinweis auf die verschiedenen Orte der Tätigkeit, eine kurze Beschreibung der zu leistenden Tätigkeit, die Zusammensetzung und die Höhe des Arbeitsentgeltes einschließlich etwaiger Zuschläge (z.B. Ansprüche auf Weihnachts- und Urlaubsgeld), die vereinbarte Arbeitszeit; die Dauer des jährlichen Erholungsurlaubes und die Kündigungsfristen

L12: a) Ein Assessment-Center (AC) ist ein Verfahren der Personalauswahl, bei dem eine Gruppe von Bewerbern über einen längeren Zeitraum (i.d.R. 1 bis 3 Tage) in unterschiedlichen Situationen bezüglich ihrer fachlichen und sozialen Kompetenzen getestet wird.

b) Postkorbübung, Rollenspiele, Gruppendiskussionen

c) Indem die Bewerber innerhalb einer Gruppe und in unterschiedlichen stellentypischen Situationen getestet werden, können ihre Kompetenzen am besten überprüft werden. Da stets mehrere geschulte Beurteiler zum Einsatz kommen, können Beurteilungsfehler am besten ausgeschlossen werden.

L13: a) Kennenlernen des Arbeitsplatzes, der Kollegen und Vorgesetzten, Einweisung in die Aufgaben der Stelle, Einweisung im Umgang mit den Betriebsmitteln, Sicherheitsunterweisung

b) 1. Der neue Mitarbeiter kann auf diese Weise viel schneller die mit seiner Stelle verbundenen Aufgaben wahrnehmen. 2. Die Gefahr von Fehlern aus Unkenntnis wird deutlich reduziert.

L14: a) 1. Auf diesem Wege kann eine viel größere Anzahl potenzieller Bewerber – theoretisch weltweit – angesprochen werden. 2. Das Internet wird mittlerweile zumindest von jüngeren und / oder qualifizierten Bewerbern als Kommunikationsplattform den Printmedien vorgezogen.

b) 1. Wie jedes online-Angebot muss auch dieses so gestaltet sein, dass es mit Hilfe von Suchmaschinen schnell und zuverlässig gefunden werden kann. 2. Das online-Angebot muss sowohl informativ als auch optisch attraktiv gestaltet sein, gleichzeitig eine schnelle und einfache Navigation ermöglichen (z.B. direkte Verknüpfung mit einem Kontaktformular)

c) 1. Reduktion des zu verwaltenden Papierbergs auf ein Minimum. 2. Direkte Einpflege in die Personaldatenbank des Unternehmens (Voraussetzung: standardisierte Form).

L15: a) 1. Der Mitarbeiter kann sein Entgelt bei entsprechender Leistung deutlich steigern. 2. Sein Entgelt kann aber sinken, wenn es ihm nicht gelingt, die persönliche Leistungszulage zu erhalten.

b) 1. Steigerung der Motivation der Mitarbeiter und damit ihrer Produktivität. 2. Steigerung der Entgeltzufriedenheit der Mitarbeiter durch ein differenziertes Entgeltsystem (erhöhter Einsatz lohnt sich auch finanziell).

c) 1. Die persönliche Leistungszulage als Bestandteil eines „Kontinuierlichen Verbesserungsprozesses" (KVP), also Bezug auf Verbesserungsvorschläge der Mitarbeiter. 2. Gewährung für das Erreichen von Qualitäts-, Mengen- oder Umsatzzielen.

L16: a) 150 % Leistungsgrad = 2,5 Min. Bearbeitungszeit → 100 % = 3,75 Minuten Stückzeit (Achtung: ungerader Dreisatz!!)

b) Akkordrichtsatz = 14,50 € / h + 20 % Akkordzuschlag = 17,40 € / h;

Stückgeld = ARS / Sollleistung pro Stunde = 17,40 / (60 / 3,75) = 17,40 / 16 = 1,0875 € / Stück

c) Akkordlohn = Ist-Leistung x Stückgeld = 1050 x 1,0875 = 1.141,88 €

d) Sollleistung = 38 h x 16 Stück / h = 608 Stück = 100 % → 1050 Stück = 172,7 %

L17: a) ARS = 13,00 € / h + 20 % = 15,60 € / h

b) MF = ARS / 60 = 0,26 € / Min

c) Durchschnittliche Bearbeitungszeit = 0,62 Min / Stück = 110 % → Stückzeit = 0,68 Min / Stück (Achtung: ungerader Dreisatz!!)

d) Akkordlohn = MF x Stückzeit x Ist-Leistung = 0,26 x 0,68 x 1225 = 216,58 €

e) Soll-Leistung = 8 h / Tag x 60 Min / h / 0,68 Min / Stück = 706 Stück / Tag = 100 % 1225 Stück = 173,5 % Leistungsgrad

f) Zu Beginn der Messung ist die gemessene Bearbeitungszeit relativ hoch und sinkt dann ab. Der Mitarbeiter musste sich möglicherweise zunächst mit der optimalen Ausführung der Arbeitsaufgabe vertraut machen.

L18: a) Personalien des Mitarbeiters; Art der Tätigkeit; Dauer der Beschäftigung

b) Umfängliche Beschreibung der Arbeitsaufgaben; Angaben zum Leistungs- und Führungsverhalten des Mitarbeiters

c) Das Arbeitszeugnis ist sowohl wahrheitsgemäß als auch wohlwollend zu formulieren. War der Arbeitgeber mit dem Leistungs- oder Führungsverhalten des ausscheidenden Arbeitnehmers nicht zufrieden, ergibt sich ein Zielkonflikt, da er seine Unzufriedenheit nicht offen äußern darf, andererseits aber keine unwahren Angaben über Leistung oder Führungsverhalten machen darf.

L19: a) Innerhalb der Probezeit (max. sechs Monate) kann ohne Angabe eines Grundes mit einer Frist von zwei Wochen gekündigt werden. Danach beträgt die Kündigungsfrist mindestens vier Wochen zum 15. oder letzten Tag des folgenden Monats. (Eine außerordentliche, also fristlose Kündigung scheidet im Beispiel aus, da die Kündigungsgründe dafür nicht ausreichen.) Außerdem ist das Kündigungsschutzgesetz zu beachten. (Persönlicher und betrieblicher Geltungsbereich sind gegeben.) Demnach ist die Kündigung in diesem Fall verhaltensbedingt zu begründen: Der Arbeitnehmer erfüllt nicht die mit der Stelle verbundenen Leistungsanforderungen. Dieses Fehlverhalten ist zunächst abzumahnen, sodass der Arbeitnehmer die Möglichkeit erhält, sein Verhalten zu ändern. Außerdem ist der Betriebsrat (wenn vorhanden) in jedem Fall vor der Kündigung zu hören.

b) Die mangelhafte Leistung und die mangelnde Redlichkeit und Zuverlässigkeit des Arbeitnehmers ließen sich arbeitsrechtlich einwandfrei dergestalt ausdrücken, dass man diese wichtigen Punkte im Arbeitszeugnis unerwähnt lässt. Die Nichtangabe dieser wichtigen Informationen drückt ein negatives Urteil hinlänglich aus, ohne gegen den Grundsatz des Wohlwollens zu verstoßen. Verklausulierte Formeln wie „hat sich bemüht,..." o. ä. werden von vielen Arbeitsrechtlern dagegen kritisch gesehen.

L20: a) Die Kündigung ist am 12.06. d. J eingegangen. Die Kündigungsfrist beträgt für den Mitarbeiter gem. § 622 BGB unabhängig von seiner Beschäftigungsdauer vier Wochen zum nächsten 15. oder zum nächsten Monatsende. Der letzte Arbeitstag wäre also der 15.07.

b) Der Arbeitnehmer kann sein Arbeitsverhältnis in jedem Falle auch ohne Grund fristgerecht kündigen, die vorgebrachte Begründung ist juristisch demnach ohne Belang.

c) Entgeltabrechnung, Ausgleichsquittung, Sozialversicherungsausweis, Urlaubsbescheinigung, Arbeitsbescheinigung auf amtlichem Vordruck, Arbeitszeugnis

L21: a) Der Messerwurf kann als versuchte gefährliche Körperverletzung, strafbar gem. § 224 StGB, angesehen werden. Ein solches Verhalten stellt eine sehr schwerwiegende Verletzung der arbeitsvertraglichen Gehorsams- und Sorgfaltspflichten dar und ist ein hinreichend wichtiger Grund, das Arbeitsverhältnis außerordentlich (fristlos) zu kündigen. Eine Fortsetzung erscheint nicht zumutbar.

b) Alkoholismus (Alkoholsucht) ist nach herrschender medizinischer Meinung eine Krankheit. Insofern ist der Grund für die Kündigung (Störung des Betriebsfriedens durch Alkoholgeruch) nicht im Verhalten, sondern in der Person der Arbeitnehmerin zu suchen. Bevor ihr die Kündigung ausgesprochen werden kann, ist der Arbeitnehmerin die Möglichkeit einzuräumen, durch eine Therapie die Alkoholsucht zu besiegen. Eine Fortsetzung des Arbeitsverhältnisses ist dem Arbeitgeber (zunächst) zuzumuten, die Kündigung ist unverhältnismäßig.

c) Das Verhalten der Führungskraft ist grundsätzlich als Verletzung ihrer arbeitsvertraglichen Leistungspflicht anzusehen. Jedoch ist die Verletzung nicht so schwerwiegend, dass eine Fortsetzung des Beschäftigungsverhältnisses unzumutbar ist. Die Kündigung ist somit unverhältnismäßig. Vielmehr ist die Abteilungsleiterin, z.B. durch eine schriftliche Abmahnung, auf ihr Fehlverhalten hinzuweisen und ihr ist die Möglichkeit einzuräumen, ihr Verhalten zu ändern.

L22: Die Kündigung weist mehrere Fehler auf, die zu ihrer Unwirksamkeit führen: 1. Bei achtjähriger Betriebszugehörigkeit besteht eine Kündigungsfrist von drei Monaten zum Ende des Monats, hier also zum 30.09.20xx. 2. Es ist davon auszugehen, dass die Kunststoffwerke Siegburg AG unter die Wirkung des KSchG fällt. Somit ist die Kündigung sozial ungerechtfertigt, da sie nicht begründet wurde. 3. Es ist zu prüfen, ob der Betriebsrat (sofern vorhanden), vor der Kündigung angehört wurde. Wurde dies unterlassen, ist die Kündigung ebenfalls unwirksam.

L23: 1 – 2 – 3 – 1 – 2 – 3

L24: a) Stückzeit = 0,45 Min. + 30 % Zuschlag = 0,585 Min / Stück

b) Ausführungszeit = 0,585 Min / Stück x 1500 Stück = 877,5 Min

c) Auftragszeit = 120 Min + 877,5 Min = 997,5 Min

L25: 2 – 3 – 2 – 3 – 1 –2

## Funktion 0303: Personalentwicklung und -führung

L26: a)

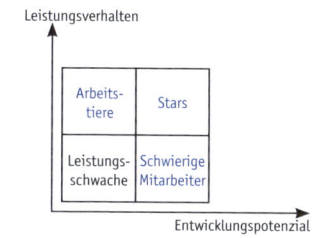

b) Mit den „schwierigen" Mitarbeitern sollten im Rahmen von Mitarbeitergesprächen die Ursachen für ihr unzureichendes Leistungsverhalten ermittelt werden (z.B. Unzufriedenheit mit der persönlichen Arbeitssituation, persönlich-familiäre Probleme etc.) und dann eine individuelle Personalentwicklungsstrategie entworfen und anhand konkreter Entwicklungsziele vereinbart werden.

Bei „leistungsschwachen" Mitarbeitern sollte geprüft werden, ob sie mit den Anforderungen ihrer Stelle überfordert sind. In diesem Falle sollte die Möglichkeit eine Versetzung geprüft und ggf. mit dem Mitarbeiter vereinbart werden. Ist dies nicht möglich, muss die Möglichkeit einer Freisetzung geprüft werden.

L27: a) Fachkompetenz: alle unmittelbar auf die berufliche Tätigkeit gerichteten Fähigkeiten und Fertigkeiten (z.B. kaufmännisches oder technisches Fachwissen, Branchen- / Markterfahrung etc.). Sozialkompetenz: alle eine spezielle berufliche Tätigkeit übergreifenden Fähigkeiten und Fertigkeiten im Umgang mit anderen Menschen (z.B. Teamfähigkeit, Konfliktfähigkeit etc.). Im konkreten Einzelfall sind diese nur schwer voneinander zu trennen (z.B. bei Außendienstmitarbeitern fallen beim Verhandlungsgeschick Fach- und Sozialkompetenz zusammen).

b) Die immer häufigeren Projektarbeiten werden stets in Teams ausgeführt. Durch die Rationalisierung (Automation) rein operativer Arbeitsaufga-

ben haben dispositive Tätigkeiten stark an Bedeutung gewonnen.

L28: a) Personalentwicklung: Alle zielgerichteten betrieblichen Aktivitäten der Aus-, Fort- und Weiterbildung sowie der Umschulung von Mitarbeitern.

ba) Dem sich abzeichnenden Fachkräftemangel im Zuge des demographischen Wandels kann ein Unternehmen nur durch verstärkte Aktivitäten in der Personalentwicklung begegnen.

bb) Der durch den technologischen Fortschritt angetriebene beständige Wandel der Arbeitsaufgaben erfordert von jedem Mitarbeiter eine ständige Anpassung seine beruflichen Fähigkeiten und Fertigkeiten, um den eigenen Arbeitsplatz zu sichern.

c) Duale Erstausbildung; berufsbegleitendes (duales) Studium; innerbetriebliche Schulung; Coaching

L29: Mögliche Verhaltensweisen beim autoritären (autos, gr. = selbst, allein) Führungsstil: Entscheidungen grundsätzlich allein fällen ohne Mitarbeiter zu beteiligen; Mitarbeiter über die Gründe und Motive der Führungshandlungen im Unklaren lassen und Mitarbeiter zu reinen Befehlsempfängern degradieren; kaum Freiräume für eigene Entscheidungen einräumen und nur auf Anweisung arbeiten lassen. Entsprechend hat Herr Schmalenbach kein Vertrauen in die Fähigkeiten seiner Mitarbeiter, sondern kontrolliert sie beständig und penibel.

Nachteile: 1. Jede Eigeninitiative wird gelähmt, es gibt keine Freiräume für eigenes kreatives Handeln. 2. Fähigkeiten und Entwicklungspotenziale sowohl der Mitarbeiter wie der Unternehmung bleiben ungenutzt. 3. Es entsteht hohe Unzufriedenheit, die sich in innerer oder offener Kündigung entladen wird.

Veränderung: In einem professionell geführten Kritikgespräch werdem Herrn Schmalenbach die negativen Konsequenzen seines Verhaltens deutlich gemacht ( ggf. professionellen Personalberater hinzuziehen). Darauf aufbauend Entwicklung eines individuellen Personalentwicklungsplans mit Entwicklungsmaßnahmen (z.B. Coaching), der eine Optimierung von Herrn Schmalenbachs Stärken und eine Verbesserung seiner Schwächen beinhaltet. Dabei sollten Herrn Schmalenbachs Mitarbeitern kontinuierlich eingebunden werden.

L30: Schritte: 1.Bestandsaufnahme der Istsituation (Studium von Personalakte und Personalbeurteilungen); 2. Identifizierung von Stärken, Schwächen und möglichen Problemen; 3. Definition von Entwicklungszielen und passenden Entwicklungsmaßnahmen; 4. gemeinsame Vereinbarung eines Gesprächstermins; 5. Belegung eines geeigneten Raumes

Themen: Den Mitarbeiter das eigene Erleben der persönlichen Situation im Betrieb beschreiben lassen. Gestützt auf konkrete Daten und Fakten dem Mitarbeiter seine Stärken und Schwächen aufzeigen. Darauf aufbauend gemeinsam mit dem Mitarbeiter individuelle Entwicklungsziele und Wege zur Erreichung dieser Ziele vereinbaren.

L31: a) Scheu vor Veränderung; Angst davor, sich als inkompetent zu zeigen; Angst davor, sich in einer (untergeordneten) Schülerrolle zu erleben

b) In ausführlichen Mitarbeitergesprächen sollte die Notwendigkeit der Teilnahme verdeutlicht werden. Zweitens sollten die Mitarbeiter an der inhaltlichen und organisatorischen Gestaltung der Fortbildungen beteiligt werden. Und schließlich muss für die Mitarbeiter der persönliche Nutzen der Teilnahme („benefit") deutlich werden, z.B. in Form einer Höhergruppierung oder dem Erlangen eines formellen Zertifikats („geprüfter ...." o. ä.).

L32: 1. Definition der konkreten Inhalte der Fortbildung

2. Festlegung eines Zeitrahmens für die Schulungen

3. Suche und Auswahl des externen Trainers

4. Festlegung der zu schulenden Gruppen von Mitarbeitern

5. Planung von notwendigen Vertretungsregelungen

6. Planung der sachlichen Ressourcen (Räume, Hard- und Software-Ausstattung etc.)

L33: 3 – 5 – 6 – 1 – 4 – 2

# Prüfungsgebiet 04: Leistungserstellung

### Funktion 0401: Produkte und Dienstleistungen

L1: Vorteile: vereinfachte Produktionsplanung und –steuerung; vereinfachte Lagerhaltung; geringere Fixkosten für Produktionseinrichtungen I Nachteile: steigende Lieferantenabhängigkeit, Verlust an technischer Kompetenz (Know-How). Gefahr von qualitativ und funktional nicht optimal abgestimmten Eigen- und Fremdbauteilen

L2: Absatzbereich: Unternehmensprofil (Image) wird unscharf, Zielgruppe wird sehr breit, es müssen zusätzliche Absatzkanäle aufgebaut werden I Produktionsbereich: Anschaffung neuartiger Produktionseinrichtungen nötig, Einarbeitung neuer Mitarbeiter. Produktivitätsverluste durch breites Fertigungssortiment I Lagerhaltung: Viele weitere Materialarten müssen vorgehalten werden (Kapitalbindung erhöht sich). Aufwand für Eingangskontrollen steigt deutlich, erhöhte Lagerrisiken, z.B. hinsichtlich Nichtabsetzbarkeit I Finanzwirtschaft: hohe Investitionsausgaben für Betriebsmittel, höhere Fixkostenbelastung, ungewisse Einnahmen f. d.neuen Absatzerzeugnisse, allg. Entwicklungsrisiko

L3: Vorteile: geringe Lagermengen, geringe Lagerkosten, geringes Absatzrisiko, ausreichende Kapazitätsreserven für Zusatzaufträge I Nachteile: schwankende Kapazitätsauslastung, Aufbau höher Kapazitätsspitzen nötig, arbeitsrechtliche Probleme beim ständigen Auf- und Abbau der Beschäftigtenzahlen, ungünstige Beschaffungskonditionen in bedarfsschwachen Zeiten

L4: 1. Produktidee I 2. Machbarkeitsstudie I 3. Entwicklungsauftrag / Lastenheft I 4. Konstruktion I 5. Tests / Prototypenbau I 6. Preiskalkulation I 7. Produktionsfreigabe

L5: Einfüllöffnung mind. 30 cm über Bodenniveau I max. 6 Waschprogramme I 5 kg Fassungsvermögen I Akustisches Signal > 75 db bei Beendigung des Waschprogrammes I beleuchtete Sensortasten zur Bedienung, min. 36 x 36 mm groß I Schleuderdrehzahl bis 1200 U / min I Großdisplay mit Restzeitanzeige I Rotes Blinksignal bei fehlender Waschmittelbefüllung

L6: a)

| Fertigungsstufe | Baugruppen / Teile | Menge |
|---|---|---|
| 1 | Rahmenteile Seite | 2 |
| 1 | Rahmenteile Front / Rücken | 2 |
| 2 | Rahmen mit Torausschnitt | 1 |
| 2 | Tor | 1 |
| 2 | Torzähler | 1 |
| 3 | Halter | 2 |
| 3 | Stange | 1 |
| 3 | Zählsteine | 10 |
| 2 | Verbindungsschraube | 2 |
| 1 | Spielstangen | 8 |
| 2 | Halbstangen | 2 |
| 2 | Griff | 1 |
| 2 | Dämpfer | 1 |
| 1 | Tischbeine | 4 |
| 1 | Verbindungsschraube | 8 |

b)

| Teil (alphabetisch) | Gesamtmenge (Errechnung) |
|---|---|
| Dämpfer | 8 (8 · 1) |
| Griff | 8 (8 · 1) |
| Halbstangen | 16 (8 · 2) |
| Halter | 4 (2 · 1 · 2) |
| Rahmen mit Torausschnitt | 2 (2 · 1) |
| Rahmenteile Front/Rücken | 2 |
| Rahmenteile Seite | 2 |
| Spielstange | 8 |
| Stange | 2 (2 · 1 · 1) |
| Tischbeine | 4 |
| Tor | 2 (2 · 1) |
| Torzähler | 2 (2 · 1) |
| Verbindungsschraube | 12 [(2 · 1) + 8] |
| Zählsteine | 20 (2 · 1 · 10) |

c) $50 \cdot 12 = 600$

d)

| Fertigungsstufe | Baugruppen / Teile | Menge |
|---|---|---|
| 1 | Torzähler | 1 |
| 2 | Halter | 2 |
| 2 | Stange | 1 |
| 2 | Zählsteine | 10 |

L7: a) In der Abbildung wurde aus darstellungstechnischen Gründen die Reihenfolge der Teile geändert.

445

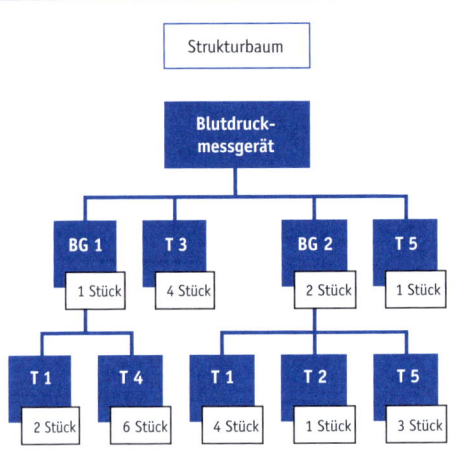

**Strukturbaum**

Blutdruckmessgerät

| BG 1 | T 3 | BG 2 | T 5 |
| 1 Stück | 4 Stück | 2 Stück | 1 Stück |

| T 1 | T 4 | T 1 | T 2 | T 5 |
| 2 Stück | 6 Stück | 4 Stück | 1 Stück | 3 Stück |

1b) (2 · 3) + 1 = 7 Stück je Blutdruckmessgerät

L8: Strukturstückliste: weist die auf der jeweiligen Fertigungsstufe benötigten Baugruppen und Teile des Endproduktes aus I Mengenübersichtsstückliste: weist die Gesamtzahl der für ein Endprodukt benötigten Baugruppen und Teile aus I Baukastenstückliste: weist die auf der jeweiligen Fertigungsstufe benötigten Baugruppen und Teile für eine Produktkomponente aus.

L9: Fehler der Strukturstückliste: Teilenr. 220 ist Fertigungsstufe 2; Teilenr. 024 hat in Fertigungsstufe 2 nur Menge „1" I Fehler der Mengenübersichtsstückliste: Teilenr. 024 hat Menge „4", d.h. [(2 · 1) + 2]; Teilenr. 600 hat Menge „2"

L10: a) 1. „Meilenstein" in der techn. Entwicklung I 2. gewerbliche Verwendbarkeit
b) Deutsches Patent- und Markenamt
c) 20 Jahre

L11: a) Schutz vor Nachahmung I techn. Vorsprung am Markt (Imagegewinn) I Monopolpreise I Vergabe von Lizenzen möglich
b) Kein völlig neuartiges Produkt oder Verfahren, sondern nur eine Verbesserung des aktuellen Standards I geringere Schutzgebühr
c) Veröffentlichung von Entwicklungsergebnissen lockt Nachahmer an I nur begrenztes Schutzgebiet I Schutzgebühren fallen an

L12: „Calypso" oder der Kennbuchstabe „C" können als Markenzeichen geschützt werden, da sie ein Kennzeichen der Ware darstellen. Das Brillen-

design (Form der Bügel) ist als Geschmacksmuster registrierbar, da sich die ästhetische Gestaltung deutlich von anderen Brillen abhebt .

L13: a) (24.000 + 24.000 + 24.000) · 100 / 75.000 = 96 %
b) Vorteile: sinkende Stückkosten. keine Stillstandsschäden, kein ständiges Hoch- und Runterfahren I Nachteile: keine freie Kapazität bei Zusatzaufträgen, Betriebsstörungen sind zeitlich nicht auszugleichen, hoher Verschleiß
c) Fixkosten :
Kalk. Abschreibung = 50.000 / 10 = 5.000,–
Kalk. Zinsen = 25.000 · 8 / 100 = 2.000,–
gesamt = 5.000,– + 2.000,– + 4.000,– = 11.000,–
Nutzkosten 11.000,– · 72.000 / 75.000 = 10.560,–
Leerkosten 11.000,– · 3.000 / 75.000 = 440,–

L14: a) Arbeitstakte Jan – Jun = 3.600 + 3.880 + 3.950 + 3.630 + 3.700 + 3.590 = 22.350
Kapazität Arbeitstakte = 4.000 · 6 = 24.000
Ø Kapazitätsauslastung: 22.350 · 100 / 24.000 = 93,125 %
b) 95 % v. 24.000 = 22.800
22.800 – 22.350 = 450 Stück ausgefallene Produktion
c) Planungsfehler in der Maschinenbelegung I fehlendes Material durch falsche Materialdisposition I fehlendes Bedienungspersonal (Krankheit, Fluktuation) I Maschinenausfälle durch unsachgerechte Wartung

L15: a) 62.400 · 100 / 78 = 80.000 Stück
b) Gesamt Fixkosten: 257.400 · 100 / 78 = 330.000
Leerkosten: 330.000 · 22 / 100 = 72.600

L16: a) Massenfertigung, da der Absatzerfolg nicht durch Mengenbegrenzung limitiert werden soll.
b) Fließ(band)fertigung, da so hohe Stückzahlen kostengünstig gefertigt werden können
c) Hier wird eine Kleinserie gefertigt, da die für den Test benötigte Stückzahl vorher bekannt ist. Trotz der geringen Stückzahl wird vermutlich der Organisationstyp der Fließ(band)fertigung beibehalten, da die Produktionsschritte und -einrichtungen der Testserie die der üblichen Massenproduktion entsprechen. Ggf. wird auf einzelnen Stufen eine manuelle Nachbearbeitung erfolgen.

L17: a) Werkstattfertigung, da Verrichtungszentralisation (gleichartige Verrichtungen und Betriebseinrichtungen sind räumlich zusammengefasst) und ungebundener Materialfluss

b) Hohe Flexibilität hinsichtlich der zu erledigenden Produktionsaufgaben I relativ geringer Investitionsaufwand I bei kleinen Stückzahlen die wirtschaftlichste Lösung

c) Die Arbeitsgänge 4 und 5 sind in der Zeichnung im Ablauf vertauscht.

L18: a) Kürzere Durchlaufzeit I geringere Stückkosten I kürzere Einarbeitungszeiten für neue Mitarbeiter I bessere Prozessübersicht

b) Die Reihenfertigung erlaubt durch Zwischenläger eine zeitliche Entkopplung der einzelnen Arbeitsgänge, die Mitarbeiter können so – in einem gewissen Rahmen – das Arbeitstempo selbst bestimmen, ggf. auch individuelle Pausen einlegen. Bei Fließbandfertigung ist hingegen eine einheitliche Taktzeit gegeben, die die Arbeitsgeschwindigkeit bestimmt.Der Bewegungsablauf wird so auch zeitlich monotoner, es entsteht Stress, um bei kleinen Fehlern das Bandtempo dennoch einhalten zu können.

c) Der Engpass besteht beim Ausputzpolierer. Die Mischmaschine benötigt 4,5 min für ein Produkt, dieser Durchlauf setzt sich in den Druckpressen fort, die durch Parallelbearbeitung im Durchschnitt sogar alle 3,75 min ein neues Produkt aufnehmen könnten. Der Stau tritt deshalb beim Ausputzpolierer ein, der 5,0 min für ein Teil benötigt, d.h. für jedes Teil tritt eine zusätzliche Wartezeit von 0,5 min ein. Derart abgebremst stellen die folgenden Bearbeitungsstufen (Tauchglasierer mit durchschnittlich 4,375 min und Poliermaschine ebenfalls mit 4,5 min) keine weitere Barriere dar.

L19: a) Individuelle Einschätzung, Autorenmeinung: Vorschlag 1 ist problematisch, da durch die Auslieferung mangelhafter Erzeugnisse auch das Unternehmensimage leidet und Kunden verärgert werden. I Vorschlag 2 ist sinnvoll, da diese Standardisierung für die Kunden nicht zu einer spürbaren Einschränkung der Produktvielfalt führen muss.

b) Outsourcing von Produktionsaufgaben I Verkleinerung des Maschinenparks, aber intensivere Nutzung der verbliebenen Maschinen, z.B. durch 3-Schicht-System I Einführung von Leistungsprämien, um durch höhere Arbeitsproduktivität Personal abzubauen

L20: a) Vorhandenes Reservoir an gut ausgebildeten Facharbeitern I politische Stabilität I „Made in Germany" als Imagefaktor I Vermeidung hoher Umsiedlungskosten I geringere Transportkosten der Ware I Nähe zum Kunden

b) Durch die Besetzung einer Marktnische ist der Preisdruck der internationalen Konkurrenz zum Teil ausgeschaltet, die Besetzung dieser Nische ist für die internationalen Textilfabriken von den Stückzahlen her nicht lohnend. Außerdem wird die Hotelwäsche besonders oft und intensiv gereinigt, sodass höchste Qualitätsstandards zu garantieren sind.

c) Beitritt zu einer Einkaufskooperation I Einschränkung der Programmbreite und Variantenzahl I Verzicht auf freiwillige Sozialleistungen

L21:

Zeitbedarf Rüsten alt: 35 min · 1,2 = 42 min

Zeitbedarf Ausführung alt: (2 · 1,2) · 300 = 720 min

Zeitbedarf gesamt alt: 42 + 720 = 762 min

Zeitbedarf Rüsten neu: 1 min

Zeitbedarf Ausführung neu: 2,5 · 300 = 750 min

Zeitbedarf gesamt neu: 1 + 750 = 751 min

Mit der bisherigen Programmierung beträgt die Arbeitsproduktivität 300 / 762 = 0,394, mit der neuen beträgt sie 300 / 751 = 0,399. Sie ist nur geringfügig gestiegen. Eine Neuprogrammierung führt nur dann zu Einsparungen, wenn der Programmieraufwand sehr gering ist. Aber auch in diesem Falle ist zu beachten, dass die Neuprogrammierung bei noch höheren Stückzahlen zu schlechteren Ergebnissen führen könnte als die vorhandene. Insgesamt erscheint die Umstellung nicht zwingend erforderlich.

L22: a) Bisher: Ein Modell benötigt 75 Minuten. Neu: 3 Modelle benötigen 180 Min., das sind je Modell 60 Min.

Produktivitätsstand: 100 · 75/60 = 125 %, d.h. ein Zuwachs um 25 %

Hinweis: Selbstverständlich lässt sich der Vergleich auch auf Basis des Zeitbedarfs von je 3 Modellen durchführen, hier stehen dann 225 und 180 Min. gegenüber.

b) (200 / 180) · 100 = 111,11 %

c) Leistungsprämien I verbesserte Einarbeitung / Schulung I gemeinsame Zielvereinbarungen mit den Mitarbeitern I verbessertes Betriebsklima I Mitwirkung bei Einsatzentscheidungen I Berücksichtigung von Verbesserungsvorschlägen der Mitarbeiter

L23: a) Betrieb A: 46,4 / 44,4 = 1,045

Betrieb B: 26,7 / 24,7 = 1,081

Betrieb B arbeitet wirtschaftlicher, weil er seinen Gewinn auf Basis eines viel geringeren Geschäftsvolumens erzielt.

b) Betrieb A: 90 / (120 · 44 · 38,5) = 4,427

Betrieb B: 53 / (77 · 44 · 35) = 4,470

Betrieb B arbeitet produktiver

c) Tatsächlicher Ausstoß = 90 / 120 = 0,75 Waggons je Mitarbeiter

Leistungsgrad: 0,75 · 100 / 0,66 = 113,64 %

L24:

| Losgröße | Ø Lagerbestand | Lager-kosten | Rüst-kosten | Gesamt-kosten |
|---|---|---|---|---|
| 5.000 | 2.500 | 15.000 | 6.000 | 21.000 |
| 4.000 | 2.000 | 12.000 | 7.500 | 19.500 |
| 3.000 | 1.500 | 9.000 | 10.000 | 19.000 |
| 2.000 | 1.000 | 6.000 | 15.000 | 21.000 |
| 1.000 | 500 | 3.000 | 30.000 | 33.000 |

Die optimale Losgröße beträgt 3.000 Stück.

Hinweis: Die Daten sind durch Fortschreibung ermittelt, d.h. sinkt der mittlere Lagerbestand um 1 / 5, so trifft dies auch auf die Lagerkosten zu. Bei den Rüstkosten wurden zunächst die Kosten je Umrüstvorgang ermittelt: Bei Losgröße 5.000 Stück ergeben sich 12 Rüstvorgänge und bei Rüstkosten von 6.000,– € kostet jeder Rüstvorgang 500,– €. Dies wird ebenfalls auf die anderen Losgrößen übertragen.

L25:

| Losgrö-ße/Stk | Anzahl der Loswechsel | Rüst-kosten | Lager-kosten | Summe der Kosten |
|---|---|---|---|---|
| 500 | 60 | 36.000 | 10.500 | 46.500 |
| 1.000 | 30 | 18.000 | 21.000 | 39.000 |
| 1.500 | 20 | 12.000 | 31.500 | 43.500 |
| 2.000 | 15 | 9.000 | 42.000 | 51.000 |

Die optimale Losgröße liegt bei 1.000 Stück.

Errechnungsbeispiel für die Losgröße „500":

Anzahl der Loswechsel: 30.000 / 500 = 60

Rüstkosten: 60 · 600 = 36.000

Lagerkosten: 250 (1 / 2 Losgröße) · 280 (Herstellkosten) · 15 / 100 (Lagerkostensatz) = 10.500

Summe: 36.000 + 10.500 = 46.500

L26: a) Lagerkosten je Stück bleiben gleich, Lagerkosten insgesamt steigen aber | Rüstkosten je Stück sinken | Rüstkosten insgesamt sinken ebenfalls

b) gleichbleibende Herstellkosten | unbegrenzte Lagerfähigkeit und -kapazität | beliebige Auflagengröße | Zeitverbrauch (durch häufige Rüstvorgänge) und Kapazitätsauslastung sind nicht entscheidungsrelevant | gleichbleibender, planbarer Lagerkostensatz u.v.m.

Hinweis: In der Praxis bedeuten größere Lagermengen auch eine erhöhte mittlere Lagerdauer, sodass die Lagerkosten je Stück ansteigen. Der Faktor Lagerdauer bliebe allerdings in diesem Modell unberücksichtigt, sodass die Lagerkosten pro Stück auch bei höheren Lagermengen gleich bleiben.

c) Kapazitätsauslastung steigt | Liefertermine für dieses Produkt werden evtl (zu Lasten anderer) verkürzt | Anlaufprobleme (z.B. erhöhter Ausschuss) werden verringert | Rüstkosten sinken

L27: a) Enthält und kombiniert Auftrags-, Betriebsmittel-, Teile-, Zusammensetzungs- (Struktur-) und Arbeitsplandaten

b) Koordination der Betriebsabläufe | Überblick über den Auftragsfortschritt bzw. zeitliche Verzögerungen | Beschleunigter Durchlauf, Termintreue | Optimierung von Kapazitätsbelegung und Materialverwaltung

L28: 1. Festlegung des Produktionsprogrammes | 2. Bedarfsermittlung | 3. Termin- und Kapazitätsplanung | 4. Auftragsfreigabe | 5. Maschinenbelegung | 6. Arbeitsüberwachung mit BDE

L29:

Rüstzeit: 8 · 1,25 = 10 min

Ausführungszeit je Stück: 2 · 1,25 = 2,5 min

Vorgabezeit insgesamt: 10 + (2,5 · 50) = 135 min.

L30: a) Lesen der Bearbeitungsanweisungen | Einspannen von Werkzeugen | Einrichten / Programmieren der Maschine | Reinigen des Arbeitsplatzes | Auffüllen von Betriebsstoffen und Materialmagazinen

b) Rüstzeiten = 10 + 15 + 30 + 5 = 60 dm

Ausführungszeit je Stück = 4,0 + 1,5 + 2,5 + 1,0 + 2,0 + 0,5 = 11,5 dm

Auftragszeit = 60 dm + (11,5 dm · 800) = 9260 dm – 92,6 Std.

L31: a) Rüstzeit: 50 + 45 + 20 + 20 + 5 = 140 min

Bearbeitungszeit je Stück: 30 + 45 + 4,8 + 12 + 21 + 43,2 = 156 sek = 2,6 min

Auftragszeit: 140 + (2,6 · 500) = 1440 min = 24 Std.

b) Rüstzeit für Arbeitsgang 5 = 5 min

Bearbeitungszeit für Arbeitsgang 5 = 21 sek · 500 = 10.500 sek = 175 min.

| Nr./Std.-bedarf | 1 | 2 | 3 | 4 | 5 | 6 | 7 | 8 | 9 | 10 | 11 | 12 | 13 | 14 | 15 | 16 | 17 | 18 | 19 | 20 | 21 | 22 | 23 | 24 | 25 | 26 | 27 | 28 | 29 | 30 | 31 | 32 | 33 | 34 | 35 | 36 | 37 | 38 | 39 | 40 |
|---|---|---|---|---|---|---|---|---|---|---|---|---|---|---|---|---|---|---|---|---|---|---|---|---|---|---|---|---|---|---|---|---|---|---|---|---|---|---|---|---|
| Teile legen | ░ | ░ | | | | | | | | | | | | | | | | | | | | | | | | | | | | | | | | | | | | | | |
| Teile schneiden | | | ░ | ░ | ░ | ░ | ░ | ░ | | | | | | | | | | | | | | | | | | | | | | | | | | | | | | | | |
| Innentaschen | | | | | | | | | ░ | ░ | ░ | ░ | | | | | | | | | | | | | | | | | | | | | | | | | | | | |
| Außentaschen | | | | | | | | | | ░ | ░ | ░ | | | | | | | | | | | | | | | | | | | | | | | | | | | | |
| Hose nähen | | | | | | | | | | | | | ░ | ░ | ░ | ░ | ░ | ░ | ░ | ░ | | | | | | | | | | | | | | | | | | | | |
| Bund nähen | | | | | | | | | | | | | | | | | | | | | ░ | ░ | ░ | ░ | | | | | | | | | | | | | | | | |
| Reißverschluss | | | | | | | | | | | | | | | | | | | | | | | | | ░ | ░ | ░ | ░ | | | | | | | | | | | | |
| Falten | | | | | | | | | | | | | | | | | | | | | | | | | | | | | ░ | ░ | ░ | ░ | ░ | | | | | | | |

Auftragszeit für Arbeitsgang 5 = 5 + 175 = 180 min = 3 Std.

Lohnkosten für Arbeitsgang 5 = 3 · 14,70 = 44,10 €

c) Tatsächliche Bearbeitungszeit = 20 min + (12 sek · 500) = 20 min + 100 min = 2 Std.

Abweichung beträgt 0,8 Stunden, das sind 0,8 · 100 / 2 = 40 %

L32: a) siehe Abbildung oben auf der Seite

b) Ja, da 32 Stunden benötigt werden und für den Rest der Woche auch noch 4 Tage = 32 Stunden zur Verfügung stehen.

c) Das Einnähen der Innentaschen besitzt einen Puffer von 1 Stunde.

d) Ansetzen von Überstunden | Sonderschicht am Wochenende | Überlappung der Arbeitsgänge | Sonderprämien für Unterschreitung der Zeitvorgaben

L33: a) gesamter und freier Puffer = 6, da Vorgang Nr. 3 frühestens am 8. Tag beginnen kann, wird bei einer Verschiebung von Nr. 1 kein anderer Vorgang ebenfalls verzögert.

b) 2 – 3 – 6 – 7

c) Vorgang 6 ist nicht der Nachfolger von Vorgang 3, sondern von 4 und 5

d) Der FAZ von Vorgang 2 ist „0" und nicht „1". | Der FEZ von Vorgang 4 ist „24" und nicht „23". | Vorgang 8 kann mit dem FAZ „34" beginnen und dem FEZ „35" enden. Gliedert man Vorgang 6 richtig ein, so liegt sein FAZ bei 28 und sein FEZ bei 48, dies würde dann auch die Vorgänge 7 und 8 um 20 Zeiteinheiten nach hinten verschieben

L34: a) Zeitbedarf Grundieren = (15 · 48) + (30 · 16) + (60 · 20) + 30 · 4) = 720 + 480 + 1200 +120 =2520 min = 42 Std.

Zeitbedarf Lackieren = (25 · 48) + (50 · 16) + (160 · 20) = 1.200 + 800 + 3200 = 5200 · 1,05 (Zuschlag) = 5.460 min = 91 Std.

b) Hinweis: Zwischen dem Beginn des Grundierens und des Lackierens verbleibt eine technische Verzögerung von 8 Stunden!

Grundieren findet statt am 2. Mai, 5. Mai, 7. Mai, 8. Mai und 9. Mai je 8 Std. und 15. Mai (2 Reststunden).

Lackieren findet statt am 5. Mai (Verzögerung beachten, 8 Std), 6. Mai (8. Std), 9. Mai (8. Std), 14. Mai (8. Std), 15. Mai (8 Std), 20. Mai (8 Std), 22. Mai (8 Std.), 26. Mai (8 Std), 5. Juni (8 Std) und 6. Juni (8 Std) und 10. Juni (beide Kabinen frei, 5 Std Rest)

L35: a) siehe Abbildung unten auf der Seite

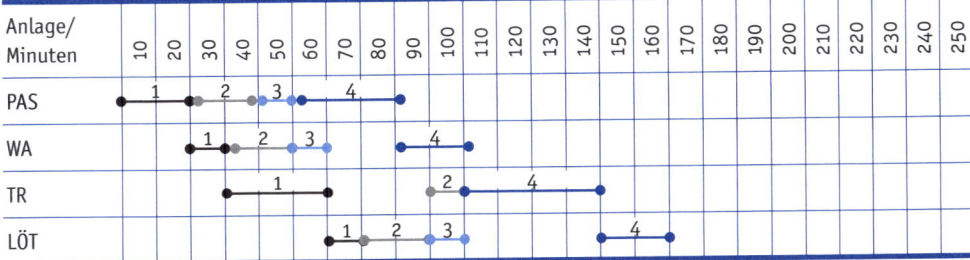

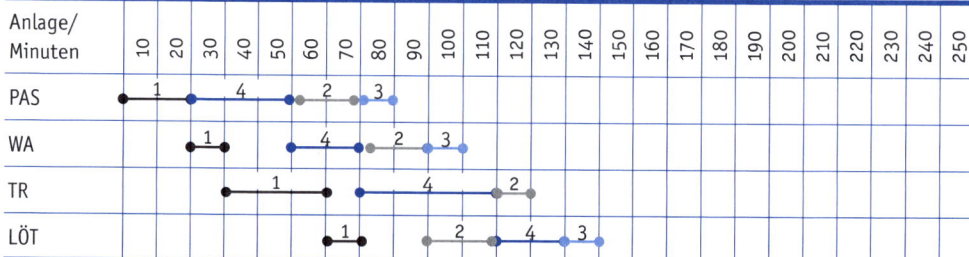

Eine unoptimierte Lösung ist in 160 Minuten abgewickelt. Durch geschickten Tausch lässt sich trotz gleichbleibender Bearbeitungsreihenfolge an den Maschinen der Zeitbedarf senken: Hier sind es z.B. 140 Minuten, siehe Abbildung oben.

b) Maschinendrehzahl erhöhen | Wartungsarbeiten aussetzen | Überstunden und Sonderschichten ansetzen

**L36:** a) an AS 1: Di, 7. und Mi, 8. | an AS 2: Do, 9. und Fr, 10. und Mo, 13. | an AS 3: Mo, 20. und Di, 21. | an AS 4: Mi, 15. und Do, 16 und Fr., 17. | an AS 5: Do, 23. und Fr., 24. und Mo, 27 und Di, 28. → Fertigstellungstermin ist der 28. des Monats.

b) Einen anderen Auftrag, der eine schnellere Bearbeitung verhindert, verschieben. | Eine Teillieferung vereinbaren. | (Zeitlich leicht versetzte) Parallelbearbeitung einzelner Arbeitsschritte prüfen. | Fremdfertigung.

## Prüfungsgebiet 09: Integrative Unternehmensprozesse

### Funktion 902: Qualität und Innovation

**L37:** a) Um zu vermeiden, dass die Auslieferung belasteter Lebensmittel zu umfangreichen Ansprüchen aus der Produkthaftung führt. | Um das Qualitätsimage zu verbessern. | Um die Reklamationsquote und die entsprechenden Kosten zu senken.

b) Damit der Entstehungsort eines möglichen Fehlers lokalisiert werden kann und keine Ware aufwändig produziert wird, die am Ende nicht verkaufsfähig ist.

c) Ware darf nicht weitergegeben werden. | Der Qualitätsbeauftragte ist zu informieren.

d) Um auf mögliche Schwachstellen aufmerksam zu werden, die eine Zertifizierung verhindern könnten.

**L38:** a) Fehlerfolgekosten: Kosten, die durch unsachgemäße Qualität entstehen, z.B. Nachbesserung, Produkthaftung | Fehlerverhütungskosten: Kosten, die unsachgemäße Qualität verhindern sollen, z.B. Schulungskosten, Prüfkosten

b)

| Fehler-quote | Fehlerfol-gekosten | Fehlerverhü-tungskosten | Gesamtkosten |
|---|---|---|---|
| 8% | 160.000,– | 2.000,– | 162.000,– |
| 7% | 140.000,– | 6.000,– | 146.000,– |
| 6% | 120.000,– | 18.000,– | 138.000,– |
| 5% | 100.000,– | 54.000,– | 154.000,– |
| 4% | 80.000,– | 162.000,– | 242.000,– |
| 3% | 60.000,– | 486.000,– | 546.000,– |
| 2% | 40.000,– | 1.458.000,– | 1.498.000,– |

Die kostenoptimale Fehlerquote beträgt 6%.

c) gutes Unternehmensimage | Kundenzufriedenheit | weniger Ausschuss (Umweltschutz) | Sicherheit im Warenverkehr | qualitative Marktführerschaft erreichen (Wettbewerbsstellung) | Einhaltung gesetzlicher Normen gewährleisten

**L39:** a) Negative Berichterstattung (in Presse und Funk) | Produktrückrufe | Aufwand für die Erfüllung von Gewährleistungsrechten (Mangelhafte Lieferung) | Rückzug von Handelspartnern (Auslistung im Einzelhandel) | Bußgelder aufgrund falscher Warendeklaration

b) Der Ausbau der Qualitätssicherung wird die Fehlerverhütungskosten steigern, die Fehlerfolgekosten mutmaßlich senken. Welcher dieser beiden Effekte überwiegt, ist nicht pauschal vorherzusagen.

c) Es werden allgemeinverbindliche Qualitätsziele vorgegeben, deren Erfüllung für alle Unternehmensebenen höchste Priorität hat . Es finden umfangreiche Schulungen statt, um die eigenen Arbeitsergebnisse objektiv beurteilen zu können. Die Einzelverantwortung für Fehler wird durch die gemeinschaftliche Verantwortung abgelöst, Jeder ist aufgerufen, durch eigene Verbesserungsvorschläge die Qualität der Leistungserstellung ständig zu verbessern. Externe Kontrollen werden nach einer Übergangszeit mehr und mehr überflüssig, reine Qualitätsprüfer gibt es nicht mehr

L40: a) Die erforderlichen Dokumentationen (z.B. QM-Handbuch) wurden nicht vorgelegt. | Die Dokumentationen sind lückenhaft (z.B. keine Nennung von Verantwortungsträgern). | Die dokumentierten Instanzen und Abläufe sind in der Praxis so nicht anzutreffen

b) Entstehen weiterer Kosten für nötige Nachzertifizierung | ohne Zertifizierung mögliche Kundenverluste | Schwächung des Qualitätsimages

## Prüfungsgebiet 04: Leistungserstellung – Teil 2

### Funktion 0402: Prozessunterstützung

L41: a) IRo 1 müsste auch im April gewartet werden. | IRo 9 wird im Januar unnötig gewartet. | IRo 10 müsste anstelle im Februar schon im Januar gewartet werden.

b) Verlust von Gewährleistungsansprüchen gegenüber dem Hersteller der Betriebsmittel | Übermäßiger Verschleiss der Betriebsmittel / verringerte Nutzungsdauer | Entstehen von Betriebsgefahren | Verschlechterung der Produktqualität | Produktionsausfälle

c) 60000 / (120 – 50) = 857,14 → Bis zu 857 Stunden Wartungsaufwand ist das externe Serviceunternehmen günstiger.

d) Ist auf diese Aufgabe spezialisiert und hat das bessere Know-How. | Ist ggf. 24 Stunden am Tag einsatzbereit. | Kann umfangreiches Ersatzteillager vorhalten. | Die Einsatzplanung des eigenen Personals wird erleichtert (kein plötzlicher Abzug für die Beseitigung der Störungen nötig)

L42: a) Höhe des Produktionsausfalls während des Wartungsdienstes | Höhe der jährlichen Wartungskosten bei verschiedenen Intervallen | Risikoeinschätzung von Betriebsstörungen in Abhängigkeit von der Wartungsintensität | zusätzliche Kapazitätsbelastung des vorhandenen Personals mit Wartungsdiensten | Auswirkungen auf den Betriebsstoffverbrauch

b) durchzuführende Wartungsarbeiten | einzusetzendes Personal | voraussichtliche Instandhaltungskosten | Art der Dokumentation erledigter

Wartungsarbeiten | zu beschaffende Ersatzteile / Betriebsstoffe und deren Entsorgung

L43: a) =b5 / b6

b) =b5 · b7 / 200

c) Kalk. Abschreibung: 150.000 / 6 = 25.000,–

Kalk. Zinsen: 75.000 · 5 / 100 = 3.750,–

Sonstige Fixkosten: 12.000,–

Variable Kosten: 44.000 · 2,80 = 123.200,–

Gesamtkosten = 25.000 + 3.750 + 12.000 + 123.200 = 163.950,–

Gesamterlöse = 44.000 · 4,20 = 184.800,–

d) 184.800 – 163950 = 20.850,–

L44: a) 40.000 / (5.000 + 5.000) = 4 Jahre

Hinweis: Gewinn und Abschreibung betragen jeweils 5.000,– €!

b) (40.000 – 8.000) / (5.000 + 4.000) = 3,56 Jahre

Hinweis: Die jährliche Abschreibung fällt wegen des Restwertes entsprechend geringer aus

L45: a)

| Kostenart | Steeltronic GmbH | Unirope Ltd. |
|---|---|---|
| Abschreibung | 125.000,– | 64.000,– |
| Kalk. Zinsen | 45.000,– | 28.800,– |
| Sonstige Fixkosten | 22.000,– | 10.000,– |
| Personalkosten | 140.000,– | 224.000,– |
| Materialkosten | 420.000,– | 420.000,– |
| Energiekosten | 399.000,– | 371.000,– |
| gesamt | 1.151.000,– | 1.117.800,– |

b) Steeltronic: kann 1600 Röhrenmeter produzieren zusätzliche variable Kosten: (100 + 300 + 285) · 200 = 137.000,–

neue Gesamtkosten: 1.151.000 + 137.000 = 1.288.000,–

Erlöse: 1600 · 880 = 1.408.000,–

Gewinn: 1.408.000 – 1.288.000 = 120.000,–

Unirope: hat trotz erhöhter Absatzchance nur 1400 Röhrenmeter Kapazität, d.h. die Kosten entsprechen dem Wert aus a)

Erlöse: 1400 · 880 = 1.232.000,–

Gewinn: 1232.000 – 1.117.800 = 114.200,–

c) höhere Kapazität (Flexibilität bei Zusatzaufträgen) | Einbaumaße | entstehende Emissionen | (Lärm, Hitze, Abgas) | Bedienfreundlichkeit | Lieferfrist und Installationsdauer | Service des Herstellers | Herstellungsqualität der Erzeugnisse

## Prüfungsgebiet 06: Der Ausbildungsbetrieb

**L1:** Tragen von Arbeitshandschuhen | Benutzung von Sicherheitsbrillen | Vorhandensein von Spülbecken zum Abwaschen von Säurespritzern | Sicherheitsunterweisung für alle Mitarbeiter | Arbeit mit Zangen, um ausreichenden Abstand von den Säuren zu halten | sicherer Verschluss des Stoffes nach Arbeitsende u.s.w.

**L2:** a) Verunsicherung der Arbeitnehmer (Reduzierung der Leistungsbereitschaft) | Untersuchungen der Berufsgenossenschaft und Gewerbeaufsicht führen zu Betriebsstörungen | Produktionsauflagen und Haftung, ggf. strafrechtliche Folgen | Beitragserhöhung in der gesetzlichen Unfallversicherung | Imageschaden als Arbeitgeber

b) Die beste medizinische Versorgung der Verletzten hat Vorrang; ein betrieblicher Ersthelfer ist herbeizurufen, der den Verletzten stabilisiert. Gleichzeitig ist ein Unfallarzt bzw. Rettungsdienst herbeizurufen. Dann ist eine Unfallmeldung an die Berufsgenossenschaft zu erstellen, aus der die näheren Umstände des Arbeitsunfalles hervorgehen und der ggf. eine externe Untersuchung auslöst. Parallel muss betriebsintern die Unfallursache sofort abgestellt werden, um Wiederholungen zu vermeiden. Hierfür wird der Beauftragte für Arbeitssicherheit, ggf. auch die Geschäftsführung selbst umgehend aktiv.

c) Keine Nachtarbeit oder Überstunden bei stark verletzungsgefährdeten Arbeiten, um eine Konzentration zu gewährleisten | regelmäßige Sicherheitsschulungen | Tragen von Schutzkleidung als Pflicht | automatische Abschaltung von Betriebsmitteln bei gefährlichem Umgang (z.B. durch Lichtschranken) | Unfallvermeidungsprämien

d) Sicherheitsbeauftragte | Betriebsrat | Geschäftsführung

**L3:** a) Schweißbrille, Atemmaske, Arbeitshandschuhe, hitzebeständige Kleidung

b) Brandwunden keimfrei abdecken | auf Wärmehalt achte, z.B. Verletzten zudecken | verbrannte Kleidung nicht entfernen

c) Zimmer des Betriebsarztes

**L4:** (3)

**L5:** Michael Dreher (erste Pause erst nach 5 Stunden)

**L6:** a – 5 | b – 4 | c – 6

**L7:** (4)

**L8:** (4)

### Funktion 0602: Umweltschutz

**L9:** a) Verlust ökologisch bewusster Kundenschichten | Auslistung bei Handelspartnern aufgrund des negativen Firmenimages | Nachteile bei der Kapitalbeschaffung aufgrund eingeschränkter Geschäftsaussichten | wenig Rückhalt bei kommunalen Gremien (z.B. bei Betriebsgenehmigungen) | Preisverfall der Produkte

b) Beschaffung: Verzicht auf Bleichmittel und andere toxische Substanzen, Verwendung recyclingfähiger Grundprodukte, Auswahl umweltfreundlicher Transportmittel | Produktion: Schadstoffrückhaltesysteme, ständige Produktionsüberwachung, umweltfreundliche Verpackung | Lagerhaltung: Mehrfachsicherung gefährlicher Substanzen, räumliche Trennung/Verteilung gefährlicher Substanzen, Anbringen von Sicherheitshinweisen

**L10:** a) soll Gefahren für die Umwelt abwenden | dient der haftungs- und versicherungsrechtlichen Risikoabschätzung | ist Grundlage für die Festlegung von Schutzmaßnahmen und Genehmigungsauflagen

b) Luftverschmutzung durch Betriebsemissionen | Verlust der natürlichen Fauna durch Errichtung von Gebäuden | Zunahme von Verkehrslärm und Transportemissionen | Lagergüter geben Schadstoffe in die Umwelt ab

c) Durch Aufnahme dieses Kriteriums in die Entscheidungswerttabelle. Um zu einer sachgerechten Bewertung zu gelangen, sind Umweltgutachten und Gespräche mit den Betroffenen vor Ort (z.B. Anlieger, Förster, Umweltamt etc.) unerlässlich.

**L11:** a) Schulungen | beispielhaftes Verhalten von Vorgesetzten | Umweltprämien

b) Verzicht auf Produkte und Geschäftsfelder, die unbestreitbare negative Umweltwirkungen mit sich bringen | in der zunehmenden Verwendung nachwachsender Rohstoffe, die natürliche Ressourcen auch für kommende Generationen sichern | Investition in umweltschonende Produktionsverfahren, die keine oder nur geringere Emissionen erzeugen

**L12:** a) Das Vorhandensein eines Umweltmanagementsystems gewährleistet (noch) keinen bestimmten technischen Umweltstandard.

b) Für den Lieferanten: Imageverbesserung, Erhöhung des Preisspielraumes | Für den gewerblichen Kunden: formaler Nachweis ökologischer Orientierung über die gesamte Produktionskette (insb. bei der Lieferantenwahl), Werbeargument

c) Ansprüche aus Umwelthaftung (finanzieller Ausgleich von Umweltschäden) | Gefährdung von Betriebsgenehmigungen | negatives Unternehmensimage (als Produktanbieter und als Arbeitgeber) | Anstieg von Versicherungsprämien | Schwierigkeiten bei der Kapitalbeschaffung

L13: a) Eindeutig ja, da die Umweltlast sinkt.

b) Sie tragen damit zum Erhalt der natürlichen Lebensgrundlage bei, ihr Freizeitwert in der intakten Umwelt ist höher, Gesundheitsrisiken sinken. | Sie sichern die Zukunft der nachfolgenden Generation (Kinder und Enkel) | Sie geben den Unternehmen einen Anreiz für den ökologischen Umbau. | Aus Steuermitteln sind entsprechend weniger Leistungen für die Beseitigung von Umweltschäden aufzubringen.

c) Standortnahe Lieferanten bevorzugen. | Lieferanten mit QM oder ökologischen Gütesiegeln bevorzugen. | Keine Bezugsquellen mit unbekannten Gewinnungs- oder Herstellungsmethoden auswählen.

L14: a) Wiederverwendung | b) Wiederverwertung | c) Weiterverwendung | d) Weiterverwertung (sog. „thermische Verwertung")

L15: (5) → Das Holz ist dem Produktionskreislauf entzogen.

## Prüfungsgebiet 05: Leistungsabrechnung

### Funktion 0501: Buchhaltungsvorgänge

L1: 3 ☒

L2: 2 ☒

L3: 2 ☒ | 4 ☒ | 5 ☒ | 6 ☒

L4: frühestes Vernichtungsdatum = 01.01.2032

L5: Beendigungsdatum für die Aufbewahrungspflicht = 31.12.2029

L6: 1 = 1 | 2 = 2 | 3 = 5 | 4 = 5 | 5 = 3 | 6 = 4 | 7 = 5 | 8 = 2

L7: Richtig = 2, 3, 4, 5 | Falsch = 1 und 6

L8: Reihenfolge = 4, 3, 5, 1, 2, 6

L9: 1 = 2 | 2 = 3 | 3 = 4 | 4 = 1 und 2 | 5 = 4 | 6 = 3

L10: 1 = 1 | 2 = 3 | 3 = 2 | 4 = 1 | 5 = 1 | 6 = 3

L11: 380 Stück

L12: a) = 804,70 € | b) = 3.710,70 € | c) = 16.392,30 €

L13: a) Eigenkapital = 180.000,00 € | b) Anlagevermögen = 70.000,00 €

L14: 1. Inventur | 2. und 3. Inventar und Bilanz | 4. und 5. Inventar | 6. Bilanz

L15: AA3 zu 1 | AU1 zu 2 | AU6 zu 3 | UV7 zu 4 | PV2 zu 5 | AU5 zu 6 | PV1 zu 7 | AA2 zu 8

L16: 1.= 4 | 2. = 3 | 3.= 3 | 4. = 1

L17: Rohstoffeinsatz = 267.000,00 €

L18: Eigenkapital am Jahresende = 230.800,00 €

L19: Umsatzsteuerzahllast = 23.600,00 € (Überweisung an das Finanzamt)

L20: Gesamtbestandsveränderung: + 16.600,00 € Ertrag (Bestandsmehrung überwiegt)

L21: a) Soll 1, 3, 6 und Haben 10 | b) Soll 10 und Haben 1, 3, 8 | c) Soll 10 und Haben 1, 7, 8 | d) Überweisungsbetrag = 29.780,44 €

L22: a) Soll 2 ,4, 7 und Haben 1 | b) Soll 1 und Haben 5, 6, 7 | c) Überweisungsbetrag = 1.285,85 € | d) Soll 5 und Haben 6, 7

L23: a) Soll 2 und Haben 5, 8 | b) Betrag = 207,00 €

L24: 2 ☒

L25: Soll 1 und Haben 3

L26: a) Soll 9 und Haben 3, 2 | b) Soll 2, 3, 4 und Haben 9 | c) Soll 2,4, 7 und Haben 9 | d) Überweisungsbetrag = 15.951,78 € | e) Bruttobonusgutschrift = 7.658,36 € | f) Soll 2,4 und Haben 9

L27: a) Soll 3 und Haben 2 | b) Soll 1,5 und Haben 2, 3, 4, 6, 8 | c) Soll 7 und Haben 3 | d) Soll 6 und Haben 2 | e) Soll 8 und Haben 2 | f) steuerpfl. Bruttoentgelt = 2.706,00 € | g) gesetzl. Abgaben = 646,40 € | h) Auszahlungsbetrag = 1.929,59 €

L28: Betrag nach Tabelle (LohnSt Klasse 1, keine Kinder, ledig + Kirchenst. 9 %) = 286,02 €

L29: a) Soll 2, 3 und Haben 1 | b) Soll 5 und Haben 2 | c) Soll 1 und Haben 2 | d) Soll 4 und Haben 3 | e) Darlehensauszahlungsbetrag = 95.000,00 € | f) Zinsen = 3.750 € | g) Tilgungsbetrag = 15.000,00 € | h) planm. Abschreibung = 750,00 €

L30: a) Bruttoskonto= 190,40 € | b) Nettoskonto= 160,00 € | c) Steuerberichtigung= 30,40 € | d) Überweisungsbetrag= 14.089,60 €

Lösungen

L31: a) Soll 1,4, 7 und Haben 6 | b) Soll 6 und Haben 1 und 7 | c) Soll 6 und Haben 1, 2, 7 | d) Soll 9 und Haben 1 | e) Anschaffungskosten Pkw = 29.505,90 € | f) Abschreibungsbetrag = 4.098,04 € | g) Buchwert am Jahresende = 25.407,86 €

L32: a) Soll 2 und Haben 4,6 | b) Soll 7 und Haben 1 | c) Soll 3 und Haben 1 | d) Buchwert zum Verkaufszeitpunkt = 20.490,21 € / e) Verlust aus Verkauf = −2.409,21 €

L33: Abschreibung = 7.500,00 €

L34: 1 – 2 | 2 – 5 | 3 – 6 | 4 – 3 | 5 – 1 | 6 – 4

L35: a) Soll 1 und Haben 3, 4 | Betrag = 2.200,00 €

L36: Richtig = 1, 3, 8 | Falsch = 2, 4, 5, 6, 7

L37: 1 – 4 | 2 – 5 | 3 – 1 | 4 – 2 und 7 | 5 – 3 | 6 – 1 und 8 | 7 – 6

L38: Richtig = 2, 4, 5, 6 | Falsch = 1, 3, 7, 8

L39: a) Soll 6 und Haben 1, 7, 8 | b) Bankzinsen = 65,70 € | c) Finanzierungserfolg = 246,30 €

L40: Verzugszinsen a) bei Handelskauf = 50,93 € | b) bei Verbrauchsgüterkauf = 29,78 €

L41: Verzugszinsen = 366,07 €

L42: Richtig = 2, 4, 5, 6 | Falsch = 1, 3

L43: a) Soll 5 und Haben 4 | b) Soll 6, 2 und Haben 4 | c) Betrag der Erfolgsminderung = 3.000,00 € | d) Betrag der Zahllast = 570,00 €

L44: Verjährungsdatum = 01.01.2019

## Funktion 0502: Kosten- und Leistungsrechnung

L1: (2) = Einzahlung | (3) = Ausgabe | (6) Erträge | (7) Kosten

L2: ( 1) = 6 | (2) = 4 | (3) = 2 | (4) =8 | (5)= 1 | (6) =5 | (7)= 7 | (8) = 3

L3: (1) = 1,3,5,7 | (2) = 2,4,6,5 | (3) = 7 | (4) = 4,6,8 | (5) = 5 | (6) = 3, 5,7 | (7) = 3

L4: a) = 3 | b) = 4 | c) = 1 | d) =2 | e) = 5 | f) = 6

L5: a) Kostenartenrechnung | b) Kostenträgerrechnung | c) Welche Kosten sind entstanden? | d) Wo sind die Kosten entstanden? | e) Betriebsabrechnungsbogen (BAB), | f) Kalkulation

L6: a) = 1,3 | b) = 1,2 | c) = 1,5 | d) = 1,5 | e) = 6,7 | f) 3 bis 8 | g) =2,6 | h) = 2,4 | i) = 2,6 | j) = 6,7

L7: (52.000,00 €/6 Jahre)/12 = 722,22 €

L8: a) 2 ⊠ und 3 ⊠ | b) [(12.400.000,00 € + 6.400.000,00 € - 2.000.000,00 €) x 9%]/12 = 126.000,00 €

L9: Ergebnis der unternehmensbezogenen Abgrenzung = - 7.308,00 €, Ergebnis der betriebsbezogenen Abgrenzung = -14.750,00 €, Neutrales Ergebnis = -22.058,00 €, Betriebsergebnis = +91.489,00 €, Gesamtergebnis = +69.431,00 €, Aufwendungen = 615.489,00 €

L10: a) 1) = 6 und 7| 2) = 6 und 7| 3) = 2 und 8| 4) = 2 und 4 | 5) = 1 und 5 | 6) = 1 und 7

b) (1)= +161.400,00 € | (2) = 1.024.200,00 € | (3) = 1,19 | (4) = 1,37

L11: (3)

L12: a) = 5 und 2 | b) = 1 und 6 | c) = 7 und 2 | d) = 1 , 2 und 8 | e) = 1 und 6 | f) = 2 und 4 | g) = 3 | h) = 2 und 4

L13: a) [54000Stück x (10,50€- 4,20€)] - 240.282,00 € = 99.918,00 €

b) [240.282,00 €/(10,50€-4,20€)] x 10,50 € = 400.470,00 €

L14: a) =3 | b) = 4 | c) = 10 | d) = 5 | e) = 9 | f) = 6 | g) = 1| h) = 2 | i) = 7| j) =8

L15: Ansatz = 6 x = 4,5 x + 30.000; Ergebnis = 20.000 Stück x 8,00 € = 160.000,00 €

L16: a) 16 850 km x 0,30 € + 4.000,00 € = 9.055,00 € | b) 9.055,00 €/16 850 km = 0,54 €

L17: Reihenfolge = 6, 4, 5, 7, 2, 1, 3

L18: a) = 3.764.000,00 € (alle Material- und Fertigungskosten – Bestandsmehrung + Bestandsminderung)

b) 65 % | c) 125 % | d) 7,5 % | e) 12 %

L19: a) 50 % | b) 122,50 € | c) 2.044.000,00 € | d) = 6 % | e) 2.330.160,00 € | f) 198,33 € |

L20 (Jahreskosten = 64.320,00 €/12 Monate)/160 Stunden ergibt einen Maschinenstundensatz = 33,50 €

L21: 12 MS x 160,00 € +[(40 FS x 20,00 €) x 220 %] = 3.680,00 €

L22: a) Ist-Selbstkosten = 343,39 € | b) Kostenunterdeckung = -7,11 €

L23: Richtig = a) ⊠ e) ⊠ f) ⊠

L24: a) HKdU = 537.000,00 € | b) SKdU = 624.180,00 €

L25: a) = 1,15 | b) = 13.327,00 € | c) = 25 % | d) = 625.527,00 € | e) = 96.473,00 €

L26: Richtig = a) und c)

L27: a)= 170.000,00 € | b) = 62,5 % | c) = 5,47 % | d) = + 15.000,00 €

L28: 80.000,00 €/2 x 9% / 12 Monate /150 Stunden = 2,00 €

L29: a) 15,60 € | b) 420.000,00 € | c) Gewinnschwelle 28.657 Stück, Umsatz 647.648,20 €

L30: a) 0,15 € | b) 15.000,00 € | c) 22.400,00 € | d) 23.400,00 €

L31: a) Variable Stückkosten = 12.000/30 = 400,- €

b) Variable Kosten = 250 x 400 € = 100.000,- € und fixe Kosten = Gesamtkosten - variable Kosten = 122.000 € - 100.000 €= 22.000,- €

c) Aus a) + b) ergibt sich: Kostenfunktion K(x) = 22.000 + 400x und bei 240 Geräten: 22.000 + (240 x 400) = 118.000,- €

L32: 1 =variabel 1| 2 = fix 2| 3 = Mischkosten (Intervall- und belastungsabhängig)3 |4 = fix 2 | 5 = fix 2 |6 = variabel 1 |7 = variabel 2 / 8 = Mischkosten 3

L33: a)

| Kostenart | Fixe Kosten | Variable Kosten | Variable Kosten je Stück |
|---|---|---|---|
| Materialverbrauch | 0,- | 40.000,- | 40,- |
| Lohnkosten | 8.000,- | 12.000,- | 12,- |
| Energieverbrauch | 1.200,- | 4.800,- | 4,80 |
| Abschreibungen | 15.000,- | 0,- | 0,- |
| Sonst. Kosten | 11.000,- | 0,- | 0,- |

b)/c) gesamte variable Kosten je Stück = 40 + 12 + 4,80 = 56,80 € | zusätzliche Kosten = 200 * 56,80 = 11.360,- €

L34: a) BM-800: db = 14, DB = 280.000 €

BM-1200: db = 32, DB = 1.024.000 €

BM-2200: db = 84, DB = 672.000 €

b) Gesamtdeckungsbeitrag aller Produkte: 280.000 + 1.024.000 + 672.000 = 1.976.000,- €

Betriebsergebnis: 1.976.000 - 1.950.000 = 26.000,- €

L35: Variable Gesamtkosten: 70% v. 560.000 = 392.000,- € | Variable Stückkosten: 392.000/1000 = 392,- € | Stückdeckungsbeitrag: 650 - 392 = 258,- €

L36: Bleiben die variablen Stückkosten gleich, sinkt der Stück-DB um den Erlösverlust je Stück! 15% v. 115,00 €= 17,25 € Erlösrückgang je Stück und gesamter Erlösrückgang = Senkung des gesamten DB = 17,25 x 70.000 = 1.207.500,00 €

L37: 420.000/(450 - 310) = 3.000 Stück → Die Aussage (Tagungsvorlage=10.000 Stück) ist falsch.

L38: a) 1.500 - 500 = 1.000 Td€ | b) 1.200 Stück | c) Fixe Kosten = Deckungsbeitrag – Gewinn = 1.600 – 400 = 1.200 Td€

L39: 1 = 1 geringer | 2 = 3 höher | 3 = 1 geringer |4 = 2 gleich | 5 = geringer

L40: Gesamtdeckungsbeitrag: 70 * 500 = 35.000,- €; Differenz DB - Gewinn entspricht den Fixkosten → Fixkosten gesamt = 35.000 - 14.000 = 21.000,- € und Gewinnschelle = 21.000/70 = 300 Stück.

L41: 317,22 €

L42: a) 22.440,00 € | b) 26.928,00 € | c) 33.262,29 €

L43: a) = 800,12 € | b) = 42,11 € | c) = 842,23 € | d) = 467,46 € | e) = 82, 49 € | f) = 549,95 € | g) = 791,35 € h) 348,39 € | i) = 78,65 %

L44: Herstellkosten des Umsatzes = 223.400,00 €

L45: a, b, c, h, i, j = 1 | f, g, k, l, m =2 | d, e = 3

L46: a) Herstellkosten = 43.264,00€ | b) 0720 an 5300

L47: a) = 920,00 € | b) = 0,97 €

L48: a) 3,5 | b) 70.000,00 € | c) 70,00 € | d) Vollkostenrechnung | e) 5

L49: a) = 466.100,00 € | b) = 8 % | c) = 25,01 % | d) = 55,16 €

L50: a) 350,00 €, b) 180,00 €, c) 28.500,00 €, d) 70.000,00 €

L51: a) – 40.000,00 € (Verlust), b) + 30.000,00 € (Gewinn), c) = 32.000,00 € (Gewinn)

L52: a) = 700 Stück, b) = 770.000,00 €, 732.000,00 €, d) = 10,27 %

L53: | 23.000,00 € (Gewinn)

L54: a) = 81,82 €, b) 881.250,00 €, c) – Produkt Aktiva, da DB -253,00 €

L55: a) Stückdeckungsbeitrag bisher = 55 – 28 = 27,- €; Absatz 80 % von 200.000 = 160.000 Stück → Gesamt-DB = 160.000 x 27 = 4.320.000,- € → Betriebsgewinn = 4.320.000 - 1.400.000 = 2.920.000,- €.

Zusatzauftrag: zusätzlicher Stückdeckungsbeitrag 7,- € → zusätzlicher DB = 50.000 x 7 = 350.000,00,- € → Verbesserung Betriebsergebnis auf 3.270.000,00,- €.

b) + 70.000,- €

L56: Kreuz bei 3. Aufgrund geringer Auslastung steigen die fixen Stückkosten.

L57: a) Stückdeckungsbeitrag: 10,90 - 4,20 = 6,70 € |
Gesamtdeckungsbeitrag: 6,70 * 45.000 = 301.500,- €

b) Errechnung Betriebsergebnis: 21.000 + 116.500 +
64.800 - 175.000 = 27.300,- €

L58: c - a - e - b - f - d - g

L59: a)

| Fliese | Melate | Obate | Agate |
|---|---|---|---|
| Stückdeckungsbeitrag/m² | 7,80 | 5,50 | 9,40 |
| rel. Stückdeckungsbeitrag | 4,11 | 5,50 | 2,69 |
| Gesamtdeckungsbeitrag | 31.200,- | 55.000,- | 18.800,- |

Berechnungbeispiel rel. Stückdeckungsbeitrag
„Melate": 7,80/1,9 = 4,11

b) Zunächst wird „Obate" eingelastet (höchster relativer DB; Zeitbedarf: 10.000 Stück * 1 Min = 10.000
Min. = 166,66 Stunden. Danach wird Melate eingelastet. Verfügbare Produktionszeit 15.000 - 10.000 =
5. 000 Min. → herstellbar sind noch 5.000/1,9 =
2.631 Stück. Für die Produktion von „Agate" ist keine freie keine freie Kapazität mehr zur Verfügung.

L60: 5 = (B2-B3)/B6

L61: a) 5,76 € | b) 684.000,00 € | c) 669.600,00 € | d)
= 21.600,00 € | e) 10.400,00 €

**Funktion 0503: Erfolgsrechnung und Abschluss**

L1: (1) = 1,2 Mio € | (2) = 20.000,00 € | (3) = 24.600,00 €
| (4) = 80.000,00 € | (5) = 5.000,00 €

L2: a) -6 | b) – 4 | c) 3 -1 | d) -2 | e) – 5 | f) – 3

L3: 4. im Anhang

L4: d)

L5: a) = 296.500,00 € | b) = 16.472,22 € | c) Soll 1,3 und
Haben 5

L6: a) = 4.000,00 € | b) = 24.000,00 € | c) + 1.000,00 €.

L7: Buchwert = 360,00 €

L8: b, e, f

L9: a) = 95.000,00 € | b) = 24.000,00 € | c) 98.500,00 €

L10: a) = 44.150,00 € | b) = 10.500,00 €

L11: a) = 10.500,05 € | b) = 10.200,00 € | d) 20,40 x 500

L12: a) = 19.700,00 € | b) = 18.000,00 €

L13: a) = 95.444,04 € | b) = – 4.462,30 €

L14: a1) = 570.000,00 € | a2) = 36.000,00 € | a3) =
3.000,00 € | a4) = 60.000,00 €

b) = 4 | c) = 3

L15: c) und d)

L16: a) – 1 | b) – 1 | c) – 4 | d) – 3 | e) – 4 | f) – 2

L17: c) und f)

L18: a) = 244 Tsd. € | b) = 61,21 % | c) = 12,09 % |
d) 38,94 % | e) 257,36 % | f) 72,07 % | g) 944.900,00 €

L19: d) Eigenkapitalquote

L20: e) Überhöhte Rückstellungsbildung für eine
Dachreparatur

L21: a)= 3 und 4 | b1.) = 4,89 % | b2.) = 43,21 % | b3.) =
0,68 % | b4.) = 69,59 %

L22: 1. = 5 | 2.) = 2 | 3.) = 4

L23: b) und e)

L24: 1. und 4.

L25: 3. und 5.

L26: 3. und 6.

L27: a) = 3,15 mal | b) = 6,29 Tage | c) =34,29 Tage

L28:

| Rentabilitätskennzahlen | Berichtsjahr 20X2 | Vorjahr 20X1 |
|---|---|---|
| Eigenkapitalrentabilität | 8,06 % | 7,79 % |
| Gesamtkapitalrentabilität | 4,46 % | 3,67 % |
| Umsatzrentabilität | 8,00 % | 6,47 % |

L29: a) = 180.000,00 € | b) = 1.220.000,00 € | c) 26,24 %

L30: c)

## Prüfungsgebiet 09: Integrative Unternehmensprozesse

**Funktion 0904: Finanzierung**

L1: Kapitalbedarf = 1.382,80 €

L2: a) = 34 Tage | b) 22 Tage | c) = 11.000,00 €

L3: Zinsen = 528,89 €

L4: Kapitalrentabilität = 4 %

L5: a) Nettoskonto = 270,00 € | b) Überweisungsbetrag 16.100,70 € | c) Bankzinsen = 80,50 € | d) Finanzierungserfolg = 189,50 € | e1) Näherungsrechnung
= 36 % | e2) genaue Berechnung (nach AKA =
36,92 %

L6 : (1) Deckungsgrad I = 200 % | (2) Deckungsgrad II = 320 % | (3) Verschuldungsgrad = 100 % | (4) Liquidität 1 = 12,5 % | (5) Liquidität 2 = 100 % | (6) Liquidität 3 = 375 %

b) Einhaltung der Kapitalstrukturregeln: Ja

L7: a) Annuitätendarlehen | b) Fälligkeitsdarlehen | c) Abzahlungsdarlehen (Ratendarlehen)

L8: a) Kapitalbedarf 496.000,00 € | b1) Darlehen = 674.560,00 € | b2) Leasing = 834.400,00 € | c) 2. und 4.

L9: a) Zinsen = 16.590,87 € | b) Tilgung = 46.023,24 € | c1) Zinsen = 16.000,00 € | c2) Tilgung = 50.000,00 €

L10: Selbstfinanzierung = 180.000,00 €

L11: a) 6.000 neue Aktien | b) gezeichnete Kapital = 6.600.000,00 €, c) Erhöhung der Kapitalrücklage = 300.000,00 €

L12= Zinsbelastung =73,33 €

L13: 1= Grundschuld | 2 = Eigentumsvorbehalt | 3 = Verpfändung (Lombardkredit) | 4 = Bürgschaft | 5 = Sicherungsübereignung | 6 = Zession | 7 = Hypothek

L14: Verlängerter Eigentumsvorbehalt mit Weiterverarbeitungsklausel

L15: 440.000,00 €

L16: 1. = S | 2. = G | 3. = G | 4. = S | 5. = S | 6. = S

# Prüfungsgebiet 10: Notwendigkeit wirtschaftlichen Handelns

L1: (4)

L2: Existenzbedürfnis = (4) und Kulturbedürfnis = (2)

L3: (3)

L4: (5)

L5: (1)

L6: (1)

L7: Urerzeugung = (3) und Weiterverarbeitung = (4)

L8: Alte Arbeitsproduktivität = 3.000/400 = 7,5 Kabelverbindungen je Mitarbeiter

neue Arbeitsproduktivität = 3200/350 = 9,14 Kabelverbindungen je Mitarbeiter

Anstieg: 9,14 – 7,5 = 1,64 Kabelverbindungen

Produktivitätsfortschritt: 1,64 * 100/7,5 = 21,87%

L9: (4)

L10: (2)

L11:

| Preis | Verkaufsaufträge in t (Angebot) | Kaufaufträge in t (Nachfrage |
|---|---|---|
| 600,- | 100 | 1900 |
| 800,- | 300 | 1500 |
| 1.000,- | 500 | 1100 |
| 1.200,- | 700 | 700 |
| 1.400,- | 900 | 300 |

Bei einem Preis von 1.200,- € je t sind Angebot und Nachfrage gleich hoch

L12: (3)

L13: a = 4 | b = 1 | c = 6

L14: Nachfragemenge sinkt von 1.600 auf 1.200 t

L15: (4)

L16: (4)

L17: a) 8.000 t (Angebot 22.000 t, Nachfrage 14.000 t) | b) 14.000 t | c) Neuer Umsatz: 14000 * 25 = 350.000,- €; Umsatz vor Mindestpreis: 20 * 18.000,- = 360.000,- € → Die Rindfleicherzeuger müssen einen Erlösverlust von 10.000,- € hinnehmen

L18: 4)

L19: (4)

L20: (2) (denn der Urlaubanspruch lt. Jugendarbeitsschutzgesetz und nach Bundesurlaubsgesetz liegen unter 30 Arbeitstagen = 36 Werktagen)

L21: (4) → Urlaubsanspruch über 5/12 des Jahres = 30*5/12 = 12,5 Tage, dies ist zugunsten der Auszubildende auf volle Tage aufzurunden = 13 Tage Urlaubsanspruch in 2014

L22: (4)

L23: (1) und (4)

L24: mit Frist von 4 Wochen, also spätestens am 2. Mai 2015

L25: (2)

L26: 3.

L27: (1) und (4)

L28: a) Nein, es muss ein Betriebsrat existieren.

b) 4 Teilzeitbeschäftigte unter 18 Jahren, 19 Azubis im Alter von 16 - 17 Jahren, 11 Azubis im Alter von 18 - 21 Jahren und 4 Azubis im Alter von 22 - 24 Jahren = 38 Personen

L29: (1). (Die Interessen von Arbeitnehmern zwischen 18 - 24 werden nur durch den Betriebsrat vertreten()

L30: (3)

L31: (3)

L32: (4)

## Prüfungsgebiet 11: Rechtliche Rahmenbedingungen

L1: (2)

L2: (2) –( 5) – (4) – (3) – (1)

L3: (5)

L4: (2) → Rechtsgeschäft fand im Rahmen eines Ausbildungsverhältnisses statt, in das die Erziehungsberechtigten eingewilligt haben. Fahrkarte ist unerlässlich, um zur Ausbildungsstelle zu gelangen

L5: (2)

L6: (1)

L7: (3)

L8: (3)

L9: a – (2) und b – (4)

L10: (3)

L11: a – (3), b – (4), c – (1)

L12: (1) und (4)

L13: (5) (aufgrund arglistiger Täuschung)

L14: a – (4) und b – (2)

L15: (3)

L16: (3)

L17: (2)

L18: (1)

L19: (4) → soweit nicht anders ausgewiesen, gilt in einer GmbH grundsätzlich Gesamtgeschäftsführung, d.h. alle Geschäftsführer müssen zeichnen

L20: (3)

L21: (5)

L22: (4) (Rechtsformzusatz fehlt)

L23: (2)

L24: (1)

L25: (4)

L26: (3)

L27: d - g - a - f - c - e - b

L28: (1)

L29: (5)

L30: (2)

L31: (4) → Azubis ab 18 sind grundsätzlich als Kandidat für die Betriebsratswahl zulässig, wenn sie länger als 6 Monate beschäftigt sind. In der Altersgruppe von 18 – 24 Jahren können sie sich um die Position des Betriebsrates oder des JAV-Vertreters bemühen)

L32: (3)

L33: (3)

L34: (1)

L35: (3) (3 Vollzeitangestellte, 1 Teilzeitkraft, 1 Auszubildender und 1 Leiharbeiter = 6 Personen)

L36: (5)

L37: (3)

L38: Angaben gelten für das Jahr 2025. Grundbeitrag von 14,6 % + Zusatzbeitrag von 3,4 % = Beitragssatz von 18 %. AN-Beitrag = 9 %. 700,00 € ∗ 9/100 = 63,00 €

L39: Janina Filtrup hat ein Jahreseinkommen von 73.000,00 € (5.000,00 € ∗ 13 + 8.000,00 €). Hiervon werden die Beiträge zur Renten- und Arbeitslosenversicherung berechnet. Bei der Beitragsberechnung zur Kranken- und Pflegeversicherung wird hingegen die Beitragsbemessungsgrenze von 66.150,00 € (2025) herangezogen.

L40: (5)

L41: Gesellschafter Ömmerstroh stellt einen Anteil von 1/5 des Eigenkapitals. Sein Gewinnanteil beträgt somit: 34.000,00 € / 5 = 6.800,00 €

L42: (4)

L43: (3)

L44: (2)

L45: (1)

L46: (2)

L47: (1)

L48: a – (5) und b – (2)

L49: (3)

L50: (4)

# Prüfungsgebiet 12: Das Unternehmen im gesamtwirtschaftlichen Zusammenhang

L1:

| Standortfaktor | Gewichtungsfaktor | Standort A | | Standort B | | Standort C | |
|---|---|---|---|---|---|---|---|
| | | Punkte A-Stadt | gewichtete Punkte | Punkte B-Stadt | gewichtete Punkte | Punkte C-Stadt | gewichtete Punkte |
| Nähe Abnehmer | 5 | 20 | 100 | 60 | 300 | 80 | 400 |
| Arbeitskräfte | 8 | 60 | 480 | 50 | 400 | 40 | 320 |
| Gewerbeauflagen | 2 | 40 | 80 | 80 | 160 | 60 | 120 |
| Abgaben | 3 | 30 | 90 | 20 | 60 | 20 | 60 |
| Subventionen | 1 | 50 | 50 | 70 | 70 | 10 | 10 |
| Verkehrswege | 5 | 30 | 150 | 60 | 300 | 70 | 350 |
| Punktsumme | | | 950 | | 1290 | | 1260 |

Standort B ist der günstigste Standort.

L2: (3) → hat den deutlich höchsten Gewichtungsfaktor!

L3: (2)

L4: (1) und (4)

L5: (3)

L6: (1)

L7: (3)

L8: A – 7 | B – 8 | C – 1 | D – 4 | E – 2 | F – 3 | G – 6 | H – 5

L9: (5)

L10: a) 120 | b) 80 | c) 20

L11: verfügbares Einkommen = 250 + 50 - 70 = 230 GE | Konsumquote = 200/230 =0,87 (87%)

L12: (5); Hinweis: wird mit den Produktions- und Importabgaben saldiert. Da diese abgezogen werden, muss die Gegenrechnung auf „+" lauten

L13: Zwei Wege möglich: 2.670,0 - 431,0 = 2.239,0 oder 1.965,8 + 273,2 = 2.239,0

L14: 1,7 % (3,0 - 1,3)

L15: (4)

L16: Reales BIP 2014= (1.244 + 62)/1.025 = 1.274,15 Mrd.

Realer Zuwachs in €:= 1274,15 - 1244 = 30,15

Realer Zuwachs in %:= 30,15 * 100/1244 = 2,42%

Hinweis: Meist wird auch der folgende, vereinfachte Rechenweg akzeptiert:

Nominaler Zuwachs in % = 62 * 100/1.244 = 4,98%

Realer Zuwachs in % = 4,98% – 2,5% = 2,48%

L17: a = 6 | b = 1 | c = 5

L18: 1.416,1 * 100/2.118,8 = 66,8 %

L19: 1.495 + 507 + 450 + 603 – 388 = 2.667 Mrd. €

L20: 2.600 – 440 – 1.380 – 380 = 400 Mrd. €

L21: (4)

L22: (2)

L23: (1) und 4)

L24: (4)

L25: (2)

L26: (1) und (5) (Hinweis: Unieuropa ist hier der Mutterkonzern, d.h. das beherrschende Unternehmen. Nur bei einem Gleichordnungskonzern wird die wirtschaftliche Handlungsfähigkeit für ALLE eingeschränkt)

L27: (5)

L28: (1)

L29: (4)

L30: (1) › ist Herabsetzung der Konkurrenz/herablassende Formulierung

L31: (2)

# Prüfungsgebiet 13: Der Einfluss staatlicher Wirtschaftspolitik

L1: a) Es besteht Hochkonjunktur. Frühindikatoren weisen auf kommenden Abschwung hin. | b) Nr. 2

L2: (1)

L3: (1)

L4: (3)

L5: (2)

L6: (1)

L7: (5)

L8: (4)

L9: (3)

L10: Nettoneuverschuldung: 235 - 155 = 80 | 80 * 100/2.450 = 3,25%

L11: (4); denn (1), (3) und (5) sind keine fiskalpolitischen Maßnahmen

L12: (4)

L13: (5)

L14: (1)

L15: (2) und (5)

L16: (5)

L17: (2)

L18: (3)

L19: (4)

L20: (3)

L21: (3)

L22: (3)

L23: (5)

L24: (1)

L25: (3)

L26: (1) Hinweis: (4) nicht möglich, da die Regierungen keine Devisenreserven führen oder geldpolitische Entscheidungen ausführen)

L27: (2)

L28: Der Preis des Warenkorbes erhöht sich um 5% v. 324,70‰ → die prozentuale Gesamtsteigerung beträgt: 5 * 324,70/1.000 = 1,62%

L29: Nominallohn: 100 + 2,7% =102,7

Preisindex: 100 + 3,3% = 103,3

Reallohn: 102,7 * 100/103,3 = 99.42%

Reallohnverlust: 100 - 99,42 = 0,58%

L30: Im Jahr 2013 betrug der Preisindex lt. Tabelle 105,7

Im Jahr 2014 betrug der Preisindex : 3125,50 * 100/2876 = 108,7

Der Preisindex stieg im Jahr 2014 um 108,7 - 105,7 = 3 Punkte

Inflationsrate: 3 * 100/105,7 = 2,84%

L31: 1 * 100/110 = 0,909 →Die Kaufkraft nahm um 0,091 von 1, d.h. um 9,1% ab.

L32: (2)

L33: (4) – (2) – (1) – (5) – (3)

L34: (1) und (5)

L35: (5)

L36: (3)

# Stichwortverzeichnis

**Bildquellennachweis:**
S. 21: Zahlenbilder, Bergmoser +
    Höller Verlag AG
S. 58: © Copyright by RPZ -
    Rechnungs-Prüf-Zentrum
    (www.rpz-web.de)

S. 191: fotolia (Warn-, Gebots-
    und Rettungszeichen)
S. 192: Holger Stoldt, Düsseldorf
S. 197: TÜV Rheinland Cert
    GmbH, Köln
S. 341: Holger Stoldt, Düsseldorf

S. 355: Globus/dpa Picture-
    Alliance GmbH
S. 383: Globus/dpa Picture-
    Alliance GmbH